# 高等代数

刘法贵　主编

科学出版社
北京

## 内 容 简 介

本书集作者多年的教学实践和研究编写而成. 主要内容包括行列式、线性方程组与 $n$ 维向量、矩阵及矩阵特征值与相似对角化、二次型、多项式、线性空间与线性变换、矩阵的相似标准形和 Euclid 空间等. 本书力求深入浅出, 通俗易懂, 使代数抽象内容具体化；在内容体系组织上理清来龙去脉, 精选例题、习题；力求体现数学素养教育；在讲授数学问题时, 着力展示数学思想与方法.

本书可作为高等学校数学类专业的教材, 也可供物理类、计算机类、统计类等专业以及管理与经济类专业的学生、教师和工程技术人员参考.

**图书在版编目(CIP)数据**

高等代数/刘法贵主编. —北京: 科学出版社, 2019.8
ISBN 978-7-03-062013-2

Ⅰ. ①高… Ⅱ. ①刘… Ⅲ. ①高等代数-教材 Ⅳ. ①O15

中国版本图书馆 CIP 数据核字 (2019) 第 161584 号

责任编辑: 胡海霞 李香叶 / 责任校对: 杨聪敏
责任印制: 张 伟 / 封面设计: 迷底书装

科学出版社出版
北京东黄城根北街16号
邮政编码: 100717
http://www.sciencep.com
北京凌奇印刷有限责任公司印刷
科学出版社发行 各地新华书店经销
*
2019 年 8 月第 一 版 开本: 720 × 1000 1/16
2021 年 7 月第三次印刷 印张: 24
字数: 484 000
**定价: 59.00 元**
(如有印装质量问题, 我社负责调换)

# 前　　言

高等代数是高等学校数学类专业重要的基础课程之一, 是一门理论体系完备、应用广泛的数学课程, 其内容极其丰富. 学习高等代数这门课程对于培养学生数学素质, 提高学生的数学能力和利用数学理论解决实际问题的能力等方面具有极其重要的地位和作用. 高等代数不仅是数学课程体系和知识体系的重要组成部分, 也是后续专业课程学习的知识基础、思想基础和方法基础.

数学学科有三大理论支柱, 即研究客观世界的空间形式的几何学、用变化的观点研究客观世界中数量之间确定的依赖关系的分析学和通过运算研究客观世界中数量关系的代数学. 高等代数学研究的是"运算"的科学, 它源于经典代数学中各种代数方程的求解和根的分布, 并在此基础上抽象而形成了代数系统理论 (见下面的高等代数知识体系框架图). 因此, 如何使学生克服畏难心理, 顺理成章地由中学所

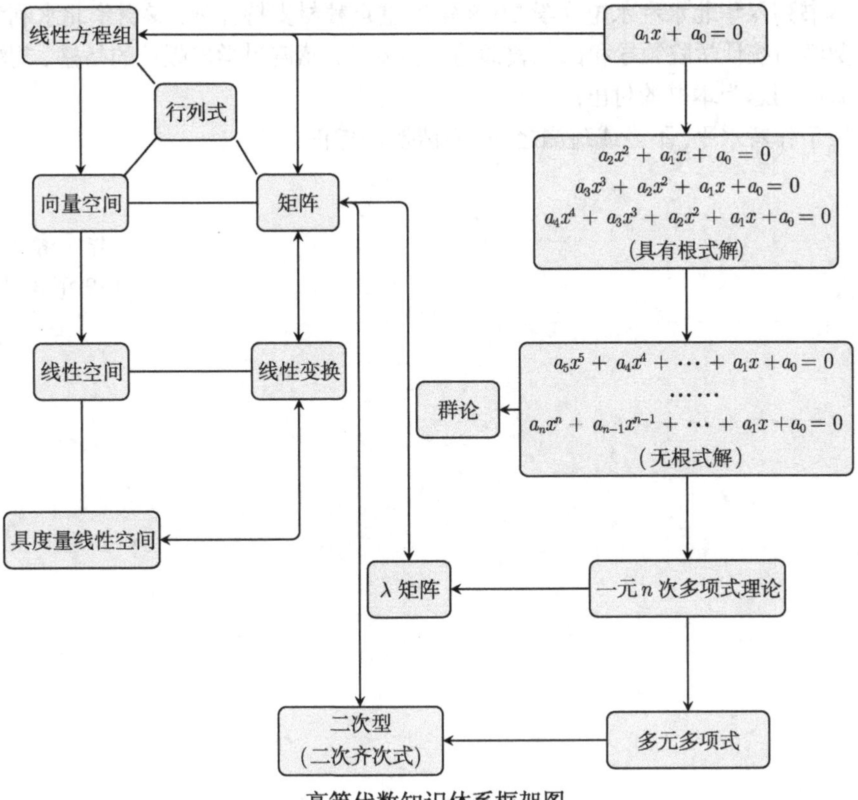


高等代数知识体系框架图

学习的经典代数知识过渡到认识和理解高等代数知识体系, 以期达成掌握代数理论所要研究的 “运算” 的基本规律, 并解决实践领域中的具体问题, 这是本书编写过程中要重点考虑的关键问题之一. 学生学习数学, 不仅是要掌握数学基本理论、基本原理和基本方法, 更重要的是通过数学的学习, 具备数学基本素养、数学意识和数学能力, 这是本书编写过程中要重点考虑的关键问题之二.

本书集作者多年的教学实践和研究编写而成. 编写所遵循的基本原则包括：一是对代数学基础理论中较为深刻、富有启迪意义的精彩成果, 保持理论的高度、体系的完备、内容的精彩、逻辑的严谨, 以拓宽学生知识的宽度; 二是着力提升学生的数学思想与方法、数学意识与能力, 开阔学生数学视野, 以提高学生的综合素质; 三是适宜于教师的教与学生的学, 体现以教助学、以学促教, 以培养学生的数学情怀; 四是充分尊重学生全面发展和个性化发展的需要, 体现数学启迪智慧的作用, 以提高学生的学习能力、实践能力和创新能力.

本书由刘法贵初步取材, 陈自高、黄兰、李晓蕊、连汝续、余路娟、王俊芳、曹海松、张春红、赵晓峰、郑琳 (排名不分先后) 等同志执笔编写, 王亚杰、赵中建前期参与了部分编写工作. 全书由刘法贵统稿和定稿.

本书列入华北水利水电大学 2018 年度重点教材支持计划. 感谢华北水利水电大学数学与统计学院领导和部分教师的大力支持. 感谢科学出版社的昌盛、胡海霞和李香叶同志为本书的付出.

限于作者水平, 不当或疏漏之处, 敬请批评指正.

作　者

2019 年 3 月

# 目　　录

# 第1章 行 列 式

行列式始于 17 世纪 80 年代, 首先引入这一概念的是日本数学家关孝和, 目前行列式记号由英国数学家 Cayley 于 1841 年给出. 行列式的提出与求解线性方程组密切相关, 由于其简洁的表达式和系统规律的运算性质, 使它成为数学领域很好的表述和计算工具, 在其他学科分支中也有重要应用. 本章主要讨论行列式的定义与性质、行列式的计算 (本章的难点与重点内容) 和行列式的一个简单应用 (Cramer 法则).

## 1.1 2 阶行列式和 3 阶行列式

本节通过求解 2 元和 3 元线性方程组引入 2 阶行列式和 3 阶行列式, 在此基础上讨论它们的性质以及二者之间的关系 (3 阶行列式可以用 2 阶行列式表示出来).

### 1.1.1 引言

为了理清引入行列式的缘由, 下面先了解利用消元法得到的 2 元一次方程组和 3 元一次方程组解的表达式.

对于一般形式的 2 元一次方程组 $\begin{cases} a_{11}x_1 + a_{12}x_2 = b_1, \\ a_{21}x_1 + a_{22}x_2 = b_2, \end{cases}$ 利用消元法, 得到

$$(a_{11}a_{22} - a_{12}a_{21})x_1 = b_1a_{22} - b_2a_{12}, \quad (a_{11}a_{22} - a_{12}a_{21})x_2 = a_{11}b_2 - a_{21}b_1.$$

若 $a_{11}a_{22} - a_{12}a_{21} \neq 0$, 则方程组解的表达式为

$$x_1 = \frac{b_1a_{22} - a_{12}b_2}{a_{11}a_{22} - a_{12}a_{21}}, \quad x_2 = \frac{a_{11}b_2 - b_1a_{21}}{a_{11}a_{22} - a_{12}a_{21}}.$$

上式应该说还不是很复杂. 下面再看 3 元一次方程组 $\begin{cases} a_{11}x_1 + a_{12}x_2 + a_{13}x_3 = b_1, \\ a_{21}x_1 + a_{22}x_2 + a_{23}x_3 = b_2, \\ a_{31}x_1 + a_{32}x_2 + a_{33}x_3 = b_3, \end{cases}$

如果

$$a_{11}a_{22}a_{33} + a_{12}a_{23}a_{31} + a_{13}a_{21}a_{32} - a_{13}a_{22}a_{31} - a_{12}a_{21}a_{33} - a_{11}a_{23}a_{32} \neq 0,$$

那么利用消元法, 方程组解的表达式为

$$\begin{cases} x_1 = \dfrac{b_1a_{22}a_{33}+b_2a_{13}a_{32}+b_3a_{12}a_{23}-b_1a_{23}a_{32}-b_2a_{12}a_{33}-b_3a_{13}a_{22}}{a_{11}a_{22}a_{33}+a_{12}a_{23}a_{31}+a_{13}a_{21}a_{32}-a_{13}a_{22}a_{31}-a_{12}a_{21}a_{33}-a_{11}a_{23}a_{32}}, \\ x_2 = \dfrac{a_{31}b_1a_{23}+a_{11}b_2a_{33}+a_{21}b_3a_{13}-a_{21}b_1a_{33}-a_{13}b_2a_{31}-a_{23}b_3a_{11}}{a_{11}a_{22}a_{33}+a_{12}a_{23}a_{31}+a_{13}a_{21}a_{32}-a_{13}a_{22}a_{31}-a_{12}a_{21}a_{33}-a_{11}a_{23}a_{32}}, \\ x_3 = \dfrac{a_{21}a_{32}b_1+a_{31}a_{12}b_2+a_{11}a_{22}b_3-a_{22}a_{31}b_1-a_{11}a_{32}b_2-a_{12}a_{21}b_3}{a_{11}a_{22}a_{33}+a_{12}a_{23}a_{31}+a_{13}a_{21}a_{32}-a_{13}a_{22}a_{31}-a_{12}a_{21}a_{33}-a_{11}a_{23}a_{32}}. \end{cases}$$

我们这里不讲消元过程的烦琐性, 单凭上式就可以毫不费力地得出结论: **麻烦、难记**(这似乎是多数人不喜欢数学的原因之一). 3 元方程组尚且如此, 3 元以上方程组更可想而知. 自然要问: 能不能引入一个简明的记号, 不仅使解的表示形式简单好记, 而且省去消元过程以容易计算?

### 1.1.2 2 阶行列式和 3 阶行列式的定义

仔细观察上述表达式的规律, 对于 2 元一次方程组解的表达式, 发现其分子分母都是 4 个数组成的"新数 (算式)", 由此我们将 $2^2=4$ 个数 $a_{11},a_{12},a_{21},a_{22}$ 所表示的新数 $a_{11}a_{22}-a_{12}a_{21}$ 用一个记号 $\begin{vmatrix} a_{11} & a_{12} \\ a_{21} & a_{22} \end{vmatrix}$ 表示, 即 $\begin{vmatrix} a_{11} & a_{12} \\ a_{21} & a_{22} \end{vmatrix} = a_{11}a_{22}-a_{12}a_{21}$. 类似地,

$$\begin{vmatrix} b_1 & a_{12} \\ b_2 & a_{22} \end{vmatrix} = b_1a_{22}-a_{12}b_2, \quad \begin{vmatrix} a_{11} & b_1 \\ a_{21} & b_2 \end{vmatrix} = a_{11}b_2-b_1a_{21},$$

那么 2 元一次方程组解的表达式就简捷地表示为容易记忆的形式

$$x_1 = \frac{\begin{vmatrix} b_1 & a_{12} \\ b_2 & a_{22} \end{vmatrix}}{\begin{vmatrix} a_{11} & a_{12} \\ a_{21} & a_{22} \end{vmatrix}}, \quad x_2 = \frac{\begin{vmatrix} a_{11} & b_1 \\ a_{21} & b_2 \end{vmatrix}}{\begin{vmatrix} a_{11} & a_{12} \\ a_{21} & a_{22} \end{vmatrix}}. \tag{1}$$

同样地, 对于 3 元一次方程组解的表达式, 其分子分母都是 9 个数组成的"新数 (一个算式)", 分母上 $3^2=9$ 个数 $a_{ij}(i,j=1,2,3)$ 所表示的新数

$$a_{11}a_{22}a_{33}+a_{12}a_{23}a_{31}+a_{13}a_{21}a_{32}-a_{13}a_{22}a_{31}-a_{12}a_{21}a_{33}-a_{11}a_{23}a_{32}$$

用一个很"规律"的记号 $\begin{vmatrix} a_{11} & a_{12} & a_{13} \\ a_{21} & a_{22} & a_{23} \\ a_{31} & a_{32} & a_{33} \end{vmatrix}$ 表示. 类似地, 分子上的新数分别表

示为

$$b_1a_{22}a_{33}+b_2a_{13}a_{32}+b_3a_{12}a_{23}-b_1a_{23}a_{32}-b_2a_{12}a_{33}-b_3a_{13}a_{22}=\begin{vmatrix} b_1 & a_{12} & a_{13} \\ b_2 & a_{22} & a_{23} \\ b_3 & a_{32} & a_{33} \end{vmatrix},$$

$$a_{31}b_1a_{23}+a_{11}b_2a_{33}+a_{21}b_3a_{13}-a_{21}b_1a_{33}-a_{13}b_2a_{31}-a_{23}b_3a_{11}=\begin{vmatrix} a_{11} & b_1 & a_{13} \\ a_{21} & b_2 & a_{23} \\ a_{31} & b_3 & a_{33} \end{vmatrix},$$

$$a_{21}a_{32}b_1+a_{31}a_{12}b_2+a_{11}a_{22}b_3-a_{22}a_{31}b_1-a_{11}a_{32}b_2-a_{12}a_{21}b_3=\begin{vmatrix} a_{11} & a_{12} & b_1 \\ a_{21} & a_{22} & b_2 \\ a_{31} & a_{32} & b_3 \end{vmatrix},$$

那么 3 元一次方程组解的表达式就可以简捷地表示为

$$x_1=\frac{\begin{vmatrix} b_1 & a_{12} & a_{13} \\ b_2 & a_{22} & a_{23} \\ b_3 & a_{32} & a_{33} \end{vmatrix}}{\begin{vmatrix} a_{11} & a_{12} & a_{13} \\ a_{21} & a_{22} & a_{23} \\ a_{31} & a_{32} & a_{33} \end{vmatrix}},\quad x_2=\frac{\begin{vmatrix} a_{11} & b_1 & a_{13} \\ a_{21} & b_2 & a_{23} \\ a_{31} & b_3 & a_{33} \end{vmatrix}}{\begin{vmatrix} a_{11} & a_{12} & a_{13} \\ a_{21} & a_{22} & a_{23} \\ a_{31} & a_{32} & a_{33} \end{vmatrix}},\quad x_3=\frac{\begin{vmatrix} a_{11} & a_{12} & b_1 \\ a_{21} & a_{22} & b_2 \\ a_{31} & a_{32} & b_3 \end{vmatrix}}{\begin{vmatrix} a_{11} & a_{12} & a_{13} \\ a_{21} & a_{22} & a_{23} \\ a_{31} & a_{32} & a_{33} \end{vmatrix}}. \tag{2}$$

显然, 由 (1) 式和 (2) 式, 引入新记号来表示 2 元、3 元一次方程组解表达式要简明很多. 相信读者借此可以猜想 $n$ 元一次方程组 $\begin{cases} a_{11}x_1+a_{12}x_2+\cdots+a_{1n}x_n=b_1, \\ a_{21}x_1+a_{22}x_2+\cdots+a_{2n}x_n=b_2, \\ \cdots\cdots \\ a_{n1}x_1+a_{n2}x_2+\cdots+a_{nn}x_n=b_n \end{cases}$ 解的简捷表示式 (如果存在的话).

注意, 方程组解的表达式简捷好记的问题解决了, 但如何"记"的问题并没有解决. 另外, 在 $x_j$ $(j=1,2,3)$ 的表达式中, 为何是对第 $j$ 列的元素进行统一替换?

根据以上分析, 下面就可以给出 2 阶行列式和 3 阶行列式的定义.

**定义 1** 给定 $2^2=4$ 个数 $a_{ij}(i,j=1,2)$, 用表达式 $\begin{vmatrix} a_{11} & a_{12} \\ a_{21} & a_{22} \end{vmatrix}$ 表示由它们确定的"新数" $a_{11}a_{22}-a_{12}a_{21}$, 即

$$\begin{vmatrix} a_{11} & a_{12} \\ a_{21} & a_{22} \end{vmatrix}=a_{11}a_{22}-a_{12}a_{21}. \tag{3}$$

在式 (3) 中, 其左端比右端明显既简捷又有规律, 比较容易记忆. 因此, 我们就给式 (3) 左端的表达式冠一名称 ——**2 阶行列式**, 它所表示的就是式 (3) 右端的数 (或算式), 其中“2 阶”表示式 (3) 左端表达式的行数和列数是 2.

类似地, 给定 $3^2=9$ 个数 $a_{ij}(i,j=1,2,3)$ 组成 **3 阶行列式**(3 行 3 列) 表示“新数”(或算式)

$$a_{11}a_{22}a_{33}+a_{12}a_{23}a_{31}+a_{13}a_{21}a_{32}-a_{13}a_{22}a_{31}-a_{12}a_{21}a_{33}-a_{11}a_{23}a_{32},$$

即

$$\begin{vmatrix} a_{11} & a_{12} & a_{13} \\ a_{21} & a_{22} & a_{23} \\ a_{31} & a_{32} & a_{33} \end{vmatrix} = a_{11}a_{22}a_{33}+a_{12}a_{23}a_{31}+a_{13}a_{21}a_{32} -a_{13}a_{22}a_{31}-a_{12}a_{21}a_{33}-a_{11}a_{23}a_{32}. \tag{4}$$

也就是 (4) 式中右端的新数 (或算式) 用左端的记号表示.

我们把 2 阶行列式形象表示为 $\begin{vmatrix} \text{主} & & \text{次} \\ & \text{对角} & \\ \text{线} & & \text{线} \end{vmatrix}$, 根据公式 (3) 的定义发现 2 阶行列式 $|\times|$ 中所谓的新数 (算式) 等于**主对角线**“\”上元素的乘积减去**次对角线**“/”上元素的乘积. 于是, 2 阶行列式不仅简单好记且容易计算. 例如,

$$\begin{vmatrix} -2 & -1 \\ 9 & 2 \end{vmatrix} = (-2)\times 2-(-1)\times 9=5, \quad \begin{vmatrix} a & b \\ c & d \end{vmatrix} = ad-bc.$$

对于 3 阶行列式显然这是不可行的. 那么, 能否通过 2 阶行列式推导出 (4) 式右端的算式? 这是接下来要讨论的内容.

根据以上分析, 直接计算, 我们能得出一个重要结论:在 2 阶行列式中, 如果两行 (列) 元素相同或有一行 (列) 元素全为 0, 则 2 阶行列式为 0.

根据定义 1, 这里要强调两点, 一是由 2 阶和 3 阶行列式的定义明显可以看出, 它们都是一个“数”(或一个算式); 二是在 2 阶和 3 阶行列式中, 元素 $a_{ij}$ 第 1 个下标字母 $i$ 表示“第 $i$ 行”, 第 2 个下标字母 $j$ 表示“第 $j$ 列”, 因此, $a_{ij}$ 就表示第 $i$ 行第 $j$ 列的元素.

### 1.1.3　2 阶行列式和 3 阶行列式的性质

1. 2 阶行列式的性质

**性质 1**　行列式的行列互换位置 (第 1 行 (列) 调换为第 1 列 (行), 第 2 行

(列) 调换为第 2 列 (行), 这称为行列式的**转置**), 其值不变.

$$\begin{vmatrix} a_{11} & a_{21} \\ a_{12} & a_{22} \end{vmatrix} = a_{11}a_{22} - a_{21}a_{12} = \begin{vmatrix} a_{11} & a_{12} \\ a_{21} & a_{22} \end{vmatrix}.$$

**性质 2** 行列式换行 (第 1 行与第 2 行互换位置), 其值变号.

$$\begin{vmatrix} a_{21} & a_{22} \\ a_{11} & a_{12} \end{vmatrix} = a_{21}a_{12} - a_{22}a_{11} = -(a_{11}a_{22} - a_{12}a_{21}) = -\begin{vmatrix} a_{11} & a_{12} \\ a_{21} & a_{22} \end{vmatrix}.$$

**性质 3** 行列式中某行有公因子 $k$, 可以提取公因子. 例如,

$$\begin{vmatrix} ka & kb \\ c & d \end{vmatrix} = k\begin{vmatrix} a & b \\ c & d \end{vmatrix}.$$

**性质 4** 行列式中两行成比例, 其值为 0. 例如, $\begin{vmatrix} a & b \\ ka & kb \end{vmatrix} = a\cdot kb - b\cdot ka = 0.$

利用性质 4, 立即可以看出"如果两行元素相同 (比例系数为 1), 则行列式为 0".

**性质 5** 行列式的某一行的 $k$ 倍加到另一行, 其值不变. 例如,

$$\begin{vmatrix} a & b \\ c+ka & d+kb \end{vmatrix} = a(d+kb) - b(c+ka) = ad - bc = \begin{vmatrix} a & b \\ c & d \end{vmatrix}.$$

**性质 6** 行列式某一行的元素均为两个数之和, 可以展开为 2 个行列式之和. 例如,

$$\begin{vmatrix} a+b & c+d \\ m & n \end{vmatrix} = (a+b)n-(c+d)m = (an-cm)+(bn-dm) = \begin{vmatrix} a & c \\ m & n \end{vmatrix} + \begin{vmatrix} b & d \\ m & n \end{vmatrix}.$$

注意下式计算是错误的:

$$\begin{vmatrix} a_1+a_2 & b_1+b_2 \\ c_1+c_2 & d_1+d_2 \end{vmatrix} = \begin{vmatrix} a_1 & b_1 \\ c_1 & d_1 \end{vmatrix} + \begin{vmatrix} a_2 & b_2 \\ c_2 & d_2 \end{vmatrix}.$$

性质 2~性质 6 都是对"行"而言, 实际上, 对"列"而言, 有同样的结论. 请读者逐一列出并验证.

利用以上性质, 容易求解 2 元一次方程组:

$$\begin{vmatrix} b_1 & a_{12} \\ b_2 & a_{22} \end{vmatrix} = \begin{vmatrix} a_{11}x_1 + a_{12}x_2 & a_{12} \\ a_{21}x_1 + a_{22}x_2 & a_{22} \end{vmatrix} = x_1\begin{vmatrix} a_{11} & a_{12} \\ a_{21} & a_{22} \end{vmatrix}.$$

$$\begin{vmatrix} a_{11} & b_1 \\ a_{21} & b_2 \end{vmatrix} = \begin{vmatrix} a_{11} & a_{11}x_1 + a_{12}x_2 \\ a_{21} & a_{21}x_1 + a_{22}x_2 \end{vmatrix} = x_2 \begin{vmatrix} a_{11} & a_{12} \\ a_{21} & a_{22} \end{vmatrix}.$$

如果上式右端行列式不等于 0, 则方程组有唯一解, 表达式为 (1) 式; 如果右端行列式等于 0, 而左端行列式不等于 0, 那么方程组无解.

2. 3 阶行列式的展开定理

先看 3 阶行列式与 2 阶行列式之间的关系. 由 (4) 式右端和 2 阶行列式的定义, 容易得到 (为方便起见, 3 阶行列式简记为 $D_3 = |a_{ij}|$)

$$(\text{第 1 行展开})\ D_3 = a_{11}\begin{vmatrix} a_{22} & a_{23} \\ a_{32} & a_{33} \end{vmatrix} - a_{12}\begin{vmatrix} a_{21} & a_{23} \\ a_{31} & a_{33} \end{vmatrix} + a_{13}\begin{vmatrix} a_{21} & a_{22} \\ a_{31} & a_{32} \end{vmatrix}.$$

同理有

$$(\text{第 2 行展开})\ D_3 = -a_{21}\begin{vmatrix} a_{12} & a_{13} \\ a_{32} & a_{33} \end{vmatrix} + a_{22}\begin{vmatrix} a_{11} & a_{13} \\ a_{31} & a_{33} \end{vmatrix} - a_{23}\begin{vmatrix} a_{11} & a_{12} \\ a_{31} & a_{32} \end{vmatrix},$$

$$(\text{第 3 行展开})\ D_3 = a_{31}\begin{vmatrix} a_{12} & a_{13} \\ a_{22} & a_{23} \end{vmatrix} - a_{32}\begin{vmatrix} a_{11} & a_{13} \\ a_{21} & a_{23} \end{vmatrix} + a_{33}\begin{vmatrix} a_{11} & a_{12} \\ a_{21} & a_{22} \end{vmatrix}.$$

因此容易得出结论: 3 阶行列式可以用 2 阶行列式表示, 这种方法称为**降阶法**. 为探求其中所蕴涵的规律, 需要引入余子式和代数余子式定义.

**定义 2** 在 3 阶行列式 $D_3 = |a_{ij}|$ 中, 划去 $a_{ij}$ 所在的第 $i$ 行和第 $j$ 列上的元素, 余下来元素保持排序不变, 构成了 2 阶行列式, 这个 2 阶行列式称为元素 $a_{ij}$ 的**余子式**, 记为 $M_{ij}$. 称 $(-1)^{i+j}M_{ij}$ 为元素 $a_{ij}$ 的**代数余子式**, 记为 $A_{ij}$, 即

$$A_{ij} = (-1)^{i+j}M_{ij}.$$

例如, 在行列式 $\begin{vmatrix} 1 & 2 & 3 \\ 4 & 5 & 6 \\ 7 & 8 & 9 \end{vmatrix}$ 中, 元素 $a_{21} = 4$ 的余子式和代数余子式分别为 $\begin{vmatrix} 2 & 3 \\ 8 & 9 \end{vmatrix}$, $(-1)^{2+1}\begin{vmatrix} 2 & 3 \\ 8 & 9 \end{vmatrix}$; 元素 $a_{33} = 9$ 的余子式和代数余子式分别为 $\begin{vmatrix} 1 & 2 \\ 4 & 5 \end{vmatrix}$ 和 $(-1)^{3+3}\begin{vmatrix} 1 & 2 \\ 4 & 5 \end{vmatrix}$.

根据定义 2, 余子式和代数余子式有这样的特点: 它们都与元素 $a_{ij}$ 所在的第 $i$ 行和第 $j$ 列上的元素无关, 且代数余子式是带符号 $(-1)^{i+j}$ 的余子式.

由此, 我们立即得到 3 阶行列式右端算式的展开定理.

**定理 1** (3 阶行列式按行展开定理) 对 3 阶行列式 $D_3 = |a_{ij}|$, 有

$$D_3 = a_{i1}A_{i1} + a_{i2}A_{i2} + a_{i3}A_{i3}, \quad i = 1, 2, 3,$$

即 3 阶行列式 $D_3$ 等于第 $i$ 行元素与其相应代数余子式乘积之和.

同理, 有以下定理.

**定理 1′** (3 阶行列式按列展开定理) 对 3 阶行列式 $D_3 = |a_{ij}|$, 有

$$D_3 = a_{1j}A_{1j} + a_{2j}A_{2j} + a_{3j}A_{3j}, \quad j = 1, 2, 3,$$

即 3 阶行列式 $D_3$ 等于第 $j$ 列元素与其相应代数余子式乘积之和.

定理 1 和定理 1′ 通称为 3 阶行列式的**展开定理**. 根据展开定理, 立得以下推论.

**推论 1** 如果 3 阶行列式某一行或某一列元素全为 0, 则该行列式的值为 0.

**例 1** 设 $D_3 = \begin{vmatrix} 1 & 2 & 3 \\ -1 & 2 & 1 \\ 0 & 3 & 4 \end{vmatrix}$, 显然, 由定义 2 直接计算 $A_{ij}$ $(i, j = 1, 2, 3)$ 分别为

$$A_{11} = 5, \quad A_{12} = 4, \quad A_{13} = -3; \quad A_{21} = 1, \quad A_{22} = 4,$$
$$A_{23} = -3; \quad A_{31} = -4, \quad A_{32} = -4, \quad A_{33} = 4.$$

因此, 按行展开, 得

$$D_3 = 1 \cdot A_{11} + 2 \cdot A_{12} + 3 \cdot A_{13} = (-1) \cdot A_{21} + 2 \cdot A_{22} + 1 \cdot A_{23} = 0 \cdot A_{31} + 3 \cdot A_{32} + 4 \cdot A_{33} = 4;$$

按列展开, 得

$$D_3 = 1 \cdot A_{11} + (-1) \cdot A_{21} + 0 \cdot A_{31} = 2 \cdot A_{12} + 2 \cdot A_{22} + 3 \cdot A_{32} = 3 \cdot A_{13} + 1 \cdot A_{23} + 4 \cdot A_{33} = 4.$$

**例 2** 计算 $D_3 = \begin{vmatrix} x & x^2+1 & -1 \\ 0 & -x & \mathrm{e}^x \\ 1 & 0 & 0 \end{vmatrix}$.

**解** 由于第 3 行只有 $a_{31} = 1 \neq 0$, 其他元素都为 0, 因此按第 3 行展开, 得

$$D_3 = a_{31}A_{31} + 0 + 0 = 1 \cdot (-1)^{3+1} \begin{vmatrix} x^2+1 & -1 \\ -x & \mathrm{e}^x \end{vmatrix} = (x^2+1)\mathrm{e}^x - x.$$

该例具有普遍性, 即在计算行列式时, 如果行列式某一行 (列) 只有一个非零元, 往往按该行 (列) 展开, 利用降阶方法计算行列式.

**例 3**　证明: (1) $\begin{vmatrix} a_{11} & 0 & 0 \\ a_{21} & a_{22} & 0 \\ a_{31} & a_{32} & a_{33} \end{vmatrix} = a_{11}a_{22}a_{33}$; (2) $\begin{vmatrix} a_{11} & a_{12} & a_{13} \\ 0 & a_{22} & a_{23} \\ 0 & 0 & a_{33} \end{vmatrix} = a_{11}a_{22}a_{33}$.

**证明**　我们只证明 (1), (2) 的证明留给读者. 由于行列式的第 1 行只有一个非零元 $a_{11}$, 因此, 按第 1 行展开, 得

$$\begin{vmatrix} a_{11} & 0 & 0 \\ a_{21} & a_{22} & 0 \\ a_{31} & a_{32} & a_{33} \end{vmatrix} = a_{11}A_{11} + 0 + 0 = a_{11}(-1)^{1+1}\begin{vmatrix} a_{22} & 0 \\ a_{32} & a_{33} \end{vmatrix} = a_{11}a_{22}a_{33}.$$

(1) 获证.

例 3 中行列式 (1) 称为下三角行列式, 行列式 (2) 称为上三角行列式, 它们的值等于主对角线上元素乘积. 以后会发现, $n$ 阶行列式有同样的结论.

至此, 有两个问题需要解决: 一是如果 3 阶行列式中有两行 (列) 元素完全相同, 其值是多少? 二是 3 阶行列式 $D_3$ 的第 $i$ 行 (第 $i$ 列) 元素与其他行 (列) 相应元素代数余子式乘积之和等于多少?

先看第一个问题. 设 3 阶行列式第 1 行与第 2 行元素相同, 即 $D_3 = \begin{vmatrix} a & b & c \\ a & b & c \\ m & n & p \end{vmatrix}$, 按第 1 行展开, 得

$$D_3 = a\begin{vmatrix} b & c \\ n & p \end{vmatrix} - b\begin{vmatrix} a & c \\ m & p \end{vmatrix} + c\begin{vmatrix} a & b \\ m & n \end{vmatrix} = (abp-anc)+(bmc-abp)+(can-bcm) = 0.$$

对列类似验证, 由此得到如下结论.

**结论 1**　对 3 阶行列式 $D_3 = |a_{ij}|$, 如果有两行 (列) 元素相同, 则 $D_3 = 0$.

对第二个问题, 回看例 1, 直接计算, 得

第 1 行元素与第 2 行代数余子式乘积之和： $1 \cdot A_{21} + 2 \cdot A_{22} + 3 \cdot A_{23} = 0$,

第 1 行元素与第 3 行代数余子式乘积之和： $1 \cdot A_{31} + 2 \cdot A_{32} + 3 \cdot A_{33} = 0$.

同理验证第 2 行元素与第 1 行和第 3 行代数余子式乘积之和为 0; 第 3 行元素与第 1 行和第 2 行代数余子式乘积之和为 0. 对列验证结果亦如此. 因此, 得到以下结论 (请读者自行完成证明).

**结论 2** 对 3 阶行列式 $D_3 = |a_{ij}|$, 成立下列等式:

$$\text{行}:\ a_{i1}A_{j1} + a_{i2}A_{j2} + a_{i3}A_{j3} = 0, \quad i \neq j; i, j = 1, 2, 3.$$

$$\text{列}:\ a_{1i}A_{1j} + a_{2i}A_{2j} + a_{3i}A_{3j} = 0, \quad i \neq j; i, j = 1, 2, 3.$$

**例 4** 已知 $D = \begin{vmatrix} 1 & 1 & 1 \\ 0 & 1 & 1 \\ 0 & 0 & 1 \end{vmatrix}$, 计算 $\sum\limits_{i,j=1}^{3} A_{ij}$.

**解** 由定理 1, 行列式 $D = 1 \cdot A_{11} + 1 \cdot A_{12} + 1 \cdot A_{13} = 1$. 由结论 2,

$$1 \cdot A_{21} + 1 \cdot A_{22} + 1 \cdot A_{23} = 0, \quad 1 \cdot A_{31} + 1 \cdot A_{32} + 1 \cdot A_{33} = 0.$$

因此, 得 $\sum\limits_{i,j=1}^{3} A_{ij} = 1$.

**例 5** 已知 $D = \begin{vmatrix} -1 & 2 & -3 \\ 0 & -2 & 4 \\ 5 & 8 & 6 \end{vmatrix}$, 计算:

(1) $aA_{11} + bA_{12} + cA_{13}$; (2) $aM_{21} + bM_{22} + cM_{23}$.

**解** 构造一个新的行列式 $D_1 = \begin{vmatrix} a & b & c \\ 0 & -2 & 4 \\ 5 & 8 & 6 \end{vmatrix}$, 则由代数余子式的特点, 该行列式与 $D$ 有相同的 $A_{11}, A_{12}, A_{13}$. 于是

$$aA_{11} + bA_{12} + cA_{13} = -44a + 20b + 10c = D_1.$$

注意到 $aM_{21} + bM_{22} + cM_{23} = -aA_{21} + bA_{22} - cA_{23}$, 因此

$$aM_{21} + bM_{22} + cM_{23} = \begin{vmatrix} -1 & 2 & -3 \\ -a & b & -c \\ 5 & 8 & 6 \end{vmatrix}.$$

3. 3 阶行列式的性质

有了展开定理 1 和定理 1′, 我们即可讨论 3 阶行列式的性质, 这些性质完全类似于 2 阶行列式的性质.

设 3 阶行列式$D_3 = |a_{ij}| = \begin{vmatrix} a_{11} & a_{12} & a_{13} \\ a_{21} & a_{22} & a_{23} \\ a_{31} & a_{32} & a_{33} \end{vmatrix}$, 称行列式 $\begin{vmatrix} a_{11} & a_{21} & a_{31} \\ a_{12} & a_{22} & a_{32} \\ a_{13} & a_{23} & a_{33} \end{vmatrix}$ 为

$D_3$ 的转置行列式 (行列互换位置), 记为 $D_3^{\mathrm{T}}$.

**性质 7**　$D_3 = D_3^{\mathrm{T}}$, 即行列式转置不改变其值.

**证明**　由定理 1 和 2 阶行列式性质 1,

$$
\begin{aligned}
D_3^{\mathrm{T}} &= a_{11}A'_{11} + a_{21}A'_{12} + a_{31}A'_{13} \\
&= a_{11}\begin{vmatrix} a_{22} & a_{32} \\ a_{23} & a_{33} \end{vmatrix} - a_{21}\begin{vmatrix} a_{12} & a_{32} \\ a_{13} & a_{33} \end{vmatrix} + a_{31}\begin{vmatrix} a_{12} & a_{22} \\ a_{13} & a_{23} \end{vmatrix} \\
&= a_{11}A_{11} + a_{21}A_{21} + a_{31}A_{31} = D_3.
\end{aligned}
$$

**性质 8**　若 3 阶行列式某两行 (列) 互换位置, 其值变号.

**证明**　不妨设第 1 行与第 2 行互换位置后, 再按第 1 行展开, 得

$$
\begin{aligned}
\begin{vmatrix} a_{21} & a_{22} & a_{23} \\ a_{11} & a_{12} & a_{13} \\ a_{31} & a_{32} & a_{33} \end{vmatrix} &= a_{21}A'_{11} + a_{22}A'_{12} + a_{23}A'_{13} \\
&= a_{21}\begin{vmatrix} a_{12} & a_{13} \\ a_{32} & a_{33} \end{vmatrix} - a_{22}\begin{vmatrix} a_{11} & a_{13} \\ a_{31} & a_{33} \end{vmatrix} + a_{23}\begin{vmatrix} a_{11} & a_{12} \\ a_{31} & a_{32} \end{vmatrix} \\
&= -(a_{21}A_{21} + a_{22}A_{22} + a_{23}A_{23}) = -D_3.
\end{aligned}
$$

**性质 9**　若 3 阶行列式某一行 (列) 有公因子, 可以提取公因子.

**证明**　不妨设第 1 行元素有公因子 $k$, 按第 1 行展开, 得

$$
\begin{vmatrix} ka_{11} & ka_{12} & ka_{13} \\ a_{21} & a_{22} & a_{23} \\ a_{31} & a_{32} & a_{33} \end{vmatrix} = ka_{11}A_{11} + ka_{12}A_{12} + ka_{13}A_{13} = k(a_{11}A_{11} + a_{12}A_{12} + a_{13}A_{13}) = kD_3.
$$

根据性质 9 和结论 2, 立得性质 10.

**性质 10**　若 3 阶行列式有两行 (列) 成比例, 则其值为 0.

**性质 11**　3 阶行列式某一行 (列) 的 $k$ 倍加到另一行 (列) 上后, 其值不变.

**证明**　设第 2 行的 $k$ 倍加到第 1 行, 按第 1 行展开, 得

$$
\begin{aligned}
&\begin{vmatrix} a_{11}+ka_{21} & a_{12}+ka_{22} & a_{13}+ka_{23} \\ a_{21} & a_{22} & a_{23} \\ a_{31} & a_{32} & a_{33} \end{vmatrix} \\
&= (a_{11}+ka_{21})A_{11} + (a_{12}+ka_{22})A_{12} + (a_{13}+ka_{23})A_{13} \\
&= a_{11}A_{11} + a_{12}A_{12} + a_{13}A_{13} + k(a_{21}A_{11} + a_{22}A_{12} + a_{23}A_{13}) \\
&= D_3.
\end{aligned}
$$

**性质 12** 在 3 阶行列式中, 如果某一行 (列) 均为两个数之和, 则可以拆为两个行列式之和.

**证明** 设第 1 行元素分别为两个数之和, 即

$$\begin{aligned}\begin{vmatrix} a_1+a_2 & b_1+b_2 & c_1+c_2 \\ a_{21} & a_{22} & a_{23} \\ a_{31} & a_{32} & a_{33} \end{vmatrix} &= (a_1+a_2)A_{11}+(b_1+b_2)A_{12}+(c_1+c_2)A_{13} \\ &= (a_1A_{11}+b_1A_{12}+c_1A_{13})+(a_2A_{11}+b_2A_{12}+c_2A_{13}) \\ &= \begin{vmatrix} a_1 & b_1 & c_1 \\ a_{21} & a_{22} & a_{23} \\ a_{31} & a_{32} & a_{33} \end{vmatrix} + \begin{vmatrix} a_2 & b_2 & c_2 \\ a_{21} & a_{22} & a_{23} \\ a_{31} & a_{32} & a_{33} \end{vmatrix}.\end{aligned}$$

注意, 在性质 12 中, 每次只能拆 1 行或 1 列, 绝不允许一次拆分多行或多列.

**例 6** 计算行列式 $D=\begin{vmatrix} x & y & z \\ x+1 & y+1 & z+1 \\ 2x+2 & 2y+2 & 2z+2 \end{vmatrix}$.

**解** 根据性质 10 和性质 12, 得

$$\begin{aligned} D &= \begin{vmatrix} x & y & z \\ x & y & z \\ 2x+2 & 2y+2 & 2z+2 \end{vmatrix} + \begin{vmatrix} x & y & z \\ 1 & 1 & 1 \\ 2x+2 & 2y+2 & 2z+2 \end{vmatrix} \\ &= 0+\begin{vmatrix} x & y & z \\ 1 & 1 & 1 \\ 2x & 2y & 2z \end{vmatrix} + \begin{vmatrix} x & y & z \\ 1 & 1 & 1 \\ 2 & 2 & 2 \end{vmatrix} = 0. \end{aligned}$$

**例 7** 计算下列行列式:

(1) $D_3=\begin{vmatrix} a & b & c \\ a & a+b & a+b+c \\ a & 2a+b & 3a+2b+c \end{vmatrix}$; (2)$D_3=\begin{vmatrix} -2 & 1 & -3 \\ 98 & 101 & 97 \\ 1 & -3 & 4 \end{vmatrix}$.

**解** (1) 根据行列式的性质, 直接计算, 得

$$D_3=\begin{vmatrix} a & b & c \\ 0 & a & a+b \\ 0 & a & 2a+b \end{vmatrix} = \begin{vmatrix} a & b & c \\ 0 & a & a+b \\ 0 & 0 & a \end{vmatrix} = a^3.$$

(2) 根据行列式的特点, 第 2 行减第 1 行, 得

$$D_3=\begin{vmatrix}-2&1&-3\\100&100&100\\1&-3&4\end{vmatrix}=100\begin{vmatrix}-2&1&-3\\1&1&1\\1&-3&4\end{vmatrix}=-100\begin{vmatrix}1&1&1\\0&3&-1\\0&-4&3\end{vmatrix}=-500.$$

**例 8** 已知 105, 147, 182 都是 7 的倍数, 证明 $D=\begin{vmatrix}1&0&5\\1&4&7\\1&8&2\end{vmatrix}$ 也是 7 的倍数.

**证明** 将 $D$ 中第 1 列的 100 倍, 第 2 列的 10 倍加到第 3 列, 并按第 3 列展开, 得

$$D=\begin{vmatrix}1&0&105\\1&4&147\\1&8&182\end{vmatrix}=105A_{13}+147A_{23}+182A_{33}.$$

由于 $A_{13},A_{23},A_{33}$ 都是整数, 所以行列式 $D$ 也是 7 的倍数.

## 习 题 1.1

1. 计算下列行列式.

(1) $\begin{vmatrix}1&2&3\\4&5&6\\7&8&9\end{vmatrix}$; (2) $\begin{vmatrix}1&x&x\\x&2&x\\x&x&3\end{vmatrix}$;

(3) $\begin{vmatrix}x&y&x+y\\y&x+y&x\\x+y&x&y\end{vmatrix}$; (4) $\begin{vmatrix}2&427&327\\3&543&443\\4&721&621\end{vmatrix}$.

2. 举例说明下列等式不成立.

$$\begin{vmatrix}a_{11}+b_{11}&a_{12}+b_{12}\\a_{21}+b_{21}&a_{22}+b_{22}\end{vmatrix}=\begin{vmatrix}a_{11}&a_{12}\\a_{21}&a_{22}\end{vmatrix}+\begin{vmatrix}b_{11}&b_{12}\\b_{21}&b_{22}\end{vmatrix}.$$

并问它应等于什么?

3. 已知 $D=\begin{vmatrix}1&2&3\\2&3&4\\4&4&6\end{vmatrix}$, 计算其所有元素的代数余子式,并计算 $-2A_{11}+3A_{12}+5A_{13}$ 和 $-2M_{11}+2M_{21}-M_{31}$.

4. 设 $A_{ij}(i,j=1,2,3)$ 为 3 阶行列式 $D_3=|a_{ij}|$ 的代数余子式, 证明

$$a_{i1}A_{j1}+a_{i2}A_{j2}+a_{i3}A_{j3}=0,\quad i\neq j.$$

5. 已知 204, 527, 255 都能被 17 整除, 证明行列式 $D=\begin{vmatrix}2&5&2\\0&2&5\\4&7&5\end{vmatrix}$ 也能被 17 整除.

6. 证明下列等式.

(1) $\begin{vmatrix}ax+by&ay+bz&az+bx\\ay+bz&az+bx&ax+by\\az+bx&ax+by&ay+bz\end{vmatrix}=(a^3+b^3)\begin{vmatrix}x&y&z\\y&z&x\\z&x&y\end{vmatrix}$;

(2) $\begin{vmatrix}b+c&c+a&a+b\\b_1+c_1&c_1+a_1&a_1+b_1\\b_2+c_2&c_2+a_2&a_2+b_2\end{vmatrix}=2\begin{vmatrix}a&b&c\\a_1&b_1&c_1\\a_2&b_2&c_2\end{vmatrix}$;

(3) $\begin{vmatrix}a_1-b_1&b_1-c_1&c_1-a_1\\a_2-b_2&b_2-c_2&c_2-a_2\\a_3-b_3&b_3-c_3&c_3-a_3\end{vmatrix}=0$.

7. 在 3 阶行列式 $D_3=|a_{ij}|$ 中, $a_{ij}=-a_{ji}$. 证明 $D_3=0$.

8. 设 $x_1,x_2,x_3$ 是方程 $x^3+px+q=0$ 的 3 个根, 计算 $\begin{vmatrix}x_1&x_2&x_3\\x_2&x_3&x_1\\x_3&x_1&x_2\end{vmatrix}$.

## 1.2 $n$ 阶行列式

这一节所讨论的 $n$ 阶行列式定义与性质是 1.1 节 2 阶和 3 阶行列式定义与性质等内容的拓展, 因此, 理解起来会容易很多.

### 1.2.1 $n$ 阶行列式的定义

**定义 3** $n^2$ 个数 $a_{ij}\ (i,j=1,2,\cdots,n)$ 组成一个"新数", 这个新数用记号

$$\begin{vmatrix}a_{11}&a_{12}&\cdots&a_{1n}\\a_{21}&a_{22}&\cdots&a_{2n}\\\vdots&\vdots&&\vdots\\a_{n1}&a_{n2}&\cdots&a_{nn}\end{vmatrix}$$

表示 (为方便计算, 不妨记为 $D_n=|a_{ij}|$). 由于 $D_n$ 由 $n$ 行 $n$ 列组成, 因此我们称其为 $n$ **阶行列式**, $a_{ij}$ 表示第 $i$ 行第 $j$ 列的元素. $D_n$ 也可简记为 $\det(a_{ij})$. 当 $n=1$(即 1 阶行列式) 时, 约定 $D_1=a_{11}$.

$n$ 阶行列式的特点: ①行数与列数相等; ②它是一个由 $n^2$ 个数组成的新数, 这个"新数"具体是什么样子, 是接下来要关注的重点.

仿照 3 阶行列式, 下面给出 $n$ 阶行列式的余子式和代数余子式的概念. 另外, $D_n$ 是否具有 2 阶和 3 阶行列式相应的性质?

**定义 4**　在 $n$ 阶行列式 $D_n=|a_{ij}|$ 中, 元素 $a_{ij}$ 的**余子式** $M_{ij}$ 定义为 $D_n$ 中划去第 $i$ 行和第 $j$ 列上元素之后, 余下的 $n-1$ 行与 $n-1$ 列元素保持位置不变, 组成的行列式, 即

$$M_{ij}=\begin{vmatrix} a_{11} & \cdots & a_{1,j-1} & a_{1,j+1} & \cdots & a_{1n} \\ \vdots & & \vdots & \vdots & & \vdots \\ a_{i-1,1} & \cdots & a_{i-1,j-1} & a_{i-1,j+1} & \cdots & a_{i-1,n} \\ a_{i+1,1} & \cdots & a_{i+1,j-1} & a_{i+1,j+1} & \cdots & a_{i+1,n} \\ \vdots & & \vdots & \vdots & & \vdots \\ a_{n1} & \cdots & a_{n,j-1} & a_{n,j+1} & \cdots & a_{nn} \end{vmatrix}.$$

$A_{ij}=(-1)^{i+j}M_{ij}$ 称为 $a_{ij}$ 的**代数余子式**.

根据定义, 余子式 $M_{ij}$ 和代数余子式 $A_{ij}$ 均与第 $i$ 行和第 $j$ 列上元素无关.

回忆 2 阶和 3 阶行列式的算式. 显然, 对于 $n=2$, 按行展开和按列展开, 分别有

$$D_2=a_{11}A_{11}+a_{12}A_{12}=a_{21}A_{21}+a_{22}A_{22};$$

$$D_2=a_{11}A_{11}+a_{21}A_{21}=a_{12}A_{12}+a_{22}A_{22}.$$

结合定理 1 或定理 1′, 我们给出 $n$ 阶行列式 $D_n$ 算式的定义.

**定义 5**　假设 $n$ 阶行列式 $D_n=|a_{ij}|$ 中元素 $a_{ij}$ 的 $n-1$ 阶代数余子式为 $A_{ij}$, 则 $D_n$ 的算式表示为

$$\text{(按行展开)}\ D_n=a_{i1}A_{i1}+a_{i2}A_{i2}+\cdots+a_{in}A_{in},\quad i=1,2,\cdots,n; \tag{5}$$

$$\text{(按列展开)}\ D_n=a_{1j}A_{1j}+a_{2j}A_{2j}+\cdots+a_{nj}A_{nj},\quad j=1,2,\cdots,n. \tag{6}$$

**例 9**　如果 $D_n=|a_{ij}|$ 的某一行 (列) 元素全为 0, 则 $D_n=0$.

**证明**　这里仅对行给予证明, 对列的证明完全类似. 假设 $D_n$ 的第 $i$ 行元素全为 0, 则由 (5) 式, 按第 $i$ 行展开,

$$D_n=0\cdot A_{i1}+0\cdot A_{i2}+\cdots+0\cdot A_{in}=0.$$

即证.

**例 10** 证明**上 (下) 三角行列式**(这里 $*$ 表示任意的数)

$$D_1=\begin{vmatrix} a_1 & * & \cdots & * \\ 0 & a_2 & \cdots & * \\ \vdots & \vdots & & \vdots \\ 0 & 0 & \cdots & a_n \end{vmatrix}=a_1a_2\cdots a_n \quad \left(D_2=\begin{vmatrix} a_1 & 0 & \cdots & 0 \\ * & a_2 & \cdots & 0 \\ \vdots & \vdots & & \vdots \\ * & * & \cdots & a_n \end{vmatrix}=a_1a_2\cdots a_n\right).$$

**证明** 这里仅对 $D_1$ 进行证明, $D_2$ 的证明完全类似. 对 $D_1$, 由于第 1 列除 $a_1$ 外全为 0, 因此按第 1 列展开, 得

$$D_1=a_1A_{11}+0=a_1(-1)^{1+1}\begin{vmatrix} a_2 & * & \cdots & * \\ 0 & a_3 & \cdots & * \\ \vdots & \vdots & & \vdots \\ 0 & 0 & \cdots & a_n \end{vmatrix}.$$

同理,

$$\begin{vmatrix} a_2 & * & \cdots & * \\ 0 & a_3 & \cdots & * \\ \vdots & \vdots & & \vdots \\ 0 & 0 & \cdots & a_n \end{vmatrix}=a_2(-1)^{1+1}\begin{vmatrix} a_3 & * & \cdots & * \\ 0 & a_4 & \cdots & * \\ \vdots & \vdots & & \vdots \\ 0 & 0 & \cdots & a_n \end{vmatrix}=a_2a_3\begin{vmatrix} a_4 & * & \cdots & * \\ 0 & a_5 & \cdots & * \\ \vdots & \vdots & & \vdots \\ 0 & 0 & \cdots & a_n \end{vmatrix}.$$

依次类推, 最后得 $D_1=a_1a_2\cdots a_n$.

需要说明的是, 在今后的行列式计算中, 上 (下) 三角行列式扮演了非常重要的角色.

请读者证明 (这里 $*$ 表示任意的数)

$$\begin{vmatrix} * & * & \cdots & * & a_1 \\ * & * & \cdots & a_2 & 0 \\ \vdots & \vdots & & \vdots & \vdots \\ a_n & 0 & \cdots & 0 & 0 \end{vmatrix}=\begin{vmatrix} 0 & 0 & \cdots & 0 & a_1 \\ 0 & 0 & \cdots & a_2 & * \\ \vdots & \vdots & & \vdots & \vdots \\ a_n & * & \cdots & * & * \end{vmatrix}=(-1)^{\frac{n(n-1)}{2}}a_1a_2\cdots a_n.$$

根据定义 5, 似乎利用 (5) 或 (6) 式, 我们就可以计算 $n$ 阶行列式了, 实际情况完全不是这样. 因为如果阶数 $n$ 较大时, 计算量非常大. 于是需要寻求更简捷的计算方法.

### 1.2.2　$n$ 阶行列式的性质

设 $n$ 阶行列式 $D_n=\begin{vmatrix} a_{11} & a_{12} & \cdots & a_{1n} \\ a_{21} & a_{22} & \cdots & a_{2n} \\ \vdots & \vdots & & \vdots \\ a_{n1} & a_{n2} & \cdots & a_{nn} \end{vmatrix}$, 称行列式 $\begin{vmatrix} a_{11} & a_{21} & \cdots & a_{n1} \\ a_{12} & a_{22} & \cdots & a_{n2} \\ \vdots & \vdots & & \vdots \\ a_{1n} & a_{2n} & \cdots & a_{nn} \end{vmatrix}$ 为 $D_n$ 的转置行列式, 记为 $D_n^{\mathrm{T}}$, 即行列式 $D_n$ 的行列互换位置.

**性质 13**　行列式转置后, 其值保持不变.

**证明**　$n=2$ 结论显然成立. 设该结论对 $n-1$ 阶行列式成立. 将 $D_n^{\mathrm{T}}$ 按第 1 行展开,

$$D_n^{\mathrm{T}}=a_{11}A'_{11}+a_{21}A'_{12}+\cdots+a_{n1}A'_{1n}.$$

根据行列式转置的特点, 显然 $A'_{11}=A_{11}^{\mathrm{T}}, A'_{12}=A_{21}^{\mathrm{T}},\cdots,A'_{1n}=A_{n1}^{\mathrm{T}}$. 因此, 由假设, 即得 $D_n^{\mathrm{T}}=D_n$.

**性质 14**　互换两行 (列), 行列式的值变号.

**证明**　不妨设 $D_n=|a_{ij}|$ 的第 1 行与第 2 行互换位置得到新的行列式

$$D'_n=\begin{vmatrix} a_{21} & a_{22} & \cdots & a_{2n} \\ a_{11} & a_{12} & \cdots & a_{1n} \\ \vdots & \vdots & & \vdots \\ a_{n1} & a_{n2} & \cdots & a_{nn} \end{vmatrix}.$$

将 $D'_n$ 按第 2 行展开, 得

$$\begin{aligned} D'_n =& a_{11}A'_{21}+a_{12}A'_{22}+\cdots+a_{1n}A'_{2n} \\ =& a_{11}(-1)^{2+1}M'_{21}+a_{12}(-1)^{2+2}M'_{22}+\cdots+a_{1n}(-1)^{2+n}M'_{2n}. \end{aligned}$$

注意到 $M'_{21}=M_{11}, M'_{22}=M_{12},\cdots,M'_{2n}=M_{1n}$, 因此, 上式为

$$\begin{aligned} D'_n &= -(a_{11}(-1)^{1+1}M_{11}+a_{12}(-1)^{1+2}M_{12}+\cdots+a_{1n}(-1)^{1+n}M_{1n}) \\ &= -(a_{11}A_{11}+\cdots+a_{1n}A_{1n})=-D_n. \end{aligned}$$

对列的证明完全类似. 以下性质的证明都针对行进行, 关于列的结论请读者自行证明.

根据性质 14, 立即可以证明如下推论.

**推论 2**　如果行列式某两行 (列) 元素相同 (即两行对应元素相等), 则其值为 0.

**证明** 假设 $D_n$ 的第 $i$ 行与第 $j$ 行元素相同, 互换第 $i$ 行和第 $j$ 行后得到的行列式仍为 $D_n$, 而根据性质 14, $D_n=-D_n$. 故 $D_n=0$.

**例 11** 设 $f(x)=\begin{vmatrix} 1 & 2 & 2^2 & 2^3 \\ 1 & 3 & 3^2 & 3^3 \\ 1 & 4 & 4^2 & 4^3 \\ 1 & x & x^2 & x^3 \end{vmatrix}=0$, 求 $x$.

**解** 由于 $f(x)=A_{41}+xA_{42}+x^2A_{43}+x^3A_{44}$ 及 $A_{4i}\ (i=1,2,3,4)$ 与 $x$ 无关, 于是 $f(x)$ 是一个 3 次多项式. 故它有 3 个根. 另一方面, 仔细观察发现, 当 $x=2,3,4$ 时, 行列式的第 4 行分别与第 1 行、第 2 行和第 3 行元素相同, 因此 $f(2)=f(3)=f(4)=0$. 故所求的 $x$ 为 2, 3, 4.

利用推论 2, 能够得到如下重要定理.

**定理 2** $n$ 阶行列式 $D_n=|a_{ij}|$ 的第 $i$ 行 (列) 元素与第 $j$ $(j\neq i)$ 行 (列) 元素对应代数余子式 $A_{ij}$ 乘积之和等于零, 即

$$(\text{行}): a_{i1}A_{j1}+a_{i2}A_{j2}+\cdots+a_{in}A_{jn}=0,\quad i\neq j, \tag{7}$$

$$(\text{列}): a_{1i}A_{1j}+a_{2i}A_{2j}+\cdots+a_{ni}A_{nj}=0,\quad i\neq j. \tag{8}$$

**证明** 构造新的行列式 $D_n'=\begin{vmatrix} a_{11} & a_{12} & \cdots & a_{1n} \\ a_{11} & a_{12} & \cdots & a_{1n} \\ a_{31} & a_{32} & \cdots & a_{3n} \\ \vdots & \vdots & & \vdots \\ a_{n1} & a_{n2} & \cdots & a_{nn} \end{vmatrix}$(即 $a_{21}=a_{11},a_{22}=a_{12},\cdots,a_{2n}=a_{1n}$), 显然 $D_n'=0$ 且它与 $D_n$ 具有相同的代数余子式 $A_{21},A_{22},\cdots,A_{2n}$. 而

$$D_n'=a_{21}A_{21}+a_{22}A_{22}+\cdots+a_{2n}A_{2n}=a_{11}A_{21}+a_{12}A_{22}+\cdots+a_{1n}A_{2n}.$$

因此, 第 1 行元素与第 2 行元素对应的代数余子式乘积之和为 0. 其他情形类似可证. 故定理结论成立.

**例 12** 已知 $A_n=\begin{vmatrix} 1 & 1 & \cdots & 1 \\ & 1 & \cdots & 1 \\ & & \ddots & \vdots \\ & & & 1 \end{vmatrix}$(未写出元素为 0). 求 $\sum\limits_{i,j=1}^{n}A_{ij}$.

**解** 由 (5) 式, 按第 1 行展开, 得 $A_n=1=A_{11}+A_{12}+\cdots+A_{1n}$. 由定理 2,

得 $A_{i1}+A_{i2}+\cdots+A_{in}=0\ (i=2,3,\cdots,n)$, 故 $\sum\limits_{i,j=1}^{n}A_{ij}=1$.

**性质 15** 如果行列式某一行 (列) 有公因子 $k$, 则公因子 $k$ 可以提取出来.

**证明** 设 $n$ 阶行列式 $A_n$ 第 $i$ 行有公因子 $k$, 即 $A_n=\begin{vmatrix} & * & * & \\ ka_{i1} & ka_{i2} & \cdots & ka_{in} \\ & * & * & \end{vmatrix}$, 将 $A_n$ 按第 $i$ 行展开, 注意到 $A_n$ 与 $D_n=|a_{ij}|$ 具有相同的代数余子式 $A_{i1},A_{i2},\cdots,A_{in}$, 因此得

$$A_n=(ka_{i1})A_{i1}+(ka_{i2})A_{i2}+\cdots+(ka_{in})A_{in}=k(a_{i1}A_{i1}+a_{i2}A_{i2}+\cdots+a_{in}A_{in})=kD_n.$$

**性质 16** 行列式两行 (列) 成比例, 则该行列式的值为 0.

设比例系数为 $c$, 则利用推论 2 和性质 15, 立即可证该性质.

**性质 17** 行列式某一行 (列) 的 $k$ 倍加到另一行 (列) 后, 其值不变.

**证明** 设 $n$ 阶行列式 $D_n$ 的第 $i$ 行 $k$ 倍加到第 $j$ $(j\neq i)$ 行得到行列式 $B_n$, 将 $B_n$ 按第 $j$ 行展开, 注意到 $B_n$ 与 $D_n$ 第 $j$ 行元素代数余子式相同, 于是得

$$B_n=\begin{vmatrix} & * & * & \\ a_{i1} & a_{i2} & \cdots & a_{in} \\ & * & * & \\ a_{j1}+ka_{i1} & a_{j2}+ka_{i2} & \cdots & a_{jn}+ka_{in} \\ & * & * & \end{vmatrix}=(a_{j1}+ka_{i1})A_{j1}+\cdots+(a_{jn}+ka_{in})A_{jn}$$

$$=(a_{j1}A_{j1}+\cdots+a_{jn}A_{jn})+k(a_{i1}A_{j1}+\cdots+a_{in}A_{jn})=a_{j1}A_{j1}+\cdots+a_{jn}A_{jn}=D_n.$$

**性质 18** 如果行列式某一行 (列) 都是两项元素之和, 则它可以拆为两个行列式之和.

**证明** 将 $C_n=\begin{vmatrix} & * & * & \\ a_{i1}+b_{i1} & a_{i2}+b_{i2} & \cdots & a_{in}+b_{in} \\ & * & * & \end{vmatrix}$ 按第 $i$ 行展开即证.

### 1.2.3 行列式的等价定义

虽然行列式的概念最初由线性方程组的求解而引入, 但从其发展来看, 其意义远不在此. 为揭示行列式的基本规律, 人们自然从不同视角给出行列式的定义. 之前我们给出了行列式“归纳法”的定义, 这里将给出“逆序数法”的等价定义. 行列式的“函数法”的定义将在第 8 章给出.

### 1. 排列与逆序

众所周知, 由数 $1,2,\cdots,n$ 这 $n$ 个数可以组成 $n!$ 个不重复的有序排列, 通常称排列 $123\cdots n$ 为自然排列, 其他排列则破坏了自然排列. 如果一个排列中, 排在前面的数小于排在后面的数, 这称为一个**正序**, 否则称为**逆序**. 例如, 排列 312 中, 3 排在 1 和 2 前面,1 与 2 为正常排列, 因此 3 与 1 和 3 与 2 构成逆序, 1 与 2 构成正序. 在一个排列 $p_1p_2\cdots p_n$ 中, 所有逆序的总数称为**逆序数**, 记为 $\tau(p_1p_2\cdots p_n)$. 例如, $\tau(312)=2, \tau(123)=0$. 再如,

$$\tau(6743215)=0+2+3+4+5+2=16.$$

逆序数 $\tau$ 是偶数的为偶排列, 是奇数的为奇排列.

把一个排列中任意两个数互换位置, 其他数保持不动, 得到一个新排列. 这样的互换称为一个**对换**. 例如, 312 到 321,1 和 2 经过一个对换. 排列中相邻两个数互换位置, 称为相邻对换. 注意到 $\tau(312)=2, \tau(321)=3$, 即对换一次后, 由偶排列变成了奇排列. 这并非个案, 实际上, **对换改变排列奇偶性**. 事实上, 如果是相邻互换, 由于相邻两数与其他数是否构成逆序不会因这两个数换位而改变, 改变的只是这两个数: 若原来为逆序, 换位后变正序; 若原来为正序, 换位后变逆序. 因此相邻互换改变了奇偶性. 如果是非相邻对换: 排列 $p_1\cdots p_r\cdots p_{r+s}\cdots p_n$ 中 $p_r$ 与 $p_{r+s}$ 互换, 先让 $p_{r+s}$ 向前依次换位 $s-1$ 次, 排列为 $p_1\cdots p_rp_{r+s}\cdots p_{r+s+1}\cdots p_n$, 再让 $p_r$ 向后依次换位 $s$ 次, 排列为 $p_1\cdots p_{r+s}\cdots p_rp_{r+s+1}\cdots p_n$, 这样共进行了 $2s-1$ 次换位, 因此两元素互换后, 排列的奇偶性改变.

*在所有 $n$ 级排列中, 奇排列和偶排列各半*. 设 $s,t$ 分别表示奇排列和偶排列的总数, 我们将所有奇排列的前两个数对换, 奇排列变为偶排列, 那么 $s\leqslant t$; 同样, 将所有偶排列的前两个数对换, 偶排列变为奇排列, 那么 $t\leqslant s$. 于是 $s=t=\dfrac{n!}{2}$.

### 2. $n$ 阶行列式的等价定义

现在回看 (3) 和 (4) 式右端, 一个 2 阶行列式由 2 项组成 $a_{11}a_{22}, a_{12}a_{21}$, 每项为 2 个元素的乘积, 元素的行下标为自然排列, 列下标分别为 12 和 21, 而 $\tau(12)=0, \tau(21)=1$, 即偶排列所在项为“正”, 奇排列所在的项为“负”. 再看 3 阶行列式, 共 6 项组成 $a_{11}a_{22}a_{33}, a_{12}a_{23}a_{31}, a_{13}a_{21}a_{32}$, $a_{13}a_{22}a_{31}$, $a_{12}a_{21}a_{33}$, $a_{11}a_{23}a_{32}$, 每项为 3 个元素的乘积, 元素行下标为自然排列, 列下标分别为 123, 231, 312; 321, 213, 132. 前 3 个排列为偶排列, 所在项为“正”, 后 3 个为奇排列, 所在项为“负”. 仔细观察, 也发现, 不管是 2 个元素乘积, 还是 3 个元素乘积, 每个元素来自不同的行不同的列 (即没有来自同一行和同一列的元素). 因此, 我们给出 $n$ 阶行列式 $D_n$ 的等价定义

$$D_n = |a_{ij}| = \sum_{p_1p_2\cdots p_n} (-1)^{\tau(p_1p_2\cdots p_n)} a_{1p_1}a_{2p_2}\cdots a_{np_n},$$

其中，$\sum\limits_{p_1p_2\cdots p_n}$ 表示对所有 $n$ 级排列求和. 由于在行列式中, 行与列的地位是均等的, 因此, 也可以写为如下形式:

$$D_n = \sum_{p_1p_2\cdots p_n} (-1)^{\tau(p_1p_2\cdots p_n)} a_{p_11}a_{p_22}\cdots a_{p_nn}.$$

利用定义证明

$$\begin{vmatrix} & & & a_1 \\ & & a_2 & a_{2n} \\ & \iddots & & \vdots \\ a_n & a_{2n} & \cdots & a_{nn} \end{vmatrix} = \begin{vmatrix} a_{11} & a_{12} & \cdots & a_{1,n-1} & a_1 \\ a_{21} & a_{22} & \cdots & a_2 & \\ \vdots & & \iddots & & \\ a_n & & & & \end{vmatrix} = (-1)^{\frac{n(n-1)}{2}} a_1a_2\cdots a_n.$$

由行列式新的定义, 可以发现具有如下特点:

(1) $n$ 阶行列式共 $n!$ 项;

(2) 每一项是 $n$ 个元素的乘积;

(3) 每个元素来自不同的行不同的列;

(4) 每项符号由列标排列 (或行标排列) 逆序数确定: 偶排列为 $+$, 奇排列为 $-$.

**例 13** 证明 $D_5 = \begin{vmatrix} a_{11} & a_{12} & a_{13} & a_{14} & a_{15} \\ a_{21} & a_{22} & a_{23} & a_{24} & a_{25} \\ 0 & 0 & 0 & a_{34} & a_{35} \\ 0 & 0 & 0 & a_{44} & a_{45} \\ 0 & 0 & 0 & a_{54} & a_{55} \end{vmatrix} = 0.$

**证明** 在 $D_5$ 中,

$$a_{3j_3} = 0 \quad (j_3 = 1,2,3); \quad a_{4j_4} = 0 \quad (j_4 = 1,2,3); \quad a_{5j_5} = 0 \quad (j_5 = 1,2,3).$$

因此在 $D_5$ 的一般项 $(-1)^{\tau(j_1j_2j_3j_4j_5)}a_{1j_1}a_{2j_2}a_{3j_3}a_{4j_4}a_{5j_5}$ 中, $j_3, j_4, j_5$ 必有一个取 1, 2, 3 的某一个数. 故 $D_5 = 0$.

**例 14** 设 $f(x) = \begin{vmatrix} x & b & c & d \\ b & x & c & d \\ b & c & x & d \\ b & c & d & x \end{vmatrix} = 0$, 求 $x$.

**解** 根据行列式的新定义,$f(x)$ 中必含一项 $(-1)^{\tau(1234)}a_{11}a_{22}a_{33}a_{44}=x^4$. 因此 $f(x)$ 是一个 4 次多项式, 故它有 4 个根. 根据行列式的性质, 容易发现, $f(b)=f(c)=f(d)=0$. 另一方面, 将第 2, 3, 4 列加到第 1 列构成新的行列式, 其中第 1 列有公因子 $x+(b+c+d)$. 提取公因子, 即知 $x=-(b+c+d)$, 有 $f(-b-c-d)=0$. 因此, $f(x)$ 的根分别为 $b,c,d,-(b+c+d)$.

**例 15** 计算行列式 $D=\begin{vmatrix} 0 & \cdots & 0 & 1 & 0 \\ 0 & \cdots & 2 & 0 & 0 \\ \vdots & & \vdots & \vdots & \vdots \\ n-1 & \cdots & 0 & 0 & 0 \\ 0 & \cdots & 0 & 0 & n \end{vmatrix}$.

**解** 由定义和行列式的特点, $D$ 中不为 0 的项仅有一项

$$a_{1(n-1)}a_{2(n-2)}\cdots a_{(n-1)1}a_{nn},$$

故

$$D=(-1)^{\tau((n-1)(n-2)\cdots 1n)}1\cdot 2\cdots n=(-1)^{\frac{(n-1)(n-2)}{2}}n!.$$

**定理 3** *行列式的归纳法定义与逆序数法定义是等价的.*

**证明** 对行列式的阶数 $n$ 用数学归纳法.

当 $n=1,2$ 时, 两种定义等价性容易验证. 假设 $n=k-1$ 时, 两种定义等价, 下面证明 $n=k$ 时结论也成立.

$$\begin{aligned}
&D_n\\
=&\sum(-1)^{\tau(p_1p_2\cdots p_n)}a_{1p_1}a_{2p_2}\cdots a_{np_n}\\
=&a_{11}\sum_{p_1=1}(-1)^{\tau(p_1p_2\cdots p_n)}a_{2p_2}a_{3p_3}\cdots a_{np_n}+a_{12}\sum_{p_1=2}(-1)^{\tau(p_1p_2\cdots p_n)}a_{2p_2}a_{3p_3}\cdots a_{np_n}\\
&+\cdots+a_{1n}\sum_{p_1=n}(-1)^{\tau(p_1p_2\cdots p_n)}a_{2p_2}a_{3p_2}\cdots a_{np_n}\\
=&a_{11}\sum_{p_1=1}(-1)^{\tau(p_2\cdots p_n)}a_{2p_2}a_{3p_3}\cdots a_{np_n}+a_{12}(-1)^1\sum_{p_1=2}(-1)^{\tau(p_2\cdots p_n)}a_{2p_2}a_{3p_3}\cdots a_{np_n}\\
&+\cdots+a_{1n}(-1)^{n-1}\sum_{p_1=n}(-1)^{\tau(p_2\cdots p_n)}a_{2p_2}a_{3p_3}\cdots a_{np_n}\\
=&a_{11}(-1)^{1+1}\sum_{p_1=1}(-1)^{\tau(p_2\cdots p_n)}a_{2p_2}\cdots a_{np_n}+a_{12}(-1)^{1+2}\sum_{p_1=2}(-1)^{\tau(p_2\cdots p_n)}a_{2p_2}\cdots a_{np_n}
\end{aligned}$$

$$+\cdots+a_{1n}(-1)^{1+n}\sum_{p_1=n}(-1)^{\tau(p_2\cdots p_n)}a_{2p_2}a_{3p_3}\cdots a_{np_n}$$

$$=a_{11}A_{11}+a_{12}A_{12}+\cdots+a_{1n}A_{1n}.$$

此即证明了两种定义的等价性.

不论是 $n$ 阶行列式的定义及其性质, 还是余子式与代数余子式, 显然是 1.1 节所讨论内容的拓展与迁移. 比较两个行列式的定义, 各有其优势和特点, 请品味其特点. 利用这两个定义计算简单的行列式是可以的, 但计算一些复杂的行列式还是非常困难的.

## 习 题 1.2

1. 计算下列行列式.

(1) $\begin{vmatrix} 1 & 2 & 3 & 4 \\ 2 & 3 & 4 & 1 \\ 3 & 4 & 1 & 2 \\ 4 & 1 & 2 & 3 \end{vmatrix}$; (2) $\begin{vmatrix} 3 & 1 & 1 & 1 \\ 1 & 3 & 1 & 1 \\ 1 & 1 & 3 & 1 \\ 1 & 1 & 1 & 3 \end{vmatrix}$; (3) $\begin{vmatrix} 1+x & 1 & 1 & 1 \\ 1 & 1-x & 1 & 1 \\ 1 & 1 & 1+y & 1 \\ 1 & 1 & 1 & 1-y \end{vmatrix}$;

(4) $\begin{vmatrix} 0 & 1 & 0 & \cdots & 0 \\ 0 & 0 & 2 & \cdots & 0 \\ \vdots & \vdots & \vdots & & \vdots \\ 0 & 0 & 0 & \cdots & n-1 \\ n & 0 & 0 & \cdots & 0 \end{vmatrix}$; (5) $\begin{vmatrix} 0 & 0 & 0 & 1 & 0 \\ 0 & 0 & 2 & 0 & 0 \\ 0 & 3 & 8 & 0 & 0 \\ 4 & 9 & 0 & 7 & 0 \\ 6 & 0 & 0 & 0 & 5 \end{vmatrix}$.

2. 已知 2432, 3249, 5510, 6726 都能被 19 整除, 证明行列式 $D_4=\begin{vmatrix} 2 & 4 & 3 & 2 \\ 3 & 2 & 4 & 9 \\ 5 & 5 & 1 & 0 \\ 6 & 7 & 2 & 6 \end{vmatrix}$ 也能被 19 整除.

3. 由行列式等价定义, 计算 $f(x)=\begin{vmatrix} 2x & x & 1 & 2 \\ 1 & x & 1 & -1 \\ 3 & 2 & x & 2 \\ 1 & 2 & 3 & x \end{vmatrix}$ 中 $x^4$ 和 $x^3$ 的系数, 并说明理由.

4. 已知 $n$ 阶行列式 $D_n$ $(n>1)$ 的元素要么是 1 要么是 $-1$, 证明 $D_n$ 必为偶数.

5. 如果 $n$ 阶行列式 $D_n$ 中零元素个数多于 $n^2-n$, 证明 $D_n=0$.

6. 设 $A_{ij}$ 是行列式 $D=|a_{ij}|$ 的代数余子式,且 $D=4$, 其各列元素之和为 2,

计算 $\sum\limits_{i,j=1}^{n} A_{ij}$.

7. 解方程.

(1) $\begin{vmatrix} 1 & 1 & 1 & 1 \\ 1 & 2 & -2 & x \\ 1 & 4 & -4 & x^2 \\ 1 & 8 & -8 & x^3 \end{vmatrix} = 0$; (2) $\begin{vmatrix} 1 & 1 & 2 & 3 \\ 1 & 2-x^2 & 2 & 3 \\ 2 & 3 & 1 & 5 \\ 2 & 3 & 1 & 9-x^2 \end{vmatrix} = 0$;

(3) $\begin{vmatrix} 1 & 1 & 1 & 1 \\ 1 & x & 2 & 2 \\ 2 & 2 & x & 3 \\ 3 & 3 & 3 & x \end{vmatrix} = 0$.

8. 已知 $A_{ij}$ 是 $D_4 = \begin{vmatrix} 4 & 1 & 3 & -2 \\ 3 & 3 & 3 & -3 \\ -1 & 2 & 0 & 7 \\ 1 & 2 & 9 & -2 \end{vmatrix}$ 的代数余子式, 证明

$$A_{41} + A_{42} + A_{43} = A_{44}.$$

9. 设 $p(x) = \begin{vmatrix} 1 & x & x^2 & \cdots & x^{n-1} \\ 1 & a_1 & a_1^2 & \cdots & a_1^{n-1} \\ \vdots & \vdots & \vdots & & \vdots \\ 1 & a_{n-1} & a_{n-1}^2 & \cdots & a_{n-1}^{n-1} \end{vmatrix}$, 其中 $a_i \neq a_j$ $(i \neq j)$. 由行列式的定义说明 $p(x)$ 是一个 $n-1$ 次多项式, 并利用行列式的性质求 $p(x)$ 的根.

10. 已知 $D = \begin{vmatrix} 2 & 2 & 3 \\ 1 & 1 & 2 \\ 2 & y & x \end{vmatrix}$, 且其余子式 $M_{ij}$ 和代数余子式 $A_{ij}$ 满足

$$M_{11} + M_{12} - M_{13} = 3, \quad A_{11} + A_{12} + A_{13} = 1,$$

求 $x, y$.

11. 计算 $n$ 阶行列式 $D = \begin{vmatrix} 1 & -1 & \cdots & -1 \\ 1 & 1 & \cdots & -1 \\ \vdots & \vdots & & \vdots \\ 1 & 1 & \cdots & -1 \\ 1 & 1 & \cdots & 1 \end{vmatrix}$ 展开后正项的总数.

## 1.3 $n$ 阶行列式的计算

本节讨论行列式计算问题, 这是本章的难点. 行列式计算一般包括数字行列式、字母行列式和抽象行列式的计算, 前两类行列式计算方法有相似之处, 也有不一样的地方, 请读者一定要认真体会、总结. 抽象行列式本章不涉及, 放在第 3 章矩阵中进行讨论.

我们知道, 上、下三角行列式

$$\begin{vmatrix} a_{11} & & & \\ a_{21} & a_{22} & & \\ \vdots & \vdots & \ddots & \\ a_{n1} & a_{n2} & \cdots & a_{nn} \end{vmatrix} = \begin{vmatrix} a_{11} & a_{12} & \cdots & a_{1n} \\ & a_{22} & \cdots & a_{2n} \\ & & \ddots & \vdots \\ & & & a_{nn} \end{vmatrix} = a_{11}a_{22}\cdots a_{nn}.$$

因此, 对于大部分具体行列式的计算, 借助于行列式的性质, 将其化为以上类型之一, 即解决了计算问题. 当然, 计算过程中要注意观察行列式的特点, 利用行列式的特点可以大大简化计算过程.

如果行列式某一行 (列) 含有多个零元素时, 或者题目中含有余子式 $M_{ij}$ 或代数余子式 $A_{ij}$ 等明确信息时, 一般利用行列式的展开进行计算 (定理 1, 定理 $1'$ 和定义 5).

### 1.3.1 数字行列式

下面通过例子说明如何利用行列式的性质来简化和计算行列式. 仔细揣摩这些例子, 对于理解和掌握行列式的性质与应用会有很大帮助.

**例 16** 计算 4 阶行列式 $D_4 = \begin{vmatrix} 3 & 1 & -1 & 2 \\ -5 & 1 & 3 & -4 \\ 2 & 0 & 1 & -1 \\ 1 & -5 & 3 & -3 \end{vmatrix}$.

**解**

$$D_4 \xlongequal{c_1 \leftrightarrow c_2} - \begin{vmatrix} 1 & 3 & -1 & 2 \\ 1 & -5 & 3 & -4 \\ 0 & 2 & 1 & -1 \\ -5 & 1 & 3 & -3 \end{vmatrix} \xlongequal{r_2 - r_1, r_4 + 5r_1} - \begin{vmatrix} 1 & 3 & -1 & 2 \\ 0 & -8 & 4 & -6 \\ 0 & 2 & 1 & -1 \\ 0 & 16 & -2 & 7 \end{vmatrix}$$

$$\xlongequal{r_2\leftrightarrow r_3}\begin{vmatrix}1 & 3 & -1 & 2\\0 & 2 & 1 & -1\\0 & -8 & 4 & -6\\0 & 16 & -2 & 7\end{vmatrix}\xlongequal{r_3+4r_2,r_4-8r_2}\begin{vmatrix}1 & 3 & -1 & 2\\0 & 2 & 1 & -1\\0 & 0 & 8 & -10\\0 & 0 & -10 & 15\end{vmatrix}$$

$$\xlongequal{r_4+\frac{10}{8}r_3}\begin{vmatrix}1 & 3 & -1 & 2\\0 & 2 & 1 & -1\\0 & 0 & 8 & -10\\0 & 0 & 0 & \dfrac{5}{2}\end{vmatrix}=40.$$

该例子的方法, 对计算数字行列式普遍适用. 对这类行列式, 一般总是利用行列式的性质将它化为上三角行列式 (或下三角行列式) 来计算. 同时, 在计算过程中, 应尽量调整行列式, 使得计算简捷.

把一个行列式化为上三角行列式的过程可以程序化. 首先, 利用行与行或列与列互换, 总可以把行列式中处于 $a_{11}$ 位置上的元素调整为非零的数. 这样, 可以假设 $a_{11}\neq 0$. 其次, 由于 $a_{11}\neq 0$, 所以能够利用性质 17 将行列式中第 1 列的其他元素全化为 0. 接着, 对其右下角的 $n-1$ 阶行列式实施同样的简化程序. 如此类推, 经过有限步骤, 即可将要计算的行列式化为上三角行列式. 类似程序也可将一个行列式化为下三角行列式. 具体做法请读者自行思考. 需要注意的是, 在化简的过程中, 若出现全为 0 的行 (列), 则行列式必为 0, 后续程序就不必再进行了.

要使得计算简捷, 一般需要观察和思考. 在该例中, 尽管 $a_{11}=3$, 但是如果直接由此出发将第 1 列以下其余元素化为 0, 就会导致计算中出现很多分数, 继续简化行列式的计算会比较麻烦. 因此, 化简时应尽量把 $a_{11}$ 位置上的非零元变换为 1 或 $-1$. 这也正是在该例中首先实施 $c_1\leftrightarrow c_2$ 的原因.

以上计算数字行列式的方法比较适用于低阶行列式, 对计算一些 $n$ 阶行列式此法同样可行, 但可能计算过程复杂些. 此时如果认真观察行列式的特点, 可以使计算过程大为简化. 以后会发现, 对字母行列式更是如此.

**例 17** 计算 $D_n=\begin{vmatrix}1 & 3 & 3 & \cdots & 3\\3 & 2 & 3 & \cdots & 3\\3 & 3 & 3 & \cdots & 3\\\vdots & \vdots & \vdots & & \vdots\\3 & 3 & 3 & \cdots & n\end{vmatrix}$.

**解** 注意到该行列式第 3 行元素的特点和主对角上元素的特点, 实施变换 $r_j-r_3\ (j\neq 3)$, 得到

$$D_n = \begin{vmatrix} -2 & 0 & 0 & 0 & \cdots & 0 \\ 0 & -1 & 0 & 0 & \cdots & 0 \\ 3 & 3 & 3 & 3 & \cdots & 3 \\ 0 & 0 & 0 & 1 & \cdots & 0 \\ \vdots & \vdots & \vdots & \vdots & & \vdots \\ 0 & 0 & 0 & 0 & \cdots & n-3 \end{vmatrix} = \begin{vmatrix} -2 & 0 & 0 \\ 0 & -1 & 0 \\ 3 & 3 & 3 \end{vmatrix} \begin{vmatrix} 1 & & \\ & \ddots & \\ & & n-3 \end{vmatrix}$$

$$= \begin{cases} 1, & n = 1, \\ -7, & n = 2, \\ 6(n-3)!, & n \geqslant 3. \end{cases}$$

上式中第 2 步的道理后续给予说明. 请思考最后一步为什么要讨论 $n = 1$, $n = 2$ 的情形.

### 1.3.2　字母行列式

计算字母行列式基本方法类似于计算数字行列式, 但有两点需要注意: 一是化简过程中, 如果没有明确"字母 $\neq 0$", 一定不能将"字母"出现在分母上; 二是一定要先仔细观察行列式的特点后再计算.

**例 18**　计算 $n$ 阶行列式 $D_n = \begin{vmatrix} x & a & a & \cdots & a \\ a & x & a & \cdots & a \\ a & a & x & \cdots & a \\ \vdots & \vdots & \vdots & & \vdots \\ a & a & a & \cdots & x \end{vmatrix}$.

**解**　本例不能利用$r_j - \dfrac{a}{x} r_1$ $(j \neq 1)$ 将第 1 列除 $a_{11}$ 之外的元素化为 0, 因为题目没有明确 $x \neq 0$. 但其特点是, 每行 (列) 元素之和相同, 都是 $x + (n-1)a$, 注意到这一点便可以计算该行列式. 将行列式的第 $2, 3, \cdots, n$ 行依次加到第 1 行, 并提出公因子 $x + (n-1)a$ 可得

$$D_n = [x + (n-1)a] \begin{vmatrix} 1 & 1 & \cdots & 1 \\ a & x & \cdots & a \\ \vdots & \vdots & & \vdots \\ a & a & \cdots & x \end{vmatrix}.$$

在上式右端行列式中, 将第 1 行的 $-a$ 倍依次加到第 $2, 3, \cdots, n$ 行上去, 得

$$D_n = [x+(n-1)a]\begin{vmatrix} 1 & 1 & \cdots & 1 \\ 0 & x-a & \cdots & 0 \\ \vdots & \vdots & & \vdots \\ 0 & 0 & \cdots & x-a \end{vmatrix} = [x+(n-1)a](x-a)^{n-1}.$$

**例 19**　计算 $n+1$ 阶行列式 (这是一个"爪"形行列式)

$$D_{n+1} = \begin{vmatrix} a_0 & a_1 & a_2 & \cdots & a_n \\ b_1 & d_1 & 0 & \cdots & 0 \\ b_2 & 0 & d_2 & \cdots & 0 \\ \vdots & \vdots & \vdots & & \vdots \\ b_n & 0 & 0 & \cdots & d_n \end{vmatrix} \quad (d_k \neq 0, k=1,2,\cdots,n).$$

**解**　由于 $d_k \neq 0, k=1,2,\cdots,n$, 所以可以使用 $r_1 - \dfrac{a_1}{d_1}r_2 - \cdots - \dfrac{a_n}{d_n}r_{n+1}$ 对 $D_{n+1}$ 进行简化, 从而得到

$$D_{n+1} = \begin{vmatrix} a_0 - \sum\limits_{k=1}^{n} \dfrac{a_k b_k}{d_k} & 0 & 0 & \cdots & 0 \\ b_1 & d_1 & 0 & \cdots & 0 \\ \vdots & \vdots & \vdots & & \vdots \\ b_n & 0 & 0 & \cdots & d_n \end{vmatrix} = \left(a_0 - \sum_{k=1}^{n} \frac{a_k b_k}{d_k}\right) d_1 d_2 \cdots d_n.$$

**例 20**　已知 $D_n = \begin{vmatrix} 1 & 3 & 5 & \cdots & 2n-1 \\ 1 & 2 & & & \\ 1 & & 3 & & \\ \vdots & & & \ddots & \\ 1 & & & & n \end{vmatrix}$, 计算 $A_{11}+A_{12}+\cdots+A_{1n}$.

**解**　构造新的行列式 $D_n' = \begin{vmatrix} 1 & 1 & 1 & \cdots & 1 \\ 1 & 2 & & & \\ 1 & & 3 & & \\ \vdots & & & \ddots & \\ 1 & & & & n \end{vmatrix}$, 则它与 $D_n$ 具有相同的代数余子式 $A_{11}, A_{12}, \cdots, A_{1n}$. 而

$$D_n' = 1\cdot A_{11} + 1\cdot A_{12} + \cdots + 1\cdot A_{1n},$$

因此, 计算 $D_n' = n!\left(1-\frac{1}{2}-\cdots-\frac{1}{n}\right)$, 即得

$$A_{11}+A_{12}+\cdots+A_{1n}=n!\left(1-\frac{1}{2}-\frac{1}{3}-\cdots-\frac{1}{n}\right).$$

**例 21** 计算 $D=\begin{vmatrix} 1+a_1 & 1 & \cdots & 1 \\ 1 & 1+a_2 & \cdots & 1 \\ \vdots & \vdots & & \vdots \\ 1 & 1 & \cdots & 1+a_n \end{vmatrix}, a_i \neq 0, i=1,2,\cdots,n.$

**解法一** 升阶法. 将 $D$ 升阶为 $n+1$ 阶行列式 (升阶时要保证其值不变)

$$D=\begin{vmatrix} 1 & 1 & 1 & \cdots & 1 \\ 0 & 1+a_1 & 1 & \cdots & 1 \\ 0 & 1 & 1+a_2 & \cdots & 1 \\ \vdots & \vdots & \vdots & & \vdots \\ 0 & 1 & 1 & \cdots & 1+a_n \end{vmatrix} \xlongequal{r_i-r_1} \begin{vmatrix} 1 & 1 & 1 & \cdots & 1 \\ -1 & a_1 & 0 & \cdots & 0 \\ -1 & 0 & a_2 & \cdots & 0 \\ \vdots & \vdots & \vdots & & \vdots \\ -1 & 0 & 0 & \cdots & a_n \end{vmatrix}.$$

利用类似以上两例的方法, 即得 $D=a_1a_2\cdots a_n\left(1+\sum_{j=1}^{n}\frac{1}{a_j}\right)$.

**解法二** 将 $D$ 的第 1 列元素除 $a_{11}$ 外改写为 $1+0$, 利用行列式拆分的性质, 得

$$D=\begin{vmatrix} 1 & 1 & \cdots & 1 \\ 1 & 1+a_2 & \cdots & 1 \\ \vdots & \vdots & & \vdots \\ 1 & 1 & \cdots & 1+a_n \end{vmatrix}+\begin{vmatrix} a_1 & 1 & \cdots & 1 \\ 0 & 1+a_2 & \cdots & 1 \\ \vdots & \vdots & & \vdots \\ 0 & 1 & \cdots & 1+a_n \end{vmatrix}=D_1+D_2.$$

对 $D_1$ 实施 $r_j-r_1$ $(j=2,3,\cdots,n)$, 得 $D_1=a_2a_3\cdots a_n$. 对 $D_2$,

$$D_2=a_1\begin{vmatrix} 1+a_2 & 1 & \cdots & 1 \\ 1 & 1+a_3 & \cdots & 1 \\ \vdots & \vdots & & \vdots \\ 1 & 1 & \cdots & 1+a_n \end{vmatrix}$$

$$=a_1a_3a_4\cdots a_n+a_1a_2\begin{vmatrix} 1+a_3 & 1 & \cdots & 1 \\ 1 & 1+a_4 & \cdots & 1 \\ \vdots & \vdots & & \vdots \\ 1 & 1 & \cdots & 1+a_n \end{vmatrix}.$$

依次进行下去, 最后得

$$D=a_1a_2\cdots a_n+a_2a_3\cdots a_n+a_1a_3\cdots a_n+\cdots+a_1a_2\cdots a_{n-1}=a_1a_2\cdots a_n\left(1+\sum_{j=1}^{n}\frac{1}{a_j}\right).$$

**例 22** 证明: 当 $\alpha\neq\beta$ 时,

$$D_n=\begin{vmatrix}\alpha+\beta & \alpha\beta & & & & \\ 1 & \alpha+\beta & \alpha\beta & & & \\ & 1 & \alpha+\beta & \alpha\beta & & \\ & & \ddots & \ddots & \ddots & \\ & & & 1 & \alpha+\beta & \alpha\beta \\ & & & & 1 & \alpha+\beta\end{vmatrix}=\frac{\beta^{n+1}-\alpha^{n+1}}{\beta-\alpha}.$$

这里未写出的元素均为 0, 这种表达方式以后会经常使用. 另外, 由于 $D_n$ 的这种形式, 所以也称为三对角行列式.

**证明** 对行列式的阶数 $n$ 利用数学归纳法证明. 易见当 $n=1$ 时, 结论成立. 当 $n=2$ 时, 按照定义计算不难验证结论成立. 设 $n\geqslant 3$, 并设结论对不超过 $n-1$ 的正整数成立. 将 $D_n$ 按照第 1 行展开, 并代入归纳假设, 经简单整理, 得到

$$D_n=(\alpha+\beta)D_{n-1}-\alpha\beta D_{n-2}=(\alpha+\beta)\frac{\beta^n-\alpha^n}{\beta-\alpha}-\alpha\beta\frac{\beta^{n-1}-\alpha^{n-1}}{\beta-\alpha}=\frac{\beta^{n+1}-\alpha^{n+1}}{\beta-\alpha}.$$

故由数学归纳法知, 结论对任意整数 $n\geqslant 1$ 都成立.

请读者思考, 当 $\alpha=\beta$ 时, 行列式 $D_n$ 如何计算?

设递推公式 $D_n=pD_{n-1}+qD_{n-2}$, 常用方法如下:

(1) 计算 $D_1,D_2,D_3$, 寻求规律, 然后猜想, 再利用归纳法给予证明;

(2) 借助于行列式的性质, 得到关于 $D_n$ 和 $D_{n-1}$ 的方程组, 求解 $D_n$;

(3) 将其视为一阶差分方程, 求出特征方程 $\lambda^2-p\lambda-q=0$ 的两个根 $\lambda_1,\lambda_2$, 则

$$D_n=C_1\lambda_1^n+C_2\lambda_2^n,\quad \lambda_1\neq\lambda_2,$$
$$D_n=C_1\lambda_1^n+C_2n\lambda_2^n,\quad \lambda_1=\lambda_2,$$

这里 $C_1,C_2$ 由 $D_1,D_2,D_3$ 的关系式确定.

**例 23** 证明范德蒙德 (Vandermonde) 行列式

$$D_n=\begin{vmatrix}1 & 1 & \cdots & 1\\ x_1 & x_2 & \cdots & x_n\\ x_1^2 & x_2^2 & \cdots & x_n^2\\ \vdots & \vdots & & \vdots\\ x_1^{n-1} & x_2^{n-1} & \cdots & x_n^{n-1}\end{vmatrix}=\prod_{1\leqslant i<j\leqslant n}(x_j-x_i).$$

**证明**　当存在 $x_j$, 其中 $1 \leqslant j \leqslant n-1$, 使得 $x_j = x_n$ 时, 由性质易知结论成立. 故可假设对任意 $1 \leqslant j \leqslant n-1$, 均有 $x_j \neq x_n$. 对行列式的阶数 $n$ 用数学归纳法证明. 当 $n=2$ 时, $D_2 = x_2 - x_1$, 结论成立. 假设结论对 $n-1$ 成立, 即 $D_{n-1} = \prod\limits_{1 \leqslant i < j \leqslant n-1} (x_j - x_i)$. 对于 $D_n$, 按 $i = n, n-1, \cdots, 2$ 的次序, 把第 $i-1$ 行的 $-x_n$ 倍加到第 $i$ 行上, 得

$$D_n = \begin{vmatrix} 1 & 1 & \cdots & 1 & 1 \\ x_1 - x_n & x_2 - x_n & \cdots & x_{n-1} - x_n & 0 \\ x_1^2 - x_1 x_n & x_2^2 - x_2 x_n & \cdots & x_{n-1}^2 - x_{n-1} x_n & 0 \\ \vdots & \vdots & & \vdots & \vdots \\ x_1^{n-1} - x_1^{n-2} x_n & x_2^{n-1} - x_2^{n-2} x_n & \cdots & x_{n-1}^{n-1} - x_{n-1}^{n-2} x_n & 0 \end{vmatrix}.$$

将上式按第 $n$ 列展开, 然后在所得的 $n-1$ 阶行列式中, 提出第 $j$ 列的非零公因子 $x_j - x_n$, 得

$$D_n = (x_n - x_1)(x_n - x_2) \cdots (x_n - x_{n-1}) D_{n-1}.$$

由数学归纳法知结论对任意 $n \geqslant 2$ 成立.

**例 24**　计算 $n$ 阶行列式 $D_n = \begin{vmatrix} a & b & b & \cdots & b \\ c & a & b & \cdots & b \\ c & c & a & \cdots & b \\ \vdots & \vdots & \vdots & & \vdots \\ c & c & c & \cdots & a \end{vmatrix}$.

**解**　该行列式的特点是主对角线上的元素都是 $a$, 对角线上部元素都是 $b$, 下部元素都是 $c$.

$$D_n = \begin{vmatrix} (a-b)+b & 0+b & 0+b & \cdots & 0+b \\ c & a & b & \cdots & b \\ c & c & a & \cdots & b \\ \vdots & \vdots & \vdots & & \vdots \\ c & c & c & \cdots & a \end{vmatrix} = \begin{vmatrix} a-b & 0 & \cdots & 0 \\ & * & * & \end{vmatrix} + \begin{vmatrix} b & b & \cdots & b \\ & * & * & \end{vmatrix}$$

$$= (a-b)D_{n-1} + b \begin{vmatrix} 1 & 1 & \cdots & 1 \\ & * & * & \end{vmatrix} = (a-b)D_{n-1} + b(a-c)^{n-1}.$$

对 $D_n$ 行列互换, 其值不变, 于是 $D_n = (a-c)D_{n-1} + c(a-b)^{n-1}$. 因此当 $b \neq c$ 时, 由以上两式消去 $D_{n-1}$, 得

$$D_n = \frac{b(a-c)^n - c(a-b)^n}{b-c}.$$

当 $b=c$ 时, 利用例 18 的方法, 得 $D_n=(a-b)^n+nb(a-b)^{n-1}$.

### 1.3.3 行列式的 Laplace 定理及其应用

下面要讨论的 Laplace 定理为行列式按行 (列) 展开的一个推广. 为此, 先推广余子式和代数余子式的概念.

**定义 6** 在 $n$ 阶行列式 $D_n$ 中, 任意选定 $k$ 行 $k$ 列 $(k\leqslant n)$, 位于这些行和列的交叉点上的 $k^2$ 个元素保持原序不变, 组成一个 $k$ 阶行列式 $M$, 这个 $M$ 称为 $D_n$ 的一个 $k$ 阶子式. 当 $k<n$ 时, $D_n$ 中划去这 $k$ 行 $k$ 列后余下来的元素仍然按照原序组成的 $n-k$ 级行列式 $M'$ 称为 $M$ 的**余子式**.

进一步, 若 $k$ 阶子式 $M$ 在 $D_n$ 中所在的行指标和列指标分别为 $i_1,i_2,\cdots,i_k;j_1,j_2,\cdots,j_k$, 则 $A=(-1)^{(i_1+i_2+\cdots+i_k)+(j_1+j_2+\cdots+j_k)}M'$ 称为 $M$ 的**代数余子式**.

根据以上定义, 有三点是显然的, 一是 $M$ 与 $M'$ 为一对互余的子式; 二是 $k=1$ 时, 即为之前的余子式和代数余子式; 三是取定 $k$ 行或 $k$ 列, 可以生成 $t=\dfrac{n!}{k!(n-k)!}$ 个 $k$ 阶子式, 自然有 $t$ 个 (代数) 余子式.

例如, 4 阶行列式 $D_4=\begin{vmatrix}1&2&3&4\\5&6&7&8\\9&10&11&12\\13&14&15&16\end{vmatrix}$ 中, 子式 $M_1=\begin{vmatrix}1&2\\13&14\end{vmatrix}$ 的余子式 $M_1'=\begin{vmatrix}7&8\\11&12\end{vmatrix}$, 代数余子式为 $(-1)^{(1+4)+(1+2)}M_1'$.

**引理 1** 行列式 $D_n$ 中任一子式 $M$ 与它的代数余子式 $A$ 的乘积中的每一项都是行列式 $D_n$ 展开式中的一项, 且符号相同.

**证明** 首先, 证明 $M$ 位于 $D_n$ 的左上方

$$D_n=\begin{vmatrix}a_{11}&\cdots&a_{1k}&&&\\ \vdots&M&\vdots&&&\\ a_{k1}&\cdots&a_{kk}&&&\\ &&&a_{k+1,k+1}&\cdots&a_{k+1,n}\\ &&&\vdots&M'&\vdots\\ &&&a_{n,k+1}&\cdots&a_{nn}\end{vmatrix}.$$

此时 $M$ 的代数余子式 $A=(-1)^{(1+2+\cdots+k)+(1+2+\cdots+k)}M'=M', M$ 和 $M'$ 的每一项都可以分别写为 $a_{1p_1}a_{2p_2}\cdots a_{kp_k}$, $a_{(k+1),p_{k+1}}\cdots a_{np_n}$, 其中 $p_1,p_2,\cdots,p_k$ 为 $1,2,\cdots,k$ 的一个排列, $p_{k+1},\cdots,p_n$ 是 $k+1,\cdots,n$ 的一个排列. 显然, 这两项乘积为

$$a_{1p_1}a_{2p_2}\cdots a_{kp_k}a_{(k+1)p_{k+1}}\cdots a_{np_n},$$

其符号为 $(-1)^{\tau(p_1p_2\cdots p_k)+\tau(p_{k+1}\cdots p_n)}$. 由于每个 $p_j$ $(j=k+1,\cdots,n)$ 都比 $p_i$ $(i=1,2,\cdots,k)$ 大, 因此, $(-1)^{\tau(p_1p_2\cdots p_k)+\tau(p_{k+1}\cdots p_n)}=(-1)^{\tau(p_1p_2\cdots p_kp_{k+1}\cdots p_n)}$. 故这个乘积是行列式 $D_n$ 中一项, 且符号相同.

其次, 如果 $M$ 位于 $D_n$ 的第 $i_1,i_2,\cdots,i_k$ 行, 第 $j_1,j_2,\cdots,j_k$ 列 $(i_1<i_2<\cdots<i_k;j_1<j_2<\cdots<j_k)$, 变动 $D_n$ 中行列的次序, 使 $M$ 位于 $D_n$ 的左上角. 为此, 先把第 $i_1$ 行依次与第 $i_1-1,i_1-2,\cdots,2,1$ 行对换, 经过 $i_1-1$ 次对换, 将第 $i_1$ 行换到第 1 行. 再将第 $i_2$ 行进行类似对换到第 2 行, 最后共进行了

$$(i_1-1)+(i_2-2)+\cdots+(i_k-k)=(i_1+i_2+\cdots+i_k)-(1+2+\cdots+k)$$

次对换把第 $i_1,i_2,\cdots,i_k$ 行依次对换到第 $1,2,\cdots,k$ 行. 对列进行类似的对换, 共进行

$$(j_1+j_2+\cdots+j_k)-(1+2+\cdots+k)$$

次列对换, 可以将第 $j_1,j_2,\cdots,j_k$ 对换到第 $1,2,\cdots,k$ 列. 以 $D_n'$ 表示行列对换后的行列式, 则 (每对换一次, 行列式变号一次)

$$\begin{aligned}D_n'&=(-1)^{(i_1+i_2+\cdots+i_k)-(1+2+\cdots+k)+(j_1+j_2+\cdots+j_k)-(1+2+\cdots+k)}D_n\\&=(-1)^{i_1+i_2+\cdots+i_k+j_1+j_2+\cdots+j_k}D_n.\end{aligned}$$

因此, $D_n'$ 和 $D_n$ 展开式中出现的项是一样的, 只是每一项差一符号

$$(-1)^{i_1+i_2+\cdots+i_k+j_1+j_2+\cdots+j_k}.$$

现在 $M$ 位于 $D_n'$ 中左上角, 所以 $MM'$ 中每一项都是 $D_n'$ 中的一项, 且符号一致. 但

$$MA=(-1)^{i_1+i_2+\cdots+i_k+j_1+j_2+\cdots+j_k}MM'.$$

因此 $MA$ 中每一项都与 $D_n$ 中一项相等且符号一致.

**定理 4** (Laplace 定理) *在 $n$ 阶行列式 $D_n$ 中任意选定 $k$ $(1\leqslant k\leqslant n-1)$ 行, 由这 $k$ 行确定的所有子式 $M_1,M_2,\cdots,M_t$ 的代数余子式分别为 $A_1,A_2,\cdots,A_t$, 则*

$$D_n=M_1A_1+M_2A_2+\cdots+M_tA_t,\quad t=\frac{n!}{k!(n-k)!}.$$

显然, 当 $k=1$ 时, 即为定义 5 中给出的算式. 在证明该定理之前, 先举例理解具体内容. 例如, 设有 4 阶行列式 $D_4=\begin{vmatrix}1&2&-1&3\\7&0&5&2\\-2&4&6&1\\2&3&1&4\end{vmatrix}$, 固定第 2 行和第 3

行, 共有 $C_4^2=6$ 个 2 阶子式 $M_1=\begin{vmatrix} 7 & 0 \\ -2 & 4 \end{vmatrix}, M_2=\begin{vmatrix} 7 & 5 \\ -2 & 6 \end{vmatrix}, M_3=\begin{vmatrix} 7 & 2 \\ -2 & 1 \end{vmatrix}$, $M_4=\begin{vmatrix} 0 & 5 \\ 4 & 6 \end{vmatrix}, M_5=\begin{vmatrix} 0 & 2 \\ 4 & 1 \end{vmatrix}$ 和 $M_6=\begin{vmatrix} 5 & 2 \\ 6 & 1 \end{vmatrix}$. 与其对应的代数余子式分别为

$$A_1=(-1)^{2+3+1+2}\begin{vmatrix} -1 & 3 \\ 1 & 4 \end{vmatrix},\quad A_2=(-1)^{2+3+1+3}\begin{vmatrix} 2 & 3 \\ 3 & 4 \end{vmatrix},$$

$$A_3=(-1)^{2+3+1+4}\begin{vmatrix} 2 & -1 \\ 3 & 1 \end{vmatrix},\quad A_4=(-1)^{2+3+2+3}\begin{vmatrix} 1 & 3 \\ 2 & 4 \end{vmatrix},$$

$$A_5=(-1)^{2+3+2+4}\begin{vmatrix} 1 & -1 \\ 2 & 1 \end{vmatrix},\quad A_6=(-1)^{2+3+3+4}\begin{vmatrix} 1 & 2 \\ 2 & 3 \end{vmatrix}.$$

于是, 由 Laplace 定理 $D_4=M_1A_1+M_2A_2+M_3A_3+M_4A_4+M_5A_5+M_6A_6=-18$.

**定理 4 的证明**　设 $D_n$ 中取定 $k$ 行后所得的子式为 $M_1,M_2,\cdots,M_t$, 它们的代数余子式分别为 $A_1,A_2,\cdots,A_t$. 根据引理 1, $M_iA_i$ 中每一项都是 $D_n$ 中的一项且符号相同, $M_iA_i$ 与 $M_jA_j$ $(i\neq j)$ 之间没有公共项. 因此, 为证明定理, 只要证明等式

$$D_n=M_1A_1+M_2A_2+\cdots+M_tA_t$$

两边项数相等即可. 显然等式左端共 $n!$ 项, 根据子式的取法, $M_i$ 共 $k!$ 项, $A_i$ 共 $(n-k)!$ 项, 所以右端共有 $tk!(n-k)!=n!$. 定理获证.

**例 25**　证明

$$D=\begin{vmatrix} a_{11} & \cdots & a_{1k} & 0 & \cdots & 0 \\ \vdots & & \vdots & \vdots & & \vdots \\ a_{k1} & \cdots & a_{kk} & 0 & \cdots & 0 \\ c_{11} & \cdots & c_{1k} & b_{11} & \cdots & b_{1m} \\ \vdots & & \vdots & \vdots & & \vdots \\ c_{m1} & \cdots & c_{mk} & b_{m1} & \cdots & b_{mm} \end{vmatrix}=\begin{vmatrix} a_{11} & \cdots & a_{1k} \\ \vdots & & \vdots \\ a_{k1} & \cdots & a_{kk} \end{vmatrix}\begin{vmatrix} b_{11} & \cdots & b_{1m} \\ \vdots & & \vdots \\ b_{m1} & \cdots & b_{mm} \end{vmatrix}.$$

**证明**　选定第 1 行到第 $k$ 行, 显然 $k$ 阶子式 $M_1=\begin{vmatrix} a_{11} & \cdots & a_{1k} \\ \vdots & & \vdots \\ a_{k1} & \cdots & a_{kk} \end{vmatrix}$ 的代

数余子式为$A_1=(-1)^{(1+2+\cdots+k)+(1+2+\cdots+k)}\begin{vmatrix} b_{11} & \cdots & b_{1m} \\ \vdots & & \vdots \\ b_{m1} & \cdots & b_{mm} \end{vmatrix}$, 而其他的 $k$ 阶子式 $M_2,\cdots,M_t$ 都有一列元素全为 0, 那么必然 $M_2=\cdots=M_t=0$. 因此, 由 Laplace 定理即证.

在上例中, 记 $\boldsymbol{A}=(a_{ij}),\boldsymbol{B}=(b_{ij})$(以后知道, $\boldsymbol{A},\boldsymbol{B}$ 表示矩阵), 则上式可以简记为

$$D=\begin{vmatrix} \boldsymbol{A} & \boldsymbol{O} \\ * & \boldsymbol{B} \end{vmatrix}=|\boldsymbol{A}||\boldsymbol{B}|,$$

其中右上角的 $\boldsymbol{O}$ 是行列式中许多 0 元素的简写, $*$ 表示行列式 $D$ 左下角的元素 $c_{ij}$. 类似地,

$$\begin{vmatrix} \boldsymbol{A} & * \\ \boldsymbol{O} & \boldsymbol{B} \end{vmatrix}=|\boldsymbol{A}||\boldsymbol{B}|,$$

其中左下角的 $\boldsymbol{O}$ 是行列式中许多 0 元素的简写, 右上角的 $*$ 表示任意元素 $c_{ij}$.

**例 26**　计算 $D_{2n}=\begin{vmatrix} a & & & & & b \\ & \ddots & & & \iddots & \\ & & a & b & & \\ & & b & a & & \\ & \iddots & & & \ddots & \\ b & & & & & a \end{vmatrix}$.

**解**　取第 1 行和第 $2n$ 行, 发现只有子式 $M_1=\begin{vmatrix} a & b \\ b & a \end{vmatrix}=a^2-b^2$ 非零外, 其他子式均为 0, 且 $M_1$ 的余子式为 $D_{2(n-1)}$. 因此,

$$D_{2n}=(a^2-b^2)D_{2(n-1)}=\cdots=(a^2-b^2)^n.$$

计算行列式的主要思路是: 利用行列式的性质和展开定理, 化繁为简, 化未知为已知, 化高阶为低阶. 所谓化繁为简, 就是利用性质将某些非零元素化为 0. 行列式中零元素越多, 计算就越容易. 化未知为已知, 就是把行列式化成一些已知结果的行列式, 比如范德蒙德行列式、上 (下) 三角行列式等, 再进行计算. 化高阶为低阶, 就是利用行列式的展开定理 1 与定理 1′ 或定义 5, 将 $n$ 阶行列式化为低一阶的行列式来计算.

## 习 题 1.3

1. 计算下列行列式.

(1) $\begin{vmatrix} 0 & 1 & 2 & 4 \\ 2 & 0 & 1 & 1 \\ -1 & 3 & 5 & 2 \\ 2 & 1 & 0 & 5 \end{vmatrix}$; (2) $\begin{vmatrix} x & y & z & w \\ y & x & w & z \\ z & w & x & y \\ w & z & y & x \end{vmatrix}$; (3) $\begin{vmatrix} a_1 & 0 & 0 & b_1 \\ 0 & a_2 & b_2 & 0 \\ 0 & b_3 & a_3 & 0 \\ b_4 & 0 & 0 & a_4 \end{vmatrix}$.

2. 计算下列 $n$ 阶行列式.

(1) $D_n=\begin{vmatrix} x & y & 0 & \cdots & 0 & 0 \\ 0 & x & y & \cdots & 0 & 0 \\ \vdots & \vdots & \vdots & & \vdots & \vdots \\ 0 & 0 & 0 & \cdots & x & y \\ y & 0 & 0 & \cdots & 0 & x \end{vmatrix}$; (2) $D_n=\begin{vmatrix} x_1-m & x_2 & \cdots & x_n \\ x_1 & x_2-m & \cdots & x_n \\ \vdots & \vdots & & \vdots \\ x_1 & x_2 & \cdots & x_n-m \end{vmatrix}$;

(3) $D_n=\begin{vmatrix} a_1-b_1 & a_1-b_2 & \cdots & a_1-b_n \\ a_2-b_1 & a_2-b_2 & \cdots & a_2-b_n \\ \vdots & \vdots & & \vdots \\ a_n-b_1 & a_n-b_2 & \cdots & a_n-b_n \end{vmatrix}$; (4) $D_n=\begin{vmatrix} 1 & 2 & 2 & \cdots & 2 \\ 2 & 2 & 2 & \cdots & 2 \\ \vdots & \vdots & \vdots & & \vdots \\ 2 & 2 & 2 & \cdots & n \end{vmatrix}$;

(5) $D_n=\begin{vmatrix} 1 & 2 & 3 & \cdots & n-1 & n \\ 1 & -1 & 0 & \cdots & 0 & 0 \\ 0 & 2 & -2 & \cdots & 0 & 0 \\ \vdots & \vdots & \vdots & & \vdots & \vdots \\ 0 & 0 & 0 & \cdots & n-1 & 1-n \end{vmatrix}$; (6) $D_n=\begin{vmatrix} a & 0 & \cdots & 0 & 1 \\ 0 & a & \cdots & 0 & 0 \\ \vdots & \vdots & & \vdots & \vdots \\ 0 & 0 & \cdots & a & 0 \\ 1 & 0 & \cdots & 0 & a \end{vmatrix}$;

(7) $D_n=\begin{vmatrix} x & 0 & 0 & \cdots & 0 & a_n \\ -1 & x & 0 & \cdots & 0 & a_{n-1} \\ 0 & -1 & x & \cdots & 0 & a_{n-2} \\ \vdots & \vdots & \vdots & & \vdots & \vdots \\ 0 & 0 & 0 & \cdots & x & a_2 \\ 0 & 0 & 0 & \cdots & -1 & x+a_1 \end{vmatrix}$;

(8) $D_n = \begin{vmatrix} 1 & 1 & \cdots & 1 & 1 \\ x_1 & x_2 & \cdots & x_{n-1} & x_n \\ x_1^2 & x_2^2 & \cdots & x_{n-1}^2 & x_n^2 \\ \vdots & \vdots & & \vdots & \vdots \\ x_1^{n-2} & x_2^{n-2} & \cdots & x_{n-1}^{n-2} & x_n^{n-2} \\ x_1^n & x_2^n & \cdots & x_{n-1}^n & x_n^n \end{vmatrix}$.

3. 设 $n\ (n>2)$ 阶行列式 $D_n$ 的所有元素要么为 1 要么为 $-1$, 证明

$$|D_n| \leqslant (n-1)!(n-1).$$

4. 解方程.

(1) $\begin{vmatrix} 1 & 2 & 3 & \cdots & n \\ 1 & x & 3 & \cdots & n \\ \vdots & \vdots & \vdots & & \vdots \\ 1 & 2 & 3 & \cdots & x \end{vmatrix} = 0$;　(2) $\begin{vmatrix} 1 & 1 & \cdots & 1 & 1 \\ 1 & 2 & \cdots & n-1 & x \\ 1 & 2^2 & \cdots & (n-1)^2 & x^2 \\ \vdots & \vdots & & \vdots & \vdots \\ 1 & 2^{n-1} & \cdots & (n-1)^{n-1} & x^{n-1} \end{vmatrix} = 0$.

5. 证明:

(1) $\begin{vmatrix} 1 & a_1 & a_2 & \cdots & a_n \\ 1 & a_1+b_1 & a_2 & \cdots & a_n \\ 1 & a_1 & a_2+b_2 & \cdots & a_n \\ \vdots & \vdots & \vdots & & \vdots \\ 1 & a_1 & a_2 & \cdots & a_n+b_n \end{vmatrix} = b_1 b_2 \cdots b_n$;

(2) $D_n = \begin{vmatrix} 2a & 1 & & & & \\ a^2 & 2a & 1 & & & \\ & a^2 & 2a & 1 & & \\ & & \ddots & \ddots & \ddots & \\ & & & a^2 & 2a & 1 \\ & & & & a^2 & 2a \end{vmatrix} = (n+1)a^n$;

(3) $D_n = \begin{vmatrix} \cos\alpha & 1 & 0 & \cdots & 0 & 0 \\ 1 & 2\cos\alpha & 1 & \cdots & 0 & 0 \\ 0 & 1 & 2\cos\alpha & \cdots & 0 & 0 \\ \vdots & \vdots & \vdots & & \vdots & \vdots \\ 0 & 0 & 0 & \cdots & 1 & 2\cos\alpha \end{vmatrix} = \cos n\alpha$;

$$(4)\ D_n = \begin{vmatrix} 1 & 2 & 3 & \cdots & n \\ 1 & 1+2 & 3 & \cdots & n \\ 1 & 2 & 1+3 & \cdots & n \\ \vdots & \vdots & \vdots & & \vdots \\ 1 & 2 & 3 & \cdots & (n-1)+n \end{vmatrix} = (n-1)!;$$

$$(5)\ \begin{vmatrix} x_1-a_1 & x_2 & x_3 & \cdots & x_n \\ x_1 & x_2-a_2 & x_3 & \cdots & x_n \\ \vdots & \vdots & \vdots & & \vdots \\ x_1 & x_2 & x_3 & \cdots & x_n-a_n \end{vmatrix} = (-1)^{n-1}a_1a_2\cdots a_n\left(\sum_{i=1}^{n}\frac{x_i}{a_i}-1\right),$$

$a_i \neq 0\ (i=1,2,\cdots,n)$;

$$(6)\ \begin{vmatrix} a_1 & a_2 & a_3 & \cdots & a_{n-1} & a_n \\ 1 & -1 & 0 & \cdots & 0 & 0 \\ 0 & 2 & -2 & \cdots & 0 & 0 \\ \vdots & \vdots & \vdots & & \vdots & \vdots \\ 0 & 0 & 0 & \cdots & n-1 & 1-n \end{vmatrix} = (-1)^{n-1}(n-1)!\left(\sum_{i=1}^{n}a_i\right),\ n>1.$$

6. 设 $f_i(x)$ 为次数不超过 $n-2\ (n>1)$ 的多项式, 实数 $a_1,a_2,\cdots,a_n$ 互不相同, 证明 $\det(f_i(a_j))=0$.

7. 利用 $D_n = pD_{n-1}+qD_{n-2}$, 计算 $D_n = \begin{vmatrix} a & b & 0 & \cdots & 0 & 0 & 0 \\ c & a & b & \cdots & 0 & 0 & 0 \\ 0 & c & a & \cdots & 0 & 0 & 0 \\ \vdots & \vdots & \vdots & & \vdots & \vdots & \vdots \\ 0 & 0 & 0 & \cdots & c & a & b \\ 0 & 0 & 0 & \cdots & 0 & c & a \end{vmatrix}$.

8. 计算 $f(x+1)-f(x)$, 其中 $f(x)=\begin{vmatrix} 1 & 0 & 0 & 0 & \cdots & 0 & x \\ 1 & 2 & 0 & 0 & \cdots & 0 & x^2 \\ 1 & 3 & 3 & 0 & \cdots & 0 & x^3 \\ \vdots & \vdots & \vdots & \vdots & & \vdots & \vdots \\ 1 & n & C_n^2 & C_n^3 & \cdots & C_n^{n-1} & x^{n-1} \\ 1 & n+1 & C_{n+1}^2 & C_{n+1}^3 & \cdots & C_{n+1}^{n-1} & x^{n+1} \end{vmatrix}$.

## 1.4 Cramer 法则

本节讨论“方程个数等于未知数个数”这一类方程组的求解问题, 即 $n$ 个方程

$n$ 个未知数 (也称未知元) 的方程组

$$\begin{cases} a_{11}x_1 + a_{12}x_2 + \cdots + a_{1n}x_n = b_1, \\ a_{21}x_1 + a_{22}x_2 + \cdots + a_{2n}x_n = b_2, \\ \cdots\cdots \\ a_{n1}x_1 + a_{n2}x_2 + \cdots + a_{nn}x_n = b_n \end{cases} \tag{9}$$

的求解. 称 $D_n = |a_{ij}|$ 为方程组的**系数行列式**.

方程个数少于未知数个数, 这样的方程组称为**欠定方程组**, 如 $\begin{cases} 2x - y + z = 1, \\ x - y + 2z = 2 \end{cases}$ 是欠定方程组; 方程个数多于未知数的个数, 这样的方程组称为**超定方程组**.

方程组 (9) 称为 $n$ 元一次**非齐次线性方程组**. 若右端项 $b_1 = b_2 = \cdots = b_n = 0$, 则方程组 (9) 变为

$$\begin{cases} a_{11}x_1 + a_{12}x_2 + \cdots + a_{1n}x_n = 0, \\ a_{21}x_1 + a_{22}x_2 + \cdots + a_{2n}x_n = 0, \\ \cdots\cdots \\ a_{n1}x_1 + a_{n2}x_2 + \cdots + a_{nn}x_n = 0. \end{cases} \tag{10}$$

这样的方程组称为**齐次线性方程组**.

利用行列式的性质, 直接计算, 可得 (其中 $D_n = |a_{ij}|$)

$$A_1 = \begin{vmatrix} b_1 & a_{12} & \cdots & a_{1n} \\ b_2 & a_{22} & \cdots & a_{2n} \\ \vdots & \vdots & & \vdots \\ b_n & a_{n2} & \cdots & a_{nn} \end{vmatrix} = \begin{vmatrix} a_{11}x_1 + a_{12}x_2 + \cdots + a_{1n}x_n & a_{12} & \cdots & a_{1n} \\ a_{21}x_1 + a_{22}x_2 + \cdots + a_{2n}x_n & a_{22} & \cdots & a_{2n} \\ \vdots & \vdots & & \vdots \\ a_{n1}x_1 + a_{n2}x_2 + \cdots + a_{nn}x_n & a_{n2} & \cdots & a_{nn} \end{vmatrix} = D_n x_1,$$

$$A_2 = \begin{vmatrix} a_{11} & b_1 & \cdots & a_{1n} \\ a_{21} & b_2 & \cdots & a_{2n} \\ \vdots & \vdots & & \vdots \\ a_{n1} & b_n & \cdots & a_{nn} \end{vmatrix} = \begin{vmatrix} a_{11} & a_{11}x_1 + a_{12}x_2 + \cdots + a_{1n}x_n & \cdots & a_{1n} \\ a_{21} & a_{21}x_1 + a_{22}x_2 + \cdots + a_{2n}x_n & \cdots & a_{2n} \\ \vdots & \vdots & & \vdots \\ a_{n1} & a_{n1}x_1 + a_{n2}x_2 + \cdots + a_{nn}x_n & \cdots & a_{nn} \end{vmatrix} = D_n x_2,$$

$$\cdots\cdots$$

$$A_n = \begin{vmatrix} a_{11} & a_{12} & \cdots & b_1 \\ a_{21} & a_{22} & \cdots & b_2 \\ \vdots & \vdots & & \vdots \\ a_{n1} & a_{n2} & \cdots & b_n \end{vmatrix} = \begin{vmatrix} a_{11} & a_{12} & \cdots & a_{11}x_1 + a_{12}x_2 + \cdots + a_{1n}x_n \\ a_{21} & a_{22} & \cdots & a_{21}x_1 + a_{22}x_2 + \cdots + a_{2n}x_n \\ \vdots & \vdots & & \vdots \\ a_{n1} & a_{n2} & \cdots & a_{n1}x_1 + a_{n2}x_2 + \cdots + a_{nn}x_n \end{vmatrix} = D_n x_n.$$

因此, 根据上述 $n$ 个式子, 我们可得出如下结论:

(1) 如果 $D_n=0$, 此时若至少有一个 $A_k\neq 0\ (1\leqslant k\leqslant n)$, 那么方程组 (9) 无解; 若 $A_i=0\ (i=1,2,\cdots,n)$, 无法判断方程组 (9) 是否有解;

(2) 如果 $D_n\neq 0$, 此时方程组 (9) 有解, 且满足

$$x_1=\frac{A_1}{D_n},x_2=\frac{A_2}{D_n},\cdots,x_n=\frac{A_n}{D_n},\tag{11}$$

进一步, 这个解还是唯一的. 事实上, 设 $x=c_i,x=d_i\ (i=1,2,\cdots,n)$ 都是方程组 (9) 的解, 那么它们满足

$$\begin{cases}a_{11}(c_1-d_1)+a_{12}(c_2-d_2)+\cdots+a_{1n}(c_n-d_n)=0,\\ a_{21}(c_1-d_1)+a_{22}(c_2-d_2)+\cdots+a_{2n}(c_n-d_n)=0,\\ \qquad\cdots\cdots\\ a_{n1}(c_1-d_1)+a_{n2}(c_2-d_2)+\cdots+a_{nn}(c_n-d_n)=0.\end{cases}$$

同样地, 利用行列式的性质, 得

$$0=\begin{vmatrix} & 0 & \\ * & \vdots & * \\ & 0 & \end{vmatrix}=\begin{vmatrix} & a_{11}(c_1-d_1)+a_{12}(c_2-d_2)+\cdots+a_{1n}(c_n-d_n) & \\ * & \vdots & * \\ & a_{n1}(c_1-d_1)+a_{n2}(c_2-d_2)+\cdots+a_{nn}(c_n-d_n) & \end{vmatrix}$$

$$=(c_i-d_i)D_n.$$

从而 $c_i-d_i=0\ (i=1,2,\cdots,n)$. 故可给出如下重要定理.

**定理 5** (Cramer 法则) *如果方程组 (9) 的系数行列式 $D_n\neq 0$, 则方程组 (9) 存在唯一解, 且解的表达式由 (11) 式给出.*

第 2 章将可以看到, 条件 $D_n\neq 0$ 是方程组 (9) 有唯一解的充分必要条件.

对方程组 (10), 显然它一定有零解, 但人们更关心的是, 除零解之外, 还有没有非零解. 根据以上分析, 显然以下结论成立.

**定理 6** *若 $D_n\neq 0$, 则方程组 (10) 只有零解, 或者说, 如果方程组 (10) 有非零解, 则 $D_n=0$, 即 $D_n\neq 0$ 是方程组 (10) 只有零解的充分必要条件.*

**例 27** 求解线性方程组 $\begin{cases}x_1+x_2+x_3=1,\\ x_1+2x_2-x_3=0,\\ 3x_1+5x_2+x_3=3.\end{cases}$

**解** 该方程组的系数行列式 $D=\begin{vmatrix}1&1&1\\1&2&-1\\3&5&1\end{vmatrix}=2\neq 0$, 因此, 它有唯一解.

直接计算, 得

$$d_1=\begin{vmatrix}1&1&1\\0&2&-1\\3&5&1\end{vmatrix}=-2,\quad d_2=\begin{vmatrix}1&1&1\\1&0&-1\\3&3&1\end{vmatrix}=2,\quad d_3=\begin{vmatrix}1&1&1\\1&2&0\\3&5&3\end{vmatrix}=2.$$

所以, 由定理 5 知该方程组的唯一解

$$x_1=\frac{d_1}{D}=-1,\quad x_2=\frac{d_2}{D}=1,\quad x_3=\frac{d_3}{D}=1.$$

**例 28**　给定平面上三个点 $(1,1),(2,-1),(3,1)$, 求过这三个点且对称轴与 $y$ 轴平行的抛物线的方程.

**解**　由于所求抛物线的对称轴与 $y$ 轴平行, 所以可设其方程为 $y=ax^2+bx+c$, 其中 $a,b,c$ 为待定常数. 将给定的三个点 $(1,1),(2,-1),(3,1)$ 代入, 可得

$$\begin{cases}a+b+c=1,\\4a+2b+c=-1,\\9a+3b+c=1.\end{cases}$$

这是一个关于未知元 $a,b,c$ 的线性方程组, 其系数行列式 $D=\begin{vmatrix}1&1&1\\4&2&1\\9&3&1\end{vmatrix}=-2.$ 故由定理 5 不难得出其解为 $a=2,b=-8,c=7$. 因此, 所求抛物线的方程为

$$y=2x^2-8x+7.$$

一般地, 平面上过 $n+1$ 个横坐标不同的点 $(x_i,y_i)$ $(i=1,2,\cdots,n+1)$ 可以唯一确定一条 $n$ 次曲线的方程

$$y=f(x)=a_0+a_1x+\cdots+a_nx^n.$$

请读者自行思考并证明.

**例 29**　讨论 $\lambda$ 为何值时, 线性方程组

$$\begin{cases}\lambda x_1+x_2+x_3=1,\\x_1+\lambda x_2+x_3=1,\\x_1+x_2+\lambda x_3=1\end{cases}$$

有唯一解, 并求其解.

**解**　该方程组的系数行列式 $D=\begin{vmatrix}\lambda&1&1\\1&\lambda&1\\1&1&\lambda\end{vmatrix}=(\lambda-1)^2(\lambda+2)$. 因此, 由定理 5 知, 当 $\lambda\neq1$ 且 $\lambda\neq-2$ 时, 它有唯一解, 且解为 $x_1=x_2=x_3=\dfrac{1}{\lambda+2}$.

进一步, 读者不难验证, 在该例中, 如果 $\lambda=-2$, 则方程组无解; 如果 $\lambda=1$, 则方程组变为 $x_1+x_2+x_3=1$, 它明显有无穷多解.

**例 30** 设 $f(x)=a_0+a_1x+\cdots+a_nx^n$ 为 $n$ 次多项式. 如果 $f(x)$ 至少有 $n+1$ 个不同的根, 则 $f(x)=0$.

**证明** 设 $x_1,x_2,\cdots,x_{n+1}$ 为 $f(x)$ 的 $n+1$ 个不同的根. 代入 $f(x)$, 可得下述关于 $a_0,a_1,\cdots,a_n$ 的线性方程组

$$a_0+a_1x_i+\cdots+a_nx_i^n=0,\quad i=1,2,\cdots,n+1,$$

其系数行列式 $D$ 是一个范德蒙德行列式. 由于 $x_1,x_2,\cdots,x_{n+1}$ 互不相等, 所以 $D\neq 0$. 因此, 该方程组只有零解, 从而 $f(x)=0$.

本节讨论的是行列式在求解"方程个数等于未知数个数"一类方程组中的一个应用 (定理 5 和定理 6). 但要注意有两个问题没有解决: 一是"方程个数不等于未知数个数"这类方程组的求解; 二是对于"方程个数等于未知数个数"一类方程组, 当系数行列式 $D_n=0$ 时, 方程组 (9) 的解的存在性问题.

## 习 题 1.4

1. 利用 Cramer 法则求解下列方程组.

(1) $\begin{cases}3x_1-2x_2+2x_3=10,\\ x_1+2x_2-3x_3=-1,\\ 4x_1+x_2+2x_3=3;\end{cases}$ (2) $\begin{cases}x_1+x_2+x_3=5,\\ 2x_1+x_2-x_3+x_4=1,\\ x_1+2x_2-x_3+x_4=2,\\ x_2+2x_3+3x_4=3.\end{cases}$

2. 问参数 $k$ 取何值时, 方程组 $\begin{cases}kx+z=0,\\ 2x+ky+z=0,\\ kx-2y+z=0\end{cases}$ 仅有零解.

3. 若齐次线性方程组 $\begin{cases}x_1+x_2+x_3+ax_4=0,\\ x_1+2x_2+x_3+x_4=0,\\ x_1+x_2-3x_3+x_4=0,\\ x_1+x_2+ax_3+bx_4=0\end{cases}$ 有非零解, 问参数 $a,b$ 满足什么条件?

4. 当 $a,b$ 满足什么条件时, 方程组 $\begin{cases}ax_1+x_2+x_3=0,\\ x_1+bx_2+x_3=0,\\ x_1+2bx_2+x_3=0\end{cases}$ 有非零解?

5. 求 $f(x)=a_0+a_1x+a_2x^2+a_3x^3$ 使 $f(-1)=0,f(1)=4,f(2)=3,f(3)=16$.

6. 设 $(x_1, y_1)$ 和 $(x_2, y_2)$ 是平面上两个不同的点. 证明过这两点的直线方程为

$$\begin{vmatrix} 1 & x & y \\ 1 & x_1 & y_1 \\ 1 & x_2 & y_2 \end{vmatrix} = 0.$$

7. 已知 $M_i(x_i, y_i)$ $(i = 1, 2, 3)$ 为不共线三点, $x_i$ 互异. 求过点 $M_i$, 对称轴与 $y$ 轴平行的抛物线方程.

8. 证明过平面上 $n+1$ 个横坐标两两互异的点 $(x_1, y_1), (x_2, y_2), \cdots, (x_{n+1}, y_{n+1})$ 有唯一的一条曲线

$$y = a_0x^n + a_1x^{n-1} + \cdots + a_n.$$

9. 设 $a, b, c$ 不全为 0, $\alpha, \beta, \gamma \in \mathbf{R}$, 且

$$a = b\cos\gamma + c\cos\beta, \quad b = c\cos\alpha + a\cos\gamma, \quad c = a\cos\beta + b\cos\alpha.$$

证明 $\cos^2\alpha + \cos^2\beta + \cos^2\gamma + 2\cos\alpha\cos\beta\cos\gamma = 1$.

10. 求通过不在一条直线上三点 $(x_i, y_i)$ $(i = 1, 2, 3)$ 的圆的方程.

# 第 2 章　线性方程组与 $n$ 维向量

在工程技术和经济与管理等领域, 许多问题常常可以归结为求解线性方程组问题. 因此, 要解决这些问题, 先要解决方程组求解问题: 判断方程组是否有解? 解的结构如何? 有解的话, 如何求解? 这是本章要讨论的主要问题. 而讨论这些问题, 涉及与此密切相关的向量及向量组的一些概念 (如线性表示、线性相关性、向量组的秩等) 和矩阵的一些概念 (如矩阵初等变换和矩阵的秩等). 同时, 本章所讨论的向量相关概念为第 7 章讨论的线性空间奠定基础.

## 2.1　线性方程组 Gauss 消元法

我们已经对"方程个数与未知数个数相等"一类线性方程组求解问题有了一些初步的认识 (Cramer 法则), 本章讨论一般线性方程组求解问题 ($m$ 个方程 $n$ 个未知数), 其一般形式为

$$\begin{cases} a_{11}x_1 + a_{12}x_2 + \cdots + a_{1n}x_n = b_1, \\ a_{21}x_1 + a_{22}x_2 + \cdots + a_{2n}x_n = b_2, \\ \qquad\qquad\cdots\cdots \\ a_{m1}x_1 + a_{m2}x_2 + \cdots + a_{mn}x_n = b_m. \end{cases} \tag{1}$$

其中 $a_{ij}\ (i=1,2,\cdots,m; j=1,2,\cdots,n)$ 为方程组的系数, $b_1,b_2,\cdots,b_m$ 为常数项.

方程组 (1) 称为**非齐次线性方程组**. 如果常数项 $b_1,b_2,\cdots,b_m$ 全为 0, 则方程组 (1) 变为如下方程组

$$\begin{cases} a_{11}x_1 + a_{12}x_2 + \cdots + a_{1n}x_n = 0, \\ a_{21}x_1 + a_{22}x_2 + \cdots + a_{2n}x_n = 0, \\ \qquad\qquad\cdots\cdots \\ a_{m1}x_1 + a_{m2}x_2 + \cdots + a_{mn}x_n = 0. \end{cases} \tag{2}$$

这个方程组称为**齐次线性方程组**.

以后会看到线性方程组除一般形式外, 还有更简捷的表示形式: 向量形式和矩阵形式.

### 2.1.1　方程组的解

所谓方程组 (1) 的**解**是指由 $n$ 个数 $c_1, c_2, \cdots, c_n$, 将 $x_j = c_j\ (j = 1, 2, \cdots, n)$ 代入方程组 (1) 使之成为恒等式. 方程组 (1) 解的全体称为**解集合**. 解方程组就是寻求其全部的解 (也称**一般解**或**通解**), 或者寻求解集合.

如果解集合为空集, 那么该方程组**无解**, 无解方程组称为**不相容**方程组 (也称矛盾方程组). 解集合非空的方程组称为**相容**方程组.

如果两个方程组的解集合相同, 称为**同解方程组**.

显然, 齐次方程组 (2) 一定有零解, 我们关注的是它何时有非零解. 对于 $m = n$, 即方程个数等于未知数个数的情形, 由 Cramer 法则, 齐次线性方程组 (2) 有非零解的充分必要条件是系数行列式 $D_n = 0$. 如果 $m < n$, 即方程个数小于未知元个数, 我们按 $0x_1 + 0x_2 + \cdots + 0x_n = 0$ 的形式添加 $n - m$ 个方程, 使其满足"方程个数等于未知元个数"而得到新的齐次线性方程组

$$\begin{cases} a_{11}x_1 + a_{12}x_2 + \cdots + a_{1n}x_n = 0, \\ a_{21}x_1 + a_{22}x_2 + \cdots + a_{2n}x_n = 0, \\ \qquad\cdots\cdots \\ a_{m1}x_1 + a_{m2}x_2 + \cdots + a_{mn}x_n = 0, \\ \left.\begin{array}{c} 0x_1 + 0x_2 + \cdots + 0x_n = 0, \\ \cdots\cdots \\ 0x_1 + 0x_2 + \cdots + 0x_n = 0. \end{array}\right\} n - m \text{ 个} \end{cases}$$

根据行列式的知识, 显然上述方程组的系数行列式为 0, 因此, 得到如下定理.

**定理 1**　*如果齐次线性方程组 (2) 中方程的个数 $m$ 小于未知元的个数 $n$, 则齐次线性方程组 (2) 一定有非零解.*

例如, 齐次方程组 $\begin{cases} x_1 + x_2 + x_3 = 0, \\ x_1 - x_2 = 0 \end{cases}$ 有非零解 $\begin{cases} x_1 = -t, \\ x_2 = -t, \\ x_3 = 2t, \end{cases}$ 其中 $t$ 为任意常数.

对于非齐次线性方程组 (1), 就不像齐次线性方程组 (2) 那么简单了. 先看 3 个例子.

**例 1**　方程组 $\begin{cases} x_1 + x_2 = 2, \\ x_1 - x_2 = 0 \end{cases}$ 有唯一解 $\begin{cases} x_1 = 1, \\ x_2 = 1. \end{cases}$

**例 2**　方程组 $\begin{cases} x_1 + x_2 + x_3 = 2, \\ x_1 - x_3 = 0 \end{cases}$ 有无穷多解 $\begin{cases} x_1 = 1 - t, \\ x_2 = 2t, \\ x_3 = 1 - t, \end{cases}$ 其中 $t$ 是任意常数.

**例 3** 方程组 $\begin{cases} x_1 + x_2 = 2, \\ 2x_1 + 2x_2 = 3 \end{cases}$ 显然无解.

由以上三个例子可以看到, 非齐次线性方程组的解分三种情形: 唯一解、无穷多解和无解. 因此, 对非齐次线性方程组 (1) 要讨论的问题是它何时有唯一解? 何时无解? 何时有无穷多解? 如果有无穷多解, 如何求其一般解?

要解决以上问题, 需要矩阵和向量组线性相关性等方面的知识.

### 2.1.2 方程组的初等变换

看一个 Gauss 消元法求解线性方程组的例子.

**例 4** 解方程组 $\begin{cases} 2x_2 - x_3 = 1, & ① \\ x_1 - x_2 + x_3 = 0, & ② \\ 2x_1 + x_2 - x_3 = -2. & ③ \end{cases}$

实施变换: ①与②互换位置, 得到 $\begin{cases} x_1 - x_2 + x_3 = 0, & ①' \\ 2x_2 - x_3 = 1, & ②' \\ 2x_1 + x_2 - x_3 = -2. & ③ \end{cases}$

实施变换: ③+(−2)·①′, 得到 $\begin{cases} x_1 - x_2 + x_3 = 0, & ①' \\ 2x_2 - x_3 = 1, & ②' \\ 3x_2 - 3x_3 = -2. & ③' \end{cases}$

以上两次变换的目的是, 使方程组的第 1 个方程保留 $x_1$, 而第 2 个和第 3 个方程中不出现 $x_1$(使其系数为 0).

实施变换: $③' + \left(-\dfrac{3}{2}\right) \cdot ②'$, 得到 $\begin{cases} x_1 - x_2 + x_3 = 0, & ①' \\ 2x_2 - x_3 = 1, & ②' \\ -\dfrac{3}{2}x_3 = -\dfrac{7}{2}. & ③'' \end{cases}$

实施变换:$\left(-\dfrac{2}{3}\right) \cdot ③''$, 得到 $\begin{cases} x_1 - x_2 + x_3 = 0, & ①' \\ 2x_2 - x_3 = 1, & ②' \\ x_3 = \dfrac{7}{3}. & ③''' \end{cases}$

这样, 我们容易求得该方程组的解为 $x_1 = -\dfrac{2}{3}, x_2 = \dfrac{5}{3}, x_3 = \dfrac{7}{3}$.

最后所得的方程组具有这样的特点: 自上而下看, 未知数的个数依次减少, 成为阶梯状; 然后从第 3 个方程 (最后 1 个方程) 求出 $x_3$, 代入第 2 个方程求出 $x_2$, 再由第 1 个方程求出 $x_1$.

分析以上过程, 不难看出: 只有第 1 个方程含 $x_1$, 以下方程不含 $x_1$, 第 2 个方程含 $x_2$, 以下方程不含 $x_2$. 所作变换有以下三类 (实际上也只有这三类):

(1) 用一个非零数 $c$ 乘某一个方程;

(2) 一个方程的 $k$ 倍加到另一个方程上去;

(3) 互换两个方程的位置.

以上 3 类变换称为线性方程组的**初等变换**.

方程组 (1) 经初等变换后得到新的方程组, 这两个方程组是同解的 (请思考其原因).

现在的问题是, 对方程组 (1) 反复实施以上 3 类初等变换, 最终可以把方程组化为什么样子?

对方程组 (1), 检查第 1 个方程中 $x_1$ 的系数 $a_{11}$ 是否为 0, 若为 0, 则通过互换方程的位置, 我们总可以做到使第 1 个方程 $x_1$ 的系数不为 0. 因此不妨假设 $a_{11} \neq 0$. 那么, 把第一个方程的 $-\dfrac{a_{i1}}{a_{11}}$ $(i = 2, 3, \cdots, m)$ 倍分别加到第 $2, 3, \cdots, m$ 个方程, 于是, 方程组 (1) 即化为如下同解方程组:

$$\begin{cases} a_{11}x_1 + a_{12}x_2 + \cdots + a_{1n}x_n = b_1, \\ \qquad\quad a'_{22}x_2 + \cdots + a'_{2n}x_n = b'_2, \\ \qquad\qquad\qquad\qquad \cdots\cdots \\ \qquad\quad a'_{m2}x_2 + \cdots + a'_{mn}x_n = b'_m. \end{cases} \tag{3}$$

检查方程组 (3) 第 2 个方程中 $x_2$ 的系数 $a'_{22}$ 是否为 0, 完全类似上述变换, 并且一步一步进行下去, 最后得到以下同解方程组:

$$\begin{cases} c_{11}x_1 + c_{12}x_2 + \cdots + c_{1r}x_r + \cdots + c_{1n}x_n = d_1, \\ \qquad\quad c_{22}x_2 + \cdots + c_{2r}x_r + \cdots + c_{2n}x_n = d_2, \\ \qquad\qquad\qquad\qquad \cdots\cdots \\ \qquad\qquad\quad c_{rr}x_r + \cdots + c_{rn}x_n = d_r, \\ \qquad\qquad\qquad\qquad 0 = d_{r+1}, \\ \qquad\qquad\qquad\qquad 0 = 0, \\ \qquad\qquad\qquad\qquad \cdots\cdots \\ \qquad\qquad\qquad\qquad 0 = 0, \end{cases} \tag{4}$$

其中 $c_{kk} \neq 0$ $(k = 1, 2, \cdots, r)$, 方程组 (4) 中“$0 = 0$”的方程可能出现, 也可能不出现, 若出现的话, 说明这些方程是多余的, 去掉它们不影响方程组的解. 因此以后就不再写出来.

在 (4) 式中“$0 = d_{r+1}$”实际上是 $0x_1 + 0x_2 + \cdots + 0x_n = d_{r+1}$.

注意, (4) 式中 $r$ 唯一吗? 在变换过程中, 第 $k$ 个方程中 $x_k$ 的系数为 0, 如何处理? 根据上式是否就可以判断方程组解是否存在? 我们以后会用大量的篇幅讨论 $r$ 的唯一性问题, 以及如何判断方程组有解, 如何求解.

由于方程组 (1) 与方程组 (4) 同解, 因此下面考察方程组 (4).

**情形 1** $d_{r+1}\neq 0$. 在第 $r+1$ 个方程 $0=d_{r+1}$ 中, 如果 $d_{r+1}\neq 0$, 这时, 不论 $x_1,x_2,\cdots,x_n$ 取什么样的值, 都不能保证使之成为恒等式, 也就是说方程组 (4) 无解, 故此时方程组 (1) 无解.

**情形 2** $d_{r+1}=0$. 此时, 如果 $r=n$, 则方程组 (4) 有唯一解 (思考其原因); 如果 $r<n$, 则方程组 (4) 可改写为

$$\begin{cases} c_{11}x_1+c_{12}x_2+\cdots+c_{1r}x_r=d_1-c_{1,r+1}x_{r+1}-\cdots-c_{1n}x_n, \\ \qquad c_{22}x_2+\cdots+c_{2r}x_r=d_2-c_{2,r+1}x_{r+1}-\cdots-c_{2n}x_n, \\ \qquad\cdots\cdots \\ \qquad\qquad c_{rr}x_r=d_r-c_{r,r+1}x_{r+1}-\cdots-c_{rn}x_n. \end{cases} \tag{5}$$

由此可见, 任给 $x_{r+1},\cdots,x_n$ 一组值, 由于上式左端以 $x_1,x_2,\cdots,x_r$ 为未知数的方程组系数行列式不等于零, 于是它唯一给出 $x_1,x_2,\cdots,x_r$ 的值, 也就确定出方程组 (5) 的一个解. 一般地, $x_1,x_2,\cdots,x_r$ 通过 $x_{r+1},\cdots,x_n$ 表示出来, 这样就可以得到方程组 (1) 的一般解. 方程组 (5) 右端未知数 $x_{r+1},\cdots,x_n$ 称为**自由变量**. 显然自由变量的个数为 $n-r$.

**例 5** 求解方程组

(1) $\begin{cases} 2x_1-x_2+3x_3=1, \\ 4x_1+2x_2+5x_3=4, \\ 2x_1+x_2+4x_3=5; \end{cases}$ (2) $\begin{cases} x_1+x_2-x_3=1, \\ 2x_1+3x_2-3x_3=3, \\ x_1-3x_2+3x_3=2. \end{cases}$

**解** (1) 利用方程组的初等变换 (过程略), 得到 $\begin{cases} 2x_1-x_2+3x_3=1, \\ 2x_2+x_3=4, \\ x_3=2. \end{cases}$ 因此, 原方程组的解为 $x_1=-2,x_2=1,x_3=2$.

(2) 利用方程组的初等变换 (过程略), 得到 $\begin{cases} x_1+x_2-x_3=1, \\ x_2-x_3=1, \\ 0=5. \end{cases}$ 显然第 3 个方程是矛盾的, 因此原方程组无解.

方程组 (5) 一般称为**保留方程组**或**导出方程组**, 保留方程组不仅与原方程组同解, 而且保留方程组左边未知数的个数是唯一的, 自由变量的个数自然也是唯一的. 但哪些未知数可以保留在方程组的左端? 哪些未知数作为自由变量置于方程组的右端? 这在后续学习中会有一个明确说法.

### 2.1.3 矩阵的初等变换

总结线性方程组的初等变换发现, 每一次变换都是系数在变, 但未知数没有任

何变化 (无非是系数为 0 的项不再写出来而已). 因此, 能否引入一个记号以简化方程组的初等变换? 这里暂且借用第 3 章将要讨论的“矩阵”概念以简化方程组初等变换以及后续求解.

什么是矩阵? 把 $mn$ 个数 $a_{ij}$ $(i=1,2,\cdots,m;j=1,2,\cdots,n)$ 排成 $m$ 行 $n$ 列的一个数表, 称为 $m\times n$ **矩阵**, 记为 $\boldsymbol{A}=(a_{ij})_{m\times n}$. 若 $m=n$ 称为**方阵**. $m=1$(即 1 行 $n$ 列) 称为**行矩阵**(也称**行向量**),$n=1$(即 1 列 $m$ 行) 称为**列矩阵**(也称**列向量**).

如果记 $\boldsymbol{A}=\begin{pmatrix} a_{11} & a_{12} & \cdots & a_{1n} \\ a_{21} & a_{22} & \cdots & a_{2n} \\ \vdots & \vdots & & \vdots \\ a_{m1} & a_{m2} & \cdots & a_{mn} \end{pmatrix}$, $\boldsymbol{x}=\begin{pmatrix} x_1 \\ x_2 \\ \vdots \\ x_n \end{pmatrix}$, $\boldsymbol{b}=\begin{pmatrix} b_1 \\ b_2 \\ \vdots \\ b_m \end{pmatrix}$,则方程组 (1) 可改写为如下矩阵形式

$$\boldsymbol{Ax}=\boldsymbol{b}. \tag{6}$$

其中 $\boldsymbol{A}$ 称为方程组的**系数矩阵**, $(\boldsymbol{A},\boldsymbol{b})$ 称为方程组的**增广矩阵**. 对应的齐次线性方程组 (2) 的矩阵形式为

$$\boldsymbol{Ax}=\boldsymbol{0}.$$

这一记法的道理第 3 章会有说明, 这里暂且承认其合理性. 更进一步, 矩阵形式不仅表述简洁, 而且具有好的线性运算性质:

$$\boldsymbol{A}(k_1\boldsymbol{\alpha}_1+k_2\boldsymbol{\alpha}_2)=k_1\boldsymbol{A\alpha}_1+k_2\boldsymbol{A\alpha}_2,$$

其中 $k_1,k_2$ 为两个任意常数.

引入矩阵记号, 方程组 (4) 就可以简记为如下矩阵形式 $\boldsymbol{Ux}=\boldsymbol{d}$, 其中

$$\boldsymbol{U}=\begin{pmatrix} c_{11} & c_{12} & \cdots & c_{1r} & \cdots & c_{1n} \\ & c_{22} & \cdots & c_{2r} & \cdots & c_{2n} \\ & & & \vdots & & \vdots \\ & & & c_{rr} & \cdots & c_{rn} \\ & & & & & 0 \\ & & & & & 0 \\ & & & & & \vdots \\ & & & & & 0 \end{pmatrix}, \quad \boldsymbol{d}=\begin{pmatrix} d_1 \\ d_2 \\ \vdots \\ d_r \\ d_{r+1} \\ 0 \\ \vdots \\ 0 \end{pmatrix}.$$

仔细观察线性方程组初等变换过程, 发现实质上也是相应矩阵变换的过程. 因此, 我们相应给出矩阵初等行变换的定义.

**定义 1**　下面三类变换称为矩阵的**初等行变换**.

(1) 对调矩阵的第 $i, j$ 两行, 记作 $r_i \leftrightarrow r_j$;

(2) 以数 $c \neq 0$ 乘矩阵第 $i$ 行的所有元素, 记作 $cr_i$;

(3) 把矩阵第 $j$ 行所有元素的 $k$ 倍分别加到第 $i$ 行的对应元素上去, 记作 $r_i + kr_j$.

通常, 用记号 $\boldsymbol{A} \to \boldsymbol{B}$(也可以记作 $\boldsymbol{A} \sim \boldsymbol{B}$) 表示矩阵 $\boldsymbol{B}$ 是由矩阵 $\boldsymbol{A}$ 经过一类或多类初等变换而得到的. 并且, 为更加清楚起见, 有时还会把从 $\boldsymbol{A}$ 到 $\boldsymbol{B}$ 的初等变换写在箭线"→"上面. 例如,

$$\begin{pmatrix} 1 & 2 & 3 \\ 4 & 5 & 6 \end{pmatrix} \xrightarrow{r_2 - 4r_1} \begin{pmatrix} 1 & 2 & 3 \\ 0 & -3 & -6 \end{pmatrix} \xrightarrow{-\frac{1}{3}r_2} \begin{pmatrix} 1 & 2 & 3 \\ 0 & 1 & 2 \end{pmatrix}.$$

根据定义 1, 容易写出例 4 中增广矩阵的初等行变换:

$$(\boldsymbol{A}, \boldsymbol{b}) = \begin{pmatrix} 0 & 2 & -1 & 1 \\ 1 & -1 & 1 & 0 \\ 2 & 1 & -1 & -2 \end{pmatrix} \to \begin{pmatrix} 1 & -1 & 1 & 0 \\ 0 & 2 & -1 & 1 \\ 2 & 1 & -1 & -2 \end{pmatrix} \to \begin{pmatrix} 1 & -1 & 1 & 0 \\ 0 & 2 & -1 & 1 \\ 0 & 3 & -3 & -2 \end{pmatrix}$$

$$\to \begin{pmatrix} 1 & -1 & 1 & 0 \\ 0 & 2 & -1 & 1 \\ 0 & 0 & -\dfrac{3}{2} & -\dfrac{7}{2} \end{pmatrix} \to \begin{pmatrix} 1 & -1 & 1 & 0 \\ 0 & 2 & -1 & 1 \\ 0 & 0 & 1 & \dfrac{7}{3} \end{pmatrix}.$$

必须注意, 矩阵 $\boldsymbol{A}$ 经初等变换得到矩阵 $\boldsymbol{B}$, 可以表示为 $\boldsymbol{A} \to \boldsymbol{B}$, 也可以表示为 $\boldsymbol{A} \sim \boldsymbol{B}$. 但绝不是 $\boldsymbol{A} = \boldsymbol{B}$.

容易看出, 这三类初等行变换都是可逆的, 其中变换 $r_i \leftrightarrow r_j$ 的逆变换就是其本身, 变换 $cr_i$ 的逆变换是 $c^{-1}r_i$, 变换 $r_i + kr_j$ 的逆变换是 $r_i - kr_j$.

在行列式中, 我们知道"行"与"列"地位是同等的. 对于矩阵依然如此, 故也就同样有矩阵的初等列变换.

**定义 1′** 下面三类变换称为矩阵的**初等列变换**.

(1) 对调矩阵的第 $i, j$ 两列, 记作 $c_i \leftrightarrow c_j$;

(2) 以数 $p \neq 0$ 乘矩阵第 $i$ 列的所有元素, 记作 $pc_i$;

(3) 把矩阵第 $j$ 列所有元素的 $k$ 倍分别加到第 $i$ 列的对应元素上去, 记作 $c_i + kc_j$.

矩阵的初等行变换和列变换统称为矩阵的**初等变换**.

我们知道, 线性方程组经初等变换后, 得到的是同解线性方程组, 那么对应矩阵在初等行 (列) 变换后之间是什么关系?

**定义 2** 如果一个矩阵 $\boldsymbol{A}$ 经初等变换后得到矩阵 $\boldsymbol{B}$, 则称矩阵 $\boldsymbol{A}$ 与 $\boldsymbol{B}$ **等价**.

根据定义 2, 自然会问: 什么样的矩阵等价? 如何判定矩阵的等价? 等价的矩阵有什么性质? 这在第 3 章具体讨论. 同时, 以后章节还会看到, 矩阵除等价关系外, 还有相似和合同的关系.

接下来要讨论的问题是, 利用矩阵初等行变换, 最终可以把一个矩阵化成什么形状? 如果同时实施矩阵初等行变换和列变换, 又会是什么样子?

**定义 3**　如果一个矩阵满足以下条件, 则称该矩阵为**行阶梯形矩阵**:

(1) 全为 0 的行均在矩阵非零行的下方 (如果有的话);

(2) 在不全为 0 的行中, 第 1 个非零元 (称为主元) 下方元素全为 0;

(3) 主元列指标随行数严格递增排列.

例如, 以下矩阵为行阶梯形矩阵:

$$\begin{pmatrix} 0 & \underline{2} & 3 & 0 & -1 \\ 0 & 0 & \underline{-1} & -3 & 7 \\ 0 & 0 & 0 & \underline{4} & 0 \\ 0 & 0 & 0 & 0 & 0 \end{pmatrix}, \quad \begin{pmatrix} \underline{1} & -1 & 0 & 2 \\ 0 & \underline{2} & 2 & -1 \\ 0 & 0 & \underline{3} & -1 \end{pmatrix}, \quad \begin{pmatrix} \underline{-1} & 8 & 9 \\ 0 & 0 & \underline{8} \\ 0 & 0 & 0 \\ 0 & 0 & 0 \end{pmatrix}.$$

但矩阵 $\begin{pmatrix} 0 & 0 & 0 & 0 \\ 1 & 2 & 3 & 4 \\ 0 & -1 & 2 & 3 \\ 0 & 0 & 0 & 0 \end{pmatrix}, \begin{pmatrix} 1 & 2 & 3 & 4 \\ 0 & 0 & 1 & 2 \\ 0 & 0 & 2 & 3 \\ 0 & 0 & 0 & 1 \end{pmatrix}, \begin{pmatrix} 0 & 1 & 2 \\ 1 & 0 & 1 \\ 0 & 0 & 1 \\ 0 & 0 & 0 \end{pmatrix}$ 都不是行阶梯形矩阵.

在行阶梯形矩阵中, 若主元为 1, 且主元上方元素全为 0, 该阶梯形矩阵称为**行最简形矩阵**. 需要说明的是, 一般也有列阶梯形矩阵, 但实际意义不大, 因此不再介绍.

**定理 2**　任意 $m \times n$ 矩阵 $\boldsymbol{A} = (a_{ij})$ 经有限次初等行变换可以化为行阶梯形矩阵 (换个说法是矩阵 $\boldsymbol{A}$ 等价于行阶梯形矩阵).

**证明**　若矩阵 $\boldsymbol{A}$ 的第 1 行元素全为 0, 利用初等行变换将其调整到矩阵的最后 1 行. 这样保证第 1 行元素不全为 0. 若调整后第 1 列元素全为 0, 从第 2 列开始进行初等行变换. 因此, 不妨设矩阵 $\boldsymbol{A}$ 的第 1 列元素不全为 0, 则通过行对换, 可以调整第 1 行第 1 列位置元素非零. 故可设 $a_{11} \neq 0$. 利用变换 $r_i - \dfrac{a_{i1}}{a_{11}} r_1 \ (i = 2, \cdots, m)$ 能够将第 2 行, 第 3 行,$\cdots$, 第 $m$ 行第 1 列元素化为 0, 得到矩阵 $\boldsymbol{B} = \begin{pmatrix} a_{11} & a_{12} & \cdots & a_{1n} \\ 0 & a'_{22} & \cdots & a'_{2n} \\ 0 & \vdots & & \vdots \\ 0 & a'_{m2} & \cdots & a'_{mn} \end{pmatrix}$. 对矩阵 $\boldsymbol{B}$ 的右下方矩阵 $\begin{pmatrix} a'_{22} & \cdots & a'_{2n} \\ \vdots & & \vdots \\ a'_{m2} & \cdots & a'_{mn} \end{pmatrix}$

实施完全相同的变换, 并不断变换下去, 最后可以得到一个矩阵, 其主元的列指标随行数严格递增, 从而最终化矩阵 $\boldsymbol{A}$ 为行阶梯形矩阵.

**例 6** 利用初等行变换化简矩阵 $\boldsymbol{A}=\begin{pmatrix}1&-1&0&2\\0&2&2&-1\\0&0&3&-1\\0&6&3&-2\end{pmatrix}$.

**解** 对 $\boldsymbol{A}$ 实施初等行变换将其化为下述行阶梯形矩阵 $\boldsymbol{B}$, 即

$$\boldsymbol{A}\xrightarrow{r_4-3r_2}\begin{pmatrix}1&-1&0&2\\0&2&2&-1\\0&0&3&-1\\0&0&-3&1\end{pmatrix}\xrightarrow{r_4+r_3}\begin{pmatrix}1&-1&0&2\\0&2&2&-1\\0&0&3&-1\\0&0&0&0\end{pmatrix}=\boldsymbol{B}.$$

上例中的矩阵 $\boldsymbol{B}$ 有 3 个非零行, 读者可以尝试, 无论怎样实施初等变换, 这个 "3" 总是不变的. 事实上, 对任意 $m\times n$ 矩阵 $\boldsymbol{A}$, 无论进行怎样的初等行变换化为行阶梯形矩阵, 其中非零行的个数 $r$ 是唯一的. 这个 "$r$" 我们以后就称为矩阵的**秩**. 这也是 2.2 节要重点讨论的问题.

**定理 2′** 任意 $m\times n$ 矩阵$\boldsymbol{A}=(a_{ij})$ 经有限次初等行变换和列变换可以化为矩阵 $\boldsymbol{B}$(或矩阵 $\boldsymbol{A}$ 等价于矩阵 $\boldsymbol{B}$): $\boldsymbol{B}=\begin{pmatrix}1&\cdots&0&0&\cdots&0\\\vdots&&\vdots&\vdots&&\vdots\\0&\cdots&1&0&\cdots&0\\0&\cdots&0&0&\cdots&0\\\vdots&&\vdots&\vdots&&\vdots\\0&\cdots&0&0&\cdots&0\end{pmatrix}$. 这里矩阵 $\boldsymbol{B}$ 的前 $r$ 行 $r$ 列交点处元素均为 1, 其余元素全为 0.

上述矩阵 $\boldsymbol{B}$ 是最简单的阶梯形矩阵 (除主元为 1 外, 其余元素全为 0, 且主元列指标严格按 $1,2,\cdots,r$ 排序), 因此它称为矩阵 $\boldsymbol{A}$ 的**标准形矩阵**.

定理 2′ 的证明请读者完成.

**例 7** 解下列方程组.

(1) $\begin{cases}x_1+x_2-3x_3=-1,\\2x_1+x_2-2x_3=1,\\x_1+x_2+x_3=3,\\x_1+2x_2-3x_3=3;\end{cases}$ (2) $\begin{cases}x_1+x_2-3x_4-x_5=-2,\\x_1-x_2+2x_3-x_4=1,\\4x_1-2x_2+6x_3+3x_4-4x_5=7,\\2x_1+4x_2-2x_3+4x_4-7x_5=1.\end{cases}$

**解** (1) 对增广矩阵 $(\boldsymbol{A},\boldsymbol{b})=\begin{pmatrix}1&1&-3&-1\\2&1&-2&1\\1&1&1&3\\1&2&-3&3\end{pmatrix}$ 实施初等行变换 (过程略), 得到

$$(\boldsymbol{A},\boldsymbol{b})\to(\boldsymbol{U},\boldsymbol{d})=\begin{pmatrix}1&1&-3&-1\\0&1&-4&-3\\0&0&1&1\\0&0&0&3\end{pmatrix},$$

显然通过阶梯形矩阵可以看出, 矩阵 $\boldsymbol{U}$ 有 3 个非零行, 而矩阵 $(\boldsymbol{U},\boldsymbol{d})$ 有 4 个非零行 (即 $d_{3+1}=3\neq 0$), 因此, 该方程组无解.

(2) 对增广矩阵 $(\boldsymbol{A},\boldsymbol{b})=\begin{pmatrix}1&1&0&-3&-1&-2\\1&-1&2&-1&0&1\\4&-2&6&3&-4&7\\2&4&-2&4&-7&1\end{pmatrix}$ 实施初等行变换, 得到

$$(\boldsymbol{A},\boldsymbol{b})\to(\boldsymbol{U},\boldsymbol{d})=\begin{pmatrix}1&1&0&-3&-1&-2\\0&2&-2&-2&-1&-3\\0&0&0&3&-1&2\\0&0&0&0&0&0\end{pmatrix},$$

从阶梯形矩阵看出, 矩阵 $\boldsymbol{U}$ 非零行个数与 $(\boldsymbol{U},\boldsymbol{d})$ 非零行个数都是 3(即 $d_{3+1}=0$), 且小于未知数的个数 5. 因此, 该方程组有无穷多解. 写出保留方程组 ($x_3,x_5$ 作为自由变量)

$$\begin{cases}x_1+x_2-3x_4=-2+x_5,\\ \quad\ \ 2x_2-2x_4=-3+2x_3+x_5,\\ \qquad\qquad 3x_4=2+x_5.\end{cases}$$

然后自下而上逐次求 $x_4,x_2,x_1$, 最后得

$$x_1=\frac{5}{6}-x_3+\frac{7}{6}x_5,\quad x_2=-\frac{5}{6}+x_3+\frac{5}{6}x_5,\quad x_4=\frac{2}{3}+\frac{1}{3}x_5.$$

为简化求解线性方程组, 本节引入矩阵及初等变换的概念, 证明了任一矩阵在初等行变换之下, 一定可以化简为行阶梯形矩阵. 基于此, 得到非齐次线性方程组是否有解的一个初步判断, 即在 $(\boldsymbol{U},\boldsymbol{d})$ 中,$d_{r+1}\neq 0$ 则表示方程组无解, $d_{r+1}=0$ 则表示方程组有解. 当然, 如果方程组无解是否一定有 $d_{r+1}\neq 0$? 方程组有解是否一

定有 $d_{r+1}=0$? 另外, 有解时, 解是唯一的还是无穷多个? 这些问题目前尚不清楚, 留待 2.4 节进行讨论.

## 习 题 2.1

1. 求解下列方程组.

(1) $\begin{cases} 2x_1-x_2+x_3-x_4=1, \\ 2x_1-x_2-3x_4=2, \\ 3x_1-x_3+x_4=-3, \\ 2x_1+2x_2-2x_3+5x_4=-6; \end{cases}$　(2) $\begin{cases} x_1-2x_2+3x_3-4x_4=4, \\ x_2-x_3+x_4=-3, \\ x_1+3x_2+x_4=1, \\ -7x_2+3x_3+x_4=-3; \end{cases}$

(3) $\begin{cases} 2x_1+x_2-x_3+x_4=1, \\ 3x_1-2x_2+2x_3-3x_4=2, \\ 5x_1+x_2-x_3+2x_4=-1, \\ 2x_1-x_2+x_3-3x_4=4; \end{cases}$　(4) $\begin{cases} 3x_1+4x_2-5x_3+7x_4=0, \\ 2x_1-3x_2+3x_3-2x_4=0, \\ 4x_1-3x_2+3x_3-2x_4=0, \\ 7x_1-2x_2+x_3-3x_4=0. \end{cases}$

2. 设 $a,b,c,d$ 是不全为 0 的实数, 证明方程组 $\begin{cases} ax_1+bx_2+cx_3+dx_4=0, \\ bx_1-ax_2+dx_3-cx_4=0, \\ cx_1-dx_2-ax_3+bx_4=0, \\ dx_1+cx_2-bx_3-ax_4=0 \end{cases}$

只有零解.

3. 利用矩阵初等变换分别把矩阵 $\boldsymbol{A}$ 化为阶梯形和标准形矩阵.

(1) $\boldsymbol{A}=\begin{pmatrix} 1 & 2 & 3 & 4 \\ -1 & 2 & 0 & 1 \\ 2 & -2 & -2 & 0 \end{pmatrix}$;　(2)$\boldsymbol{A}=\begin{pmatrix} 2 & 3 & -1 & 5 & 1 \\ 3 & -1 & 2 & -7 & 0 \\ 4 & 1 & -3 & 6 & 2 \\ 1 & -2 & 4 & -7 & 6 \end{pmatrix}$.

4. 讨论 $\lambda,a,b$ 为何值时, 下列方程组有解. 若有解, 求其全部解.

(1) $\begin{cases} \lambda x_1+x_2+x_3=1, \\ x_1+\lambda x_2+x_3=\lambda, \\ x_1+x_2+\lambda x_3=\lambda^2; \end{cases}$　(2) $\begin{cases} ax_1+x_2+x_3=4, \\ x_1+bx_2+x_3=3, \\ x_1+2bx_2+x_3=4; \end{cases}$

(3) $\begin{cases} x_1+ax_2+x_3=2, \\ x_1+x_2+2bx_3=2, \\ x_1+x_2-bx_3=1. \end{cases}$

5. 判断方程组 $\begin{cases} x_2+x_3+\cdots+x_n=0, \\ x_1+x_3+\cdots+x_n=0, \\ \cdots\cdots \\ x_1+x_2+\cdots+x_{n-1}=0 \end{cases}$ 有无非零解 (第 $i$ 个方程不含 $x_i$)?

6. 给定方程组 $\begin{cases} -m_1x_1+x_2=b_1, \\ -m_2x_1+x_2=b_2, \end{cases}$ 其中 $m_1,m_2,b_1,b_2$ 为常数.

(1) 若 $m_1\neq m_2$, 那么方程组有唯一解;

(2) 若 $m_1=m_2$, 证明仅当 $b_1=b_2$ 时方程组相容.

## 2.2　向量及向量之间的线性关系

为了深入讨论线性方程组, 解释 2.1 节中出现的 $r$ 的唯一性问题, 我们引入 $n$ 维向量的概念与运算, 并讨论向量之间的线性关系 (线性表示和线性相关性), 以及向量与矩阵的关系, 进而重点讨论向量组的秩和矩阵的秩.

### 2.2.1　$n$ 维向量的定义

我们对向量并不陌生, 在中学学习解析几何和物理时都接触过向量 (有时也称矢量). 例如, 在平面和几何空间中描述位置点的坐标分别表示为 $(x,y)$ 和 $(x,y,z)$, 或者物理中速度矢量表示为 $(v_x,v_y)$ 和 $(v_x,v_y,v_z)$, 这些由多个数组成的“有序数组”分别称为 2 维向量、3 维向量. 本节将 2 维向量、3 维向量推广到 $n$ 维向量, 平面和立体空间推广到向量空间.

**定义 4**　由 $n$ 个数 $a_1,a_2,\cdots,a_n$ 构成的一个有序数组称为 $n$ **维向量**, 记为 $(a_1, a_2,\cdots,a_n)$(称为**行向量**), 或 $\begin{pmatrix} a_1 \\ a_2 \\ \vdots \\ a_n \end{pmatrix}$(称为**列向量**), 其中 $a_i$ 为该向量的第 $i$ 个分量, $n$ 为该向量的**维数**(向量中分量的个数). 每个分量都为 0 的向量称为**零向量**, 记为 $\mathbf{0}$. 向量 $(-a_1,-a_2,\cdots,-a_n)$ 称为向量 $\boldsymbol{\alpha}=(a_1,a_2,\cdots,a_n)$ 的**负向量**, 记为 $-\boldsymbol{\alpha}$.

至于一个向量用列向量表示还是行向量表示, 并没有本质的区别. 以后没有特别说明, 根据出现的具体情境, 容易判断是列向量还是行向量.

所有 $n$ 维实向量的集合用 $\mathbf{R}^n$ 表示, 复向量的集合用 $\mathbf{C}^n$ 表示.

两个维数相同的向量 $\boldsymbol{\alpha}=(a_1,a_2,\cdots,a_n)$ 与 $\boldsymbol{\beta}=(b_1,b_2,\cdots,b_n)$ 相等, 是指对所有分量 $a_i,b_i\ (1\leqslant i\leqslant n)$, 都有 $a_i=b_i$, 即 $\boldsymbol{\alpha}$ 与 $\boldsymbol{\beta}$ 维数相同且对应分量相等, 记为 $\boldsymbol{\alpha}=\boldsymbol{\beta}$.

第 $i$ 个分量为 1, 其余分量全为 0 的向量称为**基本单位向量**, 记为 $\boldsymbol{e}_i$. 例如, 3 维基本单位向量为 $\boldsymbol{e}_1=(1,0,0),\boldsymbol{e}_2=(0,1,0),\boldsymbol{e}_3=(0,0,1)$; $n$ 维基本单位向量有 $n$ 个, 分别为

$$\boldsymbol{e}_1=(1,0,\cdots,0),\boldsymbol{e}_2=(0,1,0,\cdots,0),\cdots,\boldsymbol{e}_n=(0,0,\cdots,0,1).$$

维数相同的向量 $\boldsymbol{\alpha}_1,\boldsymbol{\alpha}_2,\cdots,\boldsymbol{\alpha}_m$ 组成一个向量组. $n$ 个 $n$ 维基本单位向量 $\boldsymbol{e}_1$, $\boldsymbol{e}_2,\cdots,\boldsymbol{e}_n$ 组成的向量组称为**基本单位向量组**.

一个 $m\times n$ 矩阵 $\boldsymbol{A}=(a_{ij})$可以表示为由 $m$ 个 $n$ 维行向量组成的向量组, 也可以表示为由 $n$ 个 $m$ 维列向量组成的向量组, 即 $\boldsymbol{A}=\begin{pmatrix}\boldsymbol{\alpha}_1\\ \boldsymbol{\alpha}_2\\ \vdots\\ \boldsymbol{\alpha}_m\end{pmatrix}$, 或 $\boldsymbol{A}=(\boldsymbol{\beta}_1,\boldsymbol{\beta}_2,\cdots,\boldsymbol{\beta}_n)$. 这里

$$\boldsymbol{\alpha}_i=(a_{i1},a_{i2},\cdots,a_{in})\ (i=1,2,\cdots,m),\quad \boldsymbol{\beta}_j=\begin{pmatrix}a_{1j}\\ a_{2j}\\ \vdots\\ a_{mj}\end{pmatrix}\ (j=1,2,\cdots,n).$$

### 2.2.2 向量的运算

下面讨论向量的基本运算: 加法、减法、数乘和转置, 其中向量的加法、减法和数乘运算称为**向量的线性运算**.

1. 向量的加法和减法运算

向量 $\boldsymbol{\alpha}=(a_1,a_2,\cdots,a_n)$ 与 $\boldsymbol{\beta}=(b_1,b_2,\cdots,b_n)$ 的加法和减法运算分别定义为对应分量相加、相减, 即

$$\boldsymbol{\alpha}+\boldsymbol{\beta}=(a_1+b_1,a_2+b_2,\cdots,a_n+b_n);\quad \boldsymbol{\alpha}-\boldsymbol{\beta}=(a_1-b_1,a_2-b_2,\cdots,a_n-b_n).$$

显然 $\boldsymbol{\alpha}-\boldsymbol{\beta}=\boldsymbol{\alpha}+(-\boldsymbol{\beta})$.

2. 向量的数乘运算

数 $k$ 与向量 $\boldsymbol{\alpha}=(a_1,a_2,\cdots,a_n)$ 的数乘定义为向量的每个分量同乘以数 $k$, 即

$$k\boldsymbol{\alpha}=(ka_1,ka_2,\cdots,ka_n).$$

向量的线性运算满足如下 8 条性质 (其中 $\boldsymbol{\alpha},\boldsymbol{\beta},\boldsymbol{\gamma}$ 为维数相同的向量, $k,l$ 为常数):

(1) $\boldsymbol{\alpha}+\boldsymbol{\beta}=\boldsymbol{\beta}+\boldsymbol{\alpha}$;

(2) $(\boldsymbol{\alpha}+\boldsymbol{\beta})+\boldsymbol{\gamma}=\boldsymbol{\alpha}+(\boldsymbol{\beta}+\boldsymbol{\gamma})$;

(3) $\boldsymbol{\alpha}+\mathbf{0}=\boldsymbol{\alpha}$;

(4) $\boldsymbol{\alpha}+(-\boldsymbol{\alpha})=\mathbf{0}$;

(5) $1\boldsymbol{\alpha}=\boldsymbol{\alpha}$;

(6) $k(l\boldsymbol{\alpha})=(kl)\boldsymbol{\alpha}$;

(7) $k(\boldsymbol{\alpha}+\boldsymbol{\beta})=k\boldsymbol{\alpha}+k\boldsymbol{\beta}$;

(8) $(k+l)\boldsymbol{\alpha}=k\boldsymbol{\alpha}+l\boldsymbol{\alpha}$.

设 $V$ 为包含所有 $n$ 维向量的非空集合 (至少含零向量), 显然集合 $V$ 对以上定义的向量加法和数乘运算封闭, 且运算满足以上 8 条性质 (或运算法则), 这样的集合我们称为**向量空间**. 平面和 3 维几何空间是常见的向量几何空间.

### 3. 向量的转置

向量 $\begin{pmatrix} a_1 \\ a_2 \\ \vdots \\ a_n \end{pmatrix}$ 称为向量 $\boldsymbol{\alpha}=(a_1,a_2,\cdots,a_n)$ 的**转置向量**, 记为 $\boldsymbol{\alpha}^{\mathrm{T}}$. 对称地, $\boldsymbol{\alpha}$ 称为 $\boldsymbol{\alpha}^{\mathrm{T}}$ 的转置向量.

显然向量转置满足运算规律:

$$(\boldsymbol{\alpha}^{\mathrm{T}})^{\mathrm{T}}=\boldsymbol{\alpha};\quad (\boldsymbol{\alpha}+\boldsymbol{\beta})^{\mathrm{T}}=\boldsymbol{\alpha}^{\mathrm{T}}+\boldsymbol{\beta}^{\mathrm{T}};\quad (k\boldsymbol{\alpha})^{\mathrm{T}}=k\boldsymbol{\alpha}^{\mathrm{T}}.$$

根据向量的运算公式, 回看非齐次线性方程组 (1), 如果记

$$\boldsymbol{\alpha}_1=\begin{pmatrix} a_{11} \\ a_{21} \\ \vdots \\ a_{m1} \end{pmatrix}, \boldsymbol{\alpha}_2=\begin{pmatrix} a_{12} \\ a_{22} \\ \vdots \\ a_{m2} \end{pmatrix}, \cdots, \boldsymbol{\alpha}_n=\begin{pmatrix} a_{1n} \\ a_{2n} \\ \vdots \\ a_{mn} \end{pmatrix}, \quad \boldsymbol{b}=\begin{pmatrix} b_1 \\ b_2 \\ \vdots \\ b_m \end{pmatrix},$$

则方程组 (1) 可改写为如下向量形式

$$x_1\boldsymbol{\alpha}_1+x_2\boldsymbol{\alpha}_2+\cdots+x_n\boldsymbol{\alpha}_n=\boldsymbol{b}, \tag{7}$$

相应齐次线性方程组 (2) 的向量形式为

$$x_1\boldsymbol{\alpha}_1+x_2\boldsymbol{\alpha}_2+\cdots+x_n\boldsymbol{\alpha}_n=\mathbf{0}. \tag{8}$$

向量除以上运算外, 本书还要介绍向量的内积 (也称点积) 运算. 在解析几何中, 向量运算还有外积 (也称叉积)、混合积等运算.

### 2.2.3 向量组的线性相关性

我们已经知道, 非齐次线性方程组 (7) 的解有三种情况: 无解、唯一解和无穷多解; 齐次线性方程组 (8) 的解有两种情况: 只有零解和有非零解. 结合方程组的向量表示形式, 自然想知道方程组解的存在性与向量组的线性关系之间存在怎样的联系?

向量之间通过线性关系联系起来, 这种关系表现为线性表示和线性相关与线性无关 (简称线性相关性).

分析 2 维基本单位向量 $\boldsymbol{e}_1=(1,0),\boldsymbol{e}_2=(0,1)$, 容易发现 $\boldsymbol{e}_1$ 不能由 $\boldsymbol{e}_2$ 表示出来, 同样, $\boldsymbol{e}_2$ 也不能由 $\boldsymbol{e}_1$ 表示出来. 也就是说不存在一个等式使 $\boldsymbol{e}_1$ 与 $\boldsymbol{e}_2$ 线性关联起来. 换个说法, 就是方程组

$$x_1\boldsymbol{e}_1+x_2\boldsymbol{e}_2=\mathbf{0}$$

只有零解, 即 $\boldsymbol{e}_1,\boldsymbol{e}_2$ 不存在线性关系.

再看向量 $\boldsymbol{\alpha}_1=(1,2),\boldsymbol{\alpha}_2=(2,4)$. 不难看出 $\boldsymbol{\alpha}_1$ 与 $\boldsymbol{\alpha}_2$ 之间是有联系的, 它们满足关系 $\boldsymbol{\alpha}_2=2\boldsymbol{\alpha}_1$, 即 $2\boldsymbol{\alpha}_1-\boldsymbol{\alpha}_2=\mathbf{0}$. 也就是说向量 $\boldsymbol{\alpha}_2$ 可以由向量 $\boldsymbol{\alpha}_1$ 经过线性运算 $2\boldsymbol{\alpha}_1$ 表示出来, 或者说向量 $\boldsymbol{\alpha}_1$ 与向量 $\boldsymbol{\alpha}_2$ 之间存在一种经过线性运算而联系起来的关系 $2\boldsymbol{\alpha}_1-\boldsymbol{\alpha}_2=\mathbf{0}$. 换个说法, 方程组

$$x_1\boldsymbol{\alpha}_1+x_2\boldsymbol{\alpha}_2=\mathbf{0}$$

有非零解 $x_1=2,x_2=-1$, 即向量 $\boldsymbol{\alpha}_1,\boldsymbol{\alpha}_2$ 之间存在线性关系.

**定义 5** 设 $\boldsymbol{\beta},\boldsymbol{\alpha}_1,\boldsymbol{\alpha}_2,\cdots,\boldsymbol{\alpha}_m$ 是维数相同的向量组, 若存在数 $k_1,k_2,\cdots,k_m$, 使

$$\boldsymbol{\beta}=k_1\boldsymbol{\alpha}_1+k_2\boldsymbol{\alpha}_2+\cdots+k_m\boldsymbol{\alpha}_m,$$

则称向量 $\boldsymbol{\beta}$ 可由向量 $\boldsymbol{\alpha}_1,\boldsymbol{\alpha}_2,\cdots,\boldsymbol{\alpha}_m$ **线性表示**.

由定义 5 和向量的运算容易证明(自行完成): 任意 $n$ 维向量 $\boldsymbol{\alpha}=(a_1,a_2,\cdots,a_n)$ 一定可以由 $n$ 维基本单位向量组 $\boldsymbol{e}_1,\boldsymbol{e}_2,\cdots,\boldsymbol{e}_n$ 线性表示为

$$\boldsymbol{\alpha}=a_1\boldsymbol{e}_1+a_2\boldsymbol{e}_2+\cdots+a_n\boldsymbol{e}_n.$$

以后会看到, 这种表示是唯一的.

根据定义 5 和方程组 (7) 解的存在情况, 向量的线性表示有三种情形: 可唯一线性表示 (唯一解); 可以线性表示, 但表示式不唯一 (无穷多解); 不能线性表示 (无解).

**例 8** 设 $\boldsymbol{\beta}=(-3,3,7)^{\mathrm{T}},\boldsymbol{\alpha}_1=(1,-1,2)^{\mathrm{T}},\boldsymbol{\alpha}_2=(2,1,0)^{\mathrm{T}},\boldsymbol{\alpha}_3=(-1,2,1)^{\mathrm{T}}$, 问 $\boldsymbol{\beta}$ 是否可以由向量 $\boldsymbol{\alpha}_1,\boldsymbol{\alpha}_2,\boldsymbol{\alpha}_3$ 线性表示? 若能, 写出其表示式.

**解**　设 $\boldsymbol{\beta}=k_1\boldsymbol{\alpha}_1+k_2\boldsymbol{\alpha}_2+k_3\boldsymbol{\alpha}_3$, 由此得到以 $k_1,k_2,k_3$ 为未知数的线性方程组

$$\begin{cases}k_1+2k_2-k_3=-3,\\-k_1+k_2+2k_3=3,\\2k_1+k_3=7.\end{cases}$$

求解得 $k_1=2,k_2=-1,k_3=3$, 因此 $\boldsymbol{\beta}$ 可以由 $\boldsymbol{\alpha}_1,\boldsymbol{\alpha}_2,\boldsymbol{\alpha}_3$ 线性表示, 且

$$\boldsymbol{\beta}=2\boldsymbol{\alpha}_1-\boldsymbol{\alpha}_2+3\boldsymbol{\alpha}_3.$$

下面由方程组 (8) 解的情况, 我们给出线性相关与线性无关的定义.

**定义 6**　对于向量组 $\boldsymbol{\alpha}_1,\boldsymbol{\alpha}_2,\cdots,\boldsymbol{\alpha}_n$, 如果齐次线性方程组 (8) 有非零解, 则称向量组 $\boldsymbol{\alpha}_1,\boldsymbol{\alpha}_2,\cdots,\boldsymbol{\alpha}_n$ **线性相关**; 如果该方程组 (8) 只有零解, 则称向量组 $\boldsymbol{\alpha}_1,\boldsymbol{\alpha}_2,\cdots,\boldsymbol{\alpha}_n$ **线性无关**.

显然, 含零向量的向量组一定线性相关.

根据定义 6, 既然方程组 (8) 只有零解, 意味着要使 (8) 式成立, 只可能所有系数全为 0; 方程组 (8) 有非零解, 则至少有一向量的系数不为 0(不妨设 $x_i\neq 0$), 那么

$$\boldsymbol{\alpha}_i=-\frac{1}{x_i}(x_1\boldsymbol{\alpha}_1+\cdots+x_{i-1}\boldsymbol{\alpha}_{i-1}+x_{i+1}\boldsymbol{\alpha}_{i+1}+\cdots+x_n\boldsymbol{\alpha}_n).$$

因此, 定义 6 有以下两个等价表述.

**定义 6′**　向量组 $\boldsymbol{\alpha}_1,\boldsymbol{\alpha}_2,\cdots,\boldsymbol{\alpha}_n$ 线性相关的充分必要条件是至少存在一个向量可以由其余 $n-1$ 个向量线性表示; 向量组线性无关的充分必要条件是所有向量都不能由其余 $n-1$ 个向量线性表示.

由定义 6′, 向量 $\boldsymbol{\beta}$ 能由向量组 $\boldsymbol{\alpha}_1,\boldsymbol{\alpha}_2,\cdots,\boldsymbol{\alpha}_n$ 线性表示, 则向量组 $\boldsymbol{\beta},\boldsymbol{\alpha}_1,\boldsymbol{\alpha}_2,\cdots,\boldsymbol{\alpha}_n$ 一定线性相关. 但该向量组线性相关, 我们不能得出结论: 向量 $\boldsymbol{\beta}$ 一定可以由向量组 $\boldsymbol{\alpha}_1,\boldsymbol{\alpha}_2,\cdots,\boldsymbol{\alpha}_n$ 线性表示.

**定义 6″**　向量组 $\boldsymbol{\alpha}_1,\boldsymbol{\alpha}_2,\cdots,\boldsymbol{\alpha}_n$ 线性相关是指存在不全为 0 的数 $k_1,k_2,\cdots,k_n$, 使得

$$k_1\boldsymbol{\alpha}_1+k_2\boldsymbol{\alpha}_2+\cdots+k_n\boldsymbol{\alpha}_n=\boldsymbol{0};$$

向量组线性无关是指如果上式成立, 只可能系数 $k_1,k_2,\cdots,k_n$ 全为 0.

根据以上定义, 容易验证以下几个结论 (作为作业证明之).

(1) 单个向量 $\boldsymbol{\alpha}$ 作为向量组线性相关的充分必要条件是 $\boldsymbol{\alpha}=\boldsymbol{0}$, 线性无关的充分必要条件是 $\boldsymbol{\alpha}\neq\boldsymbol{0}$;

(2) 两个非零向量 $\boldsymbol{\alpha}_1,\boldsymbol{\alpha}_2$ 组成的向量组线性相关的充分必要条件是 $\boldsymbol{\alpha}_1$ 与 $\boldsymbol{\alpha}_2$ 成比例, 即其对应分量成比例, 线性无关的充分必要条件是 $\boldsymbol{\alpha}_1$ 与 $\boldsymbol{\alpha}_2$ 不成比例;

(3) $n$ 维基本单位向量组 $\boldsymbol{e}_1,\boldsymbol{e}_2,\cdots,\boldsymbol{e}_n$ 线性无关;

(4) 如果向量组 $\boldsymbol{\alpha}_1,\boldsymbol{\alpha}_2,\cdots,\boldsymbol{\alpha}_m$ 中部分向量线性相关, 则向量组 $\boldsymbol{\alpha}_1,\boldsymbol{\alpha}_2,\cdots,\boldsymbol{\alpha}_m$ 整体一定线性相关. 反过来, 如果向量组 $\boldsymbol{\alpha}_1,\boldsymbol{\alpha}_2,\cdots,\boldsymbol{\alpha}_m$ 线性无关, 则其任意部分向量都线性无关.

**例 9**　已知向量组 $\boldsymbol{\alpha}_1,\boldsymbol{\alpha}_2,\boldsymbol{\alpha}_3$ 线性无关. 证明向量组 $\boldsymbol{\alpha}_1+\boldsymbol{\alpha}_2,\boldsymbol{\alpha}_2+\boldsymbol{\alpha}_3,\boldsymbol{\alpha}_3+\boldsymbol{\alpha}_1$ 也线性无关.

**证明**　构造以 $x_1,x_2,x_3$ 为未知数的齐次线性方程组

$$x_1(\boldsymbol{\alpha}_1+\boldsymbol{\alpha}_2)+x_2(\boldsymbol{\alpha}_2+\boldsymbol{\alpha}_3)+x_3(\boldsymbol{\alpha}_3+\boldsymbol{\alpha}_1)=\mathbf{0}.$$

整理得

$$(x_1+x_3)\boldsymbol{\alpha}_1+(x_1+x_2)\boldsymbol{\alpha}_2+(x_2+x_3)\boldsymbol{\alpha}_3=\mathbf{0}.$$

由于 $\boldsymbol{\alpha}_1,\boldsymbol{\alpha}_2,\boldsymbol{\alpha}_3$ 线性无关, 因此这一方程组只有零解, 也就是 $\begin{cases}x_1+x_3=0,\\x_1+x_2=0,\\x_2+x_3=0,\end{cases}$ 解得 $x_1=x_2=x_3=0$. 故结论成立.

**例 10**　设向量组 $\boldsymbol{\alpha}_1,\boldsymbol{\alpha}_2,\boldsymbol{\alpha}_3$ 线性无关, 问 $a,b,c$ 满足什么条件,

$$a\boldsymbol{\alpha}_1-\boldsymbol{\alpha}_2,b\boldsymbol{\alpha}_2-\boldsymbol{\alpha}_3,c\boldsymbol{\alpha}_3-\boldsymbol{\alpha}_1$$

线性相关?

**解**　设

$$k_1(a\boldsymbol{\alpha}_1-\boldsymbol{\alpha}_2)+k_2(b\boldsymbol{\alpha}_2-\boldsymbol{\alpha}_3)+k_3(c\boldsymbol{\alpha}_3-\boldsymbol{\alpha}_1)=\mathbf{0},$$

于是, 得

$$(k_1a-k_3)\boldsymbol{\alpha}_1+(k_2b-k_1)\boldsymbol{\alpha}_2+(k_3c-k_2)\boldsymbol{\alpha}_3=\mathbf{0}.$$

因为 $\boldsymbol{\alpha}_1,\boldsymbol{\alpha}_2,\boldsymbol{\alpha}_3$ 线性无关, 所以, 得到方程组 $\begin{cases}ak_1-k_3=0,\\-k_1+bk_2=0,\\-k_2+ck_3=0.\end{cases}$ 当其系数行列式

$$\begin{vmatrix}a&0&-1\\-1&b&0\\0&-1&c\end{vmatrix}=abc-1=0$$

时, 该方程组有非零解, 即 $abc=1$ 时, 向量组 $a\boldsymbol{\alpha}_1-\boldsymbol{\alpha}_2,b\boldsymbol{\alpha}_2-\boldsymbol{\alpha}_3,c\boldsymbol{\alpha}_3-\boldsymbol{\alpha}_1$ 线性相关.

**例 11**　向量组 $\boldsymbol{\alpha}_1,\boldsymbol{\alpha}_2,\boldsymbol{\alpha}_3$ 线性无关, 证明向量组 $\boldsymbol{\alpha}_1+2\boldsymbol{\alpha}_2,\boldsymbol{\alpha}_2+2\boldsymbol{\alpha}_3,\boldsymbol{\alpha}_3+2\boldsymbol{\alpha}_1$ 线性无关.

**证明**　建立方程组 $x_1(\boldsymbol{\alpha}_1+2\boldsymbol{\alpha}_2)+x_2(\boldsymbol{\alpha}_2+2\boldsymbol{\alpha}_3)+x_3(\boldsymbol{\alpha}_3+2\boldsymbol{\alpha}_1)=\mathbf{0}$, 即

$$(x_1+2x_3)\boldsymbol{\alpha}_1+(2x_1+x_2)\boldsymbol{\alpha}_2+(2x_2+x_3)\boldsymbol{\alpha}_3=\mathbf{0}.$$

因 $\boldsymbol{\alpha}_1,\boldsymbol{\alpha}_2,\boldsymbol{\alpha}_3$ 线性无关, 易知 $\begin{cases}x_1+2x_3=0,\\2x_1+x_2=0,\\2x_2+x_3=0.\end{cases}$ 可证其系数行列式 $\begin{vmatrix}1&0&2\\2&1&0\\0&2&1\end{vmatrix}=$ $9\neq 0$, 因此齐次方程组只有零解, 故结论成立.

**例 12**　判断向量组 $\boldsymbol{\beta}_1=(0,1,2),\boldsymbol{\beta}_2=(1,1,-1),\boldsymbol{\beta}_3=(1,-1,0),\boldsymbol{\beta}_4=(1,1,1)$ 的线性相关性.

**解**　建立齐次线性方程组 $x_1\boldsymbol{\beta}_1+x_2\boldsymbol{\beta}_2+x_3\boldsymbol{\beta}_3+x_4\boldsymbol{\beta}_4=\mathbf{0}$. 整理得

$$\begin{cases}x_2+x_3+x_4=0,\\x_1+x_2-x_3+x_4=0,\\2x_1-x_2+x_4=0.\end{cases}$$

该方程组中方程的个数小于未知元的个数. 根据定理 1, 该方程组有非零解, 因此向量组 $\boldsymbol{\beta}_1,\boldsymbol{\beta}_2,\boldsymbol{\beta}_3,\boldsymbol{\beta}_4$ 线性相关.

在该例中, 向量组中向量的个数为 4, 向量的维数 (向量分量的个数) 为 3, 结论是该向量组线性相关. 实际上, 这一结论普遍成立.

**定理 3**　*任意 $n+1$ 个 $n$ 维向量组成的向量组一定线性相关.*

**证明**　建立方程组 $x_1\boldsymbol{\alpha}_1+x_2\boldsymbol{\alpha}_2+\cdots+x_n\boldsymbol{\alpha}_n+x_{n+1}\boldsymbol{\alpha}_{n+1}=\mathbf{0}$, 并设

$$\begin{aligned}\boldsymbol{\alpha}_1=&(a_{11},a_{21},\cdots,a_{n1}),\boldsymbol{\alpha}_2=(a_{12},a_{22},\cdots,a_{n2}),\cdots,\\&\boldsymbol{\alpha}_{n+1}=(a_{1,n+1},a_{2,n+1},\cdots,a_{n,n+1}),\end{aligned}$$

则得

$$\begin{cases}a_{11}x_1+a_{12}x_2+\cdots+a_{1,n+1}x_{n+1}=0,\\a_{21}x_1+a_{22}x_2+\cdots+a_{2,n+1}x_{n+1}=0,\\\qquad\cdots\cdots\\a_{n1}x_1+a_{n2}x_2+\cdots+a_{n,n+1}x_{n+1}=0,\end{cases}$$

显然方程的个数为 $n$, 未知数的个数为 $n+1$, 因此上述方程组有非零解, 故结论成立.

利用齐次线性方程组只有零解或有非零解这两种情况判断向量组线性相关性的方法是一个很基本方法. 除此之外, 还有其他判断方法, 请注意归纳总结.

**例 13**　判断向量组 $\boldsymbol{\alpha}_1=\begin{pmatrix}1\\0\\-1\end{pmatrix},\boldsymbol{\alpha}_2=\begin{pmatrix}2\\1\\1\end{pmatrix},\boldsymbol{\alpha}_3=\begin{pmatrix}1\\1\\2\end{pmatrix}$ 的线性相关性.

**解** 建立齐次线性方程组 $x_1\boldsymbol{\alpha}_1+x_2\boldsymbol{\alpha}_2+x_3\boldsymbol{\alpha}_3=\mathbf{0}$. 整理得

$$\begin{cases} x_1+2x_2+x_3=0,\\ x_2+x_3=0,\\ -x_1+x_2+2x_3=0. \end{cases}$$

该方程组中方程的个数等于未知元的个数, 计算其系数行列式

$$D_3=\begin{vmatrix} 1 & 2 & 1\\ 0 & 1 & 1\\ -1 & 1 & 2 \end{vmatrix}=\begin{vmatrix} 1 & 2 & 1\\ 0 & 1 & 1\\ 0 & 3 & 3 \end{vmatrix}=0.$$

因此, 根据 Cramer 法则, 该齐次线性方程组有非零解, 即向量组 $\boldsymbol{\alpha}_1,\boldsymbol{\alpha}_2,\boldsymbol{\alpha}_3$ 线性相关.

该例的特点是向量组中向量的个数等于向量的维数, 判断的方法是通过计算该行列式是否等于 0 来确定向量组的线性相关性. 实际上, 这一方法是判断这类向量组 (向量的维数与向量的个数相等) 线性相关性的常用方法.

**定理 4** 设 $n$ 维向量组 $\boldsymbol{\alpha}_1,\boldsymbol{\alpha}_2,\cdots,\boldsymbol{\alpha}_n$ 构成的矩阵为 $\boldsymbol{A}$, 则该向量组线性相关的充分必要条件是行列式 $D=|\boldsymbol{A}|=0$; 线性无关的充分必要条件是 $D=|\boldsymbol{A}|\neq 0$.

**证明** 设 $\boldsymbol{\alpha}_i=(a_{i1},a_{i2},\cdots,a_{in})^{\mathrm{T}}\ (i=1,2,\cdots,n), D=|\boldsymbol{A}|=|a_{ij}|$.

考虑线性方程组 $x_1\boldsymbol{\alpha}_1+x_2\boldsymbol{\alpha}_2+\cdots+x_n\boldsymbol{\alpha}_n=\mathbf{0}$, 由于 $\boldsymbol{\alpha}_1,\boldsymbol{\alpha}_2,\cdots,\boldsymbol{\alpha}_n$ 线性无关, 因此该方程组只有零解, 于是其系数行列式 $D^{\mathrm{T}}\neq 0$. 而 $D=D^{\mathrm{T}}$, 故 $D\neq 0$.

若 $D\neq 0$, 则 $D^{\mathrm{T}}\neq 0$. 由 Cramer 法则, 方程组只有零解, 因此向量组 $\boldsymbol{\alpha}_1,\boldsymbol{\alpha}_2,\cdots,\boldsymbol{\alpha}_n$ 线性无关.

**例 14** 若向量组 $\boldsymbol{\alpha}_1,\boldsymbol{\alpha}_2,\cdots,\boldsymbol{\alpha}_m$ 线性无关, 向量组 $\boldsymbol{\alpha}_1,\boldsymbol{\alpha}_2,\cdots,\boldsymbol{\alpha}_m,\boldsymbol{\beta}$ 线性相关, 则 $\boldsymbol{\beta}$ 可由向量组 $\boldsymbol{\alpha}_1,\boldsymbol{\alpha}_2,\cdots,\boldsymbol{\alpha}_m$ 唯一线性表示.

**证明** 由 $\boldsymbol{\beta},\boldsymbol{\alpha}_1,\boldsymbol{\alpha}_2,\cdots,\boldsymbol{\alpha}_m$ 线性相关知方程组

$$k\boldsymbol{\beta}+k_1\boldsymbol{\alpha}_1+k_2\boldsymbol{\alpha}_2+\cdots+k_m\boldsymbol{\alpha}_m=\mathbf{0}$$

有非零解. 下证 $k\neq 0$. 否则, 有 $k_1\boldsymbol{\alpha}_1+k_2\boldsymbol{\alpha}_2+\cdots+k_m\boldsymbol{\alpha}_m=\mathbf{0}$. 由于 $\boldsymbol{\alpha}_1,\boldsymbol{\alpha}_2,\cdots,\boldsymbol{\alpha}_m$ 线性无关, 所以 $k_1=k_2=\cdots=k_m=0$, 即 $\boldsymbol{\beta},\boldsymbol{\alpha}_1,\boldsymbol{\alpha}_2,\cdots,\boldsymbol{\alpha}_m$ 线性无关. 这是矛盾的. 因此 $k\neq 0$, 从而

$$\boldsymbol{\beta}=-\frac{k_1}{k}\boldsymbol{\alpha}_1-\frac{k_2}{k}\boldsymbol{\alpha}_2-\cdots-\frac{k_m}{k}\boldsymbol{\alpha}_m.$$

唯一性证明略去 (读者补充完善).

**定理 5** 设 $\boldsymbol{\alpha}_i\in\mathbf{R}^n$, $\boldsymbol{\beta}_i\in\mathbf{R}^m\ (i=1,2,\cdots,s)$ 都是列向量, $\boldsymbol{\gamma}_i=\begin{pmatrix}\boldsymbol{\alpha}_i\\ \boldsymbol{\beta}_i\end{pmatrix}$ $(i=$

$1,2,\cdots,s)$. 若 $\gamma_1,\gamma_2,\cdots,\gamma_s$ 线性相关, 则 $\boldsymbol{\alpha}_1,\boldsymbol{\alpha}_2,\cdots,\boldsymbol{\alpha}_s$ 也线性相关.

**证明**　由于 $\gamma_1,\gamma_2,\cdots,\gamma_s$ 线性相关, 因此线性方程组

$$x_1\boldsymbol{\gamma}_1+x_2\boldsymbol{\gamma}_2+\cdots+x_s\boldsymbol{\gamma}_s=\mathbf{0}$$

有非零解, 即

$$x_1\begin{pmatrix}\boldsymbol{\alpha}_1\\ \boldsymbol{\beta}_1\end{pmatrix}+x_2\begin{pmatrix}\boldsymbol{\alpha}_2\\ \boldsymbol{\beta}_2\end{pmatrix}+\cdots+x_s\begin{pmatrix}\boldsymbol{\alpha}_s\\ \boldsymbol{\beta}_s\end{pmatrix}=\begin{pmatrix}\mathbf{0}_1\\ \mathbf{0}_2\end{pmatrix}$$

有非零解, 其中 $\mathbf{0}_1,\mathbf{0}_2$ 分别为 $n$ 维和 $m$ 维零向量. 由向量运算的知识得

$$x_1\boldsymbol{\alpha}_1+x_2\boldsymbol{\alpha}_2+\cdots+x_s\boldsymbol{\alpha}_s=\mathbf{0}_1$$

有非零解. 因此, $\boldsymbol{\alpha}_1,\boldsymbol{\alpha}_2,\cdots,\boldsymbol{\alpha}_s$ 线性相关.

定理 5 可以等价表述为其逆否命题: 若向量组 $\boldsymbol{\alpha}_1,\boldsymbol{\alpha}_2,\cdots,\boldsymbol{\alpha}_s$ 线性无关, 则 $\boldsymbol{\gamma}_1,\boldsymbol{\gamma}_2,\cdots,\boldsymbol{\gamma}_s$ 也线性无关.

定理 5 说明向量中分量的增减对线性相关性的影响: 对一个向量组来说, 如果线性无关, 每个向量添加分量后仍然线性无关; 如果线性相关, 每个向量减去分量后仍然线性相关.

**定义 7**　设有两个维数相同的向量组

$$A:\boldsymbol{\alpha}_1,\boldsymbol{\alpha}_2,\cdots,\boldsymbol{\alpha}_s;\quad B:\boldsymbol{\beta}_1,\boldsymbol{\beta}_2,\cdots,\boldsymbol{\beta}_t.$$

若 $A$ 中每一个向量都能由 $B$ 中的向量线性表示, 则称向量组 $A$ 可由向量组 $B$ **线性表示**; 若向量组 $A$ 与 $B$ 能够互相线性表示, 则称向量组 $A$ 与 $B$ **等价**.

例如, 向量组 $\boldsymbol{\alpha}_1=(1,1,1),\boldsymbol{\alpha}_2=(1,2,0)$ 与向量组 $\boldsymbol{\beta}_1=(1,0,2),\boldsymbol{\beta}_2=(0,1,-1)$ 等价.

由定义不难证明, 每一向量组都与自身等价. 同时, 如果向量组 $A$ 与 $B$ 等价, 向量组 $B$ 与向量组 $C$ 等价, 则 $A$ 与 $C$ 也等价 (请证明). 因此, 向量组之间的等价具有下列性质.

(1) 反身性, 即向量组 $A$ 与 $A$ 等价;

(2) 对称性, 即若向量组 $A$ 与 $B$ 等价, 则 $B$ 与 $A$ 也等价;

(3) 传递性, 即若向量组 $A$ 与 $B$ 等价, $B$ 与 $C$ 等价, 则 $A$ 与 $C$ 也等价.

**例 15**　解答下列各题.

(1) 设向量组 I: $\boldsymbol{\alpha}_1,\boldsymbol{\alpha}_2,\cdots,\boldsymbol{\alpha}_n$ 线性无关, 向量组 II: $\boldsymbol{\beta}_1,\boldsymbol{\beta}_2,\cdots,\boldsymbol{\beta}_n$ 可由向量组 I 线性表示, 即

$$\begin{cases} \boldsymbol{\beta}_1 = a_{11}\boldsymbol{\alpha}_1 + a_{21}\boldsymbol{\alpha}_2 + \cdots + a_{n1}\boldsymbol{\alpha}_n, \\ \boldsymbol{\beta}_2 = a_{12}\boldsymbol{\alpha}_1 + a_{22}\boldsymbol{\alpha}_2 + \cdots + a_{n2}\boldsymbol{\alpha}_n, \\ \qquad\qquad \cdots\cdots \\ \boldsymbol{\beta}_n = a_{1n}\boldsymbol{\alpha}_1 + a_{2n}\boldsymbol{\alpha}_2 + \cdots + a_{nn}\boldsymbol{\alpha}_n. \end{cases}$$

证明 $\boldsymbol{\beta}_1, \boldsymbol{\beta}_2, \cdots, \boldsymbol{\beta}_n$ 线性无关的充分必要条件为 $D = |a_{ij}| \neq 0$.

(2) 向量组 I: $\boldsymbol{\alpha}_1, \boldsymbol{\alpha}_2, \cdots, \boldsymbol{\alpha}_s$ 线性无关, II: $\boldsymbol{\alpha}_1, \boldsymbol{\alpha}_2, \cdots, \boldsymbol{\alpha}_s, \boldsymbol{\beta}_1, \boldsymbol{\beta}_2$ 线性相关, 证明向量组 $\boldsymbol{\alpha}_1, \boldsymbol{\alpha}_2, \cdots, \boldsymbol{\alpha}_s, \boldsymbol{\beta}_1$ 与 $\boldsymbol{\alpha}_1, \boldsymbol{\alpha}_2, \cdots, \boldsymbol{\alpha}_s, \boldsymbol{\beta}_2$ 等价.

**证明** (1) 设 $x_1\boldsymbol{\beta}_1 + x_2\boldsymbol{\beta}_2 + \cdots + x_n\boldsymbol{\beta}_n = \mathbf{0}$, 将题目中条件代入该式, 化简后得

$$(a_{11}x_1 + a_{12}x_2 + \cdots + a_{1n}x_n)\boldsymbol{\alpha}_1 + (a_{21}x_1 + a_{22}x_2 + \cdots + a_{2n}x_n)\boldsymbol{\alpha}_2 + \cdots \\ +(a_{n1}x_1 + a_{n2}x_2 + \cdots + a_{nn}x_n)\boldsymbol{\alpha}_n = \mathbf{0}.$$

由于 $\boldsymbol{\alpha}_1, \boldsymbol{\alpha}_2, \cdots, \boldsymbol{\alpha}_n$ 线性无关, 因此

$$\begin{cases} a_{11}x_1 + a_{12}x_2 + \cdots + a_{1n}x_n = 0, \\ a_{21}x_1 + a_{22}x_2 + \cdots + a_{2n}x_n = 0, \\ \qquad\qquad \cdots\cdots \\ a_{n1}x_1 + a_{n2}x_2 + \cdots + a_{nn}x_n = 0. \end{cases}$$

根据 Cramer 法则, 如果 $D \neq 0$, 上述方程组只有零解 $x_1 = x_2 = \cdots = x_n = 0$, 则 $\boldsymbol{\beta}_1, \boldsymbol{\beta}_2, \cdots, \boldsymbol{\beta}_n$ 线性无关. 反之, 如果 $\boldsymbol{\beta}_1, \boldsymbol{\beta}_2, \cdots, \boldsymbol{\beta}_n$ 线性无关, 则方程组只有零解, 即 $D \neq 0$.

(2) 设 $k_1\boldsymbol{\alpha}_1 + k_2\boldsymbol{\alpha}_2 + \cdots + k_s\boldsymbol{\alpha}_s + a_1\boldsymbol{\beta}_1 + a_2\boldsymbol{\beta}_2 = \mathbf{0}$. 下面证明 $a_1^2 + a_2^2 \neq 0$.

如果 $a_1 = 0$, 则 $a_2 \neq 0$. 否则, 若 $a_2 = 0$, 则由向量组 I 的线性无关性, $k_1 = k_2 = \cdots = k_s = 0$, 即向量组 II 线性无关. 矛盾. 于是,

$$\boldsymbol{\beta}_2 = -\frac{1}{a_2}(k_1\boldsymbol{\alpha}_1 + k_2\boldsymbol{\alpha}_2 + \cdots + k_s\boldsymbol{\alpha}_s) + 0\boldsymbol{\beta}_1.$$

同理可证若 $a_2 = 0$, 则 $a_1 \neq 0$. 从而

$$\boldsymbol{\beta}_1 = -\frac{1}{a_1}(k_1\boldsymbol{\alpha}_1 + k_2\boldsymbol{\alpha}_2 + \cdots + k_s\boldsymbol{\alpha}_s) + 0\boldsymbol{\beta}_2.$$

如果 $a_1 \neq 0, a_2 \neq 0$, 则

$$\boldsymbol{\beta}_1 = -\frac{1}{a_1}(k_1\boldsymbol{\alpha}_1 + k_2\boldsymbol{\alpha}_2 + \cdots + k_s\boldsymbol{\alpha}_s + a_2\boldsymbol{\beta}_2),$$

$$\boldsymbol{\beta}_2 = -\frac{1}{a_2}(k_1\boldsymbol{\alpha}_1 + k_2\boldsymbol{\alpha}_2 + \cdots + k_s\boldsymbol{\alpha}_s + a_1\boldsymbol{\beta}_1).$$

故结论成立.

**定理 6**　设向量组 $\boldsymbol{\alpha}_1,\boldsymbol{\alpha}_2,\cdots,\boldsymbol{\alpha}_r$ 可以由向量组 $\boldsymbol{\beta}_1,\boldsymbol{\beta}_2,\cdots,\boldsymbol{\beta}_s$ 线性表示, 且 $r>s$, 则 $\boldsymbol{\alpha}_1,\boldsymbol{\alpha}_2,\cdots,\boldsymbol{\alpha}_r$ 线性相关.

定理 6 说明"多"的向量组由"少"的向量组线性表示, 则"多"的向量组一定线性相关.

**证明**　建立齐次方程组 $x_1\boldsymbol{\alpha}_1+x_2\boldsymbol{\alpha}_2+\cdots+x_r\boldsymbol{\alpha}_r=\mathbf{0}$, 并设

$$\boldsymbol{\alpha}_1=a_{11}\boldsymbol{\beta}_1+a_{12}\boldsymbol{\beta}_2+\cdots+a_{1s}\boldsymbol{\beta}_s,\cdots,\boldsymbol{\alpha}_r=a_{r1}\boldsymbol{\beta}_1+a_{r2}\boldsymbol{\beta}_2+\cdots+a_{rs}\boldsymbol{\beta}_s,$$

将其代入方程组, 化简后得

$$\begin{aligned}(x_1a_{11}+x_2a_{21}+\cdots+x_ra_{r1})\boldsymbol{\beta}_1+(x_1a_{12}+x_2a_{22}+\cdots+x_ra_{r2})\boldsymbol{\beta}_2&\\+\cdots+(x_1a_{1s}+x_2a_{2s}+\cdots+x_ra_{rs})\boldsymbol{\beta}_s=\mathbf{0}.&\end{aligned}\tag{9}$$

如果 $\boldsymbol{\beta}_1,\boldsymbol{\beta}_2,\cdots,\boldsymbol{\beta}_s$ 线性无关, 则得到如下方程组

$$\begin{cases}x_1a_{11}+x_2a_{21}+\cdots+x_ra_{r1}=0,\\x_1a_{12}+x_2a_{22}+\cdots+x_ra_{r2}=0,\\\qquad\cdots\cdots\\x_1a_{1s}+x_2a_{2s}+\cdots+x_ra_{rs}=0.\end{cases}$$

由于 $r>s$, 即方程的个数小于未知数的个数, 因此该方程组有非零解, 故 $\boldsymbol{\alpha}_1,\boldsymbol{\alpha}_2,\cdots,\boldsymbol{\alpha}_r$ 线性相关.

如果 $\boldsymbol{\beta}_1,\boldsymbol{\beta}_2,\cdots,\boldsymbol{\beta}_s$ 线性相关, 则 (9) 式中至少有一项系数不等于零, 由此即知 $x_1,x_2,\cdots,x_r$ 不全为 0, 从而 $\boldsymbol{\alpha}_1,\boldsymbol{\alpha}_2,\cdots,\boldsymbol{\alpha}_r$ 线性相关.

根据定理 6, 有如下推论 (逆否命题).

**推论 1**　如果线性无关的向量组 $\alpha_1,\alpha_2,\cdots,\alpha_r$ 可以由向量组 $\beta_1,\beta_2,\cdots,\beta_s$ 线性表示, 则 $r\leqslant s$.

**推论 2**　两个线性无关的等价向量组, 必含有相同个数的向量.

最后, 请思考以下两个问题:

(1) 在 3 维几何空间中, 3 个以原点为始点的向量线性相关性的几何意义是什么? 在 2 维几何平面上, 2 个以原点为始点的向量线性相关性的几何意义是什么? 在 3 维空间中, 4 个向量呢? 在 2 维平面上, 3 个向量呢?

(2) 方程组 $\begin{cases}x_1+x_2+x_3=3,\\2x_1-x_2-3x_3=-2,\\4x_1+x_2-x_3=4\end{cases}$ 中的第 3 个方程是多余的, 因为它可以由第 1 个方程乘以 2 加上第 2 个方程得到. 换个说法就是方程组增广矩阵 $(\boldsymbol{A},\boldsymbol{b})=$

$\begin{pmatrix} 1 & 1 & 1 & 3 \\ 2 & -1 & -3 & -2 \\ 4 & 1 & -1 & 4 \end{pmatrix}$的第 3 个向量可以由第 1 个和第 2 个向量线性表示出来.

那么对于一般的方程组 (6), 其增广矩阵 $(\boldsymbol{A}, \boldsymbol{b})$ 的行向量组线性无关, 会得出什么结论?

这一节重点讨论了向量之间的两个重要关系: 线性表示和线性相关性. 线性表示与非齐次线性方程组密切相关, 线性相关性与齐次线性方程组密切相关. 这为解决线性表示和线性相关性等问题提供了一个基本方法.

## 习 题 2.2

1. 下列命题 (或说法) 是否正确? 若正确, 请证明; 若不正确, 举反例.

(1) 若向量组 $\boldsymbol{\alpha}_1, \boldsymbol{\alpha}_2, \cdots, \boldsymbol{\alpha}_s$ 线性相关, 则 $\boldsymbol{\alpha}_1$ 一定可以由 $\boldsymbol{\alpha}_2, \boldsymbol{\alpha}_3, \cdots, \boldsymbol{\alpha}_s$ 线性表示;

(2) 若有不全为 0 的数 $a_1, a_2, \cdots, a_s$ 使

$$a_1\boldsymbol{\alpha}_1 + a_2\boldsymbol{\alpha}_2 + \cdots + a_s\boldsymbol{\alpha}_s + a_1\boldsymbol{\beta}_1 + a_2\boldsymbol{\beta}_2 + \cdots + a_s\boldsymbol{\beta}_s = \boldsymbol{0}$$

成立, 则向量组 $\boldsymbol{\alpha}_1, \boldsymbol{\alpha}_2, \cdots, \boldsymbol{\alpha}_s$ 和 $\boldsymbol{\beta}_1, \boldsymbol{\beta}_2, \cdots, \boldsymbol{\beta}_s$ 都线性相关;

(3) 若只有当 $a_1, a_2, \cdots, a_s$ 全为 0 时, 等式

$$a_1\boldsymbol{\alpha}_1 + a_2\boldsymbol{\alpha}_2 + \cdots + a_s\boldsymbol{\alpha}_s + a_1\boldsymbol{\beta}_1 + a_2\boldsymbol{\beta}_2 + \cdots + a_s\boldsymbol{\beta}_s = \boldsymbol{0}$$

才能成立, 则向量组 $\boldsymbol{\alpha}_1, \boldsymbol{\alpha}_2, \cdots, \boldsymbol{\alpha}_s$ 和 $\boldsymbol{\beta}_1, \boldsymbol{\beta}_2, \cdots, \boldsymbol{\beta}_s$ 都线性无关;

(4) 若向量组 $\boldsymbol{\alpha}_1, \boldsymbol{\alpha}_2, \cdots, \boldsymbol{\alpha}_s$ 和 $\boldsymbol{\beta}_1, \boldsymbol{\beta}_2, \cdots, \boldsymbol{\beta}_s$ 都线性相关, 则有不全为 0 的数 $a_1, a_2, \cdots, a_s$ 使

$$a_1\boldsymbol{\alpha}_1 + a_2\boldsymbol{\alpha}_2 + \cdots + a_s\boldsymbol{\alpha}_s = \boldsymbol{0}, \quad a_1\boldsymbol{\beta}_1 + a_2\boldsymbol{\beta}_2 + \cdots + a_s\boldsymbol{\beta}_s = \boldsymbol{0}$$

同时成立;

(5) 向量组 $\boldsymbol{\alpha}_1, \boldsymbol{\alpha}_2, \cdots, \boldsymbol{\alpha}_s$ $(s > 2)$ 线性无关的充分必要条件是任意两个向量线性无关;

(6) 向量组 $\boldsymbol{\alpha}_1, \boldsymbol{\alpha}_2, \cdots, \boldsymbol{\alpha}_s$ $(s > 2)$ 线性相关的充分必要条件是有 $s-1$ 个向量线性相关.

2. 判断下列向量组的线性相关性.

(1) $\boldsymbol{\alpha}_1 = (2, -3, 1), \boldsymbol{\alpha}_2 = (3, -1, 5), \boldsymbol{\alpha}_3 = (1, -4, 2)$;

(2) $\boldsymbol{\alpha}_1 = (1, 3, -2, 4), \boldsymbol{\alpha}_2 = (2, -1, 2, 3), \boldsymbol{\alpha}_3 = (0, 2, 4, -3), \boldsymbol{\alpha}_4 = (1, 10, -8, 9)$;

(3) $\boldsymbol{\alpha}_1=(1,1,0,1),\boldsymbol{\alpha}_2=(2,-1,3,2),\boldsymbol{\alpha}_3=(2,0,2,-1),\boldsymbol{\alpha}_4=(3,2,-1,4)$.

3. 已知 $\boldsymbol{\alpha}_1=(1,-1,1)^{\mathrm{T}},\boldsymbol{\alpha}_2=(1,1,-1)^{\mathrm{T}},\boldsymbol{\alpha}_3=(k,-k,0)^{\mathrm{T}},\boldsymbol{\beta}=(1,k^2,2)^{\mathrm{T}}$.

(1) 当 $k$ 为何值时, $\boldsymbol{\beta}$ 可由 $\boldsymbol{\alpha}_1,\boldsymbol{\alpha}_2,\boldsymbol{\alpha}_3$ 线性表示? 并写出表示式;

(2) 当 $k$ 为何值时, $\boldsymbol{\beta}$ 不能由 $\boldsymbol{\alpha}_1,\boldsymbol{\alpha}_2,\boldsymbol{\alpha}_3$ 线性表示.

4. 设 $t_1,t_2,\cdots,t_r$ 互异, $r\leqslant n$. 证明 $\boldsymbol{\alpha}_i=(1,t_i,\cdots,t_i^{n-1})\ (i=1,2,\cdots,r)$ 线性无关.

5. 设 $\boldsymbol{\alpha}_1,\boldsymbol{\alpha}_2,\cdots,\boldsymbol{\alpha}_n$ 是一组 $n$ 维向量, 基本单位向量 $\boldsymbol{e}_1,\boldsymbol{e}_2,\cdots,\boldsymbol{e}_n$ 可由它们线性表示, 证明 $\boldsymbol{\alpha}_1,\boldsymbol{\alpha}_2,\cdots,\boldsymbol{\alpha}_n$ 线性无关.

6. 设 $\boldsymbol{\alpha}_1,\boldsymbol{\alpha}_2,\cdots,\boldsymbol{\alpha}_n$ 是一组 $n$ 维向量, 证明 $\boldsymbol{\alpha}_1,\boldsymbol{\alpha}_2,\cdots,\boldsymbol{\alpha}_n$ 线性无关的充分必要条件是任一 $n$ 维向量都可以由它们线性表示.

7. 设 $\boldsymbol{\alpha}_1=(2,k,1),\boldsymbol{\alpha}_2=(1,2,0),\boldsymbol{\alpha}_3=(k,3,-1)$. 问 $k$ 为何值时, $\boldsymbol{\alpha}_1,\boldsymbol{\alpha}_2,\boldsymbol{\alpha}_3$ 线性相关?

8. 设向量组 I: $\boldsymbol{\beta}_1,\boldsymbol{\beta}_2,\boldsymbol{\beta}_3$ 可由向量组 II: $\boldsymbol{\alpha}_1,\boldsymbol{\alpha}_2,\boldsymbol{\alpha}_3$ 线性表示为

$$\boldsymbol{\beta}_1=\boldsymbol{\alpha}_1+\boldsymbol{\alpha}_2+\boldsymbol{\alpha}_3,\quad \boldsymbol{\beta}_2=\boldsymbol{\alpha}_1+2\boldsymbol{\alpha}_2+3\boldsymbol{\alpha}_3,\quad \boldsymbol{\beta}_3=\boldsymbol{\alpha}_1-\boldsymbol{\alpha}_2+\boldsymbol{\alpha}_3,$$

将向量组 II 用向量组 I 线性表示.

9. 已知向量组 $\boldsymbol{\alpha}_1,\boldsymbol{\alpha}_2,\cdots,\boldsymbol{\alpha}_s\ (s\geqslant 2)$ 线性无关.

(1) 设 $\boldsymbol{\beta}_1=\boldsymbol{\alpha}_1+\boldsymbol{\alpha}_2,\boldsymbol{\beta}_2=\boldsymbol{\alpha}_2+\boldsymbol{\alpha}_3,\cdots,\boldsymbol{\beta}_{s-1}=\boldsymbol{\alpha}_{s-1}+\boldsymbol{\alpha}_s,\boldsymbol{\beta}_s=\boldsymbol{\alpha}_s+\boldsymbol{\alpha}_1$, 讨论 $\boldsymbol{\beta}_1,\boldsymbol{\beta}_2,\cdots,\boldsymbol{\beta}_s$ 的线性相关性;

(2) 设 $\boldsymbol{\beta}=\sum\limits_{j=1}^{s}\boldsymbol{\alpha}_j$. 证明向量组 $\boldsymbol{\beta}-\boldsymbol{\alpha}_1,\boldsymbol{\beta}-\boldsymbol{\alpha}_2,\cdots,\boldsymbol{\beta}-\boldsymbol{\alpha}_s$ 线性无关.

10. 设 $\boldsymbol{\alpha}_1,\boldsymbol{\alpha}_2,\boldsymbol{\alpha}_3$ 线性无关, $\boldsymbol{\beta}_1=a\boldsymbol{\alpha}_1+b\boldsymbol{\alpha}_2$, $\boldsymbol{\beta}_2=a\boldsymbol{\alpha}_2+b\boldsymbol{\alpha}_3,\boldsymbol{\beta}_3=a\boldsymbol{\alpha}_3+b\boldsymbol{\alpha}_1$. 问 $a,b$ 满足什么条件时, $\boldsymbol{\beta}_1,\boldsymbol{\beta}_2,\boldsymbol{\beta}_3$ 线性无关.

11. 设 $\boldsymbol{\alpha}_1=\begin{pmatrix}2\\3\\4\\7\end{pmatrix},\boldsymbol{\alpha}_2=\begin{pmatrix}5\\-1\\3\\2\end{pmatrix},\boldsymbol{\alpha}_3=\begin{pmatrix}-3\\4\\1\\5\end{pmatrix},\boldsymbol{\alpha}_4=\begin{pmatrix}0\\-1\\7\\2\end{pmatrix}$, $\boldsymbol{\alpha}_5=\begin{pmatrix}6\\2\\1\\5\end{pmatrix}$.

(1) 证明 $\boldsymbol{\alpha}_1,\boldsymbol{\alpha}_2$ 线性无关;

(2) 证明 $\boldsymbol{\alpha}_1$, $\boldsymbol{\alpha}_2$, $\boldsymbol{\alpha}_3$, $\boldsymbol{\alpha}_4$, $\boldsymbol{\alpha}_5$ 线性相关.

## 2.3 向量组的秩与矩阵的秩

这一节要讨论向量组与矩阵的核心问题: 向量组的秩和矩阵的秩. 秩是矩阵初等变换和矩阵等价下的不变量, 它反映了矩阵的固有特质, 正是这种不变性, 才使我们能够通过初等变换及相关运算将许多问题中隐藏的本质给揭示出来. 可以讲, 矩阵的秩贯穿了线性代数始终.

### 2.3.1 向量组的秩

1. *极大线性无关组的定义*

2.2 节最后所给方程组的增广矩阵的 3 个行向量线性相关 (第 3 个向量可以用其余 2 个线性表示), 这表明原方程组的第 3 个方程是多余的. 不难证明第 1 个和第 2 个行向量是线性无关的, 因此在去掉第 3 个方程后, 剩下 2 个方程就不能再去掉了, 否则得到的方程组就与原方程组不同解了.

一般来说, 给定一向量组, 如果线性相关, 这时必有某个向量可以由其余向量线性表示, 我们将其去掉, 不断重复这个过程直到最后剩下的向量线性无关为止. 这剩下来的向量就称为原向量组的极大线性无关组.

**定义 8** *向量组 $A_1:\boldsymbol{\alpha}_{i_1},\boldsymbol{\alpha}_{i_2},\cdots,\boldsymbol{\alpha}_{i_r}$ 是向量组 $A:\boldsymbol{\alpha}_1,\boldsymbol{\alpha}_2,\cdots,\boldsymbol{\alpha}_m$ 的一个部分向量组, 它满足:*

*(1) 向量组 $A_1$ 线性无关;*

*(2) 向量组 $A$ 中每一向量都可由 $A_1$ 线性表示.*

*则称向量组 $A_1$ 是向量组 $A$ 的一个***极大线性无关向量组***. 简称极大无关组.*

根据定义, 之所以 $A_1$ 极大, 是因为若将 $A$ 中任一向量 $\boldsymbol{\alpha}_i$ 加入 $A_1$, 则 $(A_1,\boldsymbol{\alpha}_i)$ 必线性相关. 但若从 $A_1$ 中任意减去一个向量, 则可能就不存在这样一种线性关系.

显然, 线性无关向量组的极大线性无关组就是其本身, 它也是唯一的. 同时, $A_1$ 作为向量组 $A$ 的一个部分向量组, 它自然可以由向量组 $A$ 线性表示. 因此, 由向量组等价的定义, 极大线性无关组 $A_1$ 与向量组 $A$ 本身等价.

现在的问题是, 一个线性相关的向量组 $A$ 是否一定存在极大无关组? 如果存在, 是否唯一? 如果不唯一, 它们之间有何关系? 如何求向量组的极大无关组? 下面来回答这些问题. 为此, 看一个例子.

**例 16** 向量组 $A:\boldsymbol{\alpha}_1=(1,1),\boldsymbol{\alpha}_2=(0,1),\boldsymbol{\alpha}_3=(1,0)$, 求向量组 $A$ 的极大线性无关组.

**解** 显然向量组 $A$ 线性相关, 且部分向量组

$$A_1:\boldsymbol{\alpha}_1,\boldsymbol{\alpha}_2;\quad A_2:\boldsymbol{\alpha}_2,\boldsymbol{\alpha}_3;\quad A_3:\boldsymbol{\alpha}_3,\boldsymbol{\alpha}_1$$

都线性无关. 由于 $\boldsymbol{\alpha}_3=\boldsymbol{\alpha}_1-\boldsymbol{\alpha}_2$, 所以向量组 $A$ 可以由 $A_1$ 线性表示. 因此向量组 $A_1$ 是 $A$ 的一个极大线性无关组. 另外, 由 $\boldsymbol{\alpha}_1=\boldsymbol{\alpha}_2+\boldsymbol{\alpha}_3, \boldsymbol{\alpha}_2=\boldsymbol{\alpha}_1-\boldsymbol{\alpha}_3$ 部分向量组 $A_2, A_3$ 也是向量组 $A$ 的极大线性无关组.

上例说明, 线性相关向量组的极大无关组不唯一. 但要注意, 根据向量组等价的传递性, 上述三个极大无关组相互等价. 进一步, 每一个极大无关组中所含线性无关向量的个数相同, 它们都是 2. 事实上, 该例的结论具有一般性.

根据 2.2 节推论 2 和上述分析, 立得以下推论.

**推论 3**　同一个向量组的极大线性无关组之间相互等价, 且它们含有相同个数的向量.

2. 向量组的秩

**定义 9**　向量组 $A:\boldsymbol{\alpha}_1,\boldsymbol{\alpha}_2,\cdots,\boldsymbol{\alpha}_m$ 的极大线性无关组中所含向量的个数称为向量组的**秩**, 记为 $r(\boldsymbol{\alpha}_1,\boldsymbol{\alpha}_2,\cdots,\boldsymbol{\alpha}_m)$(也可简记为 $r(A)$). 规定: 全部由零向量组成向量组的秩为 0.

向量组的秩可以视为向量组线性无关程度的度量.

显然, 向量组的秩满足以下几个基本事实:

(1) $0\leqslant r(\boldsymbol{\alpha}_1,\boldsymbol{\alpha}_2,\cdots,\boldsymbol{\alpha}_m)\leqslant m$;

(2) $r(\boldsymbol{\alpha}_1,\boldsymbol{\alpha}_2,\cdots,\boldsymbol{\alpha}_m)=r(\boldsymbol{\alpha}_1^{\mathrm{T}},\boldsymbol{\alpha}_2^{\mathrm{T}},\cdots,\boldsymbol{\alpha}_m^{\mathrm{T}})$;

(3) $r(\boldsymbol{\alpha}_1,\boldsymbol{\alpha}_2,\cdots,\boldsymbol{\alpha}_i,\cdots,\boldsymbol{\alpha}_m)=r(\boldsymbol{\alpha}_1,\boldsymbol{\alpha}_2,\cdots,k\boldsymbol{\alpha}_i,\cdots,\boldsymbol{\alpha}_m), k\neq 0$, 即其中某一个向量数乘非零常数后, 不改变向量组的秩;

(4) $r(\boldsymbol{\alpha}_1,\boldsymbol{\alpha}_2,\cdots,\boldsymbol{\alpha}_i,\cdots,\boldsymbol{\alpha}_j,\cdots,\boldsymbol{\alpha}_m)=r(\boldsymbol{\alpha}_1,\boldsymbol{\alpha}_2,\cdots,\boldsymbol{\alpha}_j,\cdots,\boldsymbol{\alpha}_i,\cdots,\boldsymbol{\alpha}_m)$, 即其中两个向量换位置后不改变向量组的秩.

定义 9 说明, 欲求向量组的秩, 知道其极大线性无关组即可. 那么, 如何寻求向量组的极大线性无关组?

**引理 1**　向量组 $A$ 能由向量组 $B$ 表示, 则 $A$ 的秩不超过 $B$ 的秩, 即

$$r(A)\leqslant r(B).$$

**证明**　设 $r(A)=r, r(B)=s, A_1, B_1$ 分别为向量组 $A, B$ 的极大线性无关组, 则 $A_1, B_1$ 分别有 $r, s$ 个线性无关的向量.

由于 $A$ 能由 $B$ 线性表示, 因此 $A_1$ 同样可由 $B_1$ 线性表示. 于是由推论 1,$r\leqslant s$.

利用引理 1, 即得以下定理.

**定理 7**　等价的向量组有相同的秩.

注意, 定理 7 的逆命题不成立, 即秩相同的两个向量组未必等价. 例如, 向量组

$$A:\boldsymbol{\alpha}_1=(1,0),\ \boldsymbol{\alpha}_2=(1,1);\quad B:\boldsymbol{\beta}_1=(1,0,0),\ \boldsymbol{\beta}_2=(1,1,1)$$

的秩都为 2, 显然 $A$ 与 $B$ 不等价.

结合定义 9 和定理 7, 容易给出如下推论.

**推论 4** 如果向量组 $A:\boldsymbol{\alpha}_1,\boldsymbol{\alpha}_2,\cdots,\boldsymbol{\alpha}_m$ 的秩为 $r\ (r>0)$, 则该向量组中任意 $r$ 个线性无关的向量组都是它的一个极大线性无关组.

对于向量组 $A:\boldsymbol{\alpha}_1,\boldsymbol{\alpha}_2,\cdots,\boldsymbol{\alpha}_m$, 由于线性无关向量组的极大无关组即其本身, 因此如果 $A$ 线性无关, 则 $r(A)=m$. 反过来, 如果 $r(A)=m$, 则 $A$ 的极大无关组就是 $A$ 本身, 因此 $A$ 线性无关. 于是, 得到如下向量组的秩与线性相关性的重要结论.

**推论 5** 向量组 $A:\boldsymbol{\alpha}_1,\boldsymbol{\alpha}_2,\cdots,\boldsymbol{\alpha}_m$ 线性无关的充分必要条件是 $r(A)=m$; 线性相关的充分必要条件为 $r(A)<m$.

通过以上分析, 向量组的秩是唯一的, 它等于向量组极大无关组中所含向量的个数. 因此, 只要知道了极大线性无关组, 即可得到向量组的秩.

### 2.3.2 矩阵的秩

1. 矩阵秩的定义

我们知道, 矩阵 $\boldsymbol{A}_{m\times n}$ 可认为由 $m$ 个行向量组成或 $n$ 个列向量组成. 自然引出行向量组的秩和列向量组的秩.

**定义 10** 对于矩阵 $\boldsymbol{A}=(a_{ij})_{m\times n}$, 其 $m$ 个行向量的秩称为 $\boldsymbol{A}$ 的**行秩**, $n$ 个列向量的秩称为 $\boldsymbol{A}$ 的**列秩**.

我们知道线性方程组经初等变换后得到新的线性方程组, 这两个方程组是同解的, 也就是说方程组的初等变换不改变解的存在性和解的性质. 由此, 我们有理由相信矩阵的行秩和列秩在初等变换下是不变的.

**定理 8** 矩阵的行秩和列秩在初等变换下保持不变.

**证明** 设 $m\times n$ 矩阵 $\boldsymbol{A}$ 的行向量为 $\boldsymbol{\alpha}_1,\boldsymbol{\alpha}_2,\cdots,\boldsymbol{\alpha}_m$; 列向量为 $\boldsymbol{\beta}_1,\boldsymbol{\beta}_2,\cdots,\boldsymbol{\beta}_n$.

第一步, 证明列向量组在初等列变换下秩保持不变, 行向量组在初等行变换下秩保持不变.

(1) 第 $i$ 列与第 $j$ 列互换位置, 变换前后向量组分别为

$$A_1:\boldsymbol{\beta}_1,\cdots,\boldsymbol{\beta}_i,\cdots,\boldsymbol{\beta}_j,\cdots,\boldsymbol{\beta}_n;\quad B_1:\boldsymbol{\beta}_1,\cdots,\boldsymbol{\beta}_j,\cdots,\boldsymbol{\beta}_i,\cdots,\boldsymbol{\beta}_n.$$

根据向量组秩的基本事实, 显然 $r(A_1)=r(B_1)$.

(2) 第 $i$ 列数乘以非零常数 $k$, 变换前后的向量组分别为

$$A_2:\boldsymbol{\beta}_1,\boldsymbol{\beta}_2,\cdots,\boldsymbol{\beta}_i,\cdots,\boldsymbol{\beta}_n;\quad B_2:\boldsymbol{\beta}_1,\boldsymbol{\beta}_2,\cdots,k\boldsymbol{\beta}_i,\cdots,\boldsymbol{\beta}_n.$$

显然 $r(A_2)=r(B_2)$. 因为, $\boldsymbol{\beta}_i=\dfrac{1}{k}(k\boldsymbol{\beta}_i),(k\boldsymbol{\beta}_i)=k\boldsymbol{\beta}_i$, 即向量组 $A_2$ 与向量组 $B_2$ 可

以相互线性表示.

(3) 第 $i$ 列的 $c$ 倍加到第 $j$ 列上, 变换前后的向量组分别为

$$A_3:\boldsymbol{\beta}_1,\cdots,\boldsymbol{\beta}_i,\cdots,\boldsymbol{\beta}_j,\cdots,\boldsymbol{\beta}_n;\quad B_3:\boldsymbol{\beta}_1,\cdots,\boldsymbol{\beta}_i,\cdots,\boldsymbol{\beta}_j+c\boldsymbol{\beta}_i,\cdots,\boldsymbol{\beta}_n.$$

由于 $\boldsymbol{\beta}_j=(\boldsymbol{\beta}_j+c\boldsymbol{\beta}_i)-c\boldsymbol{\beta}_i,(\boldsymbol{\beta}_j+c\boldsymbol{\beta}_i)=\boldsymbol{\beta}_j+c\boldsymbol{\beta}_i$, 即向量组 $A_3$ 与 $B_3$ 能够相互线性表示, 因此 $r(A_3)=r(B_3)$.

于是, 矩阵 $\boldsymbol{A}$ 的列向量组在初等列变换下秩保持不变. 同理可证 $\boldsymbol{A}$ 的行向量组在初等行变换下秩保持不变.

第二步, 证明 $\boldsymbol{A}$ 的列秩在初等行变换下不变, 行秩在初等列变换下不变. 我们知道, $\boldsymbol{A}$ 的行向量的初等列变换, 就是每个向量的相应位置的分量互换位置、乘以非零数、一分量的 $c$ 倍加到另一分量上, 显然这些变换没有改变行向量组的线性相关性, 自然没有改变极大无关组. 因此, 行秩在初等列变换下不变. 同理可证列秩在初等行变换下不变.

定理 8 启示我们, 计算矩阵的行秩或列秩, 只需要利用初等变换将其化为阶梯形矩阵, 阶梯形矩阵的行 (列) 秩即原矩阵的行秩或列秩.

接下来问题自然是, 矩阵的行秩与列秩关系如何?

**定理 9**　矩阵的行秩与列秩相等.

**证明**　设矩阵 $\boldsymbol{A}=\begin{pmatrix}\boldsymbol{\alpha}_1\\\boldsymbol{\alpha}_2\\\vdots\\\boldsymbol{\alpha}_m\end{pmatrix}=\begin{pmatrix}a_{11}&a_{12}&\cdots&a_{1n}\\a_{21}&a_{22}&\cdots&a_{2n}\\\vdots&\vdots&&\vdots\\a_{m1}&a_{m2}&\cdots&a_{mn}\end{pmatrix}$, 其行秩为 $r$, 列秩为 $c$. 现证明 $r=c$.

首先证明 $r\leqslant c$.

不妨设 $\boldsymbol{\alpha}_1,\cdots,\boldsymbol{\alpha}_r$ 是行向量组的一个极大无关组, 则线性方程组 $x_1\boldsymbol{\alpha}_1+\cdots+x_r\boldsymbol{\alpha}_r=\mathbf{0}$ 只有零解, 也就是方程组 $\begin{cases}a_{11}x_1+a_{21}x_2+\cdots+a_{r1}x_r=0,\\a_{12}x_1+a_{22}x_2+\cdots+a_{r2}x_r=0,\\\cdots\cdots\\a_{1n}x_1+a_{2n}x_2+\cdots+a_{rn}x_r=0\end{cases}$ 只有零解.

于是, 该方程组的系数矩阵的行秩 $\geqslant r$. 因此在它的行向量中可以找到 $r$ 个线性无关向量, 不妨设向量组

$$(a_{11},a_{21},\cdots,a_{r1}),(a_{12},a_{22},\cdots,a_{r2}),\cdots,(a_{1r},a_{2r},\cdots,a_{rr})$$

线性无关. 我们知道, 在这些向量中添加分量

$$(a_{11}, a_{21}, \cdots, a_{r1}, \underline{\cdots, a_{m1}}), (a_{12}, a_{22}, \cdots, a_{r2}, \underline{\cdots, a_{m2}}), \cdots,$$
$$(a_{1r}, a_{2r}, \cdots, a_{rr}, \underline{\cdots, a_{mr}})$$

仍线性无关, 此即矩阵 $\boldsymbol{A}$ 的 $r$ 个列向量. 因此 $c \geqslant r$.

其次证明 $r \geqslant c$. 证明方法完全类似. 这里略去.

矩阵的行秩与列秩统称为矩阵的**秩**, 记为 $\text{rank}(\boldsymbol{A})$ 或 $r(\boldsymbol{A})$.

显然, 矩阵的秩具有以下两个基本事实:

(1) 零矩阵的秩为 0(当然, 秩为 0 的矩阵为零矩阵);

(2) $m \times n$ 矩阵 $\boldsymbol{A}$ 的秩满足 $0 \leqslant r(\boldsymbol{A}) \leqslant \min(m, n)$.

2. 矩阵的秩与行列式之间的关系

下面建立一般矩阵的秩与行列式之间的关系.

**定义 11** 在一个 $m \times n$ 矩阵 $\boldsymbol{A}$ 中, 任意选定 $k$ 行 $k$ 列, 位于这些选定的行和列交点上的 $k^2$ 个元素按照原来的次序所组成的 $k$ 阶行列式, 称为矩阵 $\boldsymbol{A}$ 的一个 $k$ **阶子式**.

在定义中, 当然要求 $k \leqslant \min(m, n)$.

例如, $\boldsymbol{A} = \begin{pmatrix} 1 & 2 & -1 & 1 \\ 0 & 1 & 3 & -1 \\ -2 & 1 & -1 & 7 \end{pmatrix}$, 取第 1 行, 第 2 行, 第 3 行和第 2 列, 第 3 列, 第 4 列, 得到一个 3 阶子式 $\begin{vmatrix} 2 & -1 & 1 \\ 1 & 3 & -1 \\ 1 & -1 & 7 \end{vmatrix}$; 取第 2 行, 第 3 行和第 2 列, 第 4 列, 得到一个 2 阶子式 $\begin{vmatrix} 1 & -1 \\ 1 & 7 \end{vmatrix}$.

**定理 10** 矩阵 $\boldsymbol{A}$ 的秩 $r(\boldsymbol{A}) = r$ 的充分必要条件为矩阵中至少存在一个 $r$ 阶子式不等于 0, 同时所有 $r+1$ 阶子式全为 0.

**证明** 先证必要性. 设 $r(\boldsymbol{A}) = r$, 即矩阵 $\boldsymbol{A}$ 的行向量极大线性无关组中向量的个数为 $r$, 因此任意 $r+1$ 个行向量线性相关, 那么其组成的 $r+1$ 阶子式全为 0. 下面证至少有一个 $r$ 阶子式不等于 0. 不妨设 $\boldsymbol{A}$ 的前 $r$ 个行向量线性无关, 将它取出来, 组成一新矩阵

$$\boldsymbol{A}_1 = \begin{pmatrix} a_{11} & a_{12} & \cdots & a_{1n} \\ \vdots & \vdots & & \vdots \\ a_{r1} & a_{r2} & \cdots & a_{rn} \end{pmatrix}.$$

显然 $\boldsymbol{A}_1$ 的列秩也为 $r$, 也就是说 $\boldsymbol{A}_1$ 有 $r$ 个列向量线性无关, 不妨设前 $r$ 个, 因此有 $r$ 阶子式 $\begin{vmatrix} a_{11} & \cdots & a_{1r} \\ \vdots & & \vdots \\ a_{r1} & \cdots & a_{rr} \end{vmatrix} \neq 0$. 至此证明了必要性.

再证充分性. 由行列式按一行展开公式, 如果 $\boldsymbol{A}$ 的 $r+1$ 阶子式全为 0, 则 $\boldsymbol{A}$ 所有 $r+k$ $(k>0)$ 阶子式全为 0. 设 $r(\boldsymbol{A})=t$, 则 $t \geqslant r$, 否则 $A$ 的 $r$ 阶子式为 0. 同样 $t \leqslant r$, 否则 $\boldsymbol{A}$ 有一个 $t \geqslant r+1$ 子式不等于零. 因此 $t=r$.

由定理 10, 发现 $r(\boldsymbol{A})=r$ 有两层意思: 一是 $r(\boldsymbol{A}) \geqslant r$ 的充分必要条件是至少存在一个非零的 $r$ 阶子式; 二是 $r(\boldsymbol{A}) \leqslant r$ 的充分必要条件是所有 $r+1$ 阶子式全为 0. 因此, 定理 10 也可视为矩阵秩的定义.

**例 17**　在阶梯形矩阵 $\boldsymbol{A}=\begin{pmatrix} 1 & 1 & 3 & 1 \\ 0 & 2 & -1 & 4 \\ 0 & 0 & 0 & 5 \\ 0 & 0 & 0 & 0 \end{pmatrix}$ 中, 有一个 3 阶子式 $\begin{vmatrix} 1 & 1 & 1 \\ 0 & 2 & 4 \\ 0 & 0 & 5 \end{vmatrix} = 10 \neq 0$, 所有 4 阶子式等于零, 因此 $r(\boldsymbol{A})=3$.

如果矩阵 $\boldsymbol{A}$ 为方阵, 则 $|\boldsymbol{A}|$ 为矩阵 $\boldsymbol{A}$ 的行列式. 根据定理 10, 容易得到方阵 $\boldsymbol{A}$ 的秩与其行列式关系.

**定理 11**　设矩阵 $\boldsymbol{A}=(a_{ij})$ 为 $n$ 阶方阵, 则:

(1) $|\boldsymbol{A}|=0$ 的充分必要条件为 $r(\boldsymbol{A})<n$;

(2) $|\boldsymbol{A}| \neq 0$ 的充分必要条件为 $r(\boldsymbol{A})=n$.

**证明**　由于 $r(\boldsymbol{A})<n$, 所有 $n$ 阶子式全等于 0, 因此 $|\boldsymbol{A}|=0$. 另一方面, 如果 $|\boldsymbol{A}|=0$, 那么 (所有) $n$ 阶子式等于 0, 自然 $r(\boldsymbol{A})<n$.

**例 18**　设 $\boldsymbol{A}=\begin{pmatrix} a & b & b \\ b & a & b \\ b & b & a \end{pmatrix}$, 已知 $r(\boldsymbol{A})=3$, 求 $a, b$ 满足的条件.

**解**　由于 $|\boldsymbol{A}|=(a+2b)\begin{vmatrix} 1 & 1 & 1 \\ b & a & b \\ b & b & a \end{vmatrix}=(a+2b)(a-b)^2$. 故当 $(a+2b)(a-b)^2 \neq 0$ 时, $r(\boldsymbol{A})=3$.

### 3. 矩阵秩与向量组极大无关组的计算方法

最后我们来看如何计算矩阵的秩和极大无关组. 通过以上讨论, 我们知道, 矩阵的初等变换不改变矩阵的秩. 因此, 我们将矩阵 $\boldsymbol{A}$ 经有限次初等变换, 将其化为

非零行个数为 $r$ 的阶梯形矩阵. 在这个阶梯形矩阵中, 容易计算主元所在行上一定存在一个 $r$ 阶子式不等于 0, 除此之外, 所有的 $r+1$ 阶子式全为 0(一定有 1 行的元素全为 0). 因此, 阶梯形矩阵中非零行的个数即为矩阵的秩.

**例 19** 求向量组 $\boldsymbol{\alpha}_1=\begin{pmatrix}1\\-2\\1\end{pmatrix},\boldsymbol{\alpha}_2=\begin{pmatrix}2\\-4\\2\end{pmatrix},\boldsymbol{\alpha}_3=\begin{pmatrix}1\\0\\3\end{pmatrix},\boldsymbol{\alpha}_4=\begin{pmatrix}0\\-4\\-4\end{pmatrix}$ 的秩.

**解** 构造矩阵 $\boldsymbol{A}=(\boldsymbol{\alpha}_1,\boldsymbol{\alpha}_2,\boldsymbol{\alpha}_3,\boldsymbol{\alpha}_4)$, 并对 $\boldsymbol{A}$ 实施初等变换将其化为行阶梯形, 即

$$\boldsymbol{A}=\begin{pmatrix}1&2&1&0\\-2&-4&0&-4\\1&2&3&-4\end{pmatrix}\to\begin{pmatrix}1&2&0&2\\0&0&1&-2\\0&0&0&0\end{pmatrix}=\boldsymbol{B}.$$

阶梯形矩阵 $\boldsymbol{B}$ 的非零行的个数为 2, 因此该向量组的秩为 2.

**例 20** 设向量组 $\boldsymbol{\alpha}_1=(1,2,-1,0)^{\mathrm{T}},\boldsymbol{\alpha}_2=(1,1,0,2)^{\mathrm{T}},\boldsymbol{\alpha}_3=(2,1,1,a)^{\mathrm{T}}$ 的秩为 2, 求 $a$.

**解** 由于 $(\boldsymbol{\alpha}_1,\boldsymbol{\alpha}_2,\boldsymbol{\alpha}_3)=\begin{pmatrix}1&1&2\\2&1&1\\-1&0&1\\0&2&a\end{pmatrix}\longrightarrow\begin{pmatrix}1&1&2\\0&1&3\\0&0&a-6\\0&0&0\end{pmatrix}$. 故当 $a=6$ 时, 向量组 $\boldsymbol{\alpha}_1,\boldsymbol{\alpha}_2,\boldsymbol{\alpha}_3$ 的秩为 2.

向量组不论是由行向量形式给出还是列向量形式给出, 都可以组成一个矩阵, 经过有限次初等变换, 化该矩阵为阶梯形矩阵, 阶梯形矩阵中非零行 (列) 所在的行 (列) 的向量组成一个极大无关组.

**例 21** 设向量组

$$\boldsymbol{\alpha}_1=(1,2,1),\quad \boldsymbol{\alpha}_2=(3,5,1),\quad \boldsymbol{\alpha}_3=(-2,1,8),\quad \boldsymbol{\alpha}_4=(4,7,2),$$

求向量组的极大线性无关组与秩, 并将其余向量由极大无关组线性表示.

**解法一** 构造矩阵, 并进行初等行变换 (不能进行初等列变换):

$$\begin{pmatrix}1&2&1&\boldsymbol{\alpha}_1\\3&5&1&\boldsymbol{\alpha}_2\\-2&1&8&\boldsymbol{\alpha}_3\\4&7&2&\boldsymbol{\alpha}_4\end{pmatrix}\to\begin{pmatrix}1&2&1&\boldsymbol{\alpha}_1\\0&-1&-2&\boldsymbol{\alpha}_2-3\boldsymbol{\alpha}_1\\0&5&10&\boldsymbol{\alpha}_3+2\boldsymbol{\alpha}_1\\0&-1&-2&\boldsymbol{\alpha}_4-4\boldsymbol{\alpha}_1\end{pmatrix}$$

$$\rightarrow \begin{pmatrix} 1 & 2 & 1 & \boldsymbol{\alpha}_1 \\ 0 & -1 & -2 & \boldsymbol{\alpha}_2 - 3\boldsymbol{\alpha}_1 \\ 0 & 0 & 0 & \boldsymbol{\alpha}_3 + 5\boldsymbol{\alpha}_2 - 13\boldsymbol{\alpha}_1 \\ 0 & 0 & 0 & \boldsymbol{\alpha}_4 - \boldsymbol{\alpha}_2 - \boldsymbol{\alpha}_1 \end{pmatrix}.$$

由阶梯形矩阵中非零行的个数得向量组的秩为 2, 即 $r(\boldsymbol{\alpha}_1, \boldsymbol{\alpha}_2, \boldsymbol{\alpha}_3, \boldsymbol{\alpha}_4) = 2$, 且阶梯形中第 3 行和第 4 行得

$$\boldsymbol{\alpha}_3 + 5\boldsymbol{\alpha}_2 - 13\boldsymbol{\alpha}_1 = \mathbf{0}, \quad \boldsymbol{\alpha}_4 - \boldsymbol{\alpha}_2 - \boldsymbol{\alpha}_1 = \mathbf{0},$$

因此, 得

$$\boldsymbol{\alpha}_3 = 13\boldsymbol{\alpha}_1 - 5\boldsymbol{\alpha}_2, \quad \boldsymbol{\alpha}_4 = \boldsymbol{\alpha}_1 + \boldsymbol{\alpha}_2.$$

从而向量组的极大线性无关为 $\boldsymbol{\alpha}_1, \boldsymbol{\alpha}_2$.

**解法二**　构造矩阵, 并实施初等行变换 (不能实施初等列变换):

$$(\boldsymbol{\alpha}_1^{\mathrm{T}}, \boldsymbol{\alpha}_2^{\mathrm{T}}, \boldsymbol{\alpha}_3^{\mathrm{T}}, \boldsymbol{\alpha}_4^{\mathrm{T}}) \rightarrow \begin{pmatrix} 1 & 3 & -2 & 4 \\ 0 & 1 & 5 & -1 \\ 0 & 2 & 10 & -2 \end{pmatrix} \rightarrow \begin{pmatrix} 1 & 3 & -2 & 4 \\ 0 & 1 & -5 & 1 \\ 0 & 0 & 0 & 0 \end{pmatrix} \rightarrow \begin{pmatrix} 1 & 0 & 13 & 1 \\ 0 & 1 & -5 & 1 \\ 0 & 0 & 0 & 0 \end{pmatrix}.$$

因此, $\boldsymbol{\alpha}_1^{\mathrm{T}}, \boldsymbol{\alpha}_2^{\mathrm{T}}$(自然也就是 $\boldsymbol{\alpha}_1, \boldsymbol{\alpha}_2$) 是向量组的一个极大线性无关组,

$$\boldsymbol{\alpha}_3 = 13\boldsymbol{\alpha}_1 - 5\boldsymbol{\alpha}_2, \quad \boldsymbol{\alpha}_4 = \boldsymbol{\alpha}_1 + \boldsymbol{\alpha}_2.$$

该例提供了计算极大线性无关组的两个基本方法, 但需要特别注意的是, 不管哪个方法, 只能实施初等行变换.

4. 向量组等价的判定

下面定理给出利用向量组的秩来判断向量组之间线性表示和等价问题的一个方法.

**定理 12**　向量组 I: $\boldsymbol{\alpha}_1, \boldsymbol{\alpha}_2, \cdots, \boldsymbol{\alpha}_s$ 可以由向量组 II: $\boldsymbol{\beta}_1, \boldsymbol{\beta}_2, \cdots, \boldsymbol{\beta}_t$ 线性表示的充分必要条件为 $r(\mathrm{II}) = r(\mathrm{I}, \mathrm{II})$.

根据定理, 可得以下推论.

**推论 6**　向量组 I 能由向量组 II 线性表示, 则 $r(\mathrm{I}) \leqslant r(\mathrm{II})$; 向量组 I 与 II 等价的充分必要条件为 $r(\mathrm{I}) = r(\mathrm{II}) = r(\mathrm{I}, \mathrm{II})$.

推论再次说明, 等价的向量组有相同的秩. 但其逆命题不成立, 即两个秩相等的向量组未必等价.

**例 22**　证明下列向量组 I 与 II 等价.

$$\mathrm{I}: \boldsymbol{\alpha}_1 = (3, -1, 1, 0)^{\mathrm{T}}, \quad \boldsymbol{\alpha}_2 = (1, 0, 3, 1)^{\mathrm{T}}, \quad \boldsymbol{\alpha}_3 = (-2, 1, 2, 1)^{\mathrm{T}};$$

$$\text{II}: \boldsymbol{\beta}_1 = (0,1,8,3)^{\mathrm{T}}, \quad \boldsymbol{\beta}_2 = (-1,1,5,2)^{\mathrm{T}}.$$

**解** 只要证明 $r(\text{I}) = r(\text{II}) = r(\text{I}, \text{II})$ 即可. 为此, 利用初等行变换化矩阵 $(\text{I}, \text{II})$ 为行最简形, 即

$$(\text{I}, \text{II}) = \begin{pmatrix} 3 & 1 & -2 & 0 & -1 \\ -1 & 0 & 1 & 1 & 1 \\ 1 & 3 & 2 & 8 & 5 \\ 0 & 1 & 1 & 3 & 2 \end{pmatrix} \to \begin{pmatrix} 1 & 0 & -1 & -1 & -1 \\ 0 & 1 & 1 & 3 & 2 \\ 0 & 0 & 0 & 0 & 0 \\ 0 & 0 & 0 & 0 & 0 \end{pmatrix}.$$

可见, $r(\text{I}) = r(\text{II}) = r(\text{I}, \text{II}) = 2$, 即向量组 I 与 II 等价.

**例 23** 已知两个向量组

$$\boldsymbol{\alpha}_1 = (1,2,3)^{\mathrm{T}},\ \boldsymbol{\alpha}_2 = (1,0,1)^{\mathrm{T}} \quad 与 \quad \boldsymbol{\beta}_1 = (-1,2,t)^{\mathrm{T}},\ \boldsymbol{\beta}_2 = (4,1,5)^{\mathrm{T}}.$$

(1) 当 $t$ 为何值时, 两个向量组等价?

(2) 两个向量组等价时, 求出它们之间的线性表示式.

**解** (1) 对矩阵 $\boldsymbol{A} = (\boldsymbol{\alpha}_1, \boldsymbol{\alpha}_2, \boldsymbol{\beta}_1, \boldsymbol{\beta}_2)$ 作初等行变换, 得

$$\boldsymbol{A} = \begin{pmatrix} 1 & 1 & -1 & 4 \\ 2 & 0 & 2 & 1 \\ 3 & 1 & t & 5 \end{pmatrix} \to \begin{pmatrix} 1 & 1 & -1 & 4 \\ 0 & -2 & 4 & -7 \\ 0 & 0 & t-1 & 0 \end{pmatrix}.$$

当 $t = 1$ 时, 有

$$r(\boldsymbol{\alpha}_1, \boldsymbol{\alpha}_2, \boldsymbol{\beta}_1) = r(\boldsymbol{\alpha}_1, \boldsymbol{\alpha}_2, \boldsymbol{\beta}_2) = r(\boldsymbol{\alpha}_1, \boldsymbol{\alpha}_2),$$

$$r(\boldsymbol{\alpha}_1, \boldsymbol{\beta}_1, \boldsymbol{\beta}_2) = r(\boldsymbol{\alpha}_2, \boldsymbol{\beta}_1, \boldsymbol{\beta}_2) = r(\boldsymbol{\beta}_1, \boldsymbol{\beta}_2),$$

即 $\boldsymbol{\alpha}_1, \boldsymbol{\alpha}_2$ 与 $\boldsymbol{\beta}_1, \boldsymbol{\beta}_2$ 可相互线性表示, 从而等价.

(2) 进一步, 当 $t = 1$ 时, 有

$$\boldsymbol{A} \to \begin{pmatrix} 1 & 1 & -1 & 4 \\ 0 & -2 & 4 & -7 \\ 0 & 0 & 0 & 0 \end{pmatrix} \to \begin{pmatrix} 1 & 0 & 1 & \dfrac{1}{2} \\ 0 & 1 & -2 & \dfrac{7}{2} \\ 0 & 0 & 0 & 0 \end{pmatrix}.$$

因此, $\boldsymbol{\beta}_1 = \boldsymbol{\alpha}_1 - 2\boldsymbol{\alpha}_2, \boldsymbol{\beta}_2 = \dfrac{1}{2}\boldsymbol{\alpha}_1 + \dfrac{7}{2}\boldsymbol{\alpha}_2$.

最后介绍向量组极大线性无关组和秩的一些应用.

**例 24** 考察氨水氧化为二氧化氮的化学反应, 反应式为

$$4\mathrm{NH_3} + 5\mathrm{O_2} = 4\mathrm{NO} + 6\mathrm{H_2O},$$

$$4NH_3 + 3O_2 = 2N_2 + 6H_2O,$$

$$4NH_3 + 6NO = 5N_2 + 6H_2O,$$

$$2NO + O_2 = 2NO_2,$$

$$N_2 + 2O_2 = 2NO_2.$$

在化学反应中要求描述此系统所需的最少独立化学反应式.

**解**　设上述反应中各种物质的相对分子质量 $m$ 分别为

$m(NH_3)=x_1$, $m(O_2)=x_2$, $m(NO)=x_3$, $m(H_2O)=x_4$, $m(N_2)=x_5$, $m(NO_2)=x_6$.

那么由反应式即得以下方程组

$$\begin{cases} 4x_1+5x_2-4x_3-6x_4=0, \\ 4x_1+3x_2-6x_4-2x_5=0, \\ 4x_1+6x_3-6x_4-5x_5=0, \\ x_2+2x_3-2x_6=0, \\ 2x_2+x_5-2x_6=0. \end{cases}$$

本题并非求解该方程组, 而是理清该方程组中哪些方程是独立的, 哪些方程可由其他方程作整系数线性组合得出. 能由其他方程线性表示的方程是多余的, 可以去掉. 设方程以行向量分别表示为 $\boldsymbol{\alpha}_1,\boldsymbol{\alpha}_2,\cdots,\boldsymbol{\alpha}_5$, 则利用初等行变换, 得到

$$\begin{pmatrix} 4 & 5 & -4 & -6 & 0 & 0 & \boldsymbol{\alpha}_1 \\ 4 & 3 & 0 & -6 & -2 & 0 & \boldsymbol{\alpha}_2 \\ 4 & 0 & 6 & -6 & -5 & 0 & \boldsymbol{\alpha}_3 \\ 0 & 1 & 2 & 0 & 0 & -2 & \boldsymbol{\alpha}_4 \\ 0 & 2 & 0 & 0 & 1 & -2 & \boldsymbol{\alpha}_5 \end{pmatrix}$$

$$\to \begin{pmatrix} 4 & 5 & -4 & -6 & 0 & 0 & \boldsymbol{\alpha}_1 \\ 0 & 1 & 2 & 0 & 0 & -2 & \boldsymbol{\alpha}_4 \\ 0 & 0 & 4 & 0 & -1 & -2 & 2\boldsymbol{\alpha}_4-\boldsymbol{\alpha}_5 \\ 0 & 0 & 0 & 0 & 0 & 0 & -\boldsymbol{\alpha}_1+\boldsymbol{\alpha}_2-2\boldsymbol{\alpha}_4+2\boldsymbol{\alpha}_5 \\ 0 & 0 & 0 & 0 & 0 & 0 & \boldsymbol{\alpha}_3-\boldsymbol{\alpha}_1-5\boldsymbol{\alpha}_4+5\boldsymbol{\alpha}_5 \end{pmatrix}.$$

由此得系数矩阵的秩为 3, $\boldsymbol{\alpha}_1,\boldsymbol{\alpha}_4,\boldsymbol{\alpha}_5$ 是其一个极大线性无关组, 且

$$\boldsymbol{\alpha}_2=\boldsymbol{\alpha}_1+2\boldsymbol{\alpha}_4-2\boldsymbol{\alpha}_5,\quad \boldsymbol{\alpha}_3=\boldsymbol{\alpha}_1+5\boldsymbol{\alpha}_4-5\boldsymbol{\alpha}_5.$$

这表示第 1, 4, 5 反应式是最少的一组独立反应式, 第 2, 3 反应式都可以由它们表示出来.

**例 25** 某公司使用 3 种原料配制 3 种包含不同原料的混合涂料. 具体配料见下表:

| | 涂料 A | 涂料 B | 涂料 C |
|---|---|---|---|
| 原料 1 | 1 | 1 | 3 |
| 原料 2 | 1 | 2 | 4 |
| 原料 3 | 1 | 2 | 4 |

能否利用其中少数几种涂料配制出其他所有种类涂料? 并找出消费者需要购买的最少涂料种类.

分别以$\boldsymbol{\alpha}_1,\boldsymbol{\alpha}_2,\boldsymbol{\alpha}_3$ 表示 3 种涂料的各原料成分向量, 即 $\boldsymbol{A}=(\boldsymbol{\alpha}_1,\boldsymbol{\alpha}_2,\boldsymbol{\alpha}_3)=\begin{pmatrix}1&1&3\\1&2&4\\1&2&4\end{pmatrix}$. 对矩阵 $\boldsymbol{A}$ 实施初等行变换化为 $\begin{pmatrix}1&0&2\\0&1&1\\0&0&0\end{pmatrix}$. 由此可知, 向量 $\boldsymbol{\alpha}_1,\boldsymbol{\alpha}_2,\boldsymbol{\alpha}_3$ 线性相关, $\boldsymbol{\alpha}_1,\boldsymbol{\alpha}_2$ 是它的一个极大线性无关组. 因此, 我们最少需要购买涂料 A 和涂料 B 即可配制涂料 C, 且由 $\boldsymbol{\alpha}_3=2\boldsymbol{\alpha}_1+\boldsymbol{\alpha}_2$ 可知利用 2 份涂料 A 和 1 份涂料 B 就能配制出涂料 C. 当然, 由上述计算还可看到其他配制方法, 请读者自行给出.

## 习 题 2.3

1. 求向量组

$$\boldsymbol{\alpha}_1=(1,-1,2,4)^{\mathrm{T}},\quad \boldsymbol{\alpha}_2=(0,3,1,2)^{\mathrm{T}},\quad \boldsymbol{\alpha}_3=(3,0,7,14)^{\mathrm{T}},$$

$$\boldsymbol{\alpha}_4=(1,-2,2,0)^{\mathrm{T}},\quad \boldsymbol{\alpha}_5=(2,1,5,10)^{\mathrm{T}}$$

的秩及一个极大线性无关组, 并把其他向量用极大无关组表示出来.

2. 求下列矩阵的秩及列向量组的一个极大线性无关组, 并把其余列向量用极大线性无关组表示出来.

$$(1)\begin{pmatrix}1&1&2&2&1\\0&2&1&5&-1\\2&0&3&-1&3\\1&1&0&4&-1\end{pmatrix};\qquad (2)\begin{pmatrix}1&2&1&0&1\\1&2&2&1&0\\2&4&3&1&1\\1&2&2&1&1\end{pmatrix}.$$

3. 设向量组 $\begin{pmatrix} a \\ 3 \\ 1 \end{pmatrix}, \begin{pmatrix} 2 \\ b \\ 3 \end{pmatrix}, \begin{pmatrix} 1 \\ 2 \\ 1 \end{pmatrix}, \begin{pmatrix} 2 \\ 3 \\ 12 \end{pmatrix}$ 的秩为 2, 求 $a,b$.

4. 设 4 维向量组

$$\boldsymbol{\alpha}_1 = (1+a,1,1,1)^{\mathrm{T}}, \quad \boldsymbol{\alpha}_2 = (2,2+a,2,2)^{\mathrm{T}},$$

$$\boldsymbol{\alpha}_3 = (3,3,3+a,3)^{\mathrm{T}}, \quad \boldsymbol{\alpha}_4 = (4,4,4,4+a)^{\mathrm{T}}.$$

问 $a$ 为何值时, $\boldsymbol{\alpha}_1,\boldsymbol{\alpha}_2,\boldsymbol{\alpha}_3,\boldsymbol{\alpha}_4$ 线性相关? 向量组线性相关时, 求其一个极大线性无关组, 并将其他向量用该极大线性无关组线性表示出来.

5. 设 $\begin{cases} \boldsymbol{\beta}_1 = \boldsymbol{\alpha}_2 + \boldsymbol{\alpha}_3 + \cdots + \boldsymbol{\alpha}_n, \\ \boldsymbol{\beta}_2 = \boldsymbol{\alpha}_1 + \boldsymbol{\alpha}_3 + \cdots + \boldsymbol{\alpha}_n, \\ \quad\cdots\cdots \\ \boldsymbol{\beta}_n = \boldsymbol{\alpha}_1 + \boldsymbol{\alpha}_2 + \cdots + \boldsymbol{\alpha}_{n-1}. \end{cases}$ 证明向量组 $\boldsymbol{\beta}_1,\boldsymbol{\beta}_2,\cdots,\boldsymbol{\beta}_n$ 与向量组 $\boldsymbol{\alpha}_1, \boldsymbol{\alpha}_2,\cdots,\boldsymbol{\alpha}_n$ 等价.

6. 设向量组 $\boldsymbol{\alpha}_1,\boldsymbol{\alpha}_2,\cdots,\boldsymbol{\alpha}_s$ 的秩为 $r$, 证明向量组中任意 $r$ 个线性无关向量都构成它的一个极大线性无关组.

7. 设向量组 I: $\boldsymbol{\alpha}_1,\boldsymbol{\alpha}_2,\cdots,\boldsymbol{\alpha}_s$ 的秩为 $r$, $\mathrm{I}_1: \boldsymbol{\alpha}_{i_1},\boldsymbol{\alpha}_{i_2},\cdots,\boldsymbol{\alpha}_{i_r}$ 是向量组 I 中 $r$ 个向量, 使得 I 中每一个向量都被它们线性表示. 证明 $\mathrm{I}_1$ 是 I 的一个极大线性无关组.

8. 已知 I: $\boldsymbol{\alpha}_1,\boldsymbol{\alpha}_2,\cdots,\boldsymbol{\alpha}_r$ 与 II: $\boldsymbol{\alpha}_1,\boldsymbol{\alpha}_2,\cdots,\boldsymbol{\alpha}_r,\boldsymbol{\alpha}_{r+1},\cdots,\boldsymbol{\alpha}_s$ 有相同的秩, 证明 I 与 II 等价.

9. 已知向量组 $A,B$, 证明 $\max(r(A),r(B)) \leqslant r(A,B) \leqslant r(A)+r(B)$.

10. 设向量 $\boldsymbol{\beta}$ 可以由向量组 $\boldsymbol{\alpha}_1,\boldsymbol{\alpha}_2,\cdots,\boldsymbol{\alpha}_s$ 线性表示, 但不能由 $\boldsymbol{\alpha}_1,\boldsymbol{\alpha}_2,\cdots,\boldsymbol{\alpha}_{s-1}$ 线性表示. 证明 $r(\boldsymbol{\alpha}_1,\boldsymbol{\alpha}_2,\cdots,\boldsymbol{\alpha}_s) = r(\boldsymbol{\alpha}_1,\boldsymbol{\alpha}_2,\cdots,\boldsymbol{\alpha}_{s-1},\boldsymbol{\beta})$.

11. 设 $\boldsymbol{A} = (a_{ij})_{n\times n}$ 满足 $|a_{ii}| > \sum\limits_{j=1,j\neq i}^{n} |a_{ij}|$ $(i=1,2,\cdots,n)$. 证明 $\boldsymbol{A}$ 的列向量组的秩为 $n$.

## 2.4　线性方程组解的结构与求解

有了以上准备, 这一节将彻底解决线性方程组解的判定和求解问题. 需要注意的是, 在工程技术领域或管理经济领域出现的非齐次线性方程组更多是无解情形, 这类问题我们在第 10 章将予以讨论.

线性方程组有三种表现形式: 一般形式、矩阵形式和向量形式. 本节讨论主要采用矩阵表现形式

$$\text{非齐次方程组 } \boldsymbol{A}\boldsymbol{x}=\boldsymbol{b}, \tag{$*$}$$

$$\text{齐次方程组 } \boldsymbol{A}\boldsymbol{x}=\boldsymbol{0}. \tag{$**$}$$

对于齐次线性方程组, 主要讨论它何时只有零解, 何时有非零解, 解与解之间的关系以及如何求解. 对于非齐次线性方程组, 主要讨论它何时无解, 何时有唯一解, 何时有无穷多解, 解与解之间的关系以及如何求解.

### 2.4.1 线性方程组解的结构

设非齐次线性方程组 $(*)$ 解的集合为 $S_b$, 齐次线性方程组 $(**)$ 解的集合为 $S_0$. 首先容易证明下述定理.

**定理 13** (1) 设 $\boldsymbol{\beta}_1,\boldsymbol{\beta}_2\in S_0, k_1,k_2$ 是任意常数, 则 $k_1\boldsymbol{\beta}_1+k_2\boldsymbol{\beta}_2\in S_0$.

(2) 设 $\boldsymbol{\beta}_0\in S_0,\boldsymbol{\beta}_*\in S_b$, 则 $\boldsymbol{\beta}_0+\boldsymbol{\beta}_*\in S_b$.

**证明** (1) 由于 $\boldsymbol{\beta}_1,\boldsymbol{\beta}_2\in S_0$, 因此

$$\boldsymbol{A}\boldsymbol{\beta}_1=\boldsymbol{0},\quad \boldsymbol{A}\boldsymbol{\beta}_2=\boldsymbol{0}.$$

于是, 根据矩阵线性运算性质 (见 2.1 节), 有

$$\boldsymbol{A}(k_1\boldsymbol{\beta}_1+k_2\boldsymbol{\beta}_2)=k_1\boldsymbol{A}\boldsymbol{\beta}_1+k_2\boldsymbol{A}\boldsymbol{\beta}_2=\boldsymbol{0}+\boldsymbol{0}=\boldsymbol{0}.$$

故结论成立.

(2) 由于 $\boldsymbol{\beta}_0\in S_0,\boldsymbol{\beta}_*\in S_b$, 因此,

$$\boldsymbol{A}\boldsymbol{\beta}_0=\boldsymbol{0},\ \boldsymbol{A}\boldsymbol{\beta}_*=\boldsymbol{b}.$$

于是, 有

$$\boldsymbol{A}(\boldsymbol{\beta}_0+\boldsymbol{\beta}_*)=\boldsymbol{A}\boldsymbol{\beta}_0+\boldsymbol{A}\boldsymbol{\beta}_*=\boldsymbol{0}+\boldsymbol{b}=\boldsymbol{b}.$$

故 $\boldsymbol{\beta}_0+\boldsymbol{\beta}_*\in S_b$.

根据定理 13, 若 $\boldsymbol{\beta}_1,\boldsymbol{\beta}_2,\cdots,\boldsymbol{\beta}_t\in S_0$, 则有 $k_1\boldsymbol{\beta}_1+k_2\boldsymbol{\beta}_2+\cdots+k_t\boldsymbol{\beta}_t\in S_0$. 由此自然想到, 如果能找到解集合 $S_0$ 的一个极大线性无关组 (这个极大线性无关组称为齐次方程组的**基础解系**), 不妨设为 $\boldsymbol{\beta}_1,\boldsymbol{\beta}_2,\cdots,\boldsymbol{\beta}_t$, 则齐次方程组的所有解 (也就是通解或一般解) 就可以表示为

$$\boldsymbol{x}=k_1\boldsymbol{\beta}_1+k_2\boldsymbol{\beta}_2+\cdots+k_t\boldsymbol{\beta}_t\quad (k_1,k_2,\cdots,k_t\text{为任意常数}).$$

这里的 $t$ 与方程组的系数矩阵 $\boldsymbol{A}$ 的秩和未知数个数有关.

与此同时, 如果进一步知道非齐次方程组 (*) 的一个特解 $\boldsymbol{\beta}_*$, 那么方程组 (*) 的所有解就可以表示为

$$\boldsymbol{x}=k_1\boldsymbol{\beta}_1+k_2\boldsymbol{\beta}_2+\cdots+k_t\boldsymbol{\beta}_t+\boldsymbol{\beta}_*\quad(k_1,k_2,\cdots,k_t\text{为任意实数}).$$

也就是说, 非齐次线性方程组的所有解 (或通解或一般解) 由两部分组成: 一部分是对应齐次线性方程组的通解, 另一部分是自身一个特解.

*通过以上分析发现, 求解线性方程组的关键是想办法找到齐次线性方程组的基础解系.*

### 2.4.2　线性方程组解的判定

先梳理一下之前齐次线性方程组解的一些结论.

第一个结论: 如果方程的个数小于未知数个数 (即 $m<n$), 则齐次线性方程组 (**) 一定有非零解.

第二个结论: 如果系数矩阵 $\boldsymbol{A}$ 的秩小于未知数个数 $n$(即 $r(\boldsymbol{A})<n$), 则齐次线性方程组 (**) 一定有非零解 (因 $r(\boldsymbol{A})\leqslant\min(m,n)<n$).

第三个结论: 在 $m=n$ 情形, 如果系数矩阵的行列式 $|\boldsymbol{A}|=0$, 则齐次线性方程组 (**) 一定有非零解.

我们知道, 向量组 $\boldsymbol{\alpha}_1,\boldsymbol{\alpha}_2,\cdots,\boldsymbol{\alpha}_n$ 线性相关的充分必要条件是方程组

$$x_1\boldsymbol{\alpha}_1+x_2\boldsymbol{\alpha}_2+\cdots+x_n\boldsymbol{\alpha}_n=\boldsymbol{0}$$

有非零解, 而向量组 $\boldsymbol{\alpha}_1,\boldsymbol{\alpha}_2,\cdots,\boldsymbol{\alpha}_n$ 线性相关的充分必要条件是

$$r(\boldsymbol{A})=r(\boldsymbol{\alpha}_1,\boldsymbol{\alpha}_2,\cdots,\boldsymbol{\alpha}_n)<n,$$

这里 $\boldsymbol{A}=(\boldsymbol{\alpha}_1,\boldsymbol{\alpha}_2,\cdots,\boldsymbol{\alpha}_n)$. 因此, 有如下结论.

**定理 14**　*齐次线性方程组 (**) 有非零解的充分必要条件是 $r(\boldsymbol{A})<n$; 只有零解的充分必要条件是 $r(\boldsymbol{A})=n$.*

下面看非齐次线性方程组 (*). 增广矩阵 $(\boldsymbol{A},\boldsymbol{b})$ 经有限次初等行变换可化为 $(\boldsymbol{U},\boldsymbol{d})$, 且有以下结论:

(1) $\boldsymbol{Ax}=\boldsymbol{b}$ 与 $\boldsymbol{Ux}=\boldsymbol{d}$ 同解;

(2) $(\boldsymbol{A},\boldsymbol{b})$ 与 $(\boldsymbol{U},\boldsymbol{d})$ 等价, 即 $r(\boldsymbol{A},\boldsymbol{b})=r(\boldsymbol{U},\boldsymbol{d})$.

因此, 不妨设 (在 $(\boldsymbol{U},\boldsymbol{d})$ 中全为 0 的行这里省去)

$$(\boldsymbol{A},\boldsymbol{b})\longrightarrow(\boldsymbol{U},\boldsymbol{d})=\begin{pmatrix}c_{11}&c_{12}&\cdots&c_{1r}&\cdots&c_{1n}&d_1\\&c_{22}&\cdots&c_{2r}&\cdots&c_{2n}&d_2\\&&\ddots&\vdots&&\vdots&\vdots\\&&&c_{rr}&\cdots&c_{rn}&d_r\\&&&&&0&d_{r+1}\end{pmatrix},$$

其中 $c_{ii} \neq 0\ (i=1,2,\cdots,r)$. 我们知道, 若 $d_{r+1} \neq 0$, 此时方程组 $(*)$ 无解; 若 $d_{r+1}=0$, 有两种情形, 一是 $r=n$, 则解唯一; 二是 $r<n$, 则有无穷多解.

根据矩阵秩的定义, 若 $d_{r+1} \neq 0$, 则

$$r(\boldsymbol{A})=r(\boldsymbol{U})=r \neq r(\boldsymbol{A},\boldsymbol{b})=r(\boldsymbol{U},\boldsymbol{d})=r+1;$$

若 $d_{r+1}=0$, 则

$$r(\boldsymbol{A})=r(\boldsymbol{A},\boldsymbol{b})=r(\boldsymbol{U},\boldsymbol{d})=r.$$

另一方面, 如果 $r(\boldsymbol{A})=r, r(\boldsymbol{A},\boldsymbol{b})=r+1$, 则 $d_{r+1} \neq 0$, 否则所有 $r+1$ 级子式全为 0, 矛盾. 如果 $r(\boldsymbol{A})=r(\boldsymbol{A},\boldsymbol{b})=r$, 则 $d_{r+1}=0$. 因此, 我们得到如下非齐次线性方程组解的判定定理.

**定理 15** 非齐次线性方程组 $(*)$:

(i) 无解的充分必要条件为 $r(\boldsymbol{A}) \neq r(\boldsymbol{A},\boldsymbol{b})$;

(ii) 无穷多解的充分必要条件为 $r(\boldsymbol{A})=r(\boldsymbol{A},\boldsymbol{b})=r<n$;

(iii) 唯一解的充分必要条件为 $r(\boldsymbol{A})=r(\boldsymbol{A},\boldsymbol{b})=r=n$.

这样, 判断非齐次线性方程组解的存在性问题就转到计算系数矩阵和增广矩阵秩的问题, 通过其秩就可轻而易举解决是否有解? 有解的话, 是唯一还是无穷多个? 这一问题解决了, 自然地, 接下来的求解问题也就顺理成章了.

### 2.4.3 线性方程组求解

1. 齐次线性方程组求解

通过以上分析, 系数矩阵和增广矩阵的秩在方程组解的判定中扮演了重要角色. 因此, 求解线性方程组自然离不开系数矩阵和增广矩阵的秩. 同时, 求方程组所有解的关键是基础解系, 自然要寻求基础解系与秩之间的关系.

**定义 12** 设 $\boldsymbol{\beta}_1,\boldsymbol{\beta}_2,\cdots,\boldsymbol{\beta}_t$ 是齐次线性方程组 $(**)$ 的解. 如果 $\boldsymbol{\beta}_1,\boldsymbol{\beta}_2,\cdots,\boldsymbol{\beta}_t$ 线性无关, 且方程组 $(**)$ 的任意一个解都可以由 $\boldsymbol{\beta}_1,\boldsymbol{\beta}_2,\cdots,\boldsymbol{\beta}_t$ 线性表示, 则称 $\boldsymbol{\beta}_1,\boldsymbol{\beta}_2,\cdots,\boldsymbol{\beta}_t$ 是齐次线性方程组 $(**)$ 的一个**基础解系**.

根据定义 12, 如果找到了基础解系, 那么方程组 $(**)$ 的所有解 $\boldsymbol{x}$ 都可以表示为

$$\boldsymbol{x}=k_1\boldsymbol{\beta}_1+k_2\boldsymbol{\beta}_2+\cdots+k_t\boldsymbol{\beta}_t,$$

其中 $k_1,k_2,\cdots,k_t$ 为任意实数. 这一问题的关键是确定 $t$ 和具体的 $\boldsymbol{\beta}_1,\boldsymbol{\beta}_2,\cdots,\boldsymbol{\beta}_t$.

设方程组系数矩阵 $\boldsymbol{A}_{m\times n}$ 的秩 $r(\boldsymbol{A})=r<n$, 对系数矩阵 $\boldsymbol{A}$ 作初等行变换 (只能进行初等行变换, 一定不能进行初等列变换), 将它化简为行阶梯形矩阵 $\boldsymbol{U}$. 不失

一般性, 可设

$$
\boldsymbol{U}=\begin{pmatrix}
1 & 0 & \cdots & 0 & c_{1,r+1} & \cdots & c_{1n}\\
0 & 1 & \cdots & 0 & c_{2,r+1} & \cdots & c_{2n}\\
\vdots & \vdots & & \vdots & \vdots & & \vdots\\
0 & 0 & \cdots & 1 & c_{r,r+1} & \cdots & c_{rn}\\
0 & 0 & \cdots & 0 & 0 & \cdots & 0\\
\vdots & \vdots & & \vdots & \vdots & & \vdots\\
0 & 0 & \cdots & 0 & 0 & \cdots & 0
\end{pmatrix}.
$$

显然, 同解方程组 $\boldsymbol{U}\boldsymbol{x}=\boldsymbol{0}$ 的解是

$$
\begin{cases}
x_1=-c_{1,r+1}x_{r+1}-\cdots-c_{1n}x_n,\\
x_2=-c_{2,r+1}x_{r+1}-\cdots-c_{2n}x_n,\\
\qquad\cdots\cdots\\
x_r=-c_{r,r+1}x_{r+1}-\cdots-c_{rn}x_n.
\end{cases}
$$

所以, 方程组 (**) 的任意解 $\boldsymbol{x}$ 可表示为 (利用向量的加法和数乘运算即得)

$$
\boldsymbol{x}=\begin{pmatrix}x_1\\x_2\\\vdots\\x_r\\x_{r+1}\\\vdots\\x_n\end{pmatrix}=\begin{pmatrix}-c_{1,r+1}x_{r+1}-\cdots-c_{1n}x_n\\-c_{2,r+1}x_{r+1}-\cdots-c_{2n}x_n\\\vdots\\-c_{r,r+1}x_{r+1}-\cdots-c_{rn}x_n\\x_{r+1}\\\vdots\\x_n\end{pmatrix}
$$

$$
=x_{r+1}\begin{pmatrix}-c_{1,r+1}\\-c_{2,r+1}\\\vdots\\-c_{r,r+1}\\1\\0\\\vdots\\0\end{pmatrix}+x_{r+2}\begin{pmatrix}-c_{1,r+2}\\-c_{2,r+2}\\\vdots\\-c_{r,r+2}\\0\\1\\\vdots\\0\end{pmatrix}+\cdots+x_n\begin{pmatrix}-c_{1n}\\-c_{2n}\\\vdots\\-c_{rn}\\0\\0\\\vdots\\1\end{pmatrix}.
$$

由于 $\boldsymbol{Ax}=\mathbf{0}$ 与 $\boldsymbol{Ux}=\mathbf{0}$ 同解, 所以这就是方程 $\boldsymbol{Ax}=\mathbf{0}$ 的任意解. 令

$$\boldsymbol{\eta}_1=\begin{pmatrix}-c_{1,r+1}\\-c_{2,r+1}\\\vdots\\-c_{r,r+1}\\1\\0\\\vdots\\0\end{pmatrix},\boldsymbol{\eta}_2=\begin{pmatrix}-c_{1,r+2}\\-c_{2,r+2}\\\vdots\\-c_{r,r+2}\\0\\1\\\vdots\\0\end{pmatrix},\cdots,\boldsymbol{\eta}_{n-r}=\begin{pmatrix}-c_{1n}\\-c_{2n}\\\vdots\\-c_{rn}\\0\\0\\\vdots\\1\end{pmatrix},$$

易见 $\boldsymbol{\eta}_1,\boldsymbol{\eta}_2,\cdots,\boldsymbol{\eta}_{n-r}$ 线性无关 (思考其原因), 且方程组 $(**)$ 的任意解都可以由其线性表示. 这样, 由定义 12, $\boldsymbol{\eta}_1,\boldsymbol{\eta}_2,\cdots,\boldsymbol{\eta}_{n-r}$ 即为 $\boldsymbol{Ax}=\mathbf{0}$ 的一个基础解系,$t=n-r$.

基础解系实质上就是齐次方程组 $(**)$ 解集合的极大线性无关组, 而线性相关向量组的极大线性无关组是不唯一的, 因此, 方程组 $(**)$ 的基础解系自然也不唯一, 而且不同基础解系是等价的关系.

以上分析过程事实上提供了求方程组 $(**)$ 基础解系的一种方法. 这里需要以下注意几点.

(1) 化矩阵 $\boldsymbol{A}$ 为行阶梯形矩阵时, 只能实施初等行变换.

(2) 若 $r(\boldsymbol{A})=r$, 则必有 $n-r$ 个自由元, 而自由元和非自由元的确定不是唯一的. 但不管如何选择, 必须保证非自由元构成的保留方程组系数矩阵的秩为 $r$(也就是该系数矩阵的行列式不等于零).

(3) 若 $r(\boldsymbol{A})=r$, 则基础解系中所含线性无关向量的个数为 $t=n-r$.

**例 26** 求解齐次线性方程组 $\begin{cases}3x_1+5x_2+6x_3-4x_4=0,\\x_1+2x_2+4x_3-3x_4=0,\\4x_1+5x_2-2x_3+3x_4=0,\\3x_1+8x_2+24x_3-19x_4=0.\end{cases}$

**解** 将系数矩阵 $\boldsymbol{A}=\begin{pmatrix}3&5&6&-4\\1&2&4&-3\\4&5&-2&3\\3&8&24&-19\end{pmatrix}$ 利用初等行变换化为行阶梯形

矩阵

$$U=\begin{pmatrix}1&0&-8&7\\0&1&6&-5\\0&0&0&0\\0&0&0&0\end{pmatrix}.$$

因此, $r(\boldsymbol{A})=2$. 故可选取 2 个自由元 $x_3,x_4$ 得到保留方程组 $\begin{cases}x_1=8x_3-7x_4,\\x_2=-6x_3+5x_4,\end{cases}$ 解得

$$\boldsymbol{x}=\begin{pmatrix}x_1\\x_2\\x_3\\x_4\end{pmatrix}=\begin{pmatrix}8x_3-7x_4\\-6x_3+5x_4\\x_3\\x_4\end{pmatrix}=x_3\begin{pmatrix}8\\-6\\1\\0\end{pmatrix}+x_4\begin{pmatrix}-7\\5\\0\\1\end{pmatrix}.$$

因此, 方程组的所有解 $\boldsymbol{x}=k_1\begin{pmatrix}8\\-6\\1\\0\end{pmatrix}+k_2\begin{pmatrix}-7\\5\\0\\1\end{pmatrix}$, 其中 $k_1,k_2$ 为任意常数.

**例 27**　求线性方程组 $\boldsymbol{Ax}=\boldsymbol{0}$ 的一般解和基础解系, 其中

$$\boldsymbol{A}=\begin{pmatrix}1&2&1&1&1\\2&4&3&1&1\\-1&-2&1&3&-3\\0&0&2&4&-2\end{pmatrix}.$$

**解**　对矩阵 $\boldsymbol{A}$ 作初等行变换, 化为阶梯形矩阵 $\boldsymbol{U}=\begin{pmatrix}1&2&0&0&2\\0&0&1&0&-1\\0&0&0&1&0\\0&0&0&0&0\end{pmatrix}$.

$r(\boldsymbol{A})=3$, 选取 $x_2,x_5$ 作为自由元, 则 $\begin{cases}x_1=-2x_2-2x_5,\\x_3=x_5,\\x_4=0.\end{cases}$ 由此, 即得

$$\boldsymbol{x}=\begin{pmatrix}x_1\\x_2\\x_3\\x_4\\x_5\end{pmatrix}=\begin{pmatrix}-2x_2-2x_5\\x_2\\x_5\\0\\x_5\end{pmatrix}=x_2\begin{pmatrix}-2\\1\\0\\0\\0\end{pmatrix}+x_5\begin{pmatrix}-2\\0\\1\\0\\1\end{pmatrix}.$$

故原方程组的一般解为 $\boldsymbol{x}=k_1\begin{pmatrix}-2\\1\\0\\0\\0\end{pmatrix}+k_2\begin{pmatrix}-2\\0\\1\\0\\1\end{pmatrix}$, 这里 $k_1,k_2$ 为任意常数,

$$\boldsymbol{\eta}_1=(-2,1,0,0,0)^{\mathrm{T}},\quad \boldsymbol{\eta}_2=(-2,0,1,0,1)^{\mathrm{T}}$$

是原方程组的一个基础解系.

在本例中能否选取 $x_3,x_4$ 作为自由元?

**例 28** 已知方程组

$$(1)\begin{cases}x_1+2x_2+3x_3=0,\\2x_1+3x_2+5x_3=0,\\x_1+x_2+ax_3=0\end{cases}\quad 与 \quad (2)\begin{cases}x_1+bx_2+cx_3=0,\\2x_1+b^2x_2+(c+1)x_3=0\end{cases}$$

同解, 求 $a,b,c$ 的值.

**解** 由方程组 (2) 的方程个数小于未知数个数及方程组 (1) 与 (2) 同解, 得到方程组 (1) 的系数矩阵的秩小于 3. 对方程组 (1) 的系数矩阵进行初等行变换, 得

$$\begin{pmatrix}1&2&3\\2&3&5\\1&1&a\end{pmatrix}\longrightarrow\begin{pmatrix}1&0&1\\0&1&1\\0&0&a-2\end{pmatrix}.$$

从而 $a=2$. 由此, 解得方程组 (1) 的基础解系为 $\boldsymbol{\alpha}=(-1,-1,1)^{\mathrm{T}}$. 将其代入方程组 (2), 求解得 $b=1,c=2$ 或 $b=0,c=1$.

当 $b=0,c=1$ 时, 方程组 (2) 的系数矩阵的秩为 1, 与方程组 (1) 的系数矩阵的秩不相等, 因此两个方程组不可能同解.

当 $b=1,c=2$ 时, 方程组 (2) 的系数矩阵的秩为 2, 此时, 直接求解可得两个方程组同解.

**例 29** 乙炔 ($C_2H_2$) 燃烧生成二氧化碳 ($CO_2$) 和水 ($H_2O$), 其化学反应式为

$$C_2H_2+O_2\to CO_2+H_2O.$$

试利用方程组知识配平该化学反应式.

**解** 配平化学反应式, 即求 $x_1,x_2,x_3,x_4$ 使得下列化学反应方程式成立:

$$x_1C_2H_2+x_2O_2=x_3CO_2+x_4H_2O.$$

参与化学反应的元素为碳 (C)、氢 (H)、氧 (O). 设在 3 维向量 $(a_1, a_2, a_3)^{\mathrm{T}}$ 中 $a_1, a_2, a_3$ 分别表示 C, H, O 的原子数目, 则由化学反应方程式得

$$x_1\begin{pmatrix}2\\2\\0\end{pmatrix}+x_2\begin{pmatrix}0\\0\\2\end{pmatrix}=x_3\begin{pmatrix}1\\0\\2\end{pmatrix}+x_4\begin{pmatrix}0\\2\\1\end{pmatrix}.$$

由此即得齐次线性方程组 $\begin{cases}2x_1-x_3=0,\\2x_1-2x_4=0,\\2x_2-2x_3-x_4=0,\end{cases}$ 解得 $\begin{cases}x_1=x_4,\\x_2=\dfrac{5}{2}x_4,\\x_3=2x_4,\\x_4=x_4.\end{cases}$ 因此, 配平的化学反应方程式为

$$2C_2H_2+5O_2=4CO_2+2H_2O.$$

2. 非齐次线性方程组求解

这里通过例题体会求解非齐次线性方程组的具体方法.

**例 30**　求非齐次线性方程组 $\boldsymbol{Ax}=\boldsymbol{b}$ 的一般解, 其中

$$\boldsymbol{A}=\begin{pmatrix}1&1&1&0&0\\1&1&-1&-1&-2\\2&2&0&-1&-2\\5&5&-3&-4&-8\end{pmatrix},\quad \boldsymbol{b}=\begin{pmatrix}0\\1\\1\\4\end{pmatrix}.$$

**解**　利用初等行变换化简增广矩阵 $(\boldsymbol{A},\boldsymbol{b})$:

$$(\boldsymbol{A},\boldsymbol{b})\to\begin{pmatrix}1&1&0&-\frac{1}{2}&-1&\frac{1}{2}\\0&0&1&\frac{1}{2}&1&-\frac{1}{2}\\0&0&0&0&0&0\\0&0&0&0&0&0\end{pmatrix}.$$

$r(\boldsymbol{A},\boldsymbol{b})=r(\boldsymbol{A})=2<5$, 方程组有无穷多解. 注意到

$$\begin{cases}x_1=-x_2+\dfrac{1}{2}x_4+x_5+\dfrac{1}{2},\\x_3=-\dfrac{1}{2}x_4-x_5-\dfrac{1}{2},\end{cases}$$

解得 (利用向量的运算)

$$\boldsymbol{x}=\begin{pmatrix}x_1\\x_2\\x_3\\x_4\\x_5\end{pmatrix}=\begin{pmatrix}-x_2+\dfrac{1}{2}x_4+x_5+\dfrac{1}{2}\\x_2\\-\dfrac{1}{2}x_4-x_5-\dfrac{1}{2}\\x_4\\x_5\end{pmatrix}$$

$$=x_2\begin{pmatrix}-1\\1\\0\\0\\0\end{pmatrix}+x_4\begin{pmatrix}\dfrac{1}{2}\\0\\-\dfrac{1}{2}\\1\\0\end{pmatrix}+x_5\begin{pmatrix}1\\0\\-1\\0\\1\end{pmatrix}+\begin{pmatrix}\dfrac{1}{2}\\0\\-\dfrac{1}{2}\\0\\0\end{pmatrix}.$$

由此即得方程组的一般解

$$\boldsymbol{x}=k_1\begin{pmatrix}-1\\1\\0\\0\\0\end{pmatrix}+k_2\begin{pmatrix}\dfrac{1}{2}\\0\\-\dfrac{1}{2}\\1\\0\end{pmatrix}+k_3\begin{pmatrix}1\\0\\-1\\0\\1\end{pmatrix}+\begin{pmatrix}\dfrac{1}{2}\\0\\-\dfrac{1}{2}\\0\\0\end{pmatrix},$$

其中 $k_1,k_2,k_3$ 为任意常数.

**例 31** 设线性方程组 $\begin{cases}px_1+x_2+x_3=4,\\x_1+tx_2+x_3=3,\\x_1+2tx_2+x_3=4.\end{cases}$ 试就参数 $p,t$ 讨论方程组解的情况, 并在有解时求其一般解.

**解** 对矩阵 $(\boldsymbol{A},\boldsymbol{b})$ 作初等行变换:

$$(\boldsymbol{A},\boldsymbol{b})\to\begin{pmatrix}1&t&1&3\\1&2t&1&4\\p&1&1&4\end{pmatrix}\to\begin{pmatrix}1&t&1&3\\0&1&1-p&4-2p\\0&0&(p-1)t&1-4t+2pt\end{pmatrix}.$$

(1) 当 $(p-1)t\neq0$ 时, $r(\boldsymbol{A})=r(\boldsymbol{A},\boldsymbol{b})=3$, 因此, 方程组有唯一解

$$x_1=\frac{2t-1}{(p-1)t},\quad x_2=\frac{1}{t},\quad x_3=\frac{1-4t+2pt}{(p-1)t}.$$

(2) 当 $p=1$, 且 $1-4t+2pt=1-2t=0$ 时, $r(\boldsymbol{A})=r(\boldsymbol{A},\boldsymbol{b})=2<3$, 因此, 方程组有无穷多解, 此时

$$(\boldsymbol{A},\boldsymbol{b})\to\begin{pmatrix}1&0&1&2\\0&1&0&2\\0&0&0&0\end{pmatrix}.$$

于是, 一般解为 $\boldsymbol{x}=\begin{pmatrix}2\\2\\0\end{pmatrix}+k\begin{pmatrix}-1\\0\\1\end{pmatrix}$, $k$ 为任意常数.

(3) 当 $p=1, 1-4t+2pt=1-2t\neq 0$ 时, $r(\boldsymbol{A})\neq r(\boldsymbol{A},\boldsymbol{b})$, 因此, 方程组无解.

(4) 当 $t=0$ 时, $r(\boldsymbol{A})\neq r(\boldsymbol{A},\boldsymbol{b})$, 因此, 方程组无解.

**例 32**　设 $\boldsymbol{A}=\begin{pmatrix}2&1&1&2\\0&1&3&1\\1&a&c&1\end{pmatrix}$, $\boldsymbol{b}=\begin{pmatrix}0\\1\\0\end{pmatrix}$, $\boldsymbol{\eta}=\begin{pmatrix}1\\-1\\1\\-1\end{pmatrix}$, $\boldsymbol{\eta}$ 是方程组 $\boldsymbol{Ax}=\boldsymbol{b}$ 的一个解, 求 $\boldsymbol{Ax}=\boldsymbol{b}$ 的通解.

**解**　将 $\boldsymbol{\eta}$ 代入方程组 $\boldsymbol{Ax}=\boldsymbol{b}$, 得到 $1-a+c-1=0$, 即 $a=c$. 对方程组增广矩阵作初等行变换, 得到

$$(\boldsymbol{A},\boldsymbol{b})\to\begin{pmatrix}2&1&1&2&0\\0&1&3&1&1\\0&a-\dfrac{1}{2}&a-\dfrac{1}{2}&0&0\end{pmatrix}.$$

当 $a=c=\dfrac{1}{2}$ 时, $r(\boldsymbol{A},\boldsymbol{b})=r(\boldsymbol{A})=2$, 齐次方程组 $\begin{cases}2x_1-2x_3+x_4=0,\\x_2+3x_3+x_4=0\end{cases}$ 的一个基础解系为 $\boldsymbol{\alpha}_1=(1,-3,1,0)^{\mathrm{T}}, \boldsymbol{\alpha}_2=(-1,-2,0,2)^{\mathrm{T}}$. 所以, 方程组的通解为

$$\boldsymbol{x}=\boldsymbol{\eta}+k_1\boldsymbol{\alpha}_1+k_2\boldsymbol{\alpha}_2,\quad k_1,k_2 \text{ 为任意常数}.$$

当 $a=c\neq\dfrac{1}{2}$ 时, $r(\boldsymbol{A},\boldsymbol{b})=r(\boldsymbol{A})=3$, 非齐次方程组的通解为

$$\boldsymbol{x}=\boldsymbol{\eta}+k\boldsymbol{\alpha},\quad \boldsymbol{\alpha}=(-2,1,-1,2)^{\mathrm{T}},\quad k \text{ 为任意常数}.$$

**例 33**　设向量组

$$\boldsymbol{\alpha}_1=\begin{pmatrix}1\\0\\2\\3\end{pmatrix},\boldsymbol{\alpha}_2=\begin{pmatrix}1\\1\\3\\5\end{pmatrix},\boldsymbol{\alpha}_3=\begin{pmatrix}1\\-1\\a+2\\1\end{pmatrix},\boldsymbol{\alpha}_4=\begin{pmatrix}1\\2\\4\\a+8\end{pmatrix},\boldsymbol{\beta}=\begin{pmatrix}1\\1\\b+3\\5\end{pmatrix}.$$

讨论, 当 $a,b$ 为何值时

(1) $\boldsymbol{\beta}$ 不能由 $\boldsymbol{\alpha}_1,\boldsymbol{\alpha}_2,\boldsymbol{\alpha}_3,\boldsymbol{\alpha}_4$ 线性表示?

(2) $\boldsymbol{\beta}$ 能由 $\boldsymbol{\alpha}_1,\boldsymbol{\alpha}_2,\boldsymbol{\alpha}_3,\boldsymbol{\alpha}_4$ 线性表示, 且表示式唯一? 并写出表示式.

(3) $\boldsymbol{\beta}$ 能由 $\boldsymbol{\alpha}_1,\boldsymbol{\alpha}_2,\boldsymbol{\alpha}_3,\boldsymbol{\alpha}_4$ 线性表示, 但表示式不唯一?

**解** 设 $\boldsymbol{\beta}=x_1\boldsymbol{\alpha}_1+x_2\boldsymbol{\alpha}_2+x_3\boldsymbol{\alpha}_3+x_4\boldsymbol{\alpha}_4$, 即得一个非齐次线性方程组 $\boldsymbol{A}\boldsymbol{x}=\boldsymbol{\beta}$, 其中 $\boldsymbol{A}=(\boldsymbol{\alpha}_1,\boldsymbol{\alpha}_2,\boldsymbol{\alpha}_3,\boldsymbol{\alpha}_4),\boldsymbol{x}=(x_1,x_2,x_3,x_4)^{\mathrm{T}}$. 利用初等行变换化简

$$(\boldsymbol{A},\boldsymbol{\beta})\to\begin{pmatrix}1&0&2&-1&0\\0&1&-1&2&1\\0&0&a+1&0&b\\0&0&0&a+1&0\end{pmatrix}.$$

(1) 当 $a=-1,b\neq 0$ 时, $r(\boldsymbol{A})=2\neq 3=r(\boldsymbol{A},\boldsymbol{\beta})$, 方程组无解, 即 $\boldsymbol{\beta}$ 不能由 $\boldsymbol{\alpha}_1,\boldsymbol{\alpha}_2,\boldsymbol{\alpha}_3,\boldsymbol{\alpha}_4$ 线性表示;

(2) 当 $a\neq -1$ 时, $r(\boldsymbol{A})=r(\boldsymbol{A},\boldsymbol{\beta})=4$, 方程组有唯一解

$$x_1=-\frac{2b}{a+1},\quad x_2=\frac{a+b+1}{a+1},\quad x_3=\frac{b}{a+1},\quad x_4=0,$$

即 $\boldsymbol{\beta}$ 能由 $\boldsymbol{\alpha}_1,\boldsymbol{\alpha}_2,\boldsymbol{\alpha}_3,\boldsymbol{\alpha}_4$ 唯一线性表示为

$$\boldsymbol{\beta}=-\frac{2b}{a+1}\boldsymbol{\alpha}_1+\frac{a+b+1}{a+1}\boldsymbol{\alpha}_2+\frac{b}{a+1}\boldsymbol{\alpha}_3+0\boldsymbol{\alpha}_4;$$

(3) 当 $a=-1,b=0$ 时, $r(\boldsymbol{A})=r(\boldsymbol{A},\boldsymbol{\beta})=2<4$, 方程组有无穷多解, 即 $\boldsymbol{\beta}$ 可由 $\boldsymbol{\alpha}_1,\boldsymbol{\alpha}_2,\boldsymbol{\alpha}_3,\boldsymbol{\alpha}_4$ 线性表示, 但表示式不唯一.

**例 34** (百鸡问题) 百鸡问题是一个古老的数学问题. 鸡翁一, 值钱五; 鸡母一, 值钱三; 鸡雏三, 值钱一. 百钱买百鸡, 问鸡翁、鸡母、鸡雏各几何?

**解** 设鸡翁、鸡母、鸡雏分别为 $x_1,x_2,x_3$(均为非负整数) 只, 则有线性方程组

$$\begin{cases}x_1+x_2+x_3=100,\\5x_1+3x_2+\dfrac{1}{3}x_3=100.\end{cases}$$

上述方程组的一般解为 $\begin{cases}x_1=-100+\dfrac{4}{3}x_3,\\x_2=200-\dfrac{7}{3}x_3.\end{cases}$ 由于 $x_1,x_2,x_3$ 均为非负整数, 因此 $x_3$ 能被 3 整除, 且满足 $75\leqslant x_3\leqslant 85$. 于是, 有四组结果:

$$\begin{cases}x_1=0,\\x_2=25,\\x_3=75;\end{cases}\quad\begin{cases}x_1=4,\\x_2=18,\\x_3=78;\end{cases}\quad\begin{cases}x_1=8,\\x_2=11,\\x_3=81;\end{cases}\quad\begin{cases}x_1=12,\\x_2=4,\\x_3=84.\end{cases}$$

### 2.4.4 方程组的公共解

下面给出求齐次线性方程组 $\boldsymbol{A}\boldsymbol{x}=\boldsymbol{0}$ 与 $\boldsymbol{B}\boldsymbol{x}=\boldsymbol{0}$ 公共解的一个例子.

**例 35**　设齐次线性方程组 (I): $\begin{cases} x_1+x_2=0, \\ x_2-x_4=0; \end{cases}$ (II): $\begin{cases} x_1-x_2+x_3=0, \\ x_2-x_3+x_4=0. \end{cases}$

(1) 求 (I) 的基础解系;

(2) 求方程组 (I) 和 (II) 的公共解.

**解**　(1) 对方程组 (I) 的系数矩阵 $\boldsymbol{A}$ 作初等行变换, 得 $\boldsymbol{A}\to\begin{pmatrix} 1 & 0 & 0 & 1 \\ 0 & 1 & 0 & -1 \end{pmatrix}$.

取 $x_3,x_4$ 为自由未知元, 得 (I) 的基础解系 $\boldsymbol{\alpha}_1=\begin{pmatrix} 0 \\ 0 \\ 1 \\ 0 \end{pmatrix},\boldsymbol{\alpha}_2=\begin{pmatrix} -1 \\ 1 \\ 0 \\ 1 \end{pmatrix}$.

(2) 由 (1) 得方程组 (I) 的一般解为$\boldsymbol{x}=a\begin{pmatrix} 0 \\ 0 \\ 1 \\ 0 \end{pmatrix}+b\begin{pmatrix} -1 \\ 1 \\ 0 \\ 1 \end{pmatrix}=\begin{pmatrix} -b \\ b \\ a \\ b \end{pmatrix}$, 其中 $a,b$ 为任意常数. 将此解代入方程组 (II), 得 $\begin{cases} -b-b+a=0, \\ b-a+b=0, \end{cases}$ 解得 $a=2b$. 因此, 方程组 (I) 与 (II) 的公共解为 $\boldsymbol{x}=t\begin{pmatrix} -1 \\ 1 \\ 2 \\ 1 \end{pmatrix}$, 这里 $t$ 为任意常数.

此外, (I) 和 (II) 的公共解还可由下述两种办法给出.

(1) 联立方程组 (I) 和 (II) 得 $\boldsymbol{C}\boldsymbol{x}=\boldsymbol{0},\boldsymbol{C}=(\boldsymbol{A}^{\mathrm{T}},\boldsymbol{B}^{\mathrm{T}})^{\mathrm{T}},\boldsymbol{A},\boldsymbol{B}$ 分别为方程组 (I) 和 (II) 的系数矩阵, $\boldsymbol{C}\boldsymbol{x}=\boldsymbol{0}$ 的一般解即公共解;

(2) 分别求出方程组 (I) 和 (II) 的一般解 $\boldsymbol{X}_1=k_1\boldsymbol{\alpha}_1+k_2\boldsymbol{\alpha}_2$ 和 $\boldsymbol{X}_2=l_1\boldsymbol{\beta}_1+l_2\boldsymbol{\beta}_2$, 令 $\boldsymbol{X}_1=\boldsymbol{X}_2$, 得到以 $k_1,k_2,l_1,l_2$ 为未知元的齐次线性方程组, 解此线性方程组即得公共解.

**例 36**　求 $a$, 使方程组 $\begin{cases} x_1+x_2+x_3=1, \\ x_1+2x_2+ax_3=1 \end{cases}$ 与 $\begin{cases} 2x_1+3x_2+3x_3=a, \\ 3x_1+4x_2+(a+2)x_3=a+1 \end{cases}$ 有公共解, 并求公共解.

**解** 方程组有公共解, 即方程组 $\begin{cases} x_1+x_2+x_3=1, \\ x_1+2x_2+ax_3=1, \\ 2x_1+3x_2+3x_3=a, \\ 3x_1+4x_2+(a+2)x_3=a+1 \end{cases}$ 有解. 对其增广矩阵 $(\boldsymbol{A}, \boldsymbol{b})$ 实施初等行变换, 得

$$(\boldsymbol{A}, \boldsymbol{b})=\begin{pmatrix} 1 & 1 & 1 & 1 \\ 1 & 2 & a & 1 \\ 2 & 3 & 3 & a \\ 3 & 4 & a+2 & a+1 \end{pmatrix} \to \begin{pmatrix} 1 & 1 & 1 & 1 \\ 0 & 1 & a-1 & 0 \\ 0 & 0 & 2-a & a-2 \\ 0 & 0 & 0 & a-2 \end{pmatrix}.$$

当 $a=2$ 时, $r(\boldsymbol{A}, \boldsymbol{b})=2<3$, 方程组有公共解, 且为

$$\boldsymbol{x}=k\begin{pmatrix} 0 \\ 1 \\ -1 \end{pmatrix}+\begin{pmatrix} 1 \\ 0 \\ 0 \end{pmatrix}, \quad k \text{ 为任意常数.}$$

同解方程组的一个应用: 如果方程组 $\boldsymbol{Ax}=\boldsymbol{0}$ 与 $\boldsymbol{Bx}=\boldsymbol{0}$ 同解, 则 $r(\boldsymbol{A})=r(\boldsymbol{B})$. 这一结论的逆不成立.

**例 37** 证明任一实矩阵 $\boldsymbol{A}$ 满足 $r(\boldsymbol{A})=r(\boldsymbol{A}^{\mathrm{T}}\boldsymbol{A})$.

**证明** 对任意实向量 $\boldsymbol{x} \neq \boldsymbol{0}$, 当 $\boldsymbol{Ax}=\boldsymbol{0}$ 时, 必有 $\boldsymbol{A}^{\mathrm{T}}\boldsymbol{Ax}=\boldsymbol{0}$. 反之, 当 $\boldsymbol{A}^{\mathrm{T}}\boldsymbol{Ax}=\boldsymbol{0}$ 时, 有 $\boldsymbol{x}^{\mathrm{T}}\boldsymbol{A}^{\mathrm{T}}\boldsymbol{Ax}=\boldsymbol{0}$, 即 $(\boldsymbol{Ax})^{\mathrm{T}}\boldsymbol{Ax}=\boldsymbol{0}$. 由此, $\boldsymbol{Ax}=\boldsymbol{0}$. 因此, 方程组 $\boldsymbol{Ax}=\boldsymbol{0}$ 与 $\boldsymbol{A}^{\mathrm{T}}\boldsymbol{Ax}=\boldsymbol{0}$ 同解. 故 $r(\boldsymbol{A})=r(\boldsymbol{A}^{\mathrm{T}}\boldsymbol{A})$.

**例 38** 设 $\boldsymbol{A}$ 为 $n$ 阶矩阵, 证明 $r(\boldsymbol{A}^n)=r(\boldsymbol{A}^{n+1})$.

**证明** 对任意实向量 $\boldsymbol{x} \neq \boldsymbol{0}$, 显然, 当 $\boldsymbol{A}^n\boldsymbol{x}=\boldsymbol{0}$ 时, 必有 $\boldsymbol{A}^{n+1}\boldsymbol{x}=\boldsymbol{0}$.

下面证明当 $\boldsymbol{A}^{n+1}\boldsymbol{x}=\boldsymbol{0}$ 时, 也有 $\boldsymbol{A}^n\boldsymbol{x}=\boldsymbol{0}$. 若不然, 即 $\boldsymbol{A}^n\boldsymbol{x} \neq \boldsymbol{0}$, 则向量组 $\boldsymbol{x}, \boldsymbol{Ax}, \cdots, \boldsymbol{A}^n\boldsymbol{x}$ 线性无关 (请证明), 但这与"任意 $n+1$ 个 $n$ 维向量线性相关"矛盾. 于是方程组 $\boldsymbol{A}^x\boldsymbol{x}=\boldsymbol{0}$ 与 $\boldsymbol{A}^{n+1}\boldsymbol{x}=\boldsymbol{0}$ 同解. 故 $r(\boldsymbol{A}^n)=r(\boldsymbol{A}^{n+1})$.

### 2.4.5 解析几何中的应用

一般地, 在解析几何中, 平面可以用一个 3 元线性方程 $Ax+By+Cz+D=0$ 来表示. 对于由 $m$ 个 3 元线性方程联立组成的线性方程组, 由于方程组的一个解在几何中表示一个点, 因此, 如果该方程组有解, 就说明这些线性方程组表示的平面有公共点, 或者说它们有交点; 如果解是唯一的, 那么这些平面交于一点; 当解有无穷多个, 且对应的齐次方程组的基础解系只有一个非零向量时, 这些平面交于一条直线; 当解有无穷多个, 且对应的齐次方程组的基础解系有两个线性无关向量时,

这些平面交于一张平面; 如果方程组无解, 那么这些平面没有交点. 具体来说, 考虑

$$\begin{cases}\pi_1 : a_1x + b_1y + c_1z = d_1,\\ \pi_2 : a_2x + b_2y + c_2z = d_2,\\ \pi_3 : a_3x + b_3y + c_3z = d_3.\end{cases}$$

记 $\boldsymbol{\beta}_i = (a_i, b_i, c_i), \boldsymbol{\gamma}_i = (a_i, b_i, c_i, d_i)\ (i = 1, 2, 3)$,

$$\boldsymbol{\alpha}_1 = \begin{pmatrix} a_1 \\ a_2 \\ a_3 \end{pmatrix}, \quad \boldsymbol{\alpha}_2 = \begin{pmatrix} b_1 \\ b_2 \\ b_3 \end{pmatrix}, \quad \boldsymbol{\alpha}_3 = \begin{pmatrix} c_1 \\ c_2 \\ c_3 \end{pmatrix}, \quad \boldsymbol{\alpha}_4 = \begin{pmatrix} d_1 \\ d_2 \\ d_3 \end{pmatrix}.$$

显然 $\boldsymbol{\beta}_1, \boldsymbol{\beta}_2, \boldsymbol{\beta}_3$ 分别表示平面 $\pi_1, \pi_2, \pi_3$ 的法向量.

**情形 1**　$r(\boldsymbol{\alpha}_1, \boldsymbol{\alpha}_2, \boldsymbol{\alpha}_3) = r(\boldsymbol{\alpha}_1, \boldsymbol{\alpha}_2, \boldsymbol{\alpha}_3, \boldsymbol{\alpha}_4) = 3$. 方程组有唯一解, 其几何意义是三张平面交于一点.

**情形 2**　$r(\boldsymbol{\alpha}_1, \boldsymbol{\alpha}_2, \boldsymbol{\alpha}_3) = 2$, 即 $r(\boldsymbol{\beta}_1, \boldsymbol{\beta}_2, \boldsymbol{\beta}_3) = 2$.

(1) $r(\boldsymbol{\alpha}_1, \boldsymbol{\alpha}_2, \boldsymbol{\alpha}_3, \boldsymbol{\alpha}_4) = 2$, 这时方程组有无穷多解, 对应齐次方程组的基础解系只有一个非零向量, 因此其几何意义是三张平面交于一条直线. 此时, 还可进一步考虑两种情形: 如果 $r(\gamma_1, \gamma_2, \gamma_3) = 2$, 且 $\gamma_1, \gamma_2, \gamma_3$ 中有两个向量线性相关, 则几何意义是两张平面重合, 第 3 张平面与它们相交; 如果 $r(\gamma_1, \gamma_2, \gamma_3) = 2$, 且 $\gamma_1, \gamma_2, \gamma_3$ 中任意两个向量线性无关, 则几何意义是三张平面交于一条直线.

(2) $r(\boldsymbol{\alpha}_1, \boldsymbol{\alpha}_2, \boldsymbol{\alpha}_3, \boldsymbol{\alpha}_4) = 3$, 这时方程组无解. 进一步, 如果 $\boldsymbol{\beta}_1, \boldsymbol{\beta}_2, \boldsymbol{\beta}_3$ 中有两个向量线性相关, 其几何意义是有两张平面平行, 第三张平面和它们相交; 如果 $\boldsymbol{\beta}_1, \boldsymbol{\beta}_2, \boldsymbol{\beta}_3$ 中任意两个向量都线性无关, 其几何意义是三张平面两两相交, 中间围成一个三棱柱.

**情形 3**　$r(\boldsymbol{\alpha}_1, \boldsymbol{\alpha}_2, \boldsymbol{\alpha}_3) = 1$, 即 $r(\boldsymbol{\beta}_1, \boldsymbol{\beta}_2, \boldsymbol{\beta}_3) = 1$, 这时三张平面相互平行.

(1) $r(\boldsymbol{\alpha}_1, \boldsymbol{\alpha}_2, \boldsymbol{\alpha}_3, \boldsymbol{\alpha}_4) = 1$, 此时方程组有无穷多解. 由于对应齐次线性方程组的基础解系有两个线性无关的解向量, 因此, $\pi_1, \pi_2, \pi_3$ 实际上是同一个平面.

(2) $r(\boldsymbol{\alpha}_1, \boldsymbol{\alpha}_2, \boldsymbol{\alpha}_3, \boldsymbol{\alpha}_4) = 2$, 此时方程组无解. 如果 $\gamma_1, \gamma_2, \gamma_3$ 中有两个向量线性相关, 其几何意义是两张平面重合, 第 3 张平面与它们平行; 如果 $\gamma_1, \gamma_2, \gamma_3$ 中任意两个向量都线性无关, 其几何意义是三张平面相互平行但不重合.

至此, 线性方程组解的判定及其求解告一段落, 并稍有了解其应用. 一方面, 在后续会看到另一应用是计算矩阵的特征向量; 另一方面, 在工程实践中, 真正求解方程组则比较少, 更多地应用的是方程组的最小二乘法.

本节完整地给出了方程组解的结构、判定和求解的基本方法, 同时也给出了方程组的一些应用. 定理 14 给出了齐次线性方程组解的判定, 定理 15 给出了非齐次

线性方程组解的判定. 求解线性方程组的关键是基础解系, 同时, 注意利用初等变换求解线性方程组时, 只可以实施行变换而不能运用列变换.

## 习 题 2.4

1. 求下列齐次线性方程组的一个基础解系, 并用它表示方程组的全部解.

(1) $\begin{cases} x_1+x_2+x_3+x_4+x_5=0, \\ 3x_1+2x_2+x_3+x_4-3x_5=0, \\ x_2+2x_3+2x_4+6x_5=0, \\ 5x_1+4x_2+3x_3+3x_4-x_5=0; \end{cases}$ (2) $\begin{cases} x_1+x_2-3x_4-x_5=0, \\ x_1-x_2+2x_3-x_4=0, \\ 4x_1-2x_2+6x_3+3x_4-4x_5=0, \\ 2x_1+4x_2-2x_3+4x_4-7x_5=0; \end{cases}$

(3) $\begin{cases} x_1-8x_2+10x_3+2x_4=0, \\ 2x_1+4x_2+5x_3-x_4=0, \\ 3x_1+8x_2+6x_3-2x_4=0; \end{cases}$ (4) $\begin{cases} 2x_1-3x_2-2x_3+x_4=0, \\ 3x_1+5x_2+4x_3-2x_4=0, \\ 8x_1+7x_2+6x_3-3x_4=0. \end{cases}$

2. 求下列非齐次线性方程组的一般解.

(1) $\begin{cases} x_1+x_2=5, \\ 2x_1+x_2+x_3+2x_4=1, \\ 5x_1+3x_2+2x_3+2x_4=3; \end{cases}$ (2) $\begin{cases} x_1-5x_2+2x_3-3x_4=11, \\ 5x_1+3x_2+6x_3-x_4=-1, \\ 2x_1+4x_2+2x_3+x_4=-6. \end{cases}$

3. 参数 $a,b,c$ 取何值时, 方程组有解? 在有解情况下, 求它的一般解.

(1) $\begin{cases} x_1+x_2+x_3+x_4+x_5=1, \\ 3x_1+2x_2+x_3+x_4-3x_5=a, \\ x_2+2x_3+2x_4+6x_5=3, \\ 5x_1+4x_2+3x_3+3x_4-x_5=b; \end{cases}$ (2) $\begin{cases} ax_1+x_2+x_3=1, \\ x_1+bx_2+x_3=1, \\ x_1+x_2+cx_3=1; \end{cases}$

(3) $\begin{cases} (a+3)x_1+x_2+2x_3=a, \\ ax_1+(a-1)x_2+x_3=2a, \\ 3(a+1)x_1+ax_2+(a+3)x_3=3; \end{cases}$ (4) $\begin{cases} x_1+x_2+ax_3=1, \\ x_1+ax_2+x_3=1, \\ ax_1+x_2+x_3=-2. \end{cases}$

4. 设 $x_1-x_2=a_1, x_2-x_3=a_2, x_3-x_4=a_3, x_4-x_5=a_4, x_5-x_1=a_5$. 证明该方程组有解的充分必要条件为 $\sum\limits_{i=1}^{5}a_i=0$.

5. 齐次线性方程组 $\boldsymbol{Ax}=\boldsymbol{0}$($n$ 个未知数) 的系数矩阵 $\boldsymbol{A}$ 的秩为 $r$, 证明方程组任意 $n-r$ 个线性无关的解都是它的一个基础解系.

6. 如果 $\boldsymbol{\eta}_1,\boldsymbol{\eta}_2,\cdots,\boldsymbol{\eta}_t$ 是方程组 $\boldsymbol{Ax}=\boldsymbol{b}$ 的解, 那么 $\sum\limits_{i=1}^{t}u_i\boldsymbol{\eta}_i$ 也是它的一个解, 其中 $u_1+u_2+\cdots+u_t=1$.

7. 设 $\boldsymbol{\eta}_1,\boldsymbol{\eta}_2,\cdots,\boldsymbol{\eta}_t$ 是线性方程组 $\boldsymbol{Ax}=\boldsymbol{0}$ 的一组线性无关的解, $\boldsymbol{\xi}$ 不是 $\boldsymbol{Ax}=\boldsymbol{0}$ 的解. 证明 $\boldsymbol{\xi},\boldsymbol{\xi}+\boldsymbol{\eta}_1,\boldsymbol{\xi}+\boldsymbol{\eta}_2,\cdots,\boldsymbol{\xi}+\boldsymbol{\eta}_t$ 线性无关.

8. 设 $\boldsymbol{\eta}_1,\boldsymbol{\eta}_2,\boldsymbol{\eta}_3$ 是线性方程组 $\boldsymbol{Ax}=\boldsymbol{0}$ 的一个基础解系, 证明向量组 $\boldsymbol{\eta}_1+\boldsymbol{\eta}_2,\boldsymbol{\eta}_2+\boldsymbol{\eta}_3,\boldsymbol{\eta}_3+\boldsymbol{\eta}_1$ 也是方程组 $\boldsymbol{Ax}=\boldsymbol{0}$ 的基础解系.

9. 设 $\boldsymbol{A}$ 是 $n$ 阶矩阵, $\boldsymbol{b}$ 是 $n$ 维非零向量, $\boldsymbol{\eta}_1,\boldsymbol{\eta}_2$ 是线性方程组 $\boldsymbol{Ax}=\boldsymbol{b}$ 的解, $\boldsymbol{\eta}$ 是 $\boldsymbol{Ax}=\boldsymbol{0}$ 的解.

(1) 若 $\boldsymbol{\eta}_1\neq\boldsymbol{\eta}_2$, 证明 $\boldsymbol{\eta}_1,\boldsymbol{\eta}_2$ 线性无关;

(2) 若 $r(\boldsymbol{A})=n-1$, 证明 $\boldsymbol{\eta},\boldsymbol{\eta}_1,\boldsymbol{\eta}_2$ 线性相关.

10. 设 $n$ 阶矩阵 $\boldsymbol{A}$ 的秩为 $n-r,\boldsymbol{\alpha}_1,\boldsymbol{\alpha}_2,\cdots,\boldsymbol{\alpha}_{r+1}$ 是方程组 $\boldsymbol{Ax}=\boldsymbol{b}$ 线性无关的解. 证明该方程组的任意解可由向量组 $\boldsymbol{\alpha}_1,\boldsymbol{\alpha}_2,\cdots,\boldsymbol{\alpha}_{r+1}$ 线性表示.

11. 设向量$\boldsymbol{\alpha}_1=\begin{pmatrix}a\\2\\10\end{pmatrix},\boldsymbol{\alpha}_2=\begin{pmatrix}-2\\1\\5\end{pmatrix},\boldsymbol{\alpha}_3=\begin{pmatrix}-1\\2\\4\end{pmatrix},\boldsymbol{\beta}=\begin{pmatrix}1\\b\\c\end{pmatrix}$. 问参数 $a,b,c$ 满足什么条件时, $\boldsymbol{\beta}$ 能用 $\boldsymbol{\alpha}_1,\boldsymbol{\alpha}_2,\boldsymbol{\alpha}_3$ 唯一线性表示?$\boldsymbol{\beta}$ 不能由 $\boldsymbol{\alpha}_1,\boldsymbol{\alpha}_2,\boldsymbol{\alpha}_3$ 线性表示? $\boldsymbol{\beta}$ 可以由 $\boldsymbol{\alpha}_1,\boldsymbol{\alpha}_2,\boldsymbol{\alpha}_3$ 线性表示, 但表示式不唯一?

12. 已知 3 阶矩阵 $\boldsymbol{A}$ 满足 $a_{ij}=A_{ij},a_{33}=-1,|\boldsymbol{A}|=1,A_{ij}$ 为 $\boldsymbol{A}$ 的代数余子式. 求方程组 $\boldsymbol{Ax}=(0,0,1)^{\mathrm{T}}$ 的解.

13. 设 $\boldsymbol{\alpha}_i\ (i=1,2,3,4)$ 是 4 维列向量, $\boldsymbol{\alpha}_1,\boldsymbol{\alpha}_2,\boldsymbol{\alpha}_3$ 线性无关,$\boldsymbol{\alpha}_4=\boldsymbol{\alpha}_1+\boldsymbol{\alpha}_2+2\boldsymbol{\alpha}_3,\boldsymbol{Bx}=\boldsymbol{\alpha}_4$ 有无穷多解, 其中 $\boldsymbol{B}=(\boldsymbol{\alpha}_1-\boldsymbol{\alpha}_2,\boldsymbol{\alpha}_2+\boldsymbol{\alpha}_3,-\boldsymbol{\alpha}_1+a\boldsymbol{\alpha}_2+\boldsymbol{\alpha}_3)$. 求 $a$, 并求解方程组 $\boldsymbol{Bx}=\boldsymbol{\alpha}_4$.

14. 方程组 $\begin{cases}x_1+x_2+x_3=0,\\x_1+2x_2+ax_3=0,\\x_1+4x_2+a^2x_3=0\end{cases}$ 与 $x_1+2x_2+x_3=a-1$ 有公共解, 求 $a$ 及所有公共解.

15. 设 $\boldsymbol{\alpha}_i=(a_{i1},a_{i2},\cdots,a_{in})\ (i=1,2,\cdots,m),\boldsymbol{\beta}=(b_1,b_2,\cdots,b_n)$. 若方程组

$$\begin{cases}a_{11}x_1+a_{12}x_2+\cdots+a_{1n}x_n=0,\\a_{21}x_1+a_{22}x_2+\cdots+a_{2n}x_n=0,\\\qquad\qquad\cdots\cdots\\a_{m1}x_1+a_{m2}x_2+\cdots+a_{mn}x_n=0\end{cases}$$

的解都是方程 $b_1x_1+b_2x_2+\cdots+b_nx_n=0$ 的解, 证明 $\boldsymbol{\beta}$ 可由 $\boldsymbol{\alpha}_1,\boldsymbol{\alpha}_2,\cdots,\boldsymbol{\alpha}_m$ 线性表示.

16. 已知方程组 $\boldsymbol{Ax}=\boldsymbol{b}$ 的系数矩阵 $\boldsymbol{A}_{n\times n}$ 的秩等于矩阵 $\boldsymbol{B}=\begin{pmatrix}\boldsymbol{A}&\boldsymbol{b}\\\boldsymbol{b}^{\mathrm{T}}&\boldsymbol{0}\end{pmatrix}$ 的秩, 证明方程组 $\boldsymbol{Ax}=\boldsymbol{b}$ 有解.

17. 已知 $n$ 阶矩阵 $\boldsymbol{A}=(a_{ij})$ 的行列式等于 0, 元素 $a_{ij}$ 的代数余子式 $A_{ij}\neq 0$, 证明 $\boldsymbol{\eta}=(A_{k1},A_{k2},\cdots,A_{kn})^{\mathrm{T}}$ 是方程组 $\boldsymbol{A}\boldsymbol{x}=\boldsymbol{0}$ 的一个基础解系.

18. 设平面上 3 条直线 $l_1,l_2,l_3$ 的方程分别为 $a_1x+b_1y+c_1=0, a_2x+b_2y+c_2=0, a_3x+b_3y+c_3=0$.

(1) 什么条件下 3 条直线是共点的不同直线?

(2) 什么条件下 3 条直线构成三角形?

19. 非齐次方程组 $\begin{cases} x_1+x_2+x_3+x_4=-1, \\ 4x_1+3x_2+5x_3-x_4=-1, \\ ax_1+x_2+3x_3+bx_4=1 \end{cases}$ 有 3 个线性无关的解.

(1) 证明方程组的系数矩阵 $\boldsymbol{A}$ 的秩 $r(\boldsymbol{A})=2$;

(2) 求 $a,b$ 的值及方程组的通解.

# 第3章　矩　　阵

在线性方程组讨论中, 我们看到方程组的一些重要性质和求解方法, 反映在它的系数矩阵和增广矩阵的性质与初等变换上. 除此之外, 在许多实际问题中, 我们会遇到由若干个数排成行与列的长方形数表, 常常需要将其作为一个整体来处理, 这就需要引入矩阵的概念. 矩阵是线性代数中的一个重要的概念, 并广泛应用于自然科学、科学技术、经济社会等领域. 本章讨论矩阵的定义及其基本运算 (加、减、数乘、乘、转置等), 矩阵的初等变换与初等矩阵及其应用 (重点), 矩阵的逆及其计算 (本章难点), 分块矩阵及其初等变换.

## 3.1　矩阵的定义及基本运算

### 3.1.1　矩阵的定义

无论是本节所讨论的矩阵基本运算, 还是以后要讨论的矩阵"除法"(称为矩阵的逆), 都是有条件的, 学习时要注意矩阵运算所满足的条件.

**定义 1**　由 $mn$ 个数 $a_{ij}$ $(i=1,2,\cdots,m;j=1,2,\cdots,n)$ 排成 $m$ 行 $n$ 列的矩形阵列

$$\begin{pmatrix} a_{11} & a_{12} & \cdots & a_{1n} \\ a_{21} & a_{22} & \cdots & a_{2n} \\ \vdots & \vdots & & \vdots \\ a_{m1} & a_{m2} & \cdots & a_{mn} \end{pmatrix}$$

称为 $m\times n$ **矩阵**, 记为 $\boldsymbol{A}_{m\times n}$(或 $\boldsymbol{A}=(a_{ij})_{m\times n}$), 其中 $a_{ij}$(下标第 1 个字母 $i$ 表示行标, 第 2 个字母 $j$ 表示列标) 称为矩阵 $\boldsymbol{A}$ 的第 $i$ 行第 $j$ 列元素. 如果 $m=n$, 称为 $n$ 阶**方阵**, 简记为 $\boldsymbol{A}_n$. 对于方阵, 元素 $a_{11},a_{22},\cdots,a_{nn}$ 称为方阵 $\boldsymbol{A}$ 主对角线上的元素.

必须注意, 矩阵和行列式是两个完全不同的概念. 行列式是一个算式, 表示一个数, 且其行数和列数必须相等. 而矩阵是一个数表, 它的行数和列数可以不相等. 当然, 行列式和矩阵也有一定联系. 对于 $n$ 阶方阵 $\boldsymbol{A}$, 通常用 $|\boldsymbol{A}|$ 或 $\det\boldsymbol{A}$ 表示方阵 $\boldsymbol{A}$ 的行列式 (也称矩阵的行列式). 当 $\det\boldsymbol{A}=0$ 时, 称 $\boldsymbol{A}$ 为**奇异矩阵**(也称**退化矩阵**); 当 $\det\boldsymbol{A}\neq 0$ 时, 称 $\boldsymbol{A}$ 为**非奇异矩阵**(也称**非退化矩阵**).

如果矩阵的元素 $a_{ij}$ 为实数, 则称矩阵 $\boldsymbol{A}$ 为实矩阵; 如果 $a_{ij}$ 为复数, 则称矩阵 $\boldsymbol{A}$ 为复矩阵.

行数和列数分别相等的两个矩阵称为**同型矩阵**.

对于同型矩阵 $\boldsymbol{A}=(a_{ij})_{m\times n},\boldsymbol{B}=(b_{ij})_{m\times n}$, 如果它们对应的元素都相等, 即 $a_{ij}=b_{ij}$, 称这两个矩阵**相等**, 记为 $\boldsymbol{A}=\boldsymbol{B}$. 两个不同型矩阵没有相等之说. 例如, 由

$$\begin{pmatrix} x & -1 & -8 \\ 0 & y & 4 \end{pmatrix}=\begin{pmatrix} 3 & -1 & z \\ 0 & 2 & 4 \end{pmatrix},$$

即得 $x=3,y=2,z=-8$.

下面介绍一些特殊类型的常用矩阵.

1. **零矩阵**

如果 $a_{ij}(i=1,2,\cdots,m;j=1,2,\cdots,n)$ 全为 0, 则矩阵 $\boldsymbol{A}$ 称为**零矩阵**, 零矩阵总是记为 $\boldsymbol{O}_{m\times n}$ 或 $\boldsymbol{O}$. 要特别注意, 不同地方出现的零矩阵 $\boldsymbol{O}$ 一般是不同型的. 不同型的零矩阵 $\boldsymbol{O}$ 当然是不相等的. 但根据上下文, 一般不难区分零矩阵 $\boldsymbol{O}$ 的不同类型.

2. **对角矩阵**

如果 $n$ 阶方阵 $\boldsymbol{A}$ 主对角线之外的元素全为 0, 即

$$\boldsymbol{A}=\begin{pmatrix} a_1 & & & \\ & a_2 & & \\ & & \ddots & \\ & & & a_n \end{pmatrix},$$

则该矩阵称为**对角矩阵**, 其中未写出的元素均为 0(这是一种表示惯例, 以后会经常使用, 不再一一说明). 对角矩阵 $\boldsymbol{A}$ 也可简记为

$$\boldsymbol{A}=\operatorname{diag}(a_1,a_2,\cdots,a_n).$$

在对角矩阵中, 如果 $a_1=a_2=\cdots=a_n=a$, 则称该对角矩阵为**数量矩阵**; 如果 $a_1=a_2=\cdots=a_n=1$, 则称该对角矩阵为**单位矩阵**, 记为 $\boldsymbol{E}$(也记为 $\boldsymbol{I}$).

要特别注意, 不同地方出现的单位矩阵 $\boldsymbol{E}$ 的阶可能不同. 不同阶的单位矩阵 $\boldsymbol{E}$ 当然不相等. 但根据上下文, 一般不难看出单位矩阵 $\boldsymbol{E}$ 的阶数. 有时, 为了特别指明单位矩阵 $\boldsymbol{E}$ 的阶数, 通常写为 $\boldsymbol{E}_n$.

3. 对称矩阵与反对称矩阵

对于 $n$ 阶方阵 $\boldsymbol{A}=(a_{ij})$, 如果 $a_{ij}=a_{ji}\ (i,j=1,2,\cdots,n)$, 则称 $\boldsymbol{A}$ 为**对称矩阵**; 如果 $a_{ij}=-a_{ji}\ (i,j=1,2,\cdots,n)$, 则称方阵 $\boldsymbol{A}$ 为**反对称矩阵**. 显然, 反对称矩阵主对角线上元素全为 0.

4. 三角矩阵

对于 $n$ 阶矩阵 $\boldsymbol{A}=(a_{ij})$, 如果当 $i>j$ 时, $a_{ij}=0\ (a_{ji}=0)$, 称 $\boldsymbol{A}$ 为**上(下)三角矩阵**. 这两类矩阵的形式分别为

$$\begin{pmatrix} a_{11} & a_{12} & \cdots & a_{1n} \\ 0 & a_{22} & \cdots & a_{2n} \\ \vdots & \vdots & & \vdots \\ 0 & 0 & \cdots & a_{nn} \end{pmatrix}, \quad \begin{pmatrix} a_{11} & 0 & \cdots & 0 \\ a_{21} & a_{22} & \cdots & 0 \\ \vdots & \vdots & & \vdots \\ a_{n1} & a_{n2} & \cdots & a_{nn} \end{pmatrix}.$$

### 3.1.2 矩阵的基本运算

矩阵的线性运算 (加、减、数乘) 和乘积运算是矩阵的基本运算, 正是这些基本运算的引入, 才使矩阵在有序表达和描述有关对象这一基本作用的基础上, 成为研究有关对象之间相互联系的有力工具, 进而成为具有重要理论意义和实际应用价值的核心数学概念.

1. 矩阵的线性运算

**定义 2** 设矩阵 $\boldsymbol{A}=(a_{ij}),\boldsymbol{B}=(b_{ij})$ 为 $m\times n$ (同型) 矩阵, 定义

$$\boldsymbol{A}+\boldsymbol{B}=(a_{ij}+b_{ij}), \quad \boldsymbol{A}-\boldsymbol{B}=(a_{ij}-b_{ij}),$$

$\boldsymbol{A}+\boldsymbol{B}$ 与 $\boldsymbol{A}-\boldsymbol{B}$ 分别称为 $\boldsymbol{A}$ 与 $\boldsymbol{B}$ 的**和**与**差**.

例如,

$$\begin{pmatrix} 1 & 2 & 3 \\ 4 & 5 & 6 \end{pmatrix}+\begin{pmatrix} -1 & -2 & -3 \\ -4 & -5 & -6 \end{pmatrix}=\begin{pmatrix} 1+(-1) & 2+(-2) & 3+(-3) \\ 4+(-4) & 5+(-5) & 6+(-6) \end{pmatrix}=\boldsymbol{O}.$$

$$\begin{pmatrix} 1 & 2 & 3 \\ 4 & 5 & 6 \end{pmatrix}-\begin{pmatrix} 0 & 1 & 2 \\ -1 & 2 & 3 \end{pmatrix}=\begin{pmatrix} 1-0 & 2-1 & 3-2 \\ 4-(-1) & 5-2 & 6-3 \end{pmatrix}=\begin{pmatrix} 1 & 1 & 1 \\ 5 & 3 & 3 \end{pmatrix}.$$

必须注意, 只有同型矩阵才能相加 (减), 且其和 (差) 仍保持同型.

**定义 3** 设 $k$ 为任意一个数, $\boldsymbol{A}=(a_{ij})_{m\times n}$, 定义

$$kA=(ka_{ij})=\begin{pmatrix} ka_{11} & ka_{12} & \cdots & ka_{1n} \\ ka_{21} & ka_{22} & \cdots & ka_{2n} \\ \vdots & \vdots & & \vdots \\ ka_{m1} & ka_{m2} & \cdots & ka_{mn} \end{pmatrix}$$

称为数 $k$ 与矩阵 $\boldsymbol{A}$ 的**数量乘积**, 简称**数乘**.

如果 $k=-1$, 则 $-\boldsymbol{A}$ 称为矩阵 $\boldsymbol{A}$ 的**负矩阵**. 显然 $\boldsymbol{A}-\boldsymbol{B}=\boldsymbol{A}+(-\boldsymbol{B})$.

注意, $k\boldsymbol{A}$ 是数 $k$ 与矩阵 $\boldsymbol{A}$ 的每一个元素相乘得到的新矩阵.

设 $k,l$ 是数, 则容易验证矩阵的加法和数乘运算 (矩阵的线性运算) 满足以下 8 条性质:

(1) 交换律: $\boldsymbol{A}+\boldsymbol{B}=\boldsymbol{B}+\boldsymbol{A}$;

(2) 结合律: $(\boldsymbol{A}+\boldsymbol{B})+\boldsymbol{C}=\boldsymbol{A}+(\boldsymbol{B}+\boldsymbol{C})$;

(3) $\boldsymbol{A}+\boldsymbol{O}=\boldsymbol{A}$;

(4) $\boldsymbol{A}+(-\boldsymbol{A})=\boldsymbol{O}$;

(5) $1\boldsymbol{A}=\boldsymbol{A}$;

(6) $(kl)\boldsymbol{A}=k(l\boldsymbol{A})$;

(7) $k(\boldsymbol{A}+\boldsymbol{B})=k\boldsymbol{A}+k\boldsymbol{B}$;

(8) $(k+l)\boldsymbol{A}=k\boldsymbol{A}+l\boldsymbol{A}$.

比较 2.2 节 $n$ 维向量线性运算所满足的 8 条性质, 我们发现, 如果扬弃向量和矩阵的具体含义, 考虑抽象的“量”, 定义其加法和数乘两种运算, 并满足 8 条性质, 会有什么样的结果? 此即第 7 章要讨论的线性空间.

**2. 矩阵的乘法及方阵的幂**

**定义 4** 设 $\boldsymbol{A}=(a_{ij})_{m\times n}, \boldsymbol{B}=(b_{ij})_{n\times s}$, 定义 $\boldsymbol{A}$ 与 $\boldsymbol{B}$ 的乘积 $\boldsymbol{AB}$ 是一个 $m\times s$ 矩阵 $\boldsymbol{C}=(c_{ij})_{m\times s}$, 其中

$$c_{ij}=a_{i1}b_{1j}+a_{i2}b_{2j}+\cdots+a_{in}b_{nj}=\sum_{k=1}^{n}a_{ik}b_{kj}\quad(i=1,2,\cdots,m;j=1,2,\cdots,s),$$

即矩阵 $\boldsymbol{C}$ 的第 $i$ 行第 $j$ 列元素 $c_{ij}$ 是 $\boldsymbol{A}$ 的第 $i$ 行 $n$ 个元素与 $\boldsymbol{B}$ 的第 $j$ 列对应 $n$ 个元素对应乘积的和.

例如, $\boldsymbol{A}=\begin{pmatrix} 1 & 0 & 3 \\ 2 & 1 & 0 \end{pmatrix}, \boldsymbol{B}=\begin{pmatrix} 4 & 1 & 0 \\ -1 & 1 & 3 \\ 2 & 0 & 1 \end{pmatrix}$, 则

$$\boldsymbol{AB}=\begin{pmatrix} 1\times4+0\times(-1)+3\times2 & 1\times1+0\times1+3\times0 & 1\times0+0\times3+3\times1 \\ 2\times4+1\times(-1)+0\times2 & 2\times1+1\times1+0\times0 & 2\times0+1\times3+0\times1 \end{pmatrix}$$

$$= \begin{pmatrix} 10 & 1 & 3 \\ 7 & 3 & 3 \end{pmatrix}.$$

由定义 4, 显然对任意矩阵 $\boldsymbol{A}_{m\times n}$, 成立下式:

$$\boldsymbol{E}_m\boldsymbol{A} = \boldsymbol{A}\boldsymbol{E}_n = \boldsymbol{A}.$$

同时也容易理解第 2 章线性方程组的矩阵表示形式 $\boldsymbol{Ax} = \boldsymbol{b}$ 和 $\boldsymbol{Ax} = \boldsymbol{0}$.

为充分掌握矩阵乘积的定义, 应理清以下两点:

第一, 只有当第一个矩阵 $\boldsymbol{A}$(称为**左乘**矩阵) 的列数等于第二个矩阵 $\boldsymbol{B}$(称为**右乘**矩阵) 的行数时, 矩阵 $\boldsymbol{A}$ 与 $\boldsymbol{B}$ 的乘积 $\boldsymbol{AB}$ 才有意义. 否则 $\boldsymbol{A}$ 与 $\boldsymbol{B}$ 是不能相乘的. 我们以下列式子帮助记忆:

$$\begin{array}{cccc} \boldsymbol{A} & \boldsymbol{B} & \longrightarrow & \boldsymbol{AB} \\ m\times n & n\times s & \longrightarrow & m\times s \end{array}$$

第二, 虽然 $\boldsymbol{AB}$ 有意义但 $\boldsymbol{BA}$ 未必有意义 (不能相乘自然没有意义), 因此矩阵的乘法不满足交换律, 也就是

$$\boldsymbol{AB} \neq \boldsymbol{BA}.$$

如果 $\boldsymbol{A}, \boldsymbol{B}$ 都为同阶方阵, 上式是否成立呢? 看一个例子: 设

$$\boldsymbol{A} = \begin{pmatrix} 1 & 1 \\ 2 & 2 \end{pmatrix}, \quad \boldsymbol{B} = \begin{pmatrix} 1 & -1 \\ -1 & 1 \end{pmatrix},$$

则根据矩阵乘积的定义,

$$\boldsymbol{AB} = \boldsymbol{O}, \quad \boldsymbol{BA} = \begin{pmatrix} -1 & -1 \\ 1 & 1 \end{pmatrix}.$$

交换律依然不成立. 基于此, 对于矩阵乘法, 一定要有一个基本认识: **矩阵乘法不满足交换律**.

如果矩阵 $\boldsymbol{A}, \boldsymbol{B}$ 满足 $\boldsymbol{AB} = \boldsymbol{BA}$, 称矩阵 $\boldsymbol{A}$ 与 $\boldsymbol{B}$ 为**可交换矩阵**.

根据以上分析, 得到以下结论 (这些结论与初等数学比较, 有本质的区别).

**结论 1**　$\boldsymbol{AB} = \boldsymbol{O}$ 未必有 $\boldsymbol{A} = \boldsymbol{O}$ 或 $\boldsymbol{B} = \boldsymbol{O}$.

**结论 2**　$\boldsymbol{AB} = \boldsymbol{AC}$ 未必有 $\boldsymbol{B} = \boldsymbol{C}$.

**结论 3**　在矩阵乘积中有左乘和右乘之分.

矩阵乘法运算满足以下性质 (假设以下运算有意义):

(1) $(\boldsymbol{AB})\boldsymbol{C} = \boldsymbol{A}(\boldsymbol{BC})$;

(2) $k(\boldsymbol{AB}) = (k\boldsymbol{A})\boldsymbol{B} = \boldsymbol{A}(k\boldsymbol{B}), k$ 为任意一个数;

(3) $\boldsymbol{A}(\boldsymbol{B}+\boldsymbol{C}) = \boldsymbol{AB} + \boldsymbol{AC}, (\boldsymbol{B}+\boldsymbol{C})\boldsymbol{A} = \boldsymbol{BA} + \boldsymbol{CA}$.

性质 (1)~(3) 的证明都比较简单, 请自行完成它们的证明.

**定义 5** 设矩阵 $\boldsymbol{A}$ 为 $n$ 阶方阵, 定义矩阵 $\boldsymbol{A}$ 的 **$k$ 次幂**($k$ 为正整数)

$$\boldsymbol{A}^k = \underbrace{\boldsymbol{A}\boldsymbol{A}\cdots\boldsymbol{A}}_{k\text{个}}.$$

规定 $\boldsymbol{A}^0 = \boldsymbol{E}$. 显然, $\boldsymbol{E}^m = \boldsymbol{E}, m = 0, 1, 2, \cdots$.

对于 $m \times n$ 矩阵 $\boldsymbol{A}$, 当 $m \neq n$ 时, $\boldsymbol{A}^k$ 是没有任何意义的. 因此, 以后出现矩阵 $\boldsymbol{A}$ 的方幂, 意味着矩阵 $\boldsymbol{A}$ 为方阵.

如果存在正整数 $m$, 使 $\boldsymbol{A}^m = \boldsymbol{O}, \boldsymbol{A}^{m-1} \neq \boldsymbol{O}$, 称矩阵 $\boldsymbol{A}$ 为指数 $m$ 的**幂零矩阵**. 如果 $\boldsymbol{A}^2 = \boldsymbol{A}$, 则称矩阵 $\boldsymbol{A}$ 为**幂等矩阵**.

如果矩阵 $\boldsymbol{A}, \boldsymbol{B}$ 可交换, 则 $(\boldsymbol{A}\boldsymbol{B})^k = \boldsymbol{A}^k\boldsymbol{B}^k$. 如果 $\boldsymbol{A}, \boldsymbol{B}$ 不可交换, 该等式不成立.

矩阵的幂运算满足以下规律:

设 $\boldsymbol{A}, \boldsymbol{B}$ 为 $n$ 阶方阵, $k, l$ 为非负整数, 则

(1) $\boldsymbol{A}^k\boldsymbol{A}^l = \boldsymbol{A}^{k+l}$;

(2) $(\boldsymbol{A}^k)^l = \boldsymbol{A}^{kl}$.

根据以上分析, 如果矩阵 $\boldsymbol{A}, \boldsymbol{B}$ 为同阶方阵, 则可以证明

$$(\boldsymbol{A} \pm \boldsymbol{B})^2 = \boldsymbol{A}^2 \pm \boldsymbol{A}\boldsymbol{B} \pm \boldsymbol{B}\boldsymbol{A} + \boldsymbol{B}^2;$$

$$(\boldsymbol{A} + \boldsymbol{B})(\boldsymbol{A} - \boldsymbol{B}) = \boldsymbol{A}^2 - \boldsymbol{A}\boldsymbol{B} + \boldsymbol{B}\boldsymbol{A} - \boldsymbol{B}^2;$$

$$(\boldsymbol{A} - \boldsymbol{B})(\boldsymbol{A} + \boldsymbol{B}) = \boldsymbol{A}^2 + \boldsymbol{A}\boldsymbol{B} - \boldsymbol{B}\boldsymbol{A} - \boldsymbol{B}^2.$$

**例 1** 证明 $\boldsymbol{A}$ 和 $\boldsymbol{B}$ 可交换的充分必要条件是 $(\boldsymbol{A} + \boldsymbol{B})^2 = \boldsymbol{A}^2 + 2\boldsymbol{A}\boldsymbol{B} + \boldsymbol{B}^2$.

**证明** 如果 $(\boldsymbol{A} + \boldsymbol{B})^2 = \boldsymbol{A}^2 + 2\boldsymbol{A}\boldsymbol{B} + \boldsymbol{B}^2$ 成立, 则由

$$(\boldsymbol{A} + \boldsymbol{B})(\boldsymbol{A} + \boldsymbol{B}) = \boldsymbol{A}^2 + \boldsymbol{A}\boldsymbol{B} + \boldsymbol{B}\boldsymbol{A} + \boldsymbol{B}^2 = \boldsymbol{A}^2 + 2\boldsymbol{A}\boldsymbol{B} + \boldsymbol{B}^2,$$

即得 $\boldsymbol{A}\boldsymbol{B} = \boldsymbol{B}\boldsymbol{A}$, 故 $\boldsymbol{A}$ 与 $\boldsymbol{B}$ 可交换.

反过来, 如果 $\boldsymbol{A}$ 与 $\boldsymbol{B}$ 可交换, 则

$$(\boldsymbol{A} + \boldsymbol{B})^2 = \boldsymbol{A}^2 + \boldsymbol{A}\boldsymbol{B} + \boldsymbol{B}\boldsymbol{A} + \boldsymbol{B}^2 = \boldsymbol{A}^2 + 2\boldsymbol{A}\boldsymbol{B} + \boldsymbol{B}^2.$$

故结论成立.

如果 $f(x) = a_0 + a_1x + \cdots + a_nx^n$ 是 $x$ 的 $n$ 次多项式, $\boldsymbol{A}$ 是方阵, 则称

$$f(\boldsymbol{A}) = a_0\boldsymbol{E} + a_1\boldsymbol{A} + \cdots + a_n\boldsymbol{A}^n$$

为由多项式 $f(x)$ 生成的**矩阵 $\boldsymbol{A}$ 的多项式**. 这里需特别注意, 常数项 $a_0 \cdot 1$ 的矩阵形式为 $a_0\boldsymbol{E}$.

**例 2** 已知 $\boldsymbol{A}=\begin{pmatrix}2&1&0\\0&2&1\\0&0&2\end{pmatrix}$, $f(x)=x^3-6x+4$, 求 $\boldsymbol{A}^3$ 及 $f(\boldsymbol{A})$.

**解** 直接计算 $\boldsymbol{A}^2=\begin{pmatrix}4&4&1\\0&4&4\\0&0&4\end{pmatrix}$, $\boldsymbol{A}^3=\boldsymbol{A}^2\boldsymbol{A}=\begin{pmatrix}8&12&6\\0&8&12\\0&0&8\end{pmatrix}$. 因此,

$$f(\boldsymbol{A})=\boldsymbol{A}^3-6\boldsymbol{A}+4\boldsymbol{E}=\begin{pmatrix}0&6&6\\0&0&6\\0&0&0\end{pmatrix}.$$

**例 3** 设 $\boldsymbol{A}=\begin{pmatrix}1&-1&2\\-2&2&-4\\1&-1&2\end{pmatrix}$, 求 $\boldsymbol{A}^n$.

**解法一** 数学归纳法. 直接计算得

$$\boldsymbol{A}^2=\begin{pmatrix}5&-5&10\\-10&10&-20\\5&-5&10\end{pmatrix}=5\boldsymbol{A},\quad \boldsymbol{A}^3=\boldsymbol{A}^2\boldsymbol{A}=5\boldsymbol{A}\boldsymbol{A}=5\boldsymbol{A}^2=5^2\boldsymbol{A}.$$

归纳证明可得 $\boldsymbol{A}^n=5^{n-1}\boldsymbol{A}$.

**解法二** 注意到 $\boldsymbol{A}=\begin{pmatrix}1\\-2\\1\end{pmatrix}(1\ \ -1\ 2)$, 因此,

$$\boldsymbol{A}^n=\begin{pmatrix}1\\-2\\1\end{pmatrix}(1\ \ -1\ 2)\begin{pmatrix}1\\-2\\1\end{pmatrix}(1\ \ -1\ 2)\cdots\begin{pmatrix}1\\-2\\1\end{pmatrix}(1\ \ -1\ 2)=5^{n-1}\boldsymbol{A}.$$

**例 4** 设 $\boldsymbol{A}=\begin{pmatrix}\lambda&1&0\\&\lambda&1\\&&\lambda\end{pmatrix}$ (这是一个 3 阶 Jordan 矩阵), 求 $\boldsymbol{A}^n$.

**解** 矩阵 $\boldsymbol{A}=\lambda\boldsymbol{E}+\boldsymbol{B}, \boldsymbol{B}=\begin{pmatrix}0&1&0\\0&0&1\\0&0&0\end{pmatrix}$. 因此,

$$\boldsymbol{A}^n=(\lambda\boldsymbol{E}+\boldsymbol{B})^n=\lambda^n\boldsymbol{E}+n\lambda^{n-1}\boldsymbol{B}+\frac{n(n-1)}{2!}\lambda^{n-2}\boldsymbol{B}^2+\cdots+\boldsymbol{B}^n.$$

注意到 $\boldsymbol{B}^2=\begin{pmatrix}0&0&1\\0&0&0\\0&0&0\end{pmatrix}, \boldsymbol{B}^k=\boldsymbol{O}\ (k=3,4,\cdots,n)$. 由此即得

$$\boldsymbol{A}^n=\begin{pmatrix}\lambda^n & n\lambda^{n-1} & \dfrac{n(n-1)}{2!}\lambda^{n-2}\\ 0 & \lambda^n & n\lambda^{n-1}\\ 0 & 0 & \lambda^n\end{pmatrix}.$$

3. 矩阵的转置

**定义 6** 将矩阵 $\boldsymbol{A}=(a_{ij})_{m\times n}$ 的行依次转换成同序数的列 (即行列互换) 得到的 $n\times m$ 矩阵称为矩阵 $\boldsymbol{A}$ 的**转置**矩阵, 记为 $\boldsymbol{A}^{\mathrm{T}}$(也可记为 $\boldsymbol{A}^{\mathrm{t}}$ 或 $\boldsymbol{A}'$).

例如, 矩阵 $\boldsymbol{A}=\begin{pmatrix}1&2&3\\4&5&6\end{pmatrix}$ 的转置矩阵 $\boldsymbol{A}^{\mathrm{T}}=\begin{pmatrix}1&4\\2&5\\3&6\end{pmatrix}$.

根据转置的定义, 不难看出, 矩阵 $\boldsymbol{A}$ 为对称矩阵的充分必要条件是 $\boldsymbol{A}=\boldsymbol{A}^{\mathrm{T}}$, $\boldsymbol{A}$ 为反对称矩阵的充分必要条件是 $\boldsymbol{A}^{\mathrm{T}}=-\boldsymbol{A}$.

任意矩阵 $\boldsymbol{A}$ 都可以表示为对称矩阵和反对称矩阵之和, 即

$$\boldsymbol{A}=\frac{\boldsymbol{A}+\boldsymbol{A}^{\mathrm{T}}}{2}+\frac{\boldsymbol{A}-\boldsymbol{A}^{\mathrm{T}}}{2}.$$

**例 5** 已知 $\boldsymbol{A}=\begin{pmatrix}1&-1\\1&-1\end{pmatrix}, \boldsymbol{B}=\begin{pmatrix}1&0\\1&1\end{pmatrix}$, 求 $(\boldsymbol{AB})^{\mathrm{T}}, \boldsymbol{A}^{\mathrm{T}}\boldsymbol{B}^{\mathrm{T}}, \boldsymbol{B}^{\mathrm{T}}\boldsymbol{A}^{\mathrm{T}}$.

**解** 利用矩阵乘法和转置的定义, 直接计算, 得

$$(\boldsymbol{AB})^{\mathrm{T}}=\begin{pmatrix}0&-1\\0&-1\end{pmatrix}^{\mathrm{T}}=\begin{pmatrix}0&0\\-1&-1\end{pmatrix},$$

$$\boldsymbol{A}^{\mathrm{T}}\boldsymbol{B}^{\mathrm{T}}=\begin{pmatrix}1&1\\-1&-1\end{pmatrix}\begin{pmatrix}1&1\\0&1\end{pmatrix}=\begin{pmatrix}1&2\\-1&-2\end{pmatrix}.$$

$$\boldsymbol{B}^{\mathrm{T}}\boldsymbol{A}^{\mathrm{T}}=\begin{pmatrix}1&1\\0&1\end{pmatrix}\begin{pmatrix}1&1\\-1&-1\end{pmatrix}=\begin{pmatrix}0&0\\-1&-1\end{pmatrix}.$$

由该例可以看出 $(\boldsymbol{AB})^{\mathrm{T}}\neq\boldsymbol{A}^{\mathrm{T}}\boldsymbol{B}^{\mathrm{T}}$, 但 $(\boldsymbol{AB})^{\mathrm{T}}=\boldsymbol{B}^{\mathrm{T}}\boldsymbol{A}^{\mathrm{T}}$.

矩阵的转置满足以下规律.

(1) $(\boldsymbol{A}^{\mathrm{T}})^{\mathrm{T}}=\boldsymbol{A}$.

(2) $(\boldsymbol{A}+\boldsymbol{B})^{\mathrm{T}}=\boldsymbol{A}^{\mathrm{T}}+\boldsymbol{B}^{\mathrm{T}}$.

(3) $(k\boldsymbol{A})^{\mathrm{T}}=k\boldsymbol{A}^{\mathrm{T}}, k$ 是一个数.

(4) $(\boldsymbol{AB})^{\mathrm{T}}=\boldsymbol{B}^{\mathrm{T}}\boldsymbol{A}^{\mathrm{T}}$.

设 $\boldsymbol{A}=(a_{ij})_{m\times s}, \boldsymbol{B}=(b_{ij})_{s\times n}, \boldsymbol{C}=\boldsymbol{AB}=(c_{ij})_{m\times n}, \boldsymbol{D}=\boldsymbol{B}^{\mathrm{T}}\boldsymbol{A}^{\mathrm{T}}=(d_{ij})_{n\times m}$. 由于

$$c_{ji}=\sum_{k=1}^{s}a_{jk}b_{ki}=\sum_{k=1}^{s}b_{ki}a_{jk}.$$

$\boldsymbol{B}^{\mathrm{T}}$ 的第 $i$ 行为 $(b_{1i}, b_{2i}, \cdots, b_{si})$, $\boldsymbol{A}^{\mathrm{T}}$ 的第 $j$ 列为 $(a_{j1}, a_{j2}, \cdots, a_{js})^{\mathrm{T}}$, 因此,

$$d_{ij}=\sum_{k=1}^{s}b_{ki}a_{jk}=c_{ji}\quad (i=1,2,\cdots,n; j=1,2,\cdots,m).$$

所以 $(\boldsymbol{AB})^{\mathrm{T}}=\boldsymbol{B}^{\mathrm{T}}\boldsymbol{A}^{\mathrm{T}}$.

根据规律 (4), 即得如下结论.

**结论 1**　$(\boldsymbol{A}_1\boldsymbol{A}_2\cdots\boldsymbol{A}_m)^{\mathrm{T}}=\boldsymbol{A}_m^{\mathrm{T}}\boldsymbol{A}_{m-1}^{\mathrm{T}}\cdots\boldsymbol{A}_2^{\mathrm{T}}\boldsymbol{A}_1^{\mathrm{T}}$;

**结论 2**　若 $\boldsymbol{A}$ 为方阵, 则 $(\boldsymbol{A}^m)^{\mathrm{T}}=(\boldsymbol{A}^{\mathrm{T}})^m$, $m$ 为正整数.

**例 6** (情报检索模型)　因特网上数字图书馆的发展对情报存储和检索提出了更高的要求. 现代情报检索技术构筑在矩阵理论基础上. 通常, 数据库中收集了大量的文件 (书籍), 我们希望从中搜索那些能与特定关键词相匹配的文件. 假如数据库中包括 $n$ 个文件, 而搜索所用的关键词有 $m$ 个, 那么将关键词按字母排序, 我们就可以把数据库表示为 $m\times n$ 矩阵 $\boldsymbol{A}$. 例如, 数据库包含的书名和搜索关键词 (由拼音字母排序) 可用下表表示.

| | 线性代数 | 线性代数与空间解析几何 | 线性代数及应用 |
|---|---|---|---|
| 代数 | 1 | 1 | 1 |
| 几何 | 0 | 1 | 0 |
| 线性 | 1 | 1 | 1 |
| 应用 | 0 | 0 | 1 |

如果读者输入关键词“代数”“几何”, 则数据库搜索矩阵 $\boldsymbol{A}$ 和关键词搜索矩阵 $\boldsymbol{x}$ 分别为

$$\boldsymbol{A}=\begin{pmatrix}1&1&1\\0&1&0\\1&1&1\\0&0&1\end{pmatrix},\quad \boldsymbol{x}=\begin{pmatrix}1\\1\\0\\0\end{pmatrix}.$$

搜索结果可以表示为 $\boldsymbol{y}=\boldsymbol{A}^{\mathrm{T}}\boldsymbol{x}=\begin{pmatrix}1\\2\\1\end{pmatrix}$. 这里 $\boldsymbol{y}$ 的各个分量表示各书与搜索矩阵

的匹配程度. 因为 $\boldsymbol{y}$ 的第 2 个分量为 2, 所以第二本书的书名包含所有关键词, 故在搜索结果中排在最前面.

4. **矩阵的共轭**

复矩阵还有一种运算 ——**共轭**运算. 设 $\boldsymbol{A}=(a_{ij})_{m\times n}$ 是一复矩阵, 则 $\boldsymbol{A}$ 的共轭矩阵 $\overline{\boldsymbol{A}}$ 仍然是复矩阵, 且

$$\overline{\boldsymbol{A}}=(\overline{a}_{ij})_{m\times n}.$$

共轭矩阵满足以下运算法则:

(1) $\overline{\boldsymbol{A}+\boldsymbol{B}}=\overline{\boldsymbol{A}}+\overline{\boldsymbol{B}}$;

(2) $\overline{c\boldsymbol{A}}=\overline{c}\overline{\boldsymbol{A}}$;

(3) $\overline{\boldsymbol{AB}}=\overline{\boldsymbol{A}}\,\overline{\boldsymbol{B}}$;

(4) $\overline{\boldsymbol{A}^{\mathrm{T}}}=(\overline{\boldsymbol{A}})^{\mathrm{T}}$.

这里需要说明的是, 在矩阵运算中, 从形式上看, 加法、减法、数乘、转置和共轭等运算容易理解和接受, 但矩阵的乘法却是一种不常见的规则, 况且矩阵乘法不满足交换律、消去律, 并不是所有矩阵都可以相乘, 即使是同型矩阵也未必可以相乘. 但矩阵乘法的定义有其自然性和科学性, 并非数学家刻意所为. 例如,3 家商店 $S_j(j=1,2,3)$ 销售 4 种商品 $F_i(i=1,2,3,4)$, 每单位售价的价格矩阵为

$$\boldsymbol{A}=\begin{matrix} \\ S_1\\ S_2\\ S_3\end{matrix}\begin{matrix} F_1 & F_2 & F_3 & F_4\\ \left(\begin{matrix}17\\15\\18\end{matrix}\right.&\begin{matrix}7\\9\\8\end{matrix}&\begin{matrix}11\\13\\15\end{matrix}&\left.\begin{matrix}21\\19\\19\end{matrix}\right)\end{matrix}$$(每 1 行的元素表示每家商店 4 种商品的单位售价),

若某人欲在 3 家商店分别购买 $F_j$ 商品 $x_j$ $(j=1,2,3,4)$ 单位, 应付给 3 家商店的金额为

$$\boldsymbol{A}\begin{pmatrix}x_1\\x_2\\x_3\\x_4\end{pmatrix}=\begin{pmatrix}17x_1+7x_2+11x_3+21x_4\\15x_1+9x_2+13x_3+19x_4\\18x_1+8x_2+15x_3+19x_4\end{pmatrix}.$$

当然, 并不是说不能再有矩阵乘积的其他定义形式. 例如, 对于两个 $m\times n$ 同型矩阵 $\boldsymbol{A},\boldsymbol{B}$, 可以定义 Hadamard(阿达马) 积:

$$\boldsymbol{A}_{m\times n}\circ\boldsymbol{B}_{m\times n}=(a_{ij}b_{ij})_{m\times n}.$$

对于一般矩阵 $\boldsymbol{A}_{m\times n},\boldsymbol{B}_{p\times q}$, 还可以定义 Kronecker(克罗内克) 积:

$$A \otimes B = \begin{pmatrix} a_{11}B & a_{12}B & \cdots & a_{1n}B \\ a_{21}B & a_{22}B & \cdots & a_{2n}B \\ \vdots & \vdots & & \vdots \\ a_{m1}B & a_{m2}B & \cdots & a_{mn}B \end{pmatrix}_{mp\times nq}.$$

这些乘积形式同样具有丰富的结构、有趣的结果和有效的应用. Kronecker 积在张量代数、统计的正交设计、信号传输预处理、自动控制和图像处理等工程领域都有广泛的应用.

### 3.1.3　矩阵乘积的行列式与秩

对于 $n$ 阶方阵 $A=(a_{ij})$, $|A|$ 为其对应的行列式, 且

$$r(A)=n \Longleftrightarrow |A|\neq 0;\quad r(A)<n \Longleftrightarrow |A|=0.$$

这里我们讨论矩阵乘积的行列式与秩、矩阵方幂的行列式等.

**定理 1**　设 $A, B$ 为 $n$ 阶方阵, 则成立以下公式:

(1) $|tA|=t^n|A|$, $t$ 是一个数.

(2) $|AB|=|A||B|=|B||A|=|BA|$.

(3) $|A_1A_2\cdots A_m|=|A_1||A_2|\cdots|A_m|$, $A_i\ (i=1,2,\cdots,m)$ 为方阵.

(4) $|A^m|=|A|^m$.

由矩阵数乘的定义和行列式的性质, (1) 是显然的. (3) 是 (2) 的一个直接结论, (4) 是 (3) 的直接结论. 因此下面只证明 (2).

构造一个 $2n$ 阶行列式 $D=\begin{vmatrix} A & O \\ -E & B \end{vmatrix}$, 显然 $D=|A||B|$. 另一方面, 对 $D$, 将第 $n+1$ 行的 $a_{11}$ 倍, 第 $n+2$ 行的 $a_{12}$ 倍, $\cdots$, 第 $2n$ 行的 $a_{1n}$ 倍加到第 1 行, 得到

$$D=\begin{vmatrix} 0 & \cdots & 0 & c_{11} & \cdots & c_{1n} \\ a_{21} & \cdots & a_{2n} & 0 & \cdots & 0 \\ \vdots & & \vdots & \vdots & & \vdots \\ a_{n1} & \cdots & a_{nn} & 0 & \cdots & 0 \\ & -E & & & B & \end{vmatrix}.$$

再依次将第 $n+1$ 行的 $a_{k1}$ 倍, 第 $n+2$ 行的 $a_{k2}$ 倍, $\cdots$, 第 $2n$ 行的 $a_{kn}$ 倍加到第 $k$ 行, 即得

$$D=\begin{vmatrix} O & C \\ -E & B \end{vmatrix}=(-1)^{(1+2+\cdots+n)+(n+1+n+2+\cdots+2n)}|C||-E|=(-1)^{n^2+n}|C|=|C|.$$

这里 $\boldsymbol{C}=\boldsymbol{AB}=(c_{ij}), c_{ij}=a_{i1}b_{1j}+a_{i2}b_{2j}+\cdots+a_{in}b_{nj}\ (i,j=1,2,\cdots,n)$.

**例 7** 计算下列各题.

(1) 计算行列式 $D=\begin{vmatrix} x & y & -z & w \\ y & -x & -w & -z \\ z & -w & x & y \\ w & z & y & -x \end{vmatrix}$;

(2) 设 $n\geqslant 3, \boldsymbol{A}=\begin{pmatrix} 1+x_1y_1 & 1+x_1y_2 & \cdots & 1+x_1y_n \\ 1+x_2y_1 & 1+x_2y_2 & \cdots & 1+x_2y_n \\ \vdots & \vdots & & \vdots \\ 1+x_ny_1 & 1+x_ny_2 & \cdots & 1+x_ny_n \end{pmatrix}$, 计算 $|\boldsymbol{A}|$.

**解** (1) 设该行列式的矩阵为 $\boldsymbol{A}$, 即 $D=|\boldsymbol{A}|$, 则

$$\boldsymbol{AA}^{\mathrm{T}}=\begin{pmatrix} x & y & -z & w \\ y & -x & -w & -z \\ z & -w & x & y \\ w & z & y & -x \end{pmatrix}\begin{pmatrix} x & y & z & w \\ y & -x & -w & z \\ -z & -w & x & y \\ w & -z & y & -x \end{pmatrix}=\begin{pmatrix} u & & & \\ & u & & \\ & & u & \\ & & & u \end{pmatrix},$$

其中 $u=x^2+y^2+z^2+w^2$. 于是 $|\boldsymbol{A}|^2=|\boldsymbol{AA}^{\mathrm{T}}|=u^4$. 令 $x=1, y=z=w=0$, 显然 $|\boldsymbol{A}|=1$, 故

$$D=(x^2+y^2+z^2+w^2)^2.$$

(2) 注意到 $\boldsymbol{A}=\begin{pmatrix} 1 & x_1 & 0 & \cdots & 0 \\ 1 & x_2 & 0 & \cdots & 0 \\ \vdots & \vdots & \vdots & & \vdots \\ 1 & x_n & 0 & \cdots & 0 \end{pmatrix}\begin{pmatrix} 1 & 1 & \cdots & 1 \\ y_1 & y_2 & \cdots & y_n \\ 0 & 0 & \cdots & 0 \\ \vdots & \vdots & & \vdots \\ 0 & 0 & \cdots & 0 \end{pmatrix}$, 因此 $|\boldsymbol{A}|=0$.

关于矩阵乘积的秩, 有如下定理.

**定理 2** 设 $\boldsymbol{A}_{n\times m}, \boldsymbol{B}_{m\times s}$, 则 $r(\boldsymbol{AB})\leqslant\min(r(\boldsymbol{A}), r(\boldsymbol{B}))$.

**证明** 设 $\boldsymbol{A}=(a_{ij})_{n\times m}, \boldsymbol{B}=(b_{ij})_{m\times s}$,

$$\boldsymbol{B}=(\boldsymbol{B}_1,\boldsymbol{B}_2,\cdots,\boldsymbol{B}_m)^{\mathrm{T}},\quad \boldsymbol{C}=\boldsymbol{AB}=(\boldsymbol{C}_1,\boldsymbol{C}_2,\cdots,\boldsymbol{C}_n)^{\mathrm{T}},$$

直接计算, 有 $\boldsymbol{C}_i=a_{i1}\boldsymbol{B}_1+a_{i2}\boldsymbol{B}_2+\cdots+a_{im}\boldsymbol{B}_m\ (i=1,2,\cdots,n)$, 即矩阵 $\boldsymbol{AB}$ 的行向量组 $\boldsymbol{C}_1,\boldsymbol{C}_2,\cdots,\boldsymbol{C}_n$ 可由 $\boldsymbol{B}$ 的行向量线性表示, 因此 $r(\boldsymbol{AB})\leqslant r(\boldsymbol{B})$.

同理可证 $r(\boldsymbol{AB})\leqslant r(\boldsymbol{A})$. 由此即证.

根据该定理, 即有如下推论.

**推论 1** 如果 $\boldsymbol{A}=\boldsymbol{A}_1\boldsymbol{A}_2\cdots\boldsymbol{A}_t$, 则 $r(\boldsymbol{A})\leqslant\min(r(\boldsymbol{A}_1),r(\boldsymbol{A}_2),\cdots,r(\boldsymbol{A}_t))$.

设 $\boldsymbol{A}$ 为 $n$ 阶矩阵, 如果 $r(\boldsymbol{A})=n$, 称矩阵 $\boldsymbol{A}$ 为**满秩矩阵**, 否则称为**降秩矩阵**. 对于 $\boldsymbol{A}_{m\times n}$, 如果 $r(\boldsymbol{A})=m$, 则称矩阵 $\boldsymbol{A}$**行满秩**; 如果 $r(\boldsymbol{A})=n$, 则称矩阵 $\boldsymbol{A}$**列满秩**.

**例 8** 证明下列各题.

(1) 若 $\boldsymbol{A}$ 是 $s\times n$ 矩阵, $\boldsymbol{B}$ 是 $n\times t$ 矩阵, 且 $\boldsymbol{AB}=\boldsymbol{O}$, 则 $r(\boldsymbol{A})+r(\boldsymbol{B})\leqslant n$;

(2) 证明 $r(\boldsymbol{A}+\boldsymbol{B})\leqslant r(\boldsymbol{A})+r(\boldsymbol{B})$, 其中 $\boldsymbol{A},\boldsymbol{B}$ 为同型矩阵;

(3) 设 $\boldsymbol{A}_{m\times n},\boldsymbol{B}_{n\times s}$, 则 $r(\boldsymbol{AB})\geqslant r(\boldsymbol{A})+r(\boldsymbol{B})-n$.

**证明** (1) 设 $\boldsymbol{B}=(\boldsymbol{\beta}_1,\boldsymbol{\beta}_2,\cdots,\boldsymbol{\beta}_t)$, 由 $\boldsymbol{AB}=\boldsymbol{O}$ 知 $\boldsymbol{\beta}_1,\boldsymbol{\beta}_2,\cdots,\boldsymbol{\beta}_t$ 是线性方程组 $\boldsymbol{Ax}=\boldsymbol{0}$ 的解. 因此, $r(\boldsymbol{B})=r(\boldsymbol{\beta}_1,\boldsymbol{\beta}_2,\cdots,\boldsymbol{\beta}_t)$ 不超过该方程组基础解系中所含线性无关向量的个数 $n-r(\boldsymbol{A})$. 即证.

(2) 设 $\boldsymbol{A}=(\boldsymbol{\alpha}_1,\boldsymbol{\alpha}_2,\cdots,\boldsymbol{\alpha}_n),\boldsymbol{B}=(\boldsymbol{\beta}_1,\boldsymbol{\beta}_2,\cdots,\boldsymbol{\beta}_n)$, 不妨令 $\boldsymbol{\alpha}_1,\boldsymbol{\alpha}_2,\cdots,\boldsymbol{\alpha}_{r_1};\boldsymbol{\beta}_1,\boldsymbol{\beta}_2,\cdots,\boldsymbol{\beta}_{r_2}$ 分别是 $\boldsymbol{A},\boldsymbol{B}$ 列向量组的极大线性无关组, 则有

$$\boldsymbol{\alpha}_i=k_{i1}\boldsymbol{\alpha}_1+k_{i2}\boldsymbol{\alpha}_2+\cdots+k_{ir_1}\boldsymbol{\alpha}_{r_1};\quad \boldsymbol{\beta}_i=t_{i1}\boldsymbol{\beta}_1+t_{i2}\boldsymbol{\beta}_2+\cdots+t_{ir_2}\boldsymbol{\beta}_{r_2},\quad i=1,2,\cdots,n.$$

因此, $\boldsymbol{A}+\boldsymbol{B}$ 的列向量 $\boldsymbol{\alpha}_i+\boldsymbol{\beta}_i$ 可表示为

$$\boldsymbol{\alpha}_i+\boldsymbol{\beta}_i=k_{i1}\boldsymbol{\alpha}_1+k_{i2}\boldsymbol{\alpha}_2+\cdots+k_{ir_1}\boldsymbol{\alpha}_{r_1}+t_{i1}\boldsymbol{\beta}_1+t_{i2}\boldsymbol{\beta}_2+\cdots+t_{ir_2}\boldsymbol{\beta}_{r_2},$$

也就是说, $\boldsymbol{A}+\boldsymbol{B}$ 的列向量组可由 $\boldsymbol{\alpha}_1,\boldsymbol{\alpha}_2,\cdots,\boldsymbol{\alpha}_{r_1},\boldsymbol{\beta}_1,\boldsymbol{\beta}_2,\cdots,\boldsymbol{\beta}_{r_2}$ 线性表示, 于是

$$r(\boldsymbol{A}+\boldsymbol{B})\leqslant r_1+r_2=r(\boldsymbol{A})+r(\boldsymbol{B}).$$

(3) 设 $\boldsymbol{B}=(\boldsymbol{\beta}_1,\boldsymbol{\beta}_2,\cdots,\boldsymbol{\beta}_s),\boldsymbol{C}=\boldsymbol{AB}=(\boldsymbol{c}_1,\boldsymbol{c}_2,\cdots,\boldsymbol{c}_s)$, 那么

$$\boldsymbol{A\beta}_i=\boldsymbol{c}_i\quad(i=1,2,\cdots,s).$$

设 $\boldsymbol{c}_{i_1},\boldsymbol{c}_{i_2},\cdots,\boldsymbol{c}_{i_r}$ 为 $\boldsymbol{c}_1,\boldsymbol{c}_2,\cdots,\boldsymbol{c}_s$ 的极大线性无关组, 则 $r(\boldsymbol{C})=r(\boldsymbol{AB})=r$, 且对任意向量 $\boldsymbol{c}_i$, 有

$$\boldsymbol{c}_i=k_1\boldsymbol{c}_{i_1}+k_2\boldsymbol{c}_{i_2}+\cdots+k_r\boldsymbol{c}_{i_r}.$$

于是

$$\begin{aligned}\boldsymbol{A}(k_1\boldsymbol{\beta}_{i_1}+k_2\boldsymbol{\beta}_{i_2}+\cdots+k_r\boldsymbol{\beta}_{i_r})&=k_1\boldsymbol{A\beta}_{i_1}+k_2\boldsymbol{A\beta}_{i_2}+\cdots+k_r\boldsymbol{A\beta}_{i_r}\\&=k_1\boldsymbol{c}_{i_1}+k_2\boldsymbol{c}_{i_2}+\cdots+k_r\boldsymbol{c}_{i_r}=\boldsymbol{c}_i.\end{aligned}$$

也就是说, 方程组 $\boldsymbol{Ax}=\boldsymbol{c}_i$ 有两个特解:$\boldsymbol{\alpha}_1=\boldsymbol{\beta}_i$ 和 $\boldsymbol{\alpha}_2=k_1\boldsymbol{\beta}_{i_1}+k_2\boldsymbol{\beta}_{i_2}+\cdots+k_r\boldsymbol{\beta}_{i_r}$.

设对应齐次方程组 $\boldsymbol{Ax}=\boldsymbol{0}$ 的一个基础解系为

$$\boldsymbol{\eta}_1,\boldsymbol{\eta}_2,\cdots,\boldsymbol{\eta}_t\quad(t=n-r(\boldsymbol{A})),$$

则 $\boldsymbol{Ax}=\boldsymbol{c}_i$ 的解 $\boldsymbol{\alpha}_1$ 可表示为

$$\boldsymbol{\alpha}_1=\boldsymbol{\beta}_i=a_1\boldsymbol{\eta}_1+a_2\boldsymbol{\eta}_2+\cdots+a_t\boldsymbol{\eta}_t+\boldsymbol{\alpha}_2.$$

于是, 向量组 $\boldsymbol{\beta}_1,\boldsymbol{\beta}_2,\cdots,\boldsymbol{\beta}_s$ 可由向量组 $\boldsymbol{\eta}_1,\boldsymbol{\eta}_2,\cdots,\boldsymbol{\eta}_t,\boldsymbol{\beta}_{i_1},\cdots,\boldsymbol{\beta}_{i_r}$ 线性表示, 因此

$$r(\boldsymbol{B})\leqslant r+t=r(\boldsymbol{C})+n-r(\boldsymbol{A}).$$

故结论成立.

**例 9** 已知 $n$ 阶矩阵 $\boldsymbol{A}$ 满足 $\boldsymbol{A}^2=\boldsymbol{A}$, 证明 $r(\boldsymbol{A})+r(\boldsymbol{E}-\boldsymbol{A})=n$.

**证明** 由 $\boldsymbol{A}^2=\boldsymbol{A}$ 得 $\boldsymbol{A}(\boldsymbol{E}-\boldsymbol{A})=\boldsymbol{O}$. 因此 $r(\boldsymbol{A})+r(\boldsymbol{E}-\boldsymbol{A})\leqslant n$. 另一方面,

$$r(\boldsymbol{A})+r(\boldsymbol{E}-\boldsymbol{A})\geqslant r(\boldsymbol{A}+(\boldsymbol{E}-\boldsymbol{A}))=r(\boldsymbol{E})=n.$$

因此, 结论成立.

## 习 题 3.1

1. 已知矩阵 $\boldsymbol{A}=\begin{pmatrix}1&1&1\\1&1&-1\\1&-1&1\end{pmatrix},\boldsymbol{B}=\begin{pmatrix}1&2&3\\-2&-1&0\\5&1&0\end{pmatrix}$. 求 $3\boldsymbol{AB}-2\boldsymbol{A}$ 与 $\boldsymbol{A}^{\mathrm{T}}\boldsymbol{B}$.

2. 求所有与 $\boldsymbol{A}$ 可交换的矩阵.

(1) $\boldsymbol{A}=\begin{pmatrix}1&1&0\\0&1&1\\0&0&1\end{pmatrix}$; (2) $\boldsymbol{A}=\begin{pmatrix}1&0&0\\0&1&2\\3&1&2\end{pmatrix}$.

3. 计算下列方阵的幂 ($n$ 为正整数).

(1) $\boldsymbol{A}=\begin{pmatrix}1&1&1&1\\0&1&1&1\\0&0&1&1\\0&0&0&1\end{pmatrix}^3$; (2) $\boldsymbol{A}=\begin{pmatrix}1&-1&-1&-1\\-1&1&-1&-1\\-1&-1&1&-1\\-1&-1&-1&1\end{pmatrix}^n$.

4. 对任意 $m\times n$ 矩阵 $\boldsymbol{A}$, 证明 $\boldsymbol{AA}^{\mathrm{T}}$ 为对称矩阵; 若 $\boldsymbol{A}$ 为实矩阵, 且 $\boldsymbol{AA}^{\mathrm{T}}=\boldsymbol{O}$, 则 $\boldsymbol{A}=\boldsymbol{O}$.

5. 设 $\boldsymbol{A},\boldsymbol{B}$ 为 $n$ 阶对称矩阵, 证明 $\boldsymbol{AB}$ 为对称矩阵当且仅当 $\boldsymbol{A}$ 与 $\boldsymbol{B}$ 可交换.

6. 设 4 阶矩阵 $\boldsymbol{A}=(\boldsymbol{\alpha},\boldsymbol{\eta}_1,\boldsymbol{\eta}_2,\boldsymbol{\eta}_3),\boldsymbol{B}=(\boldsymbol{\beta},\boldsymbol{\eta}_1,\boldsymbol{\eta}_2,\boldsymbol{\eta}_3)$, 其中 $\boldsymbol{\alpha},\boldsymbol{\beta},\boldsymbol{\eta}_1,\boldsymbol{\eta}_2,\boldsymbol{\eta}_3$ 都是 4 维列向量. 若 $|\boldsymbol{A}|=4,|\boldsymbol{B}|=1$, 求 $|\boldsymbol{A}+\boldsymbol{B}|$.

7. 设 $\boldsymbol{\alpha}_1,\boldsymbol{\alpha}_2,\boldsymbol{\alpha}_3$ 为 3 维列向量, $\boldsymbol{A}=(\boldsymbol{\alpha}_1,\boldsymbol{\alpha}_2,\boldsymbol{\alpha}_3),\boldsymbol{B}=(\boldsymbol{\alpha}_1+\boldsymbol{\alpha}_2,\boldsymbol{\alpha}_2+\boldsymbol{\alpha}_3,\boldsymbol{\alpha}_3+\boldsymbol{\alpha}_1)$. 已知 $|\boldsymbol{A}|=1$, 求 $|\boldsymbol{B}|$.

8. 如果 $\boldsymbol{A}=\frac{1}{2}(\boldsymbol{B}+\boldsymbol{E})$, 证明 $\boldsymbol{A}^2=\boldsymbol{A}$ 当且仅当 $\boldsymbol{B}^2=\boldsymbol{E}$.

9. 对 $n$ 阶矩阵 $\boldsymbol{A}$, 证明存在非零方阵 $\boldsymbol{B}$, 使得 $\boldsymbol{AB}=\boldsymbol{O}$ 的充分必要条件为 $|\boldsymbol{A}|=0$.

10. 设 $\boldsymbol{B}$ 为 $r$ 阶矩阵, $\boldsymbol{C}$ 为 $r\times n$ 矩阵, 且 $r(\boldsymbol{C})=r$. 证明:

(1) 如果 $\boldsymbol{BC}=\boldsymbol{O}$, 那么 $\boldsymbol{B}=\boldsymbol{O}$;

(2) 如果 $\boldsymbol{BC}=\boldsymbol{C}$, 那么 $\boldsymbol{B}=\boldsymbol{E}$.

11. 设 $n$ 阶矩阵 $\boldsymbol{A}$ 的秩为 1, 证明 $\boldsymbol{A}=\begin{pmatrix}a_1\\a_2\\\vdots\\a_n\end{pmatrix}(b_1,b_2,\cdots,b_n)$, 且 $\boldsymbol{A}^2=k\boldsymbol{A}$.

12. 设 $\boldsymbol{A}_1,\boldsymbol{A}_2,\cdots,\boldsymbol{A}_k$ 为 $n$ 阶方阵, 且 $\boldsymbol{A}_1\boldsymbol{A}_2\cdots\boldsymbol{A}_k=\boldsymbol{O}$. 证明

$$r(\boldsymbol{A}_1)+r(\boldsymbol{A}_2)+\cdots+r(\boldsymbol{A}_k)\leqslant(k-1)n.$$

13. 已知 $\boldsymbol{A}=\begin{pmatrix}1&0&0\\1&0&1\\0&1&0\end{pmatrix}$. 当 $n\geqslant 3$ 时, 证明 $\boldsymbol{A}^n=\boldsymbol{A}^{n-2}+\boldsymbol{A}^2-\boldsymbol{E}$, 并求 $\boldsymbol{A}^{100}$.

14. 设 $\boldsymbol{A}=\begin{pmatrix}a&b\\0&c\end{pmatrix}$, 其中 $a,b,c$ 为实数, 试求 $a,b,c$ 的一切可能值, 使得 $\boldsymbol{A}^{100}=\boldsymbol{E}$.

15. 证明矩阵 $\boldsymbol{A}=\begin{pmatrix}a&b\\c&d\end{pmatrix}$ 满足 $x^2-(a+d)x+ad-bc=0$.

## 3.2 方阵的逆

矩阵有除法运算吗? 如果有除法运算, 如何定义? 因为矩阵是一个数表, 对于两个矩阵 $\boldsymbol{A},\boldsymbol{B}$, 即便 $\boldsymbol{A}$ 是非零矩阵, 讲 $\dfrac{\boldsymbol{B}}{\boldsymbol{A}}$ 也是没有任何意义的. 那么如何定义矩阵“除法”? 矩阵除法有什么样的具体要求或特点?

### 3.2.1 方阵逆的定义

对一个非零数 $a$, 相仿于 $a^{-1}a=aa^{-1}=1$, 对于非零矩阵 $\boldsymbol{A}$, 是否也有

$$\boldsymbol{A}^{-1}\boldsymbol{A}=\boldsymbol{A}\boldsymbol{A}^{-1}=\boldsymbol{E}?$$

**定义 7** $n$ 阶方阵 $\boldsymbol{A}$ 是**可逆的**, 如果存在 $n$ 阶方阵 $\boldsymbol{B}$, 使得

$$\boldsymbol{AB}=\boldsymbol{BA}=\boldsymbol{E}. \tag{1}$$

矩阵 $\boldsymbol{B}$ 称为矩阵 $\boldsymbol{A}$ 的逆矩阵, 记为 $\boldsymbol{A}^{-1}=\boldsymbol{B}$. 当然, 矩阵 $\boldsymbol{A}$ 也称为矩阵 $\boldsymbol{B}$ 的逆矩阵, 即 $\boldsymbol{B}^{-1}=\boldsymbol{A}$.

**例 10** 设 $\boldsymbol{A}=\begin{pmatrix}1&2\\3&5\end{pmatrix}$, 问 $\boldsymbol{A}$ 是否可逆? 若可逆, 求出其逆矩阵.

**解** 设 $\boldsymbol{B}=\begin{pmatrix}a&b\\c&d\end{pmatrix}$ 是 $\boldsymbol{A}$ 的逆矩阵, 则由 $\boldsymbol{AB}=\boldsymbol{E}$ 可知

$$\begin{pmatrix}a+2c&b+2d\\3a+5c&3b+5d\end{pmatrix}=\begin{pmatrix}1&0\\0&1\end{pmatrix}.$$

于是 $a+2c=1, b+2d=0, 3a+5c=0, 3b+5d=1$, 解得 $a=-5, b=2, c=3, d=-1$, 即

$$\boldsymbol{B}=\begin{pmatrix}-5&2\\3&-1\end{pmatrix}.$$

容易验证 $\boldsymbol{BA}=\boldsymbol{E}$ 也成立, 由定义 7 可知 $\boldsymbol{A}$ 是可逆的, 且矩阵 $\boldsymbol{B}$ 是 $\boldsymbol{A}$ 的逆矩阵.

**例 11** 设 $\boldsymbol{A}=\begin{pmatrix}1&1\\0&0\end{pmatrix}$, 问 $\boldsymbol{A}$ 是否可逆?

**解** 对任意 $\boldsymbol{B}=(b_{ij})$, 由 $\boldsymbol{AB}=\begin{pmatrix}b_{11}+b_{21}&b_{12}+b_{22}\\0&0\end{pmatrix}$, 不可能满足 $\boldsymbol{AB}=\boldsymbol{E}$. 因此矩阵 $\boldsymbol{A}$ 不可逆.

在以上例子中, 求 $\boldsymbol{A}$ 逆矩阵的方法称为**待定系数法**. 必须指出, 当矩阵阶数较高时, 用此方法求逆矩阵, 计算量是很大的.

根据定义 7, 有以下几点需要注意:

(1) 并非每一个方阵都可逆 (即便非零矩阵), 只有满足 (1) 式的方阵才可逆.

(2) 如果方阵 $\boldsymbol{A}$ 可逆, 则 $|\boldsymbol{A}|\neq 0$. 因由 (1) 式知 $|\boldsymbol{A}||\boldsymbol{B}|=|\boldsymbol{E}|=1\neq 0$, 从而 $|\boldsymbol{A}|\neq 0$.

(3) 如果方阵 $\boldsymbol{A}$ 可逆, 则 $\boldsymbol{A}^{-1}\boldsymbol{A}=\boldsymbol{AA}^{-1}=\boldsymbol{E}$. 由此, 可逆矩阵 $\boldsymbol{A}$ 满足 $|\boldsymbol{A}^{-1}|=\dfrac{1}{|\boldsymbol{A}|}$.

(4) 显然单位矩阵 $\boldsymbol{E}$ 是可逆的, 且 $\boldsymbol{E}^{-1}=\boldsymbol{E}$.

(5) 零矩阵一定不可逆.

(6) 如果矩阵 $\boldsymbol{A}$ 可逆, 则逆矩阵唯一.

事实上, 设 $\boldsymbol{B},\boldsymbol{C}$ 都是可逆方阵 $\boldsymbol{A}$ 的逆矩阵, 即 $\boldsymbol{AB}=\boldsymbol{BA}=\boldsymbol{E}, \boldsymbol{AC}=\boldsymbol{CA}=\boldsymbol{E}$. 那么, 有

$$\boldsymbol{B}=\boldsymbol{BE}=\boldsymbol{B}(\boldsymbol{AC})=(\boldsymbol{BA})\boldsymbol{C}=\boldsymbol{EC}=\boldsymbol{C}.$$

接下来要解决两个问题: 一是如何判定方阵 $\boldsymbol{A}$ 的可逆性? 如何求方阵的逆? 二是可逆矩阵的运算性质有哪些?

### 3.2.2　可逆矩阵的判定与计算

1. 矩阵可逆的充分必要条件

利用定义 7 判定矩阵 $\boldsymbol{A}$ 是否可逆是困难的, 计算 $\boldsymbol{A}^{-1}$ 也是比较困难的. 为解决此问题, 引入伴随矩阵的概念.

**定义 8**　设 $\boldsymbol{A}=(a_{ij})_{n\times n}\ (i,j=1,2,\cdots,n)$, $A_{ij}$ 是行列式 $|\boldsymbol{A}|$ 中元素 $a_{ij}$ 的代数余子式, 则 $n$ 阶方阵

$$\begin{pmatrix} A_{11} & A_{21} & \cdots & A_{n1} \\ A_{12} & A_{22} & \cdots & A_{n2} \\ \vdots & \vdots & & \vdots \\ A_{1n} & A_{2n} & \cdots & A_{nn} \end{pmatrix}$$

称为矩阵 $\boldsymbol{A}$ 的**伴随矩阵**, 记为 $\boldsymbol{A}^*$.

根据定义 8, 显然, 可得到以下结论:

(1) 单位矩阵 $\boldsymbol{E}$ 的伴随矩阵仍然为 $\boldsymbol{E}$, 即 $\boldsymbol{E}^*=\boldsymbol{E}$;

(2) $(\boldsymbol{A}+\boldsymbol{B})^*\neq\boldsymbol{A}^*+\boldsymbol{B}^*$;

(3) $(\boldsymbol{A}^*)^{\mathrm{T}}=(\boldsymbol{A}^{\mathrm{T}})^*$.

根据伴随矩阵的定义和行列式展开性质, 容易证明 $\boldsymbol{A}^*$ 满足如下公式 (该公式是关于伴随矩阵的一个非常基本的公式):

$$\boldsymbol{A}\boldsymbol{A}^*=\boldsymbol{A}^*\boldsymbol{A}=|\boldsymbol{A}|\boldsymbol{E}. \tag{2}$$

由式 (2), 容易发现, 如果 $|\boldsymbol{A}|\neq 0$, 则

$$\boldsymbol{A}\left(\frac{1}{|\boldsymbol{A}|}\boldsymbol{A}^*\right)=\left(\frac{1}{|\boldsymbol{A}|}\boldsymbol{A}^*\right)\boldsymbol{A}=\boldsymbol{E}.$$

故由逆矩阵定义知, 此时矩阵 $\boldsymbol{A}$ 是可逆的, 且

$$\boldsymbol{A}^{-1}=\frac{1}{|\boldsymbol{A}|}\boldsymbol{A}^*,\quad (\boldsymbol{A}^*)^{-1}=\frac{1}{|\boldsymbol{A}|}\boldsymbol{A}. \tag{3}$$

另一方面, 如果矩阵 $\boldsymbol{A}$ 可逆, 由式 (1) 知 $|\boldsymbol{A}|\neq 0$. 由此, 得出如下定理.

**定理 3**　方阵 $\boldsymbol{A}$ 可逆的充分必要条件为 $|\boldsymbol{A}|\neq 0$, 且此时 $\boldsymbol{A}^{-1}$ 由式 (3) 给出.

**例 12**　已知 $\boldsymbol{A}=\begin{pmatrix} 1 & 2 & 1 \\ 1 & 0 & 2 \\ -1 & 3 & 0 \end{pmatrix}$, 求 $\boldsymbol{A}^{-1}$.

**解** 直接计算矩阵 $\boldsymbol{A}$ 的伴随矩阵 $\boldsymbol{A}^*=\begin{pmatrix}-6&3&4\\-2&1&-1\\3&-5&-2\end{pmatrix}$. 另一方面, 由于 $|\boldsymbol{A}|=-7$, 因此, $\boldsymbol{A}^{-1}=-\dfrac{1}{7}\begin{pmatrix}-6&3&4\\-2&1&-1\\3&-5&-2\end{pmatrix}$.

上例利用式 (3) 求 $\boldsymbol{A}^{-1}$ 的方法称为**伴随矩阵法**. 它对于求阶数较低或较特殊的一些矩阵的逆矩阵比较有用. 但对于阶数较高的矩阵, 这种方法一般很难使用. 所以, 还需要探讨求逆矩阵的其他方法.

我们知道, $n$ 阶矩阵 $\boldsymbol{A}$ 的秩 $r(\boldsymbol{A})=n$ 的充分必要条件为 $|\boldsymbol{A}|\neq 0$, 根据 Cramer 法则和定理 3, 即有如下推论.

**推论 2** $n$ 阶矩阵 $\boldsymbol{A}$ 可逆的充分必要条件为 $r(\boldsymbol{A})=n$.

**推论 3** 设 $\boldsymbol{A}$ 为 $n$ 阶矩阵, 则 $\boldsymbol{A}$ 可逆的充分必要条件为齐次线性方程组 $\boldsymbol{Ax}=\boldsymbol{0}$ 只有零解, 或非齐次线性方程组 $\boldsymbol{Ax}=\boldsymbol{b}$ 有唯一解.

**推论 4** 如果 $n$ 阶矩阵 $\boldsymbol{A},\boldsymbol{B}$ 满足 $\boldsymbol{AB}=\boldsymbol{E}$, 则一定有 $\boldsymbol{BA}=\boldsymbol{E}$, 或者如果 $\boldsymbol{BA}=\boldsymbol{E}$, 则有 $\boldsymbol{AB}=\boldsymbol{E}$.

**证明** 事实上, 由 $\boldsymbol{AB}=\boldsymbol{E}$, 即得 $|\boldsymbol{A}|\neq 0$. 因此由定理 3, 矩阵 $\boldsymbol{A}$ 可逆, 于是有 $\boldsymbol{AA}^{-1}=\boldsymbol{A}^{-1}\boldsymbol{A}=\boldsymbol{E}$. 故

$$\boldsymbol{BA}=\boldsymbol{A}^{-1}\boldsymbol{A}(\boldsymbol{BA})=\boldsymbol{A}^{-1}(\boldsymbol{AB})\boldsymbol{A}=\boldsymbol{A}^{-1}\boldsymbol{EA}=\boldsymbol{E}.$$

同理可证由 $\boldsymbol{BA}=\boldsymbol{E}$ 推出 $\boldsymbol{AB}=\boldsymbol{E}$.

推论 4 说明两点: 一是欲证明矩阵 $\boldsymbol{A}^{-1}=\boldsymbol{B}$ 或 $\boldsymbol{B}^{-1}=\boldsymbol{A}$, 只需证明 $\boldsymbol{AB}=\boldsymbol{E}$ 或 $\boldsymbol{BA}=\boldsymbol{E}$ 即可; 二是给定矩阵等式, 判断矩阵 $\boldsymbol{D}$ 是否可逆或计算 $\boldsymbol{D}^{-1}$, 只需从等式出发, 利用矩阵一些公式推导出 $\boldsymbol{D}\cdot\square=\boldsymbol{E}$ 或 $\square\cdot\boldsymbol{D}=\boldsymbol{E}$, 即有 $\boldsymbol{D}^{-1}=\square$.

**例 13** 设 $n$ 阶方阵 $\boldsymbol{A},\boldsymbol{B}$ 满足 $\boldsymbol{A}+\boldsymbol{B}=\boldsymbol{AB}$. 证明 $\boldsymbol{A}-\boldsymbol{E}$ 可逆, 并求 $(\boldsymbol{A}-\boldsymbol{E})^{-1}$.

**证明** 由 $\boldsymbol{A}+\boldsymbol{B}=\boldsymbol{AB}$ 可得 $(\boldsymbol{A}-\boldsymbol{E})(\boldsymbol{B}-\boldsymbol{E})=\boldsymbol{E}$. 因此, $\boldsymbol{A}-\boldsymbol{E}$ 可逆, 且

$$(\boldsymbol{A}-\boldsymbol{E})^{-1}=\boldsymbol{B}-\boldsymbol{E}.$$

**例 14** 已知方阵 $\boldsymbol{A}$ 满足 $\boldsymbol{A}^3=2\boldsymbol{E}$, 求 $(\boldsymbol{A}+\boldsymbol{E})^{-1}$.

**证明** 由于 $\boldsymbol{A}^3+\boldsymbol{E}=(\boldsymbol{A}+\boldsymbol{E})(\boldsymbol{A}^2-\boldsymbol{A}+\boldsymbol{E})=3\boldsymbol{E}$, 所以

$$(\boldsymbol{A}+\boldsymbol{E})\frac{\boldsymbol{A}^2-\boldsymbol{A}+\boldsymbol{E}}{3}=\boldsymbol{E}.$$

因此, $(\boldsymbol{A}+\boldsymbol{E})^{-1}=\dfrac{\boldsymbol{A}^2-\boldsymbol{A}+\boldsymbol{E}}{3}$.

**例 15**　已知矩阵 $\boldsymbol{A}$ 满足 $\boldsymbol{A}^2=\boldsymbol{A}$, 求 $(\boldsymbol{A}+\boldsymbol{E})^{-1}$.

**解**　由于

$$\boldsymbol{O}=\boldsymbol{A}^2-\boldsymbol{A}=\boldsymbol{A}^2+\boldsymbol{A}-2\boldsymbol{A}-2\boldsymbol{E}+2\boldsymbol{E}=(\boldsymbol{A}-2\boldsymbol{E})(\boldsymbol{A}+\boldsymbol{E})+2\boldsymbol{E},$$

由此即得 $-\dfrac{1}{2}(\boldsymbol{A}-2\boldsymbol{E})(\boldsymbol{A}+\boldsymbol{E})=\boldsymbol{E}$, 从而 $(\boldsymbol{A}+\boldsymbol{E})^{-1}=-\dfrac{1}{2}(\boldsymbol{A}-2\boldsymbol{E})$.

**例 16**　已知 $\boldsymbol{A}=\begin{pmatrix}1&0&0&0\\-2&3&0&0\\0&-4&5&0\\0&0&-6&7\end{pmatrix}$, $\boldsymbol{B}=(\boldsymbol{E}+\boldsymbol{A})^{-1}(\boldsymbol{E}-\boldsymbol{A})$, 求 $(\boldsymbol{B}+\boldsymbol{E})^{-1}$.

**解**　在 $\boldsymbol{B}=(\boldsymbol{E}+\boldsymbol{A})^{-1}(\boldsymbol{E}-\boldsymbol{A})$ 两端左乘 $\boldsymbol{E}+\boldsymbol{A}$, 并移项整理得

$$(\boldsymbol{A}+\boldsymbol{E})(\boldsymbol{B}+\boldsymbol{E})=2\boldsymbol{E}.$$

因此, $(\boldsymbol{B}+\boldsymbol{E})^{-1}=\dfrac{\boldsymbol{A}+\boldsymbol{E}}{2}=\begin{pmatrix}1&0&0&0\\-1&2&0&0\\0&-2&3&0\\0&0&-3&4\end{pmatrix}$.

**例 17**　证明下列各题.

(1) 设 $n$ 阶矩阵 $\boldsymbol{A},\boldsymbol{B}$ 可逆, 证明 $\boldsymbol{E}+\boldsymbol{BA}$ 可逆, 且

$$(\boldsymbol{E}+\boldsymbol{BA})^{-1}=\boldsymbol{E}-\boldsymbol{B}(\boldsymbol{E}+\boldsymbol{AB})^{-1}\boldsymbol{A};$$

(2) 设 $\boldsymbol{A},\boldsymbol{B},\boldsymbol{A}+\boldsymbol{B},\boldsymbol{A}^{-1}+\boldsymbol{B}^{-1}$ 均可逆, 证明 $(\boldsymbol{A}^{-1}+\boldsymbol{B}^{-1})^{-1}=\boldsymbol{A}(\boldsymbol{A}+\boldsymbol{B})^{-1}\boldsymbol{B}$.

**证明**　(1) 由于

$$\boldsymbol{B}(\boldsymbol{E}+\boldsymbol{AB})^{-1}\boldsymbol{A}=(\boldsymbol{A}^{-1}(\boldsymbol{E}+\boldsymbol{AB})\boldsymbol{B}^{-1})^{-1}=(\boldsymbol{A}^{-1}\boldsymbol{B}^{-1}+\boldsymbol{E})^{-1}=\boldsymbol{C}^{-1},$$

因此, $\boldsymbol{C}-\boldsymbol{E}=\boldsymbol{A}^{-1}\boldsymbol{B}^{-1}$,

$$\begin{aligned}&(\boldsymbol{E}+\boldsymbol{BA})(\boldsymbol{E}-\boldsymbol{B}(\boldsymbol{E}+\boldsymbol{AB})^{-1}\boldsymbol{A})=(\boldsymbol{E}+\boldsymbol{BA})(\boldsymbol{CC}^{-1}-\boldsymbol{C}^{-1})\\=&(\boldsymbol{E}+\boldsymbol{BA})(\boldsymbol{C}-\boldsymbol{E})\boldsymbol{C}^{-1}=(\boldsymbol{E}+\boldsymbol{BA})\boldsymbol{A}^{-1}\boldsymbol{B}^{-1}\boldsymbol{C}^{-1}\\=&(\boldsymbol{A}^{-1}\boldsymbol{B}^{-1}+\boldsymbol{BA}(\boldsymbol{A}^{-1}\boldsymbol{B}^{-1}))\boldsymbol{C}^{-1}=\boldsymbol{CC}^{-1}=\boldsymbol{E}.\end{aligned}$$

故结论成立.

(2) 由于

$$(\boldsymbol{A}^{-1}+\boldsymbol{B}^{-1})(\boldsymbol{A}(\boldsymbol{A}+\boldsymbol{B})^{-1}\boldsymbol{B})=((\boldsymbol{A}^{-1}+\boldsymbol{B}^{-1})\boldsymbol{A})((\boldsymbol{A}+\boldsymbol{B})^{-1}\boldsymbol{B})$$

$$= (\boldsymbol{E}+\boldsymbol{B}^{-1}\boldsymbol{A})(\boldsymbol{B}^{-1}(\boldsymbol{A}+\boldsymbol{B}))^{-1} = (\boldsymbol{E}+\boldsymbol{B}^{-1}\boldsymbol{A})(\boldsymbol{B}^{-1}\boldsymbol{A}+\boldsymbol{E})^{-1} = \boldsymbol{E}.$$

因此结论成立.

**例 18** 求下列 $n\ (n>1)$ 阶矩阵的逆.

$$(1)\ \boldsymbol{A}=\begin{pmatrix} 0 & 1 & 1 & \cdots & 1 \\ 1 & 0 & 1 & \cdots & 1 \\ 1 & 1 & 0 & \cdots & 1 \\ \vdots & \vdots & \vdots & & \vdots \\ 1 & 1 & 1 & \cdots & 0 \end{pmatrix};\quad (2)\ \boldsymbol{B}=\begin{pmatrix} 1 & b & b^2 & \cdots & b^{n-1} \\ 0 & 1 & b & \cdots & b^{n-2} \\ \vdots & \vdots & \vdots & & \vdots \\ 0 & 0 & 0 & \cdots & b \\ 0 & 0 & 0 & \cdots & 1 \end{pmatrix}\ (b\neq 0).$$

**解** (1) 设 $\boldsymbol{A}=\boldsymbol{C}-\boldsymbol{E}$, 其中矩阵 $\boldsymbol{C}$ 的元素全为 1, 且 $\boldsymbol{C}^2=n\boldsymbol{C}$. 另一方面, $\boldsymbol{C}^2=(\boldsymbol{A}+\boldsymbol{E})^2$, 计算, 得

$$\boldsymbol{A}^2+(2-n)\boldsymbol{A}=(n-1)\boldsymbol{E}.$$

因此,

$$\boldsymbol{A}^{-1}=\frac{1}{n-1}(\boldsymbol{A}+(2-n)\boldsymbol{E})=\frac{1}{n-1}\begin{pmatrix} 2-n & 1 & 1 & \cdots & 1 \\ 1 & 2-n & 1 & \cdots & 1 \\ \vdots & \vdots & \vdots & & \vdots \\ 1 & 1 & 1 & \cdots & 2-n \end{pmatrix}.$$

(2) 设 $\boldsymbol{H}=\begin{pmatrix} 0 & 1 & 0 & \cdots & 0 \\ 0 & 0 & 1 & \cdots & 0 \\ \vdots & \vdots & \vdots & & \vdots \\ 0 & 0 & 0 & \cdots & 1 \\ 0 & 0 & 0 & \cdots & 0 \end{pmatrix}$, 则

$$\boldsymbol{B}=\boldsymbol{E}+b\boldsymbol{H}+b^2\boldsymbol{H}^2+\cdots+b^{n-1}\boldsymbol{H}^{n-1},\quad \boldsymbol{H}^n=\boldsymbol{O}.$$

于是 $\boldsymbol{B}(\boldsymbol{E}-b\boldsymbol{H})=\boldsymbol{E}-b^n\boldsymbol{H}^n=\boldsymbol{E}$, 故 $\boldsymbol{B}^{-1}=\boldsymbol{E}-b\boldsymbol{H}=\begin{pmatrix} 1 & -b & 0 & \cdots & 0 \\ 0 & 1 & -b & \cdots & 0 \\ \vdots & \vdots & \vdots & & \vdots \\ 0 & 0 & 0 & \cdots & -b \\ 0 & 0 & 0 & \cdots & 1 \end{pmatrix}$.

上例告诉我们, 计算高阶具体矩阵的逆, 不能拘泥于传统求逆方法 (例如, 待定系数法或伴随矩阵法), 应根据题目的特点从其他角度考虑求逆问题.

**2. 矩阵逆运算的性质**

可逆矩阵具有以下性质.

(1) 若矩阵 $\boldsymbol{A}$ 可逆, 则 $(\boldsymbol{A}^{-1})^{-1}=\boldsymbol{A}$.

(2) 若矩阵 $\boldsymbol{A}$ 可逆, 数 $k\neq 0$, 则 $(k\boldsymbol{A})^{-1}=\dfrac{1}{k}\boldsymbol{A}^{-1}$. 这是因为

$$(k\boldsymbol{A})\left(\frac{1}{k}\boldsymbol{A}^{-1}\right)=\boldsymbol{A}\boldsymbol{A}^{-1}=\boldsymbol{E}.$$

(3) 若矩阵 $\boldsymbol{A},\boldsymbol{B}$ 都可逆, 则 $\boldsymbol{AB}$ 也可逆, 且 $(\boldsymbol{AB})^{-1}=\boldsymbol{B}^{-1}\boldsymbol{A}^{-1}$.

矩阵 $\boldsymbol{A},\boldsymbol{B}$ 可逆, 则由定理 3, $|\boldsymbol{AB}|=|\boldsymbol{A}||\boldsymbol{B}|\neq 0$, 因此 $\boldsymbol{AB}$ 可逆, 且

$$(\boldsymbol{AB})(\boldsymbol{B}^{-1}\boldsymbol{A}^{-1})=\boldsymbol{A}(\boldsymbol{B}\boldsymbol{B}^{-1})\boldsymbol{A}^{-1}=\boldsymbol{A}\boldsymbol{E}\boldsymbol{A}^{-1}=\boldsymbol{A}\boldsymbol{A}^{-1}=\boldsymbol{E}.$$

由 (3), 若矩阵 $\boldsymbol{A}_j\ (j=1,2,\cdots,m)$ 可逆, 则

$$(\boldsymbol{A}_1\boldsymbol{A}_2\cdots\boldsymbol{A}_m)^{-1}=\boldsymbol{A}_m^{-1}\cdots\boldsymbol{A}_2^{-1}\boldsymbol{A}_1^{-1}.$$

于是, 如果矩阵 $\boldsymbol{A}$ 可逆, 则 $(\boldsymbol{A}^m)^{-1}=(\boldsymbol{A}^{-1})^m$, $m$ 为正整数.

注意, 一般来说

$$(\boldsymbol{AB})^{-1}\neq\boldsymbol{A}^{-1}\boldsymbol{B}^{-1}.$$

(4) 若矩阵 $\boldsymbol{A}$ 可逆, 则 $\boldsymbol{A}^{\mathrm{T}}$ 也可逆, 且 $(\boldsymbol{A}^{\mathrm{T}})^{-1}=(\boldsymbol{A}^{-1})^{\mathrm{T}}$. 这是因为

$$\boldsymbol{A}^{\mathrm{T}}(\boldsymbol{A}^{-1})^{\mathrm{T}}=(\boldsymbol{A}^{-1}\boldsymbol{A})^{\mathrm{T}}=\boldsymbol{E}^{\mathrm{T}}=\boldsymbol{E}.$$

(5) 若矩阵 $\boldsymbol{A}$ 可逆, 则 $\boldsymbol{A}^*$ 也可逆, 且 $(\boldsymbol{A}^*)^{-1}=\dfrac{1}{|\boldsymbol{A}|}\boldsymbol{A}$.

(6) 一般来说, $(\boldsymbol{A}\pm\boldsymbol{B})^{-1}\neq\boldsymbol{A}^{-1}\pm\boldsymbol{B}^{-1}$(请举例说明).

**例 19**　解答下列各题.

(1) 已知 3 阶矩阵 $\boldsymbol{A}$ 满足 $|\boldsymbol{A}|=\dfrac{1}{27}$, 求 $|(3\boldsymbol{A})^{-1}-27\boldsymbol{A}^*|$;

(2) 设 $\boldsymbol{A},\boldsymbol{B}$ 为 $n$ 阶矩阵, $|\boldsymbol{A}|=2,|\boldsymbol{B}|=3$, 求 $|\boldsymbol{A}^{-1}\boldsymbol{B}^*-\boldsymbol{A}^*\boldsymbol{B}^{-1}|$.

**解**　(1) 注意到 $\boldsymbol{A}$ 可逆, 且 $\boldsymbol{A}^*=|\boldsymbol{A}|\boldsymbol{A}^{-1},(3\boldsymbol{A})^{-1}=\dfrac{1}{3}\boldsymbol{A}^{-1}$, 即得

$$|(3\boldsymbol{A})^{-1}-27\boldsymbol{A}^*|=\left|\frac{1}{3}\boldsymbol{A}^{-1}-27|\boldsymbol{A}|\boldsymbol{A}^{-1}\right|=\left|-\frac{2}{3}\boldsymbol{A}^{-1}\right|=-\frac{2^3}{3^3}\frac{1}{|\boldsymbol{A}|}=-8.$$

(2) 注意到 $\boldsymbol{A},\boldsymbol{B}$ 可逆, 且 $\boldsymbol{A}^*=|\boldsymbol{A}|\boldsymbol{A}^{-1},\boldsymbol{B}^*=|\boldsymbol{B}|\boldsymbol{B}^{-1}$, 即得

$$|\boldsymbol{A}^{-1}\boldsymbol{B}^*-\boldsymbol{A}^*\boldsymbol{B}^{-1}|=||\boldsymbol{B}|\boldsymbol{A}^{-1}\boldsymbol{B}^{-1}-|\boldsymbol{A}|\boldsymbol{A}^{-1}\boldsymbol{B}^{-1}|=|(\boldsymbol{BA})^{-1}|=\frac{1}{|\boldsymbol{A}||\boldsymbol{B}|}=\frac{1}{6}.$$

根据 3.1 节定理 2, 联系可逆矩阵, 关于矩阵乘积的秩, 有以下结论.

**定理 4** 设 $\boldsymbol{A}$ 是 $m\times n$ 矩阵, $\boldsymbol{P}$ 是 $m$ 阶可逆方阵, $\boldsymbol{Q}$ 是 $n$ 阶可逆方阵, 则

$$r(\boldsymbol{A})=r(\boldsymbol{PA})=r(\boldsymbol{AQ})=r(\boldsymbol{PAQ}).$$

**证明** 设 $\boldsymbol{B}=\boldsymbol{PA}$, 则由 3.1 节定理 2, $r(\boldsymbol{B})=r(\boldsymbol{PA})\leqslant r(\boldsymbol{A})$. 但由 $\boldsymbol{A}=\boldsymbol{P}^{-1}\boldsymbol{B}$, 有

$$r(\boldsymbol{A})=r(\boldsymbol{P}^{-1}\boldsymbol{B})\leqslant r(\boldsymbol{B}).$$

因此, $r(\boldsymbol{A})=r(\boldsymbol{B})$. 其他同理证明.

**例 20** 设 $n$ 阶矩阵 $\boldsymbol{A},\boldsymbol{B}$ 满足 $\boldsymbol{A}^2=\boldsymbol{A},\boldsymbol{E}-\boldsymbol{A}-\boldsymbol{B}$ 可逆. 证明

$$r(\boldsymbol{A})=r(\boldsymbol{AB})=r(\boldsymbol{BA}).$$

**证明** 由 $\boldsymbol{A}^2=\boldsymbol{A}$, 得 $\boldsymbol{A}(\boldsymbol{E}-\boldsymbol{A}-\boldsymbol{B})=-\boldsymbol{AB}$, $(\boldsymbol{E}-\boldsymbol{A}-\boldsymbol{B})\boldsymbol{A}=-\boldsymbol{BA}$. 因此,

$$\boldsymbol{A}=-\boldsymbol{AB}(\boldsymbol{E}-\boldsymbol{A}-\boldsymbol{B})^{-1}=-(\boldsymbol{E}-\boldsymbol{A}-\boldsymbol{B})^{-1}\boldsymbol{BA}.$$

故由定理 4 即证结论成立.

3. 伴随矩阵性质

对 $n$ 阶矩阵 $\boldsymbol{A}$ 的伴随矩阵 $\boldsymbol{A}^*$, 公式 (2) 是其基本的公式, 另外它具有以下重要性质.

**定理 5** 设 $\boldsymbol{A},\boldsymbol{B}$ 为 $n$ 阶矩阵.

(1) 若 $n\geqslant 2$, 则 $|\boldsymbol{A}^*|=|\boldsymbol{A}|^{n-1}$;

(2) 若 $n\geqslant 2$, $\boldsymbol{A}$ 可逆, 则 $(\boldsymbol{A}^*)^*=|\boldsymbol{A}|^{n-2}\boldsymbol{A}$;

(3) 若 $\boldsymbol{A},\boldsymbol{B}$ 可逆, 则 $(\boldsymbol{AB})^*=\boldsymbol{B}^*\boldsymbol{A}^*$;

(4) 若 $k$ 为任意常数, 则 $(k\boldsymbol{A})^*=k^{n-1}\boldsymbol{A}^*$;

(5) $r(\boldsymbol{A}^*)=\begin{cases} n, & r(\boldsymbol{A})=n,\\ 1, & r(\boldsymbol{A})=n-1,\\ 0, & r(\boldsymbol{A})<n-1.\end{cases}$

**证明** (1) 由公式 $\boldsymbol{A}^*\boldsymbol{A}=|\boldsymbol{A}|\boldsymbol{E}$, 两端取行列式得 $|\boldsymbol{A}||\boldsymbol{A}^*|=|\boldsymbol{A}|^n$.

如果 $|\boldsymbol{A}|\neq 0$, 结论显然成立. 下面证明若 $|\boldsymbol{A}|=0$, 则 $|\boldsymbol{A}^*|=0$; 否则, 若 $|\boldsymbol{A}^*|\neq 0$, 即 $\boldsymbol{A}^*$ 可逆, 因此,

$$\boldsymbol{A}=\boldsymbol{AE}=\boldsymbol{AA}^*(\boldsymbol{A}^*)^{-1}=|\boldsymbol{A}|(\boldsymbol{A}^*)^{-1}=\boldsymbol{O}.$$

于是由定义 8 得 $\boldsymbol{A}^*=\boldsymbol{O}$. 这与 $|\boldsymbol{A}^*|\neq 0$ 矛盾. 所以结论成立.

(2) 因为矩阵 $\boldsymbol{A}$ 可逆, 所以 $\boldsymbol{A}^*$ 也可逆, 且

$$(\boldsymbol{A}^*)^{-1}=\frac{1}{|\boldsymbol{A}|}\boldsymbol{A}.$$

故由 $(\boldsymbol{A}^*)^*\boldsymbol{A}^*=|\boldsymbol{A}^*|\boldsymbol{E}=|\boldsymbol{A}|^{n-1}\boldsymbol{E}$ 得 $(\boldsymbol{A}^*)^*=|\boldsymbol{A}|^{n-1}(\boldsymbol{A}^*)^{-1}=|\boldsymbol{A}|^{n-2}\boldsymbol{A}$.

(3) 因 $\boldsymbol{A},\boldsymbol{B}$ 可逆, 所以

$$\boldsymbol{A}^{-1}=\frac{1}{|\boldsymbol{A}|}\boldsymbol{A}^*,\quad \boldsymbol{B}^{-1}=\frac{1}{|\boldsymbol{B}|}\boldsymbol{B}^*.$$

又 $(\boldsymbol{AB})^*(\boldsymbol{AB})=|\boldsymbol{AB}|\boldsymbol{E}$, 两端右乘 $\boldsymbol{B}^{-1}\boldsymbol{A}^{-1}$, 即得结论.

(4) 设 $|k\boldsymbol{A}|,|\boldsymbol{A}|$ 代数余子式分别为 $\tilde{A}_{ij},A_{ij}$. 注意到数乘矩阵和代数余子式的定义, 得

$$\tilde{A}_{ij}=k^{n-1}A_{ij}.$$

于是结论成立.

(5) 若 $r(\boldsymbol{A})=n$, 则 $\boldsymbol{A}$ 可逆, 即 $|\boldsymbol{A}|\neq 0$. 这样, 由 $\boldsymbol{AA}^*=|\boldsymbol{A}|\boldsymbol{E}$, 两端取行列式, 即知 $|\boldsymbol{A}^*|\neq 0$. 因此 $r(\boldsymbol{A}^*)=n$.

若 $r(\boldsymbol{A})=n-1$, 则 $|\boldsymbol{A}|=0$. 从而 $\boldsymbol{AA}^*=\boldsymbol{O}$. 于是 $r(\boldsymbol{A})+r(\boldsymbol{A}^*)\leqslant n$, 此即 $r(\boldsymbol{A}^*)\leqslant 1$. 另一方面, $r(\boldsymbol{A})=n-1$ 说明 $|\boldsymbol{A}|$ 中至少存在一个非零的 $n-1$ 阶子式 $A_{ij}$, 也就是 $r(\boldsymbol{A}^*)\geqslant 1$. 因此 $r(\boldsymbol{A}^*)=1$.

若 $r(\boldsymbol{A})<n-1$, 则 $|\boldsymbol{A}|$ 所有的 $n-1$ 阶子式全为 0, 即 $\boldsymbol{A}^*=\boldsymbol{O}$. 因此 $r(\boldsymbol{A}^*)=0$.

需要指出的是, 定理 5 的 (2) 和 (3) 对任意的同阶方阵 $\boldsymbol{A},\boldsymbol{B}$ 都成立.

### 3.2.3 矩阵方程

通常, 含有未知矩阵的矩阵等式称为**矩阵方程**. 一般地, 矩阵方程有三种基本类型 (为简化叙述, 假定以下相关运算有意义):

类型一, $\boldsymbol{AX}=\boldsymbol{D}$, 其中 $\boldsymbol{A}$ 为可逆方阵;

类型二, $\boldsymbol{XB}=\boldsymbol{D}$, 其中 $\boldsymbol{B}$ 为可逆方阵;

类型三, $\boldsymbol{AXB}=\boldsymbol{D}$, 其中 $\boldsymbol{A},\boldsymbol{B}$ 均为可逆方阵.

根据矩阵的运算法则, 这三种类型矩阵方程的解分别为

$$\boldsymbol{X}=\boldsymbol{A}^{-1}\boldsymbol{D},\quad \boldsymbol{X}=\boldsymbol{D}\boldsymbol{B}^{-1},\quad \boldsymbol{X}=\boldsymbol{A}^{-1}\boldsymbol{D}\boldsymbol{B}^{-1}.$$

显然, 如果矩阵 $\boldsymbol{A}$ 可逆, 则非齐次线性方程组 $\boldsymbol{Ax}=\boldsymbol{b}$ 的解 $\boldsymbol{x}=\boldsymbol{A}^{-1}\boldsymbol{b}$. 因此, 方程组是最简单的矩阵方程.

**例 21** 已知矩阵 $\boldsymbol{A}=\begin{pmatrix}1&2&3\\2&2&1\\3&4&3\end{pmatrix},\boldsymbol{B}=\begin{pmatrix}2&1\\5&3\end{pmatrix},\boldsymbol{C}=\begin{pmatrix}1&3\\2&0\\3&1\end{pmatrix}$, 其满足 $\boldsymbol{AXB}=\boldsymbol{C}$, 求 $\boldsymbol{X}$.

**解** 经计算, $|\boldsymbol{A}|=2\neq 0,|\boldsymbol{B}|=1\neq 0$, 因此, 矩阵 $\boldsymbol{A},\boldsymbol{B}$ 可逆. 在 $\boldsymbol{AXB}=\boldsymbol{C}$ 两端分别左乘 $\boldsymbol{A}^{-1}$ 和右乘 $\boldsymbol{B}^{-1}$, 并计算, 得

$$\boldsymbol{X}=\boldsymbol{A}^{-1}\boldsymbol{C}\boldsymbol{B}^{-1}=\begin{pmatrix}-2&1\\10&-4\\-10&4\end{pmatrix}.$$

需要指出的是, 在实际问题中, 矩阵方程往往要比这三种类型复杂. 求解的基本方法是: 先利用矩阵运算的基本公式化简, 然后再计算.

**例 22** 已知 $\boldsymbol{B}=\begin{pmatrix}1&-2&0\\1&2&0\\0&0&2\end{pmatrix}$, $2\boldsymbol{A}^{-1}\boldsymbol{B}=\boldsymbol{B}-4\boldsymbol{E}$, 求 $\boldsymbol{A}$.

**解** 经计算 $|\boldsymbol{B}|=8\neq 0,|\boldsymbol{B}-4\boldsymbol{E}|=-16\neq 0$, 因此, 对 $2\boldsymbol{A}^{-1}\boldsymbol{B}=\boldsymbol{B}-4\boldsymbol{E}$ 右乘 $\boldsymbol{B}^{-1}$, 得

$$\boldsymbol{A}^{-1}=\frac{1}{2}(\boldsymbol{B}-4\boldsymbol{E})\boldsymbol{B}^{-1}.$$

于是,

$$\boldsymbol{A}=(\boldsymbol{A}^{-1})^{-1}=\left(\frac{1}{2}(\boldsymbol{B}-4\boldsymbol{E})\boldsymbol{B}^{-1}\right)^{-1}=2\boldsymbol{B}(\boldsymbol{B}-4\boldsymbol{E})^{-1}=\begin{pmatrix}0&2&0\\-1&-1&0\\0&0&-2\end{pmatrix}.$$

**例 23** 已知 $\boldsymbol{A}^{*}=\begin{pmatrix}1&0&0&0\\0&1&0&0\\0&0&1&0\\0&-3&0&8\end{pmatrix}$, $\boldsymbol{ABA}^{-1}=\boldsymbol{BA}^{-1}+3\boldsymbol{E}$, 求矩阵 $\boldsymbol{B}$.

**解** 在 $\boldsymbol{ABA}^{-1}=\boldsymbol{BA}^{-1}+3\boldsymbol{E}$ 两端右乘 $\boldsymbol{A}$, 并化简得 $(\boldsymbol{A}-\boldsymbol{E})\boldsymbol{B}=3\boldsymbol{A}$. 由此得

$$\boldsymbol{B}=3(\boldsymbol{A}-\boldsymbol{E})^{-1}\boldsymbol{A}=3(\boldsymbol{E}-\boldsymbol{A}^{-1})^{-1}=3\left(\boldsymbol{E}-\frac{1}{|\boldsymbol{A}|}\boldsymbol{A}^{*}\right)^{-1}.$$

由 $|\boldsymbol{A}^{*}|=|\boldsymbol{A}|^{3}$ 及题设可得 $|\boldsymbol{A}^{*}|=8$, 所以 $|\boldsymbol{A}|=2$, 代入上式得矩阵

$$\boldsymbol{B}=\begin{pmatrix}6&0&0&0\\0&6&0&0\\0&0&6&0\\0&3&0&-1\end{pmatrix}.$$

**例 24** 设矩阵 $\boldsymbol{A}=\begin{pmatrix}1&1&-1\\-1&1&1\\1&-1&1\end{pmatrix}$, 满足 $\boldsymbol{A}^*\boldsymbol{X}\left(\frac{1}{2}\boldsymbol{A}^*\right)^{-1}=8\boldsymbol{A}^{-1}\boldsymbol{X}+\boldsymbol{E}$. 求矩阵 $\boldsymbol{X}$.

**解** 计算得 $|\boldsymbol{A}|=4$, 于是 $\boldsymbol{A}^*=|\boldsymbol{A}|\boldsymbol{A}^{-1}=4\boldsymbol{A}^{-1}$. 所以

$$\left(\frac{1}{2}\boldsymbol{A}^*\right)^{-1}=(2\boldsymbol{A}^{-1})^{-1}=\frac{1}{2}\boldsymbol{A}.$$

代入矩阵方程得 $2\boldsymbol{A}^{-1}\boldsymbol{X}\boldsymbol{A}=8\boldsymbol{A}^{-1}\boldsymbol{X}+\boldsymbol{E}$. 该式两边同时左乘 $\boldsymbol{A}$ 得 $2\boldsymbol{X}\boldsymbol{A}=8\boldsymbol{X}+\boldsymbol{A}$. 因此,

$$\boldsymbol{X}=\frac{1}{2}\boldsymbol{A}(\boldsymbol{A}-4\boldsymbol{E})^{-1}.$$

由此即得 $\boldsymbol{X}=\frac{1}{18}\begin{pmatrix}-1&-4&2\\2&-1&-4\\-4&2&-1\end{pmatrix}$.

**例 25** (利用可逆矩阵加密) 有一种传送信息的办法, 是先把 26 个英文字母分别对应一个整数, 然后通过传送一组数据来传送信息. 这就是利用整数进行编码的基本想法. 比如, 若把 26 个英文字母 $A,B,\cdots,X,Y,Z$ 依次对应数字 $1,2,\cdots,25,26$, 则要发送信息 linear, 只需发送编码后的整数 12, 9, 14, 5, 1, 18 即可. 但是, 直接使用这种办法, 在一个长消息中, 根据数字出现的频率, 能够估计它所代表的字母, 因此要传送的信息就容易被破译. 为解决这种容易解密的问题, 利用矩阵乘法对要发送的消息进行加密, 就是一种保密的措施. 具体做法如下.

先任意选定一个行列式为 $\pm1$ 的整数矩阵, 如 $\boldsymbol{A}=\begin{pmatrix}1&2&3\\1&1&2\\0&1&2\end{pmatrix}$. 把要发送信息的编码 12, 9, 14, 5, 1, 18 依次写为两个发送信息向量 $\boldsymbol{x}_1=(12,9,14)^{\mathrm{T}},\boldsymbol{x}_2=(5,1,18)^{\mathrm{T}}$. 容易算出

$$\boldsymbol{y}_1=\boldsymbol{A}\boldsymbol{x}_1=\begin{pmatrix}72\\49\\37\end{pmatrix},\quad \boldsymbol{y}_2=\boldsymbol{A}\boldsymbol{x}_2=\begin{pmatrix}61\\42\\37\end{pmatrix}.$$

这样就把要发送信息的明码 12, 9, 14, 5, 1, 18 加密成密码 72, 49, 37, 61, 42, 37. 发送该密码, 并把收到的密码向量 $(72,49,37)^{\mathrm{T}}$ 和 $(61,42,37)^{\mathrm{T}}$ 左乘 $\boldsymbol{A}^{-1}$ 即可解码恢复为明码 12, 9, 14, 5, 1, 18 进而得到信息 linear.

经过这样的变换, 对方就难以利用出现的频率进行解码破译.

## 习 题 3.2

1. 判断下列矩阵是否可逆, 若可逆, 用伴随矩阵法求出其逆矩阵.

(1) $\begin{pmatrix} 1 & 1 & 1 \\ 1 & 0 & -1 \\ 3 & 2 & 3 \end{pmatrix}$; (2) $\begin{pmatrix} 1 & -1 & 3 \\ 2 & -1 & 4 \\ -1 & 2 & -4 \end{pmatrix}$.

2. 设 $\boldsymbol{A}=\boldsymbol{PBP}^{-1}$, 证明 $f(\boldsymbol{A})=\boldsymbol{P}f(\boldsymbol{B})\boldsymbol{P}^{-1}$, 其中 $f(x)$ 是一个 $n$ 次多项式.

3. 设 $\boldsymbol{P}^{-1}\boldsymbol{AP}=\begin{pmatrix} -1 & 0 \\ 0 & 2 \end{pmatrix}, \boldsymbol{P}=\begin{pmatrix} -1 & -4 \\ 1 & 1 \end{pmatrix}$, 求 $\boldsymbol{A}^{11}$.

4. 解下列矩阵方程.

(1) 设 $\boldsymbol{A}=\begin{pmatrix} 0 & 1 & 0 \\ -1 & 1 & 1 \\ -1 & 0 & -1 \end{pmatrix}, \boldsymbol{B}=\begin{pmatrix} 1 & -1 \\ 2 & 0 \\ 5 & -3 \end{pmatrix}$, 且 $\boldsymbol{X}=\boldsymbol{AX}+\boldsymbol{B}$;

(2) 设 $\boldsymbol{A}=\begin{pmatrix} 1 & 0 & 0 \\ 1 & 1 & 0 \\ 1 & 1 & 1 \end{pmatrix}, \boldsymbol{B}=\begin{pmatrix} 0 & 1 & 1 \\ 1 & 0 & 1 \\ 1 & 1 & 0 \end{pmatrix}$, 且 $\boldsymbol{AXA}+\boldsymbol{BXB}=\boldsymbol{AXB}+\boldsymbol{BXA}+\boldsymbol{E}$.

5. 设 $\boldsymbol{X},\boldsymbol{Y}$ 均为 $n\times 1$ 矩阵, 且 $\boldsymbol{X}^{\mathrm{T}}\boldsymbol{Y}=2$, 证明 $\boldsymbol{A}=\boldsymbol{E}+\boldsymbol{XY}^{\mathrm{T}}$ 可逆, 并求 $\boldsymbol{A}^{-1}$.

6. 设 $\boldsymbol{A}$ 为 $n$(奇数) 阶矩阵, $|\boldsymbol{A}|=1, \boldsymbol{A}^{\mathrm{T}}=\boldsymbol{A}^{-1}$. 证明 $\boldsymbol{E}-\boldsymbol{A}$ 不可逆.

7. 设 $n$ 阶可逆矩阵 $\boldsymbol{A}=(a_{ij})$ 的每行元素的和为 $|\boldsymbol{A}|$. 证明:

(1) $\sum\limits_{i,j=1}^{n}\boldsymbol{A}_{ij}=n$, 其中 $A_{ij}$ 为元素 $a_{ij}$ 的代数余子式;

(2) $\boldsymbol{A}^{-1}$ 的每行元素的和为 $|\boldsymbol{A}|^{-1}$.

8. 设 3 阶矩阵 $\boldsymbol{A}$ 的伴随矩阵 $\boldsymbol{A}^*=\begin{pmatrix} 1 & 0 & 0 \\ 1 & 2 & 4 \\ 0 & 0 & 2 \end{pmatrix}$,

$$|\boldsymbol{A}|>0, \quad \boldsymbol{AB}+(\boldsymbol{A}^{-1})^*\boldsymbol{B}(\boldsymbol{A}^*)^*=\boldsymbol{E},$$

求矩阵 $\boldsymbol{B}$.

9. 设 $n$ 阶矩阵 $\boldsymbol{A},\boldsymbol{B}$ 满足 $\boldsymbol{A}^2+\boldsymbol{AB}+\boldsymbol{B}^2=\boldsymbol{O}$, 且 $\boldsymbol{B}$ 可逆. 证明 $\boldsymbol{A}+\boldsymbol{B}$ 可逆并求其逆.

10. 如果方阵 $\boldsymbol{A}$ 满足 $\boldsymbol{A}^k=\boldsymbol{O}$, 证明 $(\boldsymbol{E}-\boldsymbol{A})^{-1}=\boldsymbol{E}+\boldsymbol{A}+\cdots+\boldsymbol{A}^{k-1}$.

11. 设矩阵 $\boldsymbol{A}$ 满足 $\boldsymbol{A}^3-6\boldsymbol{A}^2+11\boldsymbol{A}-6\boldsymbol{E}=\boldsymbol{O}$, 确定 $k\boldsymbol{E}+\boldsymbol{A}$ 可逆的 $k$ 值范围.

12. 矩阵 $\boldsymbol{A}$ 满足 $\boldsymbol{A}^2+2\boldsymbol{A}+3\boldsymbol{E}=\boldsymbol{O}$.

(1) 证明对任意实数 $a$, $\boldsymbol{A}-a\boldsymbol{E}$ 可逆;

(2) 求 $\boldsymbol{A}+4\boldsymbol{E}$ 的逆矩阵.

13. 设 $\boldsymbol{B}=\begin{pmatrix}1&2&-3&-2\\0&1&2&-3\\0&0&1&2\\0&0&0&1\end{pmatrix}$, $\boldsymbol{C}=\begin{pmatrix}1&2&0&1\\0&1&2&0\\0&0&1&2\\0&0&0&1\end{pmatrix}$, $(2\boldsymbol{E}-\boldsymbol{C}^{-1}\boldsymbol{B})\boldsymbol{A}^{\mathrm{T}}=\boldsymbol{C}^{-1}$, 求 $\boldsymbol{A}^{-1}$.

14. 已知 $5\times 3$ 矩阵 $\boldsymbol{A}$ 的秩为 3, $\boldsymbol{B},\boldsymbol{C}$ 为 3 阶方阵, 且 $\boldsymbol{ABC}=\boldsymbol{A}$. 证明 $\boldsymbol{B}$ 可逆, 并求它的逆.

15. 设方阵 $\boldsymbol{A}$ 满足 $\boldsymbol{A}+\boldsymbol{A}^{\mathrm{T}}=\boldsymbol{E}$, 证明 $\boldsymbol{A}$ 可逆.

16. 设 $\boldsymbol{A}$ 为 $n$ 阶方阵, 证明方程组 $\boldsymbol{Ax}=\boldsymbol{b}$ 有唯一解的充分必要条件是方程组 $\boldsymbol{A}^*\boldsymbol{x}=\boldsymbol{d}$ 有唯一解, 并求之.

17. 设 3 阶矩阵 $\boldsymbol{A}$ 的逆矩阵 $\boldsymbol{A}^{-1}=\begin{pmatrix}1&1&1\\1&2&1\\1&1&3\end{pmatrix}$, 求 $\boldsymbol{A}$ 的伴随矩阵 $\boldsymbol{A}^*$.

18. 设 $\boldsymbol{A}_{m\times n},\boldsymbol{B}_{n\times p},\boldsymbol{C}_{p\times s}$ 满足 $r(\boldsymbol{A})=n, r(\boldsymbol{C})=p, \boldsymbol{ABC}=\boldsymbol{O}$, 证明 $\boldsymbol{B}=\boldsymbol{O}$.

19. 设 $n$ 阶矩阵 $\boldsymbol{A}$ 可逆, $\boldsymbol{A}-\boldsymbol{E}$ 也可逆, $k\neq 0$. 解矩阵方程

$$\boldsymbol{AXA}^{-1}=\boldsymbol{XA}^{-1}+k\boldsymbol{E}.$$

20. 设 $n$ 阶矩阵 $\boldsymbol{A},\boldsymbol{B}$ 满足 $\boldsymbol{AB}=\boldsymbol{O}, \boldsymbol{A}$ 的伴随矩阵 $\boldsymbol{A}^*\neq\boldsymbol{O}$, 向量 $\boldsymbol{\alpha}_1,\boldsymbol{\alpha}_2,\cdots,\boldsymbol{\alpha}_k$ 是方程组 $\boldsymbol{Bx}=\boldsymbol{0}$ 的基础解系, $\boldsymbol{\alpha}$ 是 $n$ 维向量. 证明 $\boldsymbol{B\alpha}$ 可由 $\boldsymbol{\alpha},\boldsymbol{\alpha}_1,\boldsymbol{\alpha}_2,\cdots,\boldsymbol{\alpha}_k$ 线性表示, 并问何时表示式唯一?

## 3.3 初等矩阵

矩阵初等变换在线性代数中具有重要的应用意义, 例如, 求解线性方程组, 求向量组或矩阵的秩等, 但矩阵初等变换与矩阵其他运算具有怎样的联系? 这自然是人们关心的问题. 而初等矩阵架起了这样一个桥梁, 它将矩阵初等变换与矩阵乘法运算有机结合起来, 为我们解决矩阵乘法中一些问题、矩阵等价、秩相关理论、求逆矩阵、矩阵分解等提供了强有力的工具.

### 3.3.1 初等矩阵的定义

矩阵初等变换作用于单位矩阵, 产生了初等矩阵的概念 (也称初等方阵). 以后我们用 $\boldsymbol{E}_{ij}$ 表示第 $i$ 行第 $j$ 列元素 $a_{ij}$ 为 1 而其他所有元素全为 0 的矩阵.

**定义 9** 单位矩阵 $\boldsymbol{E}$ 经过一次初等变换所得到的矩阵称为**初等矩阵**.

对应三类初等变换, 初等矩阵有如下三种类型.

(1) 以数 $c \neq 0$ 乘单位矩阵的第 $i$ 行 (列), 得到初等矩阵为

$$\boldsymbol{E}(i(c)) = \operatorname{diag}(1, \cdots, 1, c, 1, \cdots, 1) = \boldsymbol{E} + (c-1)\boldsymbol{E}_{ii}.$$

(2) 以任意数 $k$ 乘单位矩阵的第 $j$ 行加到第 $i$ 行上或以数 $k$ 乘单位矩阵的第 $i$ 列加到第 $j$ 列上, 得到初等矩阵 $\boldsymbol{E}(i, j(k))$. 当 $i < j$ 时, 其形状为

$$\boldsymbol{E}(i,j(k)) = \begin{pmatrix} 1 & & & & & & \\ & \ddots & & & & & \\ & & 1 & \cdots & k & & \\ & & & \ddots & \vdots & & \\ & & & & 1 & & \\ & & & & & \ddots & \\ & & & & & & 1 \end{pmatrix} = \boldsymbol{E} + k\boldsymbol{E}_{ij};$$

当 $i > j$ 时, 初等矩阵 $\boldsymbol{E}(i, j(k))$ 的形状, 请读者自行思考.

(3) 把单位矩阵中的第 $i, j$ 两行 (列) 对调, 得到初等矩阵

$$\boldsymbol{E}(i,j) = \begin{pmatrix} 1 & & & & & & & & & \\ & \ddots & & & & & & & & \\ & & 1 & & & & & & & \\ & & & 0 & & \cdots & & 1 & & \\ & & & & 1 & & & & & \\ & & & \vdots & & \ddots & & \vdots & & \\ & & & & & & 1 & & & \\ & & & 1 & & \cdots & & 0 & & \\ & & & & & & & & 1 & \\ & & & & & & & & & \ddots \\ & & & & & & & & & & 1 \end{pmatrix} = \boldsymbol{E} - \boldsymbol{E}_{ii} - \boldsymbol{E}_{jj} + \boldsymbol{E}_{ij} + \boldsymbol{E}_{ji}.$$

由初等矩阵的定义和行列式的性质不难看到

$$|\boldsymbol{E}(i(c))| = c \neq 0, \quad |\boldsymbol{E}(i,j(k))| = 1, \quad |\boldsymbol{E}(i,j)| = -1.$$

因此, 初等矩阵是可逆的, 其逆矩阵仍然为初等矩阵, 且

$$\boldsymbol{E}(i(c))^{-1} = \boldsymbol{E}(i(c^{-1})), \quad \boldsymbol{E}(i,j(k))^{-1} = \boldsymbol{E}(i,j(-k)), \quad \boldsymbol{E}(i,j)^{-1} = \boldsymbol{E}(i,j).$$

由于对任何可逆矩阵 $\boldsymbol{A}$, 其伴随矩阵 $\boldsymbol{A}^* = |\boldsymbol{A}|\boldsymbol{A}^{-1}$, 所以初等矩阵的伴随矩阵分别为

$$\boldsymbol{E}(i,j)^* = -\boldsymbol{E}(i,j), \quad \boldsymbol{E}(i,j(k))^* = \boldsymbol{E}(i,j(-k)), \quad \boldsymbol{E}(i(c))^* = c\boldsymbol{E}(i(c^{-1})).$$

### 3.3.2 初等矩阵的应用

**例 26** 计算下列矩阵的乘积:

(1) $\boldsymbol{E}(1(c))\begin{pmatrix} 1 & 2 \\ 3 & 4 \end{pmatrix}$, $\begin{pmatrix} 1 & 2 \\ 3 & 4 \end{pmatrix}\boldsymbol{E}(1(c))$;

(2) $\boldsymbol{E}(1,2(k))\begin{pmatrix} 1 & 2 \\ 3 & 4 \end{pmatrix}$, $\begin{pmatrix} 1 & 2 \\ 3 & 4 \end{pmatrix}\boldsymbol{E}(1,2(k))$;

(3) $\boldsymbol{E}(1,2)\begin{pmatrix} 1 & 2 \\ 3 & 4 \end{pmatrix}$, $\begin{pmatrix} 1 & 2 \\ 3 & 4 \end{pmatrix}\boldsymbol{E}(1,2)$.

**解** 直接计算, 得

(1) $\boldsymbol{E}(1(c))\begin{pmatrix} 1 & 2 \\ 3 & 4 \end{pmatrix} = \begin{pmatrix} c & 2c \\ 3 & 4 \end{pmatrix}$, $\begin{pmatrix} 1 & 2 \\ 3 & 4 \end{pmatrix}\boldsymbol{E}(1(c)) = \begin{pmatrix} c & 2 \\ 3c & 4 \end{pmatrix}$.

(2) $\boldsymbol{E}(1,2(k))\begin{pmatrix} 1 & 2 \\ 3 & 4 \end{pmatrix} = \begin{pmatrix} 1+3k & 2+4k \\ 3 & 4 \end{pmatrix}$,

$$\begin{pmatrix} 1 & 2 \\ 3 & 4 \end{pmatrix}\boldsymbol{E}(1,2(k)) = \begin{pmatrix} 1 & 2+k \\ 3 & 4+3k \end{pmatrix}.$$

(3) $\boldsymbol{E}(1,2)\begin{pmatrix} 1 & 2 \\ 3 & 4 \end{pmatrix} = \begin{pmatrix} 3 & 4 \\ 1 & 2 \end{pmatrix}$, $\begin{pmatrix} 1 & 2 \\ 3 & 4 \end{pmatrix}\boldsymbol{E}(1,2) = \begin{pmatrix} 2 & 1 \\ 4 & 3 \end{pmatrix}$.

认真观察并思考上例的规律, 可以看到这样一个现象：对矩阵 $\boldsymbol{A}$ 左乘一个初等矩阵相当于对 $\boldsymbol{A}$ 实施同类型的初等行变换, 对 $\boldsymbol{A}$ 右乘一个初等矩阵相当于对 $\boldsymbol{A}$ 实施同类型的初等列变换. 事实上, 这是一个重要的一般规律, 我们把它归结为下面定理.

**定理 6** *对矩阵 $\boldsymbol{A}_{m\times n}$ 实施一次初等行变换, 相当于对 $\boldsymbol{A}$ 左乘一个同类型的 $m$ 阶初等矩阵; 对 $\boldsymbol{A}$ 实施一次初等列变换, 相当于对 $\boldsymbol{A}$ 右乘一个同类型的 $n$ 阶初等矩阵.*

**证明** (1) 由于

$$\boldsymbol{E}(i,j)\boldsymbol{A} = (\boldsymbol{A} - \boldsymbol{E}_{ii}\boldsymbol{A} - \boldsymbol{E}_{jj}\boldsymbol{A}) + \boldsymbol{E}_{ij}\boldsymbol{A} + \boldsymbol{E}_{ji}\boldsymbol{A},$$

其中 $\boldsymbol{A}-\boldsymbol{E}_{ii}\boldsymbol{A}-\boldsymbol{E}_{jj}\boldsymbol{A}$ 将 $\boldsymbol{A}$ 的第 $i,j$ 行变换为 0, 其他元素不动; $\boldsymbol{E}_{ij}\boldsymbol{A}$ 将 $\boldsymbol{A}$ 的第 $j$ 行移至第 $i$ 行, 其他行全为 0; $\boldsymbol{E}_{ji}\boldsymbol{A}$ 将 $\boldsymbol{A}$ 的第 $i$ 行移至第 $j$ 行, 其他元素全为 0. 将这三部分相加, 即恰为 $\boldsymbol{A}$ 的第 $i,j$ 行互换, 其他行元素保持不动.

(2) $\boldsymbol{E}(i(k))$ 为对角矩阵, 主对角线上元素除 $a_{ii}=k$ 外, 其他全为 1, 对角矩阵左乘矩阵 $\boldsymbol{A}$ 就是将 $\boldsymbol{A}$ 的第 $i$ 行乘以常数 $k$, 其他元素保持不动.

(3) 在 $\boldsymbol{E}(i,j(k))\boldsymbol{A}=\boldsymbol{A}+k\boldsymbol{E}_{ij}\boldsymbol{A}$ 中, $k\boldsymbol{E}_{ij}\boldsymbol{A}$ 即把 $\boldsymbol{A}$ 的第 $j$ 行元素移至第 $i$ 行后再乘以数 $k$, 其余元素全为 0, 故 $\boldsymbol{A}+k\boldsymbol{E}_{ij}\boldsymbol{A}$ 就是将 $\boldsymbol{A}$ 的第 $i$ 行加上第 $j$ 行的 $k$ 倍, 其他保持不动.

对初等列变换同理证明. 定理获证.

**例 27** 解答下列各题.

(1) 设 $\boldsymbol{A}$ 为 $n$ 阶可逆矩阵, 互换 $\boldsymbol{A}$ 的第 $i,j$ 行得到矩阵 $\boldsymbol{B}$. 证明矩阵 $\boldsymbol{B}$ 可逆, 并求 $\boldsymbol{A}\boldsymbol{B}^{-1}$;

(2) 已知 $\boldsymbol{A},\boldsymbol{B}$ 为 3 阶矩阵, $\boldsymbol{A}$ 的第 1 行的 $-2$ 倍加到第 3 行得到矩阵 $\boldsymbol{A}_1$, $\boldsymbol{B}$ 的第 1 列乘 $-2$ 得到矩阵 $\boldsymbol{B}_1$, $\boldsymbol{A}_1\boldsymbol{B}_1=\begin{pmatrix}0&3&1\\2&5&3\\4&8&6\end{pmatrix}$. 求 $\boldsymbol{A}\boldsymbol{B}$.

**解** (1) 由定理 6, $\boldsymbol{B}=\boldsymbol{E}(i,j)\boldsymbol{A}$, 于是 $|\boldsymbol{B}|=|\boldsymbol{E}(i,j)\boldsymbol{A}|=-|\boldsymbol{A}|\neq 0$. 故矩阵 $\boldsymbol{B}$ 可逆.

由 $\boldsymbol{B}^{-1}=(\boldsymbol{E}(i,j)\boldsymbol{A})^{-1}=\boldsymbol{A}^{-1}\boldsymbol{E}^{-1}(i,j)=\boldsymbol{A}^{-1}\boldsymbol{E}(i,j)$, 得

$$\boldsymbol{A}\boldsymbol{B}^{-1}=\boldsymbol{A}\boldsymbol{A}^{-1}\boldsymbol{E}(i,j)=\boldsymbol{E}(i,j).$$

(2) 根据题意, $\boldsymbol{A}_1=\boldsymbol{E}(3,1(-2))\boldsymbol{A}, \boldsymbol{B}_1=\boldsymbol{B}\boldsymbol{E}(1(-2))$, 因此,

$$\begin{aligned}\boldsymbol{A}\boldsymbol{B}&=(\boldsymbol{E}^{-1}(3,1(-2))\boldsymbol{A}_1)(\boldsymbol{B}_1\boldsymbol{E}^{-1}(1(-2)))\\&=\boldsymbol{E}(3,1(2))\boldsymbol{A}_1\boldsymbol{B}_1\boldsymbol{E}\left(1\left(-\frac{1}{2}\right)\right)=\begin{pmatrix}0&3&1\\-1&5&3\\-2&14&8\end{pmatrix}.\end{aligned}$$

**例 28** 利用定理 6 证明第 2 章定理 8: 初等变换不改变矩阵的秩.

**证明** 设矩阵 $\boldsymbol{A}$ 经过初等变换得到矩阵 $\boldsymbol{B}$, 则存在初等矩阵 $\boldsymbol{P}_1,\boldsymbol{P}_2,\cdots,\boldsymbol{P}_k$, 使得

$$\boldsymbol{A}=\boldsymbol{P}_1\boldsymbol{P}_2\cdots\boldsymbol{P}_k\boldsymbol{B}.$$

记 $\boldsymbol{P}=\boldsymbol{P}_1\boldsymbol{P}_2\cdots\boldsymbol{P}_k$, 则 $\boldsymbol{P}$ 可逆, 且 $\boldsymbol{A}=\boldsymbol{P}\boldsymbol{B}$. 因此,

$$r(\boldsymbol{A})\leqslant r(\boldsymbol{B}).$$

另一方面, $\boldsymbol{B}=\boldsymbol{P}^{-1}\boldsymbol{A}$, 因此,

$$r(\boldsymbol{B})\leqslant r(\boldsymbol{A}).$$

故 $r(\boldsymbol{A})=r(\boldsymbol{B})$.

**引理 1** 设 $\boldsymbol{A}$ 是一 $n$ 阶可逆矩阵, 则仅用初等行变换或仅用初等列变换就可以把 $\boldsymbol{A}$ 化为单位矩阵.

**证明** 这里仅对行变换予以证明. 由于 $r(\boldsymbol{A})=n$, 因此 $\boldsymbol{A}$ 没有整行或整列元素全为 0. 于是 $\boldsymbol{A}$ 的第 1 列至少有一个非零元, 通过初等行变换 (互换行的位置), 总可以调整到第 1 行保证 $a_{11}\neq 0$. 然后实施第 1 行的 $-\dfrac{a_{k1}}{a_{11}}$ 倍加到第 $k$ 行上去, 矩阵 $\boldsymbol{A}$ 化为如下形式:

$$\boldsymbol{B}=\begin{pmatrix} a_{11} & a_{12} & \cdots & a_{1n} \\ 0 & a'_{22} & \cdots & a'_{2n} \\ \vdots & \vdots & & \vdots \\ 0 & a'_{n2} & \cdots & a'_{nn} \end{pmatrix}.$$

在上述矩阵 $\boldsymbol{B}$ 中, $a'_{22},a'_{32},\cdots,a'_{n2}$ 不全为 0. 如果全为 0, 显然 $|\boldsymbol{B}|=0$, 则有 $|\boldsymbol{A}|=0$, 这与 $\boldsymbol{A}$ 可逆矛盾. 因此, 不妨设 $a'_{22}\neq 0$, 则

$$\boldsymbol{A}\rightarrow\boldsymbol{B}\rightarrow\begin{pmatrix} a_{11} & a_{12} & a_{13} & \cdots & a_{1n} \\ 0 & a'_{22} & a'_{23} & \cdots & a'_{2n} \\ 0 & 0 & a''_{33} & \cdots & a''_{3n} \\ \vdots & \vdots & \vdots & & \vdots \\ 0 & 0 & a''_{n3} & \cdots & a''_{nn} \end{pmatrix}.$$

不断这样进行下去, 一定可以将矩阵 $\boldsymbol{A}$ 化为三角矩阵, 且对角线上元素全不为 0. 然后, 从最后 1 行开始实施初等行变换, 最终将 $\boldsymbol{A}$ 化为单位矩阵 $\boldsymbol{E}$.

由引理 1 的证明过程可以看出, 如果 $n$ 阶矩阵 $\boldsymbol{A}$ 不可逆, 引理 1 不再成立, 且类似引理 1 的证明, 可以证明 (请读者自行完成) 如下引理 (第 2 章定理 2′).

**引理 2** 设 $m\times n$ 矩阵 $\boldsymbol{A}$ 的秩为 $r$, 则经过有限次初等行变换和列变换, 可把 $\boldsymbol{A}$ 化为如下形式 $\begin{pmatrix} \boldsymbol{E}_r & \boldsymbol{O} \\ \boldsymbol{O} & \boldsymbol{O} \end{pmatrix}$.

形式为 $\begin{pmatrix} \boldsymbol{E}_r & \boldsymbol{O} \\ \boldsymbol{O} & \boldsymbol{O} \end{pmatrix}$ 的矩阵称为矩阵 $\boldsymbol{A}$ 的**标准形式** (记为 $\boldsymbol{E}_{m\times n}^{(r)}$), 它是唯一的. 也就是说, 矩阵 $\boldsymbol{A}$ 一定等价于它的标准形式. 注意, 仅对 $\boldsymbol{A}$ 实施初等行变换或列变换, 一般都不能将 $\boldsymbol{A}$ 化为标准形式.

根据定理 6, 对可逆的 $n$ 阶矩阵 $\boldsymbol{A}$ 每进行一次初等行变换, 相当于左乘一个初等矩阵, 因此, 存在有限个初等矩阵 $\boldsymbol{P}_1, \boldsymbol{P}_2, \cdots, \boldsymbol{P}_t$, 使得

$$\boldsymbol{P}_1\boldsymbol{P}_2\cdots\boldsymbol{P}_t\boldsymbol{A} = \boldsymbol{E}. \tag{4}$$

于是, 根据初等矩阵的逆仍然是初等矩阵, 即有如下推论.

**推论 5** *任一 $n$ 阶可逆矩阵 $\boldsymbol{A}$ 一定可以表示为有限个初等矩阵的乘积.*

反过来, 如果一个方阵 $\boldsymbol{A}$ 可以表示成有限初等矩阵的乘积, 则 $\boldsymbol{A}$ 一定可逆 (这是因为此时 $|\boldsymbol{A}| \neq 0$). 因此, 得到如下定理.

**定理 7** *方阵 $\boldsymbol{A}$ 可逆的充分必要条件是它可以表示为有限个初等矩阵的乘积.*

观察 (4) 式, 根据矩阵逆的知识, 即有 $\boldsymbol{A}^{-1} = \boldsymbol{P}_1\boldsymbol{P}_2\cdots\boldsymbol{P}_t$. 于是,

$$\boldsymbol{P}_1\boldsymbol{P}_2\cdots\boldsymbol{P}_t(\boldsymbol{A}, \boldsymbol{E}) = (\boldsymbol{E}, \boldsymbol{P}_1\boldsymbol{P}_2\cdots\boldsymbol{P}_t) = (\boldsymbol{E}, \boldsymbol{A}^{-1}).$$

上式提供了一个利用矩阵初等行变换计算 $\boldsymbol{A}^{-1}$ 的方法, 这一方法称为**初等变换法**.

例如, 对 $\boldsymbol{A} = \begin{pmatrix} 1 & 2 & 3 \\ 2 & 1 & 2 \\ 1 & 3 & 4 \end{pmatrix}$, 由于 $(\boldsymbol{A}, \boldsymbol{E}) \to \begin{pmatrix} 1 & 0 & 0 & -2 & 1 & 1 \\ 0 & 1 & 0 & -6 & 1 & 4 \\ 0 & 0 & 1 & 5 & -1 & -3 \end{pmatrix}$.

因此

$$\boldsymbol{A}^{-1} = \begin{pmatrix} -2 & 1 & 1 \\ -6 & 1 & 4 \\ 5 & -1 & -3 \end{pmatrix}.$$

**例 29** 设矩阵 $\boldsymbol{A} = \begin{pmatrix} 4 & 2 & 3 \\ 3 & 1 & 2 \\ 2 & 1 & 1 \end{pmatrix}$, $\boldsymbol{B} = \begin{pmatrix} 1 & 2 & 3 \\ 3 & -1 & 4 \\ 4 & 1 & 7 \end{pmatrix}$, 利用初等行变换法判断矩阵 $\boldsymbol{A}, \boldsymbol{B}$ 是否可逆? 如果可逆, 求其逆.

**解** 构造矩阵 $(\boldsymbol{A}, \boldsymbol{E})$ 并施行初等行变换, 得

$$(\boldsymbol{A}, \boldsymbol{E}) \to \begin{pmatrix} 1 & 0 & 0 & -1 & 1 & 1 \\ 0 & 1 & 0 & 1 & -2 & 1 \\ 0 & 0 & 1 & 1 & 0 & -2 \end{pmatrix}.$$

因此矩阵 $\boldsymbol{A}$ 可逆, 且 $\boldsymbol{A}^{-1} = \begin{pmatrix} -1 & 1 & 1 \\ 1 & -2 & 1 \\ 1 & 0 & -2 \end{pmatrix}$.

构造矩阵 $(\boldsymbol{B},\boldsymbol{E})$, 并对其实施初等行变换, 得

$$(\boldsymbol{B},\boldsymbol{E})=\begin{pmatrix}1&2&3&1&0&0\\3&-1&4&0&1&0\\4&1&7&0&0&1\end{pmatrix}\to\begin{pmatrix}1&2&3&1&0&0\\0&-7&-5&-3&1&0\\0&-7&-5&-4&0&1\end{pmatrix}$$

$$\to\begin{pmatrix}1&2&3&1&0&0\\0&-7&-5&-3&1&0\\0&0&0&-1&-1&1\end{pmatrix}.$$

显然矩阵 $\boldsymbol{B}$ 不可逆.

必须注意, 在利用初等行变换求矩阵 $\boldsymbol{A}$ 的逆矩阵时, 始终只能进行初等行变换, 其间不能进行任何初等列变换. 若在此过程中出现某一行元素全为 0, 则 $\boldsymbol{A}$ 的行列式为 0, 因此矩阵 $\boldsymbol{A}$ 不可逆.

同样地, 利用初等列变换也可以求矩阵的逆 (请自行分析):

$$\begin{pmatrix}\boldsymbol{A}\\\boldsymbol{E}\end{pmatrix}\xrightarrow{\text{列变换}}\begin{pmatrix}\boldsymbol{E}\\\boldsymbol{A}^{-1}\end{pmatrix}.$$

当然在利用初等列变换求矩阵 $\boldsymbol{A}$ 的逆矩阵时, 始终只能进行初等列变换, 其间不能进行任何初等行变换. 请推导初等列变换求矩阵逆的基本流程.

**例 30**　将矩阵 $\boldsymbol{A}=\begin{pmatrix}1&2&0\\0&2&2\\1&1&3\end{pmatrix}$ 表示为若干初等矩阵的乘积.

**解**　由 $|\boldsymbol{A}|=8\neq0$, 知 $\boldsymbol{A}$ 可逆. 利用初等变换将 $\boldsymbol{A}$ 化为单位矩阵, 并记录每次所作变换, 再将 $\boldsymbol{A}$ 用初等矩阵的乘积表示出来.

$$\boldsymbol{A}\xrightarrow{r_3-r_1}\begin{pmatrix}1&2&0\\0&2&2\\0&-1&3\end{pmatrix}\xrightarrow{\frac{1}{2}r_2}\begin{pmatrix}1&2&0\\0&1&1\\0&-1&3\end{pmatrix}\xrightarrow{r_3+r_2}\begin{pmatrix}1&2&0\\0&1&1\\0&0&4\end{pmatrix}$$

$$\xrightarrow{\frac{1}{4}r_3}\begin{pmatrix}1&2&0\\0&1&1\\0&0&1\end{pmatrix}\xrightarrow{r_2-r_3}\begin{pmatrix}1&2&0\\0&1&0\\0&0&1\end{pmatrix}\xrightarrow{r_1-2r_2}\begin{pmatrix}1&0&0\\0&1&0\\0&0&1\end{pmatrix}.$$

以上过程表示为

$$\boldsymbol{E}(1,2(-2))\boldsymbol{E}(2,3(-1))\boldsymbol{E}\left(3\left(\frac{1}{4}\right)\right)\boldsymbol{E}(3,2(1))\boldsymbol{E}\left(2\left(\frac{1}{2}\right)\right)\boldsymbol{E}(3,1(-1))\boldsymbol{A}=\boldsymbol{E}.$$

于是

$$A=\left(E(1,2(-2))E(2,3(-1))E\left(3\left(\frac{1}{4}\right)\right)E(3,2(1))E\left(2\left(\frac{1}{2}\right)\right)E(3,1(-1))\right)^{-1}.$$

利用初等矩阵逆矩阵公式, 得

$$\begin{aligned}A&=E(3,1(1))E(2(2))E(3,2(-1))E(3(4))E(2,3(1))E(1,2(2))\\&=\begin{pmatrix}1&0&0\\0&1&0\\1&0&1\end{pmatrix}\begin{pmatrix}1&0&0\\0&2&0\\0&0&1\end{pmatrix}\begin{pmatrix}1&0&0\\0&1&0\\0&-1&1\end{pmatrix}\\&\quad\times\begin{pmatrix}1&0&0\\0&1&0\\0&0&4\end{pmatrix}\begin{pmatrix}1&0&0\\0&1&1\\0&0&1\end{pmatrix}\begin{pmatrix}1&2&0\\0&1&0\\0&0&1\end{pmatrix}.\end{aligned}$$

可逆矩阵的初等矩阵的分解式是不唯一的, 同时, 在分解过程中, 没有必须实施初等行变换或初等列变换的要求.

根据定理 6, 引理 2 可以换个说法.

**定理 8** 对任意 $m\times n$ 矩阵 $A$, 必存在 $m$ 阶初等矩阵 $P_1,P_2,\cdots,P_t$ 和 $n$ 阶初等矩阵 $Q_1,Q_2,\cdots,Q_s$, 使得

$$A=P_1P_2\cdots P_tE_{m\times n}^{(r)}Q_1Q_2\cdots Q_s,$$

其中 $E_{m\times n}^{(r)}$ 表示矩阵 $A$ 的标准形矩阵, $r=r(A)$.

在定理 8 中, 记 $P=P_1P_2\cdots P_t, Q=Q_1Q_2\cdots Q_s$, 由此我们可以得到关于矩阵等价的一个新的描述.

**定理 9** 矩阵 $A_{m\times n}$ 与 $B_{m\times n}$ 等价的充分必要条件是存在 $m$ 阶可逆矩阵 $P$ 和 $n$ 阶可逆矩阵 $Q$, 使得

$$A=PBQ.$$

由定理 9, 显然可逆矩阵 $A$ 一定与单位矩阵 $E$ 等价.

**例 31** 把矩阵 $A=\begin{pmatrix}a&0\\0&a^{-1}\end{pmatrix}$ 表成形式为 $\begin{pmatrix}1&x\\0&1\end{pmatrix}$ 和 $\begin{pmatrix}1&0\\x&1\end{pmatrix}$ 矩阵的乘积.

**解** 对矩阵 $A$ 作某行 (列) $k$ 倍加另 1 行 (列) 的倍加初等变换即可.

$$A\xrightarrow{c_2+a^{-1}c_1}\begin{pmatrix}a&1\\0&a^{-1}\end{pmatrix}\xrightarrow{r_2+(1-a^{-1})r_1}\begin{pmatrix}a&1\\a-1&1\end{pmatrix}\xrightarrow{c_1+(1-a)c_2}\begin{pmatrix}1&1\\0&1\end{pmatrix}.$$

从而,

$$\begin{pmatrix}1&0\\1-a^{-1}&1\end{pmatrix}A\begin{pmatrix}1&a^{-1}\\0&1\end{pmatrix}\begin{pmatrix}1&0\\1-a&1\end{pmatrix}=\begin{pmatrix}1&1\\0&1\end{pmatrix}.$$

注意到 $\begin{pmatrix} 1 & 0 \\ x & 1 \end{pmatrix}^{-1} = \begin{pmatrix} 1 & 0 \\ -x & 1 \end{pmatrix}, \begin{pmatrix} 1 & x \\ 0 & 1 \end{pmatrix}^{-1} = \begin{pmatrix} 1 & -x \\ 0 & 1 \end{pmatrix}$, 所以

$$\boldsymbol{A} = \begin{pmatrix} 1 & 0 \\ a^{-1}-1 & 1 \end{pmatrix} \begin{pmatrix} 1 & 1 \\ 0 & 1 \end{pmatrix} \begin{pmatrix} 1 & 0 \\ a-1 & 1 \end{pmatrix} \begin{pmatrix} 1 & -a^{-1} \\ 0 & 1 \end{pmatrix}.$$

至此, 我们可以归纳汇总 $n$ 阶矩阵 $\boldsymbol{A}$ 可逆的充分必要条件如下:

(1) 存在矩阵 $\boldsymbol{B}$ 使 $\boldsymbol{AB} = \boldsymbol{BA} = \boldsymbol{E}$(本章定义 7);

(2) $r(\boldsymbol{A}) = n$;

(3) $|\boldsymbol{A}| \neq 0$;

(4) $\boldsymbol{A}$ 可分解为一系列初等矩阵的乘积 (本章定理 7);

(5) 矩阵 $\boldsymbol{A}$ 与单位矩阵 $\boldsymbol{E}$ 等价;

(6) 方程组 $\boldsymbol{Ax} = \boldsymbol{0}$ 只有零解;

(7) 方程组 $\boldsymbol{Ax} = \boldsymbol{b}$ 有唯一解 $(r(\boldsymbol{A}) = r(\boldsymbol{A}, \boldsymbol{b}) = n)$;

(8) $\boldsymbol{A}$ 的行向量组线性无关;

(9) $\boldsymbol{A}$ 的列向量组线性无关.

最后, 归纳汇总关于转置矩阵、可逆矩阵、伴随矩阵一些公式以进行比较 (假设下表中出现的运算均有意义).

| 转置矩阵 | 可逆矩阵 | 伴随矩阵 |
|---|---|---|
| $(\boldsymbol{A}^{\mathrm{T}})^{\mathrm{T}} = \boldsymbol{A}$ | $(\boldsymbol{A}^{-1})^{-1} = \boldsymbol{A}$ | $(\boldsymbol{A}^*)^* = \|\boldsymbol{A}\|^{n-2}\boldsymbol{A}$ |
| $(\boldsymbol{AB})^{\mathrm{T}} = \boldsymbol{B}^{\mathrm{T}}\boldsymbol{A}^{\mathrm{T}}$ | $(\boldsymbol{AB})^{-1} = \boldsymbol{B}^{-1}\boldsymbol{A}^{-1}$ | $(\boldsymbol{AB})^* = \boldsymbol{B}^*\boldsymbol{A}^*$ |
| $(k\boldsymbol{A})^{\mathrm{T}} = k\boldsymbol{A}^{\mathrm{T}}$ | $(k\boldsymbol{A})^{-1} = k^{-1}\boldsymbol{A}^{-1}(k \neq 0)$ | $(k\boldsymbol{A})^* = k^{n-1}\boldsymbol{A}^*$ |
| $r(\boldsymbol{A}) = r(\boldsymbol{A}^{\mathrm{T}})$ | $r(\boldsymbol{A}) = r(\boldsymbol{A}^{-1})$ | $r(\boldsymbol{A}^*) = \begin{cases} n, & r(\boldsymbol{A}) = n \\ 1, & r(\boldsymbol{A}) = n-1 \\ 0, & r(\boldsymbol{A}) < n-1 \end{cases}$ |
| $\|\boldsymbol{A}^{\mathrm{T}}\| = \|\boldsymbol{A}\|$ | $\|\boldsymbol{A}^{-1}\| = \dfrac{1}{\|\boldsymbol{A}\|}$ | $\|\boldsymbol{A}^*\| = \|\boldsymbol{A}\|^{n-1}$ |
| $(\boldsymbol{A}+\boldsymbol{B})^{\mathrm{T}} = \boldsymbol{A}^{\mathrm{T}} + \boldsymbol{B}^{\mathrm{T}}$ | $(\boldsymbol{A}+\boldsymbol{B})^{-1} \neq \boldsymbol{A}^{-1} + \boldsymbol{B}^{-1}$ | $(\boldsymbol{A}+\boldsymbol{B})^* \neq \boldsymbol{A}^* + \boldsymbol{B}^*$ |
| $\boldsymbol{E}^{\mathrm{T}} = \boldsymbol{E}$ | $\boldsymbol{E}^{-1} = \boldsymbol{E}$ | $\boldsymbol{E}^* = \boldsymbol{E}$ |

## 习　题　3.3

1. 判断下列矩阵是否有相同的等价标准形.

(1) $\begin{pmatrix} 1 & 2 & 3 \\ 2 & 4 & 6 \\ 0 & 1 & 2 \end{pmatrix}, \begin{pmatrix} 1 & -1 & 5 \\ 0 & 3 & 3 \\ 0 & 2 & 2 \end{pmatrix}$;　　(2) $\begin{pmatrix} -1 & 0 & 4 \\ 3 & 0 & -1 \\ 0 & 1 & -1 \end{pmatrix}, \begin{pmatrix} 1 & -1 & 5 \\ -1 & 4 & -2 \\ 0 & 3 & 3 \end{pmatrix}$.

2. 将 $n$ 阶可逆矩阵 $\boldsymbol{A}$ 的第 $i$ 行与第 $j$ 行互换位置得到矩阵 $\boldsymbol{B}$, 证明矩阵 $\boldsymbol{B}$ 可逆, 并求 $\boldsymbol{A}\boldsymbol{B}^{-1}$.

3. 将 3 阶矩阵 $\boldsymbol{A}$ 的第 2 行的 3 倍加到第 3 行上得到矩阵 $\boldsymbol{A}_1$; 将 3 阶矩阵 $\boldsymbol{B}$ 的第 3 列元素乘 2 倍得到矩阵 $\boldsymbol{B}_1$, $\boldsymbol{A}_1\boldsymbol{B}_1=\begin{pmatrix}0&3&1\\2&5&3\\4&8&6\end{pmatrix}$, 求 $\boldsymbol{AB}$.

4. 利用初等变换求下列矩阵的逆.

(1) $\begin{pmatrix}2&2&3\\1&-1&0\\-1&2&1\end{pmatrix}$; (2) $\begin{pmatrix}1&1&-1\\2&1&0\\1&-1&0\end{pmatrix}$; (3) $\begin{pmatrix}-1&1&-1\\-1&-1&1\\1&-1&-1\end{pmatrix}$.

5. 利用初等变换判断下列矩阵是否可逆, 若可逆, 求其逆.

(1) $\begin{pmatrix}1&2&3\\1&2&1\\0&1&1\end{pmatrix}$; (2) $\begin{pmatrix}1&0&1\\2&1&0\\3&2&0\end{pmatrix}$; (3) $\begin{pmatrix}1&3&-5&7\\0&1&2&-3\\0&0&1&2\\0&0&0&1\end{pmatrix}$.

6. 将下列可逆矩阵分解成初等矩阵的乘积.

(1) $\begin{pmatrix}0&1&2\\1&2&3\\1&2&1\end{pmatrix}$; (2) $\begin{pmatrix}1&1&1&1\\0&1&1&1\\0&0&1&1\\0&0&0&1\end{pmatrix}$.

7. 已知 $n$ 阶矩阵 $\boldsymbol{A}$ 的行列式 $|\boldsymbol{A}|=1$, 证明 $\boldsymbol{A}$ 可表示成 $\boldsymbol{E}(i,j(k))$ 这类初等矩阵的乘积.

8. 设 $\boldsymbol{A}=\begin{pmatrix}a&b\\c&d\end{pmatrix}$, $|\boldsymbol{A}|=1$, 证明 $\boldsymbol{A}$ 可表示成形式为 $\begin{pmatrix}1&x\\0&1\end{pmatrix}$, $\begin{pmatrix}1&0\\x&1\end{pmatrix}$ 的矩阵乘积.

9. 设 $n$ 阶矩阵 $\boldsymbol{A}$ 的秩为 1, 证明 $\boldsymbol{A}=\begin{pmatrix}a_1\\a_2\\\vdots\\a_n\end{pmatrix}(b_1\ b_2\ \cdots\ b_n)$, 且 $\boldsymbol{A}^2=k\boldsymbol{A}$.

## 3.4 分块矩阵

### 3.4.1 分块矩阵的运算

当一个矩阵的行数和列数较大时, 对其进行运算一般会很烦琐. 因此, 探讨一些运算技巧, 有时就显得特别必要. 矩阵分块就是其中一个十分重要的技巧. 它的基本思想是, 把一个大型矩阵分成若干“小块矩阵”的分块矩阵, 然后把大型矩阵运算化为若干小型矩阵运算. 下面通过例子说明如何对矩阵进行分块以及分块矩阵的运算方法.

例如, 对于矩阵 $\boldsymbol{A}=\begin{pmatrix}2&1&1&0&-1\\1&2&2&-3&0\\0&0&1&0&0\\0&0&0&1&0\\0&0&0&0&1\end{pmatrix}$, 可以按照 $\boldsymbol{A}=\begin{pmatrix}\boldsymbol{A}_1&\boldsymbol{A}_2\\\boldsymbol{O}&\boldsymbol{E}_3\end{pmatrix}$ 的形式分块, 其中 $\boldsymbol{A}_1=\begin{pmatrix}2&1\\1&2\end{pmatrix}$, $\boldsymbol{A}_2=\begin{pmatrix}1&0&-1\\2&-3&0\end{pmatrix}$; 也可以按照 $\boldsymbol{A}=\begin{pmatrix}\boldsymbol{A}_3&\boldsymbol{A}_4\\\boldsymbol{O}&\boldsymbol{E}_2\end{pmatrix}$ 的形式分块, 其中 $\boldsymbol{A}_3=\begin{pmatrix}2&1&1\\1&2&2\\0&0&1\end{pmatrix}$, $\boldsymbol{A}_4=\begin{pmatrix}0&-1\\-3&0\\0&0\end{pmatrix}$. 因此, 对一个矩阵 $\boldsymbol{A}$ 的分块可以有很多分法, 没有一个通用的标准. 对于元素是矩阵的分块矩阵运算, 与通常矩阵有完全类似的运算法则. 但有两点需要特别注意: 一是必须保证相关运算有意义, 二是保证分块有利于简化运算.

(1) 设 $\boldsymbol{A}=\mathrm{diag}(\boldsymbol{A}_1,\boldsymbol{A}_2,\cdots,\boldsymbol{A}_s)$ (该矩阵也称**准对角矩阵**), 如果 $\boldsymbol{A}_i$ $(i=1,2,\cdots,s)$ 是可逆方阵, 则

$$\boldsymbol{A}^{-1}=\mathrm{diag}(\boldsymbol{A}_1^{-1},\boldsymbol{A}_2^{-1},\cdots,\boldsymbol{A}_s^{-1}).$$

特别地, $\begin{pmatrix}a_1&&&\\&a_2&&\\&&\ddots&\\&&&a_n\end{pmatrix}^{-1}=\begin{pmatrix}a_1^{-1}&&&\\&a_2^{-1}&&\\&&\ddots&\\&&&a_n^{-1}\end{pmatrix}$ $(a_i\neq 0,i=1,2,\cdots,n)$.

例如, 设 $\boldsymbol{A}_1=2,\boldsymbol{A}_2=\begin{pmatrix}1&2\\1&3\end{pmatrix},\boldsymbol{A}_3=4,\boldsymbol{A}=\begin{pmatrix}\boldsymbol{A}_1&&\\&\boldsymbol{A}_2&\\&&\boldsymbol{A}_3\end{pmatrix}$, 则

$$\boldsymbol{A}^{-1}=\begin{pmatrix}2&0&0&0\\0&1&2&0\\0&1&3&0\\0&0&0&4\end{pmatrix}^{-1}=\begin{pmatrix}\boldsymbol{A}_1^{-1}&&\\&\boldsymbol{A}_2^{-1}&\\&&\boldsymbol{A}_3^{-1}\end{pmatrix}=\begin{pmatrix}\frac{1}{2}&0&0&0\\0&3&-2&0\\0&-1&1&0\\0&0&0&\frac{1}{4}\end{pmatrix}.$$

(2) 设 $A=\begin{pmatrix} & & & A_1\\ & & A_2 & \\ & \iddots & & \\ A_s & & & \end{pmatrix}$, 如果 $A_i\ (i=1,2,\cdots,s)$ 是可逆矩阵, 则

$$A^{-1}=\begin{pmatrix} & & & A_s^{-1}\\ & & A_{s-1}^{-1} & \\ & \iddots & & \\ A_1^{-1} & & & \end{pmatrix}.$$

**例 32** 设 $A=\begin{pmatrix} B & O\\ C & D\end{pmatrix}$, 其中 $B,D$ 分别为 $m$ 阶和 $n$ 阶可逆矩阵. 证明 $A$ 可逆, 并求 $A^{-1}$.

**证明** 由 $|A|=|B||D|\neq 0$ 知 $A$ 可逆. 设 $A^{-1}=\begin{pmatrix} X & Y\\ Z & T\end{pmatrix}$, 其中 $X,T$ 分别是与 $B,D$ 同阶的方阵. 于是由

$$AA^{-1}=\begin{pmatrix} B & O\\ C & D\end{pmatrix}\begin{pmatrix} X & Y\\ Z & T\end{pmatrix}=\begin{pmatrix} E_m & O\\ O & E_n\end{pmatrix}$$

得

$$BX=E_m,\quad BY=O,\quad CX+DZ=O,\quad CY+DT=E_n.$$

由此得

$$X=B^{-1},\quad Y=O,\quad Z=-D^{-1}CB^{-1},\quad T=D^{-1}.$$

于是 $A^{-1}=\begin{pmatrix} B^{-1} & O\\ -D^{-1}CB^{-1} & D^{-1}\end{pmatrix}$.

**例 33** 已知 $A=\begin{pmatrix} 0 & 1 & 0 & \cdots & 0\\ 0 & 0 & 2 & \cdots & 0\\ \vdots & \vdots & \vdots & & \vdots\\ 0 & 0 & 0 & \cdots & n-1\\ n & 0 & 0 & \cdots & 0\end{pmatrix}$ $(n>1)$, 求 $A_{k1}+A_{k2}+\cdots+A_{kn}$, 其中 $1\leqslant k\leqslant n$, $A_{kj}\ (j=1,2,\cdots,n)$ 为 $\det A$ 中第 $k$ 行元素的代数余子式.

**解** 将矩阵 $A$ 分块, 即

$$A=\begin{pmatrix} \mathbf{0} & A_1\\ n & \mathbf{0}\end{pmatrix},$$

其中 $\boldsymbol{A}_1=\mathrm{diag}(1,2,\cdots,n-1)$. 则

$$\boldsymbol{A}^{-1}=\begin{pmatrix} \boldsymbol{0} & \dfrac{1}{n} \\ \boldsymbol{A}_1^{-1} & \boldsymbol{0} \end{pmatrix},$$

而 $\boldsymbol{A}_1{}^{-1}=\mathrm{diag}\left(1,\dfrac{1}{2},\cdots,\dfrac{1}{n-1}\right)$. 并且我们知道 $|\boldsymbol{A}|=(-1)^{n-1}n!$, 而 $\boldsymbol{A}^*=|\boldsymbol{A}|\boldsymbol{A}^{-1}$. 因此, 就得到了 $\boldsymbol{A}^*$ 的具体计算结果, 其第 $k$ 列元素除 $\dfrac{(-1)^{n-1}n!}{k}$ 之外, 其余全为 0. 所求的第 $k$ 行元素代数余子式之和, 就是矩阵 $\boldsymbol{A}^*$ 的第 $k$ 列元素之和. 因此,

$$A_{k1}+A_{k2}+\cdots+A_{kn}=\frac{(-1)^{n-1}n!}{k}.$$

### 3.4.2 分块矩阵的初等变换

类似于通常矩阵的初等变换, 我们可以定义分块矩阵的初等变换. 分块矩阵的初等变换也有三种类型:

(1) 交换分块矩阵的两行 (列);

(2) 用一个适当阶数的可逆矩阵左 (右) 乘分块矩阵的某一行 (列) 的各子块;

(3) 将分块矩阵的某一行 (列) 左乘 (右乘) 相应子矩阵加到另外一行 (列).

在具体运算过程中, 需要注意两点: 一是所有运算必须有意义; 二是初等行变换只能是在某一行左乘一矩阵, 初等列变换只能是在某一列右乘一矩阵.

**例 34** 设分块矩阵 $\boldsymbol{P}=\begin{pmatrix} \boldsymbol{A} & \boldsymbol{B} \\ \boldsymbol{O} & \boldsymbol{C} \end{pmatrix}$, 其中 $\boldsymbol{A},\boldsymbol{C}$ 分别是 $m$ 阶和 $n$ 阶可逆矩阵, $\boldsymbol{B}$ 为 $m\times n$ 矩阵. 证明 $\boldsymbol{P}$ 可逆, 并求 $\boldsymbol{P}^{-1}$.

**证明** 类似于元素为实数的矩阵的求逆办法, 构造下述分块矩阵, 并对其实施分块矩阵的初等变换可得

$$\begin{pmatrix} \boldsymbol{A} & \boldsymbol{B} & \boldsymbol{E}_m & \boldsymbol{O} \\ \boldsymbol{O} & \boldsymbol{C} & \boldsymbol{O} & \boldsymbol{E}_n \end{pmatrix} \to \begin{pmatrix} \boldsymbol{E}_m & \boldsymbol{A}^{-1}\boldsymbol{B} & \boldsymbol{A}^{-1} & \boldsymbol{O} \\ \boldsymbol{O} & \boldsymbol{C} & \boldsymbol{O} & \boldsymbol{E}_n \end{pmatrix}$$
$$\to \begin{pmatrix} \boldsymbol{E}_m & \boldsymbol{O} & \boldsymbol{A}^{-1} & -\boldsymbol{A}^{-1}\boldsymbol{B}\boldsymbol{C}^{-1} \\ \boldsymbol{O} & \boldsymbol{E}_n & \boldsymbol{O} & \boldsymbol{C}^{-1} \end{pmatrix}.$$

因此, 矩阵 $\boldsymbol{P}$ 可逆, 且 $\boldsymbol{P}^{-1}=\begin{pmatrix} \boldsymbol{A}^{-1} & -\boldsymbol{A}^{-1}\boldsymbol{B}\boldsymbol{C}^{-1} \\ \boldsymbol{O} & \boldsymbol{C}^{-1} \end{pmatrix}$.

**例 35** 证明可逆上三角矩阵的逆矩阵仍然是上三角矩阵.

**证明** 对 $n$ 阶矩阵 $\boldsymbol{A}$ 的阶数用数学归纳法.

当 $n=1$ 时结论显然成立. 设 $n=k-1$ 时结论成立. 将可逆的上三角矩阵 $\boldsymbol{A}_k$ 按如下形式分块, 即

$$\boldsymbol{A}_k=\begin{pmatrix} a_{11} & \boldsymbol{\alpha}^{\mathrm{T}} \\ \boldsymbol{0} & \boldsymbol{A}_{k-1} \end{pmatrix},$$

其中 $\boldsymbol{A}_{k-1}$ 为 $k-1$ 阶上三角矩阵. 易知 $a_{11}\neq 0, \boldsymbol{A}_{k-1}$ 可逆, 因此, 由例 34 得

$$\boldsymbol{A}_k^{-1}=\begin{pmatrix} a_{11}^{-1} & -a_{11}^{-1}\boldsymbol{\alpha}^{\mathrm{T}}\boldsymbol{A}_{k-1}^{-1} \\ \boldsymbol{0} & \boldsymbol{A}_{k-1}^{-1} \end{pmatrix}.$$

由假设 $\boldsymbol{A}_{k-1}^{-1}$ 是上三角矩阵, 因此, $\boldsymbol{A}_k^{-1}$ 也是上三角矩阵. 由归纳法可知结论成立.

**例 36** 设 $\boldsymbol{A}$ 为 $m\times n$ 矩阵, $\boldsymbol{B}$ 为 $n\times m$ 矩阵, 证明 $|\boldsymbol{E}_m-\boldsymbol{AB}|=|\boldsymbol{E}_n-\boldsymbol{BA}|$.

**证明** 构造分块矩阵 $\begin{pmatrix} \boldsymbol{E}_m & \boldsymbol{A} \\ \boldsymbol{B} & \boldsymbol{E}_n \end{pmatrix}$, 并对其分别实施下述初等变换, 即

$$\begin{pmatrix} \boldsymbol{E}_m & \boldsymbol{A} \\ \boldsymbol{B} & \boldsymbol{E}_n \end{pmatrix}\to\begin{pmatrix} \boldsymbol{E}_m-\boldsymbol{AB} & \boldsymbol{O} \\ \boldsymbol{B} & \boldsymbol{E}_n \end{pmatrix},\quad \begin{pmatrix} \boldsymbol{E}_m & \boldsymbol{A} \\ \boldsymbol{B} & \boldsymbol{E}_n \end{pmatrix}\to\begin{pmatrix} \boldsymbol{E}_m & \boldsymbol{O} \\ \boldsymbol{B} & \boldsymbol{E}_n-\boldsymbol{BA} \end{pmatrix}.$$

则有等式

$$\begin{pmatrix} \boldsymbol{E}_m & -\boldsymbol{A} \\ \boldsymbol{O} & \boldsymbol{E}_n \end{pmatrix}\begin{pmatrix} \boldsymbol{E}_m & \boldsymbol{A} \\ \boldsymbol{B} & \boldsymbol{E}_n \end{pmatrix}=\begin{pmatrix} \boldsymbol{E}_m-\boldsymbol{AB} & \boldsymbol{O} \\ \boldsymbol{B} & \boldsymbol{E}_n \end{pmatrix},$$

$$\begin{pmatrix} \boldsymbol{E}_m & \boldsymbol{A} \\ \boldsymbol{B} & \boldsymbol{E}_n \end{pmatrix}\begin{pmatrix} \boldsymbol{E}_m & -\boldsymbol{A} \\ \boldsymbol{O} & \boldsymbol{E}_n \end{pmatrix}=\begin{pmatrix} \boldsymbol{E}_m & \boldsymbol{O} \\ \boldsymbol{B} & \boldsymbol{E}_n-\boldsymbol{BA} \end{pmatrix}.$$

将以上两式取行列式, 即知结论成立.

**例 37** 设 $\boldsymbol{A},\boldsymbol{B}$ 均为 $n$ 阶方阵, 证明 $|\boldsymbol{AB}|=|\boldsymbol{A}||\boldsymbol{B}|$.

**证明** 由于

$$\begin{pmatrix} \boldsymbol{E} & \boldsymbol{A} \\ \boldsymbol{O} & \boldsymbol{E} \end{pmatrix}\begin{pmatrix} \boldsymbol{A} & \boldsymbol{O} \\ -\boldsymbol{E} & \boldsymbol{B} \end{pmatrix}=\begin{pmatrix} \boldsymbol{O} & \boldsymbol{AB} \\ -\boldsymbol{E} & \boldsymbol{B} \end{pmatrix}.$$

上式取行列式, 得

$$|\boldsymbol{A}||\boldsymbol{B}|=(-1)^{n^2}|-\boldsymbol{E}||\boldsymbol{AB}|=(-1)^{n^2}(-1)^n|\boldsymbol{AB}|=(-1)^{n(n+1)}|\boldsymbol{AB}|=|\boldsymbol{AB}|.$$

### 3.4.3 分块矩阵的秩

分块矩阵的秩有一些特殊性质, 它们是有用的工具之一.

**定理 10** 设分块矩阵 $\boldsymbol{M}=\begin{pmatrix} \boldsymbol{A} & \boldsymbol{C} \\ \boldsymbol{O} & \boldsymbol{B} \end{pmatrix}$, 其中 $\boldsymbol{A}_{m\times n},\boldsymbol{B}_{k\times l}$, 则

$$r(\boldsymbol{A})+r(\boldsymbol{B})\leqslant r(\boldsymbol{M}).$$

**证明**　设矩阵 $\boldsymbol{A},\boldsymbol{B}$ 在初等变换下的标准形矩阵分别为

$$\boldsymbol{A}_1=\begin{pmatrix}\boldsymbol{E}_r & \boldsymbol{O}\\ \boldsymbol{O} & \boldsymbol{O}\end{pmatrix},\quad \boldsymbol{B}_1=\begin{pmatrix}\boldsymbol{E}_s & \boldsymbol{O}\\ \boldsymbol{O} & \boldsymbol{O}\end{pmatrix},\quad r=r(\boldsymbol{A}),\quad s=r(\boldsymbol{B}).$$

那么矩阵 $\boldsymbol{M}$ 经初等变换化为矩阵

$$\boldsymbol{M}_1=\begin{pmatrix}\boldsymbol{A}_1 & \boldsymbol{C}_1\\ \boldsymbol{O} & \boldsymbol{B}_1\end{pmatrix}.$$

利用初等变换, 可将 $\boldsymbol{M}_1$ 化为 $\boldsymbol{M}_2=\begin{pmatrix}\boldsymbol{E}_r & & & \\ & \boldsymbol{E}_s & & \\ & & \boldsymbol{C}_2 & \\ & & & \boldsymbol{O}\end{pmatrix}$. 由于初等变换不改变矩阵的秩, 因此

$$r(\boldsymbol{M})=r(\boldsymbol{M}_1)=r(\boldsymbol{M}_2)=r+s+r(\boldsymbol{C}_2)\geqslant r+s=r(\boldsymbol{A})+r(\boldsymbol{B}).$$

根据定理 10, 立即有如下结论:

$$r(\boldsymbol{A})+r(\boldsymbol{B})\leqslant r(\boldsymbol{N}),$$

其中 $\boldsymbol{N}=\begin{pmatrix}\boldsymbol{A} & \boldsymbol{O}\\ \boldsymbol{C} & \boldsymbol{B}\end{pmatrix}$. 进一步, 如果 $\boldsymbol{C}=\boldsymbol{O}$, 则

$$r(\boldsymbol{M})=r(\boldsymbol{A})+r(\boldsymbol{B});\quad r(\boldsymbol{N})=r(\boldsymbol{A})+r(\boldsymbol{B}).$$

**例 38**　设 $\boldsymbol{A}$ 是 $s\times n$ 矩阵, $\boldsymbol{B}$ 是 $n\times m$ 矩阵, 证明 $r(\boldsymbol{AB})\geqslant r(\boldsymbol{A})+r(\boldsymbol{B})-n$.

**证明**　构造分块矩阵并实施初等变换, 即

$$\begin{pmatrix}\boldsymbol{E}_n & \boldsymbol{O}\\ \boldsymbol{O} & \boldsymbol{AB}\end{pmatrix}\to\begin{pmatrix}\boldsymbol{E}_n & \boldsymbol{O}\\ \boldsymbol{A} & \boldsymbol{AB}\end{pmatrix}\to\begin{pmatrix}\boldsymbol{E}_n & -\boldsymbol{B}\\ \boldsymbol{A} & \boldsymbol{O}\end{pmatrix}\to\begin{pmatrix}\boldsymbol{B} & \boldsymbol{E}_n\\ \boldsymbol{O} & \boldsymbol{A}\end{pmatrix}.$$

上式左端矩阵的秩明显为 $n+r(\boldsymbol{AB})$, 右端矩阵的秩至少为 $r(\boldsymbol{A})+r(\boldsymbol{B})$. 于是由初等变换不改变矩阵的秩, 即得 $n+r(\boldsymbol{AB})\geqslant r(\boldsymbol{A})+r(\boldsymbol{B})$. 因此, 结论成立.

**例 39**　设 $\boldsymbol{A}_{m\times n},\boldsymbol{B}_{n\times k},\boldsymbol{C}_{k\times s}$, 证明

$$r(\boldsymbol{AB})+r(\boldsymbol{BC})\leqslant r(\boldsymbol{ABC})+r(\boldsymbol{B}).$$

**证明**　令 $\boldsymbol{M}=\begin{pmatrix}\boldsymbol{AB} & \boldsymbol{O}\\ \boldsymbol{B} & \boldsymbol{BC}\end{pmatrix}$, 则由定理 10, 有

$$r(\boldsymbol{AB})+r(\boldsymbol{BC})\leqslant r(\boldsymbol{M}).$$

但

$$\begin{pmatrix} \boldsymbol{E}_m & -\boldsymbol{A} \\ \boldsymbol{O} & \boldsymbol{E}_n \end{pmatrix}\begin{pmatrix} \boldsymbol{AB} & \boldsymbol{O} \\ \boldsymbol{B} & \boldsymbol{BC} \end{pmatrix}\begin{pmatrix} \boldsymbol{E}_k & -\boldsymbol{C} \\ \boldsymbol{O} & \boldsymbol{E}_s \end{pmatrix}=\begin{pmatrix} \boldsymbol{O} & -\boldsymbol{ABC} \\ \boldsymbol{B} & \boldsymbol{O} \end{pmatrix}=\boldsymbol{N}.$$

显然有 $r(\boldsymbol{N})=r(\boldsymbol{B})+r(\boldsymbol{ABC})$, 而 $\begin{pmatrix} \boldsymbol{E}_m & -\boldsymbol{A} \\ \boldsymbol{O} & \boldsymbol{E}_n \end{pmatrix}$, $\begin{pmatrix} \boldsymbol{E}_k & -\boldsymbol{C} \\ \boldsymbol{O} & \boldsymbol{E}_s \end{pmatrix}$ 为行满秩矩阵 (实际上是对矩阵 $\boldsymbol{M}$ 初等变换得到矩阵 $\boldsymbol{N}$), 因此 $r(\boldsymbol{M})=r(\boldsymbol{N})$. 于是证明结论成立.

**例 40** 设矩阵 $\boldsymbol{A}$ 是 $r$ 阶可逆矩阵, 分块矩阵 $\boldsymbol{M}=\begin{pmatrix} \boldsymbol{A} & \boldsymbol{B} \\ \boldsymbol{C} & \boldsymbol{D} \end{pmatrix}$. 证明

$$r(\boldsymbol{M})=r+r(\boldsymbol{D}-\boldsymbol{CA}^{-1}\boldsymbol{B}).$$

**证明** 将 $\boldsymbol{M}$ 实施初等变换:

$$\boldsymbol{M}\longrightarrow\begin{pmatrix} \boldsymbol{E}_r & \boldsymbol{A}^{-1}\boldsymbol{B} \\ \boldsymbol{C} & \boldsymbol{D} \end{pmatrix}\longrightarrow\begin{pmatrix} \boldsymbol{E}_r & \boldsymbol{A}^{-1}\boldsymbol{B} \\ \boldsymbol{O} & \boldsymbol{D}-\boldsymbol{CA}^{-1}\boldsymbol{B} \end{pmatrix}.$$

由于初等变换不改变矩阵的秩, 因此

$$r(\boldsymbol{M})=r(\boldsymbol{E}_r)+r(\boldsymbol{D}-\boldsymbol{CA}^{-1}\boldsymbol{B})=r+r(\boldsymbol{D}-\boldsymbol{CA}^{-1}\boldsymbol{B}).$$

## 习题 3.4

1. 设 $\boldsymbol{A},\boldsymbol{B},\boldsymbol{C},\boldsymbol{D}$ 是 $n$ 阶矩阵, $|\boldsymbol{A}|\neq 0$, 且

$$\boldsymbol{P}=\begin{pmatrix} \boldsymbol{E} & \boldsymbol{O} \\ -\boldsymbol{CA}^{-1} & \boldsymbol{E} \end{pmatrix},\quad \boldsymbol{Q}=\begin{pmatrix} \boldsymbol{A} & \boldsymbol{B} \\ \boldsymbol{C} & \boldsymbol{D} \end{pmatrix},\quad \boldsymbol{W}=\begin{pmatrix} \boldsymbol{E} & -\boldsymbol{A}^{-1}\boldsymbol{B} \\ \boldsymbol{O} & \boldsymbol{E} \end{pmatrix}.$$

(1) 计算 $\boldsymbol{PQW}$;

(2) 证明 $\begin{vmatrix} \boldsymbol{A} & \boldsymbol{B} \\ \boldsymbol{C} & \boldsymbol{D} \end{vmatrix}=|\boldsymbol{A}||\boldsymbol{D}-\boldsymbol{CA}^{-1}\boldsymbol{B}|$.

2. 设 $\boldsymbol{A},\boldsymbol{B},\boldsymbol{C},\boldsymbol{D}$ 都是 $n$ 阶矩阵, $|\boldsymbol{A}|\neq 0, \boldsymbol{AC}=\boldsymbol{CA}$. 证明

$$\begin{vmatrix} \boldsymbol{A} & \boldsymbol{B} \\ \boldsymbol{C} & \boldsymbol{D} \end{vmatrix}=|\boldsymbol{AD}-\boldsymbol{CB}|.$$

3. 设 $\boldsymbol{A},\boldsymbol{B},\boldsymbol{C}$ 均为 $n$ 阶矩阵, 且 $\boldsymbol{A},\boldsymbol{B}$ 可逆. 证明 $\boldsymbol{M}=\begin{pmatrix} \boldsymbol{A} & \boldsymbol{A} \\ \boldsymbol{C}-\boldsymbol{B} & \boldsymbol{C} \end{pmatrix}$ 可逆, 并求其逆.

4. 设 $\boldsymbol{A},\boldsymbol{B}$ 为 $n$ 阶矩阵, 且 $\boldsymbol{A}+\boldsymbol{B},\boldsymbol{A}-\boldsymbol{B}$ 可逆, 证明 $\begin{pmatrix} \boldsymbol{A} & \boldsymbol{B} \\ \boldsymbol{B} & \boldsymbol{A} \end{pmatrix}$ 可逆, 并求其逆.

5. 设 $\boldsymbol{A}_i\ (i=1,2,\cdots,m)$ 为方阵, 证明

$$|\mathrm{diag}(\boldsymbol{A}_1,\boldsymbol{A}_2,\cdots,\boldsymbol{A}_m)|=|\boldsymbol{A}_1||\boldsymbol{A}_2|\cdots|\boldsymbol{A}_m|.$$

6. 设 $\boldsymbol{M}=\begin{pmatrix} \boldsymbol{A} & \boldsymbol{C} \\ \boldsymbol{O} & \boldsymbol{B} \end{pmatrix}$, $\boldsymbol{A},\boldsymbol{B}$ 分别为 $m\times n, k\times l$ 矩阵, 如果

$$r(\boldsymbol{A})=m,\quad r(\boldsymbol{B})=k,$$

证明 $r(\boldsymbol{A})+r(\boldsymbol{B})=r(\boldsymbol{M})$.

7. 设 $n$ 阶分块矩阵 $\boldsymbol{A}=\begin{pmatrix} \boldsymbol{A}_1 & \boldsymbol{A}_2 \\ \boldsymbol{O} & \boldsymbol{A}_3 \end{pmatrix}$, $\boldsymbol{A}_1$ 为 $r$ 阶方阵. 如果 $\boldsymbol{A}$ 与 $\boldsymbol{A}^{\mathrm{T}}$ 可交换, 证明 $\boldsymbol{A}_2=\boldsymbol{O}$.

8. 设矩阵 $\boldsymbol{A},\boldsymbol{B}$ 为同阶方阵, 证明 $\begin{vmatrix} \boldsymbol{A} & \boldsymbol{B} & \boldsymbol{B} \\ \boldsymbol{B} & \boldsymbol{A} & \boldsymbol{B} \\ \boldsymbol{B} & \boldsymbol{B} & \boldsymbol{A} \end{vmatrix}=|\boldsymbol{A}+2\boldsymbol{B}||\boldsymbol{A}-\boldsymbol{B}|^2$.

9. 设 $\boldsymbol{A}^*,\boldsymbol{B}^*$ 分别是 $n$ 阶可逆矩阵 $\boldsymbol{A},\boldsymbol{B}$ 的伴随矩阵, 求 $\boldsymbol{C}=\begin{pmatrix} \boldsymbol{O} & \boldsymbol{A} \\ \boldsymbol{B} & \boldsymbol{O} \end{pmatrix}$ 的伴随矩阵.

10. 设 $n$ 阶矩阵 $\boldsymbol{A}$ 的秩为 $r$, 证明存在 $n$ 阶可逆矩阵 $\boldsymbol{P}$, 使 $\boldsymbol{PAP}^{-1}$ 的后 $n-r$ 行元素全为 0.

11. 矩阵 $\boldsymbol{A}_{m\times s}$ 列满秩的充分必要条件为存在 $m$ 阶可逆矩阵 $\boldsymbol{P}$, 使 $\boldsymbol{A}=\boldsymbol{P}\begin{pmatrix} \boldsymbol{E}_s \\ \boldsymbol{O} \end{pmatrix}$. 行满秩的充分必要条件为存在 $s$ 阶可逆矩阵 $\boldsymbol{Q}$, 使 $\boldsymbol{A}=(\boldsymbol{E}_m\ \boldsymbol{O})\boldsymbol{Q}$.

# 第 4 章　矩阵特征值与相似对角化

矩阵特征值、特征向量以及相似对角化在矩阵论中占有很重要的地位, 它们在数学的其他分支以及其他学科中都有重要的应用, 是工程技术领域和经济管理领域的重要数学工具之一. 本章讨论矩阵的特征值与特征向量, 并利用特征值理论讨论矩阵在相似意义下的对角矩阵.

## 4.1　矩阵特征值与特征向量的定义

在这一节将给出矩阵特征值和特征向量的定义, 并在此基础上讨论特征值的一些性质, 矩阵 $\boldsymbol{A}$ 的特征值及其伴随矩阵、可逆矩阵、矩阵多项式和转置矩阵特征值之间的关系.

### 4.1.1　特征值与特征向量的概念

**定义 1**　*对 $n$ 阶方阵 $\boldsymbol{A}=(a_{ij})$, 如果存在数 $\lambda$ 和非零向量 $\boldsymbol{\alpha}$, 使得*

$$\boldsymbol{A\alpha}=\lambda\boldsymbol{\alpha}, \tag{1}$$

*则称 $\lambda$ 是矩阵 $\boldsymbol{A}$ 的**特征值**(也称本征值), $\boldsymbol{\alpha}$ 为对应于特征值 $\lambda$ 的**特征向量**(也称本征向量).*

根据定义 1, 不难发现:

(1) 特征值是针对方阵而言的;

(2) 特征向量 $\boldsymbol{\alpha}$ 一定是非零向量;

(3) 若 $\boldsymbol{\alpha}$ 是矩阵 $\boldsymbol{A}$ 对应于特征值 $\lambda$ 的特征向量, 则 $k\boldsymbol{\alpha}$ $(k\neq 0)$ 也是矩阵特征值 $\lambda$ 的特征向量. 这说明对应于特征值 $\lambda$ 的特征向量不唯一.

现在的问题是如何求特征值 $\lambda$ 和对应的特征向量? 如果 $\lambda$ 是矩阵 $\boldsymbol{A}$ 的特征值, 则式 (1) 说明线性方程组

$$(\lambda\boldsymbol{E}-\boldsymbol{A})\boldsymbol{x}=\boldsymbol{0} \tag{2}$$

一定有非零解. 这样便有 $|\lambda\boldsymbol{E}-\boldsymbol{A}|=0$. 正是这一简单但十分重要的观察, 使得我们可以通过

$$f(\lambda)=|\lambda\boldsymbol{E}-\boldsymbol{A}|=0$$

求矩阵 $\boldsymbol{A}$ 的特征值, 并通过求解线性方程组 (2) 的基础解系得到对应于特征值 $\lambda$ 的特征向量. 显然, 如果 $\lambda_0$ 不是矩阵 $\boldsymbol{A}$ 的特征值, 则一定有 $|\lambda_0\boldsymbol{E}-\boldsymbol{A}|\neq 0$.

多项式 $f(\lambda)=|\lambda\boldsymbol{E}-\boldsymbol{A}|$ 称为矩阵 $\boldsymbol{A}$ 的**特征多项式**, 方程 $f(\lambda)=0$ 称为矩阵 $\boldsymbol{A}$ 的**特征方程**. 由行列式的定义可知, $n$ 阶实矩阵 $\boldsymbol{A}$ 的特征方程 $f(\lambda)$ 是 $\lambda$ 的 $n$ 次多项式. 所以, 由代数学基本定理, $f(\lambda)=0$ 在复数集 $\mathbf{C}$ 中恰有 $n$ 个根, 其中, 重根按照其重数计入根的个数.

特征多项式 $f(\lambda)$ 有 $n$ 个根 (重根以重数计), 自然矩阵 $\boldsymbol{A}$ 有 $n$ 个特征值. 那么, 是否一定有 $n$ 个线性无关的特征向量? 尤其是 $k$ 重特征值是否对应有 $k$ 个线性无关的特征向量?

**例 1**　设矩阵 $\boldsymbol{A}=\begin{pmatrix} a & & \\ & b & \\ & & c \end{pmatrix}$, $a,b,c$ 为互不相等的实数, 求 $\boldsymbol{A}$ 的特征值与特征向量.

**解**　矩阵 $\boldsymbol{A}$ 的特征多项式 $f(\lambda)=|\lambda\boldsymbol{E}-\boldsymbol{A}|=(\lambda-a)(\lambda-b)(\lambda-c)$. 因此, 矩阵 $\boldsymbol{A}$ 有三个不同的特征值 $\lambda_1=a,\lambda_2=b,\lambda_3=c$. 不难求得与它们对应的特征向量分别是

$$k_1\begin{pmatrix}1\\0\\0\end{pmatrix},\quad k_2\begin{pmatrix}0\\1\\0\end{pmatrix},\quad k_3\begin{pmatrix}0\\0\\1\end{pmatrix},$$

其中 $k_1,k_2,k_3$ 为任意不为 0 的常数.

**例 2**　设矩阵 $\boldsymbol{A}=\begin{pmatrix}0&1&1\\1&0&1\\1&1&0\end{pmatrix}$, 求 $\boldsymbol{A}$ 的特征值与特征向量.

**解**　矩阵 $\boldsymbol{A}$ 的特征多项式 $f(\lambda)=|\lambda\boldsymbol{E}-\boldsymbol{A}|=(\lambda-2)(\lambda+1)^2$. 因此, $\boldsymbol{A}$ 的特征值为 $\lambda_1=2,\lambda_2=\lambda_3=-1$.

对于 $\lambda_1=2$, 求解线性方程组 $(\lambda_1\boldsymbol{E}-\boldsymbol{A})\boldsymbol{x}=\boldsymbol{0}$, 得其一个基础解系为 $\begin{pmatrix}1\\1\\1\end{pmatrix}$. 因此, 对应于特征值 $\lambda_1$ 的特征向量为 $k_1\begin{pmatrix}1\\1\\1\end{pmatrix}$, $k_1\neq 0$ 为任意实常数.

对于 2 重特征值 $\lambda_2=\lambda_3=-1$, 求解线性方程组 $(\lambda_2\boldsymbol{E}-\boldsymbol{A})\boldsymbol{x}=\boldsymbol{0}$, 得其一

个基础解系为 $\begin{pmatrix} -1 \\ 1 \\ 0 \end{pmatrix}, \begin{pmatrix} -1 \\ 0 \\ 1 \end{pmatrix}$. 因此, 与 $\lambda_2 = \lambda_3 = -1$ 对应的特征向量为 $k_2\begin{pmatrix} -1 \\ 1 \\ 0 \end{pmatrix} + k_3\begin{pmatrix} -1 \\ 0 \\ 1 \end{pmatrix}$, 其中 $k_2, k_3$ 为不全为 0 的任意常数.

**例 3** 求矩阵 $\boldsymbol{A} = \begin{pmatrix} -1 & 1 & 0 \\ -4 & 3 & 0 \\ 1 & 0 & 2 \end{pmatrix}$ 的特征值和特征向量.

**解** 矩阵 $\boldsymbol{A}$ 的特征多项式 $f(\lambda) = |\lambda \boldsymbol{E} - \boldsymbol{A}| = (\lambda - 2)(\lambda - 1)^2$. 因此, $\boldsymbol{A}$ 的特征值为 $\lambda_1 = 2, \lambda_2 = \lambda_3 = 1$.

对于 $\lambda_1 = 2$, 求解线性方程组 $(\lambda_1 \boldsymbol{E} - \boldsymbol{A})\boldsymbol{x} = \boldsymbol{0}$, 得其一个基础解系为 $\begin{pmatrix} 0 \\ 0 \\ 1 \end{pmatrix}$. 因此, 对应于特征值 $\lambda_1$ 的特征向量为 $k_1\begin{pmatrix} 0 \\ 0 \\ 1 \end{pmatrix}$, $k_1 \neq 0$ 为任意实常数.

对于 2 重特征值 $\lambda_2 = \lambda_3 = 1$, 求解线性方程组 $(\lambda_2 \boldsymbol{E} - \boldsymbol{A})\boldsymbol{x} = \boldsymbol{0}$, 得其一个基础解系为 $\begin{pmatrix} 1 \\ 2 \\ -1 \end{pmatrix}$. 因此, 与 $\lambda_2 = \lambda_3 = 1$ 对应的特征向量为 $k_2\begin{pmatrix} 1 \\ 2 \\ -1 \end{pmatrix}$, 其中 $k_2 \neq 0$ 为任意常数.

由例 2 和例 3 可以看到, 如果 $\lambda_0$ 为矩阵 $\boldsymbol{A}$ 的 $k$ 重特征值 (通常称为特征值的代数重数), 那么与 $\lambda_0$ 对应的特征向量至多有 $k$ 个线性无关. 实际上, 这是一个具有一般性的结论, 即**属于同一个特征值的线性无关的特征向量的个数 (通常称为特征值的几何重数) 不超过特征值的重数, 也就是几何重数不超过代数重数**.

如果 $\boldsymbol{\alpha}_1, \boldsymbol{\alpha}_2, \cdots, \boldsymbol{\alpha}_p$ 都是对应于矩阵 $\boldsymbol{A}$ 的特征值 $\lambda$ 的特征向量, 若

$$k_1\boldsymbol{\alpha}_1 + k_2\boldsymbol{\alpha}_2 + \cdots + k_p\boldsymbol{\alpha}_p \neq \boldsymbol{0},$$

则 $k_1\boldsymbol{\alpha}_1 + k_2\boldsymbol{\alpha}_2 + \cdots + k_p\boldsymbol{\alpha}_p$ 也是矩阵 $\boldsymbol{A}$ 的对应于特征值 $\lambda$ 的特征向量. 因此, $n$ 阶矩阵 $\boldsymbol{A}$ 对应于特征值 $\lambda$ 的所有特征向量再添上零向量构成的集合是齐次线性方程组 $(\lambda \boldsymbol{E} - \boldsymbol{A})\boldsymbol{x} = \boldsymbol{0}$ 的解集合, 记为 $V_\lambda$, 其中所含对应于特征值 $\lambda$ 的线性无关特征向量的个数等于 $n - r(\lambda \boldsymbol{E} - \boldsymbol{A})$, 它不超过特征值 $\lambda$ 的重数.

**例 4** 设矩阵 $\boldsymbol{A}$ 满足 $\boldsymbol{A}^2 = \boldsymbol{E}$, 且 $\boldsymbol{A}$ 的特征值都是 1. 证明 $\boldsymbol{A} = \boldsymbol{E}$.

**证明** 由 $\boldsymbol{A}^2=\boldsymbol{E}$, 得 $(\boldsymbol{E}+\boldsymbol{A})(\boldsymbol{E}-\boldsymbol{A})=\boldsymbol{O}$. 由于 $\boldsymbol{A}$ 的特征值都是 1, 也就是说 $-1$ 不是 $\boldsymbol{A}$ 的特征值, 即 $|(-1)\boldsymbol{E}-\boldsymbol{A}|\neq 0$. 因此, 矩阵 $\boldsymbol{E}+\boldsymbol{A}$ 可逆. 从而得到 $\boldsymbol{A}=\boldsymbol{E}$.

**例 5** 已知 $\boldsymbol{\alpha}=\begin{pmatrix}1\\1\\1\end{pmatrix}$ 是矩阵 $\boldsymbol{A}=\begin{pmatrix}a&1&1\\2&0&1\\-1&2&2\end{pmatrix}$ 对应于特征值 $\lambda$ 的特征向量, 求 $a,\lambda$.

**解** 由特征值与特征向量的定义 $(\boldsymbol{A}-\lambda\boldsymbol{E})\boldsymbol{\alpha}=\boldsymbol{0}$, 得

$$\begin{pmatrix}a-\lambda&1&1\\2&-\lambda&1\\-1&2&2-\lambda\end{pmatrix}\begin{pmatrix}1\\1\\1\end{pmatrix}=\boldsymbol{0}.$$

解之, 得 $a=1,\lambda=3$.

**例 6** 设矩阵 $\boldsymbol{A}=\begin{pmatrix}1&-3&3\\3&a&3\\6&-6&b\end{pmatrix}$ 有特征值 $\lambda_1=-2,\lambda_2=4$, 求 $a,b$.

**解** 根据题意, 得

$$|\boldsymbol{A}+2\boldsymbol{E}|=3(a+5)(b-4)=0,\quad |\boldsymbol{A}-4\boldsymbol{E}|=-3((a-7)(b+2)+72)=0,$$

求解, 得 $a=-5,b=4$.

最后, 我们给出特征多项式一个重要性质 (证明略).

**哈密顿-凯莱** (Hamilton-Cayley) **定理** 设 $f(\lambda)=|\lambda\boldsymbol{E}-\boldsymbol{A}|$ 是 $n$ 阶方阵 $\boldsymbol{A}$ 的特征多项式, 则

$$f(\boldsymbol{A})=\boldsymbol{A}^n-(a_{11}+a_{22}+\cdots+a_{nn})\boldsymbol{A}^{n-1}+\cdots+(-1)^n|\boldsymbol{A}|\boldsymbol{E}=\boldsymbol{O}.$$

### 4.1.2 特征值的性质

**定理 1** 设 $\lambda_1,\lambda_2,\cdots,\lambda_n$ 是 $n$ 阶矩阵 $\boldsymbol{A}=(a_{ij})$ 的特征值, 则

$$\mathrm{tr}(\boldsymbol{A})=\lambda_1+\lambda_2+\cdots+\lambda_n,$$

$$|\boldsymbol{A}|=\lambda_1\lambda_2\cdots\lambda_n,$$

这里 $\mathrm{tr}(\boldsymbol{A})=a_{11}+a_{22}+\cdots+a_{nn}$, 称为矩阵 $\boldsymbol{A}$ 的迹.

**证明** 由于 $\lambda_1,\lambda_2,\cdots,\lambda_n$ 是矩阵 $\boldsymbol{A}$ 的特征值, 因此,

$$f(\lambda)=|\lambda\boldsymbol{E}-\boldsymbol{A}|=(\lambda-\lambda_1)(\lambda-\lambda_2)\cdots(\lambda-\lambda_n).$$

由 $f(0)=|-\boldsymbol{A}|=(-1)^n|\boldsymbol{A}|$ 得 $f(\lambda)$ 的常数项为 $(-1)^n|\boldsymbol{A}|$. 又从上式右边容易看出, 其常数项也等于 $(-1)^n\lambda_1\lambda_2\cdots\lambda_n$. 比较即得 $|\boldsymbol{A}|=\lambda_1\lambda_2\cdots\lambda_n$.

从行列式 $|\lambda\boldsymbol{E}-\boldsymbol{A}|$ 角度看, 多项式 $f(\lambda)$ 中 $\lambda^{n-1}$ 的系数为

$$-(a_{11}+a_{22}+\cdots+a_{nn}).$$

从 $(\lambda-\lambda_1)(\lambda-\lambda_2)\cdots(\lambda-\lambda_n)$ 角度看, 该系数为 $-(\lambda_1+\lambda_2+\cdots+\lambda_n)$. 比较 $\lambda^{n-1}$ 的系数即证第一个等式.

关于矩阵的迹, 有以下等式:

(1) $\operatorname{tr}(\boldsymbol{A}+\boldsymbol{B})=\operatorname{tr}(\boldsymbol{A})+\operatorname{tr}(\boldsymbol{B})$;

(2) $\operatorname{tr}(\boldsymbol{A})=\operatorname{tr}(\boldsymbol{A}^{\mathrm{T}})$;

(3) $\operatorname{tr}(\boldsymbol{P}^{-1}\boldsymbol{A}\boldsymbol{P})=\operatorname{tr}(\boldsymbol{A})$;

(4) $\operatorname{tr}(\boldsymbol{A}\boldsymbol{B})=\operatorname{tr}(\boldsymbol{B}\boldsymbol{A})$.

根据定理 1, 即得以下推论.

**推论 1** 矩阵 $\boldsymbol{A}$ 可逆的充分必要条件为 $\boldsymbol{A}$ 的所有特征值全不为 0.

**定理 2** 设 $\lambda$ 为 $n$ 阶矩阵 $\boldsymbol{A}$ 的特征值, 对应的特征向量为 $\boldsymbol{\alpha}$, 则

(1) 方阵 $\boldsymbol{A}$ 的多项式 $\phi(\boldsymbol{A})=a_0\boldsymbol{E}+a_1\boldsymbol{A}+\cdots+a_m\boldsymbol{A}^m$ 满足 $\phi(\boldsymbol{A})\boldsymbol{\alpha}=\phi(\lambda)\boldsymbol{\alpha}$, 即 $\phi(\boldsymbol{A})$ 具有特征值 $\phi(\lambda)$, 其对应的特征向量为 $\boldsymbol{\alpha}$.

(2) 当 $\lambda\neq 0$ 时, $\boldsymbol{A}^*\boldsymbol{\alpha}=\dfrac{|\boldsymbol{A}|}{\lambda}\boldsymbol{\alpha}$, 即矩阵 $\boldsymbol{A}$ 的伴随矩阵 $\boldsymbol{A}^*$ 具有特征值 $\dfrac{|\boldsymbol{A}|}{\lambda}$, 对应的特征向量为 $\boldsymbol{\alpha}$; 若 $\lambda=0$, 则 $\boldsymbol{A}^*$ 也有一个零特征值.

(3) 当矩阵 $\boldsymbol{A}$ 可逆时, $\boldsymbol{A}^{-1}\boldsymbol{\alpha}=\dfrac{1}{\lambda}\boldsymbol{\alpha}$, 即可逆矩阵 $\boldsymbol{A}$ 的逆矩阵 $\boldsymbol{A}^{-1}$ 具有特征值 $\dfrac{1}{\lambda}$, 对应特征向量为 $\boldsymbol{\alpha}$.

(4) 矩阵 $\boldsymbol{A}$ 的转置矩阵 $\boldsymbol{A}^{\mathrm{T}}$ 的特征值 $\lambda_{\boldsymbol{A}^{\mathrm{T}}}=\lambda$.

该定理说明, 矩阵多项式 $\phi(\boldsymbol{A})$、伴随矩阵 $\boldsymbol{A}^*$ 和逆矩阵 $\boldsymbol{A}^{-1}$ 与 $\boldsymbol{A}$ 具有相同的特征向量, 但特征值不同; 而转置矩阵 $\boldsymbol{A}^{\mathrm{T}}$ 与矩阵 $\boldsymbol{A}$ 有相同的特征值, 但特征向量未必相同.

**证明** 由于 $\boldsymbol{A}\boldsymbol{\alpha}=\lambda\boldsymbol{\alpha}$, 基于此点即可证明定理 2.

(1) 注意到

$$\boldsymbol{A}^n\boldsymbol{\alpha}=\boldsymbol{A}^{n-1}(\boldsymbol{A}\boldsymbol{\alpha})=\boldsymbol{A}^{n-1}(\lambda\boldsymbol{\alpha})=\lambda\boldsymbol{A}^{n-2}(\boldsymbol{A}\boldsymbol{\alpha})=\lambda^2\boldsymbol{A}^{n-2}\boldsymbol{\alpha}=\cdots=\lambda^n\boldsymbol{\alpha}$$

和 $\boldsymbol{E}\boldsymbol{\alpha}=\boldsymbol{\alpha}$, 因此, 有 $\phi(\boldsymbol{A})\boldsymbol{\alpha}=\phi(\lambda)\boldsymbol{\alpha}$.

(2) 由 $\boldsymbol{A}^*\boldsymbol{A}\boldsymbol{\alpha}=\boldsymbol{A}^*(\lambda\boldsymbol{\alpha})$ 及 $\boldsymbol{A}^*\boldsymbol{A}=|\boldsymbol{A}|\boldsymbol{E}$, 即得

$$\boldsymbol{A}^*\boldsymbol{\alpha}=\frac{|\boldsymbol{A}|}{\lambda}\boldsymbol{\alpha}\quad(\lambda\neq 0).$$

若 $\lambda=0$, 则 $|\boldsymbol{A}|=0$, 从而 $|\boldsymbol{A}^*|=|\boldsymbol{A}|^{n-1}=0$, 于是 $\boldsymbol{A}^*$ 一定有零特征值.

(3) 注意到 $(\boldsymbol{A}^{-1}\boldsymbol{A})\boldsymbol{\alpha}=\lambda\boldsymbol{A}^{-1}\boldsymbol{\alpha}, \boldsymbol{A}$ 可逆, 所以 $\lambda\neq 0$. 于是 $\boldsymbol{A}^{-1}\boldsymbol{\alpha}=\dfrac{1}{\lambda}\boldsymbol{\alpha}$.

(4) 注意到 $|\lambda\boldsymbol{E}-\boldsymbol{A}^{\mathrm{T}}|=|(\lambda\boldsymbol{E}-\boldsymbol{A})^{\mathrm{T}}|=|\lambda\boldsymbol{E}-\boldsymbol{A}|$, 因此, $\boldsymbol{A}^{\mathrm{T}}$ 与矩阵 $\boldsymbol{A}$ 具有相同的特征值.

**定理 3**　对应于矩阵 $\boldsymbol{A}$ 的不同特征值的特征向量线性无关.

**证明**　设 $\lambda_1$, $\lambda_2$ 是矩阵 $\boldsymbol{A}$ 的两个不同特征值, $\boldsymbol{\alpha}_1$, $\boldsymbol{\alpha}_2$ 分别是对应于 $\lambda_1$, $\lambda_2$ 的特征向量. 建立以 $x_1, x_2$ 为未知元的方程组 $x_1\boldsymbol{\alpha}_1+x_2\boldsymbol{\alpha}_2=\boldsymbol{0}$, 并对该式分别左乘 $\boldsymbol{A}$ 和 $\lambda_2$ 得

$$x_1\lambda_1\boldsymbol{\alpha}_1+x_2\lambda_2\boldsymbol{\alpha}_2=\boldsymbol{0},\quad x_1\lambda_2\boldsymbol{\alpha}_1+x_2\lambda_2\boldsymbol{\alpha}_2=\boldsymbol{0}.$$

由此得 $x_1(\lambda_1-\lambda_2)\boldsymbol{\alpha}_1=\boldsymbol{0}$. 由于 $\boldsymbol{\alpha}_1\neq\boldsymbol{0}, \lambda_1\neq\lambda_2$, 推知 $x_1=0$. 同理可证 $x_2=0$. 因此, $\boldsymbol{\alpha}_1, \boldsymbol{\alpha}_2$ 线性无关.

**例 7**　设 $n$ 阶矩阵 $\boldsymbol{A}$ 的特征值为 $0,1,2,\cdots,n-1$, 求 $\boldsymbol{A}+2\boldsymbol{E}$ 的特征值与行列式 $|\boldsymbol{A}+2\boldsymbol{E}|$.

**解**　假设 $\lambda_{\boldsymbol{A}+2\boldsymbol{E}}$ 是矩阵 $\boldsymbol{A}+2\boldsymbol{E}$ 的任一特征值, 则 $\lambda_{\boldsymbol{A}+2\boldsymbol{E}}-2$ 是矩阵 $\boldsymbol{A}$ 的特征值. 因此, $\boldsymbol{A}+2\boldsymbol{E}$ 的特征值为 $2,3,\cdots,n+1$. 故 $|\boldsymbol{A}+2\boldsymbol{E}|=2\times 3\times\cdots\times(n+1)=(n+1)!$.

**例 8**　求 $\boldsymbol{A}=\begin{pmatrix} n & 1 & \cdots & 1\\ 1 & n & \cdots & 1\\ \vdots & \vdots & & \vdots\\ 1 & 1 & \cdots & n\end{pmatrix}$ $(n>1)$ 的特征值.

**解**　记 $\boldsymbol{\alpha}=(1,1,\cdots,1)^{\mathrm{T}}$, $\boldsymbol{B}=\boldsymbol{\alpha}\boldsymbol{\alpha}^{\mathrm{T}}$. 容易看到

$$\boldsymbol{B}^2=n\boldsymbol{B},\quad \boldsymbol{A}=(n-1)\boldsymbol{E}+\boldsymbol{B}.$$

设 $\lambda_{\boldsymbol{B}}$ 为矩阵 $\boldsymbol{B}$ 的任一特征值, 则由 $\boldsymbol{B}^2=n\boldsymbol{B}$ 可得 $\lambda_{\boldsymbol{B}}^2=n\lambda_{\boldsymbol{B}}$, 所以 $\boldsymbol{B}$ 的两个特征值分别为 $\lambda_{\boldsymbol{B}}=n$ 和 $\lambda_{\boldsymbol{B}}=0$. 进一步, 注意到 $\mathrm{tr}(\boldsymbol{B})=n$, 特征值 $\lambda_{\boldsymbol{B}}=n$ 必为 1 重的, 特征值 $\lambda_{\boldsymbol{B}}=0$ 必为 $n-1$ 重的. 再设 $\lambda_{\boldsymbol{A}}$ 为矩阵 $\boldsymbol{A}$ 的任一特征值, 则由 $\boldsymbol{A}=(n-1)\boldsymbol{E}+\boldsymbol{B}$ 可知 $\lambda_{\boldsymbol{A}}-(n-1)$ 必为 $\boldsymbol{B}$ 的特征值 $\lambda_{\boldsymbol{B}}$. 二者结合, 我们可得 $\boldsymbol{A}$ 的全部特征值分别为 1 重特征值 $\lambda_{\boldsymbol{A}}=2n-1$ 和 $n-1$ 重特征值 $\lambda_{\boldsymbol{A}}=n-1$.

**例 9**　设矩阵$\boldsymbol{A}=\begin{pmatrix} a & -1 & c\\ 5 & b & 3\\ 1-c & 0 & -a\end{pmatrix}$, $|\boldsymbol{A}|=-1, \lambda_0$ 是伴随矩阵 $\boldsymbol{A}^*$ 的一个特征值, 对应的特征向量为 $\boldsymbol{\alpha}=(-1,-1,1)^{\mathrm{T}}$, 求 $a,b,c$ 和 $\lambda_0$.

**解** 由 $\boldsymbol{A}\boldsymbol{A}^* = |\boldsymbol{A}|\boldsymbol{E} = -\boldsymbol{E}, \boldsymbol{A}^*\boldsymbol{\alpha} = \lambda_0\boldsymbol{\alpha}$, 得

$$\boldsymbol{A}\boldsymbol{A}^*\boldsymbol{\alpha} = \lambda_0\boldsymbol{A}\boldsymbol{\alpha}, \quad \boldsymbol{A}\boldsymbol{A}^*\boldsymbol{\alpha} = -\boldsymbol{\alpha},$$

由此得 $\lambda_0\boldsymbol{A}\boldsymbol{\alpha} = -\boldsymbol{\alpha}$. 代入 $\boldsymbol{A}$ 求解 $a = 2, b = -3, c = 2, \lambda_0 = 1$.

**例 10** 设 3 阶矩阵 $\boldsymbol{A}$ 满足 $|\boldsymbol{A}| = 6, 2\boldsymbol{A} + 3\boldsymbol{E}$ 不可逆, 求矩阵 $2\boldsymbol{A}^* + \boldsymbol{E}$ 的特征值.

**解** $2\boldsymbol{A} + 3\boldsymbol{E}$ 不可逆, 则 $|2\boldsymbol{A} + 3\boldsymbol{E}| = 0$, 故

$$|2\boldsymbol{A} + 3\boldsymbol{E}| = \left|-2\left(-\frac{3}{2}\boldsymbol{E} - \boldsymbol{A}\right)\right| = (-2)^3\left|-\frac{3}{2}\boldsymbol{E} - \boldsymbol{A}\right| = 0.$$

因此 $\lambda = -\dfrac{3}{2}$ 是 $\boldsymbol{A}$ 的一个特征值. 由于 $\boldsymbol{A}^*$ 的特征值为 $\dfrac{|\boldsymbol{A}|}{\lambda}$, 因此, 矩阵 $\boldsymbol{A}^*$ 的一个特征值为 $-4$. 于是, 矩阵 $2\boldsymbol{A}^* + \boldsymbol{E}$ 的一个特征值为 $2\lambda_{\boldsymbol{A}^*} + 1 = -7$.

## 习 题 4.1

1. 不经过计算, 求 $\boldsymbol{A} = \begin{pmatrix} 1 & 2 & 3 \\ 1 & 2 & 3 \\ 1 & 2 & 3 \end{pmatrix}$ 的一个特征值, 并验证其结果.

2. 求下列矩阵的特征值和特征向量.

(1) $\begin{pmatrix} -1 & 1 & 0 \\ -4 & 3 & 0 \\ 1 & 0 & 2 \end{pmatrix}$; (2) $\begin{pmatrix} -2 & 1 & 1 \\ 0 & 2 & 0 \\ -4 & 1 & 3 \end{pmatrix}$; (3) $\begin{pmatrix} 1 & 0 & 0 \\ 2 & 3 & 0 \\ 4 & 5 & 6 \end{pmatrix}$.

3. 设向量 $\boldsymbol{\alpha} = (a_1, a_2, \cdots, a_n)^{\mathrm{T}}, \boldsymbol{\beta} = (b_1, b_2, \cdots, b_n)^{\mathrm{T}}$ 满足 $\boldsymbol{\alpha}^{\mathrm{T}}\boldsymbol{\beta} = 0$, 且 $a_1b_1 \neq 0$, 记 $\boldsymbol{A} = \boldsymbol{\alpha}\boldsymbol{\beta}^{\mathrm{T}}$. 求

(1) $\boldsymbol{A}^2$;

(2) 矩阵 $\boldsymbol{A}$ 的特征值和特征向量.

4. 已知向量 $\boldsymbol{\alpha} = (1, k, 1)^{\mathrm{T}}$ 是矩阵 $\boldsymbol{A} = \begin{pmatrix} 2 & 1 & 1 \\ 1 & 2 & 1 \\ 1 & 1 & 2 \end{pmatrix}$ 的逆矩阵 $\boldsymbol{A}^{-1}$ 的一个特征值的特征向量, 求 $k$ 值.

5. 设 4 阶矩阵 $\boldsymbol{A}$ 满足 $|3\boldsymbol{E} + \boldsymbol{A}| = 0, \boldsymbol{A}\boldsymbol{A}^{\mathrm{T}} = 2\boldsymbol{E}, |\boldsymbol{A}| < 0$, 求矩阵 $\boldsymbol{A}$ 的伴随矩阵 $\boldsymbol{A}^*$ 的一个特征值.

6. 已知 $\boldsymbol{\alpha} = (1, 1, -1)^{\mathrm{T}}$ 是矩阵 $\boldsymbol{A} = \begin{pmatrix} a & -1 & 2 \\ 5 & b & 3 \\ -1 & 0 & -2 \end{pmatrix}$ 的特征向量, 求 $a, b$, 并证明 $\boldsymbol{A}$ 的任一特征向量都可以由 $\boldsymbol{\alpha}$ 线性表示.

7. 设 $n$ 阶矩阵 $\boldsymbol{A},\boldsymbol{B}$ 满足 $\boldsymbol{AB}=\boldsymbol{A}+\boldsymbol{B}$.

(1) 证明 1 不是 $\boldsymbol{A},\boldsymbol{B}$ 的特征值;

(2) 设 $\lambda_1,\lambda_2,\cdots,\lambda_n$ 是矩阵 $\boldsymbol{A}$ 的特征值, 求 $\boldsymbol{B}$ 的特征值.

8. 设矩阵 $\boldsymbol{A}=\begin{pmatrix}3&2&2\\2&3&2\\2&2&3\end{pmatrix}$, $\boldsymbol{P}=\begin{pmatrix}0&1&0\\1&0&1\\0&0&1\end{pmatrix}$, $\boldsymbol{B}=\boldsymbol{P}^{-1}\boldsymbol{A}^*\boldsymbol{P}$. 求 $\boldsymbol{B}+2\boldsymbol{E}$ 的特征值与特征向量.

9. 设 $\boldsymbol{A},\boldsymbol{B}$ 均为 $n$ 阶方阵, 证明 $\boldsymbol{AB}$ 与 $\boldsymbol{BA}$ 有相同的特征值.

10. 已知 $\boldsymbol{A}_n$ 的每行元素绝对值的和小于 1. 证明 $\boldsymbol{A}$ 的特征值 $\lambda$ 满足 $|\lambda|<1$.

11. 已知矩阵 $\boldsymbol{A}=\begin{pmatrix}1&-2&3\\a_{21}&a_{22}&a_{23}\\a_{31}&a_{32}&a_{33}\end{pmatrix}$ 有特征向量 $\boldsymbol{\alpha}_1=(1,2,1)^{\mathrm{T}}$, $\boldsymbol{\alpha}_2=(-1,1,1)^{\mathrm{T}}$, $\boldsymbol{\alpha}_3=(-1,2,2)^{\mathrm{T}}$. 求线性方程组 $\begin{cases}x_1-2x_2+3x_3=-1,\\a_{21}x_1+a_{22}x_2+a_{23}x_3=2,\\a_{31}x_1+a_{32}x_2+a_{33}x_3=2\end{cases}$ 的通解.

12. 设 3 阶矩阵 $\boldsymbol{A}$ 的特征值 $\lambda_i(i=1,2,3)$ 互异, 对应特征向量 $\boldsymbol{\alpha}_i(i=1,2,3)$, $\boldsymbol{\beta}=\boldsymbol{\alpha}_1+\boldsymbol{\alpha}_2+\boldsymbol{\alpha}_3$.

(1) 证明 $\boldsymbol{\beta}$ 不是 $\boldsymbol{A}$ 的特征向量;

(2) 证明 $\boldsymbol{\beta}, \boldsymbol{A\beta}, \boldsymbol{A}^2\boldsymbol{\beta}$ 线性无关;

(3) 若 $\boldsymbol{A\beta}=\boldsymbol{A}^3\boldsymbol{\beta}$, 计算 $|2\boldsymbol{A}+3\boldsymbol{E}|$.

13. 设 $n$ 阶矩阵 $\boldsymbol{A},\boldsymbol{B}$ 满足 $r(\boldsymbol{A})+r(\boldsymbol{B})<n$, 证明 $\boldsymbol{A},\boldsymbol{B}$ 有相同的特征向量.

14. 设 $n\ (n>1)$ 阶矩阵 $\boldsymbol{A}$ 满足 $r(\boldsymbol{A})=1, \boldsymbol{A}^2\neq\boldsymbol{O}$, 证明 $\boldsymbol{A}$ 有非零特征值 (重数为 1) 和零特征值 (重数为 $n-1$).

## 4.2 矩阵相似对角化

作为矩阵特征值的应用之一是计算 $\boldsymbol{A}^n$, 因为如果矩阵 $\boldsymbol{A}$ 可表示为 $\boldsymbol{A}=\boldsymbol{P}^{-1}\boldsymbol{BP}$, 且矩阵 $\boldsymbol{B}$ 为对角矩阵, 那么 $\boldsymbol{A}^n=\boldsymbol{P}^{-1}\boldsymbol{B}^n\boldsymbol{P}$, 这样计算就显得简单多了. 因此, 本节要讨论的问题是, 对于 $n$ 阶矩阵能否达成这样的目标? 为此, 先给出相似矩阵的概念.

### 4.2.1 相似矩阵

**定义 2** 设 $\boldsymbol{A},\boldsymbol{B}$ 为 $n$ 阶矩阵, 如果存在 $n$ 阶可逆矩阵 $\boldsymbol{P}$, 使得

$$\boldsymbol{A}=\boldsymbol{P}^{-1}\boldsymbol{BP},$$

**则称矩阵 $\boldsymbol{A}$ 与 $\boldsymbol{B}$ 相似, 记为 $\boldsymbol{A} \sim \boldsymbol{B}$.**

根据定义 2, 相似矩阵满足以下性质:

(1) 反身性, 即 $\boldsymbol{A} \sim \boldsymbol{A}$;

(2) 对称性, 即若 $\boldsymbol{A} \sim \boldsymbol{B}$, 则 $\boldsymbol{B} \sim \boldsymbol{A}$;

(3) 传递性, 即若 $\boldsymbol{A} \sim \boldsymbol{B}, \boldsymbol{B} \sim \boldsymbol{C}$, 则 $\boldsymbol{A} \sim \boldsymbol{C}$.

因此, 矩阵相似关系是一个等价关系, 也就是说相似矩阵一定等价, 但矩阵等价未必相似.

**定理 4** 如果 $n$ 阶矩阵 $\boldsymbol{A}$ 与 $\boldsymbol{B}$ 相似, 那么

(1) $|\lambda \boldsymbol{E} - \boldsymbol{A}| = |\lambda \boldsymbol{E} - \boldsymbol{B}|$, 即相似矩阵具有相同的特征值;

(2) $r(\boldsymbol{A}) = r(\boldsymbol{B})$, 即相似矩阵具有相同的秩;

(3) $|\boldsymbol{A}| = |\boldsymbol{B}|$, 即相似矩阵的行列式相等;

(4) $\operatorname{tr}(\boldsymbol{A}) = \operatorname{tr}(\boldsymbol{B})$, 即相似矩阵具有相同的迹;

(5) $f(\boldsymbol{A})$ 与 $f(\boldsymbol{B})$ 相似, 其中 $f(x)$ 是任一多项式.

**证明** 设 $\boldsymbol{A} = \boldsymbol{P}^{-1}\boldsymbol{B}\boldsymbol{P}$, 其中 $\boldsymbol{P}$ 为可逆矩阵. 由

$$|\lambda \boldsymbol{E} - \boldsymbol{A}| = |\lambda \boldsymbol{E} - \boldsymbol{P}^{-1}\boldsymbol{B}\boldsymbol{P}| = |\boldsymbol{P}^{-1}(\lambda \boldsymbol{E} - \boldsymbol{B})\boldsymbol{P}| = |\lambda \boldsymbol{E} - \boldsymbol{B}|$$

即得 (1).

由于 $\boldsymbol{P}$ 可逆, 因此 $r(\boldsymbol{A}) = r(\boldsymbol{P}^{-1}\boldsymbol{B}\boldsymbol{P}) = r(\boldsymbol{B})$, 此即 (2).

利用行列式的性质易见 $|\boldsymbol{A}| = |\boldsymbol{P}^{-1}\boldsymbol{B}\boldsymbol{P}| = |\boldsymbol{P}^{-1}||\boldsymbol{B}||\boldsymbol{P}| = |\boldsymbol{B}|$, 此即 (3).

由于 $\operatorname{tr}(\boldsymbol{A})$ 等于矩阵 $\boldsymbol{A}$ 的特征值之和, $\operatorname{tr}(\boldsymbol{B})$ 等于矩阵 $\boldsymbol{B}$ 的特征值之和, 而 $\boldsymbol{A}, \boldsymbol{B}$ 具有相同的特征值, 即得 (4).

由于 $\boldsymbol{A}^k = \boldsymbol{P}^{-1}\boldsymbol{B}^k\boldsymbol{P}$, 因此, 若 $f(\boldsymbol{A}) = a_0\boldsymbol{E} + a_1\boldsymbol{A} + \cdots + a_m\boldsymbol{A}^m$, 则

$$\begin{aligned} f(\boldsymbol{A}) &= a_0\boldsymbol{E} + a_1\boldsymbol{P}^{-1}\boldsymbol{B}\boldsymbol{P} + a_2\boldsymbol{P}^{-1}\boldsymbol{B}^2\boldsymbol{P} + \cdots + a_m\boldsymbol{P}^{-1}\boldsymbol{B}^m\boldsymbol{P} \\ &= \boldsymbol{P}^{-1}(a_0\boldsymbol{E} + a_1\boldsymbol{B} + \cdots + a_m\boldsymbol{B}^m)\boldsymbol{P} = \boldsymbol{P}^{-1}f(\boldsymbol{B})\boldsymbol{P}. \end{aligned}$$

所以 (5) 成立.

需要说明的是, 定理 4 所有命题的逆命题都未必成立. 例如, 矩阵 $\begin{pmatrix} 1 & 1 \\ 0 & 1 \end{pmatrix}$ 与 $\begin{pmatrix} 1 & 0 \\ 0 & 1 \end{pmatrix}$ 不相似, 但它们的行列式、特征值、迹和秩都相等. 请思考何时以上逆命题成立?

**例 11** 设 $\boldsymbol{A} = \begin{pmatrix} 2 & 0 & 0 \\ 0 & \lambda & 2 \\ 0 & 2 & 3 \end{pmatrix}$ 与 $\boldsymbol{B} = \begin{pmatrix} 1 & 0 & 0 \\ 0 & 2 & 0 \\ 0 & 0 & \mu \end{pmatrix}$ 相似, 求 $\lambda, \mu$.

**解**　根据相似矩阵的性质, 得

$$2+\lambda+3=1+2+\mu,\quad |\boldsymbol{A}|=2(3\lambda-4)=2\mu=|\boldsymbol{B}|.$$

解之, 得 $\lambda=3,\mu=5$.

**例 12**　设 $\boldsymbol{\alpha}_1,\boldsymbol{\alpha}_2,\cdots,\boldsymbol{\alpha}_n$ 是 $n$ 维列向量, 且 $\boldsymbol{\alpha}_n\neq\boldsymbol{0}$, 矩阵 $\boldsymbol{A}$ 满足

$$\boldsymbol{A}\boldsymbol{\alpha}_1=\boldsymbol{\alpha}_2,\boldsymbol{A}\boldsymbol{\alpha}_2=\boldsymbol{\alpha}_3,\cdots,\boldsymbol{A}\boldsymbol{\alpha}_{n-1}=\boldsymbol{\alpha}_n,\boldsymbol{A}\boldsymbol{\alpha}_n=\boldsymbol{0}.$$

证明 $\boldsymbol{\alpha}_1,\boldsymbol{\alpha}_2,\cdots,\boldsymbol{\alpha}_n$ 线性无关, 并求矩阵 $\boldsymbol{A}$ 的特征值与特征向量.

**解**　设 $x_1\boldsymbol{\alpha}_1+x_2\boldsymbol{\alpha}_2+\cdots+x_n\boldsymbol{\alpha}_n=\boldsymbol{0}$, 以 $\boldsymbol{A}^{n-1}$ 乘以其两端, 并利用已知条件得 $x_1\boldsymbol{\alpha}_n=\boldsymbol{0}$. 而 $\boldsymbol{\alpha}_n\neq\boldsymbol{0}$, 因此 $x_1=0$. 则有 $x_2\boldsymbol{\alpha}_2+\cdots+x_n\boldsymbol{\alpha}_n=\boldsymbol{0}$. 以 $\boldsymbol{A}^{n-2}$ 乘以其两端, 则得 $x_2=0$. 类似可得 $x_3=\cdots=x_n=0$. 故 $\boldsymbol{\alpha}_1,\boldsymbol{\alpha}_2,\cdots,\boldsymbol{\alpha}_n$ 线性无关.

注意到 $\boldsymbol{A}(\boldsymbol{\alpha}_1,\boldsymbol{\alpha}_2,\cdots,\boldsymbol{\alpha}_n)=(\boldsymbol{\alpha}_2,\boldsymbol{\alpha}_3,\cdots,\boldsymbol{\alpha}_{n-1},\boldsymbol{0})=(\boldsymbol{\alpha}_1,\boldsymbol{\alpha}_2,\cdots,\boldsymbol{\alpha}_n)\boldsymbol{B}$, 其中

$$\boldsymbol{B}=\begin{pmatrix}0&0&\cdots&0&0\\1&0&\cdots&0&0\\0&1&\cdots&0&0\\\vdots&\vdots&&\vdots&\vdots\\0&0&\cdots&1&0\end{pmatrix}.$$

由于 $\boldsymbol{\alpha}_1,\boldsymbol{\alpha}_2,\cdots,\boldsymbol{\alpha}_n$ 线性无关, 因此 $\boldsymbol{P}=(\boldsymbol{\alpha}_1,\boldsymbol{\alpha}_2,\cdots,\boldsymbol{\alpha}_n)$ 可逆, 于是 $\boldsymbol{A}=\boldsymbol{P}\boldsymbol{B}\boldsymbol{P}^{-1}$, 即矩阵 $\boldsymbol{A}$ 与 $\boldsymbol{B}$ 相似. 故 $\lambda_{\boldsymbol{A}}=\lambda_{\boldsymbol{B}}$, 而 $\lambda_{\boldsymbol{B}}=0$ ($n$ 重), 因此矩阵 $\boldsymbol{A}$ 有 $n$ 重零特征值, 且由 $\boldsymbol{A}\boldsymbol{\alpha}_n=\boldsymbol{0}$ 即知对应的特征向量为 $k\boldsymbol{\alpha}_n(k\neq0)$.

**例 13**　设矩阵 $\boldsymbol{A}$ 是 3 阶矩阵, $\boldsymbol{\alpha}_1,\boldsymbol{\alpha}_2,\boldsymbol{\alpha}_3$ 是 3 维线性无关的列向量, 且

$$\boldsymbol{A}\boldsymbol{\alpha}_1=\boldsymbol{\alpha}_1-\boldsymbol{\alpha}_2+3\boldsymbol{\alpha}_3,\quad \boldsymbol{A}\boldsymbol{\alpha}_2=4\boldsymbol{\alpha}_1-3\boldsymbol{\alpha}_2+5\boldsymbol{\alpha}_3,\quad \boldsymbol{A}\boldsymbol{\alpha}_3=\boldsymbol{0}.$$

求 $\boldsymbol{A}$ 的特征值及对应的特征向量.

**解**　由题目条件即得

$$\boldsymbol{A}(\boldsymbol{\alpha}_1,\boldsymbol{\alpha}_2,\boldsymbol{\alpha}_3)=(\boldsymbol{\alpha}_1,\boldsymbol{\alpha}_2,\boldsymbol{\alpha}_3)\boldsymbol{B},\quad \boldsymbol{B}=\begin{pmatrix}1&4&0\\-1&-3&0\\3&5&0\end{pmatrix}.$$

设矩阵 $\boldsymbol{P}=(\boldsymbol{\alpha}_1,\boldsymbol{\alpha}_2,\boldsymbol{\alpha}_3)$, 则 $\boldsymbol{P}$ 可逆, 因此 $\boldsymbol{A}=\boldsymbol{P}\boldsymbol{B}\boldsymbol{P}^{-1}$, 即矩阵 $\boldsymbol{A}$ 与 $\boldsymbol{B}$ 相似, 于是 $\lambda_{\boldsymbol{A}}=\lambda_{\boldsymbol{B}}$. 而矩阵 $\boldsymbol{B}$ 的特征值分别为 $\lambda_1=\lambda_2=-1,\lambda_3=0$. 因此矩阵 $\boldsymbol{A}$ 的特征值分别为 $\lambda_1=\lambda_2=-1,\lambda_3=0$.

注意到 $\boldsymbol{A}\boldsymbol{\alpha}_3=\boldsymbol{0}$, 对应于特征值 $\lambda_3$ 的特征向量为 $k_1\boldsymbol{\alpha}_3\ (k_1\neq 0)$.

设 $\boldsymbol{\beta}$ 是矩阵 $\boldsymbol{B}$ 对应于特征值 $\lambda$ 的特征向量, 则 $\boldsymbol{AP\beta}=\boldsymbol{PB\beta}=\lambda(\boldsymbol{P\beta})$, 即 $\boldsymbol{P\beta}$ 为矩阵 $\boldsymbol{A}$ 的特征值 $\lambda$ 对应的特征向量. 直接计算矩阵 $\boldsymbol{B}$ 的特征值 $\lambda=-1$ 对应的特征向量 $\boldsymbol{\beta}=(-2,1,1)^{\mathrm{T}}$, 因此矩阵 $\boldsymbol{A}$ 的特征值 $\lambda=-1$ 的特征向量为

$$\boldsymbol{P\beta}=(\boldsymbol{\alpha}_1,\boldsymbol{\alpha}_2,\boldsymbol{\alpha}_3)\begin{pmatrix}-2\\1\\1\end{pmatrix}=-2\boldsymbol{\alpha}_1+\boldsymbol{\alpha}_2+\boldsymbol{\alpha}_3,$$

故矩阵 $\boldsymbol{A}$ 特征值 $\lambda=-1$ 对应的特征向量为 $k_2(-2\boldsymbol{\alpha}_1+\boldsymbol{\alpha}_2+\boldsymbol{\alpha}_3)\ (k_2\neq 0)$.

### 4.2.2 矩阵相似对角化

根据以上分析, 自然关心的问题是, 是不是所有的矩阵都相似于对角矩阵? 或者满足什么条件的矩阵相似于对角矩阵?

**定理 5** $n$ 阶矩阵 $\boldsymbol{A}$ 相似于对角矩阵的充分必要条件是 $\boldsymbol{A}$ 有 $n$ 个线性无关的特征向量.

**证明** 设 $\boldsymbol{A}$ 的 $n$ 个线性无关特征向量 $\boldsymbol{\alpha}_1,\boldsymbol{\alpha}_2,\cdots,\boldsymbol{\alpha}_n$ 对应的特征值分别为 $\lambda_1,\lambda_2,\cdots,\lambda_n$. 令

$$\boldsymbol{P}=(\boldsymbol{\alpha}_1,\boldsymbol{\alpha}_2,\cdots,\boldsymbol{\alpha}_n),\quad \boldsymbol{\Lambda}=\mathrm{diag}(\lambda_1,\lambda_2,\cdots,\lambda_n).$$

那么由 $\boldsymbol{A}\boldsymbol{\alpha}_i=\lambda_i\boldsymbol{\alpha}_i\ (i=1,2,\cdots,n)$ 得 $\boldsymbol{P}^{-1}\boldsymbol{AP}=\boldsymbol{\Lambda}$. 因此, $\boldsymbol{A}$ 与对角矩阵 $\boldsymbol{\Lambda}$ 相似.

反过来, 若 $\boldsymbol{A}$ 相似于对角矩阵 $\boldsymbol{\Lambda}=\mathrm{diag}(\lambda_1,\lambda_2,\cdots,\lambda_n)$, 即存在可逆矩阵 $\boldsymbol{P}$, 使得 $\boldsymbol{P}^{-1}\boldsymbol{AP}=\boldsymbol{\Lambda}$, 即 $\boldsymbol{AP}=\boldsymbol{P\Lambda}$. 令 $\boldsymbol{P}=(\boldsymbol{\beta}_1,\boldsymbol{\beta}_2,\cdots,\boldsymbol{\beta}_n)$, 则有

$$\boldsymbol{A\beta}_i=\lambda_i\boldsymbol{\beta}_i\quad (i=1,2,\cdots,n).$$

由于 $\boldsymbol{P}$ 可逆, 所以 $\boldsymbol{\beta}_1,\boldsymbol{\beta}_2,\cdots,\boldsymbol{\beta}_n$ 是矩阵 $\boldsymbol{A}$ 的对应于特征值 $\lambda_1,\lambda_2,\cdots,\lambda_n$ 的 $n$ 个线性无关的特征向量.

由定理 3 和定理 5 可知以下结论成立.

**推论 2** 若 $n$ 阶矩阵 $\boldsymbol{A}$ 有 $n$ 个互异的特征值, 则矩阵 $\boldsymbol{A}$ 一定与对角矩阵相似.

对 $\boldsymbol{A}$ 的不同特征值的个数应用数学归纳法, 可以得到如下定理.

**定理 6** 设 $\lambda_1,\lambda_2,\cdots,\lambda_m$ 为 $\boldsymbol{A}$ 的不同特征值, 线性方程组 $(\lambda_i\boldsymbol{E}-\boldsymbol{A})\boldsymbol{x}=\boldsymbol{0}$ 的基础解系中所含向量个数为 $r_i(i=1,2,\cdots,m)$. 如果 $r_1+r_2+\cdots+r_m=n$(也就是每个特征值的几何重数等于代数重数), 则 $\boldsymbol{A}$ 有 $n$ 个线性无关的特征向量, 从而 $\boldsymbol{A}$ 可对角化; 如果 $r_1+r_2+\cdots+r_m<n$, 则 $\boldsymbol{A}$ 没有 $n$ 个线性无关的特征向量, 从而 $\boldsymbol{A}$ 不可以对角化.

注意 $r_i = n - r(\lambda_i \boldsymbol{E} - \boldsymbol{A})$, 则 $\sum_{i=1}^{m} r(\lambda_i \boldsymbol{E} - \boldsymbol{A}) = n(m-1)$, 矩阵 $\boldsymbol{A}$ 可对角化, 否则不可对角化.

至此, 我们清楚了并非所有矩阵都可以相似对角化, 只有当矩阵 $\boldsymbol{A}$ 具有 $n$ 个线性无关的特征向量, 则一定存在可逆矩阵 $\boldsymbol{P}$, 使得

$$\boldsymbol{A} = \boldsymbol{P}\boldsymbol{\Lambda}\boldsymbol{P}^{-1}.$$

这里, 对角矩阵 $\boldsymbol{\Lambda}$ 的对角元素是由矩阵 $\boldsymbol{A}$ 的所有特征值组成的, 矩阵 $\boldsymbol{P}$ 是由 $\boldsymbol{A}$ 的特征向量按照特征值在对角矩阵 $\boldsymbol{\Lambda}$ 中相应的顺序构成的. 例如, 设 $\boldsymbol{\alpha}_i$ 为矩阵 $\boldsymbol{A}$ 相应于特征值 $\lambda_i$ 的特征向量, 如果 $\boldsymbol{\Lambda} = \mathrm{diag}(\lambda_1, \lambda_2, \cdots, \lambda_n)$, 则 $\boldsymbol{P} = (\boldsymbol{\alpha}_1, \boldsymbol{\alpha}_2, \cdots, \boldsymbol{\alpha}_n)$; 如果 $\boldsymbol{\Lambda} = \mathrm{diag}(\lambda_2, \lambda_1, \cdots, \lambda_n)$, 则 $\boldsymbol{P} = (\boldsymbol{\alpha}_2, \boldsymbol{\alpha}_1, \cdots, \boldsymbol{\alpha}_n)$. 同时, 需要注意的是, 矩阵 $\boldsymbol{P}$ 的取法不唯一, 取

$$\boldsymbol{P} = (k_1\boldsymbol{\alpha}_1, k_2\boldsymbol{\alpha}_2, \cdots, k_n\boldsymbol{\alpha}_n) \quad (k_i \neq 0, i = 1, 2, \cdots, n),$$

并不影响 $\boldsymbol{A} = \boldsymbol{P}\boldsymbol{\Lambda}\boldsymbol{P}^{-1}$ 成立.

**例 14**　设矩阵 $\boldsymbol{A} = \begin{pmatrix} 1 & 2 & -3 \\ -1 & 4 & -3 \\ 1 & a & 5 \end{pmatrix}$ 的特征方程有一个 2 重根, 求 $a$ 的值, 并讨论 $\boldsymbol{A}$ 可否对角化.

**解**　矩阵 $\boldsymbol{A}$ 的特征多项式 $f(\lambda) = |\lambda \boldsymbol{E} - \boldsymbol{A}| = (\lambda - 2)(\lambda^2 - 8\lambda + 18 + 3a)$.

若 $\lambda = 2$ 是 $f(\lambda) = 0$ 的 2 重根, 则由 $2^2 - 16 + 18 + 3a = 0$ 得 $a = -2$. 此时, 矩阵 $\boldsymbol{A}$ 的特征值为 $2, 2, 6$. 由于 $r(2\boldsymbol{E} - \boldsymbol{A}) = 1$, 方程组 $(2\boldsymbol{E} - \boldsymbol{A})\boldsymbol{x} = \boldsymbol{0}$ 的基础解系中含有 2 个解向量, 也就是说对应于特征值 2 有两个线性无关的特征向量, 从而 $\boldsymbol{A}$ 可对角化.

若 $\lambda = 2$ 不是 $f(\lambda) = 0$ 的 2 重根, 则 $\lambda^2 - 8\lambda + 18 + 3a$ 为一完全平方数, 从而得 $a = -\dfrac{2}{3}$. 此时, $\boldsymbol{A}$ 的特征值为 2, 4, 4. 由于 $r(4\boldsymbol{E} - \boldsymbol{A}) = 2$, 所以方程组 $(4\boldsymbol{E} - \boldsymbol{A})\boldsymbol{x} = \boldsymbol{0}$ 的基础解系中只含 1 个解向量. 从而当 $a = -\dfrac{2}{3}$ 时, $\boldsymbol{A}$ 不能对角化.

**例 15**　已知矩阵 $\boldsymbol{A} = \begin{pmatrix} 2 & 0 & 0 \\ 0 & 0 & 1 \\ 0 & 1 & x \end{pmatrix}$ 与 $\boldsymbol{B} = \begin{pmatrix} 2 & & \\ & y & \\ & & -1 \end{pmatrix}$ 相似.

(1) 求 $x, y$;

(2) 求可逆矩阵 $\boldsymbol{P}$, 使 $\boldsymbol{P}^{-1}\boldsymbol{A}\boldsymbol{P} = \boldsymbol{B}$.

**解**　(1) 因 $\boldsymbol{A}$ 与 $\boldsymbol{B}$ 相似, 故它们的迹相等, 且 $|\boldsymbol{A}| = |\boldsymbol{B}|$. 从而得

$$\begin{cases} 2+x=2+y+(-1), \\ -2=-2y, \end{cases}$$

解得 $x=0, y=1$.

(2) 由于 $\boldsymbol{B}$ 为对角矩阵, 因此 $\lambda_{\boldsymbol{A}}=\lambda_{\boldsymbol{B}}=2,1,-1$. 依次求 $\boldsymbol{A}$ 的对应于这些特征值的特征向量得

$$\boldsymbol{\alpha}_1=\begin{pmatrix}1\\0\\0\end{pmatrix}, \quad \boldsymbol{\alpha}_2=\begin{pmatrix}0\\1\\1\end{pmatrix}, \quad \boldsymbol{\alpha}_3=\begin{pmatrix}0\\1\\-1\end{pmatrix}.$$

令 $\boldsymbol{P}=(\boldsymbol{\alpha}_1,\boldsymbol{\alpha}_2,\boldsymbol{\alpha}_3)$, 则 $\boldsymbol{P}^{-1}\boldsymbol{A}\boldsymbol{P}=\boldsymbol{B}$.

**例 16** 设 $\boldsymbol{A}=\begin{pmatrix}1&4&2\\0&-3&4\\0&4&3\end{pmatrix}$, 求 $\boldsymbol{A}^{100}$.

**解** 由 $|\boldsymbol{A}-\lambda\boldsymbol{E}|=0$, 得 $\boldsymbol{A}$ 的特征值为

$$\lambda_1=1, \quad \lambda_2=5, \quad \lambda_3=-5.$$

且由 $(\boldsymbol{A}-\lambda\boldsymbol{E})\boldsymbol{x}=\boldsymbol{0}$ 得到对应的特征向量分别为

$$\boldsymbol{\alpha}_1=(1,0,0)^{\mathrm{T}}, \quad \boldsymbol{\alpha}_2=(2,1,2)^{\mathrm{T}}, \quad \boldsymbol{\alpha}_3=(1,-2,1)^{\mathrm{T}}.$$

令 $\boldsymbol{P}=(\boldsymbol{\alpha}_1,\boldsymbol{\alpha}_2,\boldsymbol{\alpha}_3)$, 得

$$\boldsymbol{A}^{100}=\boldsymbol{P}\boldsymbol{\Lambda}^{100}\boldsymbol{P}^{-1}=\begin{pmatrix}1&0&5^{100}-1\\0&5^{100}&0\\0&0&5^{100}\end{pmatrix}, \quad \boldsymbol{\Lambda}=\begin{pmatrix}1&&\\&5&\\&&-5\end{pmatrix}.$$

**例 17** 设 $n$ 阶矩阵 $\boldsymbol{A}$ 满足 $\boldsymbol{A}^2=\boldsymbol{E}$, 证明 $\boldsymbol{A}$ 相似于矩阵 $\boldsymbol{\Lambda}=\begin{pmatrix}\boldsymbol{E}_{n-r}&\\&-\boldsymbol{E}_r\end{pmatrix}$, 其中 $r$ 为 $\boldsymbol{E}-\boldsymbol{A}$ 的秩.

**证明** $\boldsymbol{A}$ 的特征值 $\lambda_{\boldsymbol{A}}=\pm1$. 同时, 由 $\boldsymbol{A}^2=\boldsymbol{E}$ 可推出 $(\boldsymbol{E}-\boldsymbol{A})(\boldsymbol{E}+\boldsymbol{A})=\boldsymbol{O}$. 从而 $r(\boldsymbol{E}-\boldsymbol{A})+r(\boldsymbol{E}+\boldsymbol{A})\leqslant n$. 不难看出, 矩阵 $(\boldsymbol{E}-\boldsymbol{A},\boldsymbol{E}+\boldsymbol{A})$ 的秩等于 $n$. 因此, $r(\boldsymbol{E}-\boldsymbol{A})+r(\boldsymbol{E}+\boldsymbol{A})\geqslant n$. 二者结合得 $r(\boldsymbol{E}-\boldsymbol{A})+r(\boldsymbol{E}+\boldsymbol{A})=n$.

考虑特征值 $\lambda_{\boldsymbol{A}}=1$. 由于 $r(\boldsymbol{E}-\boldsymbol{A})=r$, 因此方程组 $(\boldsymbol{E}-\boldsymbol{A})\boldsymbol{x}=\boldsymbol{0}$ 的基础解系中含的解向量有 $n-r$ 个, 即对应于特征值 1 的线性无关的特征向量有 $n-r$ 个.

考虑特征值 $\lambda_{\boldsymbol{A}}=-1$. 由于 $r(\boldsymbol{E}+\boldsymbol{A})=n-r$, 因此方程组 $(\boldsymbol{E}+\boldsymbol{A})\boldsymbol{x}=\boldsymbol{0}$ 的基础解系中含的解向量有 $r$ 个, 即对应于特征值 $-1$ 的线性无关的特征向量有 $r$ 个.

综上, 矩阵 $\boldsymbol{A}$ 具有 $n$ 个线性无关的特征向量, 它相似于对角矩阵 $\begin{pmatrix} \boldsymbol{E}_{n-r} & \\ & -\boldsymbol{E}_r \end{pmatrix}$.

**例 18**　已知 3 阶矩阵 $\boldsymbol{A}$ 与 $\boldsymbol{B}$ 相似, 且

$$|3\boldsymbol{E}+\boldsymbol{A}|=0, \quad |2\boldsymbol{E}+\boldsymbol{B}|=0, \quad |\boldsymbol{E}-2\boldsymbol{B}|=0.$$

求 $A_{11}+A_{22}+A_{33}$, 其中 $A_{ii}(i=1,2,3)$ 是 $\det\boldsymbol{A}$ 元素 $a_{ii}$ 的代数余子式.

**解**　由题目所给条件, 易见矩阵 $\boldsymbol{A}$ 的特征值为

$$\lambda_1=-3, \quad \lambda_2=-2, \quad \lambda_3=\frac{1}{2}.$$

注意到 $A_{11}+A_{22}+A_{33}$ 是 $\boldsymbol{A}$ 的伴随矩阵 $\boldsymbol{A}^*$ 的迹 $\mathrm{tr}(\boldsymbol{A}^*)$. 因此, 只需求出 $\boldsymbol{A}^*$ 的特征值即可. 由 $\boldsymbol{A}^*$ 的特征值$\lambda_{\boldsymbol{A}^*}=\dfrac{|\boldsymbol{A}|}{\lambda_{\boldsymbol{A}}}$, 其中 $\lambda_{\boldsymbol{A}}$ 是 $\boldsymbol{A}$ 的特征值. 又 $|\boldsymbol{A}|=\lambda_1\lambda_2\lambda_3$. 所以, 得到 $\boldsymbol{A}^*$ 的特征值为 $-1,-\dfrac{3}{2},6$. 因此, $A_{11}+A_{22}+A_{33}=\dfrac{7}{2}$.

**例 19**　设 3 阶矩阵 $\boldsymbol{A}$ 满足 $\boldsymbol{A}^2=\boldsymbol{E}, r(\boldsymbol{A}+\boldsymbol{E})=2$, 证明矩阵 $\boldsymbol{A}$ 可对角化, 并求其对角矩阵和 $|\boldsymbol{A}+2\boldsymbol{E}|$.

**解**　由条件得 $(\boldsymbol{A}+\boldsymbol{E})(\boldsymbol{A}-\boldsymbol{E})=\boldsymbol{O}$, 可以证明 $r(\boldsymbol{A}+\boldsymbol{E})+r(\boldsymbol{A}-\boldsymbol{E})=3$. 于是, $r(\boldsymbol{A}-\boldsymbol{E})=1$. 从而 $|\boldsymbol{A}+\boldsymbol{E}|=0, |\boldsymbol{A}-\boldsymbol{E}|=0$, 即矩阵 $\boldsymbol{A}$ 具有两个特征值 $\lambda_1=1, \lambda_2=-1$.

由于 $r(\boldsymbol{A}+\boldsymbol{E})=2$, 对应于 $\lambda_2=-1$ 的线性无关特征向量只有一个即 $\boldsymbol{\alpha}_1$; 由于 $r(\boldsymbol{A}-\boldsymbol{E})=1$, 因此对应于 $\lambda_1=1$ 的线性无关特征向量有两个即 $\boldsymbol{\alpha}_2,\boldsymbol{\alpha}_3$, 且特征值 $\lambda_1=1$ 是 2 重的. 故矩阵 $\boldsymbol{A}$ 可对角化, 且对角矩阵 $\boldsymbol{\Lambda}=\mathrm{diag}(1,1,-1)$.

由于 $\lambda_{\boldsymbol{A}+2\boldsymbol{E}}=\lambda_{\boldsymbol{A}}+2$, 因此 $\boldsymbol{A}+2\boldsymbol{E}$ 的特征值分别为 3, 3, 1. 故 $|\boldsymbol{A}+2\boldsymbol{E}|=9$.

注意, *矩阵 $\boldsymbol{A}$ 与对角矩阵相似, 那么对应于 $r_i$ 重特征值 $\lambda_i$, 有 $r(\lambda_i\boldsymbol{E}-\boldsymbol{A})=n-r_i$(即对应 $\lambda_i$ 恰有 $r_i$ 个线性无关的特征向量)*. 这一结论反过来也成立.

根据以上分析, 如果知道了矩阵 $\boldsymbol{A}$ 的特征值及其 $n$ 个线性无关的特征向量, 我们可以反演计算矩阵 $\boldsymbol{A}$:

$$\boldsymbol{A}=\boldsymbol{P}\boldsymbol{\Lambda}\boldsymbol{P}^{-1}.$$

一般说来, 一个 $n$ 阶矩阵 $\boldsymbol{A}$ 未必相似于对角矩阵, 一个典型例子就是形如

$$\boldsymbol{J}(\lambda,k)=\begin{pmatrix} \lambda & 1 & & \\ & \lambda & \ddots & \\ & & \ddots & 1 \\ & & & \lambda \end{pmatrix}_{k\times k}$$

的矩阵, 容易看出, 当阶数 $k>1$ 时, $\boldsymbol{J}(\lambda,k)$ 不可能相似于对角矩阵. 这样的矩阵称为 $k$ 阶 Jordan **块**, 其中 $\lambda$ 为常数.

如果矩阵 $\boldsymbol{A}$ 不与对角矩阵相似, 那么它与什么样的矩阵相似? 一般来讲, $n$ 阶矩阵一定相似于由 Jordan 块组成的 Jordan 矩阵 $\boldsymbol{J}=\mathrm{diag}(\boldsymbol{J}(\lambda_1,k_1),\boldsymbol{J}(\lambda_2,k_2),\cdots,\boldsymbol{J}(\lambda_s,k_s))$. 这一问题在第 8 章和第 9 章将给予详细讨论.

## 习 题 4.2

1. 求下列矩阵特征值及对应的特征向量, 若可以对角化, 求可逆矩阵 $\boldsymbol{P}$, 使 $\boldsymbol{P}^{-1}\boldsymbol{AP}$ 为对角矩阵.

(1) $\begin{pmatrix}-1&4&-2\\-3&4&0\\-3&1&3\end{pmatrix}$; (2) $\begin{pmatrix}4&-5&2\\5&-7&3\\6&-9&4\end{pmatrix}$; (3) $\begin{pmatrix}1&2&3\\-1&-2&2\\-2&-4&1\end{pmatrix}$.

2. 问 $k$ 为何值时, 矩阵 $\boldsymbol{A}=\begin{pmatrix}3&2&-2\\-k&-1&k\\4&2&-3\end{pmatrix}$ 可以对角化, 并求可逆矩阵 $\boldsymbol{P}$, 使 $\boldsymbol{P}^{-1}\boldsymbol{AP}$ 为对角矩阵.

3. 设 $\boldsymbol{A}$ 为 3 阶矩阵, $\boldsymbol{\alpha}_1,\boldsymbol{\alpha}_2,\boldsymbol{\alpha}_3$ 是线性无关的 3 维列向量, 且满足

$$\boldsymbol{A\alpha}_1=\boldsymbol{\alpha}_1+\boldsymbol{\alpha}_2+\boldsymbol{\alpha}_3,\quad \boldsymbol{A\alpha}_2=2\boldsymbol{\alpha}_2+\boldsymbol{\alpha}_3,\quad \boldsymbol{A\alpha}_3=2\boldsymbol{\alpha}_2+3\boldsymbol{\alpha}_3.$$

(1) 求矩阵 $\boldsymbol{B}$ 使得 $\boldsymbol{A}(\boldsymbol{\alpha}_1,\boldsymbol{\alpha}_2,\boldsymbol{\alpha}_3)=(\boldsymbol{\alpha}_1,\boldsymbol{\alpha}_2,\boldsymbol{\alpha}_3)\boldsymbol{B}$;

(2) 求矩阵 $\boldsymbol{A}$ 的特征值;

(3) 求可逆矩阵 $\boldsymbol{P}$, 使得 $\boldsymbol{P}^{-1}\boldsymbol{AP}$ 为对角矩阵.

4. 设 $n$ 阶矩阵 $\boldsymbol{A}=\begin{pmatrix}a&b&\cdots&b\\b&a&\cdots&b\\\vdots&\vdots&&\vdots\\b&b&\cdots&a\end{pmatrix}$, 其中 $a\neq b, b\neq 0$.

(1) 求 $\boldsymbol{A}$ 的特征值和特征向量;

(2) 求可逆矩阵 $\boldsymbol{P}$, 使得 $\boldsymbol{P}^{-1}\boldsymbol{AP}$ 为对角阵.

5. 设矩阵 $\boldsymbol{A}=\begin{pmatrix}2&0&1\\3&1&x\\4&0&5\end{pmatrix}$ 可相似对角化, 求 $x$.

6. 设 3 阶矩阵 $\boldsymbol{A}$ 满足 $\boldsymbol{A\alpha}_i=i\boldsymbol{\alpha}_i\ (i=1,2,3)$, 其中列向量

$$\boldsymbol{\alpha}_1=(1,2,2)^{\mathrm{T}},\quad \boldsymbol{\alpha}_2=(2,-2,1)^{\mathrm{T}},\quad \boldsymbol{\alpha}_3=(-2,-1,2)^{\mathrm{T}}.$$

试求矩阵 $\boldsymbol{A}$.

7. 已知 $\boldsymbol{p}=\begin{pmatrix}1\\1\\-1\end{pmatrix}$ 是矩阵 $\boldsymbol{A}=\begin{pmatrix}2&-1&2\\5&a&3\\-1&b&-2\end{pmatrix}$ 的一个特征向量.

(1) 求参数 $a,b$ 的值及特征向量 $\boldsymbol{p}$ 所对应的特征值;

(2) 讨论 $\boldsymbol{A}$ 是否能相似对角化? 并说明理由.

8. 设 $n$ 阶矩阵 $\boldsymbol{A},\boldsymbol{B}$ 可交换, $\boldsymbol{A}$ 有 $n$ 个互异特征值. 证明:

(1) $\boldsymbol{A}$ 与 $\boldsymbol{B}$ 有相同的特征向量;

(2) $\boldsymbol{B}$ 相似于对角矩阵.

9. 设 $n$ 阶矩阵 $\boldsymbol{A}$ 满足 $\boldsymbol{A}^2=\boldsymbol{A}$. 证明 $\boldsymbol{A}$ 相似于 $\begin{pmatrix}\boldsymbol{E}_r&\boldsymbol{O}\\\boldsymbol{O}&\boldsymbol{O}\end{pmatrix}$ 的充分必要条件是 $r(\boldsymbol{A})=r$.

10. 设 $n$ 阶矩阵 $\boldsymbol{A},\boldsymbol{B}$ 满足 $\boldsymbol{AB}-\boldsymbol{BA}=\boldsymbol{A}$, 证明 $\boldsymbol{A}$ 不可逆.

## 4.3　正交矩阵与实对称矩阵相似对角化

我们知道, 并非所有的矩阵都可以对角化. 那么什么样的矩阵一定可以对角化? 本节告诉我们一个基本事实: 实对称矩阵一定可以对角化.

### 4.3.1　正交矩阵

我们先给出向量之间的一种运算 —— 内积运算 (将在第 10 章详细讨论). 设向量

$$\boldsymbol{\alpha}=(x_1,x_2,\cdots,x_n),\qquad \boldsymbol{\beta}=(y_1,y_2,\cdots,y_n),$$

定义 $x_1y_1+x_2y_2+\cdots+x_ny_n$(即对应分量乘积之和) 为向量 $\boldsymbol{\alpha},\boldsymbol{\beta}$ 的**内积**, 记为

$$(\boldsymbol{\alpha},\boldsymbol{\beta})=\boldsymbol{\alpha}\boldsymbol{\beta}^{\mathrm{T}}=\boldsymbol{\beta}\boldsymbol{\alpha}^{\mathrm{T}}=x_1y_1+x_2y_2+\cdots+x_ny_n.$$

有了向量内积的概念, 我们就可以给出向量的度量性质: 向量的长度、夹角等. 由内积定义, 显然

$$(\boldsymbol{\alpha},\boldsymbol{\beta})=(\boldsymbol{\beta},\boldsymbol{\alpha});\quad (k\boldsymbol{\alpha},\boldsymbol{\beta})=(\boldsymbol{\alpha},k\boldsymbol{\beta})=k(\boldsymbol{\alpha},\boldsymbol{\beta});$$

$$(\boldsymbol{\alpha},\boldsymbol{\alpha})=x_1^2+x_2^2+\cdots+x_n^2\geqslant 0;\quad (\boldsymbol{\alpha},\boldsymbol{\alpha})=0\Longleftrightarrow\boldsymbol{\alpha}=\boldsymbol{0}.$$

由此, 定义向量 $\boldsymbol{\alpha}$ 的**长度**为 $\sqrt{(\boldsymbol{\alpha},\boldsymbol{\alpha})}$, 记为 $|\boldsymbol{\alpha}|$(也可记为 $\|\boldsymbol{\alpha}\|$), 即

$$|\boldsymbol{\alpha}|=\sqrt{(\boldsymbol{\alpha},\boldsymbol{\alpha})}=\sqrt{x_1^2+x_2^2+\cdots+x_n^2}.$$

零向量的长度显然为 0; 长度为 1 的向量称为**单位向量**(由此即知为何 $\boldsymbol{e}_1, \boldsymbol{e}_2, \cdots, \boldsymbol{e}_n$ 称为基本单位向量组). 对于任意非零向量 $\alpha$, 由于 $\left|\dfrac{\boldsymbol{\alpha}}{|\boldsymbol{\alpha}|}\right| = 1$, 因此 $\dfrac{\boldsymbol{\alpha}}{|\boldsymbol{\alpha}|}$ 称为**向量 $\alpha$ 的单位化**.

对于非零向量 $\boldsymbol{\alpha}, \boldsymbol{\beta}$, 定义其夹角 $\theta$ 的余弦为

$$\cos\theta = \frac{(\boldsymbol{\alpha}, \boldsymbol{\beta})}{|\boldsymbol{\alpha}||\boldsymbol{\beta}|}, \quad 0 \leqslant \theta \leqslant \pi.$$

**定义 3** 如果向量 $\boldsymbol{\alpha}, \boldsymbol{\beta}$ 的内积 $(\boldsymbol{\alpha}, \boldsymbol{\beta}) = 0$, 则称向量 $\boldsymbol{\alpha}$ 与 $\boldsymbol{\beta}$ **正交**(也称垂直), 记为 $\boldsymbol{\alpha} \perp \boldsymbol{\beta}$.

显然, 零向量与任意向量正交; 基本单位向量相互正交. 如果一组向量 $\boldsymbol{\alpha}_1, \boldsymbol{\alpha}_2, \cdots, \boldsymbol{\alpha}_m$ 两两正交, 称其为**正交向量组.**

**定理 7** 向量组 $\boldsymbol{\alpha}_1, \boldsymbol{\alpha}_2, \cdots, \boldsymbol{\alpha}_m$ 两两正交, 则一定线性无关.

**证明** 设

$$k_1\boldsymbol{\alpha}_1 + k_2\boldsymbol{\alpha}_2 + \cdots + k_m\boldsymbol{\alpha}_m = \mathbf{0},$$

其中 $k_1, k_2, \cdots, k_m$ 为实数. 该式两边同时与 $\boldsymbol{\alpha}_j$ 作内积运算, 得 $k_j(\boldsymbol{\alpha}_j, \boldsymbol{\alpha}_j) = 0$. 由 $\boldsymbol{\alpha}_j \neq \mathbf{0}$, 即得 $k_j = 0\ (j = 1, 2, \cdots, m)$. 故结论成立.

**定义 4** 若 $n$ 阶实矩阵 $\boldsymbol{A}$ 满足 $\boldsymbol{A}\boldsymbol{A}^{\mathrm{T}} = \boldsymbol{E}$(或 $\boldsymbol{A}^{\mathrm{T}}\boldsymbol{A} = \boldsymbol{E}$), 则称矩阵 $\boldsymbol{A}$ 为**正交矩阵**.

例如, $\begin{pmatrix} \cos\theta & -\sin\theta \\ \sin\theta & \cos\theta \end{pmatrix}$, $\begin{pmatrix} 1 & 0 & 0 \\ 0 & \dfrac{1}{\sqrt{2}} & \dfrac{1}{\sqrt{2}} \\ 0 & \dfrac{1}{\sqrt{2}} & -\dfrac{1}{\sqrt{2}} \end{pmatrix}$ 等都是正交矩阵.

根据定义, 不难验证, 正交矩阵 $\boldsymbol{A}$ 具有下述性质.

(1) $|\boldsymbol{A}|^2 = 1$;

(2) $\boldsymbol{A}^{-1} = \boldsymbol{A}^{\mathrm{T}}$;

(3) $\boldsymbol{A}$ 正交的充分必要条件为 $\boldsymbol{A}$ 的行 (列) 向量组是 $\mathbf{R}^n$ 中两两正交的单位向量组;

(4) 若 $\boldsymbol{A}, \boldsymbol{B}$ 是正交矩阵, 则 $\boldsymbol{AB}$ 也是正交矩阵.

(1) 和 (2) 证明较为简单, 下面证明 (3) 和 (4). 先证明 (4). 因为

$$(\boldsymbol{AB})^{\mathrm{T}}\boldsymbol{AB} = \boldsymbol{B}^{\mathrm{T}}\boldsymbol{A}^{\mathrm{T}}\boldsymbol{AB} = \boldsymbol{B}^{\mathrm{T}}\boldsymbol{EB} = \boldsymbol{E}.$$

再证明 (3)(这里对列向量给予证明, 对行向量类似可证). 设 $\boldsymbol{A} = (\boldsymbol{\alpha}_1, \boldsymbol{\alpha}_2, \cdots, \boldsymbol{\alpha}_n)$,

则

$$A^{\mathrm{T}}A=\begin{pmatrix}(\alpha_1,\alpha_1)&(\alpha_1,\alpha_2)&\cdots&(\alpha_1,\alpha_n)\\(\alpha_2,\alpha_1)&(\alpha_2,\alpha_2)&\cdots&(\alpha_2,\alpha_n)\\\vdots&\vdots&&\vdots\\(\alpha_n,\alpha_1)&(\alpha_n,\alpha_2)&\cdots&(\alpha_n,\alpha_n)\end{pmatrix}.$$

若 $\alpha_1,\alpha_2,\cdots,\alpha_n$ 是正交单位向量组, 则 $(\alpha_i,\alpha_j)=\begin{cases}1, & i=j,\\0, & i\neq j.\end{cases}$ 从而 $A^{\mathrm{T}}A=E$.

反之, 若 $A$ 正交, 则由定义 3, 即得上式成立, 故 $\alpha_1,\alpha_2,\cdots,\alpha_n$ 是单位正交向量组.

现在的问题是, 对于线性无关向量组 $\alpha_1,\alpha_2,\cdots,\alpha_n$, 是否可以得到一组两两正交且为单位向量的向量组 (或一般的可逆矩阵 $A$ 是否可以转化为正交矩阵)? 这就是 Gram-Schmidt 方法, 称为**正交规范化方法**(后续章节给出其证明):

(1) 正交化:

$$\begin{cases}\gamma_1=\alpha_1,\\ \gamma_j=\alpha_j-\dfrac{(\gamma_1,\alpha_j)}{(\gamma_1,\gamma_1)}\gamma_1-\dfrac{(\gamma_2,\alpha_j)}{(\gamma_2,\gamma_2)}\gamma_2-\cdots-\dfrac{(\gamma_{j-1},\alpha_j)}{(\gamma_{j-1},\gamma_{j-1})}\gamma_{j-1}, \quad j=2,3,\cdots,n;\end{cases}$$

(2) 单位化:

$$\varepsilon_j=\frac{\gamma_j}{|\gamma_j|},\quad j=1,2,\cdots,n.$$

通过以上正交化和单位化过程, 即得到两两正交且为单位向量的向量组 $\varepsilon_1,\varepsilon_2,\cdots,\varepsilon_n$.

### 4.3.2 实对称矩阵的对角化

这里将说明实对称矩阵一定相似于对角矩阵, 而且, 一定存在正交矩阵 $Q$, 使

$$Q^{-1}AQ=Q^{\mathrm{T}}AQ=\Lambda,$$

其中 $\Lambda$ 为对角矩阵.

**定理 8** 实对称矩阵 $A$ 的特征值为实数.

**证明** 将实对称矩阵 $A$ 看成复数集 $\mathbf{C}$ 上的矩阵, 令 $\lambda\in\mathbf{C}$ 是 $A$ 的任一特征值, 对应的特征向量为 $\alpha$, 则有

$$A\alpha=\lambda\alpha.$$

在上式两端取共轭, 得

$$\bar{A}\,\bar{\alpha}=\bar{\lambda}\bar{\alpha}.$$

由于 $\bar{\boldsymbol{A}}=\boldsymbol{A},\boldsymbol{A}^{\mathrm{T}}=\boldsymbol{A}$, 所以

$$\bar{\boldsymbol{\alpha}}^{\mathrm{T}}(\boldsymbol{A}\boldsymbol{\alpha})=(\bar{\boldsymbol{\alpha}}^{\mathrm{T}}\bar{\boldsymbol{A}}^{\mathrm{T}})\boldsymbol{\alpha}=(\overline{\boldsymbol{A}\boldsymbol{\alpha}})^{\mathrm{T}}\boldsymbol{\alpha}=\bar{\lambda}\bar{\boldsymbol{\alpha}}^{\mathrm{T}}\boldsymbol{\alpha}.$$

又

$$\bar{\boldsymbol{\alpha}}^{\mathrm{T}}(\boldsymbol{A}\boldsymbol{\alpha})=\bar{\boldsymbol{\alpha}}^{\mathrm{T}}\lambda\boldsymbol{\alpha}=\lambda\bar{\boldsymbol{\alpha}}^{\mathrm{T}}\boldsymbol{\alpha},$$

故

$$(\lambda-\bar{\lambda})\bar{\boldsymbol{\alpha}}^{\mathrm{T}}\boldsymbol{\alpha}=\mathbf{0}.$$

由 $\boldsymbol{\alpha}\neq\mathbf{0}$, 容易验证 $\bar{\boldsymbol{\alpha}}^{\mathrm{T}}\boldsymbol{\alpha}>0$, 从而 $\lambda=\bar{\lambda}$. 因此, 结论成立.

**定理 9** 实对称矩阵 $\boldsymbol{A}$ 的对应于不同特征值的特征向量正交.

**证明** 设 $\lambda_1,\lambda_2$ 为 $\boldsymbol{A}$ 的两个不同特征值, $\boldsymbol{\alpha}_1,\boldsymbol{\alpha}_2$ 分别为对应于 $\lambda_1,\lambda_2$ 的特征向量, 即 $\boldsymbol{A}\boldsymbol{\alpha}_1=\lambda_1\boldsymbol{\alpha}_1$, $\boldsymbol{A}\boldsymbol{\alpha}_2=\lambda_2\boldsymbol{\alpha}_2$, 则有

$$\boldsymbol{\alpha}_2^{\mathrm{T}}(\lambda_1\boldsymbol{\alpha}_1)=\boldsymbol{\alpha}_2^{\mathrm{T}}(\boldsymbol{A}\boldsymbol{\alpha}_1)=(\boldsymbol{A}\boldsymbol{\alpha}_2)^{\mathrm{T}}\boldsymbol{\alpha}_1=\lambda_2\boldsymbol{\alpha}_2^{\mathrm{T}}\boldsymbol{\alpha}_1,$$

即 $(\lambda_1-\lambda_2)\boldsymbol{\alpha}_2^{\mathrm{T}}\boldsymbol{\alpha}_1=\mathbf{0}$. 由于 $\lambda_1\neq\lambda_2$, 因此, $\boldsymbol{\alpha}_2^{\mathrm{T}}\boldsymbol{\alpha}_1=0$. 故结论成立.

下面定理是关于实对称矩阵相似对角化的基本结论 (其证明见第 10 章).

**定理 10** 设 $\boldsymbol{A}$ 为 $n$ 阶实对称矩阵, 则一定存在正交矩阵 $\boldsymbol{Q}$, 使得

$$\boldsymbol{Q}^{\mathrm{T}}\boldsymbol{A}\boldsymbol{Q}=\boldsymbol{\Lambda}=\mathrm{diag}(\lambda_1,\lambda_2,\cdots,\lambda_n),$$

其中 $\lambda_1,\lambda_2,\cdots,\lambda_n$ 为矩阵 $\boldsymbol{A}$ 的特征值.

**例 20** 设 $\boldsymbol{A}=\begin{pmatrix}1&2&2\\2&1&2\\2&2&1\end{pmatrix}$, 求正交矩阵 $\boldsymbol{Q}$, 使 $\boldsymbol{Q}^{\mathrm{T}}\boldsymbol{A}\boldsymbol{Q}$ 为对角阵.

**解** 首先求矩阵 $\boldsymbol{A}$ 的特征值及对应的特征向量. 求得 $\boldsymbol{A}$ 的特征值 $\lambda_1=\lambda_2=-1,\lambda_3=5$, 以及相应的特征向量

$$\boldsymbol{\xi}_1=(-1,1,0)^{\mathrm{T}},\quad \boldsymbol{\xi}_2=(-1,0,1)^{\mathrm{T}},\quad \boldsymbol{\xi}_3=(1,1,1)^{\mathrm{T}}.$$

将向量 $\boldsymbol{\xi}_1,\boldsymbol{\xi}_2,\boldsymbol{\xi}_3$ 正交规范化 (过程略去), 得到正交规范向量组 $\boldsymbol{\alpha}_1,\boldsymbol{\alpha}_2,\boldsymbol{\alpha}_3$, 令 $\boldsymbol{Q}=(\boldsymbol{\alpha}_1,\boldsymbol{\alpha}_2,\boldsymbol{\alpha}_3)$, 则 $\boldsymbol{Q}^{\mathrm{T}}\boldsymbol{A}\boldsymbol{Q}=\mathrm{diag}(-1,-1,5)$.

下例给出由实对称矩阵的特征值以及对应的特征向量逆向求矩阵 $\boldsymbol{A}$. 有时仅给出部分特征向量, 未给出的特征向量可利用实对称矩阵不同特征值对应特征向量正交的性质求之.

**例 21** 设 3 阶实对称矩阵 $\boldsymbol{A}$ 的特征值 $\lambda_1=-1,\lambda_2=\lambda_3=1$, 对应于 $\lambda_1$ 的特征向量为 $\boldsymbol{\xi}_1=(0,1,1)^{\mathrm{T}}$. 求矩阵 $\boldsymbol{A}$.

**解** 设属于 $\lambda_2=\lambda_3=1$ 的特征向量为 $\boldsymbol{\xi}_2,\boldsymbol{\xi}_3$, 那么 $\boldsymbol{\xi}_2,\boldsymbol{\xi}_3$ 与 $\boldsymbol{\xi}_1$ 正交. 设与 $\boldsymbol{\xi}_1$ 正交的向量为 $\boldsymbol{\xi}=(x_1,x_2,x_3)^{\mathrm{T}}$, 则得

$$(\boldsymbol{\xi}_1,\boldsymbol{\xi})=(0,1,1)\begin{pmatrix}x_1\\x_2\\x_3\end{pmatrix}=0.$$

对其求解可知, 我们能够取 $\boldsymbol{\xi}_2=(1,0,0)^{\mathrm{T}},\boldsymbol{\xi}_3=(0,1,-1)^{\mathrm{T}}$. 令 $\boldsymbol{P}=(\boldsymbol{\xi}_1,\boldsymbol{\xi}_2,\boldsymbol{\xi}_3)$, 则

$$\boldsymbol{A}=\boldsymbol{P}\begin{pmatrix}-1&&\\&1&\\&&1\end{pmatrix}\boldsymbol{P}^{-1}=\begin{pmatrix}1&0&0\\0&0&-1\\0&-1&0\end{pmatrix}.$$

## 习 题 4.3

1. 设 $\boldsymbol{\alpha}$ 是 $n$ 维列向量, 且其长度为 1. 证明矩阵 $\boldsymbol{H}=\boldsymbol{E}-2\boldsymbol{\alpha}\boldsymbol{\alpha}^{\mathrm{T}}$ 是正交矩阵.

2. 若 $\boldsymbol{A},\boldsymbol{B}$ 是 $n$ 阶正交矩阵, 则 $\boldsymbol{A}^{\mathrm{T}}=\boldsymbol{A}^{-1}$, $\boldsymbol{AB}$ 都是正交矩阵, 且 $|\boldsymbol{A}|=\pm1$. 进一步, 若 $|\boldsymbol{A}|=-1$, 则 $|\boldsymbol{E}+\boldsymbol{A}|=0$.

3. 设矩阵 $\boldsymbol{A}=\begin{pmatrix}1&-2&-4\\-2&x&-2\\-4&-2&1\end{pmatrix}$ 与 $\boldsymbol{\Lambda}=\begin{pmatrix}5&&\\&-4&\\&&y\end{pmatrix}$ 相似.

(1) 求 $x,y$;

(2) 求一个正交矩阵 $\boldsymbol{Q}$, 使得 $\boldsymbol{Q}^{-1}\boldsymbol{AQ}=\boldsymbol{\Lambda}$.

4. 设 3 阶实对称矩阵 $\boldsymbol{A}$ 的特征值为 $\lambda_1=1,\lambda_2=-1,\lambda_3=0$, 对应 $\lambda_1,\lambda_2$ 的特征向量依次为 $\boldsymbol{p}_1=\begin{pmatrix}1\\2\\2\end{pmatrix}$, $\boldsymbol{p}_2=\begin{pmatrix}2\\1\\-2\end{pmatrix}$. 求 $\boldsymbol{A}$.

5. 设 $\boldsymbol{A}$ 为 3 阶实对称矩阵, $\boldsymbol{A}$ 的秩为 2, 且

$$\boldsymbol{A}\begin{pmatrix}1&1\\0&0\\-1&1\end{pmatrix}=\begin{pmatrix}-1&1\\0&0\\1&1\end{pmatrix}.$$

求矩阵 $\boldsymbol{A}$ 的特征值与特征向量及矩阵 $\boldsymbol{A}$.

6. 设 3 阶实对称矩阵 $\boldsymbol{A}$ 的特征值 $\lambda_1=1,\lambda_2=2,\lambda_3=-2$, $\boldsymbol{\alpha}_1=(1,-1,1)^{\mathrm{T}}$ 是矩阵 $\boldsymbol{A}$ 的属于 $\lambda_1=1$ 的一个特征向量, 记 $\boldsymbol{B}=\boldsymbol{A}^5-4\boldsymbol{A}^3+\boldsymbol{E}$, 其中 $\boldsymbol{E}$ 为 3 阶单位阵.

(1) 验证 $\boldsymbol{\alpha}_1$ 是矩阵 $\boldsymbol{B}$ 的特征向量, 并求 $\boldsymbol{B}$ 的全部特征值和特征向量;

(2) 求矩阵 $\boldsymbol{B}$.

7. 设 3 阶实对称矩阵 $\boldsymbol{A}$ 的各行元素之和均为 3, 向量 $\boldsymbol{\alpha}_1=(-1,2,-1)^{\mathrm{T}}$, $\boldsymbol{\alpha}_2=(0,-1,1)^{\mathrm{T}}$ 是线性方程组 $\boldsymbol{A}\boldsymbol{x}=\boldsymbol{0}$ 的两个解.

(1) 求 $\boldsymbol{A}$ 的特征值和特征向量;

(2) 求正交阵 $\boldsymbol{Q}$ 和对角阵 $\boldsymbol{\Lambda}$, 使得 $\boldsymbol{Q}^{\mathrm{T}}\boldsymbol{A}\boldsymbol{Q}=\boldsymbol{\Lambda}$.

8. 设 $\boldsymbol{A},\boldsymbol{B}$ 是 $n$ 阶正交矩阵, 且 $|\boldsymbol{A}\boldsymbol{B}|=-1$. 证明 $|\boldsymbol{A}+\boldsymbol{B}|=0$.

9. 设 $n$ 阶实对称矩阵 $\boldsymbol{A}$ 的特征值非负, 证明存在特征值为非负的实对称矩阵 $\boldsymbol{B}$, 使得 $\boldsymbol{A}=\boldsymbol{B}^2$.

10. 设 $\boldsymbol{\alpha},\boldsymbol{\beta}$ 为 3 维正交单位列向量, $\boldsymbol{A}=\boldsymbol{\alpha}\boldsymbol{\beta}^{\mathrm{T}}+\boldsymbol{\beta}\boldsymbol{\alpha}^{\mathrm{T}}$. 证明:

(1) $|\boldsymbol{A}|=0$;

(2) $\boldsymbol{\alpha}+\boldsymbol{\beta}, \boldsymbol{\alpha}-\boldsymbol{\beta}$ 是 $\boldsymbol{A}$ 的特征向量;

(3) $\boldsymbol{A}$ 与对角矩阵 $\boldsymbol{\Lambda}$ 相似, 求 $\boldsymbol{\Lambda}$.

11. 证明 $n$ 阶实对称矩阵 $\boldsymbol{A},\boldsymbol{B}$ 有相同的特征值, 那么它们相似.

12. 设 $\boldsymbol{A},\boldsymbol{B}$ 都是 $n$ 阶实对称矩阵, $\boldsymbol{A}\boldsymbol{B}=\boldsymbol{B}\boldsymbol{A}$. 证明存在正交矩阵 $\boldsymbol{Q}$, 使 $\boldsymbol{Q}^{\mathrm{T}}\boldsymbol{A}\boldsymbol{Q}$ 与 $\boldsymbol{Q}^{\mathrm{T}}\boldsymbol{B}\boldsymbol{Q}$ 都为对角矩阵.

13. 已知 $n$ 阶矩阵 $\boldsymbol{A}$ 可对角化, 特征值 $\lambda_1$ 对应的特征向量为 $\boldsymbol{x}_1$. 证明方程组 $\boldsymbol{A}\boldsymbol{x}=\boldsymbol{x}_1$ 无解.

14. 已知 3 阶矩阵 $\boldsymbol{A}$ 有 3 个互异特征值 $\lambda_1,\lambda_2,\lambda_3$, 对应特征向量分别为 $\boldsymbol{x}_1,\boldsymbol{x}_2,\boldsymbol{x}_3$, 确定使 $\boldsymbol{x}_2, \boldsymbol{A}(\boldsymbol{x}_2+\boldsymbol{x}_3), \boldsymbol{A}^2(\boldsymbol{x}_1+\boldsymbol{x}_2+\boldsymbol{x}_3)$ 线性无关的条件.

## 4.4 应用举例

这一节给出几个矩阵特征值在具体问题中应用的例子.

**例 22** 假设某区域每年有比例为 $p$ 的农村居民移居城镇, 同时有比例为 $q$ 的城镇居民移居农村. 再设该区域总人口保持不变, 且上述人口迁移的规律也保持不变. 把 $n$ 年后农村人口和城镇人口占总人口的比例分别记为 $x_n, y_n$.

(1) 求关系式 $\begin{pmatrix} x_n \\ y_n \end{pmatrix}=\boldsymbol{A}\begin{pmatrix} x_{n-1} \\ y_{n-1} \end{pmatrix}$ 中的矩阵 $\boldsymbol{A}$;

(2) 设目前农村人口和城镇人口比例各半, 即 $x_0=y_0=0.5$, 求 $x_n, y_n$.

**解** (1) 由假设

$$\begin{cases} x_n=(1-p)x_{n-1}+qy_{n-1}, \\ y_n=px_{n-1}+(1-q)y_{n-1}. \end{cases}$$

再由矩阵的乘法, 即得 $\boldsymbol{A}=\begin{pmatrix}1-p & q\\ p & 1-q\end{pmatrix}$.

(2) 由 (1) 中的关系式得

$$\begin{pmatrix}x_n\\ y_n\end{pmatrix}=\boldsymbol{A}\begin{pmatrix}x_{n-1}\\ y_{n-1}\end{pmatrix}=\cdots=\frac{1}{2}\boldsymbol{A}^n\begin{pmatrix}1\\ 1\end{pmatrix}.$$

易知 $\boldsymbol{A}$ 的特征值 $\lambda_1=1,\lambda_2=1-p-q$. 相应的特征向量分别是

$$\boldsymbol{\xi}_1=\begin{pmatrix}q\\ p\end{pmatrix},\quad \boldsymbol{\xi}_2=\begin{pmatrix}-1\\ 1\end{pmatrix}.$$

令 $\boldsymbol{P}=(\boldsymbol{\xi}_1,\boldsymbol{\xi}_2)$, 则 $\boldsymbol{P}$ 可逆, 且

$$\boldsymbol{A}=\boldsymbol{P}\begin{pmatrix}1 & 0\\ 0 & 1-p-q\end{pmatrix}\boldsymbol{P}^{-1}.$$

因此,

$$\begin{aligned}\boldsymbol{A}^n&=\boldsymbol{P}\begin{pmatrix}1 & 0\\ 0 & (1-p-q)^n\end{pmatrix}\boldsymbol{P}^{-1}\\ &=\frac{1}{p+q}\begin{pmatrix}q+p(1-p-q)^n & q-q(1-p-q)^n\\ p-p(1-p-q)^n & p+q(1-p-q)^n\end{pmatrix}.\end{aligned}$$

一个有趣的结果是: 如果 $p+q<1$, 则 $\lim\limits_{n\to\infty}(1-p-q)^n=0$. 因此,

$$\lim_{n\to\infty}\begin{pmatrix}x_n\\ y_n\end{pmatrix}=\begin{pmatrix}\dfrac{q}{p+q}\\ \dfrac{p}{p+q}\end{pmatrix}.$$

故最终有比例为 $\dfrac{q}{p+q}$ 的居民居住在农村, 有比例为 $\dfrac{p}{p+q}$ 的居民居住在城镇.

**例 23** Fibonacci (斐波那契) 曾提出这样一个问题: 如果 1 对兔子出生一个月后开始繁殖, 每个月产生 1 对后代. 现在有 1 对新生兔子, 假设兔子只繁殖, 没有死亡, 那么每月月初会有多少对兔子?

**解** 假设这对新生兔子出生时记为 0 月份, 这时只有 1 对兔子; 1 月初, 这对兔子还未繁殖, 所以依然是 1 对兔子; 2 月初, 它们生了 1 对兔子, 因此, 此时有 2 对兔子; 3 月初, 它们又生了 1 对兔子, 而在 1 月中生下的兔子还未繁殖, 故此时共有 3 对兔子. 如此继续, 便可得到一个代表某月兔子对数的数列:

$$1,1,2,3,5,8,13,21,34,55,\cdots.$$

这一数列称为 Fibonacci 数列. 设第 $n$ 月初有 $x_n$ 对兔子, 则有 $x_n = x_{n-1} + x_{n-2}$, $x_0 = x_1 = 1$. 这是一个递推公式, 用矩阵表示为

$$\begin{pmatrix} x_n \\ x_{n+1} \end{pmatrix} = \begin{pmatrix} x_n \\ x_n + x_{n-1} \end{pmatrix} = \begin{pmatrix} 0 & 1 \\ 1 & 1 \end{pmatrix} \begin{pmatrix} x_{n-1} \\ x_n \end{pmatrix}.$$

设 $\boldsymbol{A} = \begin{pmatrix} 0 & 1 \\ 1 & 1 \end{pmatrix}$, 则

$$\begin{pmatrix} x_n \\ x_{n+1} \end{pmatrix} = \boldsymbol{A} \begin{pmatrix} x_{n-1} \\ x_n \end{pmatrix} = \cdots = \boldsymbol{A}^n \begin{pmatrix} x_0 \\ x_1 \end{pmatrix} = \boldsymbol{A}^n \begin{pmatrix} 1 \\ 1 \end{pmatrix}.$$

矩阵 $\boldsymbol{A}$ 的特征值为 $\lambda_1 = \dfrac{1+\sqrt{5}}{2}, \lambda_2 = \dfrac{1-\sqrt{5}}{2}$, 相应的特征向量分别为

$$\boldsymbol{\xi}_1 = \begin{pmatrix} 1 \\ \lambda_1 \end{pmatrix}, \quad \boldsymbol{\xi}_2 = \begin{pmatrix} 1 \\ \lambda_2 \end{pmatrix}.$$

令 $\boldsymbol{P} = (\boldsymbol{\xi}_1, \boldsymbol{\xi}_2)$, 那么

$$\begin{pmatrix} x_n \\ x_{n+1} \end{pmatrix} = \boldsymbol{P} \begin{pmatrix} \lambda_1^n & 0 \\ 0 & \lambda_2^n \end{pmatrix} \boldsymbol{P}^{-1} \begin{pmatrix} 1 \\ 1 \end{pmatrix} = \frac{1}{\lambda_1 - \lambda_2} \begin{pmatrix} \lambda_1^{n+1} - \lambda_2^{n+1} \\ \lambda_1^{n+2} - \lambda_2^{n+2} \end{pmatrix}.$$

因此,

$$x_n = \frac{1}{\sqrt{5}}(\lambda_1^{n+1} - \lambda_2^{n+1}) = \frac{1}{\sqrt{5}} \left[ \left( \frac{1+\sqrt{5}}{2} \right)^{n+1} - \left( \frac{1-\sqrt{5}}{2} \right)^{n+1} \right].$$

这就是 Fibonacci 数列的通项公式 (又称 Binet 公式).

**例 24** 求解线性常微分方程组 $\begin{cases} \dfrac{\mathrm{d}x_1}{\mathrm{d}t} = 7x_1 + 4x_2 - x_3, \\ \dfrac{\mathrm{d}x_2}{\mathrm{d}t} = 4x_1 + 7x_2 - x_3, \\ \dfrac{\mathrm{d}x_3}{\mathrm{d}t} = 4x_1 - 4x_2 + 4x_3. \end{cases}$

**解** 记 $\boldsymbol{A} = \begin{pmatrix} 7 & 4 & -1 \\ 4 & 7 & -1 \\ 4 & -4 & 4 \end{pmatrix}$, $\boldsymbol{x} = \begin{pmatrix} x_1 \\ x_2 \\ x_3 \end{pmatrix}$, 则方程组化为 $\dfrac{\mathrm{d}\boldsymbol{x}}{\mathrm{d}t} = \boldsymbol{A}\boldsymbol{x}$. 计算矩阵 $\boldsymbol{A}$ 的特征值 $\lambda_{\boldsymbol{A}}$ 以及相应的特征向量得

$$\lambda_{\boldsymbol{A}} = 3, 4, 11; \quad \boldsymbol{\alpha}_1 = \begin{pmatrix} 0 \\ 1 \\ 4 \end{pmatrix}, \quad \boldsymbol{\alpha}_2 = \begin{pmatrix} 1 \\ 1 \\ 7 \end{pmatrix}, \quad \boldsymbol{\alpha}_3 = \begin{pmatrix} 1 \\ 1 \\ 0 \end{pmatrix}.$$

令 $\boldsymbol{P}=(\boldsymbol{\alpha}_1,\boldsymbol{\alpha}_2,\boldsymbol{\alpha}_3),\boldsymbol{\Lambda}=\mathrm{diag}(3,4,11),\boldsymbol{x}=\boldsymbol{P}\boldsymbol{y}$. 原方程组化为

$$\frac{\mathrm{d}\boldsymbol{y}}{\mathrm{d}t}=\boldsymbol{\Lambda}\boldsymbol{y}.$$

求解该方程组得 $y_1=c_1\mathrm{e}^{3t}$, $y_2=c_2\mathrm{e}^{4t}$, $y_3=c_3\mathrm{e}^{11t}$, 其中 $c_1,c_2,c_3$ 为任意常数. 故原方程组的解为

$$\begin{cases}x_1=y_2+y_3=c_2\mathrm{e}^{4t}+c_3\mathrm{e}^{11t},\\ x_2=y_1+y_2+y_3=c_1\mathrm{e}^{3t}+c_2\mathrm{e}^{4t}+c_3\mathrm{e}^{11t},\\ x_3=4y_1+7y_2=4c_1\mathrm{e}^{3t}+7c_2\mathrm{e}^{4t}.\end{cases}$$

**例 25**　一种昆虫按年龄分三组, 第一组为幼虫 (不产卵), 第二组每只成虫在 2 周内平均产卵 100 个, 第三组每只成虫在 2 周内平均产卵 150 个. 假设现有三组昆虫各 100 只, 每个卵的成活率为 0.09, 第一组和第二组的昆虫能顺利进入下一个成虫的存活率分别为 0.1 和 0.2.

(1) 以 2 周为一时间段, 分析这种昆虫各周龄组数目演变趋势, 昆虫数目是无限增长还是趋于灭亡?

(2) 一种除虫剂可以控制昆虫数目, 使得各组昆虫的成活率减半, 这种除虫剂是否有效?

**解**　(1) 设第 $k$ 个阶段昆虫数目向量为 $\boldsymbol{x}^{(k)}=\begin{pmatrix}x_1^{(k)}\\ x_2^{(k)}\\ x_3^{(k)}\end{pmatrix}$, 则开始时刻 $\boldsymbol{x}^{(0)}=(100,100,100)^{\mathrm{T}}$, 2 周后昆虫的数目向量

$$\begin{pmatrix}x_1^{(1)}\\ x_2^{(1)}\\ x_3^{(1)}\end{pmatrix}=\begin{pmatrix}0&9&13.5\\ 0.1&0&0\\ 0&0.2&0\end{pmatrix}\begin{pmatrix}x_1^{(0)}\\ x_2^{(0)}\\ x_3^{(0)}\end{pmatrix},\quad \boldsymbol{A}=\begin{pmatrix}0&9&13.5\\ 0.1&0&0\\ 0&0.2&0\end{pmatrix}.$$

于是第 $k+1$ 阶段与第 $k$ 阶段昆虫数目的关系为 $\boldsymbol{x}^{(k+1)}=\boldsymbol{A}\boldsymbol{x}^{(k)}$. 从而得到

$$\boldsymbol{x}^{(n)}=\boldsymbol{A}^n\boldsymbol{x}^{(0)}.$$

计算矩阵 $\boldsymbol{A}$ 的特征值为 $\lambda_1=\dfrac{587}{547},\lambda_2=-\dfrac{1420}{1953},\lambda_3=-\dfrac{1171}{3384}$, 对应的特征向量分别为 $\boldsymbol{\alpha}_1,\boldsymbol{\alpha}_2,\boldsymbol{\alpha}_3$. 由于特征值互异, 因此矩阵 $\boldsymbol{A}$ 一定可以对角化, 即存在可逆矩阵 $\boldsymbol{P}=(\boldsymbol{\alpha}_1,\boldsymbol{\alpha}_2,\boldsymbol{\alpha}_3)$, 使

$$\boldsymbol{A}=\boldsymbol{P}\boldsymbol{\Lambda}\boldsymbol{P}^{-1},\quad \boldsymbol{\Lambda}=\mathrm{diag}(\lambda_1,\lambda_2,\lambda_3).$$

从而

$$\boldsymbol{A}^n=\boldsymbol{P}\boldsymbol{\Lambda}^n\boldsymbol{P}^{-1},\quad \boldsymbol{\Lambda}^n=\lambda_1^n\boldsymbol{B},\quad \boldsymbol{B}=\mathrm{diag}\left(1,\left(\frac{\lambda_2}{\lambda_1}\right)^n,\left(\frac{\lambda_3}{\lambda_1}\right)^n\right).$$

于是, 有

$$\boldsymbol{x}^{(n)} = \lambda_1^n \boldsymbol{P}\boldsymbol{B}\boldsymbol{P}^{-1}\boldsymbol{x}^{(0)}.$$

注意到 $\lim\limits_{x\to\infty} \boldsymbol{B} = \mathrm{diag}(1,0,0)$, $\lim\limits_{n\to\infty} \lambda_1^n = +\infty$. 因此, 数列 $\{\boldsymbol{x}^{(n)}\}$ 不收敛, 也就是说, 昆虫的演变趋势是不灭亡, 而是无限增长.

(2) 如果使用除虫剂, 各组成活率减半, 则矩阵

$$\boldsymbol{x}^{(n)} = \boldsymbol{A}_1^{(n)}\boldsymbol{x}^{(0)}, \quad \boldsymbol{A}_1 = \frac{1}{2}\boldsymbol{A}.$$

计算矩阵 $\boldsymbol{A}_1$ 的特征值, 得 $\lambda_1' = \frac{587}{1094}, \lambda_2' = -\frac{710}{1953}, \lambda_3' = -\frac{1171}{6768}$. 显然

$$\lim_{n\to\infty} (\lambda_i')^n = 0 \quad (i=1,2,3).$$

因此, 类似 (1) 的分析, 有

$$\lim_{n\to\infty} \boldsymbol{x}^{(n)} = \boldsymbol{0},$$

故使用除虫剂后, 昆虫数目趋于灭亡, 也就是这种除虫剂有效.

**例 26** 某人举步上楼, 每跨一次, 要么 1 个台阶要么 2 个台阶. 若要上 $n$ 个台阶, 问有多少种不同的方式?

**解** 设跨 $n$ 个台阶的不同方式记为 $F_n$. 显然 $F_1 = 1$(即登上 1 个台阶只有 1 种方式), $F_2 = 2$(即登 2 个台阶有 2 种方式). 在登 $n$ 级台阶的方式中, 跨一步只有 2 种可能:

(1) 第一步跨 1 个台阶, 之后登 $n-1$ 个台阶的方式有 $F_{n-1}$ 个;

(2) 第一步跨 2 个台阶, 之后登 $n-2$ 个台阶的方式有 $F_{n-2}$ 个.

所以

$$F_n = F_{n-1} + F_{n-1}, \quad F_0 = 1 \quad (n = 2,3,\cdots).$$

记 $\boldsymbol{\alpha}_0 = (F_1, F_0)^{\mathrm{T}} = (1,1)^{\mathrm{T}}, \boldsymbol{\alpha}_n = (F_{n+1}, F_n)^{\mathrm{T}}$, 与例 23 同理, 得

$$\boldsymbol{\alpha}_n = \boldsymbol{A}^n\boldsymbol{\alpha}_0, \quad \boldsymbol{A} = \begin{pmatrix} 1 & 1 \\ 0 & 1 \end{pmatrix}, \quad n = 1,2,3,\cdots.$$

利用例 23 的结论,

$$F_n = \frac{1}{\sqrt{5}}\left[\left(\frac{1+\sqrt{5}}{2}\right)^n - \left(\frac{1-\sqrt{5}}{2}\right)^n\right].$$

若某人住 2 楼, 共 18 个台阶, 则上楼的方式共有 $F_{18} = 4181$ 种, 也就是说, 每天保持一种上楼方式, 在 11.45 年内, 可以做到每天不同的上楼方式.

## 习　题　4.4

1. 在一个核反应堆中有 $\alpha,\beta$ 两种粒子, 在每秒里 1 个 $\alpha$ 粒子分裂为 3 个 $\beta$ 粒子, 1 个 $\beta$ 粒子分裂为 2 个 $\beta$ 粒子和 1 个 $\alpha$ 粒子. 若在初始时刻 $(t=0)$, 反应堆中只有一个 $\alpha$ 粒子, 那么在 $t=100$ 秒时反应堆中共有多少个粒子?

2. 一只蚂蚁在平面直角坐标系内爬行, 开始时位于点 $P_1(1,0)$ 处. 如果虫子在点 $P(x,y)$ 处沿 $x$ 轴正向的速率为 $4x-5y$, 沿 $y$ 轴正向的速率为 $2x-3y$. 如何确定虫子爬行的轨迹的参数方程?

3. 伴性基因是一种位于 X 染色体上的基因, 例如, 红绿色盲基因 (简称色盲基因) 是一种隐性的伴性基因. 为给出一个描述给定人群中色盲的数学模型, 需要将人群分为男性和女性两类. 令 $x_1^{(0)},x_2^{(0)}$ 分别为男性与女性中有色盲基因的比例. 由于男性从母亲处获得一个 X 染色体, 且不从父亲处获得 X 染色体, 所以下一代的男性中色盲的比例 $x_1^{(1)}$ 将与上一代女性含有隐性染色体基因的比例相同. 由于女性从双亲处分别获得一个 X 染色体, 所以下一代女性中含有隐性基因的比例 $x_2^{(1)}$ 将是 $x_1^{(0)},x_2^{(0)}$ 的均值. 求第 $n+1$ 代男性和女性中色盲的比例, 并分析变化趋势.

4. 某市出租汽车公司为了方便客户在城东和城西各设一个租车处 (分别用 A, B 表示), 周一 A 处有 120 辆出租汽车, B 处有 150 辆出租汽车. 统计数据说明, 平均每天 A 处汽车的 10%被客户送到 B 处, B 处汽车的 12%被客户送到 A 处. 为保证所有汽车正常运营, 试寻求一种方案, 使两个租车处每天汽车能正常流动.

# 第5章　二　次　型

二次型理论源于解析几何中二次曲线和二次曲面的研究，在许多工程技术和经济问题的数学模型中，也会常常要求把 $n$ 个变量的二次齐次多项式通过适当的线性变换化为平方和的形式. 本章将介绍这一理论和方法，主要内容包括：二次型的基本概念及其分类、二次型的化简与惯性定理、正定二次型及其判定.

## 5.1　二次型的定义与合同矩阵

这一节讨论两方面的内容：一是二次型的基本概念，二是由二次型引出的合同矩阵概念.

### 5.1.1　二次型的定义

在平面解析几何中，以直角坐标系原点为中心的有心二次曲线一般方程是

$$f(x,\ y) = ax^2 + 2bxy + cy^2 = d.$$

表达式 $f(x,y)$ 是一个具有 2 个变元 $x, y$ 的二次齐次多项式，因此称为 2 元二次型. 在空间解析几何中，3 个变元 $x, y, z$ 的二次齐次多项式

$$f(x,y,z) = ax^2 + by^2 + cz^2 + 2dxy + 2eyz + 2pzx,$$

它称为 3 元二次型. 一般地，我们考虑具有 $n$ 个变元 $x_1, x_2, \cdots, x_n$ 的二次齐次多项式. 这就是 $n$ 元二次型的概念.

**定义 1**　$n$ 个变元 $x_1, x_2, \cdots, x_n$ 的二次齐次多项式

$$\begin{aligned} f(x_1, x_2, \cdots, x_n) = & a_{11}x_1^2 + 2a_{12}x_1x_2 + \cdots + 2a_{1n}x_1x_n \\ & + a_{22}x_2^2 + \cdots + 2a_{2n}x_2x_n + \cdots + a_{nn}x_n^2 \end{aligned}$$

称为一个 $n$ 元二次型(以后简称二次型).

在定义 1 中，$x_ix_j\ (i<j)$ 的系数写为 $2a_{ij}$ 是为了以后讨论方便，没有其他特别的意义.

记 $\boldsymbol{x}=(x_1,x_2,\cdots,x_n)^{\mathrm{T}}$, 则可以将二次型 $f(x_1,x_2,\cdots,x_n)$ 改写为

$$\begin{aligned}f(\boldsymbol{x})=f(x_1,x_2,\cdots,x_n)=&a_{11}x_1^2+a_{12}x_1x_2+a_{13}x_1x_3+\cdots+a_{1n}x_1x_n\\&+a_{21}x_2x_1+a_{22}x_2^2+a_{23}x_2x_3+\cdots+a_{2n}x_2x_n\\&+\cdots\\&+a_{n1}x_nx_1+a_{n2}x_nx_2+a_{n3}x_nx_3+\cdots+a_{nn}x_n^2\\=&\sum_{i,j=1}^{n}a_{ij}x_ix_j=\boldsymbol{x}^{\mathrm{T}}\boldsymbol{A}\boldsymbol{x},\end{aligned}$$

其中矩阵 $\boldsymbol{A}=(a_{ij})\ (a_{ij}=a_{ji})$ 称为**二次型矩阵**. 也就是说, 给定一个二次型, 就确定一个对称矩阵. 例如, 二次型

$$f(x_1,x_2,x_3)=x_1^2+4x_2^2+x_3^2-4x_1x_2-4x_1x_3-4x_2x_3$$

的矩阵为

$$\boldsymbol{A}=\begin{pmatrix}1&-2&-2\\-2&4&-2\\-2&-2&1\end{pmatrix}.$$

自然会问, 给定一个对称矩阵, 是否唯一确定一个二次型? 回答是肯定的. 例如, 对称矩阵 $\boldsymbol{A}=\begin{pmatrix}1&-1\\-1&2\end{pmatrix}$ 按照 $\boldsymbol{x}^{\mathrm{T}}\boldsymbol{A}\boldsymbol{x}$ 确定的二次型为 $f(x_1,x_2)=x_1^2+2x_2^2-2x_1x_2$. 下面证明, 这个对应是唯一的.

设 $f(\boldsymbol{x})=\boldsymbol{x}^{\mathrm{T}}\boldsymbol{A}\boldsymbol{x}=\boldsymbol{x}^{\mathrm{T}}\boldsymbol{B}\boldsymbol{x}$, 我们证明 $\boldsymbol{A}=\boldsymbol{B}$, 这等价于证明: 若对称矩阵 $\boldsymbol{A}=(a_{ij})$ 对任意的向量 $\boldsymbol{\alpha}$ 满足 $\boldsymbol{\alpha}^{\mathrm{T}}\boldsymbol{A}\boldsymbol{\alpha}=0$, 则 $\boldsymbol{A}=\boldsymbol{O}$. 为此, 令 $\boldsymbol{\alpha}=\boldsymbol{e}_i+\boldsymbol{e}_j$ ($\boldsymbol{e}_1,\boldsymbol{e}_2,\cdots,\boldsymbol{e}_n$ 是基本单位向量), 则经计算得 $a_{ii}=\boldsymbol{e}_i^{\mathrm{T}}\boldsymbol{A}\boldsymbol{e}_i=0$,

$$0=(\boldsymbol{e}_i+\boldsymbol{e}_j)^{\mathrm{T}}\boldsymbol{A}(\boldsymbol{e}_i+\boldsymbol{e}_j)=\boldsymbol{e}_i^{\mathrm{T}}\boldsymbol{A}\boldsymbol{e}_i+\boldsymbol{e}_i^{\mathrm{T}}\boldsymbol{A}\boldsymbol{e}_j+\boldsymbol{e}_j^{\mathrm{T}}\boldsymbol{A}\boldsymbol{e}_i+\boldsymbol{e}_j^{\mathrm{T}}\boldsymbol{A}\boldsymbol{e}_j=a_{ij}+a_{ji}.$$

矩阵 $\boldsymbol{A}$ 对称, 即 $a_{ij}=a_{ij}$, 因此 $a_{ij}=0$. 从而 $\boldsymbol{A}=\boldsymbol{O}$. 这表明用对称矩阵表示二次型时, 表示矩阵是唯一的.

如果不限制矩阵是对称的, 表示形式会不唯一. 这样会给利用矩阵研究二次型带来极大的困难. 因此, 这一情形我们不予考虑.

给定二次型 $f(\boldsymbol{x})$, 自然存在一个对称矩阵 $\boldsymbol{A}$; 反过来, 给定对称矩阵 $\boldsymbol{A}$, 可以得到一个二次型 $f(\boldsymbol{x})$, 也就是说 $n$ 元二次型 $f(\boldsymbol{x})$ 与 $n$ 阶对称矩阵 $\boldsymbol{A}$ 是一一对应的. 于是, 对称矩阵 $\boldsymbol{A}$ 的秩称为**二次型 $f(\boldsymbol{x})$ 的秩**, 记为 $r(f)=r(\boldsymbol{A})$.

如果 $a_{ij}$ 是复数, 则称该二次型 $f(\boldsymbol{x})$ 为复二次型, 此时对应的矩阵 $\boldsymbol{A}$ 为复对称矩阵; 如果 $a_{ij}$ 是实数, 则称该二次型 $f(\boldsymbol{x})$ 为实二次型, 此时对应的矩阵 $\boldsymbol{A}$ 为实对称矩阵.

在几何上, 2 元二次型 $f(x,y)$ 满足的方程 $f(x,y)=d$ 代表二次曲线, 3 元二次型 $f(x,y,z)$ 满足的方程 $f(x,y,z)=q$ 代表二次曲面.

**例 1** 求二次型 $f(\boldsymbol{x})=(x_1+x_2)^2+(x_2-x_3)^2+(x_3-x_1)^2$ 的秩.

**解** 因为二次型 $f(\boldsymbol{x})=2x_1^2+2x_2^2+2x_3^2+2x_1x_2-2x_2x_3-2x_3x_1$ 对应的矩阵 $\boldsymbol{A}=\begin{pmatrix}2&1&-1\\1&2&-1\\-1&-1&2\end{pmatrix}$. 易见, $r(\boldsymbol{A})=2$, 因此, $r(f)=2$.

**定义 2** 设 $\boldsymbol{P}=(p_{ij})_{n\times n},\boldsymbol{x}=(x_1,x_2,\cdots,x_n)^{\mathrm{T}},\boldsymbol{y}=(y_1,y_2,\cdots,y_n)^{\mathrm{T}}$, 则变换

$$\boldsymbol{x}=\boldsymbol{P}\boldsymbol{y} \tag{1}$$

称为由变量 $\boldsymbol{x}$ 到 $\boldsymbol{y}$ 的**线性变换**, 矩阵 $\boldsymbol{P}$ 称为变换矩阵. 进一步, 如果矩阵 $\boldsymbol{P}$ 可逆, 那么该变换称为**可逆线性变换**(也称为满秩变换或非退化变换).

将可逆线性变换 (1) 代入 $f(\boldsymbol{x})=\boldsymbol{x}^{\mathrm{T}}\boldsymbol{A}\boldsymbol{x}$ ($\boldsymbol{A}$ 对称), 得到

$$f(\boldsymbol{x})=(\boldsymbol{P}\boldsymbol{y})^{\mathrm{T}}\boldsymbol{A}(\boldsymbol{P}\boldsymbol{y})=\boldsymbol{y}^{\mathrm{T}}(\boldsymbol{P}^{\mathrm{T}}\boldsymbol{A}\boldsymbol{P})\boldsymbol{y}=\boldsymbol{y}^{\mathrm{T}}\boldsymbol{B}\boldsymbol{y}.$$

显然矩阵 $\boldsymbol{B}=\boldsymbol{P}^{\mathrm{T}}\boldsymbol{A}\boldsymbol{P}$ 也是对称矩阵, 也就是说 $\boldsymbol{y}^{\mathrm{T}}\boldsymbol{B}\boldsymbol{y}$ 构成二次型一个新的表现形式 $f(\boldsymbol{y})$.

二次型理论中一个核心问题就是研究通过何种“变换”可以把一般二次型化为更简单的二次型, 也就是能否通过可逆线性变换 (1), 使得 $f(\boldsymbol{y})$ 更简单些, 例如, 化为如下只含平方项的简单形式:

$$f(\boldsymbol{y})=a_1y_1^2+a_2y_2^2+\cdots+a_ny_n^2.$$

这一形式称为二次型的标准形. 那么, 这样的可逆矩阵 $\boldsymbol{P}$ 是否存在? 如果存在, 如何求之?

### 5.1.2 合同矩阵

**定义 3** 对于 $n$ 阶矩阵 $\boldsymbol{A},\boldsymbol{B}$, 如果存在可逆矩阵 $\boldsymbol{P}$, 使得 $\boldsymbol{P}^{\mathrm{T}}\boldsymbol{A}\boldsymbol{P}=\boldsymbol{B}$, 那么称矩阵 $\boldsymbol{A}$ 与 $\boldsymbol{B}$**合同**.

由以上分析, 经过可逆线性变换 (1), 新的二次型矩阵 $\boldsymbol{B}$ 与原二次型矩阵 $\boldsymbol{A}$ 是合同的.

合同是矩阵之间的一个关系. 不难看出, 合同关系具有如下性质.

(1) 反身性. 任一 $n$ 阶方阵 $\boldsymbol{A}$ 与其自身合同, 因为 $\boldsymbol{A}=\boldsymbol{E}^{\mathrm{T}}\boldsymbol{A}\boldsymbol{E}$.

(2) 对称性. 若 $\boldsymbol{A}$ 与 $\boldsymbol{B}$ 合同, 则 $\boldsymbol{B}$ 与 $\boldsymbol{A}$ 也合同. 因为若 $\boldsymbol{B}=\boldsymbol{P}^{\mathrm{T}}\boldsymbol{A}\boldsymbol{P}$, 那么

$$\boldsymbol{A}=(\boldsymbol{P}^{-1})^{\mathrm{T}}\boldsymbol{B}\boldsymbol{P}^{-1}.$$

(3) 传递性. 若 $\boldsymbol{A}$ 与 $\boldsymbol{B}$ 合同, $\boldsymbol{B}$ 与 $\boldsymbol{C}$ 合同, 则 $\boldsymbol{A}$ 与 $\boldsymbol{C}$ 合同.

事实上, 由于存在可逆矩阵 $\boldsymbol{P}_1, \boldsymbol{P}_2$, 使

$$\boldsymbol{B}=\boldsymbol{P}_1^{\mathrm{T}}\boldsymbol{A}\boldsymbol{P}_1, \quad \boldsymbol{C}=\boldsymbol{P}_2^{\mathrm{T}}\boldsymbol{B}\boldsymbol{P}_2,$$

从而 $\boldsymbol{C}=\boldsymbol{P}_2^{\mathrm{T}}(\boldsymbol{P}_1^{\mathrm{T}}\boldsymbol{A}\boldsymbol{P}_1)\boldsymbol{P}_2=(\boldsymbol{P}_1\boldsymbol{P}_2)^{\mathrm{T}}\boldsymbol{A}(\boldsymbol{P}_1\boldsymbol{P}_2)$.

因此, 矩阵的合同是一个等价关系, 也就是矩阵合同一定等价, 但等价未必合同. 如果矩阵 $\boldsymbol{P}$ 是正交矩阵, 则合同矩阵一定相似, 相似矩阵一定合同.

我们知道, 矩阵 $\boldsymbol{A}$ 一定与矩阵 $\begin{pmatrix} \boldsymbol{E}_r & \\ & \boldsymbol{O} \end{pmatrix}$ $(r(\boldsymbol{A})=r)$ 等价, 一般的方阵 $\boldsymbol{A}$ 一定与 Jordan 矩阵相似, 实对称矩阵一定相似于对角矩阵. 那么方阵 $\boldsymbol{A}$ 一定合同于什么样的矩阵?

**例 2** 设 $n$ 阶实对称矩阵 $\boldsymbol{A}=(a_{ij})$ 可逆, $A_{ij}$ 为 $a_{ij}$ 的代数余子式, 二次型

$$f(\boldsymbol{x})=\sum_{i,j=1}^{n}\frac{A_{ij}}{|\boldsymbol{A}|}x_ix_j.$$

写出二次型矩阵 $\boldsymbol{B}$, 并问该矩阵 $\boldsymbol{B}$ 可否与矩阵 $\boldsymbol{A}$ 合同?

**解** 二次型矩阵为 $\boldsymbol{B}=\dfrac{1}{|\boldsymbol{A}|}\begin{pmatrix} A_{11} & A_{12} & \cdots & A_{1n} \\ A_{21} & A_{22} & \cdots & A_{2n} \\ \vdots & \vdots & & \vdots \\ A_{n1} & A_{n2} & \cdots & A_{nn} \end{pmatrix}=\dfrac{\boldsymbol{A}^*}{|\boldsymbol{A}|}=\boldsymbol{A}^{-1}$, 其中 $A_{ij}=A_{ji}$, 即二次型矩阵 $\boldsymbol{B}=\boldsymbol{A}^{-1}$.

因为 $\boldsymbol{A}, \boldsymbol{A}^{-1}$ 对称, 且 $\boldsymbol{A}^{-1}=\boldsymbol{A}^{-1}\boldsymbol{A}\boldsymbol{A}^{-1}=(\boldsymbol{A}^{-1})^{\mathrm{T}}\boldsymbol{A}\boldsymbol{A}^{-1}$, 所以, 矩阵 $\boldsymbol{B}$ 与 $\boldsymbol{A}$ 合同.

**例 3** 设矩阵 $\boldsymbol{A}$ 与 $\boldsymbol{B}$ 合同, $\boldsymbol{C}$ 与 $\boldsymbol{D}$ 合同, 证明矩阵 $\begin{pmatrix} \boldsymbol{A} & \boldsymbol{O} \\ \boldsymbol{O} & \boldsymbol{C} \end{pmatrix}$ 与 $\begin{pmatrix} \boldsymbol{B} & \boldsymbol{O} \\ \boldsymbol{O} & \boldsymbol{D} \end{pmatrix}$ 合同.

**证明** 由题意, 存在可逆矩阵 $\boldsymbol{P}, \boldsymbol{Q}$, 使 $\boldsymbol{P}^{\mathrm{T}}\boldsymbol{A}\boldsymbol{P}=\boldsymbol{B}$, $\boldsymbol{Q}^{\mathrm{T}}\boldsymbol{C}\boldsymbol{Q}=\boldsymbol{D}$, 故

$$\begin{pmatrix} \boldsymbol{P} & \boldsymbol{O} \\ \boldsymbol{O} & \boldsymbol{Q} \end{pmatrix}^{\mathrm{T}}\begin{pmatrix} \boldsymbol{A} & \boldsymbol{O} \\ \boldsymbol{O} & \boldsymbol{C} \end{pmatrix}\begin{pmatrix} \boldsymbol{P} & \boldsymbol{O} \\ \boldsymbol{O} & \boldsymbol{Q} \end{pmatrix}=\begin{pmatrix} \boldsymbol{P}^{\mathrm{T}}\boldsymbol{A}\boldsymbol{P} & \boldsymbol{O} \\ \boldsymbol{O} & \boldsymbol{Q}^{\mathrm{T}}\boldsymbol{C}\boldsymbol{Q} \end{pmatrix}=\begin{pmatrix} \boldsymbol{B} & \boldsymbol{O} \\ \boldsymbol{O} & \boldsymbol{D} \end{pmatrix}.$$

结论得证.

### 5.1.3 标准二次型

**定义 4** 只含平方项而不含交叉项的二次型

$$f(\boldsymbol{x}) = a_1x_1^2 + a_2x_2^2 + \cdots + a_nx_n^2 = \boldsymbol{x}^{\mathrm{T}}\boldsymbol{\Lambda}\boldsymbol{x} \tag{2}$$

称为**标准二次型**, 这里 $\boldsymbol{\Lambda} = \mathrm{diag}(a_1, a_2, \cdots, a_n)$.

显然, $f(\boldsymbol{x}) = \boldsymbol{x}^{\mathrm{T}}\boldsymbol{A}\boldsymbol{x}$ 为标准二次型当且仅当 $\boldsymbol{A}$ 为对角阵.

利用合同的概念, 可逆线性变换 (1) 将二次型 $f(\boldsymbol{x})$ 化为与其等秩的二次型 $f(\boldsymbol{y})$, 且新的二次型矩阵与原来二次型矩阵是合同的. 因此, 将二次型化为简单的二次型, 就是寻求可逆矩阵 $\boldsymbol{P}$, 使矩阵 $\boldsymbol{B} = \boldsymbol{P}^{\mathrm{T}}\boldsymbol{A}\boldsymbol{P}$ 为对角矩阵.

现在的问题是, 对于一个一般二次型, 能否通过可逆线性变换 (1) 化为标准二次型?

**定理 1** 任意一个二次型 $f(\boldsymbol{x}) = \boldsymbol{x}^{\mathrm{T}}\boldsymbol{A}\boldsymbol{x}$ 都可以经可逆线性变换 (1) 化为标准二次型 (2).

**证明** 对变量 $n$ 作归纳法. 当 $n=1$ 时, 二次型为 $f(x_1) = a_{11}x_1^2$ 就是平方和. 现假定对 $n-1$ 元二次型结论成立, 证明 $n$ 元二次型结论也成立.

**情形一** $a_{ii}\ (i=1,2,\cdots,n)$ 中至少有一个不为 0, 不妨设 $a_{11} \neq 0$, 此时

$$\begin{aligned} f(\boldsymbol{x}) &= a_{11}x_1^2 + \left(\sum_{j=2}^{n} a_{1j}x_j + \sum_{i=2}^{n} a_{i1}x_i\right)x_1 + \sum_{i=2,j=2}^{n} a_{ij}x_ix_j \\ &= a_{11}\left(x_1 + \sum_{j=2}^{n} a_{11}^{-1}a_{1j}x_j\right)^2 + \sum_{i=2,j=2}^{n} b_{ij}x_ix_j, \end{aligned}$$

其中 $\sum\limits_{i=2,j=2}^{n} b_{ij}x_ix_j = -a_{11}^{-1}\left(\sum\limits_{j=2}^{n} a_{1j}x_j\right)^2 + \sum\limits_{i=2,j=2}^{n} a_{ij}x_ix_j$ 是一个关于变量 $x_2, x_3, \cdots, x_n$ 的二次型. 令

$$\begin{cases} y_1 = x_1 + \sum\limits_{j=2}^{n} a_{11}^{-1}a_{1j}x_j, \\ y_2 = x_2, \\ \cdots\cdots \\ y_n = x_n, \end{cases}$$

这是一个可逆的线性变换, 它将 $f(\boldsymbol{x})$ 化为 $a_{11}y_1^2 + \sum\limits_{i=2,j=2}^{n} b_{ij}y_iy_j$. 由归纳假设, 存在可逆线性变换将二次型化为标准形.

**情形二** 所有 $a_{ii} = 0\ (i=1,2,\cdots,n)$, 但至少有一个 $a_{ij} \neq 0\ (j>1)$. 不失一

般性, 设 $a_{12} \neq 0$, 令 $\begin{cases} x_1 = z_1 + z_2, \\ x_2 = z_1 - z_2, \\ x_3 = z_3, \\ \cdots\cdots \\ x_n = z_n, \end{cases}$ 它是可逆的线性变换, 且化二次型为

$$f(\boldsymbol{x}) = 2a_{12}x_1x_2 + \cdots = 2a_{12}z_1^2 - 2a_{12}z_2^2 + \cdots.$$

上式是关于 $z_1, z_2, \cdots, z_n$ 的二次型, 且 $z_1^2$ 的系数不等于零, 属于情形一. 于是定理成立.

**情形三** $a_{11} = a_{12} = \cdots = a_{1n} = 0$, 自然有 $a_{21} = a_{31} = \cdots = a_{n1} = 0$, 因此二次型变为 $n-1$ 元二次型, 根据归纳假设, 存在可逆线性变换, 将其化为标准形.

至此, 证明了定理 1.

由定理 1 和合同矩阵的定义, 发现任意对称矩阵都合同于对角矩阵, 也就是存在可逆矩阵 $\boldsymbol{P}$, 使

$$\boldsymbol{P}^{\mathrm{T}}\boldsymbol{A}\boldsymbol{P} = \mathrm{diag}(a_1, a_2, \cdots, a_n).$$

现在的问题是, 如何求这样的矩阵 $\boldsymbol{P}$? 对角矩阵中 $a_1, a_2, \cdots, a_n$ 中非零个数与矩阵 $\boldsymbol{A}$ 的秩关系如何?

## 习 题 5.1

1. 设 $a_1, a_2, a_3$ 为实数, 证明 $\begin{pmatrix} a_1 & & \\ & a_2 & \\ & & a_3 \end{pmatrix}$ 与 $\begin{pmatrix} a_2 & & \\ & a_3 & \\ & & a_1 \end{pmatrix}$ 合同.

2. 证明秩为 $r$ 的对称矩阵可以表示成 $r$ 个秩为 1 的对称矩阵之和.

3. 可逆矩阵 $\boldsymbol{A}, \boldsymbol{B}$ 合同, 证明 $\boldsymbol{A}^{-1}, \boldsymbol{B}^{-1}$ 也合同.

4. 设 $\boldsymbol{A}$ 为 $n$ 阶矩阵. 证明 $\boldsymbol{A}$ 为反对称矩阵的充分必要条件是对任一 $n$ 维向量 $\boldsymbol{x}$, 都有 $\boldsymbol{x}^{\mathrm{T}}\boldsymbol{A}\boldsymbol{x} = 0$.

5. 如果把 $n$ 阶对称矩阵按合同分类 (即两个实矩阵属于同一类, 当且仅当它们合同), 问共分为几类?

6. 设实矩阵 $\boldsymbol{A}_{m\times n}$ 的秩为 $r$, 证明二次型 $f(\boldsymbol{x}) = \boldsymbol{x}^{\mathrm{T}}(\boldsymbol{A}^{\mathrm{T}}\boldsymbol{A})\boldsymbol{x}$ 的秩为 $r$.

7. 举例说明实对称矩阵 $\boldsymbol{A}$ 与其伴随矩阵 $\boldsymbol{A}^*$ 未必合同.

8. 设实二次型 $f(\boldsymbol{x}) = \sum\limits_{i=1}^{n}(a_{i1}x_1 + a_{i2}x_2 + \cdots + a_{in}x_n)^2$, 证明二次型 $f(\boldsymbol{x})$ 的秩等于矩阵 $\boldsymbol{A} = (a_{ij})$ 的秩.

## 5.2 二次型的化简

本节给出化简二次型的几种具体方法: 配方法、正交变换法和初等变换法. 在这些变换中, 正交变换法不改变二次型的几何形状.

### 5.2.1 配方法

定理 1 的证明过程实际上就是化简二次型为标准形的一个方法 —— **配方法**. 下面看具体例子.

**例 4** 化简二次型 $f(\boldsymbol{x})=x_1^2+2x_1x_2+2x_2^2-2x_2x_3-3x_3^2$ 为标准形.

**解** 这是一个含平方项的二次型. 利用配方法, 容易得到

$$f(\boldsymbol{x})=(x_1+x_2)^2+(x_2-x_3)^2-4x_3^2.$$

因此, 令 $\begin{cases} y_1=x_1+x_2, \\ y_2=x_2-x_3, \\ y_3=x_3, \end{cases}$ 则 $f(\boldsymbol{x})$ 的标准形为 $f(\boldsymbol{x})=y_1^2+y_2^2-4y_3^2$.

注意到 $\begin{vmatrix} 1 & 1 & 0 \\ 0 & 1 & -1 \\ 0 & 0 & 1 \end{vmatrix} \neq 0$. 因此, 我们找到一个可逆变换 $\boldsymbol{x}=\boldsymbol{P}\boldsymbol{y}$ 将二次型化为标准形, 这里 $\boldsymbol{P}=\begin{pmatrix} 1 & 1 & 0 \\ 0 & 1 & -1 \\ 0 & 0 & 1 \end{pmatrix}^{-1}$.

如果再令 $\begin{cases} z_1=x_1+x_2, \\ z_2=x_2-x_3, \\ z_3=2x_3, \end{cases}$ 容易验证, 变换矩阵 $\boldsymbol{Q}=\begin{pmatrix} 1 & 1 & 0 \\ 0 & 1 & -1 \\ 0 & 0 & 2 \end{pmatrix}$ 也可逆. 因此, 在可逆变换 $\boldsymbol{x}=\boldsymbol{Q}^{-1}\boldsymbol{z}$ 之下, 二次型又可化为

$$f(\boldsymbol{x})=z_1^2+z_2^2-z_3^2.$$

这说明, 二次型的标准形是不唯一的. 那么哪些量保持不变? 这是以后要关注之处.

**例 5** 化二次型 $f(\boldsymbol{x})=x_1^2-3x_2^2-2x_1x_2+2x_1x_3-6x_2x_3$ 为标准形.

**解** 这是一个含平方项的二次型. 利用配方法, 可以得到

$$f(\boldsymbol{x})=(x_1-x_2+x_3)^2-(2x_2+x_3)^2.$$

引入可逆变换 $\begin{cases} y_1 = x_1 - x_2 + x_3, \\ y_2 = 2x_2 + x_3, \\ y_3 = x_3, \end{cases}$ 则二次型可化为 $f(\boldsymbol{x}) = y_1^2 - y_2^2$. 这里的可逆线性变换 $\boldsymbol{x} = \boldsymbol{P}\boldsymbol{y}$, 其中 $\boldsymbol{P} = \begin{pmatrix} 1 & -1 & 1 \\ 0 & 2 & 1 \\ 0 & 0 & 1 \end{pmatrix}^{-1}$.

**例 6**　化二次型 $f(\boldsymbol{x}) = x_1x_2 + x_1x_3 - 3x_2x_3$ 为标准形.

注意到该例不同于例 4 和例 5 的地方是 $f(\boldsymbol{x})$ 不含平方项, 不能直接配方, 因此, 需引入可逆线性变换化为含有平方项的情形.

**解**　作变换 $\begin{cases} x_1 = y_1 + y_2, \\ x_2 = y_1 - y_2, \\ x_3 = y_3, \end{cases}$ 则 $f(\boldsymbol{x})$ 化为含有平方项的二次型

$$f(\boldsymbol{x}) = y_1^2 - 2y_1y_3 - y_2^2 + 4y_2y_3.$$

用配方法得到

$$f(\boldsymbol{x}) = (y_1 - y_3)^2 - (y_2 - 2y_3)^2 + 3y_3^2.$$

由此, 令 $\boldsymbol{z} = \boldsymbol{Q}\boldsymbol{y}$, 其中 $\boldsymbol{Q} = \begin{pmatrix} 1 & 0 & -1 \\ 0 & 1 & -2 \\ 0 & 0 & 1 \end{pmatrix}$. 从而, $f(\boldsymbol{x}) = z_1^2 - z_2^2 + 3z_3^2$, 可逆线性变换 $\boldsymbol{x} = \boldsymbol{P}\boldsymbol{z}$, 其中

$$\boldsymbol{P} = \begin{pmatrix} 1 & 1 & 0 \\ 1 & -1 & 0 \\ 0 & 0 & 1 \end{pmatrix} \boldsymbol{Q}^{-1}.$$

### 5.2.2　正交变换法

这里我们仅考虑实二次型的正交变换方法. 对于实对称矩阵 $\boldsymbol{A}$, 设特征值为 $\lambda_1, \lambda_2, \cdots, \lambda_n$, 对应的特征向量 (已进行正交规范化处理) 分别为 $\boldsymbol{\alpha}_1, \boldsymbol{\alpha}_2, \cdots, \boldsymbol{\alpha}_n$, 则有 $\boldsymbol{Q}^{\mathrm{T}}\boldsymbol{A}\boldsymbol{Q} = \boldsymbol{\Lambda}$, 其中 $\boldsymbol{Q} = (\boldsymbol{\alpha}_1, \boldsymbol{\alpha}_2, \cdots, \boldsymbol{\alpha}_n)$ 是正交矩阵, $\boldsymbol{\Lambda} = \mathrm{diag}(\lambda_1, \lambda_2, \cdots, \lambda_n)$. 因此, 在变换

$$\boldsymbol{x} = \boldsymbol{Q}\boldsymbol{y} \tag{3}$$

之下, 实二次型 $f(\boldsymbol{x})$ 化为如下标准形:

$$f(\boldsymbol{x}) = \boldsymbol{x}^{\mathrm{T}}\boldsymbol{A}\boldsymbol{x} = \boldsymbol{y}^{\mathrm{T}}\boldsymbol{\Lambda}\boldsymbol{y} = \lambda_1y_1^2 + \lambda_2y_2^2 + \cdots + \lambda_ny_n^2.$$

这就是实二次型化标准形的正交变换法.

由于矩阵 $\boldsymbol{Q}$ 是正交矩阵, 因此可逆变换 (3) 称为**正交变换**. 根据第 4 章实对称矩阵相似对角化知识, 容易给出计算正交变换 (3) 的方法步骤:

(1) 计算二次型矩阵 $\boldsymbol{A}$ 的特征值 $\lambda_i$ 及对应的特征向量 $\boldsymbol{\alpha}_i$ $(i=1,2,\cdots,n)$;

(2) 将特征向量正交规范化, 得到 $\boldsymbol{\eta}_1,\boldsymbol{\eta}_2,\cdots,\boldsymbol{\eta}_n$(注意, 如果特征值互异, 由于不同特征值对应的特征向量正交, 因此, 此时只需要规范化特征向量即可);

(3) 令 $\boldsymbol{Q}=(\boldsymbol{\eta}_1,\boldsymbol{\eta}_2,\cdots,\boldsymbol{\eta}_n)$, 则 $\boldsymbol{x}=\boldsymbol{Q}\boldsymbol{y}$ 即为所求的正交变换, 二次型 $f(\boldsymbol{x})$ 化为

$$f(\boldsymbol{x})=\lambda_1y_1^2+\lambda_2y_2^2+\cdots+\lambda_ny_n^2.$$

注意, 零特征值的项可以不写出来 (一般将零特征值最后排序).

**例 7** 设二次型 $f(\boldsymbol{x})=x_1^2+x_2^2+x_3^2+4x_1x_2+4x_1x_3+4x_2x_3$, 用正交变换化二次型为标准形.

**解** 二次型对应的矩阵 $\boldsymbol{A}=\begin{pmatrix}1&2&2\\2&1&2\\2&2&1\end{pmatrix}$, 直接计算其特征值

$$\lambda_1=\lambda_2=-1,\quad \lambda_3=5.$$

由此可求出对应的特征向量 $\boldsymbol{\alpha}_1,\boldsymbol{\alpha}_2,\boldsymbol{\alpha}_3$, 并将其正交规范化, 可得到正交矩阵

$$\boldsymbol{Q}=\frac{1}{\sqrt{6}}\begin{pmatrix}-\sqrt{3}&-1&\sqrt{2}\\\sqrt{3}&-1&\sqrt{2}\\0&2&\sqrt{2}\end{pmatrix},$$

则 $\boldsymbol{Q}^{-1}\boldsymbol{A}\boldsymbol{Q}=\boldsymbol{Q}^{\mathrm{T}}\boldsymbol{A}\boldsymbol{Q}=\begin{pmatrix}-1&&\\&-1&\\&&5\end{pmatrix}$. 于是, 令 $\boldsymbol{x}=\boldsymbol{Q}\boldsymbol{y}$, 得到

$$f(\boldsymbol{x})=-y_1^2-y_2^2+5y_3^2.$$

**例 8** 设二次型 $f(\boldsymbol{x})=x_1^2+ax_2^2+x_3^2+2bx_1x_2+2x_1x_3+2x_2x_3$ 经正交变换 $\boldsymbol{x}=\boldsymbol{Q}\boldsymbol{y}$ 化为 $y_2^2+4y_3^2$. 求 $a,b$ 的值及正交矩阵 $\boldsymbol{Q}$.

**解** 二次型矩阵 $\boldsymbol{A}=\begin{pmatrix}1&b&1\\b&a&1\\1&1&1\end{pmatrix}$, 而标准形对应的矩阵 $\boldsymbol{\Lambda}=\begin{pmatrix}0&&\\&1&\\&&4\end{pmatrix}$.

于是 $\boldsymbol{A}$ 与 $\boldsymbol{\Lambda}$ 相似. 由此 $|\boldsymbol{A}|=|\boldsymbol{\Lambda}|$, $\mathrm{tr}(\boldsymbol{A})=\mathrm{tr}(\boldsymbol{\Lambda})$. 从而得到 $a=3,b=1$. 矩阵 $\boldsymbol{A}$

的特征值 $\lambda_1 = 0, \lambda_2 = 1, \lambda_3 = 4$, 对应的单位特征向量分别为

$$\boldsymbol{\xi}_1 = \frac{1}{\sqrt{2}}\begin{pmatrix} 1 \\ 0 \\ -1 \end{pmatrix}, \quad \boldsymbol{\xi}_2 = \frac{1}{\sqrt{3}}\begin{pmatrix} 1 \\ -1 \\ 1 \end{pmatrix}, \quad \boldsymbol{\xi}_3 = \frac{1}{\sqrt{6}}\begin{pmatrix} 1 \\ 2 \\ 1 \end{pmatrix}.$$

于是, 所求的正交矩阵 $\boldsymbol{Q} = (\boldsymbol{\xi}_1, \boldsymbol{\xi}_2, \boldsymbol{\xi}_3)$.

**例 9** 已知二次型 $f(\boldsymbol{x}) = (1-a)x_1^2 + (1-a)x_2^2 + 2x_3^2 + 2(1+a)x_1x_2$ 的秩为 2.

(1) 求 $a$ 的值;

(2) 求正交变换 $\boldsymbol{x} = \boldsymbol{Q}\boldsymbol{y}$, 化二次型 $f(\boldsymbol{x})$ 为标准形;

(3) 求方程 $f(\boldsymbol{x}) = 0$ 的解.

**解** (1) 二次型的矩阵 $\boldsymbol{A} = \begin{pmatrix} 1-a & 1+a & 0 \\ 1+a & 1-a & 0 \\ 0 & 0 & 2 \end{pmatrix}$, 由 $r(\boldsymbol{A}) = 2$, 求得 $a = 0$.

(2) 由 $|\lambda \boldsymbol{E} - \boldsymbol{A}| = \lambda(\lambda - 2)^2 = 0$, 求得特征值为 $\lambda_1 = \lambda_2 = 2, \lambda_3 = 0$.

利用 $(\boldsymbol{A} - \lambda \boldsymbol{E})\boldsymbol{x} = \boldsymbol{0}$, 求得相应的特征向量分别为

$$\boldsymbol{\alpha}_1 = (1,1,0)^{\mathrm{T}}, \quad \boldsymbol{\alpha}_2 = (0,0,1)^{\mathrm{T}}, \quad \boldsymbol{\alpha}_3 = (1,-1,0)^{\mathrm{T}}.$$

由于特征向量已两两正交, 只需单位化, 于是有

$$\boldsymbol{\eta}_1 = \frac{1}{\sqrt{2}}(1,1,0)^{\mathrm{T}}, \quad \boldsymbol{\eta}_2 = (0,0,1)^{\mathrm{T}}, \quad \boldsymbol{\eta}_3 = \frac{1}{\sqrt{2}}(1,-1,0)^{\mathrm{T}}.$$

令 $\boldsymbol{Q} = (\boldsymbol{\eta}_1, \boldsymbol{\eta}_2, \boldsymbol{\eta}_3)$, 则经正交变换 $\boldsymbol{x} = \boldsymbol{Q}\boldsymbol{y}$, 二次型可化为 $f(\boldsymbol{x}) = 2y_1^2 + 2y_2^2$.

(3) 由方程

$$f(\boldsymbol{x}) = x_1^2 + x_2^2 + 2x_3^2 + 2x_1x_2 = (x_1 + x_2)^2 + 2x_3^2 = 0,$$

得到 $x_1 + x_2 = 0, 2x_3 = 0$. 解之, 得 $(x_1, x_2, x_3)^{\mathrm{T}} = k(1,-1,0)^{\mathrm{T}}, k$ 为任意常数.

正交变换 (3) 具有很好的性质. 对可逆线性变换 (1), 由于

$$|\boldsymbol{x}|^2 = (\boldsymbol{x}, \boldsymbol{x}) = (\boldsymbol{P}\boldsymbol{y}, \boldsymbol{P}\boldsymbol{y}) = (\boldsymbol{P}\boldsymbol{y})^{\mathrm{T}}\boldsymbol{P}\boldsymbol{y} = \boldsymbol{y}^{\mathrm{T}}\boldsymbol{P}^{\mathrm{T}}\boldsymbol{P}\boldsymbol{y},$$

因此可逆变换 (1) 未必能保证向量的长度 $|\boldsymbol{x}| = |\boldsymbol{y}|$. 对正交变换 (3), 由于 $\boldsymbol{Q}^{\mathrm{T}}\boldsymbol{Q} = \boldsymbol{E}$, 此时

$$|\boldsymbol{x}|^2 = (\boldsymbol{x}, \boldsymbol{x}) = \boldsymbol{y}^{\mathrm{T}}\boldsymbol{Q}^{\mathrm{T}}\boldsymbol{Q}\boldsymbol{y} = \boldsymbol{y}^{\mathrm{T}}\boldsymbol{y} = (\boldsymbol{y}, \boldsymbol{y}) = |\boldsymbol{y}|^2.$$

正是基于这一点, 正交变换 (3) 不改变向量的长度, 不改变向量的夹角. 这样, 在几何学中, 方程 $f(\boldsymbol{x}) = a$ 与经正交变换化简后的方程 $f(\boldsymbol{y}) = a$ 所表示的曲线 (曲面) 的形状不会发生改变. 例如, 对于有心二次曲线

$$f(x, y) = ax^2 + 2bxy + cy^2 = d,$$

在正交变换

$$\begin{pmatrix} x \\ y \end{pmatrix} = \begin{pmatrix} \cos\theta & -\sin\theta \\ \sin\theta & \cos\theta \end{pmatrix} \begin{pmatrix} x' \\ y' \end{pmatrix}$$

之下化为 $f(x',y') = a'x'^2 + b'y'^2 = d$, 这样我们就可以很容易识别二次曲线的形状和类型, 从而帮助我们研究该曲线的性质.

**例 10** 解答下列各题:

(1) 设 $f(\boldsymbol{x}) = 3x_1^2 + 2x_2^2 + x_3^2 - 4x_1x_2 - 4x_2x_3$, 问 $f(\boldsymbol{x}) = 5$ 表示何曲面?

(2) 二次型 $f(\boldsymbol{x}) = 5x_1^2 + 5x_2^2 + cx_3^2 - 2x_1x_2 + 6x_1x_3 - 6x_2x_3$ 的秩为 2. 求 $c$ 及 $f(\boldsymbol{x}) = 1$ 表示的曲面.

**解** (1) 二次型矩阵 $\boldsymbol{A} = \begin{pmatrix} 3 & -2 & 0 \\ -2 & 2 & -2 \\ 0 & -2 & 1 \end{pmatrix}$, 直接计算, 特征值为 $\lambda_1 = 5, \lambda_2 = 2, \lambda_3 = -1$, 对应的特征向量 (单位化处理) 分别为

$$\boldsymbol{\alpha}_1 = \frac{1}{3}(2,-2,1)^{\mathrm{T}}, \quad \boldsymbol{\alpha}_2 = \frac{1}{3}(-2,-1,2)^{\mathrm{T}}, \quad \boldsymbol{\alpha}_3 = \frac{1}{3}(1,2,2)^{\mathrm{T}},$$

令 $\boldsymbol{x} = \boldsymbol{Q}\boldsymbol{y}, \boldsymbol{Q} = (\boldsymbol{\alpha}_1, \boldsymbol{\alpha}_2, \boldsymbol{\alpha}_3)$, 得到二次型标准形为 $f(\boldsymbol{y}) = 5y_1^2 + 2y_2^2 - y_3^2$, 且曲面 $f(\boldsymbol{x}) = 5$ 表示椭圆双曲面.

(2) 二次型矩阵 $\boldsymbol{A} = \begin{pmatrix} 5 & -1 & 3 \\ -1 & 5 & -3 \\ 3 & -3 & c \end{pmatrix}$, 由于 $r(\boldsymbol{A}) = 2$, 因此 $|\boldsymbol{A}| = 0$. 于是得 $c = 3$. 直接计算 $\boldsymbol{A}$ 的特征值, 得 $\lambda_1 = 0, \lambda_2 = 4, \lambda_3 = 9$, 于是, 一定存在正交变换 $\boldsymbol{x} = \boldsymbol{Q}\boldsymbol{y}$ 将二次型化为 $f(\boldsymbol{y}) = 4y_2^2 + 9y_3^2$. 故曲面 $f(\boldsymbol{x}) = 1$ 表示椭圆柱面.

### *5.2.3 初等变换法

在可逆变换 (1) 中, 由于 $\boldsymbol{P}$ 可逆, 因此 $\boldsymbol{P}$ 可表示为有限个初等矩阵 $\boldsymbol{P}_1, \boldsymbol{P}_2, \cdots, \boldsymbol{P}_t$ 的乘积, 从而

$$\boldsymbol{P}^{\mathrm{T}}\boldsymbol{A}\boldsymbol{P} = (\boldsymbol{P}_1\boldsymbol{P}_2\cdots\boldsymbol{P}_t)^{\mathrm{T}}\boldsymbol{A}(\boldsymbol{P}_1\boldsymbol{P}_2\cdots\boldsymbol{P}_t) = \boldsymbol{P}_t^{\mathrm{T}}\cdots\boldsymbol{P}_2^{\mathrm{T}}\boldsymbol{P}_1^{\mathrm{T}}\boldsymbol{A}\boldsymbol{P}_1\boldsymbol{P}_2\cdots\boldsymbol{P}_t,$$

其中 $\boldsymbol{P}_i$ 与 $\boldsymbol{P}_i^{\mathrm{T}}$ 是同类型的初等矩阵. 上式说明, 对角矩阵 $\boldsymbol{P}^{\mathrm{T}}\boldsymbol{A}\boldsymbol{P}$ 可以通过对 $\boldsymbol{A}$ 每次实施一个初等行变换与一个同类的列变换得到. 也就是, 每次对 $\boldsymbol{A}$ 实施初等行变换后, 立即对 $\begin{pmatrix} \boldsymbol{A} \\ \boldsymbol{E} \end{pmatrix}$ 实施同类的初等列变换, 进行有限次后, 就可以将 $\boldsymbol{A}$ 化为对角矩阵 $\boldsymbol{B}$. 具体过程为

$$\begin{pmatrix} \boldsymbol{A} \\ \boldsymbol{E} \end{pmatrix} \xrightarrow{\text{初等变换}} \begin{pmatrix} \boldsymbol{P}_t^{\mathrm{T}}\cdots\boldsymbol{P}_1^{\mathrm{T}}\boldsymbol{A}\boldsymbol{P}_1\cdots\boldsymbol{P}_t \\ \boldsymbol{P}_1\boldsymbol{P}_2\cdots\boldsymbol{P}_t \end{pmatrix} = \begin{pmatrix} \boldsymbol{B} \\ \boldsymbol{P} \end{pmatrix}.$$

**例 11** 用初等变换法化简二次型 $f(\boldsymbol{x})=x_1^2+7x_2^2+8x_3^2-6x_1x_2+4x_1x_3-10x_2x_3$ 为标准形, 并求相应的可逆线性变换.

**解** 矩阵 $\boldsymbol{A}=\begin{pmatrix}1&-3&2\\-3&7&-5\\2&-5&8\end{pmatrix}$. 实施第 1 次初等变换: 对 $\boldsymbol{A}$ 进行 $r_2+3r_1, r_3+(-2)r_1$ 变换后, 再对 $(\boldsymbol{A}\ \boldsymbol{E})^{\mathrm{T}}$ 实施同类的初等列变换 $c_2+3c_1, c_3+(-2)c_1$, 得到

$$\begin{pmatrix}\boldsymbol{A}\\\boldsymbol{E}\end{pmatrix}\xrightarrow{\text{第 1 次行变换}}\begin{pmatrix}1&-3&2\\0&-2&1\\0&1&4\\1&0&0\\0&1&0\\0&0&1\end{pmatrix}\xrightarrow[\text{第 1 次列变换}]{}\begin{pmatrix}1&0&0\\0&-2&1\\0&1&4\\1&3&-2\\0&1&0\\0&0&1\end{pmatrix}.$$

实施第 2 次初等变换: $r_3+\frac{1}{2}r_2$ 变换后再 $c_3+\frac{1}{2}c_2$, 得到

$$\begin{pmatrix}1&0&0\\0&-2&1\\0&1&4\\1&3&-2\\0&1&0\\0&0&1\end{pmatrix}\xrightarrow{\text{第 2 次行变换}}\begin{pmatrix}1&0&0\\0&-2&1\\0&0&\frac{9}{2}\\1&3&-2\\0&1&0\\0&0&1\end{pmatrix}\xrightarrow[\text{第 2 次列变换}]{}\begin{pmatrix}1&0&0\\0&-2&0\\0&0&\frac{9}{2}\\1&3&-\frac{1}{2}\\0&1&\frac{1}{2}\\0&0&1\end{pmatrix}.$$

因此, $\boldsymbol{B}=\begin{pmatrix}1&0&0\\0&-2&0\\0&0&\frac{9}{2}\end{pmatrix}$, $\boldsymbol{P}=\begin{pmatrix}1&3&-\frac{1}{2}\\0&1&\frac{1}{2}\\0&0&1\end{pmatrix}$, 且在可逆线性变换 $\boldsymbol{x}=\boldsymbol{P}\boldsymbol{y}$ 之下, 二次型化为

$$f(\boldsymbol{y})=y_1^2-2y_2^2+\frac{9}{2}y_3^2.$$

本节给出了化简二次型为标准形的 3 个方法: 配方法、正交变换法和初等变换法, 这 3 个方法各具特点: 配方法简单, 正交变换法保持曲线或曲面的形状不变, 初等变换法同时可得到可逆线性变换矩阵. 当然, 我们同时看到, 不管哪种方法, 都

有一个共性是, 二次型的标准形不唯一, 但化简后非零系数个数固定、系数为正或负的个数固定.

## 习 题 5.2

1. 化下列二次型为标准形.

(1) $f(x_1,x_2,x_3)=x_1^2-3x_2^2-2x_1x_2+2x_1x_3-6x_2x_3$;

(2) $f(x_1,x_2,x_3)=2x_1x_2-6x_2x_3+2x_1x_3$;

(3) $f(x_1,x_2,x_3)=x_1^2+2x_2^2+3x_3^2-4x_1x_2-4x_2x_3$;

(4) $f(x_1,x_2,x_3)=2x_1^2+5x_2^2+5x_3^2+4x_1x_2-4x_1x_3-8x_2x_3$.

2. 设二次型 $f(x_1,x_2,x_3)=ax_1^2+2x_2^2-2x_3^2+2bx_1x_3\ (b>0)$ 的矩阵为 $\boldsymbol{A}$, 已知 $\boldsymbol{A}$ 的特征值的和为 1, 特征值的积为 $-12$.

(1) 求 $a,b$ 的值;

(2) 用正交变换将二次型 $f(x_1,x_2,x_3)$ 化为标准形, 并写出所用的正交变换.

3. 设二次型 $f(x_1,x_2,x_3)=2(a_1x_1+a_2x_2+a_3x_3)^2+(b_1x_1+b_2x_2+b_3x_3)^2,\boldsymbol{\alpha}=(a_1,a_2,a_3)^{\mathrm{T}},\boldsymbol{\beta}=(b_1,b_2,b_3)^{\mathrm{T}}$.

(1) 证明二次型 $f$ 对应的矩阵为 $2\boldsymbol{\alpha}\boldsymbol{\alpha}^{\mathrm{T}}+\boldsymbol{\beta}\boldsymbol{\beta}^{\mathrm{T}}$;

(2) 若 $\boldsymbol{\alpha}$ 与 $\boldsymbol{\beta}$ 为正交单位向量, 证明二次型 $f$ 在正交变换下的标准形为 $2y_1^2+y_2^2$.

4. 已知矩阵 $\boldsymbol{A}=\begin{pmatrix}1&0&1\\0&1&1\\-1&0&a\\0&a&-1\end{pmatrix}, r(\boldsymbol{A}^{\mathrm{T}}\boldsymbol{A})=2, f(\boldsymbol{x})=\boldsymbol{x}^{\mathrm{T}}\boldsymbol{A}^{\mathrm{T}}\boldsymbol{A}\boldsymbol{x}$.

(1) 求 $a$ 的值;

(2) 将二次型 $f(\boldsymbol{x})$ 化为标准形.

5. 设 $\boldsymbol{A}$ 是 $n$ 阶实对称矩阵, 证明存在正实数 $c$, 使对一切实 $n$ 维向量 $\boldsymbol{x}$, 都有

$$|\boldsymbol{x}^{\mathrm{T}}\boldsymbol{A}\boldsymbol{x}|\leqslant c\boldsymbol{x}^{\mathrm{T}}\boldsymbol{x}.$$

6. 设 $\boldsymbol{A}$ 为 $n$ 阶实对称矩阵, 其最大特征值为 $\lambda$, 证明 $\sum\limits_{i=1}^{n}a_{ij}\leqslant n\lambda$.

# 5.3 唯一性与惯性定理

我们知道, 二次型一定可以经可逆线性变换化为标准形, 但标准二次型是不唯一的. 本节主要讨论二次型在可逆线性变换之下哪些量保持不变的问题.

### 5.3.1　唯一性

1. 复二次型

先考虑 $n$ 元复二次型 $f(\boldsymbol{x})$, 设 $r(f)=r$, 则经可逆线性变换 $\boldsymbol{x}=\boldsymbol{P}\boldsymbol{y}$ 可化为

$$f(\boldsymbol{y})=d_1y_1^2+d_2y_2^2+\cdots+d_ry_r^2=\boldsymbol{y}^{\mathrm{T}}\boldsymbol{D}\boldsymbol{y},\quad \boldsymbol{D}=\operatorname{diag}(d_1,d_2,\cdots,d_r,0,\cdots,0),d_i\neq 0.$$

引入可逆变换

$$\boldsymbol{y}=\boldsymbol{C}\boldsymbol{z},\ \boldsymbol{C}=\operatorname{diag}\left(\frac{1}{\sqrt{d_1}},\frac{1}{\sqrt{d_2}},\cdots,\frac{1}{\sqrt{d_r}},1,\cdots,1\right),$$

则复二次型化为

$$f(\boldsymbol{x})=f(\boldsymbol{z})=z_1^2+z_2^2+\cdots+z_r^2=\boldsymbol{z}^{\mathrm{T}}\begin{pmatrix}\boldsymbol{E}_r & \\ & \boldsymbol{O}\end{pmatrix}\boldsymbol{z}. \tag{4}$$

式 (4) 称为复二次型 $f(\boldsymbol{x})$ 的**规范形**. 显然规范形完全被二次型的秩 $r(f)$ 所决定. 因此有以下定理.

**定理 2**　任意复二次型 $f(\boldsymbol{x})=\boldsymbol{x}^{\mathrm{T}}\boldsymbol{A}\boldsymbol{x}$ 经过可逆线性变换可以化为规范形, 且规范形是唯一的. 或者等价地讲, 任意复对称矩阵 $\boldsymbol{A}$ 一定合同于 $\begin{pmatrix}\boldsymbol{E}_r & \\ & \boldsymbol{O}\end{pmatrix}$.

**推论 1**　两个复对称矩阵合同的充分必要条件是它们的秩相等.

2. 实二次型

设 $f(\boldsymbol{x})=\boldsymbol{x}^{\mathrm{T}}\boldsymbol{A}\boldsymbol{x}$ 为秩为 $r$ 的 $n$ 元实二次型, 即 $\boldsymbol{A}$ 为实对称矩阵, 且 $r(\boldsymbol{A})=r$. 因此在 $r$ 个非零特征值中, 不妨设前 $p\leqslant r$ 个为正, 后 $r-p$ 个为负, 即

$$\lambda_1>0,\lambda_2>0,\cdots,\lambda_p>0;\ \lambda_{p+1}<0,\cdots,\lambda_r<0.$$

因此, 引入变换 $\boldsymbol{x}=\boldsymbol{Q}\boldsymbol{y}$, 可将二次型 $f(\boldsymbol{x})$ 化为

$$f(\boldsymbol{x})=\lambda_1y_1^2+\lambda_2y_2^2+\cdots+\lambda_py_p^2-(-\lambda_{p+1})y_{p+1}^2-\cdots-(-\lambda_r)y_r^2.$$

再引入变换 $\boldsymbol{y}=\boldsymbol{C}\boldsymbol{z}$, $\boldsymbol{C}=\operatorname{diag}\left(\frac{1}{\sqrt{\lambda_1}},\cdots,\frac{1}{\sqrt{\lambda_p}},\frac{1}{\sqrt{-\lambda_{p+1}}},\cdots,\frac{1}{\sqrt{-\lambda_r}},1,\cdots,1\right)$, 二次型最终化为

$$f(\boldsymbol{x})=z_1^2+z_2^2+\cdots+z_p^2-z_{p+1}^2-\cdots-z_r^2=\boldsymbol{z}^{\mathrm{T}}\begin{pmatrix}\boldsymbol{E}_p & & \\ & -\boldsymbol{E}_{r-p} & \\ & & \boldsymbol{O}\end{pmatrix}\boldsymbol{z}. \tag{5}$$

式 (5) 称为实二次型 $f(\boldsymbol{x})$ 的**规范形**. 显然规范形由二次型的秩 $r(f)$ 和正特征值的个数 $p$ 所决定.

式 (5) 中的 $p$ 是唯一的. 设在变换 $\boldsymbol{x}=\boldsymbol{B}\boldsymbol{y}, \boldsymbol{x}=\boldsymbol{C}\boldsymbol{z}$ 之下, 二次型 $f(\boldsymbol{x})$(其秩为 $r$) 化为

$$f(\boldsymbol{x})=y_1^2+\cdots+y_p^2-y_{p+1}^2-\cdots-y_r^2=z_1^2+\cdots+z_k^2-z_{k+1}^2-\cdots-z_r^2. \quad (6)$$

下证 $p=k$. 由于 $\boldsymbol{z}=\boldsymbol{C}^{-1}\boldsymbol{B}\boldsymbol{y}=(c_{ij})\boldsymbol{y}$, 不妨设 $p>k$, 则齐次方程组

$$\begin{cases} z_1=c_{11}y_1+c_{12}y_2+\cdots+c_{1n}y_n=0, \\ \cdots\cdots \\ z_k=c_{k1}y_1+c_{k2}y_2+\cdots+c_{kn}y_n=0, \\ y_{p+1}=0, \\ \cdots\cdots \\ y_n=0 \end{cases}$$

必有非零解 ($n$ 个未知元, $n-(p-k)$ 个方程). 不妨设一个非零解为

$$y_i=a_i \quad (i=1,2,\cdots,p), \quad y_j=0 \quad (j=p+1,\cdots,n),$$

则由 (6) 式,

$$f(\boldsymbol{x})=a_1^2+a_2^2+\cdots+a_p^2>0.$$

但此时 $z_1=\cdots=z_k=0$, (6) 式右端 $<0$. 这是矛盾的.

同理可证 $p<k$ 也是不可能的. 因此有以下定理.

**定理 3** (惯性定理) 任意实二次型 $f(\boldsymbol{x})=\boldsymbol{x}^{\mathrm{T}}\boldsymbol{A}\boldsymbol{x}$ 经过可逆线性变换可以化为规范形, 且规范形是唯一的. 或者等价地讲, 任意实对称矩阵 $\boldsymbol{A}$ 一定合同于

$$\begin{pmatrix} \boldsymbol{E}_p & & \\ & -\boldsymbol{E}_{r-p} & \\ & & \boldsymbol{O} \end{pmatrix}.$$

**定义 5** 在实二次型 $f(\boldsymbol{x})$ 的规范形中, 正平方项的个数 $p$ 称为 $f(\boldsymbol{x})$ 的**正惯性指数**; 负平方项的个数 $q=r-p$ 称为 $f(\boldsymbol{x})$ 的**负惯性指数**; 它们的差 $p-q=p-(r-p)=2p-r$ 称为 $f(\boldsymbol{x})$ 的**符号差**.

不难看出, 实二次型的秩等于其矩阵非零特征值的个数, 正惯性指数 $p$ 等于二次型矩阵 $\boldsymbol{A}$ 的非零特征值中正特征值的个数, $q$ 等于二次型矩阵 $\boldsymbol{A}$ 的非零特征值中负特征值的个数. 这些量在可逆初等变换下保持不变, 也就是说与选取的线性变换无关.

**例 12**　求二次型 $f(\boldsymbol{x}) = x_1x_2 + x_1x_3 - 3x_2x_3$ 的秩、正惯性指数和负惯性指数.

**解**　由例 6, $f(\boldsymbol{x})$ 的标准形为 $f(\boldsymbol{x}) = z_1^2 + z_2^2 - z_3^2$. 于是 $r(f) = 3$, $p = 2, q = 1$.

**推论 2**　$n$ 阶实对称矩阵 $\boldsymbol{A}$ 与 $\boldsymbol{B}$ 合同的充分必要条件是 $r(\boldsymbol{A}) = r(\boldsymbol{B})$, 且二次型 $\boldsymbol{x}^{\mathrm{T}}\boldsymbol{A}\boldsymbol{x}$ 与 $\boldsymbol{x}^{\mathrm{T}}\boldsymbol{B}\boldsymbol{x}$ 的正惯性指数相等.

**例 13**　二次型 $f(\boldsymbol{x}) = x_1^2 + ax_2^2 + x_3^2 + 2x_1x_2 - 2x_2x_3 - 2ax_1x_3$ 的正、负惯性指数均为 1, 求参数 $a$ 及 $f(\boldsymbol{x}) = 1$ 表示的曲面类型.

**解**　由题意知二次型矩阵 $\boldsymbol{A} = \begin{pmatrix} 1 & 1 & -a \\ 1 & a & -1 \\ -a & -1 & 1 \end{pmatrix}$ 的秩等于 2, 因此 $|\boldsymbol{A}| = 0$. 由此求得 $a = 1$ 或 $a = -2$.

当 $a = 1$ 时, $r(\boldsymbol{A}) = 1$ 不合题意. 当 $a = -2$ 时, 求得 $\boldsymbol{A}$ 的特征值 $\lambda_1 = 3, \lambda_2 = -3, \lambda_3 = 0$. 于是存在正交变换 $\boldsymbol{x} = \boldsymbol{Q}\boldsymbol{y}$ 可以将 $f(\boldsymbol{x})$ 化为 $3y_1^2 - 3y_2^2$. 此时, 方程 $f(\boldsymbol{x}) = 1$ 表示一个双曲柱面.

**例 14**　矩阵 $\boldsymbol{A}$ 是 $n$ 阶实对称可逆矩阵, 其特征值分别为 $\lambda_1, \lambda_2, \cdots, \lambda_n$, 求二次型

$$f(\boldsymbol{x}) = \boldsymbol{x}^{\mathrm{T}}\boldsymbol{B}\boldsymbol{x}, \quad \boldsymbol{B} = \begin{pmatrix} \boldsymbol{O} & \boldsymbol{A} \\ \boldsymbol{A} & \boldsymbol{O} \end{pmatrix}$$

的标准形与正惯性指数.

**解**　由于矩阵 $\boldsymbol{A}$ 可逆实对称, 因此 $\lambda_j \neq 0$ $(j = 1, 2, \cdots, n)$, 且存在正交矩阵 $\boldsymbol{Q}$ 使得

$$\boldsymbol{Q}^{-1}\boldsymbol{A}\boldsymbol{Q} = \boldsymbol{\Lambda} = \mathrm{diag}(\lambda_1, \lambda_2, \cdots, \lambda_n).$$

于是

$$\begin{pmatrix} \boldsymbol{O} & \boldsymbol{Q} \\ \boldsymbol{Q} & \boldsymbol{O} \end{pmatrix}^{-1} \boldsymbol{B} \begin{pmatrix} \boldsymbol{O} & \boldsymbol{Q} \\ \boldsymbol{Q} & \boldsymbol{O} \end{pmatrix} = \begin{pmatrix} \boldsymbol{O} & \boldsymbol{\Lambda} \\ \boldsymbol{\Lambda} & \boldsymbol{O} \end{pmatrix}.$$

所以矩阵 $\boldsymbol{B}$ 的特征值为 $\lambda_{\boldsymbol{B}} = \pm\lambda_j$ $(j = 1, 2, \cdots, n)$. 故二次型 $f(\boldsymbol{x})$ 的标准形为

$$f(\boldsymbol{x}) = \lambda_1 y_1^2 + \lambda_2 y_2^2 + \cdots + \lambda_n y_n^2 - \lambda_1 y_{n+1}^2 - \lambda_2 y_{n+2}^2 - \cdots - \lambda_n y_{2n}^2,$$

正惯性指数 $p = n$.

**例 15**　设 $n$ 阶实对称矩阵 $\boldsymbol{A}$ 满足 $|\boldsymbol{A}| < 0$. 证明存在非零向量 $\boldsymbol{x}_0$, 使得二次型 $f(\boldsymbol{x}) = \boldsymbol{x}^{\mathrm{T}}\boldsymbol{A}\boldsymbol{x}$ 满足 $f(\boldsymbol{x}_0) < 0$.

**证明**　由 $|\boldsymbol{A}| < 0$, 即知二次型 $f(\boldsymbol{x})$ 的负惯性指数 $q > 0$. 因此, 存在可逆变换 $\boldsymbol{x} = \boldsymbol{P}\boldsymbol{y}$ 将 $f(\boldsymbol{x})$ 化为

$$f(\boldsymbol{x}) = y_1^2 + y_2^2 + \cdots + y_p^2 - y_{p+1}^2 - \cdots - y_n^2, \quad q = n - p > 0.$$

令 $\boldsymbol{y}_0^{\mathrm{T}} = (0,\ 0,\ \cdots,\ 0,\ 1)$, $\boldsymbol{x}_0 = \boldsymbol{P}\boldsymbol{y}_0$, 则 $\boldsymbol{x}_0 \neq \boldsymbol{0}$, $f(\boldsymbol{x}_0) = -1 < 0$.

### 5.3.2 二次型几何应用

关于 $x, y$ 的 2 元二次型的标准形 $f(x,y)$ 必为下列情形之一：

(i) 当 $p=2$ 或 $q=2$ 时, $f(x,y)=\pm(ax^2+by^2)$;

(ii) 当 $r(f)=2, p=1$ 时, $f(x,y)=ax^2-by^2$;

(iii) 当 $r(f)=1$ 时, $f(x,y)=\pm ax^2$,

其中 $r(f)$ 是二次型 $f(x,y)$ 的秩, $p$ 和 $q$ 分别是它的正惯性指数和负惯性指数, 参数 $a>0, b>0$.

因此, 在几何平面内, 全部非退化实二次曲线必为下列类型之一, 其中非退化是指该实二次曲线不能退化为点或直线：

(1) 椭圆：$ax^2+by^2-1=0$;

(2) 双曲线：$ax^2-by^2-1=0$;

(3) 抛物线：$ax^2-y=0$.

关于 $x, y, z$ 的 3 元二次型的标准形 $f(x,y,z)$ 必为下列情形之一：

(i) 当 $p=3$ 或 $q=3$ 时, $f(x,y,z)=\pm(ax^2+by^2+cz^2)$;

(ii) 当 $r(f)=3, p=2$ 时, $f(x,y,z)=ax^2+by^2-cz^2$;

(iii) 当 $r(f)=3, p=1$ 时, $f(x,y,z)=ax^2-by^2-cz^2$;

(iv) 当 $r(f)=2$ 且 $p=2$ 或 $q=2$ 时, $f(x,y,z)=\pm(ax^2+by^2)$;

(v) 当 $r(f)=2$ 且 $p=1$ 时, $f(x,y,z)=ax^2-by^2$;

(vi) 当 $r(f)=1$ 时, $f(x,y,z)=\pm ax^2$,

其中 $r(f)$ 是二次型 $f(x,y,z)$ 的秩, $p$ 和 $q$ 分别是它的正惯性指数和负惯性指数, 参数 $a>0, b>0, c>0$.

因此, 在几何空间内, 全部非退化实二次曲面必为下列类型之一, 其中非退化是指该实二次曲面不能退化为点或平面：

(1) 椭球面：$ax^2+by^2+cz^2-1=0$;

(2) 单叶双曲面：$ax^2+by^2-cz^2-1=0$;

(3) 双叶双曲面：$ax^2-by^2-cz^2-1=0$;

(4) 椭圆抛物面：$ax^2+by^2-z=0$;

(5) 双曲抛物面：$ax^2-by^2-z=0$;

(6) 锥面：$ax^2+by^2-z^2=0$;

(7) 椭圆柱面：$ax^2+by^2-1=0$;

(8) 双曲柱面：$ax^2-by^2-1=0$;

(9) 抛物柱面：$ax^2-z=0$.

**例 16** 若 $\boldsymbol{A}=\begin{pmatrix} 4 & 11 & 14 \\ 8 & 7 & -2 \end{pmatrix}$, 则线性变换 $\boldsymbol{x}\longrightarrow \boldsymbol{A}\boldsymbol{x}$ 将 $\mathbf{R}^3$ 中单位球面

$\{\boldsymbol{x}:|\boldsymbol{x}|=1\}$ 映到 $\mathbf{R}^2$ 中一个椭圆. 求最大化长度 $|\boldsymbol{A}\boldsymbol{x}|$ 的一个单位向量, 并且求出这个最大长度.

**解** 由于 $|\boldsymbol{A}\boldsymbol{x}|^2=(\boldsymbol{A}\boldsymbol{x})^{\mathrm{T}}\boldsymbol{A}\boldsymbol{x}=\boldsymbol{x}^{\mathrm{T}}(\boldsymbol{A}^{\mathrm{T}}\boldsymbol{A})\boldsymbol{x}=\boldsymbol{x}^{\mathrm{T}}\boldsymbol{B}\boldsymbol{x}$, 且 $\boldsymbol{B}=\boldsymbol{A}^{\mathrm{T}}\boldsymbol{A}$ 对称.

作正交变换 $\boldsymbol{x}=\boldsymbol{B}\boldsymbol{y}$, 将二次型 $\boldsymbol{x}^{\mathrm{T}}\boldsymbol{B}\boldsymbol{x}$ 化为标准形

$$\boldsymbol{x}^{\mathrm{T}}\boldsymbol{B}\boldsymbol{x}=\lambda_1y_1^2+\lambda_2y_2^2+\lambda_3y_3^2,$$

其中 $\lambda_1,\lambda_2,\lambda_3$ 是矩阵 $\boldsymbol{B}$ 的特征值 (不妨设 $\lambda_1\leqslant\lambda_2\leqslant\lambda_3$), 则

$$\boldsymbol{x}^{\mathrm{T}}\boldsymbol{B}\boldsymbol{x}\leqslant\lambda_1(y_1^2+y_2^2+y_3^2)=\lambda_1|\boldsymbol{y}|^2.$$

由于正交变换保持向量的距离不变, 即 $|\boldsymbol{x}|^2=|\boldsymbol{y}|^2$. 因此由 $|\boldsymbol{x}|=1$, 即有 $|\boldsymbol{y}|=1$. 于是

$$\boldsymbol{x}^{\mathrm{T}}\boldsymbol{B}\boldsymbol{x}\leqslant\lambda_1.$$

所以 $\lambda_1$ 就是二次型 $\boldsymbol{x}^{\mathrm{T}}\boldsymbol{B}\boldsymbol{x}$ 的最大值, 且这个值在 $\boldsymbol{x}$ 取 $\lambda_1$ 对应的特征向量处被取到.

根据本题数据, 计算得到 $\lambda_1=360$, 对应的单位特征向量 $\boldsymbol{\alpha}_1=\dfrac{1}{3}(1,2,2)^{\mathrm{T}}$. 于是, $|\boldsymbol{A}\boldsymbol{x}|^2$ 的最大值为 360 (即 $|\boldsymbol{A}\boldsymbol{x}|$ 的最大值为 $\sqrt{360}=6\sqrt{10}$), 且当 $\boldsymbol{x}=\boldsymbol{\alpha}_1$ 时取到最大值.

**例 17** 天文学家要确定一颗小行星绕太阳的运行轨道, 在轨道平面内建立以太阳为中心的直角坐标系, 在两坐标轴上取天文测量单位 (1 个天文单位等于地球到太阳的平均距离, 约为 9300 万英里, 1 英里等于 1.609344 千米). 在五个不同时间对小行星作了观察, 测得轨道上五个点的坐标如下 (单位: 英里):

$$\begin{array}{llllll} x: & 4.5596, & 5.0816, & 5.5546, & 5.9636, & 6.2756; \\ y: & 0.8145, & 1.3685, & 1.9895, & 2.6925, & 3.5265. \end{array}$$

由 Kepler 第一定律, 小行星轨道为一椭圆, 设方程为

$$a_1x^2+2a_2xy+a_3y^2+2a_4x+2a_5y+1=0,$$

试确定椭圆的长半轴、短半轴.

**解** 设已知 5 个数据点为 $(x_i,y_i)$ $(i=1,2,\cdots,5)$, 代入椭圆方程, 得

$$\begin{pmatrix} x_1^2 & 2x_1y_1 & y_1^2 & 2x_1 & 2y_1 \\ x_2^2 & 2x_2y_2 & y_2^2 & 2x_2 & 2y_2 \\ x_3^2 & 2x_3y_3 & y_3^2 & 2x_3 & 2y_3 \\ x_4^2 & 2x_4y_4 & y_4^2 & 2x_4 & 2y_4 \\ x_5^2 & 2x_5y_5 & y_5^2 & 2x_5 & 2y_5 \end{pmatrix}\begin{pmatrix} a_1 \\ a_2 \\ a_3 \\ a_4 \\ a_5 \end{pmatrix}=\begin{pmatrix} -1 \\ -1 \\ -1 \\ -1 \\ -1 \end{pmatrix}.$$

代入数据, 经计算得到椭圆方程为

$$-0.3378x^2+0.3784xy-0.3818y^2+0.9218x+0.8208y+1=0.$$

其矩阵形式为

$$\boldsymbol{x}^{\mathrm{T}}\boldsymbol{A}\boldsymbol{x}+2\boldsymbol{x}^{\mathrm{T}}\boldsymbol{c}+1=0,\quad \boldsymbol{x}=\begin{pmatrix}x\\ y\end{pmatrix},\quad \boldsymbol{A}=\begin{pmatrix}-0.3378 & 0.1892\\ 0.1892 & -0.3818\end{pmatrix},\quad \boldsymbol{c}=\begin{pmatrix}0.4609\\ 0.4104\end{pmatrix}.$$

作平移变换消去一次项. 引进的平移变换 $\boldsymbol{x}=\boldsymbol{x}_0+\boldsymbol{z}$, 其中 $\boldsymbol{x}_0$ 为椭圆中心坐标向量 (待定), 代入方程, 得

$$\boldsymbol{z}^{\mathrm{T}}\boldsymbol{A}\boldsymbol{z}+2\boldsymbol{z}^{\mathrm{T}}(\boldsymbol{A}\boldsymbol{x}_0+\boldsymbol{c})+F=0,\quad F=\boldsymbol{x}_0^{\mathrm{T}}\boldsymbol{A}\boldsymbol{x}_0+2\boldsymbol{x}_0^{\mathrm{T}}\boldsymbol{c}+1.$$

令 $\boldsymbol{A}\boldsymbol{x}_0+\boldsymbol{c}=\boldsymbol{0}$(即消去一次项). 求其解, 得到

$$\boldsymbol{x}_0=(2.7213,2.4234)^{\mathrm{T}},\quad F=3.2488.$$

于是, 消去一次项之后, 椭圆方程为 $\boldsymbol{z}^{\mathrm{T}}\boldsymbol{A}\boldsymbol{z}+F=0$.

作正交变换, 化上述椭圆方程为标准形. 设 $\lambda_1,\lambda_2$ 为矩阵 $\boldsymbol{A}$ 的特征值, $\boldsymbol{U}$ 为正交矩阵, 则令 $\boldsymbol{z}=\boldsymbol{U}\boldsymbol{\beta},\boldsymbol{\beta}=(u,v)^{\mathrm{T}}$, 那么椭圆方程的标准形为

$$\lambda_1u^2+\lambda_2v^2+F=0.$$

经计算, 有 $\lambda_1=-0.5502,\lambda_2=-0.1694$, 由此可得椭圆的长半轴、短半轴分别为

$$a=\frac{1}{F\sqrt{-\lambda_1}}=4.3799,\quad b=\frac{1}{F\sqrt{-\lambda_2}}=2.4299.$$

本节说明二次型的哪些量在可逆线性变换下保持不变: 非零项的个数 (等于二次型的秩)、系数为正的个数 (正惯性指数, 它等于对应矩阵正特征值的个数) 和系数为负的个数 (负惯性指数, 它等于对应矩阵负特征值的个数).

## 习 题 5.3

1. 确定下列二次型的正、负惯性指数.

(1) $f(\boldsymbol{x})=x_1^2+2x_2^2-x_3^2+4x_1x_2-4x_1x_3-4x_2x_3$;

(2) $f(\boldsymbol{x})=-x_1^2-2x_2^2+x_3^2+2x_1x_2-4x_1x_3+2x_2x_3$.

2. 设方程组 $\boldsymbol{A}\boldsymbol{x}=\boldsymbol{b}$ 有唯一解, 其中矩阵 $\boldsymbol{A}_{m\times n}$ $(n<m)$, 求二次型 $f(\boldsymbol{x})=\boldsymbol{x}^{\mathrm{T}}\boldsymbol{A}^{\mathrm{T}}\boldsymbol{A}\boldsymbol{x}$ 的正惯性指数.

3. 设二次型

$$f(\boldsymbol{x})=(x_1-a_1x_2)^2+(x_2-a_2x_3)^2+\cdots+(x_{n-1}-a_{n-1}x_n)^2+(x_n-a_nx_1)^2,$$

实数 $a_i$ $(i=1,2,\cdots,n)$ 满足何条件时, 正惯性指数 $p=n$?

4. 设实二次型 $f(\boldsymbol{x})=y_1^2+y_2^2+\cdots+y_k^2-y_{k+1}^2-\cdots-y_{k+s}^2$,

$$y_i=a_{i1}x_1+a_{i2}x_2+\cdots+a_{in}x_n \quad (i=1,2,\cdots,k+s).$$

证明 $f(\boldsymbol{x})$ 的正惯性指数 $p\leqslant k$, 负惯性指数 $q\leqslant s$.

5. 证明一个秩大于 1 的实二次型可以分解为两个实系数一次多项式之积的充分必要条件是它的秩等于 2 且符号差等于零.

6. 设 $n$ 阶实矩阵 $\boldsymbol{A}$ 可逆, $\boldsymbol{B}=\begin{pmatrix}\boldsymbol{O} & \boldsymbol{A}\\ \boldsymbol{A}^{\mathrm{T}} & \boldsymbol{O}\end{pmatrix}$, 求二次型 $\boldsymbol{x}^{\mathrm{T}}\boldsymbol{B}\boldsymbol{x}$ 的正、负惯性指数.

7. 矩阵 $\boldsymbol{A}$ 实对称, $n$ 阶矩阵 $\boldsymbol{B},\boldsymbol{C}$ 满足 $\boldsymbol{AB}=\boldsymbol{O},\boldsymbol{AC}+3\boldsymbol{C}=\boldsymbol{O},r(\boldsymbol{B})+r(\boldsymbol{C})=n$. 求二次型 $f(\boldsymbol{x})$ 的标准形.

8. 设实对称 $\boldsymbol{A}$ 的伴随矩阵 $\boldsymbol{A}^*$ 满足 $\boldsymbol{A}^*\boldsymbol{x}=\boldsymbol{x}=(-1,-1,1)^{\mathrm{T}}$. 若存在正交矩阵 $\boldsymbol{Q}$, 使

$$\boldsymbol{Q}^{-1}\boldsymbol{A}\boldsymbol{Q}=\mathrm{diag}(-1,-1,2).$$

求二次型 $f(\boldsymbol{x})=\boldsymbol{x}^{\mathrm{T}}(\boldsymbol{A}^*)^{-1}\boldsymbol{x}$ 的表达式, 并确定正惯性指数.

## 5.4 正定二次型与非正定二次型

从不同角度看, 二次型有不同的分类. 从二次型值的正负性将二次型分为正定二次型、负定二次型、半正定二次型、半负定二次型和不定二次型, 其中正定二次型和负定二次型是两个重要类型.

**定义 6** 设 $f(\boldsymbol{x})=\boldsymbol{x}^{\mathrm{T}}\boldsymbol{A}\boldsymbol{x}$ 是实二次型.

(1) 若对任意的 $\boldsymbol{x}\neq\boldsymbol{0}$, 都有 $f(\boldsymbol{x})>0$, 则称 $f$ 是**正定二次型**, 矩阵 $\boldsymbol{A}$ 为**正定矩阵**;

(2) 若对任意的 $\boldsymbol{x}\neq\boldsymbol{0}$, 都有 $f(\boldsymbol{x})<0$, 则称 $f$ 是**负定二次型**, 矩阵 $\boldsymbol{A}$ 为**负定矩阵**;

(3) 若对任意的 $\boldsymbol{x}\neq\boldsymbol{0}$, 都有 $f(\boldsymbol{x})\geqslant 0$, 则称 $f$ 是**半正定二次型**, 矩阵 $\boldsymbol{A}$ 为**半正定矩阵**;

(4) 若对任意的 $\boldsymbol{x}\neq\boldsymbol{0}$, 都有 $f(\boldsymbol{x})\leqslant 0$, 则称 $f$ 是**半负定二次型**, 矩阵 $\boldsymbol{A}$ 为**半负定矩阵**;

(5) 若对任意的 $\boldsymbol{x}\neq\boldsymbol{0}$, 都有 $f(\boldsymbol{x})$ 符号不定, 则称 $f$ 是**不定二次型**.

例如, 对 $\boldsymbol{x}=(x_1,x_2,\cdots,x_n)^{\mathrm{T}}$, 二次型 $f(\boldsymbol{x})=x_1^2+x_2^2+\cdots+x_n^2$ 是正定二次型, 二次型 $f(\boldsymbol{x})=-x_1^2-x_2^2-\cdots-x_n^2$ 是负定二次型, 二次型 $f(\boldsymbol{x})=x_1^2+x_2^2+\cdots+x_k^2$ $(k<$

$n$) 是半正定二次型, 二次型 $f(\boldsymbol{x}) = -x_1^2 - x_2^2 - \cdots - x_s^2$ ($s < n$) 是半负定二次型, 二次型 $f(\boldsymbol{x}) = x_1^2 - x_2^2 + 2x_3^2$ 是不定二次型.

由定义 6, 必须注意的是, 讲到矩阵 $\boldsymbol{A}$ 正定, 特指实对称矩阵. 对于一般矩阵 $\boldsymbol{A}$, 没有正定的概念. 因此, 以后在证明 $\boldsymbol{A}$ 正定时, 应先验证其对称性.

注意, 可逆线性变换不改变二次型的 (半) 正定性、(半) 负定性和不定性.

**定理 4** 实二次型 $f(\boldsymbol{x}) = \boldsymbol{x}^{\mathrm{T}}\boldsymbol{A}\boldsymbol{x}$ 正定的充分必要条件是正惯性指数 $p = n$;

实二次型 $f(\boldsymbol{x}) = \boldsymbol{x}^{\mathrm{T}}\boldsymbol{A}\boldsymbol{x}$ 负定的充分必要条件是负惯性指数 $q = n$;

实二次型 $f(\boldsymbol{x}) = \boldsymbol{x}^{\mathrm{T}}\boldsymbol{A}\boldsymbol{x}$ 半正定的充分必要条件是正惯性指数 $p = r(f) = r(\boldsymbol{A})$;

实二次型 $f(\boldsymbol{x}) = \boldsymbol{x}^{\mathrm{T}}\boldsymbol{A}\boldsymbol{x}$ 半负定的充分必要条件是负惯性指数 $q = r(f) = r(\boldsymbol{A})$.

**证明** 若二次型 $f(\boldsymbol{x})$ 正惯性指数为 $n$, 则它的规范形为 $y_1^2 + y_2^2 + \cdots + y_n^2$. 显然 $f(\boldsymbol{x})$ 正定. 反之, 若 $f(\boldsymbol{x})$ 正定且 $p < n$, 则 $f(\boldsymbol{x})$ 的规范形为

$$f(\boldsymbol{x}) = y_1^2 + y_2^2 + \cdots + y_p^2 - y_{p+1}^2 - \cdots - y_n^2.$$

取 $y_1 = y_2 = \cdots = y_p = 0, y_{p+1} = \cdots = y_n = 1$, 存在

$$\boldsymbol{x}_0 = \boldsymbol{C}\boldsymbol{y}_0 \neq \boldsymbol{0}, \quad \boldsymbol{y}_0 = (y_1, y_2, \cdots, y_p, y_{p+1}, \cdots, y_n)^{\mathrm{T}}, \quad |\boldsymbol{C}| \neq 0,$$

使 $f(\boldsymbol{x}_0) \leqslant 0$. 这与 $f(\boldsymbol{x})$ 正定矛盾.

其余结论类似可证.

根据定理 4 及实对称矩阵与特征值之间的关系, 有以下结论.

**推论 3** 实对称矩阵 $\boldsymbol{A}$ 正定的充分必要条件是它的特征值全大于 0.

**推论 4** 若实对称矩阵 $\boldsymbol{A}$ 正定, 则 $|\boldsymbol{A}| > 0$.

**证明** 若 $\boldsymbol{A}$ 正定, 则由 $|\boldsymbol{A}| = \prod\limits_{i=1}^{n} \lambda_i$ ($\lambda_i$ 为 $\boldsymbol{A}$ 的特征值) 及推论 2, 即有 $|\boldsymbol{A}| > 0$.

注意在推论 3 中, 仅仅有矩阵 $\boldsymbol{A}$ 的特征值大于零, 没有 $\boldsymbol{A}$ 对称的条件, 不能保证 $\boldsymbol{A}$ 正定. 在推论 4 中, 即使 $|\boldsymbol{A}| > 0$ 且对称, 也不能保证矩阵 $\boldsymbol{A}$ 正定.

**定理 5** 设 $\boldsymbol{A}$ 为 $n$ 阶实对称矩阵.

(1) $\boldsymbol{A}$ 是正定矩阵的充分必要条件是它合同于单位矩阵;

(2) $\boldsymbol{A}$ 是负定矩阵的充分必要条件是它合同于矩阵 $-\boldsymbol{E}$;

(3) $\boldsymbol{A}$ 半正定的充分必要条件是它合同于矩阵 $\begin{pmatrix} \boldsymbol{E}_r & \boldsymbol{O} \\ \boldsymbol{O} & \boldsymbol{O} \end{pmatrix}, r = r(\boldsymbol{A})$;

(4) $\boldsymbol{A}$ 半负定的充分必要条件是它合同于矩阵 $\begin{pmatrix} -\boldsymbol{E}_r & \boldsymbol{O} \\ \boldsymbol{O} & \boldsymbol{O} \end{pmatrix}, r = r(\boldsymbol{A})$.

根据定理 5 中结论 (1), 换个说法即以下结论.

**推论 5**　实对称矩阵 $\boldsymbol{A}$ 正定的充分必要条件为存在可逆矩阵 $\boldsymbol{P}$, 使 $\boldsymbol{A}=\boldsymbol{P}^{\mathrm{T}}\boldsymbol{P}$.

**定义 7**　设 $\boldsymbol{A}$ 为 $n$ 阶矩阵, $\boldsymbol{A}$ 的 $n$ 个子式

$$D_k=\begin{vmatrix} a_{11} & a_{12} & \cdots & a_{1k} \\ a_{21} & a_{22} & \cdots & a_{2k} \\ \vdots & \vdots & & \vdots \\ a_{k1} & a_{k2} & \cdots & a_{kk} \end{vmatrix} \quad (k=1,2,\cdots,n)$$

称为矩阵 $\boldsymbol{A}$ 的**顺序主子式**.

**定理 6** (Sylvester 定理)　二次型 $f(\boldsymbol{x})=\boldsymbol{x}^{\mathrm{T}}\boldsymbol{A}\boldsymbol{x}$, $\boldsymbol{A}=(a_{ij})(a_{ij}=a_{ji})$ 正定的充分必要条件是所有顺序主子式均大于 0.

**证明**　必要性证明. 当 $f(\boldsymbol{x})=f(x_1,x_2,\cdots,x_n)$ 正定时, 令

$$f_k(x_1,x_2,\cdots,x_k)=f(x_1,x_2,\cdots,x_k,0,\cdots,0),$$

则 $f_k$ 为正定二次型. 由定理 4 的推论可知 $D_k>0$.

充分性证明. 对 $n$ 归纳法证明. 当 $n=1$ 时, $f(x_1)=a_{11}x_1^2, D_1=a_{11}>0$, 显然 $f(x_1)$ 正定. 假设 $n-1$ 时, 结论成立, 现在证明 $n$ 元二次型结论成立. 令

$$\boldsymbol{A}=\begin{pmatrix} \boldsymbol{A}_1 & \boldsymbol{\alpha} \\ \boldsymbol{\alpha}^{\mathrm{T}} & a_{nn} \end{pmatrix}, \quad \boldsymbol{A}_1=\begin{pmatrix} a_{11} & \cdots & a_{1,n-1} \\ \vdots & & \vdots \\ a_{n-1,1} & \cdots & a_{n-1,n-1} \end{pmatrix}.$$

矩阵 $\boldsymbol{A}$ 的顺序主子式全大于零, 当然 $\boldsymbol{A}_1$ 的顺序主子式全大于零, 由归纳假设, 矩阵 $\boldsymbol{A}_1$ 正定, 也就是存在可逆矩阵 $\boldsymbol{G}$, 使得 $\boldsymbol{G}^{\mathrm{T}}\boldsymbol{A}_1\boldsymbol{G}=\boldsymbol{E}_{n-1}$. 令 $\boldsymbol{C}_1=\begin{pmatrix} \boldsymbol{G} & \boldsymbol{0} \\ \boldsymbol{0} & 1 \end{pmatrix}$, 则

$$\boldsymbol{C}_1^{\mathrm{T}}\boldsymbol{A}\boldsymbol{C}_1=\begin{pmatrix} \boldsymbol{G}^{\mathrm{T}} & \boldsymbol{0} \\ \boldsymbol{0} & 1 \end{pmatrix}\begin{pmatrix} \boldsymbol{A}_1 & \boldsymbol{\alpha} \\ \boldsymbol{\alpha}^{\mathrm{T}} & a_{nn} \end{pmatrix}\begin{pmatrix} \boldsymbol{G} & \boldsymbol{0} \\ \boldsymbol{0} & 1 \end{pmatrix}=\begin{pmatrix} \boldsymbol{E}_{n-1} & \boldsymbol{G}^{\mathrm{T}}\boldsymbol{\alpha} \\ \boldsymbol{\alpha}^{\mathrm{T}}\boldsymbol{G} & a_{nn} \end{pmatrix}.$$

令 $\boldsymbol{C}_2=\begin{pmatrix} \boldsymbol{E}_{n-1} & -\boldsymbol{G}^{\mathrm{T}}\boldsymbol{\alpha} \\ \boldsymbol{0} & 1 \end{pmatrix}$, 则 $\boldsymbol{C}_2^{\mathrm{T}}\boldsymbol{C}_1^{\mathrm{T}}\boldsymbol{A}\boldsymbol{C}_1\boldsymbol{C}_2=\begin{pmatrix} \boldsymbol{E}_{n-1} & \boldsymbol{0} \\ \boldsymbol{0} & a_{nn}-\boldsymbol{\alpha}^{\mathrm{T}}\boldsymbol{G}\boldsymbol{G}^{\mathrm{T}}\boldsymbol{\alpha} \end{pmatrix}$.
因此, 令 $\boldsymbol{C}=\boldsymbol{C}_1\boldsymbol{C}_2, b=a_{nn}-\boldsymbol{\alpha}^{\mathrm{T}}\boldsymbol{G}\boldsymbol{G}^{\mathrm{T}}\boldsymbol{\alpha}$, 则有 $\boldsymbol{C}^{\mathrm{T}}\boldsymbol{A}\boldsymbol{C}=\boldsymbol{D}=\mathrm{diag}(1,1,\cdots,1,b)$, 也就是 $|\boldsymbol{C}|^2|\boldsymbol{A}|=b$. 由 $|\boldsymbol{A}|>0$, 立得 $b>0$. 因此

$$\boldsymbol{D}=\mathrm{diag}(1,1,\cdots,1,\sqrt{b})\boldsymbol{E}\mathrm{diag}(1,1,\cdots,\sqrt{b})=(\sqrt{\boldsymbol{D}})^{\mathrm{T}}\boldsymbol{E}\sqrt{\boldsymbol{D}},$$

即 $\boldsymbol{D}$ 与单位矩阵合同, 也就是矩阵 $\boldsymbol{A}$ 与单位矩阵合同, 从而矩阵 $\boldsymbol{A}$ 正定.

**例 18** 判断二次型 $f(\boldsymbol{x})=3x_1^2-4x_1x_2+2x_2^2-4x_2x_3+7x_3^2$ 是否为正定二次型?

**解法一** 二次型的矩阵 $\boldsymbol{A}=\begin{pmatrix}3&-2&0\\-2&2&-2\\0&-2&7\end{pmatrix}$. 它的各阶顺序主子式分别为

$$D_1=3>0,\quad D_2=2>0,\quad D_3=|\boldsymbol{A}|=2>0,$$

因此二次型 $f(\boldsymbol{x})$ 正定.

**解法二** 利用配方法得到 $f(\boldsymbol{x})=3\left(x_1-\dfrac{2}{3}x_2\right)^2+\dfrac{2}{3}(x_2-3x_3)^2+x_3^2$, 由此得 $f(\boldsymbol{x})$ 的正惯性指数 $p=3$, 因此 $f(\boldsymbol{x})$ 正定.

**解法三** 通过计算 $\boldsymbol{A}$ 的特征值判定, 这里略去.

**例 19** 判断二次型 $f(\boldsymbol{x})=\sum\limits_{i=1}^{n}x_i^2+\sum\limits_{1\leqslant i<j\leqslant n}x_ix_j$ 的正定性.

**解** 二次型矩阵 $\boldsymbol{A}=\dfrac{1}{2}\begin{pmatrix}2&1&\cdots&1\\1&2&\cdots&1\\\vdots&\vdots&&\vdots\\1&1&\cdots&2\end{pmatrix}$. $\boldsymbol{A}$ 的顺序主子式为

$$D_k=\frac{1}{2^k}\begin{vmatrix}2&1&\cdots&1\\1&2&\cdots&1\\\vdots&\vdots&&\vdots\\1&1&\cdots&2\end{vmatrix}_{k\times k}=\frac{k+1}{2^k}>0,\quad k=1,2,\cdots,n.$$

因此, $f(\boldsymbol{x})$ 正定.

**例 20** 问 $a$ 为何值时, 二次型 $f(\boldsymbol{x})=x_1^2+x_2^2+5x_3^2+2ax_1x_2-2x_1x_3+4x_2x_3$ 是正定二次型.

**解** 二次型的矩阵 $\boldsymbol{A}=\begin{pmatrix}1&a&-1\\a&1&2\\-1&2&5\end{pmatrix}$. 计算 $\boldsymbol{A}$ 的顺序主子式得

$$D_1=1,\quad D_2=1-a^2,\quad D_3=|\boldsymbol{A}|=-a(5a+4).$$

注意到二次型 $f(\boldsymbol{x})$ 正定当且仅当其顺序主子式全大于 0. 由此 $\boldsymbol{A}$ 正定的充分必要条件是 $-\dfrac{4}{5}<a<0$.

**例 21**　设 $\boldsymbol{A},\boldsymbol{B}$ 分别为 $m,n$ 阶正定矩阵, 判定 $\boldsymbol{C}=\begin{pmatrix}\boldsymbol{A} & \boldsymbol{O}\\ \boldsymbol{O} & \boldsymbol{B}\end{pmatrix}$ 是否为正定矩阵?

**解**　对任意 $\boldsymbol{x}\neq\boldsymbol{0},\boldsymbol{y}\neq\boldsymbol{0}$, 则 $\boldsymbol{x}^{\mathrm{T}}\boldsymbol{A}\boldsymbol{x}>0,\boldsymbol{y}^{\mathrm{T}}\boldsymbol{B}\boldsymbol{y}>0$, 故

$$(\boldsymbol{x}\ \boldsymbol{y})\begin{pmatrix}\boldsymbol{A} & \boldsymbol{O}\\ \boldsymbol{O} & \boldsymbol{B}\end{pmatrix}\begin{pmatrix}\boldsymbol{x}\\ \boldsymbol{y}\end{pmatrix}=\boldsymbol{x}^{\mathrm{T}}\boldsymbol{A}\boldsymbol{x}+\boldsymbol{y}^{\mathrm{T}}\boldsymbol{B}\boldsymbol{y}>0,$$

因此矩阵 $\boldsymbol{C}$ 是正定矩阵.

**例 22**　设 3 阶实对称矩阵 $\boldsymbol{A}$ 满足 $\boldsymbol{A}^4-4\boldsymbol{A}^3+7\boldsymbol{A}^2-16\boldsymbol{A}+12\boldsymbol{E}=\boldsymbol{O}$, 证明 $\boldsymbol{A}$ 正定.

**证明**　设矩阵 $\boldsymbol{A}$ 的特征值为 $\lambda$, 则 $\lambda$ 满足

$$\lambda^4-4\lambda^3+7\lambda^2-16\lambda+12=0.$$

解之, 得 $\lambda_1=1,\lambda_2=3,\lambda_3=\pm2\mathrm{i}$. 由于实对称矩阵特征值全是实数, 因此 $\boldsymbol{A}$ 的特征值为 1 或 3(其重数无法确定), 即 $\boldsymbol{A}$ 的特征值全大于零, 故 $\boldsymbol{A}$ 正定.

**例 23**　设 $n$ 阶实对称矩阵 $\boldsymbol{A}$ 正定, 则 $|\boldsymbol{A}+\boldsymbol{E}|>1$.

**证明**　由于 $\boldsymbol{A}$ 正定, 因此 $\boldsymbol{A}$ 的所有特征值 $\lambda_i>0\ (i=1,2,\cdots,n)$, 故 $\boldsymbol{A}+\boldsymbol{E}$ 的特征值 $\lambda_{\boldsymbol{A}+\boldsymbol{E}}>1$. 于是利用矩阵行列式与特征值之间的关系, 可得 $|\boldsymbol{A}+\boldsymbol{E}|>1$.

**例 24**　设 $\boldsymbol{B}$ 为 $m\times n$ 实矩阵. 证明 $\boldsymbol{B}\boldsymbol{x}=\boldsymbol{0}$ 只有零解的充分必要条件是 $\boldsymbol{B}^{\mathrm{T}}\boldsymbol{B}$ 为正定矩阵.

**证明**　由于 $\boldsymbol{B}\boldsymbol{x}=\boldsymbol{0}$ 只有零解当且仅当对任意 $\boldsymbol{x}\neq\boldsymbol{0}$, $\boldsymbol{B}\boldsymbol{x}\neq\boldsymbol{0}$. 此即

$$\boldsymbol{x}^{\mathrm{T}}(\boldsymbol{B}^{\mathrm{T}}\boldsymbol{B})\boldsymbol{x}=(\boldsymbol{B}\boldsymbol{x})^{\mathrm{T}}\boldsymbol{B}\boldsymbol{x}>0.$$

于是结论成立.

**例 25**　$n$ 阶矩阵 $\boldsymbol{A}$ 正定, 证明 $|\boldsymbol{A}|\leqslant\left(\dfrac{1}{n}\mathrm{tr}\boldsymbol{A}\right)^n$.

**证明**　矩阵 $\boldsymbol{A}$ 正定, 则其特征值 $\lambda_i\ (i=1,2,\cdots,n)$ 全大于零, 且

$$|\boldsymbol{A}|=\lambda_1\lambda_2\cdots\lambda_n,\quad \mathrm{tr}\boldsymbol{A}=\lambda_1+\lambda_2+\cdots+\lambda_n.$$

由于 $\sqrt[n]{\lambda_1\lambda_2\cdots\lambda_n}\leqslant\dfrac{1}{n}(\lambda_1+\lambda_2+\cdots+\lambda_n)$, 由此即证.

## 习　题　5.4

1. 判断下列二次型是否正定.

(1) $f(x_1,x_2,x_3)=5x_1^2+x_2^2+5x_3^2+4x_1x_2-8x_1x_3+4x_2x_3$;

(2) $f(x_1,x_2,x_3)=x_1^2+x_2^2-x_3^2+4x_1x_3-2x_2x_3$;

(3) $f(x_1,x_2,\cdots,x_n)=x_1x_2+x_2x_3+\cdots+x_{n-1}x_n$.

2. 当 $\lambda$ 为何值时, 二次型

$$f(x_1,x_2,x_3)=x_1^2+4x_2^2+4x_3^2+2\lambda x_1x_2-2x_1x_3+4x_2x_3$$

为正定二次型?

3. 设 $\boldsymbol{A}$ 是 $n$ 阶正定矩阵, 证明 $\boldsymbol{A}^{-1}$, $\boldsymbol{A}^*$ 也是正定矩阵.

4. 设 $\boldsymbol{A}$, $\boldsymbol{B}$ 都是 $n$ 阶正定矩阵, 证明 $\boldsymbol{A}+\boldsymbol{B}$ 也是正定矩阵.

5. 设 $\boldsymbol{A}$ 是 $n$ 阶实对称矩阵, 证明对充分大的实数 $t$, $t\boldsymbol{E}+\boldsymbol{A}$ 是正定矩阵.

6. 已知矩阵 $\boldsymbol{A}=\begin{pmatrix}3&1&2\\1&a&-2\\2&-2&9\end{pmatrix}$ 正定, 方程组 $\begin{cases}(a+3)x_1+x_2+2x_3=0,\\2ax_1+(a-1)x_2+x_3=0,\\(a-3)x_1-3x_2+ax_3=0\end{cases}$ 有非零解. 求 $a$, 并求在 $\boldsymbol{x}^{\mathrm{T}}\boldsymbol{x}=2$ 下 $\boldsymbol{x}^{\mathrm{T}}\boldsymbol{A}\boldsymbol{x}$ 的最大值.

7. 设矩阵 $\boldsymbol{A}=(a_{ij})$ 为 $n$ 阶正定矩阵, 证明矩阵 $\boldsymbol{A}$ 的主对角线上元素全为正数.

8. 设矩阵 $\boldsymbol{A}$ 为实对称矩阵, 证明 $\boldsymbol{A}$ 正定的充分必要条件是对任意的正整数 $m$, 都存在正定矩阵 $\boldsymbol{B}$, 使 $\boldsymbol{A}=\boldsymbol{B}^m$.

9. 已知 $\boldsymbol{A}$ 是 $n$ 阶正定矩阵, $\boldsymbol{x}=(x_1,x_2,\cdots,x_n)^{\mathrm{T}}$. 证明 $\begin{vmatrix}\boldsymbol{A}&\boldsymbol{x}\\\boldsymbol{x}^{\mathrm{T}}&\boldsymbol{0}\end{vmatrix}\leqslant 0$.

10. 设 $\boldsymbol{A},\boldsymbol{B},\boldsymbol{C}$ 为 $n$ 阶矩阵, $\boldsymbol{D}=\begin{pmatrix}\boldsymbol{A}&\boldsymbol{B}^{\mathrm{T}}\\\boldsymbol{B}&\boldsymbol{C}\end{pmatrix}$, 其中 $\boldsymbol{A},\boldsymbol{D}$ 正定. 证明 $\boldsymbol{C}-\boldsymbol{B}\boldsymbol{A}^{-1}\boldsymbol{B}^{\mathrm{T}}$ 正定.

11. 设 $\boldsymbol{A}$ 为 $n$ 阶实对称矩阵, $\boldsymbol{B}$ 为 $n$ 阶实矩阵, 且 $\boldsymbol{A}$ 与 $\boldsymbol{A}-\boldsymbol{B}^{\mathrm{T}}\boldsymbol{A}\boldsymbol{B}$ 均为正定矩阵, $\lambda$ 为 $\boldsymbol{B}$ 的一个实特征值. 证明 $|\lambda|<1$.

12. 设矩阵 $\boldsymbol{A}=(a_{ij})$ 为 $n$ 阶正定矩阵, 证明 $\max\limits_{1\leqslant i,j\leqslant n} a_{ij}=\max\limits_{1\leqslant i\leqslant n} a_{ii}$.

13. 设 5 元二次型 $f(\boldsymbol{x})=\boldsymbol{x}^{\mathrm{T}}\boldsymbol{A}\boldsymbol{x}$ 的正惯性指数 $p=3$, $\boldsymbol{A}$ 满足 $\boldsymbol{A}^2+\boldsymbol{A}=6\boldsymbol{E}$.

(1) 求 $f(\boldsymbol{x})$ 经正交变换得到的标准形;

(2) 求二次型 $g(\boldsymbol{x})=\boldsymbol{x}^{\mathrm{T}}(2\boldsymbol{A}+k\boldsymbol{E})\boldsymbol{x}$ 正定的充分必要条件.

14. 设矩阵 $\boldsymbol{A},\boldsymbol{B}$ 实对称, 且 $\boldsymbol{A}$ 正定, 证明存在可逆矩阵 $\boldsymbol{U}$, 使 $\boldsymbol{U}^{\mathrm{T}}\boldsymbol{A}\boldsymbol{U}$ 和 $\boldsymbol{U}^{\mathrm{T}}\boldsymbol{B}\boldsymbol{U}$ 都为对角矩阵.

15. 矩阵 $\boldsymbol{A}=\begin{pmatrix}1&1&\cdots&1\\a_1&a_2&\cdots&a_s\\a_1^2&a_2^2&\cdots&a_s^2\\\vdots&\vdots&&\vdots\\a_1^{n-1}&a_2^{n-1}&\cdots&a_s^{n-1}\end{pmatrix}$ $(a_i\neq a_j, i\neq j)$, $\boldsymbol{B}=\boldsymbol{A}^{\mathrm{T}}\boldsymbol{A}$ 正定,

求 $s$.

## *5.5　双线性函数

**定义 8**　向量空间 $\mathbf{R}^n$ 上的一个二元函数 $f(\boldsymbol{\alpha},\boldsymbol{\beta})$ 称为 $\mathbf{R}^n$ 上的**双线性函数**，如果对于 $\mathbf{R}^n$ 中任意向量 $\boldsymbol{\alpha}, \boldsymbol{\beta}, \boldsymbol{\alpha}_1, \boldsymbol{\alpha}_2, \boldsymbol{\beta}_1, \boldsymbol{\beta}_2$ 及任意实数 $k_1, k_2$, 都有

(1) $f(k_1\boldsymbol{\alpha}_1+k_2\boldsymbol{\alpha}_2,\boldsymbol{\beta})=k_1f(\boldsymbol{\alpha}_1,\boldsymbol{\beta})+k_2f(\boldsymbol{\alpha}_2,\boldsymbol{\beta})$;

(2) $f(\boldsymbol{\alpha},k_1\boldsymbol{\beta}_1+k_2\boldsymbol{\beta}_2)=k_1f(\boldsymbol{\alpha},\boldsymbol{\beta}_1)+k_2f(\boldsymbol{\alpha},\boldsymbol{\beta}_2)$.

如果 $\boldsymbol{\alpha}$ 保持固定, 则函数 $f(\boldsymbol{\alpha},\boldsymbol{\beta})$ 是 $\boldsymbol{\beta}$ 的**线性函数**; 如果 $\boldsymbol{\beta}$ 保持固定, 那么 $f(\boldsymbol{\alpha},\boldsymbol{\beta})$ 是 $\boldsymbol{\alpha}$ 的**线性函数**.

设 $\boldsymbol{\alpha}=(a_1,a_2,\cdots,a_n), \boldsymbol{\beta}=(b_1,b_2,\cdots,b_n)$, 那么 4.3 节定义的内积

$$(\boldsymbol{\alpha},\boldsymbol{\beta})=a_1b_1+a_2b_2+\cdots+a_nb_n$$

是双线性函数.

需要说明的是, 定义 8 中向量空间 $\mathbf{R}^n$ 可以拓展为第 7 章要讨论的线性空间, 例如, 对 $n$ 阶矩阵组成的全体集合 $V$, 定义

$$f(\boldsymbol{A},\boldsymbol{B})=\operatorname{tr}(\boldsymbol{AB})\quad(\boldsymbol{A},\boldsymbol{B}\in V)$$

是一个双线性函数; 闭区间 $[a,b]$ 上全体连续函数集合 $C[a,b]$, 定义

$$f(\boldsymbol{\alpha},\boldsymbol{\beta})=\int_a^b\boldsymbol{\alpha}(x)\boldsymbol{\beta}(x)\mathrm{d}x\quad(\boldsymbol{\alpha}(x),\boldsymbol{\beta}(x)\in C[a,b])$$

是一个双线性函数.

接下来主要讨论向量空间 $\mathbf{R}^n$ 上双线性函数的性质. 我们知道, 若 $n$ 维向量组 I: $\boldsymbol{\alpha}_1,\boldsymbol{\alpha}_2,\cdots,\boldsymbol{\alpha}_n$ 线性无关, 则 $\mathbf{R}^n$ 中任意向量都可以由向量组 I 唯一线性表示出来. 设 $\boldsymbol{\alpha},\boldsymbol{\beta}\in\mathbf{R}^n$ 在向量组 I 下的表示式分别为

$$\boldsymbol{\alpha}=x_1\boldsymbol{\alpha}_1+x_2\boldsymbol{\alpha}_2+\cdots+x_n\boldsymbol{\alpha}_n,\quad \boldsymbol{\beta}=y_1\boldsymbol{\alpha}_1+y_2\boldsymbol{\alpha}_2+\cdots+y_n\boldsymbol{\alpha}_n.$$

则双线性函数 $f(\boldsymbol{\alpha},\boldsymbol{\beta})$ 有如下表达式:

$$f(\boldsymbol{\alpha},\boldsymbol{\beta})=f\left(\sum_{i=1}^n x_i\boldsymbol{\alpha}_i,\sum_{j=1}^n y_j\boldsymbol{\alpha}_j\right)=\sum_{i=1}^n\sum_{j=1}^n x_iy_jf(\boldsymbol{\alpha}_i,\boldsymbol{\alpha}_j).$$

令矩阵 $\boldsymbol{A}=(f(\boldsymbol{\alpha}_i,\boldsymbol{\alpha}_j))\ (i,j=1,2,\cdots,n)$, 那么矩阵 $\boldsymbol{A}$ 称为双线性函数 $f$ 在向量组 I 下的**度量矩阵**, 它由 $f$ 和线性无关向量组 I 唯一确定. 于是, 得到 $\mathbf{R}^n$ 上双线性函数的表达式为

$$f(\boldsymbol{\alpha},\boldsymbol{\beta})=\boldsymbol{x}^{\mathrm{T}}\boldsymbol{Ay},\quad \boldsymbol{x}=(x_1,x_2,\cdots,x_n)^{\mathrm{T}},\quad \boldsymbol{y}=(y_1,y_2,\cdots,y_n)^{\mathrm{T}}.$$

反之, 对于矩阵 $\boldsymbol{A}=(a_{ij})_{n\times n}$, 必存在唯一双线性函数 $f(\boldsymbol{\alpha},\boldsymbol{\beta})$, 使

$$f(\boldsymbol{\alpha}_i,\boldsymbol{\alpha}_j)=a_{ij}\quad(i,j=1,2,\cdots,n). \tag{7}$$

事实上, 定义如下二元函数即为双线性函数 (请自行验证):

$$f(\boldsymbol{\alpha},\boldsymbol{\beta})=\sum_{i=1}^{n}\sum_{j=1}^{n}a_{ij}x_iy_j=\boldsymbol{x}^{\mathrm{T}}\boldsymbol{A}\boldsymbol{y}.$$

因此, 有以下结论.

**定理 7** 向量空间 $\mathbf{R}^n$ 上的双线性函数 $f(\boldsymbol{\alpha},\boldsymbol{\beta})$ 由它在 $\mathbf{R}^n$ 中一个线性无关向量组 $\boldsymbol{\alpha}_1,\boldsymbol{\alpha}_2,\cdots,\boldsymbol{\alpha}_n$ 的函数值 $f(\boldsymbol{\alpha}_i,\boldsymbol{\alpha}_j)$ $(i,j=1,2,\cdots,n)$ 所唯一确定, 也就是说, 如果两个双线性函数满足 $f(\boldsymbol{\alpha}_i,\boldsymbol{\alpha}_j)=g(\boldsymbol{\alpha}_i,\boldsymbol{\alpha}_j)$, 那么 $g=f$. 同时, 任给 $n$ 阶矩阵 $\boldsymbol{A}=(a_{ij})$, 必存在双线性函数 $f$, 使式 (7) 成立.

下面讨论双线性函数在两个线性无关向量组下的度量矩阵之间的关系.

设 $\mathbf{R}^n$ 中两个线性无关向量组 I: $\boldsymbol{\alpha}_1,\boldsymbol{\alpha}_2,\cdots,\boldsymbol{\alpha}_n$; II: $\boldsymbol{\beta}_1,\boldsymbol{\beta}_2,\cdots,\boldsymbol{\beta}_n$, 则这两个向量组可以相互线性表示, 不妨设

$$\begin{cases}\boldsymbol{\beta}_1=a_{11}\boldsymbol{\alpha}_1+a_{21}\boldsymbol{\alpha}_2+\cdots+a_{n1}\boldsymbol{\alpha}_n,\\ \boldsymbol{\beta}_2=a_{12}\boldsymbol{\alpha}_1+a_{22}\boldsymbol{\alpha}_2+\cdots+a_{n2}\boldsymbol{\alpha}_n,\\ \qquad\cdots\cdots\\ \boldsymbol{\beta}_n=a_{1n}\boldsymbol{\alpha}_1+a_{2n}\boldsymbol{\alpha}_2+\cdots+a_{nn}\boldsymbol{\alpha}_n.\end{cases}$$

设 $\boldsymbol{P}=(a_{ij})_{n\times n}$, 则上式简写为

$$(\boldsymbol{\beta}_1,\boldsymbol{\beta}_2,\cdots,\boldsymbol{\beta}_n)=(\boldsymbol{\alpha}_1,\boldsymbol{\alpha}_2,\cdots,\boldsymbol{\alpha}_n)\boldsymbol{P}.$$

**定理 8** 设 $\mathbf{R}^n$ 上双线性函数 $f$ 在线性无关向量组 I 和 II 下的度量矩阵分别为 $\boldsymbol{A},\boldsymbol{B}$, 则

$$\boldsymbol{B}=\boldsymbol{P}^{\mathrm{T}}\boldsymbol{A}\boldsymbol{P},$$

即 $\mathbf{R}^n$ 空间上双线性函数 $f$ 在两个线性无关向量组 I 和 II 下的度量矩阵合同.

**证明** 取

$$\boldsymbol{\alpha}=(\boldsymbol{\alpha}_1,\boldsymbol{\alpha}_2,\cdots,\boldsymbol{\alpha}_n)\boldsymbol{x}=(\boldsymbol{\beta}_1,\boldsymbol{\beta}_2,\cdots,\boldsymbol{\beta}_n)\boldsymbol{x}_0,$$

$$\boldsymbol{\beta}=(\boldsymbol{\alpha}_1,\boldsymbol{\alpha}_2,\cdots,\boldsymbol{\alpha}_n)\boldsymbol{y}=(\boldsymbol{\beta}_1,\boldsymbol{\beta}_2,\cdots,\boldsymbol{\beta}_n)\boldsymbol{y}_0,$$

则

$$f(\boldsymbol{\alpha},\boldsymbol{\beta})=\boldsymbol{x}^{\mathrm{T}}\boldsymbol{A}\boldsymbol{y}=\boldsymbol{x}_0^{\mathrm{T}}\boldsymbol{B}\boldsymbol{y}_0.$$

由于 $\boldsymbol{x}=\boldsymbol{P}\boldsymbol{x}_0, \boldsymbol{y}=\boldsymbol{P}\boldsymbol{y}_0$, 因此,

$$\boldsymbol{x}^{\mathrm{T}}\boldsymbol{A}\boldsymbol{y}=(\boldsymbol{P}\boldsymbol{x}_0)^{\mathrm{T}}\boldsymbol{A}\boldsymbol{P}\boldsymbol{y}_0=\boldsymbol{x}_0^{\mathrm{T}}\boldsymbol{P}^{\mathrm{T}}\boldsymbol{A}\boldsymbol{P}\boldsymbol{y}_0=\boldsymbol{x}_0^{\mathrm{T}}\boldsymbol{B}\boldsymbol{y}_0.$$

由此即证.

**定义 9** 设 $f$ 是 $\mathbf{R}^n$ 上的双线性函数, 如果 $f(\boldsymbol{\alpha},\boldsymbol{\beta})=f(\boldsymbol{\beta},\boldsymbol{\alpha})$, 则称函数 $f$ 是**对称双线性函数**; 如果 $f(\boldsymbol{\alpha},\boldsymbol{\beta})=-f(\boldsymbol{\beta},\boldsymbol{\alpha})$, 则称函数 $f$ 是**反对称双线性函数**.

显然, 对称双线性函数对应的度量矩阵是对称矩阵, 反对称双线性函数对应的度量矩阵是反对称矩阵. 在 $\mathbf{R}^n$ 上定义的内积函数是对称函数, 对称的双线性函数唯一确定一个二次型函数 $Q_f(\boldsymbol{x})=f(\boldsymbol{x},\boldsymbol{x})$. 那么, 二次型函数 $Q_f(\boldsymbol{x})=f(\boldsymbol{x},\boldsymbol{x})$ 是否唯一确定一个对称双线性函数? 由于二次型矩阵为对称矩阵, 根据定理 7, 这一事实是显然的, 下面求对称双线性函数的表达式. 因为

$$\begin{aligned}Q_f(\boldsymbol{x}+\boldsymbol{y})&=f(\boldsymbol{x}+\boldsymbol{y},\boldsymbol{x}+\boldsymbol{y})\\&=f(\boldsymbol{x},\boldsymbol{x})+2f(\boldsymbol{x},\boldsymbol{y})+f(\boldsymbol{y},\boldsymbol{y})\\&=Q_f(\boldsymbol{x})+2f(\boldsymbol{x},\boldsymbol{y})+Q_f(\boldsymbol{y}),\end{aligned}$$

故有

$$f(\boldsymbol{x},\boldsymbol{y})=\frac{1}{2}(Q_f(\boldsymbol{x}+\boldsymbol{y})-Q_f(\boldsymbol{x})-Q_f(\boldsymbol{y})).$$

## 习 题 5.5

1. 设 $\boldsymbol{\alpha}=(x_1,x_2,x_3,x_4), \boldsymbol{\beta}=(y_1,y_2,y_3,y_4)$, 定义

$$f(\boldsymbol{\alpha},\boldsymbol{\beta})=3x_1y_2-5x_2y_1+x_3y_4-4x_4y_3.$$

(1) 证明 $f$ 是双线性函数;

(2) 给定线性无关向量组

$$\mathrm{I}: \boldsymbol{\alpha}_1=(1,2,-1,0),\quad \boldsymbol{\alpha}_2=(1,-1,1,1),\quad \boldsymbol{\alpha}_3=(-1,2,1,1),\quad \boldsymbol{\alpha}_4=(-1,-1,0,1),$$

求函数 $f$ 在向量组 I 下的度量矩阵.

2. 给定双线性函数 $f$ 如下, 试判断哪些是对称的, 哪些是满秩的 (即对应的矩阵满秩). 设

$$\boldsymbol{\alpha}=(x_1,x_2,x_3,x_4),\quad \boldsymbol{\beta}=(y_1,y_2,y_3,y_4).$$

(1) $f=x_1y_2-x_1y_3+2x_1y_4-x_2y_1+x_2y_4-x_3y_1-2x_3y_4-2x_4y_1-x_4y_2+2x_4y_3$;

(2) $f=x_1y_1+2x_1y_2+2x_1y_3+2x_2y_1+4x_2y_2-x_3y_3-x_3y_4-x_4y_3+x_4y_4$;

(3) $f=-x_1y_3+x_1y_4+x_3y_1+x_3y_4-x_4y_1-x_4y_3$;

(4) $f=x_1y_4+x_4y_1$.

3. 设 $\boldsymbol{\alpha}=(x_1,x_2,x_3,x_4),\boldsymbol{\beta}=(y_1,y_2,y_3,y_4)$, 定义

$$f(\boldsymbol{\alpha},\boldsymbol{\beta})=x_1y_1+x_2y_2+x_3y_3-x_4y_4.$$

(1) 证明 $f$ 是对称双线性函数;

(2) 求 $f$ 在基本单位向量组 $\boldsymbol{e}_1,\boldsymbol{e}_2,\boldsymbol{e}_3,\boldsymbol{e}_4$ 下的度量矩阵;

(3) 证明 $f$ 是满秩的;

(4) 求一非零向量 $\boldsymbol{\alpha}$, 使 $f(\boldsymbol{\alpha},\boldsymbol{\alpha})=0$.

# 第6章 多 项 式

我们对多项式并不陌生, 本章将对其进行较为系统的讨论, 包括多项式的基本运算、整除、因式分解和多项式的根等.

多项式理论不仅对研究线性代数是必要的, 而且在数学其他分支领域也具有极其重要的应用. 历史上, 求多项式方程的根是代数学的一个中心问题, 从最简单的一元 1 次方程的根到一元 2 次方程的求根公式, 直到 16 世纪发现一元 3 次和一元 4 次方程的根式解, 此后发现一元 5 次或更高次的方程没有根式解, 群论就在这个探索过程中诞生了, 并发展成为庞大深刻的理论, 成为研究对称的基本工具, 在数学、物理、化学学科中有非常重要而广泛的应用, 甚至在矿物学、音乐学、规范场和标准模型中也有重要的应用.

## 6.1 一元多项式及其基本运算

这一节主要讨论以下几个问题: 一是数域的概念; 二是整数的因子分解; 三是一元多项式的定义及基本运算 (包括加法、减法、乘法运算); 四是多项式的整除.

### 6.1.1 数域

**定义 1** *设 $P$ 是一个非空数集, 如果 $P$ 中任意两个数的加法、减法、乘法和除法 (除数不为 0) 封闭 (即运算的结果仍属于集合 $P$), 则称 $P$ 为一个***数域**.

数域是一个广泛的概念. 根据定义, 显然:

(1) 任意数域一定包含 0 和 1. 事实上, 任意两个相同数的差为 0, 相同非零数的除法为 1.

(2) 有理数集 ($\mathbf{Q}$)、实数集 ($\mathbf{R}$) 和复数集 ($\mathbf{C}$) 都是数域, 但整数集合不是数域. 因为整数的除法不一定属于整数集合 $\left(\text{例如}, \dfrac{2}{3}\ \text{不是整数}\right)$.

我们把仅对加法、减法和乘法封闭的集合称为**数环**. 例如, 整数集合构成一整数环, 本章要讨论的多项式集合构成一多项式环.

**例 1** 所有形如 $a+b\sqrt{2}$ 的数构成一个数域 (其中 $a, b$ 为实数). 这是因为

$$(a_1+b_1\sqrt{2})\pm(a_2+b_2\sqrt{2})=(a_1\pm a_2)+(b_1\pm b_2)\sqrt{2};$$

$$(a_1+b_1\sqrt{2})(a_2+b_2\sqrt{2})=(a_1a_2+2b_1b_2)+(a_1b_2+a_2b_1)\sqrt{2};$$

$$\frac{c+d\sqrt{2}}{a+b\sqrt{2}}=\frac{ac-2bd}{a^2-2b^2}+\frac{ad-bc}{a^2-2b^2}\sqrt{2},\quad a+b\sqrt{2}\neq 0.$$

**例 2** 定义在复数域 $\mathbf{C}$ 内的子集 $\mathbf{Q}(\mathrm{i})=\{a+b\mathrm{i}|a,b\in\mathbf{Q}\}$ 构成一数域. 这是因为

$$(a+b\mathrm{i})\pm(c+d\mathrm{i})=(a\pm c)+(b\pm d)\mathrm{i};$$

$$\frac{a+b\mathrm{i}}{c+d\mathrm{i}}=\frac{ac+bd}{c^2+d^2}+\frac{bc-ad}{c^2+d^2}\mathrm{i},\quad c+d\mathrm{i}\neq 0.$$

可以证明, 所有形如

$$\frac{a_0+a_1\pi+\cdots+a_n\pi^n}{b_0+b_1\pi+\cdots+b_m\pi^m}\quad(a_i,b_j\in\mathbf{R};i=0,1,2,\cdots,n,j=0,1,2,\cdots,m)$$

的数构成数域.

*任意数域 $P$ 必包含有理数域 $\mathbf{Q}$*. 也就是说有理数域是最小的数域. 事实上, 数域 $P$ 至少包含一个非零元素 $a$, 于是

$$0=a-a\in P;\quad 1=\frac{a}{a}\in P.$$

因此, 对于任意正整数 $n=1+1+\cdots+1\in P$, $-n=0-n\in P$.

设 $\dfrac{m}{n}$ 是一有理数, 那么 $m,n\in P$, 从而 $\dfrac{m}{n}\in P$. 故 $Q\subseteq P$.

数的集合、数域、数环是三个不同的概念, 以后要区分清楚.

### 6.1.2 整数的因子分解

为帮助读者对多项式有一个更好的理解, 这里先对整数的整除和因子分解作一简单介绍.

设整数环 $F, a,b\in F$ $(a>0,b>0)$. 若整数 $b$ 能整除 $a$ (换句话讲, 整数 $b$ 能除尽整数 $a$, 记为 $b|a$), 也就是说存在整数 $c$, 使 $a=bc$, 那么称 $b$ 是 $a$ 的因子,$a$ 是 $b$ 的倍数.

整除具有以下性质:

(1) $b|a, a|c$, 则 $b|c$, $a,b,c\in F$;

(2) $b|a$, 则 $b|ac$, $a,b,c\in F$;

(3) $b|a_1, b|a_2,\cdots,b|a_k$, 则 $b|(c_1a_1+c_2a_2+\cdots+c_ka_k)$, $b,a_i,c_i\in F, i=1,2,\cdots,k$;

(4) $a|0, 1|a, a|a$, $a\in F$.

对任何一个正整数, 1 和自身一定是其因子. 如果除 1 和自身外, 再没有其他因子, 该整数称为素数 (或质数), 否则称为合数. 例如, 2, 3, 5, 7 等是质数, 4, 6, 8, 9 等是合数.

对任意一个正整数, 一定可以唯一分解为一系列素数的乘积, 即

$$a=p_1^{r_1}p_2^{r_2}\cdots p_k^{r_k},\quad p_i\text{为素数},\ r_i\geqslant 1\ \text{为整数}(i=1,2,\cdots,k).$$

在上式中, 如果 $r_i=1$, 那么因子 $p_i$ 称为单因子; 如果 $r_i>1$, 那么因子 $p_i$ 称为 $r_i$ 重因子.

**最大公因子** 整数 $d$ 是整数 $a,b$ 的最大公因子, 如果满足: ① $d$ 是 $a,b$ 的公因子; ②若 $d_1$ 是 $a,b$ 的任意公因子, 则 $d_1|d$. 最大公因子记为 $(a,b)$.

**最小公倍数** 整数 $m$ 是整数 $a,b$ 的最小公倍数, 如果满足: ① $m$ 是 $a,b$ 的倍数; ②若 $m_1$ 是 $a,b$ 的任意公倍数, 则 $m|m_1$. 最小公倍数记为 $[a,b]$.

对两个正整数 $a,b$, 设

$$a=p_1^{r_1}p_2^{r_2}\cdots p_k^{r_k},\quad b=p_1^{t_1}p_2^{t_2}\cdots p_k^{t_k},\quad p_i^0=1;\quad p_i\ \text{为素数},\quad r_i,t_i\geqslant 0\ \text{为整数},$$

则

$$(a,b)=p_1^{x_1}p_2^{x_2}\cdots p_k^{x_k};\quad [a,b]=p_1^{y_1}p_2^{y_2}\cdots p_k^{y_k};\quad x_i=\min(r_i,t_i),\quad y_i=\max(r_i,t_i).$$

上式给出了求 $a,b$ 的最大公因子和最小公倍数的一个基本方法.

对正整数 $a,b$, 存在唯一的 $q,r$, 使 $a=bq+r$, 其中要么 $r=0$; 要么 $0<r<b$. 该式称为辗转除法, 其中 $q$ 为商, $r$ 为余数.

根据辗转除法, 可以证明

$$(a,b)=(b,r).$$

该式提供了利用辗转除法求最大公因子的一个方法:

$$a=q_1b+r_1, b=q_2r_1+r_2,\cdots,r_{n-2}=q_nr_{n-1}+r_n,\ r_{n-1}=q_{n+1}r_n,$$

那么 $(a,b)=r_n$.

综合上述过程, 可以证明, 存在整数 $u,v$, 使

$$ua+vb=(a,b).$$

如果 $(a,b)=1$, 则称 $a,b$ 互素.

### 6.1.3 一元多项式的定义

在多项式的讨论中, 总是要确定系数所属数域 $P$, 以后不再一一说明.

**定义 2** 设 $n$ 是非负整数, $x$ 代表一个符号或文字. 形如

$$a_nx^n+a_{n-1}x^{n-1}+\cdots+a_1x+a_0\quad (a_i\in P,\ i=0,1,\cdots,n) \tag{1}$$

的式子称为系数取值于数域 $P$ 的**一元多项式**, 也称数域 $P$ 上的一元多项式. 其中 $a_ix^i$ 表示第 $i$ 次项, $a_i$ 为第 $i$ 次项的系数, $i$ 为变量 $x$ 的幂次, $a_0$ 为常数项.

多项式一般用 $f(x),g(x)$ 等符号表示.

多项式的系数必须是数域中的数, 但变量 $x$ 可以是数, 也可以不是数. 例如, 它可以是一个矩阵 (称为矩阵多项式), 也可以是线性变换 (称为线性变换的多项式). 如果 $x$ 取数域中的数, 则该多项式称为多项式函数.

如果 $a_n \neq 0$, 那么 $a_n x^n$ 称为多项式的**最高次项**, $n$ 称为多项式的**次数**. 多项式 $f(x)$ 的次数表示为 $\deg(f)$ 或 $\partial(f)$.

称 $f(x) \equiv a_0$ 为常数多项式, 当 $a_0 \neq 0$ 时, 称为*零次多项式*; 系数全为 0 的多项式称为*零多项式*, 记为 $f(x) \equiv 0$. 零次多项式为非零常数, 其次数为 0, 而零多项式是唯一不定义次数的多项式.

两个多项式相等, 是指幂次相同项的系数全相等, 记为 $f(x) = g(x)$.

所有系数在数域 $P$ 中的一元多项式的全体, 称为数域 $P$ 上的**一元多项式环**, 记为 $P[x]$. 次数不超过 $n$ 的多项式集合记为 $P_n[x]$.

多项式

$$f(x) = a_n x^n + a_{n-1} x^{n-1} + \cdots + a_1 x + a_0$$

可以在点 $x = c$ 处展开为 Taylor 多项式

$$g(x) = b_n (x-c)^n + b_{n-1}(x-c)^{n-1} + \cdots + b_1(x-c) + b_0,$$

展开通常有两个方法.

方法 1: 将 $x = y + c$ 代入 $f(x)$, 得到 $y$ 的多项式, 再把 $y = x - c$ 代入 $y$ 的多项式, 即得到 $f(x)$ 在 $x = c$ 处的展开式. 例如, 对多项式 $f(x) = 2x^2 - 3x - 2, c = 2$, 有

$$f = 2(y+2)^2 - 3(y+2) - 2 = 2y^2 + 5y = 2(x-2)^2 + 5(x-2).$$

该方法本质上是将 $x$ 替换为 $((x-c)+c)$, 然后利用 $(a+b)^n$ 的展开式进行计算.

方法 2: 利用公式

$$b_0 = f(c), b_1 = f'(c), b_2 = \frac{1}{2!} f''(c), \cdots, b_n = \frac{1}{n!} f^{(n)}(c)$$

直接计算.

### 6.1.4 一元多项式的基本运算

多项式同样有加法、减法、乘法、除法运算 (注意多项式除法运算有其特殊性, 一般而言, 并不是普遍可除的). 设数域 $P$ 上的多项式

$$f(x) = a_n x^n + a_{n-1} x^{n-1} + \cdots + a_1 x + a_0,\ g(x) = b_m x^m + b_{m-1} x^{m-1} + \cdots + b_1 x + b_0.$$

**1. 加法 (减法) 运算**

不妨设 $n \geqslant m$.

$$f(x) \pm g(x) = (a_n \pm b_n)x^n + (a_{n-1} \pm b_{n-1})x^{n-1} + \cdots + (a_1 \pm b_1)x + (a_0 \pm b_0),$$

其中 $b_n = b_{n-1} = \cdots = b_{m+1} = 0$.

例如, 设 $f(x) = x^3 - 2x + 1$, $g(x) = 2x^2 + 4x - 2$, 则

$$f(x) + g(x) = x^3 + 2x^2 + 2x - 1, \quad f(x) - g(x) = x^3 - 2x^2 - 6x + 3.$$

**2. 乘法运算**

$$f(x)g(x) = a_n b_m x^{n+m} + (a_n b_{m-1} + a_{n-1} b_m)x^{n+m-1} + \cdots + (a_1 b_0 + a_0 b_1)x + a_0 b_0,$$

其中 $x^s$ 项的系数是 $a_s b_0 + a_{s-1} b_1 + \cdots + a_1 b_{s-1} + a_0 b_s = \sum\limits_{i+j=s} a_i b_j$.

显然, 多项式经加法、减法、乘法运算后, 其结果仍是数域 $P$ 上的多项式, 且

$$\partial(f \pm g) \leqslant \max(\partial(f), \partial(g)).$$

进一步, 若 $f(x) \neq 0, g(x) \neq 0$, 则

$$\partial(fg) = \partial(f) + \partial(g).$$

事实上, 若 $a_n \neq 0, b_m \neq 0$, 则 $f(x)g(x)$ 的首项 $a_n b_m x^{n+m}$ 的系数 $a_n b_m \neq 0$.

例如, 已知多项式 $f(x) = x^3 - x + 2, g(x) = -x^3 + x^2 + 2x + 3$, 则

$$\partial(f + g) = 2, \quad \partial(f - g) = 3, \quad \partial(fg) = 6.$$

多项式的加法和乘法运算满足以下规律 (性质):

(1) 交换律: $f(x) + g(x) = g(x) + f(x)$, $f(x)g(x) = g(x)f(x)$;

(2) 结合律: $(f(x) + g(x)) + h(x) = f(x) + (g(x) + h(x))$, $(f(x)g(x))h(x) = f(x)(g(x)h(x))$;

(3) 分配律: $f(x)(g(x) + h(x)) = f(x)g(x) + f(x)h(x)$;

(4) 消去律: $f(x)g(x) = f(x)h(x)$, 且 $f(x) \neq 0$, 则 $g(x) = h(x)$.

### 6.1.5 多项式的整除

多项式的除法不是普遍可进行的, 这里介绍整除的概念. 整除是两个多项式之间一种特殊的关系.

设 $f(x) = 3x^3 + 4x^2 - 5x + 6, g(x) = x^2 - 3x + 1$, 类似数的除法

$$
\begin{array}{r|l}
 & 3x+13=q(x) \\
\hline
g(x)=x^2-3x+1 & 3x^3+4x^2-5x+6=f(x) \\
 & 3x^3-9x^2+3x \\
\cline{2-2}
 & \qquad 13x^2-8x+6 \\
 & \qquad 13x^2-39x+13 \\
\cline{2-2}
 & \qquad\qquad 31x-7=r(x)
\end{array}
$$

因此, $f(x)=q(x)g(x)+r(x)$. 这一求法具有一般性.

**定理 1**(带余除法) 任意两个多项式 $f(x), g(x)$ $(g(x)\neq 0)$, 一定存在多项式 $q(x), r(x)$, 使

$$f(x)=q(x)g(x)+r(x), \tag{2}$$

其中 $\partial(r)<\partial(g)$, 或者 $r(x)=0$, 且这样的 $q(x), r(x)$ 是唯一的.

**证明** 若 $f(x)=0$, 则取 $q(x)=0, r(x)=0$ 即可. 因此以下设 $f(x)\neq 0$.

令 $\partial(f)=n, \partial(g)=m$, 若 $n<m$, 则取 $q(x)=0, r(x)=f(x)$ 即可. 因此, 考虑 $n\geqslant m$.

假设次数小于 $n$ 时结论成立, 下证对于 $n$ 次多项式结论也成立.

由假设, $f(x)=ax^n+\cdots$, $g(x)=bx^m+\cdots, a\neq 0, b\neq 0$. 因此, 多项式

$$f_1(x)=f(x)-b^{-1}ax^{n-m}g(x)$$

的次数小于 $n$ 或为 0. 对于 $\partial(f_1)=0$, 取 $q(x)=b^{-1}ax^{n-m}, r(x)=f_1(x)$ 即可. 对于 $\partial(f_1)<n$, 由归纳假设, 对 $f_1(x), g(x)$, 存在 $q_1(x), r_1(x)$, 使

$$f_1(x)=q_1(x)g(x)+r_1(x), \quad \text{其中} \quad \partial(r_1)<\partial(g) \text{ 或 } r_1(x)=0.$$

于是, 得到

$$f(x)=(q_1(x)+b^{-1}ax^{n-m})g(x)+r_1(x).$$

由此, 即证 $q(x), r(x)$ 存在性.

下证唯一性. 设存在 $q'(x), r'(x)$, 使 $f(x)=q'(x)g(x)+r'(x)$, 则

$$(q(x)-q'(x))g(x)=r'(x)-r(x).$$

若 $q(x)\neq q'(x)$, 则由 $g(x)\neq 0$, 自然有 $r(x)\neq r'(x)$, 且

$$\partial(q(x)-q'(x))+\partial(g(x))=\partial(r(x)-r'(x)).$$

但是

$$\partial(r(x)-r'(x))<\partial(g(x)).$$

推出矛盾, 由此 $q(x)=q'(x), r(x)=r'(x)$.

例如, 设 $f(x)=3x^4-4x^3+5x-1, g(x)=x^2-x+1$, 利用带余除法, 即得

$$f(x)=(3x^2-x-4)g(x)+2x+3.$$

在式 (2) 中, $q(x)$ 称为 $g(x)$ 除 $f(x)$ 的商, $r(x)$ 称为余式. 另外, 由证明过程可以看到, $\partial(g)>\partial(f)$ 没有实际意义, 因为此时 $f(x)=0\cdot g(x)+f(x)$. 因此带余除法一般考虑 $\partial(g)\leqslant\partial(f)$ 的情形.

**定义 3** 设 $g(x), f(x)\in P[x]$, 如果存在 $h(x)\in P[x]$, 使

$$f(x)=g(x)h(x),$$

则称多项式 $g(x)$ **整除** $f(x)$(换句话就是 $g(x)$ 可以除尽 $f(x)$), 记为 $g(x)|f(x)$. 否则 $g(x)$ 不能整除 $f(x)$, 记为 $g(x)\nmid f(x)$.

多项式 $g(x)|f(x)$, 通常称 $g(x)$ 为 $f(x)$ 的**因式**, $f(x)$ 称为 $g(x)$ 的**倍式**.

如果 $g(x)\neq 0$, 则由定理 1 和定义 3, 立即得如下定理.

**定理 2** 设 $g(x), f(x)\in P[x], g(x)\neq 0$, 则 $g(x)|f(x)$ 当且仅当 $r(x)=0$.

**例 3** 设 $f(x)\in P[x]$, 证明 $x|f(x)$ 的充分必要条件为 $x|f^k(x), k$ 为正整数.

**证明** 必要性显然, 下证充分性, 即若 $x|f^k(x)$, 则 $x|f(x)$.

设 $x|f^k(x)$, 若 $x\nmid f(x)$, 那么存在唯一的 $q(x)\in P[x]$ 和非零数 $r$, 使 $f(x)=xq(x)+r$. 因此,

$$f^k(x)=(xq(x)+r)^k=(xq(x))^k+\cdots+kr^{k-1}xq(x)+r^k, \quad r^k\neq 0.$$

由于 $x\nmid r^k$, 这与 $x|f^k(x)$ 矛盾. 故 $x|f(x)$.

在定理 1(带余除法) 中, 必须要求 $g(x)\neq 0$, 但在整除中, $g(x)$ 可以为 0, 此时

$$f(x)=0\cdot h(x)=0.$$

当 $g(x)|f(x)$ 时, 若 $g(x)\neq 0$, 我们也可表示 $q(x)=\dfrac{f(x)}{g(x)}$.

多项式整除具有以下性质.

(1) $f(x)|f(x)$ ( 因为 $f(x)=1\cdot f(x)$).

(2) $f(x)|0$ ( 因为 $0=0\cdot f(x)$).

(3) $c|f(x)$ $(c\neq 0)$ ( 因为 $f(x)=c(c^{-1}f(x))$).

(4) $f(x)|g(x), g(x)|f(x)$, 则 $f(x)=cg(x), c\neq 0$.

事实上, 由 $f(x)|g(x)$, 有 $g(x)=h_1(x)f(x)$; 由 $g(x)|f(x)$, 有 $f(x)=h_2(x)g(x)$. 因此,

$$f(x)=h_1(x)h_2(x)f(x).$$

如果 $f(x)=0$, 则 $g(x)=0$, 结论自然成立. 如果 $f(x)\neq 0$, 上式中消去 $f(x)$ 得

$$h_1(x)h_2(x)=1.$$

从而 $\partial(h_1h_2)=\partial(h_1)+\partial(h_2)=0$. 由此即得 $h_2(x)$ 和 $h_1(x)$ 都是非零常数.

性质 (4) 说明相互整除多项式仅相差一个非零常数倍. 因此, 多项式 $f(x), cf(x)$ 有相同的因式、倍式.

(5) 若 $g(x)|f(x), f(x)|h(x)$, 则 $g(x)|h(x)$. 该性质说明整除具有传递性.

事实上, 由 $g(x)|f(x), f(x)|h(x)$ 有

$$f(x)=h_1(x)g(x),\quad h(x)=h_2(x)f(x),$$

因此 $h(x)=h_2(x)h_1(x)g(x)$. 于是 $g(x)|h(x)$.

(6) 若 $g(x)|f_j(x)$ $(j=1,2,\cdots,n)$, 则$g(x)\left|\sum\limits_{j=1}^{n}u_j(x)f_j(x)\right.$, 其中 $u_j(x)$ 是多项式.

事实上, 由 $g(x)|f_j(x)$, 得 $f_j(x)=h_j(x)g(x)$, 那么, 对任意多项式 $u_j(x)$, 有

$$\begin{aligned}u_1(x)f_1(x)+u_2(x)f_2(x)+\cdots+u_s(x)f_s(x)=&(u_1(x)h_1(x)+u_2(x)h_2(x)+\cdots\\&+u_s(x)h_s(x))g(x).\end{aligned}$$

因此结论成立.

性质 (6) 说明, 如果 $g(x)|f_j(x)$ $(j=1,2,\cdots,s)$, 则 $g(x)$ 整除 $f_j(x)$ 的多项式组合.

**例 4** 对任意自然数 $n$, 证明 $(x^2+x+1)|(x^{n+2}+(x+1)^{2n+1})$.

**证明** 利用归纳法证明. 当 $n=0$ 时, 显然结论成立.

设 $(x^2+x+1)|(x^{k+2}+(x+1)^{2k+1})$, 下面证明

$$(x^2+x+1)|(x^{(k+1)+2}+(x+1)^{2(k+1)+1})=f(x).$$

因为

$$\begin{aligned}f(x)&=x^{k+3}+(x+1)^2(x+1)^{2k+1}=x^{k+3}+x(x+1)^{2k+1}+(x^2+x+1)x^{2k+1}\\&=x(x^{k+2}+(x+1)^{2k+1})+(x^2+x+1)x^{2k+1},\end{aligned}$$

所以, 由归纳假设, 当 $n=k+1$ 时, 整除关系仍然成立.

多项式的整除不因数域的扩大而改变, 即在数域 $P$ 上, $g(x)|f(x)$, 那么在更大的数域 $\overline{P}$ 上, 也有 $g(x)|f(x), P\subseteq\overline{P}$. 例如, 两个多项式在实数域上存在整除关系, 在复数域上整除关系同样存在. 但反之未必成立. 在复数域上 $(x+\mathrm{i})|(x^2+1)$, 但在实数域上, $x+\mathrm{i}$ 没有意义, 当然不存在 $(x+\mathrm{i})|(x^2+1)$ 之说.

多项式的整除常用到以下公式:

$$x^n-a^n=(x-a)(x^{n-1}+ax^{n-2}+\cdots+a^{n-2}x+a^{n-1});$$

$$x^{2k+1}+a^{2k+1}=(x+a)(x^{2k}-ax^{2k-1}+\cdots-a^{2k-1}x+a^{2k}).$$

**例 5**　证明 $(x^k-1)|(x^n-1)$ 当且仅当 $k|n$.

**证明**　先证充分性. 如果 $k|n$, 设 $n=mk$, 则

$$\begin{aligned}x^n-1&=x^{mk}-1=(x^k)^m-1\\&=(x^k-1)((x^k)^{m-1}+(x^k)^{m-2}+\cdots+x^k+1).\end{aligned}$$

所以 $(x^k-1)|(x^n-1)$.

下证必要性. 若 $k\nmid n$, 则 $n=qk+r\ (0<r<k)$, 于是,

$$\begin{aligned}x^n-1&=x^{qk+r}-1=x^{qk}\cdot x^r-x^r+x^r-1\\&=x^r(x^{qk}-1)+(x^r-1).\end{aligned}$$

因为 $(x^k-1)|(x^n-1), (x^k-1)|(x^{qk}-1)$, 所以 $(x^k-1)|(x^r-1)$, 矛盾. 故 $k|n$.

**例 6**　设 $f(x)=1+x+x^2+\cdots+x^{n-1}, g(x)=(f(x)+x^n)^2-x^n$, 证明 $f(x)|g(x)$.

**证明**　因为

$$g(x)=(f(x)+x^n)^2-x^n=f^2(x)+2x^nf(x)+x^n(x^n-1),$$

所以由 $f(x)|(x^n-1)$ 可知 $f(x)|g(x)$.

## 习　题　6.1

1. 设 $P_1,P_2$ 是两个数域, 证明 $P_1\cap P_2$ 也是数域, 并举例说明 $P_1\cup P_2$ 不是数域. $P_1\cup P_2$ 是数域的充分必要条件为 $P_1\subseteq P_2$, 或 $P_2\subseteq P_1$.

2. 设 $f(x),g(x),h(x)$ 均为实数域上的多项式, 且 $f^2(x)=xg^2(x)+xh^2(x)$. 证明 $f(x)=g(x)=h(x)=0$.

3. 用 $g(x)$ 除 $f(x)$, 求商 $q(x)$ 和余式 $r(x)$.

(1) $f(x)=x^3-3x^2-x-1, g(x)=3x^2-2x+1$;

(2) $f(x)=x^4-2x+5, g(x)=x+2$;

(3) $f(x)=2x^5-5x^3-8x, g(x)=x+3$;

(4) $f(x)=x^3-x^2-x, g(x)=x-1$.

4. 问 $m,p,q$ 满足何条件时, 下列整除关系成立.

(1) $(x^2+mx-1)|(x^3+px+q)$;

(2) $(x^2+mx+1)|(x^4+px^2+q)$;

(3) $(x^2+3x+2)|(x^4+mx^2-px+2)$.

5. 把 $f(x)$ 表示成 $x-x_0$ 方幂的和, 即表示为如下形式:

$$f(x)=c_0+c_1(x-x_0)+c_2(x-x_0)^2+\cdots.$$

(1) $f(x)=x^4-2x^3+3, x_0=-2$;

(2) $f(x)=x^4+2x^3-x^2-3x+7, x_0=-1$.

6. 设 $g(x)=ax^2+bx+c, abc\neq 0, f(x)=x^3+px^2+qx+r$. 若 $g(x)|f(x)$, 证明

$$\frac{ap-b}{a}=\frac{aq-c}{b}=\frac{ar}{c}.$$

7. 设 $m,n,p$ 为自然数,$f(x)=x^{3m}+x^{3n+1}+x^{3p+2}$. 证明 $(x^2+x+1)|f(x)$.

8. 求一个次数最低的实系数多项式, 使其被 $x^2+1$ 除余 $x+1$, 被 $x^3+x^2+1$ 除余 $x^2+2$.

9. 证明一个多项式 $f(x)$ 可唯一表示为多项式 $g(x)$ 的多项式, 即

$$f(x)=r_m(x)g^m(x)+r_{m-1}(x)g^{m-1}(x)+\cdots+r_1(x)g(x)+r_0(x),$$

其中 $\partial(g)\geqslant 1, r_i(x)\in P[x]$, 且 $r_i(x)=0$ 或 $\partial(r_i)<\partial(g)$ $(i=0,1,\cdots,m)$.

10. 设 $a\neq b$, 求多项式 $f(x)$ 除以 $(x-a)(x-b)$ 所得的余式.

11. 设 $f(x)\in P[x]$, 若对任意的两个数 $x,y\in P$, 有 $f(x+y)=f(x)f(y)$, 证明 $f(x)=0$ 或 $f(x)=1$.

## 6.2 最大公因式

**定义 4** 若多项式 $h(x)$ 既是 $f(x)$ 的因式 (即 $f(x)=h(x)p_1(x)$), 也是 $g(x)$ 的因式 (即 $g(x)=h(x)p_2(x)$), 则称 $h(x)$ 为多项式 $f(x),g(x)$ 的**公因式**.

例如, $x^3-1=(x-1)(x^2+x+1), x^2-1=(x-1)(x+1)$, 因此, $x-1$ 是 $x^3-1$ 和 $x^2-1$ 的公因式.

多项式的公因式是不唯一的, 例如, $x-1, x+1$ 和 $(x-1)(x+1)$ 都是多项式 $x^2-1$ 与 $(x^2-1)(x^2+1)$ 的公因式, 那么在所有公因式中, 有没有最大的公因式?

**定义 5** 多项式 $f(x),g(x)$ 的公因式 $d(x)$ 是它们的**最大公因式**, 如果多项式 $f(x),g(x)$ 的所有公因式都是 $d(x)$ 的因式, 即对 $f(x),g(x)$ 的任意公因式 $d_1(x)$, 都有 $d_1(x)|d(x)$.

由定义 5, 显然任意多项式 $f(x)$ 与 0 的一个最大公因式即其本身 $f(x)$.

如果 $d_1(x),d_2(x)$ 都是多项式 $f(x),g(x)$ 的最大公因式, 那么一定有

$$d_1(x)|d_2(x), \quad d_2(x)|d_1(x),$$

因此,$d_1(x)=cd_2(x)$ $(c\neq 0)$. 也就是说, 多项式 $f(x),g(x)$ 的两个最大公因式仅相差一个非零常数倍. 在这个意义下最大公因式是唯一的. 我们约定首项系数为 1 的最大公因式是唯一的, 记为 $(f(x),g(x))$.

**例 7** 如果 $d(x)|f(x),d(x)|g(x)$, 且 $d(x)$ 是 $f(x),g(x)$ 的一个组合, 证明 $d(x)$ 是 $f(x),g(x)$ 的最大公因式.

**证明** 显然 $d(x)$ 是 $f(x),g(x)$ 的公因式. 设 $\phi(x)$ 是 $f(x),g(x)$ 的任一公因式, 下证 $\phi(x)|d(x)$.

由于$d(x)$是$f(x),g(x)$的一个组合, 因此存在 $u(x),v(x)$, 使 $u(x)f(x)+v(x)g(x)=d(x)$. 而 $\phi(x)|f(x),\phi(x)|g(x)$, 于是 $\phi(x)|(u(x)f(x)+v(x)g(x))$. 从而 $\phi(x)|d(x)$. 得证.

接下来的问题是, 如何判定最大公因式? 如何求最大公因式?

**引理 1** 如果

$$f(x)=q(x)g(x)+r(x),$$

那么 $(f(x),g(x))=(g(x),r(x))$.

**证明** 如果 $\phi(x)|g(x),\phi(x)|r(x)$, 那么 $\phi(x)|f(x)$, 也就是说 $g(x),r(x)$ 的公因式一定是 $f(x),g(x)$ 的公因式. 反之, 如果 $h(x)|f(x),h(x)|g(x)$, 由于 $r(x)=f(x)-q(x)g(x)$, 则 $h(x)|r(x)$. 由此可见, $g(x),r(x)$ 的最大公因式一定也是 $f(x),g(x)$ 的最大公因式.

引理 1 提供了计算最大公因式的一个方法. 例如, 设

$$f(x)=x^4+3x^3-x^2-4x-3, \quad g(x)=3x^3+10x^2+2x-3,$$

那么, 根据带余除法, 有

$$f(x)=\left(\frac{1}{9}(3x-1)\right)g(x)+r_1(x), \quad r_1(x)=-\frac{5}{9}(x^2+5x+6);$$

$$g(x)=\left(-\frac{9}{5}(3x-5)\right)r_1(x)+r_2(x), \quad r_2(x)=9(x+3);$$

$$r_1(x)=\left(-\frac{5}{81}(x+2)\right)r_2(x).$$

在以上 3 个式子中, 由第三式得 $r_2(x)|r_1(x)$; 由第二式得 $r_2(x)|g(x)$; 再由第一式得 $r_2(x)|f(x)$. 因此 $r_2(x)$ 是 $f(x),g(x)$ 的公因式. 另一方面, 设 $\phi(x)$ 是 $f(x),g(x)$ 的公因式, 由以上 3 个式子, 易证 $\phi(x)|r_2(x)$. 故 $(f(x),g(x))=x+3$.

**定理 3** 设 $d(x)$ 是多项式 $f(x),g(x)$ 的最大公因式, 则存在多项式 $u(x),v(x)$, 使

$$d(x)=u(x)f(x)+v(x)g(x).$$

从而也有 $u_1(x),v_1(x)$, 使

$$(f(x),g(x))=u_1(x)f(x)+v_1(x)g(x).$$

**证明** 如果 $f(x),g(x)$ 中有一个为 0, 例如 $g(x)=0$, 那么 $f(x)$ 即为一个最大公因式, 且 $f(x)=1\cdot f(x)+0$. 下面论证一般情形.

不妨设 $g(x)\neq 0$. 由带余除法, 存在唯一的 $q_1(x),r_1(x)$ $(\partial(r_1)<\partial(g))$, 使

$$f(x)=q_1(x)g(x)+r_1(x).$$

如果 $r_1(x)\neq 0$, 同理有

$$g(x)=q_2(x)r_1(x)+r_2(x).$$

依此辗转下去, 每次所得到余式的次数不断降低, 最后必然有余式等于 0. 于是, 辗转 $s,s+1$ 步后, 有

$$r_{s-2}(x)=q_s(x)r_{s-1}(x)+r_s(x),$$

$$r_{s-1}(x)=q_{s+1}(x)r_s(x)+0.$$

$r_s(x)$ 与 0 的最大公因式是 $r_s(x)$. 根据前面的证明, $r_s(x)$ 也是 $r_s(x),r_{s-1}(x)$ 的最大公因式. 逐步上推, $r_s(x)$ 即 $f(x),g(x)$ 的最大公因式.

根据以上推证, 容易计算

$$r_s(x)=r_{s-2}(x)-q_s(x)r_{s-1}(x)=(1+q_s(x)q_{s-1}(x))r_{s-2}(x)-q_s(x)r_{s-3}(x).$$

依此类推, 必然存在 $u(x),v(x)$ 使 $r_s(x)=u(x)f(x)+v(x)g(x)$.

定理 3 中计算最大公因式的方法称为**辗转相除法**. 同时, 需要注意的是, 该定理的逆命题不成立. 例如,

$$-\frac{1}{2}\cdot(2x+2)+1\cdot(x+1)=0,$$

但 $(2x+2,x+1)=x+1$.

**例 8** 设 $f(x)=x^4+x^3-3x^2-4x-1, g(x)=x^3+x^2-x-1$, 求 $(f(x),g(x))$, 并求 $u(x),v(x)$, 使得

$$u(x)f(x)+v(x)g(x)=(f(x),g(x)).$$

**解** 由辗转相除法, 可得

$$f(x)=g(x)q_1(x)+r_1(x), \quad g(x)=r_1(x)q_2(x)+r_2(x),$$

其中

$$q_1(x)=x, \quad r_1(x)=-2x^2-3x-1; \quad q_2(x)=-\frac{1}{2}x+\frac{1}{4}, \quad r_2(x)=-\frac{3}{4}x-\frac{3}{4}.$$

从而 $(f(x),g(x))=x+1$, 以及

$$\begin{aligned}(f(x),g(x))&=-\frac{4}{3}r_2(x)=-\frac{4}{3}(g(x)-r_1(x)q_2(x))\\&=-\frac{4}{3}(g(x)-(f(x)-g(x)q_1(x))q_2(x))\\&=\frac{4}{3}q_2(x)f(x)-\frac{4}{3}(1+q_1(x)q_2(x))g(x)\\&=\left(-\frac{2}{3}x+\frac{1}{3}\right)f(x)+\left(\frac{2}{3}x^2-\frac{1}{3}x-\frac{4}{3}\right)g(x).\end{aligned}$$

因此, $u(x)=-\frac{2}{3}x+\frac{1}{3}, v(x)=\frac{2}{3}x^2-\frac{1}{3}x-\frac{4}{3}$.

**定义 6** 设 $f(x),g(x)$ 是数域 $P$ 上的多项式, 如果 $(f(x),g(x))=1$, 则称多项式 $f(x),g(x)$**互素**(**互质**).

例如, $(x^2,x^2+1)=1$, 因此 $x^2$ 与 $x^2+1$ 互素.

两个多项式互素, 除去零次多项式外, 没有其他公因式, 反之亦然.

**定理 4** 两个多项式 $f(x),g(x)$ 互素的充分必要条件是, 存在多项式 $u(x),v(x)$, 使

$$u(x)f(x)+v(x)g(x)=1.$$

**证明** 由定理 3, 必要性显然. 下证充分性. 设 $h(x)$ 是 $f(x),g(x)$ 的一个最大公因式, 则 $h(x)|f(x), h(x)|g(x)$, 因此,

$$h(x)|(u(x)f(x)+v(x)g(x))=1,$$

即 $h(x)|1$, 于是 $f(x),g(x)$ 互素.

多项式互素具有以下性质.

(1) 如果 $(f(x),g(x))=1, f(x)|g(x)h(x)$, 则 $f(x)|h(x)$.

由 $(f(x),g(x))=1$, 存在 $u(x),v(x)$, 使 $u(x)f(x)+v(x)g(x)=1$, 于是有

$$h(x)u(x)f(x)+h(x)v(x)g(x)=h(x).$$

由于 $f(x)|g(x)h(x)$, 即 $f(x)$ 整除上式左端, 于是 $f(x)|h(x)$.

(2) 如果 $(f_1(x),f_2(x))=1, f_1(x)|g(x), f_2(x)|g(x)$, 则 $f_1(x)f_2(x)|g(x)$.

由 $f_1(x)|g(x)$, 有 $g(x)=q_1(x)f_1(x)$. 因

$$f_2(x)|g(x)=q_1(x)f_1(x),\quad (f_1(x),f_2(x))=1.$$

由 (1), $f_2(x)|q_1(x)$, 得 $q_1(x)=q_2(x)f_2(x)$. 故 $g(x)=f_1(x)f_2(x)q_2(x)$, 此即

$$f_1(x)f_2(x)|g(x).$$

(3) 如果 $(f_1(x),g(x))=1,(f_2(x),g(x))=1$, 则 $(f_1(x)f_2(x),g(x))=1$.

设 $u_1(x)f_1(x)+v_1(x)g(x)=1,\ u_2(x)f_2(x)+v_2(x)g(x)=1$, 将两式相乘, 得到

$$(f_1(x)f_2(x))u_1(x)u_2(x)+g(x)(v_1(x)f_2(x)u_2(x)+g(x)v_1(x)v_2(x)+v_2(x)f_1(x)u_1(x))=1.$$

因此, $f_1(x)f_2(x)$ 与 $g(x)$ 互素.

(4) $x-a$ 与 $x-b$ 互素当且仅当 $a\neq b$.

(5) 如果多项式 $f(x)$ 为次数不低于 1 的多项式, 则对任意非零常数 $a$, 都有 $(a,f(x))=1$.

根据以上分析, 证明 $(f(x),g(x))=1$ 的方法:

(1) 寻求 $u(x),v(x)$, 使 $u(x)f(x)+v(x)g(x)=1$. 在具体实践中, 如何求这样的 $u(x),v(x)$ 是一件很困难的事情.

(2) 利用带余除法 $f(x)=q(x)g(x)+r(x)$, 证明 $(g(x),r(x))=1$.

(3) 反证法.

(4) 证明 $f(x)=0$ 与 $g(x)=0$ 没有公共根 (零点). 该方法相对简单些 (具体可参见 6.4 节).

**例 9** 设 $f(x)=x^{2n}+2x^{n+1}-23x^n+x^2-22x+90, g(x)=x^n+x-6$. 证明

$$(f(x),g(x))=1.$$

**证明** 利用带余除法, 得

$$f(x)=g(x)(x^n+x-17)+(x-12).$$

显然 $(g(x),x-12)=1$, 因此 $(f(x),g(x))=1$.

**例 10**　对于任意非负整数 $n$, 设 $f(x)=x^{n+2}-(x+1)^{2n+1}$, 证明

$$(x^2+x+1,f(x))=1.$$

**证明**　由题意, 得

$$\begin{aligned}f(x)&=x^{n+2}-(x+1)(x^2+2x+1)^n=x^{n+2}-(x+1)(x^2+x+1+x)^n\\&=x^{n+2}-(x+1)((x^2+x+1)^n+nx(x^2+x+1)^{n-1}+\cdots\\&\quad+nx^{n-1}(x^2+x+1)+x^n)\\&=x^n(x^2+x+1)-(x+1)((x^2+x+1)^n+nx(x^2+x+1)^{n-1}\\&\quad+\cdots+nx^{n-1}(x^2+x+1))-2x^n(x+1).\end{aligned}$$

由上式, 如果 $(x^2+x+1)|f(x)$, 则必有 $x^2+x+1$ 整除 $x^n$ 或 $x+1$ 中某一个, 矛盾. 从而 $(x^2+x+1,f(x))=1$.

以上最大公因式和互素的概念都是针对两个多项式而言, 对于多个多项式 $f_1(x),f_2(x),\cdots,f_n(x)$, 同样有最大公因式和互素的概念. 多项式 $d(x)$ 称为多项式 $f_j(x)(j=1,2,\cdots,n)$ 的最大公因式, 如果 $d(x)$ 满足:

(1) $d(x)|f_j(x)\ (j=1,2,\cdots,n)$;

(2) 若 $d_1(x)|f_j(x)\ (j=1,2,\cdots,n)$, 则 $d_1(x)|d(x)$.

不难证明 $(f_1(x),f_2(x),\cdots,f_n(x))=((f_1(x),f_2(x),\cdots,f_{n-1}(x)),f_n(x))$.

如果 $(f_1(x),f_2(x),\cdots,f_n(x))=1$, 则称 $f_1(x),f_2(x),\cdots,f_n(x)$ 互素.

最后介绍公倍式的概念. 若 $f(x)|m(x),g(x)|m(x)$, 则称 $m(x)$ 为 $f(x),g(x)$ 的**公倍式**. 进一步, 若 $m(x)$ 是 $f(x),g(x)$ 的公倍式, 且对 $f(x),g(x)$ 的任意公倍式 $n(x)$, 都有 $m(x)|n(x)$, 则称 $m(x)$ 为 $f(x),g(x)$ 的**最小公倍式**, 记为 $[f(x),g(x)]$.

## 习　题　6.2

1. 求 $f(x),g(x)$ 的最大公因式.

(1) $f(x)=x^4+x^3-3x^2-4x-1,g(x)=x^3+x^2-x-1$;

(2) $f(x)=x^4-4x^3+1,g(x)=x^3-3x^2+1$.

2. 求 $u(x),v(x)$, 使 $u(x)f(x)+v(x)g(x)=(f(x),g(x))$.

(1) $f(x)=x^4+2x^3-x^2-4x-2,g(x)=x^4+x^3-x^2-2x-2$;

(2) $f(x)=4x^4-2x^3-16x^2+5x+9,g(x)=2x^3-x^2-5x+4$.

3. 设 $f(x)=x^3+(1+t)x^2+2x+2u$ 与 $g(x)=x^3+tx+u$ 的最大公因式是一个二次多项式, 求 $t,u$.

4. 设 $f(x),g(x),h(x)\in P[x],abc\neq 0$,

$$(x+a)f(x)+(x+b)g(x)=(x^2+c)h(x),\quad (x-a)f(x)+(x-b)g(x)=(x^2+c)h(x).$$

证明 $x^2+c$ 是 $f(x), g(x)$ 的公因式.

5. 设 $a_1, a_2, a_3, a_4$ 满足 $a_1a_4-a_2a_3\neq 0$, 证明

$$(a_1f(x)+a_2g(x), a_3f(x)+a_4g(x))=(f(x), g(x)).$$

6. 证明 $(f(x)h(x), g(x)h(x))=(f(x), g(x))h(x)$, 其中 $h(x)$ 首项系数为 1.

7. 如果 $f(x), g(x)$ 不全为 0, 证明 $\left(\dfrac{f(x)}{(f(x), g(x))}, \dfrac{g(x)}{(f(x), g(x))}\right)=1$.

8. 如果 $f(x), g(x)$ 不全为 0, 且

$$u(x)f(x)+v(x)g(x)=(f(x), g(x)).$$

证明 $(u(x), v(x))=1$.

9. 如果 $(f(x), g(x))=1, (f(x), h(x))=1$, 证明 $(f(x), g(x)h(x))=1$.

10. 如果 $(f(x), g(x))=1$, 证明 $(f(x)g(x), f(x)+g(x))=1$.

11. 求 $q(x)$, 使 $2x^4-3x^2+x-1=(x-1)q(x)-1$.

## 6.3 因式分解

这一节讨论如何把一个多项式分解为次数低的多项式乘积. 这里需要理清几个问题: 一个多项式可以分解到何种程度? 如何分解? 有没有唯一的因式分解?

### 6.3.1 基本概念

把一个多项式分解为各因式乘积, 何谓“不能再分”?

在有理数域上,

$$x^4-4=(x^2-2)(x^2+2);$$

在实数域上,

$$x^4-4=(x-\sqrt{2})(x+\sqrt{2})(x^2+2);$$

在复数域上,

$$x^4-4=(x-\sqrt{2})(x+\sqrt{2})(x-\sqrt{2}\mathrm{i})(x+\sqrt{2}\mathrm{i});$$

也就是说, 一个多项式能否再分, 关键与“数域”有关, 不同的数域, 它有不同的因式.

**定义 7** 设 $p(x)\in P[x], \partial(p)\geqslant 1$, $p(x)$ 称为数域 $P$ 上的**不可约多项式**, 如果它不能表示为数域 $P$ 上两个次数比 $p(x)$ 低的多项式乘积.

根据定义 7, 显然:

(i) 一次多项式 $ax+b$ $(a\neq 0)$ 对所有数域都是不可约多项式.

(ii) 不可约多项式 $p(x)$ 的因式只有 $c$ 和 $cp(x)$ 两个, 其中 $c \neq 0$.

(iii) 不可约多项式 $p(x)$ 与任意多项式 $f(x)$ 之间的关系只有两种: 要么 $(p(x), f(x)) = 1$, 要么 $p(x)|f(x)$.

(iv) 不可约多项式 $p(x)$ 满足 $p(x)|f(x)g(x)$, 则 $p(x)|f(x)$ 或 $p(x)|g(x)$.

事实上, 如果 $p(x)|f(x)$, 结论成立. 若 $p(x)\nmid f(x)$, 则由 (iii), $(p(x), f(x)) = 1$. 那么 $p(x)|g(x)$.

进一步, 如果不可约多项式 $p(x)|f_1(x)f_2(x)\cdots f_s(x)$, 则 $p(x)$ 一定可以整除这些多项式中的某一个.

**定理 5** (因式分解及唯一性定理) *数域 $P$ 上每个次数不小于 1 的多项式 $f(x)$ 都可以唯一分解为 $P$ 上不可约多项式的乘积.*

**证明** 存在性的证明. 对次数作归纳法. 一次多项式是不可约的, 因此 $n = 1$ 自然成立. 假设低于 $n$ 次的多项式都成立, 现证明 $n$ 次多项式也成立.

如果 $n$ 次多项式 $f(x)$ 不可约, 结论成立. 不妨设 $f(x)$ 可约, 即

$$f(x) = f_1(x)f_2(x), \quad \partial(f_1) < \partial(f), \quad \partial(f_2) < \partial(f).$$

由归纳假设, $f_1(x), f_2(x)$ 可以分解为次数低的不可约多项式的乘积, 整合即有 $f(x)$ 可以分解为次数低的不可约多项式的乘积.

下面证明唯一性, 即若

$$f(x) = p_1(x)p_2(x)\cdots p_s(x) = q_1(x)q_2(x)\cdots q_t(x),$$

则有 $s = t$, 并适当排列, $p_i(x) = c_iq_i(x)$ $(c_i \neq 0; i = 1, 2, \cdots, s)$. 这里 $p_i(x), q_i(x)$ 都是不可约多项式.

当 $s = 1$ 时, 必有 $s = t = 1$, 且 $f(x) = p_1(x) = q_1(x)$. 设不可约因式的个数为 $s-1$ 时唯一性成立. 由于 $p_1(x)|q_1(x)\cdots q_t(x)$, 因此 $p_1(x)$ 一定可以整除其中一个, 不妨设 $p_1(x)|q_1(x)$. 由于 $q_1(x)$ 不可约, 所以有 $p_1(x) = c_1q_1(x)$ $(c_1 \neq 0)$, 于是

$$p_2(x)\cdots p_s(x) = c_1^{-1}q_2(x)q_3(x)\cdots q_t(x).$$

由归纳假设, $s-1 = t-1$, 且适当排序后, $p_j(x) = c_jq_j(x)$ $(c_j \neq 0, j = 2, 3, \cdots, s)$. 由此唯一性获证.

无论是定理 5 本身, 还是其证明过程, 都没有给出一个具体的因式分解方法. 实际上, 对于一般多项式 $f(x)$, 将其分解为一系列不可约多项式的乘积是一件很困难的事情. 但这不影响给出 $f(x)$ 的**标准分解式**: 一是把每个不可约多项式首项系数都提出来, 二是把相同的不可约多项式合并, 于是即得标准分解式

$$f(x) = cp_1^{r_1}(x)p_2^{r_2}(x)\cdots p_k^{r_k}(x), \quad r_1 + r_2 + \cdots + r_k = \partial(f). \tag{3}$$

其中 $p_j(x)$ 都是首项系数为 1 的不可约多项式. 标准分解式应用之一是计算多项式 $f(x), g(x)$ 的最大公因式和最小公倍式. 设

$$f(x)=c_1p_1^{r_1}(x)p_2^{r_2}(x)\cdots p_k^{r_k}(x),\quad r_1+r_2+\cdots+r_k=\partial(f),$$

$$g(x)=c_2p_1^{t_1}(x)p_2^{t_2}(x)\cdots p_k^{t_k}(x),\quad t_1+t_2+\cdots+t_k=\partial(g),$$

则

$$(f(x),g(x))=p_1^{x_1}(x)p_2^{x_2}(x)\cdots p_k^{x_k}(x);\quad [f(x),g(x)]=p_1^{y_1}(x)p_2^{y_2}(x)\cdots p_k^{y_k}(x),$$

其中 $x_i=\min(r_i,t_i), y_i=\max(r_i,t_i), i=1,2,\cdots,k$. 在 $f(x), g(x)$ 的分解式中, 如果某一因式 $p_i(x)$ 不出现, 利用 $p_i^0(x)=1$ 补齐即可. 例如, 在实数域上,

$$x^2-1=(x-1)(x+1)(x^2+x+1)^0,\quad x^3-1=(x-1)(x+1)^0(x^2+x+1).$$

因此,

$$(x^2-1,x^3-1)=x-1;\quad [x^2-1,x^3-1]=(x-1)(x+1)(x^2+x+1).$$

**例 11** 证明 $f^2(x)|g^2(x)$ 的充分必要条件是 $f(x)|g(x)$.

**证明** 充分性显然, 下证必要性. 若 $g(x)=0$, 则结论显然成立. 因此设 $g(x)\neq 0$, $f(x)$ 的分解式为

$$f(x)=ap_1^{r_1}(x)p_2^{r_2}(x)\cdots p_k^{r_k}(x),\quad r_i>0,\ i=1,2,\cdots,k.$$

由 $f^2(x)|g^2(x)$ 知 $f(x)|g^2(x)$, 从而 $f(x)$ 的不可约因式 $p_i(x)$ $(i=1,2,\cdots,k)$ 均在 $g(x)$ 中出现, 因此可令

$$g(x)=p_1^{t_1}(x)p_2^{t_2}(x)\cdots p_k^{t_k}(x)p(x),\quad t_i>0,\ i=1,2,\cdots,k.$$

由于 $f^2(x)|g^2(x)$, 因此

$$a^2p_1^{2r_1}(x)p_2^{2r_2}(x)\cdots p_k^{2r_k}(x)|p_1^{2t_1}(x)p_2^{2t_2}(x)\cdots p_k^{2t_k}(x)p^2(x),$$

所以 $p_i^{2r_i}(x)|p_i^{2t_i}(x)$, 即 $2r_i\leqslant 2t_i$. 故 $f(x)|g(x)$.

### 6.3.2 重因式

**定义 8** 在多项式 $f(x)$ 的标准分解式 (3) 中, 如果 $r_j=1$, 则称不可约多项式 $p_j(x)$ 是 $f(x)$ 的**单因式**; 如果 $r_j>1$, 则称 $p_j(x)$ 是 $f(x)$ 的**重因式**, $r_j$ 为其重数.

定义 8 可以换个说法: 不可约多项式 $p(x)$ 是多项式 $f(x)$ 的 $k$ **重因式**, 当且仅当 $p^k(x)|f(x)$, 但 $p^{k+1}(x)\nmid f(x)$, 即 $p^k(x)$ 是 $f(x)$ 的因式, 但 $p^{k+1}(x)$ 不是 $f(x)$ 的因式.

现在的问题是: 如何判定多项式 $f(x)$ 的重因式?

**引理 2** 设不可约多项式 $p(x)$ 是 $f(x)$ 的 $k$ 重因式, 则 $p(x)$ 是 $f'(x)$ 的 $k-1$ 重因式.更进一步, $p(x)$ 是 $f(x), f'(x), \cdots, f^{(k-1)}(x)$ 的因式, 但不是 $f^{(k)}(x)$ 的因式.

由此, 我们可得出以下两个结论:

(1) 不可约多项式 $p(x)$ 是 $f(x)$ 的重因式, 当且仅当 $p(x)$ 是 $f(x), f'(x)$ 的公因式.

(2) 多项式 $f(x)$ 没有重因式, 当且仅当 $(f(x), f'(x))=1$.

设不可约多项式 $p(x)$ 是 $f(x)$ 的 $m$ $(m>1)$ 重因式, 则 $f(x)=p^m(x)g(x)$, 故

$$f'(x)=mp^{m-1}(x)g(x)p'(x)+p^m(x)g'(x)=p^{m-1}(x)(mg(x)p'(x)+p(x)g'(x)).$$

于是 $p^{m-1}(x)|f'(x)$. 这表明 $p^{m-1}(x)$ 是 $f(x), f'(x)$ 的公因式.

反之, 若不可约多项式 $p(x)$ 是 $f(x)$ 的单因式, 可设 $f(x)=p(x)g(x), p(x)\nmid g(x)$, 于是

$$f'(x)=p'(x)g(x)+p(x)g'(x).$$

若 $p(x)$ 是 $f'(x)$ 的因式, 则 $p(x)|p'(x)g(x)$, 但 $p(x)\nmid g(x)$, 因此 $p(x)|p'(x)$, 而 $\partial(p(x))>\partial(p'(x))$ 矛盾. 因此, 不可约多项式 $p(x)$ 是 $f(x)$ 的重因式.

若 $f(x)$ 没有重因式, 那么在其标准分解式中, $r_i=1$. 于是不可约多项式 $p_i(x)\nmid f'(x)$, 故

$$(p_i(x), f'(x))=1.$$

从而

$$(p_1(x)p_2(x)\cdots p_m(x), f'(x))=1.$$

此即 $(f(x), f'(x))=1$.

设 $d(x)=(f(x), f'(x))$, 则 $\dfrac{f(x)}{d(x)}$ 是一个没有重因式的多项式, 且这个多项式的不可约因式与 $f(x)$ 的不可约因式相同 (不计重数).

注意, 到目前为止, 如何计算重因式的问题仍没有解决. 但有一点是清晰的: 考虑多项式 $f(x)$ 的重因式问题, 总是从 $(f(x), f'(x))$ 着手, 若 $(f(x), f'(x))=1$(即 $f(x)$ 与 $f'(x)$ 互素), 那么 $f(x)$ 没有重因式; 如果 $f(x)$ 与 $f'(x)$ 不互素, 那么 $f(x)$ 有重因式.

对于多项式函数, 重因式与代数方程根的个数有密切的联系, 这在 6.4 节将详细讨论.

**例 12** 设 $f(x)=x^5+2x^4-2x^3-8x^2-7x-2$, 求 $f(x)$ 的标准分解式.

**解** 因 $f'(x)=5x^4+8x^3-6x^2-18x-7$, 利用辗转除法, 得

$$(f(x),f'(x))=x^3+3x^2+3x+1=(x+1)^3,$$

所以 $f(x)$ 有重因式

$$\frac{f(x)}{(f(x),f'(x))}=x^2-x-2=(x+1)(x-2).$$

于是 $f(x)$ 的不可约因式只有 $x+1$ 和 $x-2$. 考虑到 $(f(x),f'(x))=(x+1)^3$, 因此 $x+1$ 是 $f(x)$ 的 4 重因式. 故 $f(x)$ 的标准分解式为 $f(x)=(x+1)^4(x-2)$.

**例 13** 问 $k$ 取何值时, 多项式 $f(x)=x^3+3x^2+kx+1$ 有重因式?

**解** $f(x)$ 有重因式的充分必要条件是 $f(x)$ 与 $f'(x)$ 不互素. 由于 $f'(x)=3x^2+6x+k$, 利用带余除法, 得

$$f(x)=q_1(x)f'(x)+r_1(x),\quad r_1(x)=\frac{2k-6}{3}x+\frac{3-k}{3},$$

$$f'(x)=q_2(x)r_1(x)+r_2(x),\quad r_2(x)=k+\frac{15}{4}.$$

$f(x)$ 与 $f'(x)$ 不互素的充分必要条件是 $r_1(x)=0$ 或 $r_2(x)=0$. 由此即得 $k=3$ 或 $k=-\frac{15}{4}$.

## 习 题 6.3

1. 判别下列多项式有无重因式.

(1) $f(x)=x^5-5x^4+7x^3-2x^2+4x-8$;

(2) $f(x)=x^4+4x^2-4x-3$.

2. 次数大于零且首项系数为 1 的多项式 $f(x)$ 是一个不可约多项式的方幂当且仅当对任意多项式 $g(x)$, 必有 $(f(x),g(x))=1$, 或者对一个正整数 $m$, 有 $f(x)|g^m(x)$.

3. 问 $t,a,b,p$ 满足何条件时, 下列多项式 $f(x)$ 有重因式?

(1) $f(x)=x^3-3x^2+tx-1$;

(2) $f(x)=x^3+3ax+b$;

(3) $f(x)=x^3+6x^2+3px+8$;

(4) $f(x)=x^4+4ax+b$.

4. 证明 $1+x+\frac{x^2}{2!}+\cdots+\frac{x^n}{n!}$ 没有重因式.

5. 如果非零多项式 $f(x)$ 满足 $f'(x)|f(x)$, 证明 $f(x)$ 有 $n$ 重因式, 即

$$f(x)=p(x+q)^n,\quad n=\partial(f),\quad p\neq 0.$$

## 6.4　一元 $n$ 次代数方程

本节将 $n$ 次多项式

$$f(x) = a_n x^n + a_{n-1}x^{n-1} + \cdots + a_1 x + a_0 \quad (a_n \neq 0) \tag{4}$$

中变量 $x$ 限制在数域 $P$ 上进行讨论. 此时, 多项式 $f(x)$ 称为数域 $P$ 上**多项式函数**. 多项式函数 $f(x)=0$, 称为**一元 $n$ 次代数方程**.

如果令 $x=a$ 代入 $f(x)=0$ 使之成为恒等式, 则称 $a$ 为该代数方程的**根或零点**, 即 $f(a)=0$. 例如, 方程 $ax-b=0$ $(a\neq 0)$ 在数域 $P$ 上有零点 $x=\dfrac{b}{a}$; 方程 $x^2+ax+b=0$ 有零点 $x_{1,2}=\dfrac{-a\pm\sqrt{a^2-4b}}{2}$.

如果代数方程 (4) 的系数为整数, 其根不论是实数还是复数, 通常称为**代数数**. 例如,$\sqrt{2}$ 是一个代数数, 因为它是方程 $x^2-2=0$ 的根. 并非所有的实数都可以成为代数数, 例如 e, π 等, 它们不是任何整系数代数方程的根, 这些数称为**超越数**.

请读者思考, 多项式函数 $f(x)$ 在数域 $P$ 上不可约与代数方程 $f(x)=0$ 在数域 $P$ 内没有零点存在怎样的关系?

### 6.4.1　代数方程的基本定理

代数方程的基本问题是: 它有没有根? 如果有的话, 有多少个根? 如何求它的根? 这个问题是一个相当复杂的问题. 例如, 在有理数域上, 方程 $x^2+1=0$ 没有根, 在比有理数域大的实数域上也没有根, 只有在更大的复数域上有根 $x=\pm\mathrm{i}$. 那么, 究竟对数域扩展到何程度, 才能使代数方程有根? 会不会无限制地扩展数域?

**定理 6** (代数基本定理)　*数域 $P$ 上 $n$ 次代数方程 $f(x)=0$ 在复数域内一定有根.*

这个定理早在 19 世纪初即被德国数学家 Gauss 所证明 (当时有四种证明方法, 且非常复杂. 现今利用复变函数的知识即可给出非常简单的证明).

代数基本定理肯定了 $n$ 次方程在复数域上一定有复根, 但并没有给出具体的求根方法.

由定理 6 即知代数方程 $f(x)=0$ 的全部根都在复数域内, 且目前已经证明再没有比复数域更大的数域, 因此数域已没有可能进一步扩充.

**定理 7**　*设 (4) 式定义的多项式 $f(x)$ 为复数域 $\mathbf{C}$ 上多项式函数, $a\in\mathbf{C}$, 则在复数域 $\mathbf{C}$ 上存在 $n-1$ 次多项式函数 $q(x)$, 使*

$$f(x) = q(x)(x-a) + f(a).$$

定理 7 称为 Bezout 定理, 它是定理 1(带余除法) 的一个直接结论. 而且, 根据定理 7, $a$ 是 $f(x)$ 零点的充分必要条件是 $(x-a)|f(x)$.

**定理 8** 数域 $P$ 上非零多项式 $f(x)$ 根的个数不超过其次数 $\partial(f)$ $(\partial(f)\geqslant 1)$.

**证明** 设 $c_1$ 是非零多项式 $f(x)$ 的根, 则存在非零多项式 $f_1(x)$, 使

$$f(x)=(x-c_1)f_1(x).$$

$f_1(x)$ 在数域 $P$ 上要么没有零点 (此时根的根数为 1, 不超过多项式的次数), 要么在数域 $P$ 上有零点. 此时设 $c_2$ 是 $f_1(x)$ 的根, 则存在非零多项式 $f_2(x)$, 使

$$f_1(x)=(x-c_2)f_2(x).$$

从而

$$f(x)=(x-c_1)(x-c_2)f_2(x).$$

如此进行下去, 最后得到如下等式

$$f(x)=(x-c_1)(x-c_2)\cdots(x-c_k)f_k(x),$$

其中非零多项式 $f_k(x)$ 在数域 $P$ 上没有根. 于是 $c_1,c_2,\cdots,c_k$ 是 $f(x)$ 在数域 $P$ 上的全部根. 显然

$$k=\partial(f)-\partial(f_k)\leqslant\partial(f).$$

在 $f(x)$ 的根 $c_1,c_2,\cdots,c_k$ 中, 可能会重复出现. 于是给出**重根**的概念. 称 $c$ 为非零多项式 $f(x)$ 的 $r$ 重根 (也称 $r$ 重零点), 如果 $(x-c)^k|f(x)$, 但 $(x-c)^{k+1}\nmid f(x)$. 当 $r=1$ 时, 根 $c$ 为 $f(x)$ 的**单根**.

如果方程的重根以重数计, 那么 $f(x)$ 在数域 $P$ 上可唯一分解为

$$f(x)=(x-c_1)^{r_1}(x-c_2)^{r_2}\cdots(x-c_t)^{r_t}g(x)\quad(r_i\geqslant 1,i=1,2,\cdots,t),$$

其中 $c_1,c_2,\cdots,c_t$ 为 $f(x)$ 在数域 $P$ 上的互异零点, $g(x)$ 在数域 $P$ 上没有零点.

根据以上分析, 结合重因式的知识, 代数方程 $f(x)=0$ 的 $k$ 重根 $a$ 与多项式 $f(x)$ 的 $k$ 重因式之间存在以下关系.

**推论 1** 设 $f(x)$ 为数域 $P$ 上的多项式, $a\in P,k$ 为大于 1 的自然数, 那么:

(1) 1 次因式 $x-a$ 是多项式 $f(x)$ 的 $k$ 重因式的充分必要条件是 $x=a$ 是代数方程 $f(x)=0$ 的 $k$ 重根;

(2) $f(x)$ 有重根的充分必要条件是 $f(x),f'(x)$ 有公共根;

(3) $x=a$ 是 $f(x)$ 的 $k$ 重根, 当且仅当 $f(a)=f'(a)=\cdots=f^{(k-1)}(a)=0$.

**例 14** 自然数 $n$ 取何值时, 多项式 $f(x)=(x+1)^n-x^n-1$ 有重根?

**解** 多项式 $f(x)$ 有重根, 当且仅当 $f(x), f'(x)$ 不互素, 即它们有公共根 $\alpha$. 而 $f'(x)=n(x+1)^{n-1}-nx^{n-1}$, 于是

$$f(\alpha)=(\alpha+1)^n-\alpha^n-1=0, \quad f'(\alpha)=n(\alpha+1)^{n-1}-n\alpha^{n-1}=0.$$

由此可得 $\alpha^{n-1}=1, (\alpha+1)^{n-1}=1$, 即 $\alpha, \alpha+1$ 都是 $n-1$ 次单位根. 设 $\alpha=a+b\mathrm{i}$, 由 $|\alpha|=|\alpha+1|=1$, 解得

$$a^2+b^2=(a+1)^2+b^2=1.$$

故 $a=-\dfrac{1}{2}, b=\pm\dfrac{\sqrt{3}}{2}$. 从而 $\alpha=-\dfrac{1}{2}\pm\dfrac{\sqrt{3}}{2}$ 是 3 次单位根. 故 $3|(n-1)$.

由于 $g(x)|f(x)$ 当且仅当 $f(x)=h(x)g(x)$, 因此, 根据推论 1 和以上分析, 如果 $g(x)|f(x)$, 那么 $g(x)$ 的零点一定是 $f(x)$ 的零点, 这为证明 $g(x)|f(x)$ 提供了一个思路或方法.

**例 15** 如果 $(x^2+x+1)|(f_1(x^3)+xf_2(x^3))$, 证明 $(x-1)|f_i(x)\ (i=1,2)$.

**证明** 易知 $x^2+x+1=0$, 有两个根

$$x_1=\frac{-1+\sqrt{3}\mathrm{i}}{2}, \quad x_2=\frac{-1-\sqrt{3}\mathrm{i}}{2}.$$

注意到 $x_1^3=1, x_2^3=1$, 因此, 由题意, 得

$$f_1(1)+x_1f_2(1)=0, \quad f_1(1)+x_2f_2(1)=0.$$

求解上式, 得 $f_1(1)=f_2(1)=0$. 因此, $(x-1)|f_1(x), (x-1)|f_2(x)$.

**例 16** 证明若 $(x-1)|f(x^n)$, 则 $(x^n-1)|f(x^n)$.

**证明** 由于 $(x-1)|f(x^n)$, 因此 $f(1^n)=f(1)=0$. 故 $(x-1)|f(x)$. 从而,

$$(x^n-1)|f(x^n).$$

### 6.4.2 复数域上代数方程

**定理 9** (复数域多项式的因式分解) 设 $f(x)$ 是复数域 $\mathbf{C}$ 上 $n\ (n\geqslant 1)$ 次多项式 (见 (4) 式), 则存在 $n$ 个复数 $\alpha_1, \alpha_2, \cdots, \alpha_n$, 使

$$f(x)=a_n(x-\alpha_1)(x-\alpha_2)\cdots(x-\alpha_n).$$

如果方程的重根以重数计, 该定理可以表述为: $n$ 次复系数多项式在复数域上都可以唯一分解为一次因式的乘积

$$f(x)=a_n(x-\alpha_1)^{l_1}(x-\alpha_2)^{l_2}\cdots(x-\alpha_k)^{l_k}, \quad l_1+l_2+\cdots+l_k=\partial(f).$$

其中 $l_j \geqslant 1, \alpha_j\ (j=1,2,\cdots,k)$ 为不相等的复数, 这就是说, 复系数多项式 $f(x)$ 在复数域上不可约多项式只能是一次多项式.

**证明** 当 $n=1$ 时, $f(x)=a_1x+a_0=a_1\left(x+\dfrac{a_0}{a_1}\right), \alpha_1=-\dfrac{a_0}{a_1}$, 结论自然成立. 设 $n-1$ 次多项式也成立, 下面证明 $n$ 次多项式也成立.

由定理 6, 复数域上$n$次多项式一定有一复根 $\alpha_1$(即 $f(\alpha_1)=0$), 再由定理 7, 得

$$f(x)=(x-\alpha_1)q(x), \quad \partial(q)=n-1.$$

由归纳假设, 即证.

根据定理 9, 立即可得如下结论.

**推论 2** 在复数域上, 如果 $n$ 次多项式 $f(x)$ 有 $n+k\ (k\geqslant 1)$ 个互异的根, 则 $f(x)\equiv 0$.

接下来考虑一元 $n$ 次方程根与系数的关系. 如果多项式 $f(x)$(见 (4) 式定义) 在数域 $P$ 上有 $n$ 个根 (重根以重数计) $c_1,c_2,\cdots,c_n$, 那么

$$f(x)=a_n(x-c_1)(x-c_2)\cdots(x-c_n)=a_nx^n+a_{n-1}x^{n-1}+\cdots+a_0.$$

展开上式, 并比较同次项的系数, 得

$$\begin{aligned}
&c_1+c_2+\cdots+c_n=-\frac{a_{n-1}}{a_n},\\
&c_1c_2+c_1c_3+\cdots+c_{n-1}c_n=\frac{a_{n-2}}{a_n},\\
&\qquad\qquad\cdots\cdots\\
&\sum_{1\leqslant i_1<i_2<\cdots<i_k\leqslant n} c_{i1}c_{i2}\cdots c_{i_k}=(-1)^k\frac{a_{n-k}}{a_n},\\
&c_1c_2\cdots c_n=(-1)^n\frac{a_0}{a_n}.
\end{aligned}$$

这些公式称为 **Vieta(韦达) 公式**, 它们建立了多项式系数与根的联系.

**例 17** 代数方程 $x^5-1=0$ 在复数域上有 5 个根:

$$\omega_k=\cos\frac{2k\pi}{5}+\mathrm{i}\sin\frac{2k\pi}{5}, \quad k=0,1,2,3,4.$$

Vieta 公式第一式表明这些根的和为 0, 所以这个和的实部为 0:

$$2\cos\frac{4\pi}{5}+2\cos\frac{2\pi}{5}+1=0.$$

令 $\cos\dfrac{2\pi}{5}=y$, 则 $\cos\dfrac{4\pi}{5}=2y^2-1$. 于是, $4y^2+2y-1=0$. 解之, 得

$$\cos\frac{2\pi}{5}=\frac{\sqrt{5}-1}{4}, \quad \cos\frac{4\pi}{5}=\frac{\sqrt{5}+1}{5}.$$

最后给出复系数多项式根的一个粗略估计.

**定理 10** 设 $f(x)=a_nx^n+a_{n-1}x^{n-1}+\cdots+a_0\in\mathbf{C}[x], A=\max(|a_0|,|a_1|,\cdots,|a_{n-1}|)$, 其中 $a_n\neq 0, n\geqslant 1$. 则 $f(x)$ 的任一复根 $\alpha$ 满足 $|\alpha|<1+\dfrac{A}{|a_n|}$.

**证明** 若 $A=0$, 则 $\alpha=0$, 命题成立. 对 $A>0$. 如果 $|\alpha|\geqslant 1+\dfrac{A}{|a_n|}$, 那么由 $f(\alpha)=0$, 得

$$|a_n\alpha^n|=|a_{n-1}\alpha^{n-1}+\cdots+a_0|\leqslant|a_{n-1}||\alpha^{n-1}|+\cdots+|a_0|\leqslant A(|\alpha|^{n-1}+\cdots+1)=A\frac{|\alpha|^n-1}{|\alpha|-1}.$$

由于 $|\alpha|>1$, 则从上式立得

$$|a_n||\alpha|^n=|a_n\alpha^n|<\frac{A|\alpha|^n}{|\alpha|-1}.$$

由此得 $|\alpha|<1+\dfrac{A}{|a_n|}$, 矛盾.

### 6.4.3 一元 3 次代数方程的根和 4 次代数方程的根

我们先介绍复数域上一元 3 次代数方程 $x^3+ax^2+bx+c=0$ 的求根公式.

作变换 $x=y-\dfrac{1}{3}a$, 得到 $y^3+py+q=0$(消去 2 次项). 因此, 求解一元 3 次代数方程, 归结为求解 $x^3+px+q=0$ 的根.

若 $q=0$, 则三个根 $x_1=0, x_2=\sqrt{-p}, x_3=-\sqrt{-p}$. 若 $p=0$, 则三个根为

$$x_1=\sqrt[3]{-q},\quad x_2=\sqrt[3]{-q}\omega,\quad x_3=\sqrt[3]{-q}\omega^2,\quad \omega=-\frac{1}{2}+\frac{\sqrt{3}}{2}\mathrm{i}.$$

因此, 以下讨论 $q\neq 0, p\neq 0$ 的情形.

引进变换 $x=u+v$, 则 $x^3-3uvx-(u^3+v^3)=0$. 与 $x^3+px+q=0$ 比较, 得

$$u^3+v^3=-q,\quad uv=-\frac{1}{3}p.$$

因此, $u^3, v^3$ 满足一元 2 次方程 $y^2+qy-\dfrac{p^3}{27}=0$. 于是,

$$u^3=-\frac{q}{2}+\sqrt{A},\quad v^3=-\frac{q}{2}-\sqrt{A},\quad A=\frac{q^2}{4}+\frac{p^3}{27}.$$

由此, 即得一元 3 次方程 $x^3+px+q=0$ 的根分别为

$$x_1=\sqrt[3]{-\frac{q}{2}+\sqrt{A}}+\sqrt[3]{-\frac{q}{2}-\sqrt{A}},\quad x_2=\omega\sqrt[3]{-\frac{q}{2}+\sqrt{A}}+\omega^2\sqrt[3]{-\frac{q}{2}-\sqrt{A}},$$

$$x_3=\omega^2\sqrt[3]{-\frac{q}{2}+\sqrt{A}}+\omega\sqrt[3]{-\frac{q}{2}-\sqrt{A}}.$$

上述公式称为**Cardano 公式**.

下面考虑一元 4 次代数方程 $x^4+px^3+ax^2+bx+c=0$. 由于引进变换 $x=y-\frac{1}{4}p$ 可消去该方程的 3 次项. 因此, 只需考虑下面代数方程

$$f(x)=x^4+ax^2+bx+c=0$$

即可. 上式等价于

$$\left[x^4+ux^2+\frac{u^2}{4}\right]-\left[(u-a)x^2-bx+\frac{u^2}{4}-c\right]=0.$$

上式第 1 项是完全平方项, 如果第 2 项也是一个完全平方项, 那么上式可化为两个 2 次方程求解. 第 2 项是完全平方项的条件为

$$b^2-4(u-a)\left(\frac{u^2}{4}-c\right)=0.$$

这是一个关于 $u$ 的 3 次代数方程 (称为 4 次方程的预解式). 通过该式求得 $u$, 就可以得到两个 2 次方程

$$x^2+\sqrt{u-a}x+\frac{u}{2}-\frac{b}{2\sqrt{u-a}}=0,\quad x^2-\sqrt{u-a}x+\frac{u}{2}+\frac{b}{2\sqrt{u-a}}=0.$$

由此即完成一元 4 次方程的求根任务. 该求解过程称为**Ferrari 解法**.

上式 $u$ 的 3 次方程有 3 个根, 代入其中任何一个即可, 因为 3 个根所得结论都是一样的.

高于 4 次的代数方程, 一般没有类似于 2 次、3 次或 4 次代数方程的根式解法. 这一结论在 19 世纪 30 年代被法国数学家 Galois 证明. 其证明涉及群、域等抽象概念, 将在抽象代数课程中予以讨论.

## 习 题 6.4

1. 求下列方程 $f(x)=0$ 的根.

(1) $f(x)=x^3+3x^2+27x-31$;

(2) $f(x)=x^3+3x^2+2x+1$;

(3) $f(x)=x^3-2x^2+x-1$.

2. 求下列方程 $f(x)=0$ 的根.

(1) $f(x)=x^4-2x^3+4x^2+2x-5$;

(2) $f(x)=x^4+x^2+4x-3$;

(3) $f(x)=x^4+x^3+1$.

3. 举例说明"如果 $a$ 是 $f'(x)$ 的 $m$ 重根, 那么 $a$ 是 $f(x)$ 的 $m+1$ 重根"是不对的.

4. 如果 $(x-1)^2|(Ax^4+Bx^2+1)$, 求 $A, B$.

5. 方程 $x^3+px^2+qx+r=0$ 的 3 个根成等差数列, 证明 $2p^3-9pq+27r=0$.

6. 方程 $x^3+px+q=0$ 有重根的充分必要条件为 $4p^3+27q^2=0$.

7. 若方程 $x^3+px^2+qx+r=0$ 的 3 个根都是实数, 证明 $p^2 \geqslant 3q$.

8. 实系数多项式 $f(x)=x^3+ax^2+bx+c$ 有一个 3 重根的充分必要条件为

$$a=3\sqrt[3]{c}, \quad b=3\sqrt[3]{c^2}.$$

9. 求 7 次多项式 $f(x)$, 使 $f(x)+1$ 能被 $(x-1)^4$ 整除, $f(x)-1$ 能被 $(x+1)^4$ 整除.

10. 已知 $(x-c)^2|(x^5-5qx+4r)$, 证明 $q^5=r^4=c^{20}$.

11. 当 $\lambda$ 为何值时, 方程 $x^3-7x+\lambda=0$ 的一根是另一根的 2 倍.

12. 证明多项式 $x^{2n}-nx^{n+1}+nx^{n-1}-1$ 以 1 为 3 重根.

13. 如果 $a$ 是 $f'''(x)$ 的 $k$ 重根, 证明 $a$ 是

$$g(x)=\frac{x-a}{2}(f'(x)+f'(a))-f(x)+f(a)$$

的 $k+3$ 重根.

14. 证明 $x^n+ax^{n-m}+b$ 不能有不为 0 的重数大于 2 的根.

15. 如果 $f(x)|f(x^n)$, 那么 $f(x)$ 的根只能是零或单位根.

16. 如果 $f'(x)|f(x)$, 证明 $f(x)$ 有 $n$ 重根, $n=\partial(f)$.

## 6.5　实系数多项式和有理系数多项式

我们知道, 多项式 $f(x)$ 在复数域上不可约多项式只有一次多项式, 也就是说它的标准分解式为

$$f(x)=a(x-c_1)^{r_1}(x-c_2)^{r_2}\cdots(x-c_k)^{r_k}, \quad r_1+r_2+\cdots+r_k=\partial(f), \quad a\neq 0.$$

那么实系数多项式和有理系数多项式 $f(x)$ 在实数域上零点情况如何? 其不可约多项式又是什么样子?

### 6.5.1　实系数多项式

设实系数多项式

$$f(x)=a_nx^n+a_{n-1}x^{n-1}+\cdots+a_1x+a_0, \quad a_j\in\mathbf{R}, \quad a_n\neq 0.$$

**定理 11** 若复数 $\alpha = a + b\mathrm{i}\ (b \neq 0)$ 是 $f(x)$ 的复根, 则 $\overline{\alpha} = a - b\mathrm{i}$ 也是它的根, 也就是说, 实系数多项式若有复根, 则一定成对出现.

**证明** 由于 $f(\overline{\alpha}) = a_n\overline{\alpha}^n + a_{n-1}\overline{\alpha}^{n-1} + \cdots + a_1\overline{\alpha} + a_0 = \overline{f(\alpha)} = 0$. 由此即得结论.

注意定理 11 对复系数多项式不再成立. 根据定理 11, 我们有以下推论.

**推论 3** 实系数多项式在实数域上的不可约多项式要么为 1 次多项式 $ax+b(a \neq 0)$, 要么为 2 次多项式

$$ax^2 + bx + c \quad (a \neq 0, b^2 - 4ac < 0).$$

**证明** 1 次多项式 $ax+b$ 显然不可约. 当 $b^2-4ac < 0$ 时, 2 次方程 $ax^2+bx+c = 0$ 没有实根, 故 $ax^2 + bx + c$ 不可约.

反过来, 任一大于 2 次的多项式 $f(x)$, 如果有实根, 则 $f(x)$ 可约; 如果有复根 $a + b\mathrm{i}\ (b \neq 0)$, 则 $a - b\mathrm{i}$ 也为它的根, 从而

$$(x - (a + b\mathrm{i}))(x - (a - b\mathrm{i})) = x^2 - 2ax + (a^2 + b^2),$$

这是一个 2 次多项式, 它是 $f(x)$ 的因式, 故 $f(x)$ 可约.

**推论 4** 奇数次实系数多项式 $f(x)$ 在复数域上至少有一实根.

**定理 12**(实系数多项式因式分解定理) 每个 $n(n \geqslant 1)$ 次实系数多项式在实数域上可唯一分解成 1 次因式与 2 次不可约因式的乘积.

**例 18** 已知 $1-\mathrm{i}$ 是方程 $x^4 - 4x^3 + 5x^2 - 2x - 2 = 0$ 的一个根, 解该方程.

**解** 由于复根成对出现, 因此 $1+\mathrm{i}$ 也是该方程的根. 设 $\alpha, \beta$ 是方程另外两个根, 则由 Vieta 公式,

$$\alpha + \beta + (1 - \mathrm{i}) + (1 + \mathrm{i}) = 4, \quad \alpha\beta(1 - \mathrm{i})(1 + \mathrm{i}) = -2.$$

解得 $\alpha = 1 + \sqrt{2}, \beta = 1 - \sqrt{2}$.

### 6.5.2 有理系数多项式

判断一个有理数系数多项式是否可约不是一件容易的事情. 这里指出有理数系数多项式两个重要事实: ①有理数系数多项式因式分解可以归结为整系数多项式因式分解, 进而归于求有理系数多项式的有理根; ②有理系数多项式中存在任意次数的不可约多项式.

设 $a_j\ (j = 0, 1, \cdots, n)$ 为有理数, 对于多项式

$$f(x) = a_nx^n + a_{n-1}x^{n-1} + \cdots + a_1x + a_0,$$

选取合适的有理数 $c$, 总可以使多项式“$f(x)=$ 有理数 $\times$ 整系数多项式”. 进一步, 如果该整系数多项式中系数有公因子, 提出公因子, 得到各项系数除 $\pm1$ 之外没有其他公因子 (即系数互素) 的整系数多项式

$$g(x)=b_nx^n+b_{n-1}x^{n-1}+\cdots+b_1x+b_0,$$

其中整数 $b_0,b_1,\cdots,b_n$ 互素. 这样的整系数多项式 $g(x)$ 称为**本原多项式**. 例如,

$$\frac{2}{3}x^4-2x^2-\frac{2}{5}x=\frac{2}{15}(5x^4-15x^2-3x).$$

由以上分析, 有理系数多项式因式分解问题归于本原多项式因式分解问题.

**定理 13**(Gauss 引理) *两个本原多项式乘积仍然是本原多项式.*

**证明** 设 $f(x)=a_nx^n+\cdots+a_1x+a_0,g(x)=b_mx^m+\cdots+b_1x+b_0$ 是两个本原多项式, 令

$$h(x)=f(x)g(x)=d_{n+m}x^{n+m}+d_{n+m-1}x^{n+m-1}+\cdots+d_1x+d_0.$$

如果 $h(x)$ 不是本原的, 那么 $h(x)$ 的系数有一异于 $\pm1$ 的公因子, 因而有一素数 (或质数)$p$ 能够整除 $h(x)$ 的每一个系数. 由 $f(x),g(x)$ 的本原性质, $p$ 不能整除 $f(x)$ 和$g(x)$的每一个系数. 设$a_i,b_j$分别是 $f(x),g(x)$ 的第一个不能由 $p$ 整除的系数, 而

$$d_{i+j}=a_ib_j+A,\quad A=a_{i+1}b_{j-1}+a_{i+2}b_{j-2}+\cdots+a_{i-1}b_{j+1}+a_{i-2}b_{j+2}+\cdots.$$

$p|d_{i+j},p\nmid a_ib_j$, 但 $p|A$, 得出矛盾. 因此 $h(x)$ 是本原多项式.

**定理 14** *如果一个非零的整系数多项式能够分解为两个次数低的有理系数多项式的乘积, 那么它一定可以分解为两个次数低的整系数多项式乘积.*

**证明** 设整系数多项式 $f(x)$ 分解式 $f(x)=g(x)h(x)$, 这里 $g(x),h(x)$ 为有理系数多项式, 且

$$\partial(g)<\partial(f),\quad \partial(h)<\partial(f).$$

令 $f(x)=af_1(x),g(x)=rg_1(x),h(x)=sh_1(x)$, 其中 $f_1(x),g_1(x),h_1(x)$ 都是本原多项式, $a$ 是整数, $r,s$ 是有理数. 于是

$$af_1(x)=rsg_1(x)h_1(x).$$

由于 $g_1(x)h_1(x)$ 是本原多项式, 因此 $a=\pm rs$. 所以, $f(x)=(rsg_1(x))h_1(x)$, 这里 $rsg_1(x),h_1(x)$ 都是整系数多项式, 且次数都低于 $f(x)$ 的次数.

根据定理 14, 有以下推论.

**推论 5** *设 $f(x)$ 为整系数多项式, $g(x)$ 为本原多项式, $h(x)$ 为有理系数多项式. 如果 $f(x)=g(x)h(x)$, 则 $h(x)$ 为整系数多项式.*

该推论提供了一个求整系数多项式全部有理根的方法.

**定理 15** 设 $f(x) = a_nx^n + a_{n-1}x^{n-1} + \cdots + a_1x + a_0$ 是一整系数多项式, $\frac{r}{s}$ $((r, s) = 1)$ 为其一个有理根, 则必有 $s|a_n, r|a_0$. 特别地, 如果 $a_n = 1$, 则 $f(x)$ 的有理根全部为整数, 且为 $a_0$ 的因子.

**证明** 因为 $\frac{r}{s}$ 是 $f(x)$ 的一个有理根, 所以在有理数域上, $\left(x-\frac{r}{s}\right)\Big|f(x)$, 也就是 $(sx-r)|f(x)$. 因为 $(r, s) = 1$, 所以 $sx - r$ 是本原多项式. 根据上述推论,

$$f(x) = (sx - r)(b_{n-1}x^{n-1} + \cdots + b_1x + b_0),$$

$b_j$ $(j = 0, 1, \cdots, n-1)$ 为整数. 比较两端系数, 即得 $a_n = sb_{n-1}$, $a_0 = -rb_0$. 因此 $s|a_n, r|a_0$.

**例 19** 求方程 $2x^4 - x^3 + 2x - 3 = 0$ 的有理根.

**解** 由于 $a_4 = 2, a_0 = -3$, 因此该方程的可能有理根是 $\pm1, \pm3, \pm\frac{1}{2}, \pm\frac{3}{2}$, 易验证只有 $f(1) = 0$. 因此该方程有有理根 $x = 1$.

**例 20** 证明 $f(x) = x^3 - 5x + 1$ 在有理数域上不可约.

**解** 如果 $f(x)$ 可约, 那么它至少有一个一次因子, 也就是有一个有理根. 但其有理根只可能是 $\pm1$. 直接验证, $f(\pm1) \neq 0$. 因而 $f(x)$ 不可约.

该例说明, 对于一元 3 次整系数多项式, 不可约可以用其是否有有理根判断之, 但这一结论对一元 $n$ 次 $(n > 3)$ 整系数多项式不再成立.

**例 21** 证明 $f(x) = x^5 - 12x^3 + 36x + 12$ 没有有理根.

**解** 如果 $f(x)$ 有有理根, 只可能是 $\pm1, \pm2, \pm3, \pm4, \pm6, \pm12$. 代入 $f(x)$ 均不为 0, 因此 $f(x)$ 没有有理根.

**定理 16**(Eisenstein 判别法) 设 $f(x) = a_nx^n + a_{n-1}x^{n-1} + \cdots + a_1x + a_0$ 是整系数多项式. 如果有素数 $p$ 满足以下条件, 那么 $f(x)$ 在有理数域上不可约:

(1) $p \nmid a_n$; (2) $p|a_{n-1}, a_{n-2}, \cdots, a_0$; (3) $p^2 \nmid a_0$.

**证明** 若 $f(x)$ 在有理数域上可约, 则 $f(x)$ 可以分解为两个次数低的整系数多项式的乘积:

$$f(x) = (b_kx^k + b_{k-1}x^{k-1} + \cdots + b_0)(c_mx^m + c_{m-1}x^{m-1} + \cdots + c_0) \quad (k, m < n, k+m = n).$$

于是 $a_n = b_kc_m, a_0 = b_0c_0$. 因为 $p|a_0$, 所以 $p|b_0$ 或 $p|c_0$. 但 $p^2 \nmid a_0$, 所以 $p$ 不能同时整除 $b_0, c_0$.

不妨假设 $p|b_0, p \nmid c_0$. 由 $p \nmid a_n$, 所以 $p \nmid b_k$.

令 $b_s$ 是第一个不能被 $p$ 整除的数, 比较 $x^s$ $(0 < s < n)$ 的系数, 得

$$a_s = b_sc_0 + b_{s-1}c_1 + \cdots + b_0c_s,$$

其中 $a_s, b_{s-1}, \cdots, b_0$ 都能被 $p$ 整除, 所以 $p|b_sc_0$. 因此 $b_s, c_0$ 中至少有一个能被素数 $p$ 整除. 这是一个矛盾.

**例 22** 证明 $x^n-2\ (n\geqslant 1)$ 在有理数域上不可约.

**证明** 由于 2 可以整除 $x^n-2$ 中首项系数以外的所有系数, $2^2=4\nmid -2$. 因此 $x^n-2$ 不可约.

**例 23** 若 $p$ 为素数, 证明 $f(x)=x^{p-1}+x^{p-2}+\cdots+x+1$ 在有理数域上不可约.

**证明** 作变换 $x=y+1$, 则

$$f(x)=y^{p-1}+\mathrm{C}_p^1y^{p-2}+\mathrm{C}_p^2y^{p-2}+\cdots+\mathrm{C}_p^{p-1},$$

注意 $p|\mathrm{C}_p^i\ (1\leqslant i\leqslant p-1), p\nmid 1, p^2\nmid \mathrm{C}_p^{p-1}=p$, 因此上述关于 $y$ 的多项式在有理数域上不可约. 即证.

**例 24** 设有理系数多项式 $f(x)$ 有无理根 $a+b\sqrt{d}$, 其中 $a,b,d$ 为有理数, $\sqrt{d}$ 为无理数, 且 $b\neq 0$. 证明 $a-b\sqrt{d}$ 也为 $f(x)$ 的根.

**证明** 设

$$g(x)=(x-(a+b\sqrt{d}))(x-(a-b\sqrt{d}))=x^2-2ax+a^2-b^2d,$$

则 $g(x)$ 为有理多项式, 且存在唯一的 $q(x), r(x)$, 使得

$$f(x)=g(x)q(x)+r(x),\quad r(x)=mx+s.$$

由于 $f(a+b\sqrt{d})=0$, 因此 $m(a+b\sqrt{d})+s=0$. 若 $m\neq 0$, 则 $\sqrt{d}=-\dfrac{s+ma}{mb}$, 这与 $\sqrt{d}$ 是无理数矛盾, 因此 $m=0$. 由此 $s=0$. 也就是说 $f(x)=g(x)q(x)$, 故 $f(a-b\sqrt{d})=0$.

## 习 题 6.5

1. 求下列多项式的有理根.

(1) $x^3-6x^2+15x-14$;

(2) $4x^4-7x^2-5x-1$;

(3) $x^5+x^4-6x^3-14x^2-11x-3$.

2. 判断下列多项式在有理数域上是否可约?

(1) $f(x)=x^2+1$;

(2) $f(x)=x^4-8x^3+12x^2+2$;

(3) $f(x)=x^p+px+1, p$ 为素数;

(4) $f(x)=x^6+x^3+1$;

(5) $f(x)=x^4+4kx+1, k$ 为正整数.

3. 若 $p_1,p_2,\cdots,p_m$ 是互异素数, 对 $m>1$, 证明 $f(x)=x^m-p_1p_2\cdots p_m$ 在有理数域上不可约.

4. $f(x)$ 是首项系数为 1 的整系数多项式, $f(0),f(1)$ 为奇数. 证明 $f(x)$ 没有有理根.

5. 设 $a_1,a_2,\cdots,a_n$ 是互异的整数, 证明 $f(x)=(x-a_1)(x-a_2)\cdots(x-a_n)-1$ 在有理数域上不可约.

6. 设 $f(x)$ 是整系数多项式, 且 $f(m),f(n)$ 都是奇数 ($m,n$ 分别为偶数和奇数), 证明 $f(x)$ 没有整数根.

7. 证明有理系数多项式 $f(x)$ 在有理数域上不可约的充分必要条件是

$$g(x)=f(ax+b)\ (a\neq 0)$$

在有理数域上不可约.

8. 设 $f(x)$ 是整系数多项式, $g(x)=f(x)+1$ 至少有 3 个不同的整数根, 证明 $f(x)$ 没有整数根.

9. 设 $a_1,a_2,\cdots,a_n$ 为互异的整数, 证明多项式

$$f(x)=(x-a_1)^2(x-a_2)^2\cdots(x-a_n)^2+1$$

在有理数域上不可约.

10. 设 $f(x)=x^3+ax^2+bx+c$ 为整系数多项式, 且 $ac+bc$ 为奇数, 证明 $f(x)$ 在有理数域上不可约.

## *6.6 对称多项式

前面讨论了一元多项式的基本性质, 自然会想到多元多项式的问题, 如

$$x^2+2xy-3y^3,\quad x^2yz+7xyz-5xy^3z^2$$

分别是 2 元和 3 元多项式, 第 5 章二次型是多元多项式. 本节重点讨论对称多元多项式.

设 $x_1,x_2,\cdots,x_n$ 是 $n$ 个文字, 称

$$f(x_1,x_2,\cdots,x_n)=\sum_{k_1,k_2,\cdots,k_n} a_{k_1k_2\cdots k_n}x_1^{k_1}x_2^{k_2}\cdots x_n^{k_n}$$

为数域 $P$ 上的 $n$ **元多项式**, 其中 $a_{k_1k_2\cdots k_n}x_1^{k_1}x_2^{k_2}\cdots x_n^{k_n}$ 为单项式, 系数 $a_{k_1k_2\cdots k_n}\in P$, $k_1,k_2,\cdots,k_n$ 为非负整数.

如果两个单项式同一文字 $x_j$ 的幂全相同, 称为**同类项**.

$k_1+k_2+\cdots+k_n$ 称为单项式的**次数**, 每个单项式最高次数称为多元多项式的次数. 例如, $3x_1^2x_2^2+2x_1x_2^2x_3+x_3^3$ 由 3 个单项式组成, 每个单项式的次数分别为 4, 4, 3, 该多元多项式的次数为 4. 如果多元多项式中, 所有单项式次数 $k_1+k_2+\cdots+k_n$ 为一固定的正整数 $m$, 称多元多项式 $f(x_1,x_2,\cdots,x_n)$ 为 $m$ 次齐次多项式. 例如,

$$f(x_1,x_2,x_3)=2x_1^2x_2^3-3x_2^5+2x_1x_2x_3^3-5x_2x_3^4$$

是一个 5 次齐次多项式, 二次型是一个 2 次齐次式.

多元多项式同样可以进行加法、减法和乘法运算, 加法和减法运算也就是同类项相加、相减, 乘法运算类似于一元多项式的乘法运算, 无非是复杂些而已.

多元多项式中各单项式的排列不像一元多项式那样, 有一个相对规律性的排列 (按照 $x$ 的幂次高低排列), 但有时为了方便起见, 多元多项式可以按照以下优先次序排列: 次数高的优先于次数低的; 对于次数相同的单项式, 设变量 $x_1,x_2,\cdots,x_n$ 的幂次分别为如下 $n$ 元数组 (这种对应是一一的):

$$(k_1,k_2,\cdots,k_n),\quad (p_1,p_2,\cdots,p_n),\quad k_1+k_2+\cdots+k_n=p_1+p_2+\cdots+p_n,$$

在数 $k_1-p_1,k_2-p_2,\cdots,k_n-p_n$ 中, 第 1 个不为 0 且大于零所对应的单项式优先排列. 例如, 单项式 $2x_1^2x_2^3x_3^2$ 优先于 $-x_1x_2^2x_3^4$ 排列.

在多元多项式中, 有一类重要的多元多项式 —— 对称多项式, 它可用于一元多项式根的研究.

在 6.4 节给出的 Vieta 公式中, 一个重要特征是左端的表达式与根的编号方式无关. 如果把这些根 $c_i$ 换成未知元 $x_i$, Vieta 公式左端就成为一类特殊的多元多项式:

$$\begin{aligned}
s_1(x_1,x_2,\cdots,x_n)&=x_1+x_2+\cdots+x_n,\\
s_2(x_1,x_2,\cdots,x_n)&=x_1x_2+x_1x_3+\cdots+x_1x_n+x_2x_3+\cdots+x_{n-1}x_n,\\
&\cdots\cdots\\
s_k(x_1,x_2,\cdots,x_n)&=\sum_{1\leqslant i_1<i_2<\cdots<i_n\leqslant n}x_{i_1}x_{i_2}\cdots x_{in},\\
&\cdots\cdots\\
s_n(x_1,x_2,\cdots,x_n)&=x_1x_2\cdots x_n.
\end{aligned}$$

这些多项式称为**初等对称多项式**. 一般地, 我们有如下定义.

**定义 9**　设 $f(x_1,x_2,\cdots,x_n)$ 是数域 $P$ 上的 $n$ 元多项式, 若对任意的 $i\neq j$ $(1\leqslant i,j\leqslant n)$, 都有

$$f(x_1,\cdots,x_i,\cdots,x_j,\cdots,x_n)=f(x_1,\cdots,x_j,\cdots,x_i,\cdots,x_n),$$

则称 $f(x_1,x_2,\cdots,x_n)$ 是数域 $P$ 上的 $n$ **元对称多项式**.

例如, 3 元多项式 $x_1^3+x_2^3+x_3^3$ 是对称多项式; 范德蒙德行列式

$$V(x_1,x_2,\cdots,x_n)=\prod_{1\leqslant j<i\leqslant n}(x_i-x_j)$$

不是对称多项式, 但它的平方 $V^2(x_1,x_2,\cdots,x_n)$ 是对称多项式;

$$f(x_1,x_2,x_3)=x_1^2x_2+x_2^2x_1+x_1^2x_3+x_3^2x_1+x_2^2x_3+x_2x_3^2$$

是 3 元对称多项式.

显然 $x_1^2+x_2^3+x_3, x_1x_2x_3+x_1^3+x_2$ 都不是对称多项式.

根据对称多项式的定义,*对称多项式的和、差、积以及对称多项式的多项式仍然是对称多项式*. 后一论断是说, 如果 $f_1,f_2,\cdots,f_m$ 是 $n$ 元对称多项式, $g(y_1,y_2,\cdots,y_m)$ 是任一多项式, 那么

$$g(f_1,f_2,\cdots,f_m)=h(x_1,x_2,\cdots,x_n)$$

是 $n$ 元对称多项式. 特别地, 初等对称多项式的多项式还是对称多项式. 对称多项式的一个基本事实是: 任一对称多项式都能表示成初等对称多项式的多项式.

**定理 17**(对称多项式基本定理) *任意一个 $n$ 元对称多项式 $f(x_1,x_2,\cdots,x_n)$, 都有一个 $n$ 元多项式 $\phi(y_1,y_2,\cdots,y_n)$, 使*

$$f(x_1,x_2,\cdots,x_n)=\phi(s_1,s_2,\cdots,s_n).$$

例如, $f(x_1,x_2,\cdots,x_n)=x_1^2+x_2^2+\cdots+x_n^2$ 是对称多项式, 显然有

$$f(x_1,x_2,\cdots,x_n)=s_1^2-2s_2,$$

于是, 对照 Vieta 公式, 代数方程 $x^n+a_1x^{n-1}+\cdots+a_{n-1}x+a_n=0$ 根的代数和为 $a_1^2-2a_2$.

**证明** 不失一般性, 设 $f(x_1,x_2,\cdots,x_n)$ 的首项为 $ax_1^{k_1}x_2^{k_2}\cdots x_n^{k_n}$, 各变量的幂次满足

$$k_1\geqslant k_2\geqslant\cdots\geqslant k_n\geqslant 0.$$

否则, 设有 $k_i<k_{i+1}$, 由于 $f$ 的对称性, 一定含有

$$ax_1^{k_1}x_2^{k_2}\cdots x_i^{k_{i+1}}x_{i+1}^{k_i}\cdots x_n^{k_n}$$

的单项式, 将其作为首项即可.

作多项式

$$\phi_1 = as_1^{k_1-k_2}s_2^{k_2-k_3}\cdots s_{n-1}^{k_{n-1}-k_n}s_n^{k_n},$$

由于 $s_1, s_2, \cdots, s_n$ 的首项分别为

$$x_1, x_1x_2, x_1x_2x_3, \cdots, x_1x_2\cdots x_n,$$

将其代入 $\phi_1$, 并展开, 其首项为

$$ax_1^{k_1-k_2}(x_1x_2)^{k_2-k_3}\cdots(x_1x_2\cdots x_n)^{k_n} = ax_1^{k_1}x_2^{k_2}\cdots x_n^{k_n}.$$

也就是说, 多项式 $f$ 与 $\phi_1$ 有相同的首项, 因此多项式

$$f_1(x_1, x_2, \cdots, x_n) = f(x_1, x_2, \cdots, x_n) - \phi_1$$

比多项式 $f(x_1, x_2, \cdots, x_n)$ 有较"小"的首项. 对 $f_1$ 重复上述过程, 得到一系列对称多项式

$$f, f-\phi_1, f_1-\phi_2 = f-\phi_1-\phi_2, \cdots, f_p-\phi_{p+1}, \cdots.$$

它们首项一次比一次"小", 最后有正整数 $h$, 使 $f_h = 0$. 这就证明了

$$f(x_1, x_2, \cdots, x_n) = \phi_1 + \phi_2 + \cdots + \phi_n.$$

即 $f$ 表示成初等对称多项式之和.

**例 25**　将 3 元对称多项式 $f = x_1^3 + x_2^3 + x_3^3$ 表示为 $s_1, s_2, s_3$ 的多项式.

**解**　$f$ 的首项为 $x_1^3$, 它所对应的 3 元有序数组为 $(3, 0, 0)$, 于是,

$$\phi_1 = s_1^{3-0}s_2^{0-0}s_3^0 = s_1^3 = (x_1 + x_2 + x_3)^3,$$

作对称多项式

$$f - \phi_1 = x_1^3 + x_2^3 + x_3^3 - (x_1 + x_2 + x_3)^3 = -3(x_1^2x_2 + x_2^2x_3 + \cdots) - 6x_1x_2x_3,$$

其首项 $-3x_1^2x_2$ 的幂次数组为 $(2, 1, 0)$. 作

$$\phi_2 = -3s_1s_2 = -3(x_1^2x_2 + x_2^2x_1 + \cdots) - 9x_1x_2x_3,$$

得到

$$f - \phi_1 - \phi_2 = 3x_1x_2x_3 = 3s_3.$$

因此,

$$f(x_1, x_2, x_3) = \phi_1 + \phi_2 + 3s_3 = s_1^3 - 3s_1s_2 + 3s_3.$$

## 习 题 6.6

1. 用初等多项式表示下列对称多项式.

(1) $x_1^2x_2+x_1x_2^2+x_1^2x_3+x_1x_3^2+x_2^2x_3+x_2x_3^2$;

(2) $(x_1+x_2)(x_2+x_3)(x_3+x_1)$;

(3) $x_1^2x_2^2+x_1^2x_3^2+x_1^2x_4^2+x_2^2x_3^2+x_2^2x_4^2+x_3^2x_4^2$.

2. 设 $c_1,c_2,c_3$ 是方程 $5x^3-6x^2+7x-8=0$ 的三个根, 计算

$$(c_1^2+c_1c_2+c_2^2)(c_2^2+c_2c_3+c_3^2)(c_1^2+c_1c_3+c_3^2).$$

3. 设 $x_1,x_2,\cdots,x_n$ 是方程 $x^n+a_1x^{n-1}+\cdots+a_n=0$ 的根, 证明 $x_2,x_3,\cdots,x_n$ 的对称多项式可以表示成 $x_1$ 与 $a_1,a_2,\cdots,a_{n-1}$ 的多项式.

4. 设 $x_1,x_2,x_3$ 是多项式 $f(x)=x^3+px+q$ 的 3 个根, 求以

$$y_1=(x_1-x_2)^2,\quad y_2=(x_1-x_3)^2,\quad y_3=(x_3-x_1)^2$$

为根的多项式 $g(y)$.

# 第 7 章　线 性 空 间

在实际问题中, 如果涉及的数量是"线性"问题, 则解决它们所用到的数学工具往往与向量、矩阵有关. 向量与矩阵的加法运算和数乘运算满足交换律、结合律等法则. 我们把这些知识点的共同之处抽象出来, 就是将要讨论的线性空间和第 8 章要讨论的线性变换.

线性空间在线性代数中占有重要的地位, 是线性代数基本的概念之一, 是一类重要的基本空间, 同时它又是其他数学分支的基础, 其核心知识点是它的维数和基, 以及线性子空间的维数定理.

## 7.1　线性空间与子空间的定义及性质

### 7.1.1　引言

在第 2 章和第 3 章分别给出了向量和矩阵的概念, 并阐释了它们在代数学中的地位: 数域 $\mathbf{R}$ 上 $n$ 维向量空间 $\mathbf{R}^n$ 是一个最初等的代数系统, 而 $m\times n$ 矩阵则代表 $\mathbf{R}^n$ 到 $\mathbf{R}^m$ 的一个保持加法、数乘运算的映射. 这样, 我们从经典代数学向近代代数学过渡中迈出了关键一步. 因为这种运算摆脱了数及其四则运算的局限, 引进了一类不是普通 "量" 所构成的集合, 使得研究进入一个新的领域, 原来一些习惯的经典理论已经不能照搬到这里. 例如, 矩阵乘法不满足交换律、消去律等.

但是, 这种转变还处于一个较低的层次上, 因为 $\mathbf{R}^n$ 中的元素虽非普通的 "量", 但仍局限于 $n$ 元有序数组, 也就是从原来单个的数转到一组数, 讲到"向量", 意味着一组具体的数, 向量的加法无非是"对应坐标 (或分量) 相加", 数乘无非是一个数乘以每个分量. 数学作为一门科学, 它的任务是要从感性上升到理性, 从具体上升到抽象. 只有这样, 才有理论上的实质性进展, 对理论的认识才能深入, 理论的应用领域才能拓宽. 例如, 对数的研究, 从自然数、负数、有理数、无理数、实数到复数, 每一次升华, 利用数学解决实际问题的领域都在不断拓宽. 如果没有"虚数", 对数学甚至对整个自然科学是无法想象的. 因此, 我们对向量与矩阵的认识还需要从理论上再提高一步, 实现从具体到抽象的飞跃.

那么, 实现这个飞跃的依据是什么? 仔细分析第 2 章向量的一些概念和命题, 有些不依赖于向量的 $n$ 元有序数组的具体表达式, 也不依赖于向量加法、数乘的具体计算公式, 而只依赖于以下两点: 一是向量之间有加法, 与一个数可以作数乘; 二是加法和数乘满足 8 条性质. 这一事实告诉我们, 把向量的 $n$ 元有序数组和加法与数乘的具体表达式扬弃, 仅保留"加法"和"数乘"名称和保留最根本的 8 条性质 (作为公理予以承认), 这样就形成了本章的核心概念, 也是线性代数学这门学科的基本研究对象:*数域 $P$ 上的抽象线性空间*.

矩阵是数域 $P$ 上向量空间之间保持向量加法和数乘运算的映射, 我们把向量空间提升为线性空间, 那么矩阵也相应被提升为抽象线性空间之间保持向量 (已不是通常意义下的 $n$ 元有序数组) 加法、数乘运算的映射, 即线性空间之间的线性映射, 特别是一个线性空间到自身的线性变换, 这就是第 8 章要讨论的第 2 个核心概念 —— 线性变换.

由此, 向量空间的实质是它有两种运算 (加法和数乘), 并满足 8 条性质, 而具体的表现形式是非本质的, 应予以扬弃. 例如, 考察闭区间 $[a,b]$ 上全体连续函数 $f(x)$ 组成的集合, 记为 $C[a,b]$, 可以对这个集合定义"加法"和"数乘"运算. 作为该集合内的任意两个函数, 按照函数的加法运算和一个数与函数相乘, 显然仍然属于该集合. 这样一来, 我们就定义了集合 $C[a,b]$ 上元素之间的两种运算: 加法和数乘, 而且这两种运算满足 8 条性质. 既然如此, 向量空间中所有概念和命题都可以应用到集合 $C[a,b]$ 上来, 但那里是 $n$ 元有序数组, 这里是函数, 属于两个根本不同的概念. 这里迁移向量空间的概念和命题正是基于定义的加法和数乘运算满足 8 条性质.

### 7.1.2 线性空间的定义与性质

**定义 1** *设 $P$ 是一个数域, 给定非空集合 $V$, 如果集合 $V$ 的元素对定义的"加法运算"(仍记为 $\boldsymbol{\alpha}+\boldsymbol{\beta},\boldsymbol{\alpha},\boldsymbol{\beta}\in V$) 和"数乘运算"(仍记为 $k\boldsymbol{\alpha},k\in P,\boldsymbol{\alpha}\in V$) 封闭, 则这样的集合 $V$ 称为数域 $P$ 上的***线性空间**.

封闭, 是指 $\boldsymbol{\alpha},\boldsymbol{\beta}\in V,k\in P$, 则 $\boldsymbol{\alpha}+\boldsymbol{\beta}\in V,k\boldsymbol{\alpha}\in V$. 也就是运算的结果仍属于集合 $V$.

因为线性空间是从向量空间抽象而来, 所以我们把线性空间中的元素也称为**向量**. 显然这里的向量已不再具有 3 维几何空间的几何直观意义, 也不再具有 $n$ 维向量空间中向量的 $n$ 元有序数组的具体形式. 由于 $V$ 中元素称为向量, 因此线性空间也称向量空间. 这样, 定义 1 中的"向量"就比之前已经学习的"$n$ 维向量"具有更加广泛的意义, 因而更具有一般性和抽象性. 其"加法"和"数乘"运算, 也比我们已经学习的向量加法和数乘运算意义更加广泛. 所以, 之前 $n$ 维向量的加法和数乘运算可以看作这里的特殊情形.

当 $k=-1$ 时, $-\boldsymbol{\alpha}$ 称为向量 $\boldsymbol{\alpha}$ 的**负向量**(也称负元素); 集合 $V$ 至少含有一个零元素, 该零元素称为**零向量**, 记为 $\mathbf{0}$.

下面给出几个线性空间的例子.

**例 1** $n$ 维实空间 $\mathbf{R}^n$ 关于通常向量的加法和数乘运算构成实数域 $\mathbf{R}$ 上的线

性空间. 当 $n=2$ 时, 就是解析几何中的平面; 当 $n=3$ 时, 就是解析几何中的立体空间.

**例 2** 闭区间 $[a,b]$ 上的所有实连续函数, 按照函数的加法和函数与实数的乘法, 构成实线性空间. 该线性空间通常记为 $C[a,b]$. 此时, 连续函数 $f(x)$ 为线性空间 $C[a,b]$ 中的"向量".

**例 3** 所有数域 $P$ 上的 $m\times n$ 矩阵 $\boldsymbol{A}$ 组成的集合 $V$, 关于矩阵的加法和数乘运算构成数域 $P$ 上的线性空间, 记为 $P^{m\times n}=\{\boldsymbol{A}=(a_{ij})_{m\times n}, a_{ij}\in P\}$. 矩阵 $\boldsymbol{A}$ 称为空间 $P^{m\times n}$ 的"向量".

**例 4** 以 $P[x]$ 表示数域 $P$ 上所有多项式的集合, 则 $P[x]$ 关于多项式的加法和数乘运算构成数域 $P$ 上的线性空间.

**例 5** 对于全体正实数集合 $\mathbf{R}_+$, 定义其中的"加法 $\oplus$"和"数乘 $\otimes$"运算分别为

$$a\oplus b=ab,\quad k\otimes a=a^k,\quad k\in\mathbf{R},\ a,b\in\mathbf{R}_+,$$

这里 $ab$ 和 $a^k$ 分别是通常实数的乘法和指数运算, 则不难验证 $\mathbf{R}_+$ 构成一个实线性空间.

**例 6** 齐次线性方程组 $\boldsymbol{Ax}=\boldsymbol{0}$ 的解集合对于解向量的加法和数乘构成向量空间 (称**解空间**); 但非齐次线性方程组 $\boldsymbol{Ax}=\boldsymbol{b}$ 的解集合不构成线性空间.

**例 7** 设 $W$ 为 $n$ 阶常系数齐次线性微分方程

$$y^{(n)}(x)+a_1y^{(n-1)}(x)+\cdots+a_{n-1}y'(x)+a_ny(x)=0\quad(a_i\in\mathbf{R},i=1,2,\cdots,n)$$

所有解的集合, 则 $W$ 关于通常函数的加法和数与函数的乘法构成实数域 $\mathbf{R}$ 上的线性空间. 非齐次常系数微分方程的解集合不构成线性空间.

线性空间满足以下 8 条性质:

(1) $\boldsymbol{\alpha}+\boldsymbol{\beta}=\boldsymbol{\beta}+\boldsymbol{\alpha},\ \boldsymbol{\alpha},\boldsymbol{\beta}\in V$;

(2) $(\boldsymbol{\alpha}+\boldsymbol{\beta})+\boldsymbol{\theta}=\boldsymbol{\alpha}+(\boldsymbol{\beta}+\boldsymbol{\theta}),\boldsymbol{\alpha},\boldsymbol{\beta},\boldsymbol{\theta}\in V$;

(3) $V$ 中存在一个元素 $\boldsymbol{0}$(0 元素), 使得对任意 $\boldsymbol{\alpha}\in V$, 总有 $\boldsymbol{\alpha}+\boldsymbol{0}=\boldsymbol{\alpha}$;

(4) 对任意 $\boldsymbol{\alpha}\in V$, 总存在 $\boldsymbol{\alpha}'\in V$, 使 $\boldsymbol{\alpha}+\boldsymbol{\alpha}'=\boldsymbol{0}$, 则 $\boldsymbol{\alpha}'$ 称为 $\boldsymbol{\alpha}$ 的负元素, 记为 $-\boldsymbol{\alpha}$;

(5) $1\boldsymbol{\alpha}=\boldsymbol{\alpha},\boldsymbol{\alpha}\in V$;

(6) $k(l\boldsymbol{\alpha})=(kl)\boldsymbol{\alpha}=l(k\boldsymbol{\alpha}),k,l\in P,\boldsymbol{\alpha}\in V$;

(7) $(k+l)\boldsymbol{\alpha}=k\boldsymbol{\alpha}+l\boldsymbol{\alpha},\ k,l\in P,\boldsymbol{\alpha}\in V$;

(8) $k(\boldsymbol{\alpha}+\boldsymbol{\beta})=k\boldsymbol{\alpha}+k\boldsymbol{\beta},\ k\in P,\boldsymbol{\alpha},\boldsymbol{\beta}\in V$.

### 7.1.3 线性空间的基本属性

设 $V$ 是数域 $P$ 上线性空间, 由于 $V$ 内的加法和数乘是以抽象的形式给出来的, 可能与我们熟悉的数域或向量空间中向量的加法和数乘相去甚远, 因此原来习以为常的一些事实需要从逻辑上加以证明. 下面列举一些主要事实.

**结论 1** 线性空间的零元素 $\mathbf{0}$ 是唯一的.

假设 $\mathbf{0}'$ 也是线性空间$V$的零元素, 即对任意的 $\boldsymbol{\alpha} \in V$, 总有 $\boldsymbol{\alpha}+\mathbf{0}'=\boldsymbol{\alpha}$, 则 $\mathbf{0}'=\mathbf{0}+\mathbf{0}'=\mathbf{0}$.

**结论 2** 任一元素的负元素是唯一的. 由此唯一性, 定义 $V$ 的**减法**:

$$\boldsymbol{\alpha}-\boldsymbol{\beta}=\boldsymbol{\alpha}+(-\boldsymbol{\beta}).$$

假设 $\boldsymbol{\alpha}',\boldsymbol{\alpha}''$ 是 $\boldsymbol{\alpha}$ 的负元素, 即 $\boldsymbol{\alpha}'+\boldsymbol{\alpha}=\mathbf{0},\boldsymbol{\alpha}+\boldsymbol{\alpha}''=\mathbf{0}$, 则

$$\boldsymbol{\alpha}''=\mathbf{0}+\boldsymbol{\alpha}''=(\boldsymbol{\alpha}'+\boldsymbol{\alpha})+\boldsymbol{\alpha}''=\boldsymbol{\alpha}'+\mathbf{0}=\boldsymbol{\alpha}'.$$

**结论 3** $0\boldsymbol{\alpha}=\mathbf{0},(-1)\boldsymbol{\alpha}=-\boldsymbol{\alpha}$.

前者是因为

$$\begin{aligned}0\boldsymbol{\alpha}&=\mathbf{0}+0\boldsymbol{\alpha}=((-\boldsymbol{\alpha})+\boldsymbol{\alpha})+0\boldsymbol{\alpha}=(-\boldsymbol{\alpha})+(\boldsymbol{\alpha}+0\boldsymbol{\alpha})\\&=(-\boldsymbol{\alpha})+(1\boldsymbol{\alpha}+0\boldsymbol{\alpha})=(-\boldsymbol{\alpha})+(1+0)\boldsymbol{\alpha}\\&=(-\boldsymbol{\alpha})+1\boldsymbol{\alpha}=(-\boldsymbol{\alpha})+\boldsymbol{\alpha}=\mathbf{0}.\end{aligned}$$

后者是因为 $\boldsymbol{\alpha}+(-1)\boldsymbol{\alpha}=1\boldsymbol{\alpha}+(-1)\boldsymbol{\alpha}=[1+(-1)]\boldsymbol{\alpha}=0\boldsymbol{\alpha}=\mathbf{0}$.

**结论 4** 若 $k\boldsymbol{\alpha}=\mathbf{0}$, 则有 $k=0$ 或 $\boldsymbol{\alpha}=\mathbf{0}$.

如果 $k\neq 0$, 则

$$\begin{aligned}\boldsymbol{\alpha}&=k^{-1}(k\boldsymbol{\alpha})=k^{-1}\mathbf{0}=k^{-1}(\mathbf{0}+\mathbf{0})=k^{-1}\mathbf{0}+k^{-1}\mathbf{0}=k^{-1}\mathbf{0}+k^{-1}[(-1)\mathbf{0}]\\&=k^{-1}\mathbf{0}+[k^{-1}(-1)]\mathbf{0}=k^{-1}\mathbf{0}+(-k^{-1})\mathbf{0}=[k^{-1}+(-k^{-1})]\mathbf{0}=0\mathbf{0}=\mathbf{0}.\end{aligned}$$

**结论 5**(消去律) 对任意的 $\boldsymbol{\alpha},\boldsymbol{\beta},\boldsymbol{\gamma}\in V$, 由 $\boldsymbol{\alpha}+\boldsymbol{\beta}=\boldsymbol{\alpha}+\boldsymbol{\gamma}$, 可推出 $\boldsymbol{\beta}=\boldsymbol{\gamma}$.

由 $-\boldsymbol{\alpha}+\boldsymbol{\alpha}+\boldsymbol{\beta}=-\boldsymbol{\alpha}+\boldsymbol{\alpha}+\boldsymbol{\gamma}$, 可得到 $\mathbf{0}+\boldsymbol{\beta}=\mathbf{0}+\boldsymbol{\gamma}$. 因此结论成立.

**结论 6** 加法可移项, 即由 $\boldsymbol{\alpha}+\boldsymbol{\beta}=\boldsymbol{\gamma}$, 推出 $\boldsymbol{\alpha}=\boldsymbol{\gamma}-\boldsymbol{\beta}$.

$$\boldsymbol{\alpha}=\boldsymbol{\alpha}+\mathbf{0}=\boldsymbol{\alpha}+(\boldsymbol{\beta}+(-\boldsymbol{\beta}))=(\boldsymbol{\alpha}+\boldsymbol{\beta})-\boldsymbol{\beta}=\boldsymbol{\gamma}-\boldsymbol{\beta}.$$

### 7.1.4 线性空间的基本概念

对于线性空间, 既然其中的元素称为向量, 自然同 $n$ 维向量一样, 可以讨论它们的线性相关性、极大线性无关组、向量组的秩、线性表示、等价等概念, 而且有关结论也依然成立, 这里不再详细赘述, 只是简单重复几个重要的概念.

(1) 线性相关与线性无关. 向量 $\boldsymbol{\alpha}_1,\boldsymbol{\alpha}_2,\cdots,\boldsymbol{\alpha}_s$ 是数域 $P$ 上线性空间 $V$ 的一个向量组, 若存在 $P$ 中不全为 0 的数 $k_1,k_2,\cdots,k_s$, 使得

$$k_1\boldsymbol{\alpha}_1+k_2\boldsymbol{\alpha}_2+\cdots+k_s\boldsymbol{\alpha}_s=\mathbf{0},$$

则称 $\boldsymbol{\alpha}_1,\boldsymbol{\alpha}_2,\cdots,\boldsymbol{\alpha}_s$ 线性相关. 否则称线性无关.

例如, $1,x,\cdots,x^n$ 线性无关. 这是因为要使 $k_0\cdot 1+k_1x+\cdots+k_nx^n=0$(对所有 $x$), 只有 $k_0=k_1=\cdots=k_n=0$ 成立才可以; 而 $x,2x,3x$ 线性相关, 因为存在非零的数 $-1,-1,1$, 使 $-x-2x+3x=0$.

同理可以验证向量

$$\boldsymbol{e}_1=\begin{pmatrix}1&0\\0&0\end{pmatrix},\quad \boldsymbol{e}_2=\begin{pmatrix}0&1\\0&0\end{pmatrix},\quad \boldsymbol{e}_3=\begin{pmatrix}0&0\\1&0\end{pmatrix},\quad \boldsymbol{e}_4=\begin{pmatrix}0&0\\0&1\end{pmatrix}$$

是线性无关的.

(2) 线性表示. 给定线性空间 $V$ 中一个向量组 $\boldsymbol{\alpha}_1,\boldsymbol{\alpha}_2,\cdots,\boldsymbol{\alpha}_s$, 如果对 $V$ 中向量 $\boldsymbol{\beta}$, 存在数域 $P$ 内的数 $k_1,k_2,\cdots,k_s$, 使得

$$\boldsymbol{\beta}=k_1\boldsymbol{\alpha}_1+k_2\boldsymbol{\alpha}_2+\cdots+k_s\boldsymbol{\alpha}_s,$$

则称向量 $\boldsymbol{\beta}$ 可由向量组 $\boldsymbol{\alpha}_1,\boldsymbol{\alpha}_2,\cdots,\boldsymbol{\alpha}_s$ 线性表示.

给定线性空间 $V$ 中两个向量组 Ⅰ: $\boldsymbol{\alpha}_1,\boldsymbol{\alpha}_2,\cdots,\boldsymbol{\alpha}_s$; Ⅱ: $\boldsymbol{\beta}_1,\boldsymbol{\beta}_2,\cdots,\boldsymbol{\beta}_t$. 如果向量组 Ⅰ 与 Ⅱ 能相互线性表示, 则称向量组等价.

(3) 极大线性无关组与向量组的秩. 给定线性空间 $V$ 中一个向量组 Ⅰ: $\boldsymbol{\alpha}_1,\boldsymbol{\alpha}_2,\cdots,\boldsymbol{\alpha}_s$, 如果它的一个部分组 $\text{I}_1$ : $\boldsymbol{\alpha}_{i_1},\boldsymbol{\alpha}_{i_2},\cdots,\boldsymbol{\alpha}_{i_r}$ 满足:①部分向量组 $\text{I}_1$ 线性无关; ②向量组 Ⅰ 中任意一个向量都能由这个部分向量组 $\text{I}_1$ 线性表示. 则称部分向量组 $\text{I}_1$ 是向量组 Ⅰ 的极大线性无关组, 其中向量的个数 $r$ 称为向量组 Ⅰ 的秩.

**例 8** 在实数域上线性空间 $C[a,b]$ 内给定向量组 Ⅰ: $\mathrm{e}^{r_1x}$, $\mathrm{e}^{r_2x}$, 其中 $r_1\neq r_2$, 判断该向量组的线性相关性.

**解** 设 $k_1,k_2\in\mathbf{R}$ 满足

$$k_1\mathrm{e}^{r_1x}+k_2\mathrm{e}^{r_2x}=0.$$

上式的含义就是能否找到两个不全为 0 的数 $k_1,k_2$, 使得上式对所有的变量 $x$ 成立?

**方法一** 假设 $k_1,k_2$ 不全为 0(不妨设 $k_1\neq 0$), 则 $\mathrm{e}^{(r_1-r_2)x}=-\dfrac{k_2}{k_1}$. 该式左端是变量 $x$ 的单调函数, 右端是一常数, 这是矛盾的. 因此不全为 0 的 $k_1,k_2$ 不存在, 故向量组 Ⅰ 线性无关.

**方法二** 对等式求导, 得到 $k_1r_1\mathrm{e}^{r_1x}+k_2r_2\mathrm{e}^{r_2x}=0$. 联立 $k_1\mathrm{e}^{r_1x}+k_2\mathrm{e}^{r_2x}=0$, 其系数行列式 $D=\mathrm{e}^{(r_1+r_2)x}(r_2-r_1)\neq 0$. 因此 $k_1=k_2=0$.

**方法三** 取 $x=0,x=1$, 得到

$$k_1+k_2=0,\quad \mathrm{e}^{r_1}k_1+\mathrm{e}^{r_2}k_2=0.$$

该方程组系数行列式 $D=\mathrm{e}^{r_2}-\mathrm{e}^{r_1}\neq 0$, 因此 $k_1=k_2=0$.

**例 9** 考察集合 $\mathbf{Q}(\sqrt{2})=\{a+b\sqrt{2},a,b\in\mathbf{Q}\}$. 在其中定义加法为普通实数加法, 与任意有理数 $k$ 的数乘为有理数与实数的乘法, 那么关于上述加法和数乘运算, $\mathbf{Q}(\sqrt{2})$ 构成有理数域上线性空间.在这一线性空间中取向量 $-2,3,\sqrt{2}$, 显然是它线性相关的. 因为存在非零数 $\frac{1}{2},\frac{1}{3}$, 使得

$$\frac{1}{2}\cdot(-2)+\frac{1}{3}\cdot 3+0\cdot\sqrt{2}=0.$$

给定 $\mathbf{Q}(\sqrt{2})$ 中向量组 $3,\sqrt{2}$, 设 $k_1,k_2\in\mathbf{Q}$ 满足 $k_1\cdot 3+k_2\sqrt{2}=0$. 则 $k_1=k_2=0$. 否则, 若 $k_2\neq 0$, 则 $\sqrt{2}=\frac{3k_1}{k_2}$, 这与 $\sqrt{2}$ 是无理数矛盾. 因此向量组 $3,\sqrt{2}$ 线性无关.

由于 $-2=-\frac{2}{3}\cdot 3+0\cdot\sqrt{2}$, 因此部分向量组 $3,\sqrt{2}$ 是向量组 $-2,3,\sqrt{2}$ 的一个极大线性无关组. 同理, 向量组 $-2,\sqrt{2}$ 也是一个极大线性无关组. 但向量组 $-2,3$ 就不是极大线性无关组.

### 7.1.5 子空间

在 3 维几何空间中, 通过原点的平面 $\pi$ 上所有向量 $(x,y,0)$ 对于加法和数乘组成一个 2 维的线性空间. 这个线性空间是 3 维线性空间的一部分, 它称为 3 维几何空间的子空间.

**定义 2** *数域 $P$ 上线性空间 $V$ 的一个非空子集合 $W$, 如果对 $V$ 定义的加法和数乘运算封闭, 则称 $W$ 为 $V$ 的***子空间**.

根据定义 2, 判断子空间有下面简单的准则.

**准则** *$W$ 是线性空间 $V$ 的子空间的充分必要条件是:*

*(1) $W$ 是 $V$ 的非空子集;*

*(2) $W$ 关于 $V$ 的向量加法运算封闭, 即 $\boldsymbol{\alpha},\boldsymbol{\beta}\in W$, 仍有 $\boldsymbol{\alpha}+\boldsymbol{\beta}\in W$;*

*(3) $W$ 对 $V$ 的数乘运算封闭, 即 $\boldsymbol{\alpha}\in W,k\in P$, 仍有 $k\boldsymbol{\alpha}\in W$.*

由此, 我们有以下结论:

(i) 既然 $W$ 对加法和数乘运算封闭, 即 $\boldsymbol{\alpha}\in W$, 则 $k\boldsymbol{\alpha}\in W$. 因此, 取 $k=0,-1$, 那么子空间 $W$ 一定含零元素 $\mathbf{0}$ 和负元素 $-\boldsymbol{\alpha}$, 也就是子空间一定是非空的.

(ii) 线性空间 $V$ 本身也是其一个子空间; 单个零元素 $\mathbf{0}$ 组成的子集合 $\{\mathbf{0}\}$ 构成零子空间. 这是两个**平凡子空间**. 其他类型的子空间为**非平凡子空间**.

**例 10**　设 $W$ 为数域 $P$ 上 $n$ 阶对称矩阵集合, 容易验证它是数域 $P$ 上 $n$ 阶矩阵组成线性空间 $P^{n\times n}$ 的子空间.

**例 11**　设 $n$ 是非负整数, $P_n[x]$ 是所有次数不超过 $n$ 的多项式集合, 则 $P_n[x]$ 是线性空间 $P[x]$ 的子空间. 若 $W$ 是次数大于 1 的多项式集合, 可以验证它不是 $P[x]$ 的子空间.

**例 12**　设 $V$ 是数域 $P$ 上的线性空间, $\boldsymbol{\alpha}_1, \boldsymbol{\alpha}_2, \cdots, \boldsymbol{\alpha}_t \in V$, 则集合

$$W = \{k_1\boldsymbol{\alpha}_1 + k_2\boldsymbol{\alpha}_2 + \cdots + k_t\boldsymbol{\alpha}_t, k_i \in P, i = 1, 2, \cdots, t\}$$

是 $V$ 的子空间. 该子空间称为由 $\boldsymbol{\alpha}_1, \boldsymbol{\alpha}_2, \cdots, \boldsymbol{\alpha}_t$ 生成的子空间, 记为

$$W = L(\boldsymbol{\alpha}_1, \boldsymbol{\alpha}_2, \cdots, \boldsymbol{\alpha}_t).$$

也可记为 $\mathrm{Span}(\boldsymbol{\alpha}_1, \boldsymbol{\alpha}_2, \cdots, \boldsymbol{\alpha}_t)$.

## 习　题　7.1

1. 检验以下集合对于所给出的线性运算是否构成实数域上的线性空间.

(1) 全体 $n$ 阶实对称矩阵 (反对称矩阵、上三角矩阵), 对于矩阵的加法、数乘运算;

(2) 平面上不平行于某一向量的全部向量组成的集合, 对于向量的加法和数乘运算;

(3) 全体实数的 2 元数组, 对于下面定义的运算:

$$(a_1, b_1) \oplus (a_2, b_2) = (a_1 + a_2, b_1 + b_2 + a_1a_2);\ k \cdot (a_1, b_1) = \left(ka_1, kb_1 + \frac{k(k-1)}{2}a_1^2\right);$$

(4) 平面上全体向量, 对于通常的向量加法和如下定义的数量乘法: $k \cdot \boldsymbol{\alpha} = \mathbf{0}$;

(5) 集合的加法同 (4), 数量乘法定义为 $k \cdot \boldsymbol{\alpha} = \boldsymbol{\alpha}$;

(6) $[0, 1]$ 区间上可导函数全体对函数的加法和数乘运算;

(7) 以 0 为极限的实数列全体, 定义加法和数乘运算:

$$\{a_n\} + \{b_n\} = \{a_n + b_n\};\quad k\{a_n\} = \{ka_n\};$$

(8) 全体 2 维实向量组成的集合 $V$, 关于通常向量的加法及如下定义的数乘运算:

$$k \circ (a, b) = (ka, 0);$$

(9) 全体 2 维实向量组成的集合 $V$, 关于通常向量的数乘运算和如下定义的加法运算:

$$(a,b)\oplus(c,d)=(a+c+1,b+d+1).$$

2. 在线性空间中, 证明:

(1) $-(-\boldsymbol{\alpha})=\boldsymbol{\alpha}$;

(2) $k(\boldsymbol{\alpha}-\boldsymbol{\beta})=k\boldsymbol{\alpha}-k\boldsymbol{\beta}$.

3. 判断 $n$ 维行向量空间 $\mathbf{R}^n$ 的下列子集是否构成子空间.

(1) $W_1=\{(a_1,a_2,\cdots,a_n)|a_1+a_2+\cdots+a_n=0\}$;

(2) $W_2=\{(a_1,a_2,\cdots,a_n)|a_1+a_2+\cdots+a_n=1\}$;

(3) $W_3=\{(a_1,a_2,\cdots,a_n)|a_1=0\}$;

(4) $W_4=\{(a_1,a_2,\cdots,a_n)|a_1=a_2=\cdots=a_n\}$;

(5) $W_5=\{(a_1,a_2,\cdots,a_n)|a_i\geqslant 0,i=1,2,\cdots,n\}$.

4. $V=C[0,1]$ 上的下列子集是否构成子空间?

(1) $W_1=\{f(x)|f(x)=0,f(x)\in V\}$;

(2) $W_2=\{f(x)|f(x)=f(1-x),f(x)\in V\}$;

(3) $W_3=\{f(x)|2f(0)=f(1),f(x)\in V\}$;

(4) $W_4=\{f(x)|f(x)>0,f(x)\in V\}$.

5. 如果 $c_1\boldsymbol{\alpha}+c_2\boldsymbol{\beta}+c_3\boldsymbol{\gamma}=\mathbf{0},c_1c_3\neq 0$. 证明 $L(\boldsymbol{\alpha},\boldsymbol{\beta})=L(\boldsymbol{\beta},\boldsymbol{\gamma})$.

6. 在实数域上线性空间 $C[-\pi,\pi]$ 内判断下列向量组是否线性相关? 并求它们的秩.

(1) $\cos^2 x,\sin^2 x$;　　(2) $\cos^2 x,\sin^2 x,1$;　　(3)$1,\sin x,\sin^2 x,\cdots,\sin^n x$;

(4) $\sin x,\sin\sqrt{2}x$;　　(5)$1,\sin x,\sin 2x,\cdots,\sin nx$.

7. 设 $\omega=\dfrac{-1+\sqrt{3}\mathrm{i}}{2},\mathbf{Q}(\omega)=\{a+b\omega|a,b\in\mathbf{Q}\}$. 定义 $\mathbf{Q}(\omega)$ 内元素加法为普通的加法, 与有理数 $k$ 相乘为普通的数的乘法. 证明 $\mathbf{Q}(\omega)$ 关于定义的加法和数乘运算构成有理数域上的线性空间.

8. 如果 $f_1(x),f_2(x),f_3(x)$ 是线性空间 $P[x]$ 上 3 个互素多项式, 其中任意两个都不互素. 证明它们线性无关.

## 7.2 线性空间的基与维数

7.1 节理清了线性空间的概念, 一个问题是, 给定一个线性空间 $V$, 是否存在若干向量, 它们恰好生成线性空间 $V$? 这就是本节介绍的线性空间核心内容: 基和维数.

### 7.2.1　线性空间的维数与基

**命题 1**　设 $V$ 是数域 $P$ 上的线性空间, 且 $V$ 中存在 $n$ 个线性无关的向量组 Ⅰ: $\boldsymbol{\alpha}_1,\boldsymbol{\alpha}_2,\cdots,\boldsymbol{\alpha}_n$, 使 $V$ 中任一向量都可以由向量组 Ⅰ 线性表示.

(1) 任给 $V$ 中 $n$ 个线性无关向量组Ⅱ: $\boldsymbol{\eta}_1,\boldsymbol{\eta}_2,\cdots,\boldsymbol{\eta}_n$, 则 $V$ 中任一向量都可以由向量组Ⅱ线性表示;

(2) 如果Ⅲ: $\boldsymbol{\beta}_1,\boldsymbol{\beta}_2,\cdots,\boldsymbol{\beta}_s$ 是 $V$ 的线性无关向量组, 且 $V$ 的任一向量都可以被它们线性表示, 则 $s=n$.

**证明**　(1) 任给向量 $\boldsymbol{\alpha}\in V$, 则向量组 (Ⅱ, $\boldsymbol{\alpha}$) 能被向量组 Ⅰ 线性表示. 由于该向量组的个数为 $n+1$, 因此 (Ⅱ, $\boldsymbol{\alpha}$) 必线性相关 (“多”的向量组能由“少”的向量组线性表示,“多”的向量组一定线性相关). 由于Ⅱ线性无关, 因此向量 $\boldsymbol{\alpha}$ 一定可以由向量组Ⅱ唯一线性表示.

(2) 由于向量组Ⅲ能由向量组 Ⅰ 线性表示, Ⅰ 也能由Ⅲ线性表示, 因此向量组 Ⅰ 与Ⅲ等价. 等价的向量组有相同的秩, 故 $s=n$.

**定义 3**　设 $V$ 是数域 $P$ 上的线性空间, 如果 $V$ 中存在 $n$ 个线性无关的向量组

$$\boldsymbol{\alpha}_1,\boldsymbol{\alpha}_2,\cdots,\boldsymbol{\alpha}_n,$$

使 $V$ 中任一向量都可以由该向量组线性表示, 则称 $V$ 为 $n$ **维线性空间**, $n$ 称为线性空间 $V$ 的**维数**, 记为 $\dim(V)=n$, 该向量组称为 $V$ 的**一组基**. 零空间的维数规定为 0, 即 $\dim(\{\mathbf{0}\})=0$.

如果 $n=\infty$(即线性空间中存在任意多个线性无关的向量), 则称 $V$ 为无限维线性空间, 否则称 $V$ 为有限维线性空间. 例如, 线性空间 $P[x]$ 和 $C[a,b]$ 都是无限维线性空间. 本书不讨论无限维线性空间.

根据命题 1 可知, 在 $n$ 维线性空间中, 任意 $n$ 个线性无关向量组都是它的一组基. 反之, 它的任意一组基也一定含有 $n$ 个线性无关的向量.

根据定义 3, 线性空间 $V$ 的基本质上就是 $V$ 的极大线性无关组, 因此线性空间 $V$ 的基是不唯一的, 不同基之间是等价关系, 即可以相互线性表示.

向量组 $\boldsymbol{\alpha}_1,\boldsymbol{\alpha}_2,\cdots,\boldsymbol{\alpha}_s$ 生成的线性空间 $L(\boldsymbol{\alpha}_1,\boldsymbol{\alpha}_2,\cdots,\boldsymbol{\alpha}_s)$ 的维数等于该向量组的秩.

按照定义 3, 不难看出, 把全体复数所组成的集合看作复数域 $\mathbf{C}$ 上的线性空间, 则数 1(当作向量) 是它的一组基, 故此线性空间是 1 维的. 如果把它视为实数域上的线性空间, 则 1, i 是它的一组基, 其维数为 2. 几何空间 $\mathbf{R}^3$ 是 3 维的, 其一组基为基本单位向量 $\boldsymbol{i}=(1,0,0),\boldsymbol{j}=(0,1,0),\boldsymbol{k}=(0,0,1)$. 数域 $P$ 上次数不超过 $n$ 的多项式组成的线性空间

$$P_n[x]=\{f(x)=a_nx^n+a_{n-1}x^{n-1}+\cdots+a_1x+a_0|a_j\in P,j=0,1,\cdots,n\}$$

是 $n+1$ 维的, 其一组基为 $1, x, \cdots, x^{n-1}, x^n$.

在一个 $n$ 维线性空间中, 任意 $n+1$ 个向量一定线性相关; $V$ 中任意一个向量 $\boldsymbol{\alpha}$ 都可由它的基 $\boldsymbol{\alpha}_1, \boldsymbol{\alpha}_2, \cdots, \boldsymbol{\alpha}_n$ 唯一线性表示:

$$\boldsymbol{\alpha} = a_1\boldsymbol{\alpha}_1 + a_2\boldsymbol{\alpha}_2 + \cdots + a_n\boldsymbol{\alpha}_n = (\boldsymbol{\alpha}_1, \boldsymbol{\alpha}_2, \cdots, \boldsymbol{\alpha}_n)\begin{pmatrix} a_1 \\ a_2 \\ \vdots \\ a_n \end{pmatrix}, \tag{1}$$

其中 $(a_1, a_2, \cdots, a_n)$ 称为向量 $\boldsymbol{\alpha}$ 在基 $\boldsymbol{\alpha}_1, \boldsymbol{\alpha}_2, \cdots, \boldsymbol{\alpha}_n$ 下的**坐标**.

在 $n$ 维线性空间 $V$ 中取定一组基后, $V$ 中元素在这组基下通过式 (1) 与 $n$ 维向量 $(a_1, a_2, \cdots, a_n)^{\mathrm{T}}$ 建立了一一对应关系, 并且线性空间 $V$ 中任意向量都可以由这组基线性表示出来. 特别地, 当 $V$ 是实数域 $\mathbf{R}$ 上 $n$ 维实线性空间时,$V$ 就与 $\mathbf{R}^n$ 之间建立了一一对应关系 (这也是我们把线性空间中的元素称为向量的原因之一).

例如, 在 $P_n[x]$ 空间中,$1, x, \cdots, x^n$ 是其一组基 (这组基是 $P_n[x]$ 空间中比较简单的一组基, 因为空间中任意向量都可以比较容易得到在这组基下的坐标), 那么向量

$$x^n + 1 = 1\cdot 1 + 0\cdot x + \cdots + 0\cdot x^{n-1} + 1\cdot x^n = (1, x, \cdots, x^n)\begin{pmatrix} 1 \\ 0 \\ \vdots \\ 0 \\ 1 \end{pmatrix}.$$

**例 13** 线性方程组 $\boldsymbol{Ax} = \boldsymbol{0}$ 的解空间的维数为 $n - r(\boldsymbol{A})$($n$ 为未知数的个数), 基础解系就是该空间的基. 因为它的任一解都能由基础解系线性表示.

对线性空间 $V$ 而言, 确定它的基和维数是一个基本的问题. 以上几个线性空间的维数和基的确定相对简单了些, 下面通过几个例子给出确定较为一般线性空间 $V$ 的基和维数的基本方法, 请仔细体会.

**例 14** 确定数域 $P$ 上线性空间 $P^{m\times n}$ 的维数与它的一组基.

**解** 设 $\boldsymbol{e}_{ij}$ $(i = 1, 2, \cdots, m; j = 1, 2, \cdots, n)$ 表示元素 $a_{ij} = 1$, 其他所有元素全为 0 的矩阵, 不难验证向量组

$$\text{I}: \boldsymbol{e}_{11}, \boldsymbol{e}_{12}, \cdots, \boldsymbol{e}_{1n}, \boldsymbol{e}_{21}, \boldsymbol{e}_{22}, \cdots, \boldsymbol{e}_{2n}, \cdots, \boldsymbol{e}_{m1}, \boldsymbol{e}_{m2}, \cdots, \boldsymbol{e}_{mn}$$

线性无关, 且对任意的矩阵 $\boldsymbol{A} = (a_{ij}) \in P^{m\times n}$, 有

$$\boldsymbol{A} = a_{11}\boldsymbol{e}_{11} + a_{12}\boldsymbol{e}_{12} + \cdots + a_{1n}\boldsymbol{e}_{1n} + a_{21}\boldsymbol{e}_{21} + a_{22}\boldsymbol{e}_{22} + \cdots + a_{2n}\boldsymbol{e}_{2n}$$

$$+\cdots+a_{m1}\boldsymbol{e}_{m1}+a_{m2}\boldsymbol{e}_{m2}+\cdots+a_{mn}\boldsymbol{e}_{mn},$$

因此, 线性空间 $P^{m\times n}$ 的维数为 $mn$, 向量组 I 为其一组基.

根据该例, 对于数域 $P$ 上线性空间 $P^{2\times 2}$, 其任意向量都可以由基 I $(m=n=2)$ 线性表示, 例如, 向量

$$\boldsymbol{\alpha}=\begin{pmatrix}-1 & -2\\ 2 & 3\end{pmatrix}=-\boldsymbol{e}_{11}-2\boldsymbol{e}_{12}+2\boldsymbol{e}_{21}+3\boldsymbol{e}_{22}=(\boldsymbol{e}_{11},\boldsymbol{e}_{12},\boldsymbol{e}_{21},\boldsymbol{e}_{22})(-1,-2,2,3)^{\mathrm{T}};$$

$$\boldsymbol{\beta}=\begin{pmatrix}3 & 2\\ -4 & 1\end{pmatrix}=3\boldsymbol{e}_{11}+2\boldsymbol{e}_{12}-4\boldsymbol{e}_{21}+\boldsymbol{e}_{22}=(\boldsymbol{e}_{11},\boldsymbol{e}_{12},\boldsymbol{e}_{21},\boldsymbol{e}_{22})(3,2,-4,1)^{\mathrm{T}}.$$

**例 15**　求实线性空间 $V=\{(x_1,x_2,x_3)|x_1+x_2+x_3=0\}$ 的一组基和维数.

**解**　对任意的 $\boldsymbol{x}=(x_1,x_2,x_3)\in V$, 有 (注意到 $x_1=-x_2-x_3$)

$$\boldsymbol{x}=(-x_2-x_3,x_2,x_3)=x_2(-1,1,0)+x_3(-1,0,1).$$

容易验证向量 $\boldsymbol{\alpha}_1=(-1,1,0),\boldsymbol{\alpha}_2=(-1,0,1)$ 线性无关. 因此 $\boldsymbol{\alpha}_1,\boldsymbol{\alpha}_2$ 为 $V$ 的一组基, 其维数为 2.

**例 16**　设 $\boldsymbol{A}=\begin{pmatrix}1 & 0 & 0\\ 0 & 1 & 0\\ 3 & 1 & 2\end{pmatrix}$, 求 $P^{3\times 3}$ 中与矩阵 $\boldsymbol{A}$ 可交换的矩阵构成的线性空间 $V$ 的维数和一组基.

**解**　设矩阵 $\boldsymbol{B}=\begin{pmatrix}a_1 & a_2 & a_3\\ b_1 & b_2 & b_3\\ c_1 & c_2 & c_3\end{pmatrix}$ 与矩阵 $\boldsymbol{A}$ 可交换, 则由 $\boldsymbol{AB}=\boldsymbol{BA}$, 得

$$\boldsymbol{B}=\begin{pmatrix}a_1 & a_2 & 0\\ b_1 & b_2 & 0\\ -3a_1-b_1+3c_3 & -3a_2-b_2+c_3 & c_3\end{pmatrix}.$$

显然 $\boldsymbol{B}=a_1\boldsymbol{B}_1+a_2\boldsymbol{B}_2+b_1\boldsymbol{B}_3+b_2\boldsymbol{B}_4+c_3\boldsymbol{B}_5$, 其中

$$\boldsymbol{B}_1=\begin{pmatrix}1 & 0 & 0\\ 0 & 0 & 0\\ -3 & 0 & 0\end{pmatrix},\quad \boldsymbol{B}_2=\begin{pmatrix}0 & 1 & 0\\ 0 & 0 & 0\\ 0 & -3 & 0\end{pmatrix},\quad \boldsymbol{B}_3=\begin{pmatrix}0 & 0 & 0\\ 1 & 0 & 0\\ -1 & 0 & 0\end{pmatrix},$$

$$\boldsymbol{B}_4=\begin{pmatrix}0 & 0 & 0\\ 0 & 1 & 0\\ 0 & -1 & 0\end{pmatrix},\quad \boldsymbol{B}_5=\begin{pmatrix}0 & 0 & 0\\ 0 & 0 & 0\\ 3 & 1 & 1\end{pmatrix}.$$

容易验证 $\boldsymbol{B}_1,\boldsymbol{B}_2,\boldsymbol{B}_3,\boldsymbol{B}_4,\boldsymbol{B}_5$ 线性无关, 且为线性空间 $V$ 的一组基, 其维数为 5.

通过以上实例, 只要能找到一组线性无关向量, 使得空间 $V$ 中任意向量都能由这组向量线性表示, 那么这组线性无关向量就是该空间的一组基, 向量组中线性无关向量的个数就是维数.

### 7.2.2 线性空间的基变换与向量的坐标

线性空间的维数是唯一的, 但基不唯一 (不同基之间等价). 现在来讨论线性空间 $V$ 的两组基之间的关系, 在此基础上, 讨论 $V$ 中的任意向量在不同基下坐标之间的关系.

设 $E_1:\boldsymbol{\alpha}_1,\boldsymbol{\alpha}_2,\cdots,\boldsymbol{\alpha}_n$ 和 $E_2:\boldsymbol{\beta}_1,\boldsymbol{\beta}_2,\cdots,\boldsymbol{\beta}_n$ 是 $n$ 维线性空间 $V$ 的两组基. 根据基的定义, 这两组基 $E_1$ 与 $E_2$ 之间可以相互线性表示, 所以

$$\begin{cases}\boldsymbol{\beta}_1=a_{11}\boldsymbol{\alpha}_1+a_{21}\boldsymbol{\alpha}_2+\cdots+a_{n1}\boldsymbol{\alpha}_n,\\ \boldsymbol{\beta}_2=a_{12}\boldsymbol{\alpha}_1+a_{22}\boldsymbol{\alpha}_2+\cdots+a_{n2}\boldsymbol{\alpha}_n,\\ \qquad\qquad\cdots\cdots\\ \boldsymbol{\beta}_n=a_{1n}\boldsymbol{\alpha}_1+a_{2n}\boldsymbol{\alpha}_2+\cdots+a_{nn}\boldsymbol{\alpha}_n,\end{cases}$$

简写为

$$(\boldsymbol{\beta}_1,\boldsymbol{\beta}_2,\cdots,\boldsymbol{\beta}_n)=(\boldsymbol{\alpha}_1,\boldsymbol{\alpha}_2,\cdots,\boldsymbol{\alpha}_n)\boldsymbol{A},\quad \boldsymbol{A}=(a_{ij})_{n\times n},\tag{2}$$

称式 (2) 中的矩阵 $\boldsymbol{A}$ 为由基 $E_1$ 到基 $E_2$ 的**过渡矩阵**.

不难看出, 过渡矩阵 $\boldsymbol{A}$ 是可逆的, 并由式 (2), 矩阵 $\boldsymbol{A}$ 的逆矩阵 $\boldsymbol{A}^{-1}$ 为由基 $E_2$ 到基 $E_1$ 的过渡矩阵.

特别注意, 公式 (2) 是形式上的表示法, 与基向量组为行向量或列向量无关.

在 $\mathbf{R}^n$ 空间中, 基本单位向量组 $A_1:\boldsymbol{e}_1,\boldsymbol{e}_2,\cdots,\boldsymbol{e}_n$ 是一组基, 线性无关向量组

$$A_2:\boldsymbol{\alpha}_1=(1,1,\cdots,1),\boldsymbol{\alpha}_2=(0,1,\cdots,1),\boldsymbol{\alpha}_3=(0,0,1,\cdots,1),\cdots,\boldsymbol{\alpha}_n=(0,0,\cdots,1)$$

也是线性空间 $\mathbf{R}^n$ 的一组基, 显然有

$$(\boldsymbol{\alpha}_1,\boldsymbol{\alpha}_2,\cdots,\boldsymbol{\alpha}_n)=(\boldsymbol{e}_1,\boldsymbol{e}_2,\cdots,\boldsymbol{e}_n)\begin{pmatrix}1&&&\\1&1&&\\\vdots&\vdots&\ddots&\\1&1&\cdots&1\end{pmatrix},$$

故基 $A_1$ 到 $A_2$ 的过渡矩阵 $\boldsymbol{A}=\begin{pmatrix}1&&&\\1&1&&\\\vdots&\vdots&\ddots&\\1&1&\cdots&1\end{pmatrix}$. 自然, 基 $A_2$ 到 $A_1$ 的过渡矩阵为 $\boldsymbol{A}^{-1}$.

现在看同一个向量在两组基下坐标之间的变换关系. 设向量 $\gamma \in V$ 在两组基 $E_1, E_2$ 下的坐标分别为

$$\boldsymbol{x} = (x_1, x_2, \cdots, x_n)^{\mathrm{T}}; \quad \boldsymbol{y} = (y_1, y_2, \cdots, y_n)^{\mathrm{T}},$$

即

$$\gamma = (\boldsymbol{\alpha}_1, \boldsymbol{\alpha}_2, \cdots, \boldsymbol{\alpha}_n)\boldsymbol{x}; \quad \gamma = (\boldsymbol{\beta}_1, \boldsymbol{\beta}_2, \cdots, \boldsymbol{\beta}_n)\boldsymbol{y}.$$

则由式 (2), $\gamma = (\boldsymbol{\beta}_1, \boldsymbol{\beta}_2, \cdots, \boldsymbol{\beta}_n)\boldsymbol{y} = (\boldsymbol{\alpha}_1, \boldsymbol{\alpha}_2, \cdots, \boldsymbol{\alpha}_n)\boldsymbol{A}\boldsymbol{y}$, 因此, 坐标 $\boldsymbol{x}$ 与 $\boldsymbol{y}$ 的关系式为

$$\boldsymbol{x} = \boldsymbol{A}\boldsymbol{y} \quad (\text{或 } \boldsymbol{y} = \boldsymbol{A}^{-1}\boldsymbol{x}). \tag{3}$$

式 (3) 称为**坐标变换**. 如何计算 $n$ 维线性空间 $V$ 的两组基 $E_1 : \boldsymbol{\alpha}_1, \boldsymbol{\alpha}_2, \cdots, \boldsymbol{\alpha}_n; E_2 : \boldsymbol{\beta}_1, \boldsymbol{\beta}_2, \cdots, \boldsymbol{\beta}_n$ 的过渡矩阵? 注意体会以下具体实例.

**例 17**　给定 $\mathbf{R}^3$ 中两组基

$$\boldsymbol{\alpha}_1 = \begin{pmatrix} 1 \\ 2 \\ 1 \end{pmatrix}, \quad \boldsymbol{\alpha}_2 = \begin{pmatrix} 2 \\ 3 \\ 3 \end{pmatrix}, \quad \boldsymbol{\alpha}_3 = \begin{pmatrix} 3 \\ 7 \\ 1 \end{pmatrix}$$

和

$$\boldsymbol{\beta}_1 = \begin{pmatrix} 3 \\ 1 \\ 4 \end{pmatrix}, \quad \boldsymbol{\beta}_2 = \begin{pmatrix} 5 \\ 2 \\ 1 \end{pmatrix}, \quad \boldsymbol{\beta}_3 = \begin{pmatrix} 1 \\ 1 \\ -6 \end{pmatrix}.$$

(1) 求由 $\boldsymbol{\alpha}_1, \boldsymbol{\alpha}_2, \boldsymbol{\alpha}_3$ 到 $\boldsymbol{\beta}_1, \boldsymbol{\beta}_2, \boldsymbol{\beta}_3$ 的过渡矩阵;

(2) 向量 $\gamma$ 在基 $\boldsymbol{\beta}_1, \boldsymbol{\beta}_2, \boldsymbol{\beta}_3$ 下的坐标为 $(1, -1, 0)^{\mathrm{T}}$, 求 $\gamma$ 在基 $\boldsymbol{\alpha}_1, \boldsymbol{\alpha}_2, \boldsymbol{\alpha}_3$ 下的坐标.

**解**　(1) 由式 (2) 得下述矩阵方程

$$\begin{pmatrix} 3 & 5 & 1 \\ 1 & 2 & 1 \\ 4 & 1 & -6 \end{pmatrix} = \begin{pmatrix} 1 & 2 & 3 \\ 2 & 3 & 7 \\ 1 & 3 & 1 \end{pmatrix} \boldsymbol{A},$$

其中 $\boldsymbol{A}$ 是要求的过渡矩阵, 解得 $\boldsymbol{A} = \begin{pmatrix} -27 & -71 & -41 \\ 9 & 20 & 9 \\ 4 & 12 & 8 \end{pmatrix}$.

(2) 根据式 (3), $\gamma$ 在 $\boldsymbol{\alpha}_1, \boldsymbol{\alpha}_2, \boldsymbol{\alpha}_3$ 下的坐标为 $\boldsymbol{A}\begin{pmatrix} 1 \\ -1 \\ 0 \end{pmatrix} = \begin{pmatrix} 44 \\ -11 \\ -8 \end{pmatrix}$.

注意, 该例提供了“基向量为通常 $n$ 维向量, 且以列向量形式给出”情形过渡矩阵的计算方法. 对于“基向量为通常 $n$ 维向量, 且以行向量形式给出”情形, 两组基的过渡矩阵计算公式如何呢? 设 $n$ 维线性空间 $V$ 的两组基分别为

$$A_1:\boldsymbol{\alpha}_i=(a_{i1},a_{i2},\cdots,a_{in});\quad A_2:\boldsymbol{\beta}_i=(b_{i1},b_{i2},\cdots,b_{in});\quad i=1,2,\cdots,n,$$

则基 $A_1$ 到基 $A_2$ 的过渡矩阵

$$\boldsymbol{A}=(\boldsymbol{\alpha}_1^{\mathrm{T}},\boldsymbol{\alpha}_2^{\mathrm{T}},\cdots,\boldsymbol{\alpha}_n^{\mathrm{T}})^{-1}(\boldsymbol{\beta}_1^{\mathrm{T}},\boldsymbol{\beta}_2^{\mathrm{T}},\cdots,\boldsymbol{\beta}_n^{\mathrm{T}}).$$

请读者给出相应的证明. 例如, 在线性空间 $\mathbf{R}^3$ 中, 两组基分别为

$$\begin{aligned}&A_1:\boldsymbol{\alpha}_1=(1,0,-1),\quad \boldsymbol{\alpha}_2=(2,1,1),\quad \boldsymbol{\alpha}_3=(1,1,1);\\&A_2:\boldsymbol{\beta}_1=(0,1,1),\quad \boldsymbol{\beta}_2=(-1,1,0),\quad \boldsymbol{\beta}_3=(1,2,1),\end{aligned}$$

则 $A_1$ 到 $A_2$ 的过渡矩阵

$$\boldsymbol{A}=\begin{pmatrix}1&2&1\\0&1&1\\-1&1&1\end{pmatrix}^{-1}\begin{pmatrix}0&-1&1\\1&1&2\\1&0&1\end{pmatrix}=\begin{pmatrix}0&1&1\\-1&-3&-2\\2&4&4\end{pmatrix}.$$

下例给出了线性空间中一般向量情形的两组基的过渡矩阵的计算方法 (此时注意寻求该空间中相对比较简单的一组基, 使空间中的向量比较容易用这组基表示出来).

**例 18** 已知 $\boldsymbol{e}_{11}=\begin{pmatrix}1&0\\0&0\end{pmatrix},\boldsymbol{e}_{12}=\begin{pmatrix}0&1\\0&0\end{pmatrix},\boldsymbol{e}_{22}=\begin{pmatrix}0&0\\0&1\end{pmatrix}$ 是实线性空间

$$V=\left\{\begin{pmatrix}a&b\\0&c\end{pmatrix}\middle|\, a,b,c\in\mathbf{R}\right\}$$

的一组基.

(1) 证明 $\boldsymbol{\alpha}_1=\begin{pmatrix}1&1\\0&0\end{pmatrix},\boldsymbol{\alpha}_2=\begin{pmatrix}1&0\\0&1\end{pmatrix},\boldsymbol{\alpha}_3=\begin{pmatrix}0&1\\0&1\end{pmatrix}$ 也是 $V$ 的一组基, 并求由 $\boldsymbol{e}_{11},\boldsymbol{e}_{12},\boldsymbol{e}_{22}$ 到 $\boldsymbol{\alpha}_1,\boldsymbol{\alpha}_2,\boldsymbol{\alpha}_3$ 的过渡矩阵;

(2) 求 $\boldsymbol{\alpha}=\begin{pmatrix}2&-1\\0&-3\end{pmatrix}$ 在基 $\boldsymbol{\alpha}_1,\boldsymbol{\alpha}_2,\boldsymbol{\alpha}_3$ 下的坐标.

**解** (1) 不难看出, $\boldsymbol{\alpha}_1=\boldsymbol{e}_{11}+\boldsymbol{e}_{12},\boldsymbol{\alpha}_2=\boldsymbol{e}_{11}+\boldsymbol{e}_{22},\boldsymbol{\alpha}_3=\boldsymbol{e}_{12}+\boldsymbol{e}_{22}$. 于是,

$$\boldsymbol{\alpha}_1=(\boldsymbol{e}_{11},\boldsymbol{e}_{12},\boldsymbol{e}_{22})\begin{pmatrix}1\\1\\0\end{pmatrix},\quad \boldsymbol{\alpha}_2=(\boldsymbol{e}_{11},\boldsymbol{e}_{12},\boldsymbol{e}_{22})\begin{pmatrix}1\\0\\1\end{pmatrix},\quad \boldsymbol{\alpha}_3=(\boldsymbol{e}_{11},\boldsymbol{e}_{12},\boldsymbol{e}_{22})\begin{pmatrix}0\\1\\1\end{pmatrix}.$$

所以,

$$(\boldsymbol{\alpha}_1,\boldsymbol{\alpha}_2,\boldsymbol{\alpha}_3)=(\boldsymbol{e}_{11},\boldsymbol{e}_{12},\boldsymbol{e}_{22})\boldsymbol{A},\quad \boldsymbol{A}=\begin{pmatrix}1&1&0\\1&0&1\\0&1&1\end{pmatrix}.$$

易见矩阵 $\boldsymbol{A}$ 可逆, 因此 $\boldsymbol{\alpha}_1,\boldsymbol{\alpha}_2,\boldsymbol{\alpha}_3$ 是 $V$ 的一组基, 且由 $\boldsymbol{e}_{11},\boldsymbol{e}_{12},\boldsymbol{e}_{22}$ 到 $\boldsymbol{\alpha}_1,\boldsymbol{\alpha}_2,\boldsymbol{\alpha}_3$ 的过渡矩阵为 $\boldsymbol{A}$.

(2) 由于 $\boldsymbol{\alpha}=(\boldsymbol{e}_{11},\boldsymbol{e}_{12},\boldsymbol{e}_{22})\begin{pmatrix}2\\-1\\-3\end{pmatrix}$, 因此, $\boldsymbol{\alpha}$ 在 $\boldsymbol{\alpha}_1,\boldsymbol{\alpha}_2,\boldsymbol{\alpha}_3$ 下的坐标为

$$\boldsymbol{A}^{-1}\begin{pmatrix}2\\-1\\-3\end{pmatrix}=\begin{pmatrix}2\\0\\-3\end{pmatrix}.$$

最后, 介绍线性空间与子空间基之间的关系: 子空间的基可以扩充为线性空间的基.

若 $W$ 是线性子空间 $V$ 的子空间, 根据子空间的定义, 显然

$$0\leqslant \dim(W)\leqslant \dim(V).$$

**定理 1**　设 $W$ 是数域 $P$ 上的 $n$ 维线性空间 $V$ 的子空间, $\dim(W)=m,\boldsymbol{\alpha}_1,\boldsymbol{\alpha}_2,\cdots,\boldsymbol{\alpha}_m$ 是 $W$ 的一组基, 那么这组向量一定可以扩充为 $V$ 中的一组基, 即能够在 $V$ 中找到 $n-m$ 个向量 $\boldsymbol{\alpha}_{m+1},\cdots,\boldsymbol{\alpha}_n$, 使 $\boldsymbol{\alpha}_1,\cdots,\boldsymbol{\alpha}_m,\cdots,\boldsymbol{\alpha}_n$ 为 $V$ 的基.

**证明**　对维数差 $n-m$ 进行归纳法. 若 $n-m=0$, 结论显然成立, 此时 $W=V$. 假设 $n-m=k$ 时成立, 现证明 $n-m=k+1$ 时也成立.

由于线性无关向量组 $A:\boldsymbol{\alpha}_1,\boldsymbol{\alpha}_2,\cdots,\boldsymbol{\alpha}_m$ 不是 $V$ 的一组基, 那么 $V$ 中一定存在一个向量 $\boldsymbol{\alpha}_{m+1}$ 不能由向量组 $A$ 线性表示, 那么新的向量组 $(A,\boldsymbol{\alpha}_{m+1})$ 一定线性无关. 那么线性子空间 $L(A,\boldsymbol{\alpha}_{m+1})$ 的维数为 $m+1$. 而

$$n-(m+1)=(n-m)-1=(k+1)-1=k,$$

由归纳假设, 结论成立.

## 习　题　7.2

1. 证明下列向量 $\boldsymbol{\alpha}_1,\boldsymbol{\alpha}_2,\cdots,\boldsymbol{\alpha}_n$ 是所给定 $n$ 维线性空间 $V$ 的一组基, 并求 $V$ 中向量 $\boldsymbol{\alpha}$ 在这组基下的坐标 $\boldsymbol{x}=(x_1,x_2,\cdots,x_n)^{\mathrm{T}}$.

(1) $V=P^3,\boldsymbol{\alpha}=(1,2,3);\ \boldsymbol{\alpha}_1=(1,1,1),\boldsymbol{\alpha}_2=(1,1,0),\boldsymbol{\alpha}_3=(1,0,0)$.

(2) $V=P^3,\boldsymbol{\alpha}=\begin{pmatrix}2\\3\\4\end{pmatrix}$; $\boldsymbol{\alpha}_1=\begin{pmatrix}1\\2\\3\end{pmatrix},\boldsymbol{\alpha}_2=\begin{pmatrix}0\\2\\3\end{pmatrix},\boldsymbol{\alpha}_3=\begin{pmatrix}0\\0\\3\end{pmatrix}$.

(3) $V=P^{2\times 2},\boldsymbol{\alpha}=\begin{pmatrix}1&2\\-1&-3\end{pmatrix}$; $\boldsymbol{\alpha}_1=\begin{pmatrix}-1&0\\0&2\end{pmatrix}$, $\boldsymbol{\alpha}_2=\begin{pmatrix}2&3\\1&2\end{pmatrix}$,

$$\boldsymbol{\alpha}_3=\begin{pmatrix}3&7\\2&0\end{pmatrix},\ \boldsymbol{\alpha}_4=\begin{pmatrix}1&-1\\5&-2\end{pmatrix}.$$

(4) $V=P_2[x],\boldsymbol{\alpha}=x^2+2x-2$; $\boldsymbol{\alpha}_1=2,\boldsymbol{\alpha}_2=x^2-x,\boldsymbol{\alpha}_3=x^2-2x+1$.

2. 求下列线性空间 $V$ 的维数与一组基.

(1) $P^{n\times n}$ 中全体反对称矩阵构成的数域 $P$ 上的空间;

(2) 实数域上由矩阵 $\boldsymbol{A}$ 的全体实系数多项式构成的空间, 其中

$$\boldsymbol{A}=\begin{pmatrix}1&0&0\\0&\omega&0\\0&0&\omega^2\end{pmatrix},\quad \omega=\frac{-1+\sqrt{3}\mathrm{i}}{2};$$

(3) 7.1 节例 5 中的空间.

3. 设 $\boldsymbol{A}\in P^{n\times n}$.

(1) 证明全体与 $\boldsymbol{A}$ 可交换的矩阵组成 $P^{n\times n}$ 的子空间, 记作 $C(\boldsymbol{A})$;

(2) 当 $\boldsymbol{A}=\boldsymbol{E}$ 时, 求 $C(\boldsymbol{A})$;

(3) 当 $\boldsymbol{A}=\mathrm{diag}(1,2,\cdots,n)$ 时, 求 $C(\boldsymbol{A})$ 的维数和一组基.

4. 在 $P^4$ 空间中, 求方程组 $\begin{cases}3x_1+2x_2-5x_3+4x_4=0,\\3x_1-x_2+3x_3-3x_4=0,\\3x_1+5x_2-13x_3+11x_4=0\end{cases}$ 解空间的维数和一组基.

5. 在 $P^4$ 空间中, 求由向量 $\boldsymbol{\alpha}_i\ (i=1,2,3,4)$ 生成的子空间的基与维数.

(1) $\begin{cases}\boldsymbol{\alpha}_1=(2,1,3,1),\\\boldsymbol{\alpha}_2=(1,2,0,1),\\\boldsymbol{\alpha}_3=(-1,1,-3,1),\\\boldsymbol{\alpha}_4=(1,1,1,1);\end{cases}$ (2) $\begin{cases}\boldsymbol{\alpha}_1=(2,1,3,-1),\\\boldsymbol{\alpha}_2=(-1,1,-3,1),\\\boldsymbol{\alpha}_3=(4,5,3,-1),\\\boldsymbol{\alpha}_4=(1,5,-3,1).\end{cases}$

6. 设 $a_i\ (i=1,2,\cdots,n)$ 是互异的数, $\boldsymbol{\alpha}_1,\boldsymbol{\alpha}_2,\cdots,\boldsymbol{\alpha}_n$ 是线性空间 $V$ 的一组基, 已知

$$\begin{aligned}\boldsymbol{\beta}_1&=\boldsymbol{\alpha}_1+a_1\boldsymbol{\alpha}_2+\cdots+a_1^{n-1}\boldsymbol{\alpha}_n,\\\boldsymbol{\beta}_2&=\boldsymbol{\alpha}_1+a_2\boldsymbol{\alpha}_2+\cdots+a_2^{n-1}\boldsymbol{\alpha}_n,\\&\cdots\cdots\\\boldsymbol{\beta}_n&=\boldsymbol{\alpha}_1+a_n\boldsymbol{\alpha}_2+\cdots+a_n^{n-1}\boldsymbol{\alpha}_n.\end{aligned}$$

证明 $\boldsymbol{\beta}_1,\boldsymbol{\beta}_2,\cdots,\boldsymbol{\beta}_n$ 也是 $V$ 的一组基.

7. 设$V$是次数不超过$n$的实多项式全体组成的线性空间, 求从基 $1,x,x^2,\cdots,x^n$ 到基 $1,x-a,\cdots,(x-a)^n$ 的过渡矩阵, 并以此证明多项式的 Taylor 公式

$$f(x)=f(a)+\frac{f'(a)}{1!}(x-a)+\frac{f''(a)}{2!}(x-a)^2+\cdots+\frac{f^{(n)}(\theta)}{n!}(x-a)^n.$$

8. 对于确定的线性空间 $V$, 求由基 $A_1$ 到基 $A_2$ 的过渡矩阵.

(1) $V=P^3$, $A_1:\begin{cases}\boldsymbol{\alpha}_1=(1,2,3),\\ \boldsymbol{\alpha}_2=(-1,2,4),\\ \boldsymbol{\alpha}_3=(1,1,1),\end{cases}$ $A_2:\begin{cases}\boldsymbol{\beta}_1=(2,1,1),\\ \boldsymbol{\beta}_2=(1,4,6),\\ \boldsymbol{\beta}_3=(-2,-1,0);\end{cases}$

(2) $V=P_2[x]$,

$$A_1:\boldsymbol{\alpha}_1=x^2+1,\boldsymbol{\alpha}_2=x-1,\boldsymbol{\alpha}_3=x^2+x+1,$$

$$A_2:\boldsymbol{\beta}_1=x+1,\boldsymbol{\beta}_2=x^2-x,\boldsymbol{\beta}_3=4;$$

(3) $V=P^{2\times 2}$,

$$A_1:\boldsymbol{\alpha}_1=\begin{pmatrix}1&2\\-1&0\end{pmatrix},\ \boldsymbol{\alpha}_2=\begin{pmatrix}1&1\\0&1\end{pmatrix},\ \boldsymbol{\alpha}_3=\begin{pmatrix}-2&0\\2&1\end{pmatrix},\ \boldsymbol{\alpha}_4=\begin{pmatrix}3&2\\1&2\end{pmatrix},$$

$$A_2:\boldsymbol{\beta}_1=\begin{pmatrix}3&5\\2&1\end{pmatrix},\ \boldsymbol{\beta}_2=\begin{pmatrix}7&2\\1&3\end{pmatrix},\ \boldsymbol{\beta}_3=\begin{pmatrix}5&1\\1&2\end{pmatrix},\ \boldsymbol{\beta}_4=\begin{pmatrix}-2&1\\0&2\end{pmatrix};$$

(4) $V=P^3$,

$$A_1:\boldsymbol{\alpha}_1=\begin{pmatrix}1\\2\\3\end{pmatrix},\ \boldsymbol{\alpha}_2=\begin{pmatrix}-1\\-3\\0\end{pmatrix},\ \boldsymbol{\alpha}_3=\begin{pmatrix}0\\0\\1\end{pmatrix},$$

$$A_2:\boldsymbol{\beta}_1=\begin{pmatrix}2\\1\\-1\end{pmatrix},\ \boldsymbol{\beta}_2=\begin{pmatrix}0\\1\\1\end{pmatrix},\ \boldsymbol{\beta}_3=\begin{pmatrix}1\\1\\1\end{pmatrix}.$$

9. 在实数域上线性空间 $C[-\pi,\pi]$ 中由向量组 $1,\cos x,\cos 2x,\cos 3x$ 生成一个线性子空间 $V_1=L(1,\cos x,\cos 2x,\cos 3x)$, 求此空间的维数与一组基.

10. 在第 8 题中, 在相应空间中任取一向量 $\boldsymbol{\alpha}$, 求该向量在两组基下的坐标 $\boldsymbol{x},\boldsymbol{y}$, 并验证两组基下坐标之间的关系式.

# 7.3 子空间的交与和运算

线性子空间作为子集合, 自然要问它们的交运算与并运算会是什么状态? 通过分析发现, 子空间的并一般不是子空间, 因此本节讨论线性子空间的交与和及直和运算, 并给出子空间的维数公式.

### 7.3.1 子空间的交与和

**定理 2** 设 $V_1, V_2$ 是线性空间 $V$ 的子空间, 则 $V_1 \cap V_2$ 也是 $V$ 的子空间.

**证明** 显然 $V_1 \cap V_2$ 非空, 因为 $V_1, V_2$ 含有公共零元素 $\mathbf{0}$, 自然 $\mathbf{0} \in V_1 \cap V_2$. 下面证明 $V_1 \cap V_2$ 对加法和数乘运算封闭. 如果 $\boldsymbol{\alpha}_1, \boldsymbol{\alpha}_2 \in V_1 \cap V_2$, 那么

$$\boldsymbol{\alpha}_1, \boldsymbol{\alpha}_2 \in V_1; \quad \boldsymbol{\alpha}_1, \boldsymbol{\alpha}_2 \in V_2,$$

也就有

$$\boldsymbol{\alpha}_1 + \boldsymbol{\alpha}_2 \in V_1, \quad \boldsymbol{\alpha}_1 + \boldsymbol{\alpha}_2 \in V_2.$$

于是 $\boldsymbol{\alpha}_1 + \boldsymbol{\alpha}_2 \in V_1 \cap V_2$. 类似可证明 $V_1 \cap V_2$ 对数乘运算也封闭. 故集合 $V_1 \cap V_2$ 是子空间.

类似地, 多个子空间的交 $V_1 \cap V_2 \cap \cdots \cap V_m$ 也是子空间 (请自行证明).

子空间的交运算满足下列运算规律:

(1) 交换律: $V_1 \cap V_2 = V_2 \cap V_1$;

(2) 结合律: $(V_1 \cap V_2) \cap V_3 = V_1 \cap (V_2 \cap V_3)$.

**定义 4** 设 $V_1, V_2$ 是线性空间 $V$ 的子空间, 其和是指, 由所有能表示为 $\boldsymbol{\alpha}_1 + \boldsymbol{\alpha}_2$ 的向量组成的集合, 其中 $\boldsymbol{\alpha}_1 \in V_1, \boldsymbol{\alpha}_2 \in V_2$. 记为 $V_1 + V_2$.

注意子空间和运算 $V_1 + V_2$ 与并运算 $V_1 \cup V_2$ 是两个完全不同的概念, 一定不要混淆.

**定理 3** 子空间 $V_1, V_2$ 的和 $V_1 + V_2$ 仍然为子空间.

**证明** 显然集合 $V_1 + V_2$ 非空. 设 $\boldsymbol{\alpha}, \boldsymbol{\beta} \in V_1 + V_2$, 即

$$\boldsymbol{\alpha} = \boldsymbol{\alpha}_1 + \boldsymbol{\alpha}_2, \quad \boldsymbol{\alpha}_1 \in V_1,\ \boldsymbol{\alpha}_2 \in V_2; \quad \boldsymbol{\beta} = \boldsymbol{\beta}_1 + \boldsymbol{\beta}_2, \quad \boldsymbol{\beta}_1 \in V_1,\ \boldsymbol{\beta}_2 \in V_2.$$

那么 $\boldsymbol{\alpha} + \boldsymbol{\beta} = (\boldsymbol{\alpha}_1 + \boldsymbol{\beta}_1) + (\boldsymbol{\alpha}_2 + \boldsymbol{\beta}_2)$. 由 $V_1, V_2$ 子空间的定义, 自然有 $\boldsymbol{\alpha}_1 + \boldsymbol{\beta}_1 \in V_1, \boldsymbol{\alpha}_2 + \boldsymbol{\beta}_2 \in V_2$, 因此 $\boldsymbol{\alpha} + \boldsymbol{\beta} \in V_1 + V_2$.

由于 $k\boldsymbol{\alpha} = k\boldsymbol{\alpha}_1 + k\boldsymbol{\alpha}_2 \in V_1 + V_2$, 因此 $V_1 + V_2$ 也是子空间.

同样, 子空间的和运算可以推广到 $k$ 个子空间的和运算: 设 $V_i$ $(i = 1, 2, \cdots, k)$ 为线性空间 $V$ 的子空间, 所有能表示为 $\boldsymbol{\alpha}_1 + \boldsymbol{\alpha}_2 + \cdots + \boldsymbol{\alpha}_k$ 的向量组成的集合 (其

中 $\boldsymbol{\alpha}_i \in V_i, i=1,2,\cdots,k$), 记为 $V_1+V_2+\cdots+V_k$, 则 $V_1+V_2+\cdots+V_k$ 也是线性空间 $V$ 的子空间.

子空间的和满足如下运算规律:

(1) 交换律: $V_1+V_2=V_2+V_1$;

(2) 结合律: $(V_1+V_2)+V_3=V_1+(V_2+V_3)$.

可以证明以下三个论断等价:

$$V_1 \subseteq V_2;\quad V_1\cap V_2=V_1;\quad V_1+V_2=V_2.$$

在线性空间 $V$ 中, 设 $V_1=L(\boldsymbol{\alpha}_1,\boldsymbol{\alpha}_2,\cdots,\boldsymbol{\alpha}_s), V_2=L(\boldsymbol{\beta}_1,\boldsymbol{\beta}_2,\cdots,\boldsymbol{\beta}_t)$ 是其子空间, 则

$$V_1+V_2=L(\boldsymbol{\alpha}_1,\boldsymbol{\alpha}_2,\cdots,\boldsymbol{\alpha}_s)+L(\boldsymbol{\beta}_1,\boldsymbol{\beta}_2,\cdots,\boldsymbol{\beta}_t)=L(\boldsymbol{\alpha}_1,\boldsymbol{\alpha}_2,\cdots,\boldsymbol{\alpha}_s,\boldsymbol{\beta}_1,\boldsymbol{\beta}_2,\cdots,\boldsymbol{\beta}_t),$$

而 $V_1\cap V_2$ 要复杂一些.

**例 19** 在线性空间 $P^n$ 中, $V_1, V_2$ 分别表示方程组 $\boldsymbol{Ax}=\boldsymbol{0}, \boldsymbol{Bx}=\boldsymbol{0}$ 的解空间, 那么 $V_1\cap V_2$ 表示 $\begin{cases}\boldsymbol{Ax}=\boldsymbol{0},\\ \boldsymbol{Bx}=\boldsymbol{0}\end{cases}$ 的解空间.

**例 20** 在 3 维几何空间中, 设

$$V_1=\{(a,0,0)|a\in\mathbf{R}\},\quad V_2=\{(0,b,0)|b\in\mathbf{R}\},\quad V_3=\{(0,0,c)|c\in\mathbf{R}\};$$

$$V_4=\{(a,b,0)|a,b\in\mathbf{R}\},\quad V_5=\{(0,b,c)|b,c\in\mathbf{R}\},\quad V_6=\{(a,0,c)|a,c\in\mathbf{R}\},$$

显然

$$\mathbf{R}^3=V_1+V_2+V_3=V_1+V_5=V_2+V_6=V_3+V_4=V_4+V_5=V_5+V_6=V_6+V_4;$$

$$\dim(V_1)=\dim(V_2)=\dim(V_3)=1;\quad \dim(V_4)=\dim(V_5)=\dim(V_6)=2;$$

$$V_4\cap V_5\neq\{\mathbf{0}\},\quad V_4\cap V_6\neq\{\mathbf{0}\},\quad V_5\cap V_6\neq\{\mathbf{0}\}.$$

由该例可以看到 $\dim(V_4+V_5)\neq\dim(V_4)+\dim(V_5)$, 对 $V_5+V_6, V_6+V_4$ 也一样. 下面的定理说明了子空间的交与和的维数的关系.

**定理 4**(维数公式) 设 $V_1, V_2$ 是线性空间 $V$ 的子空间, 则

$$\dim(V_1)+\dim(V_2)=\dim(V_1+V_2)+\dim(V_1\cap V_2).$$

**证明** 设 $\dim(V_1)=n_1$, $\dim(V_2)=n_2$, $\dim(V_1\cap V_2)=m$. 取 $V_1\cap V_2$ 的一组基

$$\boldsymbol{\alpha}_1,\boldsymbol{\alpha}_2,\cdots,\boldsymbol{\alpha}_m.$$

则由定理 1, 它可以分别扩充为 $V_1, V_2$ 的一组基:

$$A_1: \boldsymbol{\alpha}_1, \boldsymbol{\alpha}_2, \cdots, \boldsymbol{\alpha}_m, \boldsymbol{\beta}_1, \cdots, \boldsymbol{\beta}_{n_1-m};\ A_2: \boldsymbol{\alpha}_1, \boldsymbol{\alpha}_2, \cdots, \boldsymbol{\alpha}_m, \boldsymbol{\gamma}_1, \cdots, \boldsymbol{\gamma}_{n_2-m}.$$

下面证明 $(A_1, \boldsymbol{\gamma}_1, \cdots, \boldsymbol{\gamma}_{n_2-m})$ 是 $V_1+V_2$ 的一组基, 则 $\dim(V_1+V_2)=n_1+n_2-m$, 即证.

由于 $V_1=L(A_1), V_2=L(A_2)$, 因此 $V_1+V_2=L(A_1, \boldsymbol{\gamma}_1, \cdots, \boldsymbol{\gamma}_{n_2-m})$.

下面证明 $(A_1, \boldsymbol{\gamma}_1, \cdots, \boldsymbol{\gamma}_{n_2-m})$ 线性无关. 为此, 设

$$k_1\boldsymbol{\alpha}_1+k_2\boldsymbol{\alpha}_2+\cdots+k_m\boldsymbol{\alpha}_m+p_1\boldsymbol{\beta}_1+\cdots+p_{n_1-m}\boldsymbol{\beta}_{n_1-m}+q_1\boldsymbol{\gamma}_1+\cdots+q_{n_2-m}\boldsymbol{\gamma}_{n_2-m}=\mathbf{0},$$

则

$$\begin{aligned}\boldsymbol{\alpha}&=k_1\boldsymbol{\alpha}_1+k_2\boldsymbol{\alpha}_2+\cdots+k_m\boldsymbol{\alpha}_m+p_1\boldsymbol{\beta}_1+\cdots+p_{n_1-m}\boldsymbol{\beta}_{n_1-m}\\&=-q_1\boldsymbol{\gamma}_1-\cdots-q_{n_2-m}\boldsymbol{\gamma}_{n_2-m}.\end{aligned}$$

上式左端表明 $\boldsymbol{\alpha}\in V_1$, 右端表明 $\boldsymbol{\alpha}\in V_2$, 于是 $\boldsymbol{\alpha}\in V_1\cap V_2$. 因此 $\boldsymbol{\alpha}$ 可以由 $V_1\cap V_2$ 的基线性表示为

$$\boldsymbol{\alpha}=l_1\boldsymbol{\alpha}_1+l_2\boldsymbol{\alpha}_2+\cdots+l_m\boldsymbol{\alpha}_m.$$

因此有 $l_1\boldsymbol{\alpha}_1+l_2\boldsymbol{\alpha}_2+\cdots+l_m\boldsymbol{\alpha}_m+q_1\boldsymbol{\gamma}_1+\cdots+q_{n_2-m}\boldsymbol{\gamma}_{n_2-m}=\mathbf{0}$, 而 $A_2$ 线性无关, 故

$$l_1=l_2=\cdots=l_m=q_1=\cdots=q_{n_2-m}=0.$$

也就是

$$\boldsymbol{\alpha}=k_1\boldsymbol{\alpha}_1+k_2\boldsymbol{\alpha}_2+\cdots+k_m\boldsymbol{\alpha}_m+p_1\boldsymbol{\beta}_1+\cdots+p_{n_1-m}\boldsymbol{\beta}_{n_1-m}=\mathbf{0}.$$

而 $A_1$ 线性无关, 自然 $k_1=k_2=\cdots=k_m=p_1=\cdots=p_{n_1-m}=0$. 此即证明定理的结论.

根据定理 4, 立即发现:

(1) $\dim(V_1+V_2)\leqslant\dim(V_1)+\dim(V_2)$, 即维数之和与和的维数一般是不相等的.

(2) 如果 $\dim(V_1+V_2)\neq\dim(V_1)+\dim(V_2)$, 则 $V_1, V_2$ 必含有公共的非零向量. 例如, 在例 20 中, $V_4$ 与 $V_5$ 含有公共的非零向量 $(0,b,0)$.

(3) 如果 $\dim(V_1+V_2)=\dim(V_1)+\dim(V_2)$, 则 $V_1\cap V_2=\{\mathbf{0}\}$. 例如, 在例 20 中, $V_3$ 与 $V_4$.

(4) 如果 $V_1\cap V_2=\{\mathbf{0}\}$, 则 $V_1$ 的基与 $V_2$ 的基合并, 组成 $V_1+V_2$ 的一组基.

**例 21** 在 $P^3$ 中给定两个向量组:

$$\boldsymbol{\alpha}_1=(-1,1,0),\quad \boldsymbol{\alpha}_2=(1,1,1);\quad \boldsymbol{\beta}_1=(-1,3,0),\quad \boldsymbol{\beta}_2=(-1,1,-1).$$

计算 $L(\boldsymbol{\alpha}_1,\boldsymbol{\alpha}_2)+L(\boldsymbol{\beta}_1,\boldsymbol{\beta}_2)$ 和 $L(\boldsymbol{\alpha}_1,\boldsymbol{\alpha}_2)\cap L(\boldsymbol{\beta}_1,\boldsymbol{\beta}_2)$ 的维数和一组基.

**解**　(1) 因为 $L(\boldsymbol{\alpha}_1,\boldsymbol{\alpha}_2)+L(\boldsymbol{\beta}_1,\boldsymbol{\beta}_2)=L(\boldsymbol{\alpha}_1,\boldsymbol{\alpha}_2,\boldsymbol{\beta}_1,\boldsymbol{\beta}_2)$, 所以, 求 $L(\boldsymbol{\alpha}_1,\boldsymbol{\alpha}_2)+L(\boldsymbol{\beta}_1,\boldsymbol{\beta}_2)$ 的维数和基, 只需求 $\boldsymbol{\alpha}_1,\boldsymbol{\alpha}_2,\boldsymbol{\beta}_1,\boldsymbol{\beta}_2$ 的极大线性无关组即可. 利用第 2 章的知识, 求得一个极大线性无关组为 $A:\boldsymbol{\alpha}_1,\boldsymbol{\alpha}_2,\boldsymbol{\beta}_2$, 因此 $L(\boldsymbol{\alpha}_1,\boldsymbol{\alpha}_2)+L(\boldsymbol{\beta}_1,\boldsymbol{\beta}_2)$ 的维数为 3, 一组基为 $A$.

(2) 因为 $\dim L(\boldsymbol{\alpha}_1,\boldsymbol{\alpha}_2)=\dim L(\boldsymbol{\beta}_1,\boldsymbol{\beta}_2)=2$, 所以, 由维数公式,

$$\dim(L(\boldsymbol{\alpha}_1,\boldsymbol{\alpha}_2)\cap L(\boldsymbol{\beta}_1,\boldsymbol{\beta}_2))=1.$$

而

$$(0,2,1)=\boldsymbol{\alpha}_1+\boldsymbol{\alpha}_2=\boldsymbol{\beta}_1-\boldsymbol{\beta}_2\in L(\boldsymbol{\alpha}_1,\boldsymbol{\alpha}_2)\cap L(\boldsymbol{\beta}_1,\boldsymbol{\beta}_2),$$

因此, $L(\boldsymbol{\alpha}_1,\boldsymbol{\alpha}_2)\cap L(\boldsymbol{\beta}_1,\boldsymbol{\beta}_2)$ 维数为 1, 一组基为 $\boldsymbol{\alpha}_1+\boldsymbol{\alpha}_2$.

根据上例, 我们下面给出计算子空间 $V_0=L(\boldsymbol{\alpha}_1,\boldsymbol{\alpha}_2,\cdots,\boldsymbol{\alpha}_s)\cap L(\boldsymbol{\beta}_1,\boldsymbol{\beta}_2,\cdots,\boldsymbol{\beta}_t)$ 的维数与一组基的一般方法.

对任意的 $\boldsymbol{\alpha}\in V_0$, 由 $\boldsymbol{\alpha}\in L(\boldsymbol{\alpha}_1,\boldsymbol{\alpha}_2,\cdots,\boldsymbol{\alpha}_s)$, 有

$$\boldsymbol{\alpha}=x_1\boldsymbol{\alpha}_1+x_2\boldsymbol{\alpha}_2+\cdots+x_s\boldsymbol{\alpha}_s;$$

由 $\boldsymbol{\alpha}\in L(\boldsymbol{\beta}_1,\boldsymbol{\beta}_2,\cdots,\boldsymbol{\beta}_t)$, 得

$$\boldsymbol{\alpha}=-y_1\boldsymbol{\beta}_1-y_2\boldsymbol{\beta}_2-\cdots-y_t\boldsymbol{\beta}_t.$$

由此得到齐次线性方程组

$$x_1\boldsymbol{\alpha}_1+x_2\boldsymbol{\alpha}_2+\cdots+x_s\boldsymbol{\alpha}_s+y_1\boldsymbol{\beta}_1+y_2\boldsymbol{\beta}_2+\cdots+y_t\boldsymbol{\beta}_t=\mathbf{0}.$$

若该方程组的基础解系为 $\boldsymbol{\eta}_1,\boldsymbol{\eta}_2,\cdots,\boldsymbol{\eta}_k$, 其中

$$\boldsymbol{\eta}_j=\begin{pmatrix}\boldsymbol{X}_j\\ \boldsymbol{Y}_j\end{pmatrix},\quad \boldsymbol{X}_j=(x_{1j},x_{2j},\cdots,x_{sj})^{\mathrm{T}},\quad \boldsymbol{Y}_j=(y_{1j},y_{2j},\cdots,y_{tj})^{\mathrm{T}},\quad j=1,2,\cdots,k.$$

则 $\dim(V_0)=k$, 一组基为

$$(\boldsymbol{\alpha}_1,\boldsymbol{\alpha}_2,\cdots,\boldsymbol{\alpha}_s)\boldsymbol{X}_j\quad(j=1,2,\cdots,k)\quad 或\quad(\boldsymbol{\beta}_1,\boldsymbol{\beta}_2,\cdots,\boldsymbol{\beta}_t)\boldsymbol{Y}_j\quad(j=1,2,\cdots,k).$$

**例 22**　已知

$$\boldsymbol{\alpha}_1=(1,2,1,-2),\quad \boldsymbol{\alpha}_2=(2,3,1,0),\quad \boldsymbol{\alpha}_3=(1,2,2,-3),$$

$$\boldsymbol{\beta}_1=(1,1,1,1),\quad \boldsymbol{\beta}_2=(1,0,1,-1),\quad \boldsymbol{\beta}_3=(1,3,0,-4).$$

(1) 求 $V_1=L(\boldsymbol{\alpha}_1,\boldsymbol{\alpha}_2,\boldsymbol{\alpha}_3)$ 和 $V_2=L(\boldsymbol{\beta}_1,\boldsymbol{\beta}_2,\boldsymbol{\beta}_3)$ 的维数与基;

(2) 求 $V_1+V_2$ 和 $V_1\cap V_2$ 的基与维数.

**解** (1) 容易计算 $r(\boldsymbol{\alpha}_1,\boldsymbol{\alpha}_2,\boldsymbol{\alpha}_3)=3, r(\boldsymbol{\beta}_1,\boldsymbol{\beta}_2,\boldsymbol{\beta}_3)=3$. 因此, $V_1,V_2$ 的维数都为 3, 且 $\boldsymbol{\alpha}_1,\boldsymbol{\alpha}_2,\boldsymbol{\alpha}_3$ 为 $V_1$ 的一组基, $\boldsymbol{\beta}_1,\boldsymbol{\beta}_2,\boldsymbol{\beta}_3$ 为 $V_2$ 的一组基.

(2) 经计算得 $r(\boldsymbol{\alpha}_1,\boldsymbol{\alpha}_2,\boldsymbol{\alpha}_3,\boldsymbol{\beta}_1,\boldsymbol{\beta}_2,\boldsymbol{\beta}_3)=4$, 且一个极大线性无关组为 $\boldsymbol{\beta}_1,\boldsymbol{\beta}_2,\boldsymbol{\beta}_3,\boldsymbol{\alpha}_1$, 因此 $V_1+V_2$ 的维数为 4, $\boldsymbol{\beta}_1,\boldsymbol{\beta}_2,\boldsymbol{\beta}_3,\boldsymbol{\alpha}_1$ 为其一组基.

解方程组

$$x_1\boldsymbol{\beta}_1+x_2\boldsymbol{\beta}_2+x_3\boldsymbol{\beta}_3+y_1\boldsymbol{\alpha}_1+y_2\boldsymbol{\alpha}_2+y_3\boldsymbol{\alpha}_3=\mathbf{0}$$

得基础解系

$$\boldsymbol{\eta}_1=(26,-18,-5,-13,5,0)^{\mathrm{T}},\quad \boldsymbol{\eta}_2=(1,0,1,-3,0,1)^{\mathrm{T}}.$$

计算

$$\boldsymbol{\gamma}_1=(\boldsymbol{\alpha}_1,\boldsymbol{\alpha}_2,\boldsymbol{\alpha}_3)\begin{pmatrix}-13\\5\\0\end{pmatrix}=(-3,-11,-8,26),$$

$$\boldsymbol{\gamma}_2=(\boldsymbol{\alpha}_1,\boldsymbol{\alpha}_2,\boldsymbol{\alpha}_3)\begin{pmatrix}-3\\0\\1\end{pmatrix}=(-2,-4,-1,3).$$

于是 $V_1\cap V_2$ 的维数为 2, $\boldsymbol{\gamma}_1,\boldsymbol{\gamma}_2$ 为其一组基.

### 7.3.2 子空间的直和

根据定理 4 发现, 对于两个子空间 $V_1,V_2$ 的交 $V_1\cap V_2$, 要么 $V_1\cap V_2=\{\mathbf{0}\}$, 要么 $V_1\cap V_2\neq\{\mathbf{0}\}$. 这里讨论第一种情形, 即子空间和的一种特殊情形 —— 直和. 直和是子空间和的一个重要特例.

**定义 5** 设 $V_1,V_2$ 是线性空间 $V$ 的子空间, 如果 $V_1\cap V_2=\{\mathbf{0}\}$, 那么和 $V_1+V_2$ 称为**直和**, 记为 $V_1\oplus V_2$.

**定理 5** 下列条件是等价的.

(1) $V_1+V_2$ 是直和;

(2) $V_1\cap V_2=\{\mathbf{0}\}$;

(3) $\dim(V_1\cap V_2)=0$;

(4) $\dim V_1+\dim V_2=\dim(V_1+V_2)$;

(5) 向量 $\boldsymbol{\alpha}\in V_1+V_2$ 的分解式唯一.

**证明** 根据定义5、线性空间维数定义和定理4, 显然 (1)$\Longleftrightarrow$(2)$\Longleftrightarrow$(3)$\Longleftrightarrow$(4).

下证 (5)$\Longrightarrow$(2). 向量 $\boldsymbol{\alpha}\in V_1+V_2$ 分解式唯一, 自然零向量的分解式也唯一. 设 $V_1\cap V_2\neq\{\boldsymbol{0}\}$. 则存在非零向量 $\boldsymbol{\beta}\in V_1\cap V_2$. 于是有 $\boldsymbol{\beta}\in V_1,-\boldsymbol{\beta}\in V_2$. 因此在 $V_1+V_2$ 中零向量还有一个分解式

$$\boldsymbol{0}=\boldsymbol{\beta}+(-\boldsymbol{\beta}),$$

这与零向量分解式唯一矛盾.

下证 (2) $\Longrightarrow$ (5). 设 $\boldsymbol{\alpha}\in V_1+V_2$ 的分解式有

$$\boldsymbol{\alpha}=\boldsymbol{\eta}_1+\boldsymbol{\eta}_2=\boldsymbol{\gamma}_1+\boldsymbol{\gamma}_2,\quad \boldsymbol{\eta}_i,\boldsymbol{\gamma}_i\in V_i\quad(i=1,2),$$

则

$$(\boldsymbol{\eta}_1-\boldsymbol{\gamma}_1)+(\boldsymbol{\eta}_2-\boldsymbol{\gamma}_2)=\boldsymbol{0},\quad \boldsymbol{\eta}_i-\boldsymbol{\gamma}_i\in V_i\quad(i=1,2).$$

令 $\boldsymbol{\alpha}_1,\boldsymbol{\alpha}_2,\cdots,\boldsymbol{\alpha}_t$ 是子空间 $V_1$ 的一组基, $\boldsymbol{\beta}_1,\boldsymbol{\beta}_2,\cdots,\boldsymbol{\beta}_k$ 是子空间 $V_2$ 的一组基, 那么

$$\boldsymbol{\eta}_1=a_1\boldsymbol{\alpha}_1+a_2\boldsymbol{\alpha}_2+\cdots+a_t\boldsymbol{\alpha}_t,\ \boldsymbol{\gamma}_1=a_1'\boldsymbol{\alpha}_1+a_2'\boldsymbol{\alpha}_2+\cdots+a_t'\boldsymbol{\alpha}_t;$$

$$\boldsymbol{\eta}_2=b_1\boldsymbol{\beta}_1+b_2\boldsymbol{\beta}_2+\cdots+b_k\boldsymbol{\beta}_k,\ \boldsymbol{\gamma}_2=b_1'\boldsymbol{\beta}_1+b_2'\boldsymbol{\beta}_2+\cdots+b_k'\boldsymbol{\beta}_k.$$

从而,

$$(a_1-a_1')\boldsymbol{\alpha}_1+(a_2-a_2')\boldsymbol{\alpha}_2+\cdots+(a_t-a_t')\boldsymbol{\alpha}_t+(b_1-b_1')\boldsymbol{\beta}_1+(b_2-b_2')\boldsymbol{\beta}_2+\cdots+(b_k-b_k')\boldsymbol{\beta}_k=\boldsymbol{0}.$$

另一方面, 由于 $V_1\cap V_2=\{\boldsymbol{0}\}$, 因此 $\boldsymbol{\alpha}_1,\boldsymbol{\alpha}_2,\cdots,\boldsymbol{\alpha}_t;\boldsymbol{\beta}_1,\boldsymbol{\beta}_2,\cdots,\boldsymbol{\beta}_k$ 构成 $V_1+V_2$ 的一组基. 因此, 上式只有零解, 即

$$a_1=a_1',a_2=a_2',\cdots,a_t=a_t',b_1=b_1',b_2=b_2',\cdots,b_k=b_k'.$$

也就是 $\boldsymbol{\eta}_i=\boldsymbol{\gamma}_i\ (i=1,2)$. 故 $\boldsymbol{\alpha}$ 的分解式唯一.

**定理 6**　*设 $U$ 是线性空间 $V$ 的子空间, 则一定存在子空间 $W$, 使 $V=U\oplus W$.*

**证明**　取 $U$ 的一组基 $\boldsymbol{\alpha}_1,\boldsymbol{\alpha}_2,\cdots,\boldsymbol{\alpha}_m$, 把它扩充为 $V$ 的一组基 $\boldsymbol{\alpha}_1,\cdots,\boldsymbol{\alpha}_m,\boldsymbol{\alpha}_{m+1},\cdots,\boldsymbol{\alpha}_n$. 令

$$W=L(\boldsymbol{\alpha}_{m+1},\cdots,\boldsymbol{\alpha}_n),$$

这样的 $W$ 即所求.

定义 5 可以作如下拓展: 设 $V_1,V_2,\cdots,V_m$ 是线性空间 $V$ 的子空间, 若对一切 $i\ (i=1,2,\cdots,m)$,

$$V_i\cap(V_1+V_2+\cdots+V_{i-1}+V_{i+1}+\cdots+V_m)=\{\boldsymbol{0}\},$$

则称和 $V_1+V_2+\cdots+V_m$ 是直和, 记为 $V_1\oplus V_2\oplus\cdots\oplus V_m$, 且下列说法等价:

(1) $W=V_1\oplus V_2\oplus\cdots\oplus V_m$ 是直和;

(2) 向量 $\boldsymbol{\alpha}\in W$ 的分解式唯一;

(3) 对任意的 $2\leqslant i\leqslant m$, 有 $V_i\cap(V_1+V_2+\cdots+V_{i-1})=\{\mathbf{0}\}$;

(4) $\dim(W)=\sum\limits_{i=1}^{m}\dim(V_i)$.

回看例 20, 显然定义的子空间 $V_1+V_2+V_3$ 是直和; $V_1+V_5, V_2+V_6, V_3+V_4$ 是直和.

**例 23** 设 $V_1, V_2$ 分别是线性方程组 $x_1+x_2+\cdots+x_n=0$ 与 $x_1=x_2=\cdots=x_n$ 的解空间, 证明 $P^n=V_1\oplus V_2$.

**证明** 由于 $V_1+V_2$ 也是子空间, 因此 $V_1+V_2\subseteq P^n$.

另一方面, $\dim(V_1)=n-1, \dim(V_2)=1$. 因此 $\dim(P^n)=\dim(V_1)+\dim(V_2)=n$.

设 $\boldsymbol{\alpha}=(a_1,a_2,\cdots,a_n)\in V_1\cap V_2$, 则 $a_1+a_2+\cdots+a_n=0, a_1=a_2=\cdots=a_n$. 从而

$$a_1=a_2=\cdots=a_n=0,$$

即 $V_1\cap V_2=\{\mathbf{0}\}$. 故 $P^n=V_1\oplus V_2$.

**例 24** 设

$$V_1=\{\boldsymbol{A}\in P^{n\times n}|\boldsymbol{A}=\boldsymbol{A}^{\mathrm{T}}\},\quad V_2=\{\boldsymbol{A}\in P^{n\times n}|\boldsymbol{A}=-\boldsymbol{A}^{\mathrm{T}}\}.$$

证明 $P^{n\times n}=V_1\oplus V_2$.

**证明** 容易证明 (请自行完成)$V_1, V_2$ 是 $P^{n\times n}$ 的子空间, 于是 $V_1+V_2$ 也是 $P^{n\times n}$ 的子空间, 从而

$$V_1+V_2\subseteq P^{n\times n}.$$

对任意的 $\boldsymbol{A}\in P^{n\times n}$,

$$\boldsymbol{A}=\frac{\boldsymbol{A}+\boldsymbol{A}^{\mathrm{T}}}{2}+\frac{\boldsymbol{A}-\boldsymbol{A}^{\mathrm{T}}}{2},\quad \frac{\boldsymbol{A}+\boldsymbol{A}^{\mathrm{T}}}{2}\in V_1,\quad \frac{\boldsymbol{A}-\boldsymbol{A}^{\mathrm{T}}}{2}\in V_2.$$

即 $\boldsymbol{A}\in V_1+V_2$, 所以 $P^{n\times n}\subseteq V_1+V_2$. 从而

$$V_1+V_2=P^{n\times n}.$$

令 $\boldsymbol{A}\in V_1\cap V_2$, 则 $\boldsymbol{A}=\boldsymbol{A}^{\mathrm{T}}=-\boldsymbol{A}$, 于是 $\boldsymbol{A}=\boldsymbol{O}$. 故 $V_1\cap V_2=\{\mathbf{0}\}$. 结论获证.

## 习 题 7.3

1. 求由向量 $\boldsymbol{\alpha}_i$ 生成的子空间 $V_1$ 和由向量 $\boldsymbol{\beta}_i$ 生成的子空间 $V_2$ 的交与和的维数与基.

(1) $\begin{cases} \boldsymbol{\alpha}_1 = (1,2,1,0), \\ \boldsymbol{\alpha}_2 = (-1,1,1,1), \end{cases} \quad \begin{cases} \boldsymbol{\beta}_1 = (2,-1,0,1), \\ \boldsymbol{\beta}_2 = (1,-1,3,7); \end{cases}$

(2) $\begin{cases} \boldsymbol{\alpha}_1 = (1,1,0,0), \\ \boldsymbol{\alpha}_2 = (1,0,1,1), \end{cases} \quad \begin{cases} \boldsymbol{\beta}_1 = (0,0,1,1), \\ \boldsymbol{\beta}_2 = (0,1,1,0); \end{cases}$

(3) $\begin{cases} \boldsymbol{\alpha}_1 = (1,2,-1,-2), \\ \boldsymbol{\alpha}_2 = (3,1,1,1), \\ \boldsymbol{\alpha}_3 = (-1,0,1,-1), \end{cases} \quad \begin{cases} \boldsymbol{\beta}_1 = (2,5,-6,-5), \\ \boldsymbol{\beta}_2 = (-1,2,-7,3). \end{cases}$

2. 如果 $V = V_1 \oplus V_2, V_1 = V_{11} \oplus V_{12}$, 证明 $V = V_{11} \oplus V_{12} \oplus V_2$.

3. 证明每个 $n$ 维线性空间都可以表示成 $n$ 个 1 维子空间的直和.

4. 证明和 $V_1 + V_2 + \cdots + V_s$ 是直和的充分必要条件是 $V_i \cap \sum\limits_{j=1}^{i-1} V_j = \{\mathbf{0}\}, i = 2,3,\cdots,s$.

5. 若子空间 $V_1, V_2, V_3$ 是 $V$ 的子空间, 且 $V_1 \cap V_2 = \{\mathbf{0}\}, V_2 \cap V_3 = \{\mathbf{0}\}, V_3 \cap V_1 = \{\mathbf{0}\}$. 问 $V_1 + V_2 + V_3$ 是否为直和?

6. 设 $V_1, V_2$ 分别是全体上三角矩阵和下三角矩阵组成的子空间, 问是否有

$$P^{n\times n} = V_1 \oplus V_2?$$

7. 设 $P$ 是数域, $m < n, \boldsymbol{A} \in P^{m\times b}, \boldsymbol{B} \in P^{(n-m)\times n}, V_1, V_2$ 分别是 $\boldsymbol{Ax} = \mathbf{0}$ 和 $\boldsymbol{Bx} = \mathbf{0}$ 的解空间. 证明 $P^n = V_1 \oplus V_2$ 的充分必要条件是 $\begin{pmatrix} \boldsymbol{A} \\ \boldsymbol{B} \end{pmatrix} \boldsymbol{x} = \mathbf{0}$ 只有零解.

8. 设 $V$ 是 $n$ 维线性空间, $\boldsymbol{\alpha}_1, \boldsymbol{\alpha}_2, \cdots, \boldsymbol{\alpha}_n$ 为其一组基, $V_1$ 表示由 $\boldsymbol{\alpha}_1 + \boldsymbol{\alpha}_2 + \cdots + \boldsymbol{\alpha}_n$ 生成的子空间,

$$V_2 = \{k_1\boldsymbol{\alpha}_1 + k_2\boldsymbol{\alpha}_2 + \cdots + k_n\boldsymbol{\alpha}_n, k_1 + k_2 + \cdots + k_n = 0\}.$$

(1) 证明 $V_2$ 是子空间;

(2) 证明 $V = V_1 \oplus V_2$.

9. 设 $\boldsymbol{A}$ 为数域 $P$ 上的 $n$ 阶矩阵,

$$V_1 = \{\boldsymbol{x} \in P^n | \boldsymbol{Ax} = \mathbf{0}\}, \quad V_2 = \{\boldsymbol{x} \in P^n | (\boldsymbol{A} - \boldsymbol{E})\boldsymbol{x} = \mathbf{0}\}.$$

证明 $\boldsymbol{A}^2 = \boldsymbol{A}$ 的充分必要条件为 $P^n = V_1 \oplus V_2$.

10. 设 $W, V_1, V_2$ 是线性空间 $V$ 的子空间, 且 $V_1 \subseteq W, V = V_1 \oplus V_2$. 证明

$$\dim(W) = \dim(V_1) + \dim(V_2 \cap W).$$

11. 设 $V$ 是数域 $P$ 上所有对称矩阵关于矩阵加法和数乘构成的线性空间, 令

$$U = \{\boldsymbol{A} \in V | \mathrm{tr}(\boldsymbol{A}) = 0\}, \quad W = \{\lambda\boldsymbol{E} | \lambda \in P\}.$$

(1) 证明 $U, W$ 是线性空间 $V$ 的子空间;

(2) 求 $U, W$ 的基与维数;

(3) 证明 $V = U \oplus W$.

12. 设 $V$ 是数域 $P$ 上的线性空间,$V_1, V_2$ 是其子空间, 且

$$\dim(V_1 + V_2) = \dim(V_1 \cap V_2) + 1.$$

证明 $V_1 + V_2 = V_1, V_1 \cap V_2 = V_2$, 或者 $V_1 + V_2 = V_2, V_1 \cap V_2 = V_1$.

13. 设 $V_1, V_2$ 是 $P^4$ 线性空间的两个子空间,

$$V_1 = \{(x_1, x_2, x_3, x_4) | 2x_1 + x_2 = 0, x_1 + 2x_3 = 0\},$$

$$V_2 = \{(x_1, x_2, x_3, x_4) | x_1 + x_2 - 2x_3 = 0\}.$$

求 $V_1 + V_2, V_1 \cap V_2$ 的一组基和维数.

## 7.4 线性空间的同构

定义于同一数域且维数相同的线性空间之间是否存在一定的联系? 如果存在联系, 是怎样的联系?

### 7.4.1 映射

这里我们把比较熟悉的函数概念拓展到映射. 对于映射, 注意 3 个问题: 一是什么是映射? 它与变换、函数的区别是什么? 二是映射的基本运算是什么? 三是有哪些特殊的映射?

设 $A, B$ 是两个集合, 所谓集合 $A$ 到 $B$ 的**映射**是指, 存在一个法则, 使 $A$ 中的每一个元素 $a$, 都有 $B$ 中**唯一**的一个确定元素 $b$ 与之对应, 这个法则记为 $\sigma$, 通常表示为如下形式:

$$\sigma : A \longrightarrow B, \quad \text{或} \quad a \xrightarrow{\sigma} b = \sigma(a), \quad a \in A,\ b \in B,$$

其中 $b$ 称为 $a$ 在映射 $\sigma$ 下的**像**, $a$ 称为 $b$ 在映射 $\sigma$ 下的**原像**.

显然 $\sigma(A) \subseteq B$.

映射的表示法不是唯一的, 可以是 $\sigma, \tau$ 等希腊字母, 也可以是 $f, g$ 等.

集合 $A, B$ 为数域, 这样的映射称为**函数**. 集合 $A$ 到 $A$ 的映射 (映到自身) 称为**变换**. 第 8 章将重点研究一类特殊且重要的线性变换 (之前已接触到的初等变换、正交变换都是线性变换).

设 $\sigma, \tau$ 都是 $A \longrightarrow B$ 的映射, 这两个映射相等, 当且仅当, 对任意的 $a \in A$, 都有 $\sigma(a) = \tau(a)$, 记为 $\sigma = \tau$.

**例 25**　设 $A=\{n$ 个顾客$\}$,$B=\{$旅店的 $m$ 个床位$\}(m\geqslant n)$, 规定一位顾客占用一个床位 (这一规则记为 $\sigma$), 则该 $\sigma$ 建立了 $A$ 到 $B$ 的一个映射.

如果 $m=n$, 则该旅店住满了旅客, 即 $\sigma(A)=B$. 如果 $m>n$, 则 $\sigma(A)\subset B$, 即旅店有空余床位. 如果 $m<n$, 此时 $\sigma$ 是否构成映射?

**例 26**　设 $A$ 为全体整数集合, $B$ 为全体偶数集合, 定义 $\sigma(n)=2n\ (n\in A)$ 为 $A$ 到 $B$ 的一个映射 (这是一个函数).

**例 27**　设 $A$ 为 $n$ 阶实方阵集合, $B=\mathbf{R}$, 定义 $\sigma(M)=\det(M)\ (M\in A)$ 为集合 $A$ 到 $\mathbf{R}$ 的映射.

**例 28**　映射 $\sigma: A\longrightarrow A$, 如果对任意的 $a\in A$, 都有 $\sigma(a)=a$, 则这样的映射 $\sigma$ 称为**恒等映射或单位映射**, 通常记为 $\varepsilon|_A$. 有时简记为 $\varepsilon$.

**例 29**　设 $A=\{$ 二次可微函数的全体$\}$, $B=\{$ 一元函数全体$\}$, 映射

$$\phi: f(x)\longrightarrow a\frac{\mathrm{d}^2 f(x)}{\mathrm{d}x^2}+b\frac{\mathrm{d}f(x)}{\mathrm{d}x}+cf(x),\quad a,b,c\ \text{为常数},\quad f\in A.$$

在 $a\neq 0$ 时, 称为二阶微分算子, 即 $\phi=a\dfrac{\mathrm{d}^2}{\mathrm{d}x^2}+b\dfrac{\mathrm{d}}{\mathrm{d}x}+c\varepsilon$.

对于一般的映射, 没有加法、减法和除法运算, 可以定义乘法运算. 但对于特殊的映射, 我们可以定义加法和减法运算, 这类映射为线性映射.

**映射的乘法运算**　设

$$\sigma: A\longrightarrow B;\quad \tau: B\longrightarrow C.$$

则 $\sigma$ 与 $\tau$ 的乘积定义为

$$\tau\sigma: A\longrightarrow C,$$

$$\tau\sigma(a)=\tau(\sigma(a)),\quad a\in A.$$

故 $\tau\sigma$ 也称为**复合映射**(也可记为 $\tau\circ\sigma$).

需要注意的是, $\sigma\tau$ 与 $\tau\sigma$ 含义是不一样的. 基于此, 映射不满足交换律和消去律.

映射乘积满足以下性质:

(1) $\sigma: A\longrightarrow B$, 则 $\varepsilon|_B\sigma=\sigma\varepsilon|_A=\sigma$.

(2) $\sigma: A\longrightarrow B$; $\tau: B\longrightarrow C$; $\phi: C\longrightarrow D$, 则映射的结合律为

$$(\phi\tau)\sigma=\phi(\tau\sigma): A\longrightarrow D.$$

下面给出一些特殊的映射: 单射、满射、双射 (一一映射)、逆映射和线性映射.

设 $\sigma: A\longrightarrow B$, 如果

(1) $\sigma(A)=B$, 则 $\sigma$ 为**满射**, 或者换个说法就是: 集合 $B$ 的任意元素 $b$, 都可以在集合 $A$ 中找到元素 $a$, 使得 $\sigma(a)=b$. 例 25 的映射在 $m=n$ 时, 为满射; 例 26 的映射 $\sigma(n)=2n$ 为满射.

(2) $a_1,a_2\in A$, 若对于 $a_1\neq a_2$, 有 $\sigma(a_1)\neq\sigma(a_2)$, 那么 $\sigma$ 为**单射**, 也就是说, 集合 $A$ 中不同元素在集合 $B$ 中的像也不同. 例 26 中定义的 $\sigma$ 为单射, 但例 27 中定义的 $\sigma$ 显然不是单射, 因为

$$a_1=\begin{pmatrix}1&1\\0&1\end{pmatrix}\neq a_2=\begin{pmatrix}1&0\\1&1\end{pmatrix},\quad \text{但}\quad \sigma(a_1)=|a_1|=|a_2|=\sigma(a_2).$$

(3) 映射 $\sigma$ 既是满射又是单射, 则称为**双射**或**一一映射**, 也称**一一对应**. 显然例 26 中定义的 $\sigma$ 是一一映射, 例 27 定义的映射就不是一一映射.

如果 $\tau,\sigma$ 为双射, 则 $\tau\sigma$ 也为双射.

**例 30** 设 $A=\mathbf{R},B=\mathbf{R}$, 显然符号函数 $\operatorname{sign}(x)=\begin{cases}1, & x>0,\\0, & x=0,\\-1, & x<0\end{cases}$ 既不是单射, 也不是满射. 因为 $\sigma(A)\neq B$; 对任意的 $x_1,x_2>0$, 且 $x_1\neq x_2$, 都有 $\sigma(x_1)=\sigma(x_2)$.

(4) 若存在映射 $\tau:B\longrightarrow A$, 使得

$$\tau\sigma=\varepsilon|_A,\quad \sigma\tau=\varepsilon|_B,$$

则称 $\sigma$ 为可逆映射,$\tau$ 为 $\sigma$ 的逆映射, 记为 $\sigma^{-1}=\tau$(相应地,$\tau^{-1}=\sigma$).

**定理 7** *设 $\sigma$ 是集合 $A$ 到 $B$ 的映射, 如果 $\sigma$ 是双射, 则 $\sigma$ 可逆; 反之, 若 $\sigma$ 可逆, 则 $\sigma$ 是双射.*

**证明** 因 $\sigma$ 是满射, 因此对任意的 $b\in B$, 必存在 $a\in A$, 使 $\sigma(a)=b$. 又由于 $\sigma$ 是单射, 这样的 $a$ 是唯一的. 所以, 可以找到一个映射 $\tau:B\to A$, 使得 $B$ 中任意元素 $b$, 都可以在 $A$ 中找到唯一确定的元素 $\tau(b)=a$, 使 $\sigma(a)=b$. 于是 $\sigma(\tau(b))=b$, 即 $\sigma\tau=\varepsilon|_B$. 另一方面, 对任意的 $a$, 显然有 $\tau(\sigma(a))=a$, 即 $\tau\sigma=\varepsilon|_A$. 故 $\sigma$ 可逆.

设 $a_1,a_2\in A$ $(a_1\neq a_2)$, 我们要证明 $\sigma(a_1)\neq\sigma(a_2)$. 若 $\sigma(a_1)=\sigma(a_2)$, 因 $\sigma$ 可逆, 有

$$a_1=\sigma^{-1}(\sigma(a_1))=\sigma^{-1}(\sigma(a_2))=a_2,$$

矛盾. 因此 $\sigma$ 是单射. 另一方面, 设 $B$ 中任意元素 $b$, 由 $\sigma$ 可逆, 其逆映射 $\tau$ 存在, 则

$$\sigma(a)=\sigma(\tau(b))=\varepsilon|_B(b)=b.$$

这表明 $\sigma$ 是满射.

**定义 6** 设映射 $\sigma: A \longrightarrow B$ 满足以下条件:

(1) 对任意的 $x, y \in A$, 有

$$\sigma(x+y)=\sigma(x)+\sigma(y);$$

(2) 对任意的 $x \in A$ 和数 $k$, 有

$$\sigma(kx)=k\sigma(x),$$

则称映射 $\sigma$ 为**线性映射**.

例 29 定义的映射 $\phi$ 是线性映射, 例 26 定义的映射 $\sigma$ 是线性映射 (注意条件 (2) 中的数 $k$ 在这里应为整数, 否则不构成线性映射).

由线性映射定义的 (1) 和 (2), 立即推出: 对任意的 $x, y \in A$ 和数 $k, m$, 有

$$\sigma(kx+my)=k\sigma(x)+m\sigma(y).$$

**例 31** 设 $\boldsymbol{\alpha}_1, \boldsymbol{\alpha}_2, \cdots, \boldsymbol{\alpha}_n, \boldsymbol{\alpha}$ 为 $n$ 维列向量, 按如下方式定义的行列式函数 (映射) 为线性映射:

$$f: \underbrace{P^n \times P^n \times \cdots \times P^n}_{n\text{个}} \longrightarrow P,$$

其中 $f(\boldsymbol{e}_1, \boldsymbol{e}_2, \cdots, \boldsymbol{e}_n)=1$ ($\boldsymbol{e}_1, \boldsymbol{e}_2, \cdots, \boldsymbol{e}_n$ 为 $n$ 维基本单位列向量),

$$f(\boldsymbol{\alpha}_1, \boldsymbol{\alpha}_2, \cdots, \boldsymbol{\alpha}_i, \cdots, \boldsymbol{\alpha}_j, \cdots, \boldsymbol{\alpha}_n)=-f(\boldsymbol{\alpha}_1, \boldsymbol{\alpha}_2, \cdots, \boldsymbol{\alpha}_j, \cdots, \boldsymbol{\alpha}_i, \cdots, \boldsymbol{\alpha}_n),\ i \neq j;$$

$$f(\boldsymbol{\alpha}_1, \boldsymbol{\alpha}_2, \cdots, k\boldsymbol{\alpha}_i, \cdots, \boldsymbol{\alpha}_n)=kf(\boldsymbol{\alpha}_1, \boldsymbol{\alpha}_2, \cdots, \boldsymbol{\alpha}_i, \cdots, \boldsymbol{\alpha}_n);$$

$$\begin{aligned} f(\boldsymbol{\alpha}_1, \boldsymbol{\alpha}_2, \cdots, \boldsymbol{\alpha}_i+\boldsymbol{\alpha}, \cdots, \boldsymbol{\alpha}_n)=&f(\boldsymbol{\alpha}_1, \boldsymbol{\alpha}_2, \cdots, \boldsymbol{\alpha}_i, \cdots, \boldsymbol{\alpha}_n)\\ &+f(\boldsymbol{\alpha}_1, \boldsymbol{\alpha}_2, \cdots, \boldsymbol{\alpha}, \cdots, \boldsymbol{\alpha}_n), \quad \boldsymbol{\alpha}, \boldsymbol{\alpha}_i \in P^n. \end{aligned}$$

这里 $A_1 \times A_2 \times \cdots \times A_n=\{(a_1, a_2, \cdots, a_n) | a_i \in A_i, i=1,2, \cdots, n\}$ 表示**笛卡儿积**.

### 7.4.2 线性空间的同构

设 $\boldsymbol{\varepsilon}_1, \boldsymbol{\varepsilon}_2, \cdots, \boldsymbol{\varepsilon}_n$ 是线性空间 $V$ 的一组基, 在这组基下, $V$ 中任意向量 $\boldsymbol{\alpha}$ 都有确定的坐标 $(a_1, a_2, \cdots, a_n)$, 使得

$$\boldsymbol{\alpha}=a_1\boldsymbol{\varepsilon}_1+a_2\boldsymbol{\varepsilon}_2+\cdots+a_n\boldsymbol{\varepsilon}_n,$$

即向量与其坐标之间的对应本质上是线性空间 $V$ 到空间 $P^n$ 的一个映射, 且该映射既是单射又是满射. 这个映射的重要性表现在它的运算关系方面. 再设 $\boldsymbol{\beta}=b_1\boldsymbol{\varepsilon}_1+b_2\boldsymbol{\varepsilon}_2+\cdots+b_n\boldsymbol{\varepsilon}_n$, 则

$$\boldsymbol{\alpha}+\boldsymbol{\beta}=(a_1+b_1)\boldsymbol{\varepsilon}_1+(a_2+b_2)\boldsymbol{\varepsilon}_2+\cdots+(a_n+b_n)\boldsymbol{\varepsilon}_n,$$

$$k\boldsymbol{\alpha}=ka_1\boldsymbol{\varepsilon}_1+ka_2\boldsymbol{\varepsilon}_2+\cdots+ka_n\boldsymbol{\varepsilon}_n,\quad k\in P.$$

于是立即得到向量 $\boldsymbol{\alpha}+\boldsymbol{\beta}, k\boldsymbol{\alpha}$ 的坐标. 这一过程说明, 线性空间 $V$ 中向量的运算归结为它们坐标的运算, 也就是对向量空间 $V$ 的讨论可以归结为 $P^n$ 的讨论. $V$ 与 $P^n$ 的这种关系就是所谓的**同构**.

**定义 7** 数域 $P$ 上两个线性空间 $V$ 与 $W$ 同构, 如果存在 $V$ 到 $W$ 的一个双射 $\sigma$ 是线性映射, 这样的映射 $\sigma$ 称为**同构映射**.

显然, $V$ 到 $V$ 自身的恒等映射是一个同构映射.

数域 $P$ 上 $n$ 维线性空间一定与 $P^n$ 同构.

同构的线性空间, 顾名思义, 其代数结构相同. 那么它们的向量的线性关系应该是一样的.

**例 32** 把复数域 $\mathbf{C}$ 看作实数域上的线性空间, 子集合

$$M_2(\mathbf{R})=\left\{\begin{pmatrix} a & b\\ -b & a\end{pmatrix}, a,b\in\mathbf{R}\right\},$$

显然 $M_2(\mathbf{R})$ 是实数域上的线性空间. 定义映射

$$f:\mathbf{C}\longrightarrow M_2(\mathbf{R});\quad (a+b\mathrm{i})\longmapsto\begin{pmatrix} a & b\\ -b & a\end{pmatrix},$$

则有

$$\begin{aligned}f((a+b\mathrm{i})+(c+d\mathrm{i}))=f(a+c+(b+d)\mathrm{i})&=\begin{pmatrix} a & b\\ -b & a\end{pmatrix}+\begin{pmatrix} c & d\\ -d & c\end{pmatrix}\\&=f(a+b\mathrm{i})+f(c+d\mathrm{i});\end{aligned}$$

$$f(k(a+b\mathrm{i}))=kf(a+b\mathrm{i})\quad(k\in\mathbf{R}),$$

因此 $f$ 是 $\mathbf{C}$ 到 $M_2(\mathbf{R})$ 上的同构映射.

根据定义 7, 发现同构映射具有以下性质:

(1) $\sigma(\mathbf{0})=\mathbf{0}, \sigma(-\boldsymbol{\alpha})=-\sigma(\boldsymbol{\alpha})$. 事实上, $\sigma(\mathbf{0})=\sigma(\mathbf{0}+\mathbf{0})=\sigma(\mathbf{0})+\sigma(\mathbf{0})$, 因此 $\sigma(\mathbf{0})=\mathbf{0}$. 取 $k=-1$, 即有 $\sigma(-\boldsymbol{\alpha})=-\sigma(\boldsymbol{\alpha})$.

(2) $\sigma\left(\sum k_j\boldsymbol{\alpha}_j\right)=\sum k_j\sigma(\boldsymbol{\alpha}_j)$.

(3) $V$ 中向量组 $A:\boldsymbol{\alpha}_1,\boldsymbol{\alpha}_2,\cdots,\boldsymbol{\alpha}_n$ 线性相关当且仅当 $\sigma(A):\sigma(\boldsymbol{\alpha}_1),\sigma(\boldsymbol{\alpha}_2),\cdots,\sigma(\boldsymbol{\alpha}_n)$ 线性相关.

若向量组 $A$ 线性相关, 则存在不全为 0 的 $k_1,k_2,\cdots,k_n$, 使

$$k_1\boldsymbol{\alpha}_1+k_2\boldsymbol{\alpha}_2+\cdots+k_n\boldsymbol{\alpha}_n=\mathbf{0}.$$

于是 $\sigma(k_1\boldsymbol{\alpha}_1+k_2\boldsymbol{\alpha}_2+\cdots+k_n\boldsymbol{\alpha}_n)=k_1\sigma(\boldsymbol{\alpha}_1)+\cdots+k_n\sigma(\boldsymbol{\alpha}_n)=\sigma(\mathbf{0})=\mathbf{0}$. 因此像向量组 $\sigma(A):\sigma(\boldsymbol{\alpha}_1),\sigma(\boldsymbol{\alpha}_2),\cdots,\sigma(\boldsymbol{\alpha}_n)$ 线性相关.

反之, 若像向量组 $\sigma(A)$ 线性相关, 则存在不全为 0 的 $c_1,c_2,\cdots,c_n$, 使

$$c_1\sigma(\boldsymbol{\alpha}_1)+c_2\sigma(\boldsymbol{\alpha}_2)+\cdots+c_n\sigma(\boldsymbol{\alpha}_n)=\mathbf{0}.$$

上式即为

$$\sigma(c_1\boldsymbol{\alpha}_1+c_2\boldsymbol{\alpha}_2+\cdots+c_n\alpha_n)=\mathbf{0}.$$

由于 $\sigma$ 是双射, 从而 $c_1\boldsymbol{\alpha}_1+c_2\boldsymbol{\alpha}_2+\cdots+c_n\boldsymbol{\alpha}_n=\mathbf{0}$. 于是向量组 $A$ 线性相关.

(4) $V_1$ 是 $V$ 的子空间, 那么 $\sigma(V_1)=\{\sigma(\boldsymbol{\alpha}),\boldsymbol{\alpha}\in V_1\}$ 是 $\sigma(V)$ 的子空间, 且

$$\dim(V_1)=\dim(\sigma(V_1)).$$

(5) 同构映射的逆映射和两个同构映射乘积仍然是同构映射. 依此, 同构作为线性空间之间的一种关系, 具有反身性、对称性、传递性.

设 $\sigma$ 是线性空间 $V$ 到 $V'$ 的同构映射, 那么逆映射 $\sigma^{-1}$ 是 $V'$ 到 $V$ 的双射. 对于任意的 $\boldsymbol{x}',\boldsymbol{y}'\in V'$, 有

$$\sigma\sigma^{-1}(\boldsymbol{x}'+\boldsymbol{y}')=\boldsymbol{x}'+\boldsymbol{y}'=\sigma\sigma^{-1}(\boldsymbol{x}')+\sigma\sigma^{-1}(\boldsymbol{y}')=\sigma(\sigma^{-1}(\boldsymbol{x}')+\sigma^{-1}(\boldsymbol{y}')).$$

对上式两边作用 $\sigma^{-1}$, 则有

$$\sigma^{-1}(\boldsymbol{x}'+\boldsymbol{y}')=\sigma^{-1}(\boldsymbol{x}')+\sigma^{-1}(\boldsymbol{y}').$$

类似可证明 $\sigma^{-1}(k\boldsymbol{x}')=k\sigma^{-1}(\boldsymbol{x}'),k\in P,\boldsymbol{x}'\in V'$.

再设 $\sigma,\tau$ 分别是线性空间 $V$ 到 $V'$ 和 $V'$ 到 $V''$ 的同构映射, 那么

$$\tau\sigma(\boldsymbol{x}+\boldsymbol{y})=\tau(\sigma(\boldsymbol{x})+\sigma(\boldsymbol{y}))=\tau\sigma(\boldsymbol{x})+\tau\sigma(\boldsymbol{y}),$$

$$\tau\sigma(k\boldsymbol{x})=\tau(k\sigma(\boldsymbol{x}))=k\tau\sigma(\boldsymbol{x}).$$

基于数域 $P$ 上任意 $n$ 线性空间 $V$ 与 $P^n$ 同构, 根据传递性, 数域 $P$ 上任意两个 $n$ 维线性空间是同构的. 基于此, 有如下定理.

**定理 8** 数域 $P$ 上两个有限维线性空间同构的充分必要条件是它们的维数相同.

**例 33** 证明线性空间 $P[x]$ 可以与它的一个真子空间同构.

**证明** 设

$$W=\{a_nx^{2n}+a_{n-1}x^{2n-2}+\cdots+a_1x^2+a_0|a_i\in P,\ i=0,1,\cdots,n,\ n\text{非负整数}\},$$

则 $W$ 是 $P[x]$ 的一个真子空间. 构造映射

$$\sigma:\sum_{i=0}^{n}a_ix^i\longrightarrow\sum_{i=0}^{n}a_ix^{2i},$$

则 $\sigma$ 是 $P[x]$ 到 $W$ 的一个同构映射.

注意, 符合题设条件的真子空间不唯一, 例如, 令

$$W_1=\left\{\left(\sum_{i=0}^{n}a_ix^i\right)x\middle|a_i\in P,n\text{ 为非负整数}\right\},$$

则 $W_1$ 是 $P[x]$ 的一个真子空间, 且

$$\tau:\sum_{i=0}^{n}a_ix^i\longrightarrow\left(\sum_{i=0}^{n}a_ix^i\right)x$$

是 $P[x]$ 到 $W_1$ 的一个同构映射.

数域 $P$ 上线性空间 $P_n[x]$ 与线性空间 $P^{n+1}$ 同构, 因为对任意的

$$f(x)=a_0+a_1x+\cdots+a_nx^n=(1,x,\cdots,x^n)\begin{pmatrix}a_0\\a_1\\\vdots\\a_n\end{pmatrix}.$$

## 习 题 7.4

1. 设集合 $A,B$ 都是实数集合, 定义 $A$ 到 $B$ 的映射 $\sigma$, 判断其中哪些是单射, 哪些是满射, 哪些是双射, 哪些是线性映射?

(1) $\sigma(x)=\cos x,\ x\in\mathbf{R}$;　　(2) $\sigma(x)=\mathrm{e}^x,\ x\in\mathbf{R}$;

(3) $\sigma(x)=\tan x,\ x\in\mathbf{R}$;　　(4) $\sigma(x)=x^3+1,\ x\in\mathbf{R}$.

2. 设 $\sigma:P^n\longrightarrow P^m:\sigma(\boldsymbol{x})=\boldsymbol{A}\boldsymbol{x},\ \boldsymbol{A}\in P^{m\times n},\boldsymbol{x}\in P^n$, 证明 $\sigma$ 是线性映射.

3. 设 $\sigma$ 是集合 $A$ 到集合 $B$ 的映射, $\tau$ 是集合 $B$ 到集合 $A$ 的映射. 举例说明, 只有 $\tau\sigma=\varepsilon|_A$ 成立时, 映射 $\sigma$ 不一定是可逆映射.

4. 证明复数域 $\mathbf{C}$ 作为实数域 $\mathbf{R}$ 上的线性空间, 它与 $\mathbf{R}^2$ 同构.

5. 证明 $P^{m\times n}$ 与 $P^{mn}$ 同构.

6. 设 $\boldsymbol{A}=\begin{pmatrix}0 & -1\\ 1 & 0\end{pmatrix}$, $V=\{f(\boldsymbol{A}), f(x)$ 是实系数多项式$\}$, 证明 $V$ 与复数域 $\mathbf{C}$ 作为实数域 $\mathbf{R}$ 上的线性空间同构.

7. 设 $\sigma: V\longrightarrow W$ 是同构映射, $V_1$ 是线性空间 $V$ 的子空间, 证明 $\sigma(V_1)$ 是 $W$ 的子空间.

8. 设 $V$ 是数域 $P$ 上的 $n$ 维线性空间, $L(V)$ 是 $V$ 上的全体线性变换 (见第 8 章) 所构成的线性空间, 证明 $\dim(L(V))=n^2$.

## *7.5 线性函数与对偶空间

对定义 6 中的线性映射, 如果集合 $B$ 是数域, 这样的线性映射称为**线性函数**. 例如,

$$f: P^n\longrightarrow P,$$

$$f(\boldsymbol{x})=a_1x_1+a_2x_2+\cdots+a_nx_n,\quad \boldsymbol{x}\in P^n,\quad a_i\in P\quad (i=1,2,\cdots,n)$$

和

$$f: P^{n\times n}\longrightarrow P,$$

$$f(\boldsymbol{A})=\operatorname{tr}(\boldsymbol{A})=a_{11}+a_{22}+\cdots+a_{nn},\quad \boldsymbol{A}\in P^{n\times n}$$

都是线性函数.

如果 $V$ 是数域 $P$ 上 $n$ 维线性空间, 取定 $V$ 的一组基 $\boldsymbol{\alpha}_1,\boldsymbol{\alpha}_2,\cdots,\boldsymbol{\alpha}_n$, 则对 $V$ 上任意线性函数 $f$ 和任意 $\boldsymbol{\alpha}\in V$, 有 $\boldsymbol{\alpha}=x_1\boldsymbol{\alpha}_1+x_2\boldsymbol{\alpha}_2+\cdots+x_n\boldsymbol{\alpha}_n$,

$$f(\boldsymbol{\alpha})=f(x_1\boldsymbol{\alpha}_1+x_2\boldsymbol{\alpha}_2+\cdots+x_n\boldsymbol{\alpha}_n)=x_1f(\boldsymbol{\alpha}_1)+x_2f(\boldsymbol{\alpha}_2)+\cdots+x_nf(\boldsymbol{\alpha}_n).$$

因此 $f(\boldsymbol{\alpha})$ 由 $f(\boldsymbol{\alpha}_1),f(\boldsymbol{\alpha}_2),\cdots,f(\boldsymbol{\alpha}_n)$ 的值唯一确定. 反之, 任给 $P$ 中 $n$ 个数 $a_1,a_2,\cdots,a_n$, 定义 $V$ 上一个线性函数:

$$f(x_1\boldsymbol{\alpha}_1+x_2\boldsymbol{\alpha}_2+\cdots+x_n\boldsymbol{\alpha}_n)=a_1x_1+a_2x_2+\cdots+a_nx_n,$$

那么 $f(\boldsymbol{\alpha}_i)=a_i\ (i=1,2,\cdots,n)$. 由此得以下定理.

**定理 9** 设 $\boldsymbol{\alpha}_1,\boldsymbol{\alpha}_2,\cdots,\boldsymbol{\alpha}_n$ 是数域 $P$ 上 $n$ 维线性空间 $V$ 的一组基, $a_1,a_2,\cdots,a_n$ 是 $P$ 中任意 $n$ 个数, 则存在唯一的线性函数 $f$, 使

$$f(\boldsymbol{\alpha}_i)=a_i\quad (i=1,2,\cdots,n).$$

设数域 $P$ 上 $n$ 维线性空间的线性函数的全体记为 $L(V,P)$, 用自然的方法在 $L(V,P)$ 上定义加法和数乘. 设 $f,g\in L(V,P)$, 定义 $f+g$ 如下:

$$(f+g)(\boldsymbol{\alpha})=f(\boldsymbol{\alpha})+g(\boldsymbol{\alpha}),\quad \boldsymbol{\alpha}\in V.$$

$f+g$ 也是线性函数, 因为

$$(f+g)(\boldsymbol{\alpha}+\boldsymbol{\beta})=f(\boldsymbol{\alpha}+\boldsymbol{\beta})+g(\boldsymbol{\alpha}+\boldsymbol{\beta})=(f+g)(\boldsymbol{\alpha})+(f+g)(\boldsymbol{\beta});$$

$$(f+g)(k\boldsymbol{\alpha})=f(k\boldsymbol{\alpha})+g(k\boldsymbol{\alpha})=k(f+g)(\boldsymbol{\alpha}).$$

定义数量乘法:$(kf)(\boldsymbol{\alpha})=k(f(\boldsymbol{\alpha})),\boldsymbol{\alpha}\in V$. 显然 $kf$ 也是线性函数.

在这样定义的加法和数乘运算下,$L(V,P)$ 称为数域 $P$ 上的线性空间.

在 $V$ 中取定一组基 I : $\boldsymbol{\alpha}_1,\boldsymbol{\alpha}_2,\cdots,\boldsymbol{\alpha}_n$, 作 $V$ 上 $n$ 个线性函数 $f_1,f_2,\cdots,f_n$, 使得

$$f_i(\boldsymbol{\alpha}_j)=\begin{cases}1, & i=j,\\ 0, & i\neq j,\end{cases}\quad i,j=1,2,\cdots,n. \tag{4}$$

因为 $f_i$ 在基 I 上的值已确定, 这样的线性函数存在且唯一. 对 $V$ 中向量 $\boldsymbol{\alpha}=\sum\limits_{i=1}^{n}x_i\boldsymbol{\alpha}_i$, 有

$$f_i(\boldsymbol{\alpha})=x_i, \tag{5}$$

即 $f_i(\boldsymbol{\alpha})$ 是 $\boldsymbol{\alpha}$ 的第 $i$ 个坐标的值.

**引理 1** 对 $V$ 中任意向量 $\boldsymbol{\alpha}$, 有

$$\boldsymbol{\alpha}=\sum_{i=1}^{n}f_i(\boldsymbol{\alpha})\boldsymbol{\alpha}_i, \tag{6}$$

而对 $L(V,P)$ 中任意向量 $f$, 有

$$f=\sum_{i=1}^{n}f(\boldsymbol{\alpha}_i)f_i. \tag{7}$$

**证明** (6) 式是 (5) 式的直接结论, 而由 (4) 式及 (6) 式即得到 (7) 式.

**定理 10** $L(V,P)$ 的维数等于 $V$ 的维数, 且 $f_1,f_2,\cdots,f_n$ 是 $L(V,P)$ 的一组基.

**证明** 首先, 证明 $f_1,f_2,\cdots,f_n$ 线性无关. 设

$$c_1f_1+c_2f_2+\cdots+c_nf_n=0,\quad c_i\in P\quad (i=1,2,\cdots,n).$$

依次用 $\boldsymbol{\alpha}_1,\boldsymbol{\alpha}_2,\cdots,\boldsymbol{\alpha}_n$ 代入, 即得 $c_1=c_2=\cdots=c_n=0$. 因此 $f_1,f_2,\cdots,f_n$ 线性无关.

其次, 由 (7) 式, $L(V,P)$ 中任意线性函数 $f$ 都可由 $f_1,f_2,\cdots,f_n$ 线性表示, 所以 $f_1,f_2,\cdots,f_n$ 是 $L(V,P)$ 的一组基, 从而结论获证.

**定义 8** $L(V,P)$ 称为 $V$ 的**对偶空间**, 记为 $V^*$. 由 (4) 式确定的 $L(V,P)$ 的基 $f_1,f_2,\cdots,f_n$ 称为 $\boldsymbol{\alpha}_1,\boldsymbol{\alpha}_2,\cdots,\boldsymbol{\alpha}_n$ 的**对偶基**.

下面讨论$V$的两组基的对偶基之间的关系. 设 I:$\boldsymbol{\alpha}_1,\boldsymbol{\alpha}_2,\cdots,\boldsymbol{\alpha}_n$和II: $\boldsymbol{\eta}_1,\boldsymbol{\eta}_2,\cdots,\boldsymbol{\eta}_n$ 是 $V$ 的两组基, 它们对应的对偶基分别为 $\mathrm{I}_0:f_1,f_2,\cdots,f_n$ 和 $\mathrm{II}_0:g_1,g_2,\cdots,g_n$, 且

$$(\boldsymbol{\eta}_1,\boldsymbol{\eta}_2,\cdots,\boldsymbol{\eta}_n)=(\boldsymbol{\alpha}_1,\boldsymbol{\alpha}_2,\cdots,\boldsymbol{\alpha}_n)\boldsymbol{A},\quad \boldsymbol{A}=(a_{ij})_{n\times n},$$

$$(g_1,g_2,\cdots,g_n)=(f_1,f_2,\cdots,f_n)\boldsymbol{B},\quad \boldsymbol{B}=(b_{ij})_{n\times n}.$$

因此,

$$g_j(\boldsymbol{\eta}_i)=\sum_{k=1}^{n}b_{kj}f_k(a_{1i}\boldsymbol{\alpha}_1+a_{2i}\boldsymbol{\alpha}_2+\cdots+a_{ni}\boldsymbol{\alpha}_n)=b_{1j}a_{1i}+b_{2j}a_{2i}+\cdots+b_{nj}a_{ni}$$

$$=\begin{cases}1, & i=j,\\ 0, & i\neq j,\end{cases}\quad i,j=1,2,\cdots,n.$$

由矩阵乘法定义, 即得

$$\boldsymbol{B}^{\mathrm{T}}\boldsymbol{A}=\boldsymbol{E}.$$

**定理 11** 设 $V$ 的两组基 I 和 II 对应的对偶基分别为 $\mathrm{I}_0$ 和 $\mathrm{II}_0$. 如果由基 I 到 II 的过渡矩阵为 $\boldsymbol{A}$, 那么由基 $\mathrm{I}_0$ 到 $\mathrm{II}_0$ 的过渡矩阵为 $(\boldsymbol{A}^{\mathrm{T}})^{-1}$.

设 $V$ 是 $P$ 上线性空间, $V^*$ 是 $V$ 的对偶空间, 取定 $V$ 中向量 $\boldsymbol{x}$, 定义 $V^*$ 的一个函数 $\boldsymbol{x}^{**}$:

$$\boldsymbol{x}^{**}(f)=f(\boldsymbol{x}),\quad f\in V^*.$$

根据线性函数的定义, 容易验证 $\boldsymbol{x}^{**}$ 是 $V^*$ 上一个线性函数, 因此它是 $V^*$ 的对偶空间 $(V^*)^*=V^{**}$ 的一个元素.

**定理 12** $V$ 是一个线性空间, $V^{**}$ 是 $V$ 的对偶空间的对偶空间, $V$ 到 $V^{**}$ 的映射

$$\sigma:\boldsymbol{x}\longmapsto\boldsymbol{x}^{**}$$

是一个同构映射.

**证明** 由于 $V$ 与 $V^{**}$ 的维数相同, 因此只要证明 $\sigma$ 是线性映射且是单射即可. 线性映射是显然的. 下证是单射.

如果 $\boldsymbol{x}^{**}$ 为 $V^*$ 上的零函数, 即对任意 $f\in V^*$, 都有 $f(\boldsymbol{x})=0$, 则由 (6) 式, $\boldsymbol{x}=\boldsymbol{0}$, 因此该映射是单射. 所以映射 $\sigma$ 是同构映射.

定理 12 说明, 线性空间 $V$ 可以看成 $V^*$ 的线性函数空间, $V$ 与 $V^*$ 实际上互为线性函数空间. 这就是对偶空间称呼的由来. 由此可知, 任一线性空间都可以看成某个线性空间的线性函数空间所成的空间, 这一结论在多重线性代数中有重要的应用.

**例 34** 设 $V$ 是数域 $P$ 上 3 维线性空间, $\boldsymbol{\alpha}_1,\boldsymbol{\alpha}_2,\boldsymbol{\alpha}_3$ 是 $V$ 的一组基, $f$ 是 $V$ 上一个线性函数, 且

$$f(\boldsymbol{\alpha}_1+2\boldsymbol{\alpha}_3)=4,\quad f(\boldsymbol{\alpha}_2+3\boldsymbol{\alpha}_3)=0,\quad f(4\boldsymbol{\alpha}_1+\boldsymbol{\alpha}_2)=5.$$

求 $f$ 在基 $\boldsymbol{\alpha}_1,\boldsymbol{\alpha}_2,\boldsymbol{\alpha}_3$ 下的表达式.

**解** 由已知条件, 得 $\begin{cases} f(\boldsymbol{\alpha}_1)+2f(\boldsymbol{\alpha}_3)=4, \\ f(\boldsymbol{\alpha}_2)+3f(\boldsymbol{\alpha}_3)=0, \\ 4f(\boldsymbol{\alpha}_1)+f(\boldsymbol{\alpha}_2)=5, \end{cases}$ 解得

$$f(\boldsymbol{\alpha}_1)=2,\quad f(\boldsymbol{\alpha}_2)=-3,\quad f(\boldsymbol{\alpha}_3)=1.$$

因此, 对任意的 $\boldsymbol{\alpha}=x_1\boldsymbol{\alpha}_1+x_2\boldsymbol{\alpha}_2+x_3\boldsymbol{\alpha}_3$, 有

$$f(\boldsymbol{\alpha})=2x_1-3x_2+x_3.$$

**例 35** 设 $V=\mathbf{R}_2[x]$, 对于 $g(x)\in V$, 定义

$$f_1(g(x))=\int_0^1 g(x)\mathrm{d}x,\quad f_2(g(x))=\int_0^2 g(x)\mathrm{d}x,\quad f_3(g(x))=\int_0^{-1} g(x)\mathrm{d}x.$$

证明 $f_1,f_2,f_3$ 是 $V^*$ 的对偶基, 并求 $V$ 的一组基 $g_1(x),g_2(x),g_3(x)$, 使得 $f_1,f_2,f_3$ 是相应的对偶基.

**解** 取 $V$ 的一组基 $1,x,x^2$, $V^*$ 中相应对偶基为 $f_{1*},f_{2*},f_{3*}$. 由于

$$f_1(1)=\int_0^1 1\mathrm{d}x=1,\quad f_1(x)=\int_0^1 x\mathrm{d}x=\frac{1}{2},\quad f_1(x^2)=\int_0^1 x^2\mathrm{d}x=\frac{1}{3};$$

类似地,

$$f_2(1)=2,\quad f_2(x)=2,\quad f_2(x^2)=\frac{8}{3};\quad f_3(1)=-1,\quad f_3(x)=\frac{1}{2},\quad f_3(x^2)=-\frac{1}{3}.$$

因此,

$$f_1=f_1(1)f_{1*}+f_1(x)f_{2*}+f_1(x^2)f_{3*}=f_{1*}+\frac{1}{2}f_{2*}+\frac{1}{3}f_{3*},$$

$$f_2=f_2(1)f_{1*}+f_2(x)f_{2*}+f_2(x^2)f_{3*}=2f_{1*}+2f_{2*}+\frac{8}{3}f_{3*},$$

$$f_3 = f_3(1)f_{1*} + f_3(x)f_{2*} + f_3(x^2)f_{3*} = -f_{1*} + \frac{1}{2}f_{2*} - \frac{1}{3}f_{3*}.$$

于是 $(f_1, f_2, f_3) = (f_{1*}, f_{2*}, f_{3*})\boldsymbol{B}$, $\boldsymbol{B} = \begin{pmatrix} 1 & 2 & -1 \\ \frac{1}{2} & 2 & \frac{1}{2} \\ \frac{1}{3} & \frac{8}{3} & -\frac{1}{3} \end{pmatrix}$. 显然矩阵 $\boldsymbol{B}$ 可逆, 因此 $f_1, f_2, f_3$ 是 $V^*$ 的一组基.

设 $V$ 的一组基 $g_1(x), g_2(x), g_3(x)$ 在 $V^*$ 中的对偶基为 $f_1, f_2, f_3$, 则

$$(g_1(x), g_2(x), g_3(x)) = (1, x, x^2)(\boldsymbol{B}^{-1})^{\mathrm{T}}.$$

计算 $\boldsymbol{B}^{-1}$, 代入即得

$$g_1(x) = 1 + x - \frac{3}{2}x^2, \quad g_2(x) = -\frac{1}{6} + \frac{1}{2}x^2, \quad g_3(x) = -\frac{1}{3} + x - \frac{1}{2}x^2.$$

## 习 题 7.5

1. 设 $\boldsymbol{\alpha}_1, \boldsymbol{\alpha}_2, \boldsymbol{\alpha}_3$ 是数域 $P$ 上 3 维线性空间 $V$ 的一组基, $f$ 是 $V$ 的一个线性函数, 且

$$f(\boldsymbol{\alpha}_1 + \boldsymbol{\alpha}_2) = 1, \quad f(\boldsymbol{\alpha}_2 - 2\boldsymbol{\alpha}_3) = -1, \quad f(\boldsymbol{\alpha}_1 + \boldsymbol{\alpha}_3) = -3.$$

求 $f(x_1\boldsymbol{\alpha}_1 + x_2\boldsymbol{\alpha}_2 + x_3\boldsymbol{\alpha}_3)$.

2. 线性空间 $V$ 及一组基如上题, 求一个线性函数 $f$, 使

$$f(\boldsymbol{\alpha}_1 + \boldsymbol{\alpha}_3) = f(\boldsymbol{\alpha}_2 - 2\boldsymbol{\alpha}_3) = 0, \quad f(\boldsymbol{\alpha}_1 + \boldsymbol{\alpha}_2) = 1.$$

3. 线性空间 $V$ 及一组基如第 1 题, $f_1, f_2, f_3$ 为其对偶基,

$$\boldsymbol{\eta}_1 = \boldsymbol{\alpha}_1 - \boldsymbol{\alpha}_3, \quad \boldsymbol{\eta}_2 = \boldsymbol{\alpha}_1 + \boldsymbol{\alpha}_2 + \boldsymbol{\alpha}_3, \quad \boldsymbol{\eta}_3 = \boldsymbol{\alpha}_2 + \boldsymbol{\alpha}_3.$$

证明 $\boldsymbol{\eta}_1, \boldsymbol{\eta}_2, \boldsymbol{\eta}_3$ 是 $V$ 的一组基, 并求它的对偶基 (用 $f_1, f_2, f_3$ 表示).

4. 设 $V$ 是线性空间, $f_1, f_2, \cdots, f_n$ 是 $V^*$ 中非零向量, 证明存在 $\boldsymbol{\alpha} \in V$, 使 $f_i(\boldsymbol{\alpha}) \neq 0$.

5. 设 $\boldsymbol{\alpha}_1, \boldsymbol{\alpha}_2, \cdots, \boldsymbol{\alpha}_s$ 是 $V$ 中非零向量, 证明存在 $f \in V^*$, 使 $f(\boldsymbol{\alpha}_i) \neq 0$.

# 第 8 章　线性变换

变换是解决工程技术和经济管理等领域中实际问题的重要数学思想和方法，第 5 章化简二次型的变换和第 7 章空间同构等内容都显示了线性映射 (变换) 在研究线性代数问题时的重要地位，而且变换也极大地丰富和深化了线性代数的研究内容. 线性变换与矩阵之间的关系是本章讨论的重点内容.

## 8.1　线性变换的定义及运算

### 8.1.1　线性变换的定义

**定义 1**　设 $V$ 是数域 $P$ 上的线性空间，$\boldsymbol{T}$ 是 $V$ 到自身的线性映射 (即 $\boldsymbol{T}: V \longrightarrow V$). 如果对 $V$ 中任意元素 $\boldsymbol{\alpha}, \boldsymbol{\beta}$ 和数域 $P$ 中任意数 $k$，$\boldsymbol{T}$ 满足:

(i) $\boldsymbol{T}(\boldsymbol{\alpha}+\boldsymbol{\beta})=\boldsymbol{T}(\boldsymbol{\alpha})+\boldsymbol{T}(\boldsymbol{\beta})$;

(ii) $\boldsymbol{T}(k\boldsymbol{\alpha})=k\boldsymbol{T}(\boldsymbol{\alpha})$,

这样的变换 $\boldsymbol{T}$ 称为**线性变换**.

由定义，变换 $\boldsymbol{T}$ 为线性变换是指它保持向量的加法和数乘运算不变.

在第 5 章中，将一个一般二次型化简为标准二次型的变换是线性变换；几何上坐标轴的旋转变换是线性变换.

线性空间中几类特殊线性变换:

(1) 零变换 $\boldsymbol{O}$. 对任意的 $\boldsymbol{\alpha} \in V$，都有 $\boldsymbol{O}\boldsymbol{\alpha}=\mathbf{0}$;

(2) 恒等变换 (单位变换)$\boldsymbol{E}$. 对任意的 $\boldsymbol{\alpha} \in V$，都有 $\boldsymbol{E}\boldsymbol{\alpha}=\boldsymbol{\alpha}$;

(3) 数乘变换 $\boldsymbol{K}$. 设 $k \in P$，对任意的 $\boldsymbol{\alpha} \in V$，都有 $\boldsymbol{K}\boldsymbol{\alpha}=k\boldsymbol{\alpha}$.

几何上 ($\mathbf{R}^3$ 空间) 有三类重要的线性变换: 投影变换、镜面变换 (也称镜面反射) 和旋转变换. 例如，任意向量 $\boldsymbol{\alpha}=(x,y,z)$ 投影到 $xOy$ 平面上的变换为 (也可以投影到其他坐标面)

$$\boldsymbol{T}_1(\boldsymbol{\alpha})=(x,y,0).$$

镜面变换为

$$\boldsymbol{T}_2(\boldsymbol{\alpha})=(x,y,-z).$$

以 $z$ 轴为旋转轴，把整个 $\mathbf{R}^3$ 按右手法则旋转 $\theta$ 角的旋转变换为

$$T_3(\boldsymbol{\alpha}) = \boldsymbol{A}\boldsymbol{\alpha}, \quad \boldsymbol{A} = \begin{pmatrix} \cos\theta & -\sin\theta & 0 \\ \sin\theta & \cos\theta & 0 \\ 0 & 0 & 1 \end{pmatrix}.$$

**例 1**　微商运算 $\boldsymbol{D}(f(x)) = \dfrac{\mathrm{d}}{\mathrm{d}x}f(x) = f'(x)$ 是一个线性变换; 在区间 $[a,b]$ 上的连续函数空间 $C[a,b]$ 中的积分变换 $\boldsymbol{S}(f(x)) = \displaystyle\int_a^x f(t)\mathrm{d}t$ 是线性变换.

**例 2**　对 $\mathbf{R}^n$ 中向量 $\boldsymbol{\alpha}$ 及 $n$ 阶实矩阵 $\boldsymbol{A}$, 规定

$$\boldsymbol{T}(\boldsymbol{\alpha}) = \boldsymbol{A}\boldsymbol{\alpha} \in \mathbf{R}^n,$$

显然 $\boldsymbol{T}$ 是 $\mathbf{R}^n$ 上的一个线性变换.

线性变换 $\boldsymbol{T}$ 具有以下性质 ((2) 和 (3) 请自行证明):

(1) $\boldsymbol{T}(\mathbf{0}) = \mathbf{0}$, $\boldsymbol{T}(-\boldsymbol{\alpha}) = -\boldsymbol{T}(\boldsymbol{\alpha})$. 分别取 $k=0, k=-1$ 即证.

(2) $\boldsymbol{T}\left(\sum k_j\boldsymbol{\alpha}_j\right) = \sum k_j\boldsymbol{T}(\boldsymbol{\alpha}_j)$ $(k_j \in P, j = 1,2,\cdots,m)$, 即线性变换保持向量组的线性关系不变.

(3) 线性变换将线性相关向量组变换为线性相关向量组, 即若向量组 $\boldsymbol{\alpha}_1, \boldsymbol{\alpha}_2, \cdots, \boldsymbol{\alpha}_n$ 线性相关, 则 $\boldsymbol{T}(\boldsymbol{\alpha}_1), \boldsymbol{T}(\boldsymbol{\alpha}_2), \cdots, \boldsymbol{T}(\boldsymbol{\alpha}_n)$ 也线性相关.

注意其逆命题不正确, 也就是说 $\boldsymbol{T}(\boldsymbol{\alpha}_1), \boldsymbol{T}(\boldsymbol{\alpha}_2), \cdots, \boldsymbol{T}(\boldsymbol{\alpha}_n)$ 线性相关, 但 $\boldsymbol{\alpha}_1, \boldsymbol{\alpha}_2, \cdots, \boldsymbol{\alpha}_n$ 未必线性相关.

### 8.1.2　线性变换的运算

既然线性变换是一类特殊的映射, 自然存在线性变换的乘积, 且其乘积仍然是线性变换. 这是因为

$$(\boldsymbol{T}_1\boldsymbol{T}_2)(\boldsymbol{\alpha}+\boldsymbol{\beta}) = \boldsymbol{T}_1(\boldsymbol{T}_2(\boldsymbol{\alpha}+\boldsymbol{\beta})) = \boldsymbol{T}_1(\boldsymbol{T}_2(\boldsymbol{\alpha})+\boldsymbol{T}_2(\boldsymbol{\beta})) = (\boldsymbol{T}_1\boldsymbol{T}_2)(\boldsymbol{\alpha}) + (\boldsymbol{T}_1\boldsymbol{T}_2)(\boldsymbol{\beta}),$$

$$(\boldsymbol{T}_1\boldsymbol{T}_2)(k\boldsymbol{\alpha}) = \boldsymbol{T}_1(\boldsymbol{T}_2(k\boldsymbol{\alpha})) = \boldsymbol{T}_1(k\boldsymbol{T}_2(\boldsymbol{\alpha})) = k(\boldsymbol{T}_1\boldsymbol{T}_2)(\boldsymbol{\alpha}).$$

同样, 线性变换的乘积满足结合律:

$$\boldsymbol{T}_1\boldsymbol{T}_2\boldsymbol{T}_3 = \boldsymbol{T}_1(\boldsymbol{T}_2\boldsymbol{T}_3) = (\boldsymbol{T}_1\boldsymbol{T}_2)\boldsymbol{T}_3,$$

以及成立如下公式:

(1) $\boldsymbol{T}^n = \underbrace{\boldsymbol{T}\boldsymbol{T}\cdots\boldsymbol{T}}_{n}$, $\boldsymbol{T}^0 = \boldsymbol{E}$.

(2) $\boldsymbol{T}^{m+n} = \boldsymbol{T}^m\boldsymbol{T}^n$, $(\boldsymbol{T}^m)^n = \boldsymbol{T}^{mn}$. 但一般来说, $(\boldsymbol{T}_1\boldsymbol{T}_2)^n \neq \boldsymbol{T}_1^n\boldsymbol{T}_2^n$.

对于微分变换 $\boldsymbol{D}$ 和积分变换 $\boldsymbol{S}$, 显然 $\boldsymbol{DS} = \boldsymbol{E}$(恒等变换), 但 $\boldsymbol{SD}$ 不是恒等变换. 也就是说线性变换不满足交换律. 但对任意线性变换 $\boldsymbol{T}$, 满足 $\boldsymbol{ET} = \boldsymbol{TE} = \boldsymbol{T}$.

映射不定义加法和数乘运算, 但线性变换可以定义加法运算 $\boldsymbol{T}_1+\boldsymbol{T}_2$ 和数乘运算 $k\boldsymbol{T}$ $(k\in P)$:

$$(\boldsymbol{T}_1+\boldsymbol{T}_2)(\boldsymbol{\alpha})=\boldsymbol{T}_1(\boldsymbol{\alpha})+\boldsymbol{T}_2(\boldsymbol{\alpha}),\quad (k\boldsymbol{T})\boldsymbol{\alpha}=k(\boldsymbol{T}\boldsymbol{\alpha}).$$

线性变换的加法运算和数乘运算满足以下性质 $(k,l\in P)$.

(1) 交换律和结合律: $\boldsymbol{T}_1+\boldsymbol{T}_2=\boldsymbol{T}_2+\boldsymbol{T}_1$; $(\boldsymbol{T}_1+\boldsymbol{T}_2)+\boldsymbol{T}_3=\boldsymbol{T}_1+(\boldsymbol{T}_2+\boldsymbol{T}_3)$.

(2) $\boldsymbol{T}+\boldsymbol{O}=\boldsymbol{T}$, $\boldsymbol{O}+\boldsymbol{T}=\boldsymbol{T}$.

(3) 分配律: $\boldsymbol{T}_1(\boldsymbol{T}_2+\boldsymbol{T}_3)=\boldsymbol{T}_1\boldsymbol{T}_2+\boldsymbol{T}_1\boldsymbol{T}_3$; $(\boldsymbol{T}_1+\boldsymbol{T}_2)\boldsymbol{T}_3=\boldsymbol{T}_1\boldsymbol{T}_3+\boldsymbol{T}_2\boldsymbol{T}_3$.

(4) $(kl)\boldsymbol{T}=k(l\boldsymbol{T}),(k+l)\boldsymbol{T}=k\boldsymbol{T}+l\boldsymbol{T}$; $k(\boldsymbol{T}_1+\boldsymbol{T}_2)=k\boldsymbol{T}_1+k\boldsymbol{T}_2$.

由以上性质, 线性空间 $V$ 所有线性变换的全体对定义的加法和数乘运算封闭, 因此也构成一个线性空间, 记为 $L(V)$.

线性变换一般是不可逆的, 满足什么条件的线性变换可逆? 线性空间 $V$ 上线性变换 $\boldsymbol{T}$ 可逆, 当且仅当存在线性空间 $V$ 上的线性变换 $\boldsymbol{J}$, 使

$$\boldsymbol{T}\boldsymbol{J}=\boldsymbol{J}\boldsymbol{T}=\boldsymbol{E}.$$

$\boldsymbol{T}$ 的逆变换记为 $\boldsymbol{T}^{-1}$. 如果 $\boldsymbol{T}$ 可逆, 则 $\boldsymbol{T}^{-1}\boldsymbol{T}=\boldsymbol{T}\boldsymbol{T}^{-1}=\boldsymbol{E}$.

线性变换的逆变换也是可逆线性变换 (自行证明). 如果 $\boldsymbol{T}$ 存在逆变换, 则逆变换是唯一的. 事实上, 设 $\boldsymbol{T}_1,\boldsymbol{T}_2$ 都是可逆线性变换 $\boldsymbol{T}$ 的逆变换, 则

$$\boldsymbol{T}_1=\boldsymbol{T}_1\boldsymbol{E}=\boldsymbol{T}_1(\boldsymbol{T}\boldsymbol{T}_2)=(\boldsymbol{T}_1\boldsymbol{T})\boldsymbol{T}_2=\boldsymbol{E}\boldsymbol{T}_2=\boldsymbol{T}_2.$$

若 $\boldsymbol{T}$ 可逆, 则 $\boldsymbol{T}^{-n}=(\boldsymbol{T}^{-1})^n$.

线性变换 $\boldsymbol{T}$ 的多项式定义如下:

$$f(\boldsymbol{T})=a_n\boldsymbol{T}^n+a_{n-1}\boldsymbol{T}^{n-1}+\cdots+a_1\boldsymbol{T}+a_0\boldsymbol{E}.$$

如果线性变换 $\boldsymbol{T}$ 满足

$$\boldsymbol{T}^m=\boldsymbol{O},\quad \boldsymbol{T}^{m-1}\neq\boldsymbol{O},$$

则称线性变换 $\boldsymbol{T}$ 为**幂零线性变换**, $m$ 称为**幂零指数**. 例如, 线性空间 $P_n[x]$ 上的微分变换 $\boldsymbol{D}$ 是幂零指数为 $n+1$ 的幂零线性变换.

## 习 题 8.1

1. 判别如下所定义的变换, 哪些是线性变换, 哪些不是线性变换?

(1) 在线性空间 $V$ 中, $\boldsymbol{T}\alpha=\alpha+x_0, x_0$ 是 $V$ 中固定非零向量;

(2) 在线性空间 $V$ 中, $\boldsymbol{T}\boldsymbol{\alpha}=\boldsymbol{x}_0$, $\boldsymbol{x}_0$ 是 $V$ 的固定非零向量;

(3) 在 $P^3$ 中, $\boldsymbol{T}(x_1,x_2,x_3)=(x_1^2,x_2+x_3,x_3^2)$;

(4) 在 $P^3$ 中, $\boldsymbol{T}(x_1,x_2,x_3)=(2x_1-x_2,x_2+x_3,x_1)$;

(5) 在 $P[x]$ 中, $\boldsymbol{T}f(x)=f(x+1)$;

(6) 在 $P[x]$ 中, $\boldsymbol{T}f(x)=f(x_0)$, $x_0\in P$ 是一固定数;

(7) 将复数域看作复数域上的线性空间, $\boldsymbol{T}\boldsymbol{\alpha}=\overline{\boldsymbol{\alpha}}$;

(8) 在 $P^2$ 中, $\boldsymbol{T}(a,b)=(a^2,a-b)$;

(9) 在 $P[x]$ 中, $\boldsymbol{T}f(x)=\int_0^x f(t)\sin t\mathrm{d}t$.

2. 在 $P[x]$ 中, $\boldsymbol{T}f(x)=f'(x)$, $\boldsymbol{J}f(x)=xf(x)$. 证明 $\boldsymbol{T},\boldsymbol{J}$ 是线性变换, 且

$$\boldsymbol{TJ}-\boldsymbol{JT}=\boldsymbol{E}.$$

3. 设 $\boldsymbol{T}_1,\boldsymbol{T}_2$ 是线性变换, 且 $\boldsymbol{T}_1\boldsymbol{T}_2-\boldsymbol{T}_2\boldsymbol{T}_1=\boldsymbol{E}$. 证明

$$\boldsymbol{T}_1^k\boldsymbol{T}_2-\boldsymbol{T}_2\boldsymbol{T}_1^k=k\boldsymbol{T}_1^{k-1},\quad k>1.$$

4. 设 $\boldsymbol{\alpha}_1,\boldsymbol{\alpha}_2,\cdots,\boldsymbol{\alpha}_n$ 是线性空间 $V$ 的一组基, $\boldsymbol{T}$ 是 $V$ 上的线性变换. 证明 $\boldsymbol{T}$ 可逆当且仅当 $\boldsymbol{T}\boldsymbol{\alpha}_1,\boldsymbol{T}\boldsymbol{\alpha}_2,\cdots,\boldsymbol{T}\boldsymbol{\alpha}_n$ 线性无关.

5. 线性空间 $P^n$ 上变换 $\boldsymbol{T}(\boldsymbol{\alpha})=\boldsymbol{A}\boldsymbol{\alpha}+\boldsymbol{\beta}$. 证明 $\boldsymbol{T}$ 是线性变换的充分必要条件是 $\boldsymbol{\beta}=\boldsymbol{0}$, 其中 $\boldsymbol{A}$ 是 $n$ 阶矩阵, $\boldsymbol{\beta}$ 是 $n$ 维列向量.

6. 在实数域上的线性空间 $C[a,b]$ 中定义变换如下:

$$\boldsymbol{T}f(x)=\int_a^x K(t)f(t)\mathrm{d}t,$$

其中 $K(x)$ 是区间 $[a,b]$ 上连续函数. 证明 $\boldsymbol{T}$ 是一个线性变换.

## 8.2　线性变换的矩阵

通过 8.1 节发现, 线性变换所满足的式子与矩阵所满足的式子类似, 因此, 二者之间存在着密切联系. 本节将建立这种对应关系: 每个线性变换都对应一个矩阵, 且这种对应是一一的. 这样, 线性变换的问题就可以转换为矩阵问题予以解决.

设 $V$ 是数域 $P$ 上 $n$ 维线性空间, $A_0:\varepsilon_1,\varepsilon_2,\cdots,\varepsilon_n$ 为其一组基, 则 $V$ 中任意向量 $\boldsymbol{\alpha}$ 唯一表示为

$$\boldsymbol{\alpha}=x_1\varepsilon_1+x_2\varepsilon_2+\cdots+x_n\varepsilon_n.$$

由于线性变换保持线性关系不变, 因此向量 $\boldsymbol{\alpha}$ 在线性变换 $\boldsymbol{T}$ 下的像必然有相同的线性关系:

$$\boldsymbol{T}(\boldsymbol{\alpha})=\boldsymbol{T}(x_1\varepsilon_1+x_2\varepsilon_2+\cdots+x_n\varepsilon_n)=x_1\boldsymbol{T}(\varepsilon_1)+x_2\boldsymbol{T}(\varepsilon_2)+\cdots+x_n\boldsymbol{T}(\varepsilon_n).$$

上式表明, 如果知道了基 $A_0$ 的像 $\boldsymbol{T}(\boldsymbol{\varepsilon}_1),\boldsymbol{T}(\boldsymbol{\varepsilon}_2),\cdots,\boldsymbol{T}(\boldsymbol{\varepsilon}_n)$, 那么线性空间中任意向量 $\boldsymbol{\alpha}$ 的像 $\boldsymbol{T}(\boldsymbol{\alpha})$ 也就知道了.

(1) 设 $A_0:\boldsymbol{\varepsilon}_1,\boldsymbol{\varepsilon}_2,\cdots,\boldsymbol{\varepsilon}_n$ 是线性空间 $V$ 的一组基, 如果线性变换 $\boldsymbol{T}_1$ 与 $\boldsymbol{T}_2$ 在这组基下的作用相同, 即 $\boldsymbol{T}_1(\boldsymbol{\varepsilon}_i)=\boldsymbol{T}_2(\boldsymbol{\varepsilon}_i)\ (i=1,2,\cdots,n)$, 则 $\boldsymbol{T}_1=\boldsymbol{T}_2$.

以上结论说明, 一个线性变换完全被它在一组基上的作用所决定, 但下面结论说明, 基向量的像却完全可以是任意的.

(2) 设 $A_0:\boldsymbol{\varepsilon}_1,\boldsymbol{\varepsilon}_2,\cdots,\boldsymbol{\varepsilon}_n$ 是线性空间 $V$ 的一组基, 对于任意向量 $\boldsymbol{\alpha}_1,\boldsymbol{\alpha}_2,\cdots,\boldsymbol{\alpha}_n$, 一定存在一个线性变换 $\boldsymbol{T}$, 使

$$\boldsymbol{T}(\boldsymbol{\varepsilon}_i)=\boldsymbol{\alpha}_i,\quad i=1,2,\cdots,n. \tag{1}$$

**证明** 设 $\boldsymbol{\alpha}=\sum\limits_{i=1}^{n}x_i\boldsymbol{\varepsilon}_i\in V$, 定义 $V$ 中变换为

$$\boldsymbol{T}(\boldsymbol{\alpha})=\sum_{i=1}^{n}x_i\boldsymbol{\alpha}_i.$$

在 $V$ 中任意取两个向量 $\boldsymbol{\beta}=\sum\limits_{i=1}^{n}b_i\boldsymbol{\varepsilon}_i,\boldsymbol{\gamma}=\sum\limits_{i=1}^{n}c_i\boldsymbol{\varepsilon}_i$, 对于定义的 $\boldsymbol{T}$, 显然

$$\boldsymbol{T}(\boldsymbol{\beta}+\boldsymbol{\gamma})=\sum_{i=1}^{n}(b_i+c_i)\boldsymbol{\alpha}_i=\sum_{i=1}^{n}b_i\boldsymbol{\alpha}_i+\sum_{i=1}^{n}c_i\boldsymbol{\alpha}_i=\boldsymbol{T}(\boldsymbol{\beta})+\boldsymbol{T}(\boldsymbol{\gamma}),$$

$$\boldsymbol{T}(k\boldsymbol{\beta})=\sum_{i=1}^{n}(kb_i)\boldsymbol{\alpha}_i=k\sum_{i=1}^{n}b_i\boldsymbol{\alpha}_i=k\boldsymbol{T}(\boldsymbol{\beta}).$$

因此该变换为线性变换. 下面证明这个 $\boldsymbol{T}$ 满足 (1) 式. 因为

$$\boldsymbol{\varepsilon}_i=0\boldsymbol{\varepsilon}_1+\cdots+0\boldsymbol{\varepsilon}_{i-1}+1\boldsymbol{\varepsilon}_i+0\boldsymbol{\varepsilon}_{i+1}+\cdots+0\boldsymbol{\varepsilon}_n\quad(i=1,2,\cdots,n),$$

所以

$$\boldsymbol{T}(\boldsymbol{\varepsilon}_i)=0\boldsymbol{\alpha}_1+\cdots+0\boldsymbol{\alpha}_{i-1}+1\boldsymbol{\alpha}_i+0\boldsymbol{\alpha}_{i+1}+\cdots+0\boldsymbol{\alpha}_n=\boldsymbol{\alpha}_i.$$

综合以上两点, 即得如下定理.

**定理 1** 设 $\boldsymbol{\varepsilon}_1,\boldsymbol{\varepsilon}_2,\cdots,\boldsymbol{\varepsilon}_n$ 是线性空间 $V$ 的一组基, $\boldsymbol{\alpha}_1,\boldsymbol{\alpha}_2,\cdots,\boldsymbol{\alpha}_n$ 是 $V$ 中任意向量, 存在唯一的线性变换 $\boldsymbol{T}$, 使 (1) 式成立.

**定义 2** 设 $\boldsymbol{\varepsilon}_1,\boldsymbol{\varepsilon}_2,\cdots,\boldsymbol{\varepsilon}_n$ 是线性空间 $V$ 的一组基, $\boldsymbol{T}$ 是 $V$ 中的一个线性变换, 则基向量 $\boldsymbol{T}(\boldsymbol{\varepsilon}_1),\boldsymbol{T}(\boldsymbol{\varepsilon}_2),\cdots,\boldsymbol{T}(\boldsymbol{\varepsilon}_n)$ 可以由这组基线性表示, 即

$$\begin{cases}\boldsymbol{T}(\boldsymbol{\varepsilon}_1)=a_{11}\boldsymbol{\varepsilon}_1+a_{21}\boldsymbol{\varepsilon}_2+\cdots+a_{n1}\boldsymbol{\varepsilon}_n,\\ \boldsymbol{T}(\boldsymbol{\varepsilon}_2)=a_{12}\boldsymbol{\varepsilon}_1+a_{22}\boldsymbol{\varepsilon}_2+\cdots+a_{n2}\boldsymbol{\varepsilon}_n,\\ \qquad\qquad\cdots\cdots\\ \boldsymbol{T}(\boldsymbol{\varepsilon}_n)=a_{1n}\boldsymbol{\varepsilon}_1+a_{2n}\boldsymbol{\varepsilon}_2+\cdots+a_{nn}\boldsymbol{\varepsilon}_n,\end{cases}$$

利用矩阵表示就是

$$\boldsymbol{T}(\varepsilon_1,\varepsilon_2,\cdots,\varepsilon_n)=(\varepsilon_1,\varepsilon_2,\cdots,\varepsilon_n)\boldsymbol{A},\ \boldsymbol{A}=\begin{pmatrix} a_{11} & a_{12} & \cdots & a_{1n}\\ a_{21} & a_{22} & \cdots & a_{2n}\\ \vdots & \vdots & & \vdots\\ a_{n1} & a_{n2} & \cdots & a_{nn}\end{pmatrix}. \tag{2}$$

矩阵 $\boldsymbol{A}$ 称为线性变换 $\boldsymbol{T}$ 在基 $\varepsilon_1,\varepsilon_2,\cdots,\varepsilon_n$ 下的矩阵.

这样, 取定一组基后, 我们就建立了由数域 $P$ 上 $n$ 维线性空间 $V$ 的线性变换到数域 $P$ 上 $n$ 阶矩阵的一个映射. (1) 式说明这一映射为单射, (2) 式表明这一映射为满射. 因此, 我们在这二者之间建立了一个双射 (一一映射).

由于向量在基下的坐标唯一, 因此在同一组基下, 同一个线性变换对应的矩阵是唯一的. 那么, 同一个线性变换在不同基下对应的矩阵是何关系?

**例 3** 在 $P_3[x]$ 中取一组基 $1,x,x^2,x^3$, 定义变换为

$$\boldsymbol{T}f(x)=a_3+a_2x+a_1x^2+a_0x^3,\quad f(x)=a_0+a_1x+a_2x^2+a_3x^3.$$

容易验证 $\boldsymbol{T}$ 为线性变换, 且

$$\boldsymbol{T}(1)=x^3,\quad \boldsymbol{T}(x)=x^2,\quad \boldsymbol{T}(x^2)=x,\quad \boldsymbol{T}(x^3)=1.$$

因此, $\boldsymbol{T}$ 在基 $1,x,x^2,x^3$ 下的矩阵 $\boldsymbol{A}=\begin{pmatrix} 0&0&0&1\\0&0&1&0\\0&1&0&0\\1&0&0&0\end{pmatrix}$.

**例 4** 对于线性空间 $P_{n-1}[x]$ 上微分变换 $\boldsymbol{D}$, 因为

$$\boldsymbol{D}(1)=0,\boldsymbol{D}(x)=1,\boldsymbol{D}(x^2)=2x,\cdots,\boldsymbol{D}(x^{n-1})=(n-1)x^{n-2},$$

所以 $\boldsymbol{D}$ 在基 $1,x,x^2,\cdots,x^{n-1}$ 下的矩阵

$$\boldsymbol{A}=\begin{pmatrix} 0 & 1 & & & & \\ & 0 & 2 & & & \\ & & 0 & 3 & & \\ & & & \ddots & \ddots & \\ & & & & 0 & n-1\\ & & & & & 0\end{pmatrix}.$$

**例 5** 考虑 $P^3$ 中线性变换 $\boldsymbol{T}$. 设 $\boldsymbol{e}_1=(1,0,0),\boldsymbol{e}_2=(0,1,0),\boldsymbol{e}_3=(0,0,1)$, 定义

$$\boldsymbol{T}\boldsymbol{e}_1=(-1,1,0),\quad \boldsymbol{T}\boldsymbol{e}_2=(2,1,1),\quad \boldsymbol{T}\boldsymbol{e}_3=(0,-1,-1).$$

因为

$$\boldsymbol{T}\boldsymbol{e}_1=-\boldsymbol{e}_1+\boldsymbol{e}_2=(\boldsymbol{e}_1,\boldsymbol{e}_2,\boldsymbol{e}_3)\begin{pmatrix}-1\\1\\0\end{pmatrix},\boldsymbol{T}\boldsymbol{e}_2=2\boldsymbol{e}_1+\boldsymbol{e}_2+\boldsymbol{e}_3=(\boldsymbol{e}_1,\boldsymbol{e}_2,\boldsymbol{e}_3)\begin{pmatrix}2\\1\\1\end{pmatrix},$$

$$\boldsymbol{T}\boldsymbol{e}_3=-\boldsymbol{e}_2-\boldsymbol{e}_3=(\boldsymbol{e}_1,\boldsymbol{e}_2,\boldsymbol{e}_3)\begin{pmatrix}0\\-1\\-1\end{pmatrix}.$$

故 $\boldsymbol{T}$ 在该基下的矩阵 $\boldsymbol{A}=\begin{pmatrix}-1&2&0\\1&1&-1\\0&1&-1\end{pmatrix}$.

**例 6** 设 $\boldsymbol{A}=\begin{pmatrix}-2&1\\0&-2\end{pmatrix}$, $f(x)=x^2+3x+2$. 定义线性变换 $\boldsymbol{T}$:

$$\boldsymbol{T}(\boldsymbol{X})=f(\boldsymbol{A})\boldsymbol{X},\quad \boldsymbol{X}\in P^{2\times 3}.$$

(1) 证明 $\boldsymbol{T}$ 是数域 $P$ 上线性空间 $P^{2\times 3}$ 的线性变换;

(2) 求 $\boldsymbol{T}$ 在基 $\boldsymbol{e}_{11},\boldsymbol{e}_{12},\boldsymbol{e}_{13},\boldsymbol{e}_{21},\boldsymbol{e}_{22},\boldsymbol{e}_{23}$ 下的矩阵 $\boldsymbol{B}$.

**解** (1) 经计算, $f(\boldsymbol{A})=\begin{pmatrix}0&-1\\0&0\end{pmatrix}=\boldsymbol{D}$. 则

$$\boldsymbol{T}(\boldsymbol{X})=\boldsymbol{D}\boldsymbol{X},\quad \boldsymbol{X}\in P^{2\times 3}.$$

对任意的 $\boldsymbol{\alpha}_1,\boldsymbol{\alpha}_2\in P^{2\times 3},k\in P$, 显然,

$$\boldsymbol{T}(\boldsymbol{\alpha}_1+\boldsymbol{\alpha}_2)=\boldsymbol{D}(\boldsymbol{\alpha}_1+\boldsymbol{\alpha}_2)=\boldsymbol{D}\boldsymbol{\alpha}_1+\boldsymbol{D}\boldsymbol{\alpha}_2=\boldsymbol{T}(\boldsymbol{\alpha}_1)+\boldsymbol{T}(\boldsymbol{\alpha}_2);$$

$$\boldsymbol{T}(k\boldsymbol{\alpha}_1)=\boldsymbol{D}(k\boldsymbol{\alpha}_1)=k\boldsymbol{T}(\boldsymbol{\alpha}_1).$$

因此, $\boldsymbol{T}$ 是线性变换.

(2) 直接计算, 得

$$\boldsymbol{T}\boldsymbol{e}_{11}=\boldsymbol{T}\boldsymbol{e}_{12}=\boldsymbol{T}\boldsymbol{e}_{13}=\boldsymbol{O},\quad \boldsymbol{T}\boldsymbol{e}_{21}=-\boldsymbol{e}_{11},\quad \boldsymbol{T}\boldsymbol{e}_{22}=-\boldsymbol{e}_{12},\quad \boldsymbol{T}\boldsymbol{e}_{23}=-\boldsymbol{e}_{13}.$$

故

$$\boldsymbol{T}(\boldsymbol{e}_{11},\boldsymbol{e}_{12},\boldsymbol{e}_{13},\boldsymbol{e}_{21},\boldsymbol{e}_{22},\boldsymbol{e}_{23})=(\boldsymbol{e}_{11},\boldsymbol{e}_{12},\boldsymbol{e}_{13},\boldsymbol{e}_{21},\boldsymbol{e}_{22},\boldsymbol{e}_{23})\boldsymbol{B},\quad \boldsymbol{B}=\begin{pmatrix}\boldsymbol{O} & -\boldsymbol{E}_3\\ \boldsymbol{O} & \boldsymbol{O}\end{pmatrix}.$$

**定理 2** 设 $\varepsilon_1,\varepsilon_2,\cdots,\varepsilon_n$ 是数域 $P$ 上 $n$ 维线性空间 $V$ 的一组基, 在这组基下, 每个线性变换按公式 (2) 对应一个 $n\times n$ 矩阵. 这个对应具有以下性质:

(1) 线性变换的和对应于矩阵的和;

(2) 线性变换的乘积对应于矩阵的乘积;

(3) 线性变换的数量乘积对应于矩阵的数量乘积;

(4) 可逆线性变换与可逆矩阵对应, 且逆变换对应于逆矩阵.

定理 2 说明数域 $P$ 上 $n$ 维线性空间 $V$ 内所有线性变换组成的集合 $L(V)$ 对于线性变换的加法、数乘构成数域 $P$ 上一个线性空间, 它与数域 $P$ 上 $n$ 阶矩阵构成的线性空间 $P^{n\times n}$ 同构.

**证明** 设 $\boldsymbol{T}_1,\boldsymbol{T}_2$ 是两个线性变换, 它们在基 $\boldsymbol{\alpha}_1,\boldsymbol{\alpha}_2,\cdots,\boldsymbol{\alpha}_n$ 下的矩阵分别为 $\boldsymbol{A},\boldsymbol{B}$.

(1)
$$\begin{aligned}(\boldsymbol{T}_1+\boldsymbol{T}_2)(\boldsymbol{\alpha}_1,\boldsymbol{\alpha}_2,\cdots,\boldsymbol{\alpha}_n)&=\boldsymbol{T}_1(\boldsymbol{\alpha}_1,\boldsymbol{\alpha}_2,\cdots,\boldsymbol{\alpha}_n)+\boldsymbol{T}_2(\boldsymbol{\alpha}_1,\boldsymbol{\alpha}_2,\cdots,\boldsymbol{\alpha}_n)\\&=(\boldsymbol{\alpha}_1,\boldsymbol{\alpha}_2,\cdots,\boldsymbol{\alpha}_n)\boldsymbol{A}+(\boldsymbol{\alpha}_1,\boldsymbol{\alpha}_2,\cdots,\boldsymbol{\alpha}_n)\boldsymbol{B}\\&=(\boldsymbol{\alpha}_1,\boldsymbol{\alpha}_2,\cdots,\boldsymbol{\alpha}_n)(\boldsymbol{A}+\boldsymbol{B}).\end{aligned}$$

(2)
$$\begin{aligned}(\boldsymbol{T}_1\boldsymbol{T}_2)(\boldsymbol{\alpha}_1,\boldsymbol{\alpha}_2,\cdots,\boldsymbol{\alpha}_n)&=\boldsymbol{T}_1(\boldsymbol{T}_2(\boldsymbol{\alpha}_1,\boldsymbol{\alpha}_2,\cdots,\boldsymbol{\alpha}_n))\\&=\boldsymbol{T}_1((\boldsymbol{\alpha}_1,\boldsymbol{\alpha}_2,\cdots,\boldsymbol{\alpha}_n)\boldsymbol{B})=(\boldsymbol{\alpha}_1,\boldsymbol{\alpha}_2,\cdots,\boldsymbol{\alpha}_n)\boldsymbol{AB}.\end{aligned}$$

(3) $k\boldsymbol{T}_1(\boldsymbol{\alpha}_1,\boldsymbol{\alpha}_2,\cdots,\boldsymbol{\alpha}_n)=(\boldsymbol{\alpha}_1,\boldsymbol{\alpha}_2,\cdots,\boldsymbol{\alpha}_n)(k\boldsymbol{A})$.

(4) 由于单位变换对应于单位矩阵, 因此 $\boldsymbol{T}_1\boldsymbol{T}_2=\boldsymbol{T}_2\boldsymbol{T}_1=\boldsymbol{E}$ 对应于 $\boldsymbol{AB}=\boldsymbol{BA}=\boldsymbol{E}$.

**定理 3** 线性变换 $\boldsymbol{T}$ 在基 $\varepsilon_1,\varepsilon_2,\cdots,\varepsilon_n$ 下的矩阵是 $\boldsymbol{A}$, 向量 $\boldsymbol{\xi}$ 在这组基下的坐标是 $\boldsymbol{x}=(x_1,x_2,\cdots,x_n)^{\mathrm{T}}$, 则 $\boldsymbol{T}(\boldsymbol{\xi})$ 在这组基下的坐标 $\boldsymbol{y}=(y_1,y_2,\cdots,y_n)^{\mathrm{T}}$ 为

$$\boldsymbol{y}=\boldsymbol{Ax}.$$

**证明** 由于 $\boldsymbol{\xi}=x_1\varepsilon_1+x_2\varepsilon_2+\cdots+x_n\varepsilon_n$, 所以

$$\boldsymbol{T}(\boldsymbol{\xi})=x_1\boldsymbol{T}(\varepsilon_1)+x_2\boldsymbol{T}(\varepsilon_2)+\cdots+x_n\boldsymbol{T}(\varepsilon_n)=\boldsymbol{T}(\varepsilon_1,\varepsilon_2,\cdots,\varepsilon_n)\boldsymbol{x}.$$

而 $\boldsymbol{T}(\varepsilon_1,\varepsilon_2,\cdots,\varepsilon_n)=(\varepsilon_1,\varepsilon_2,\cdots,\varepsilon_n)\boldsymbol{A}$, 故 $\boldsymbol{y}=\boldsymbol{Ax}$.

现在问: 同一个线性变换在不同基下对应的矩阵关系如何?

在第 4 章我们知道, 对于数域 $P$ 上两个 $n$ 阶矩阵 $\boldsymbol{A},\boldsymbol{B}$, 如果存在 $n$ 阶可逆矩阵 $\boldsymbol{X}$, 使得 $\boldsymbol{B}=\boldsymbol{X}^{-1}\boldsymbol{A}\boldsymbol{X}$, 则称矩阵 $\boldsymbol{A}$ 与 $\boldsymbol{B}$ 相似, 记为 $\boldsymbol{A}\sim\boldsymbol{B}$, 且相似关系具有自身性、对称性和传递性.

**定理 4** 设线性空间 $V$ 上线性变换 $\boldsymbol{T}$ 在两组基下对应的矩阵分别为 $\boldsymbol{A},\boldsymbol{B}$, 则 $\boldsymbol{B}=\boldsymbol{X}^{-1}\boldsymbol{A}\boldsymbol{X}$, 其中 $\boldsymbol{X}$ 为这两组基的过渡矩阵.

定理 4 说明, 同一个线性变换在不同基下对应的矩阵为相似关系. 同时, 两个相似矩阵可以看作同一个线性变换在两组基下对应的矩阵.

**证明** 设 $\boldsymbol{\alpha}_1,\boldsymbol{\alpha}_2,\cdots,\boldsymbol{\alpha}_n$ 和 $\boldsymbol{\beta}_1,\boldsymbol{\beta}_2,\cdots,\boldsymbol{\beta}_n$ 为线性空间的两组基, 则

$$\boldsymbol{T}(\boldsymbol{\alpha}_1,\boldsymbol{\alpha}_2,\cdots,\boldsymbol{\alpha}_n)=(\boldsymbol{\alpha}_1,\boldsymbol{\alpha}_2,\cdots,\boldsymbol{\alpha}_n)\boldsymbol{A},\ \boldsymbol{T}(\boldsymbol{\beta}_1,\boldsymbol{\beta}_2,\cdots,\boldsymbol{\beta}_n)=(\boldsymbol{\beta}_1,\boldsymbol{\beta}_2,\cdots,\boldsymbol{\beta}_n)\boldsymbol{B},$$

$$(\boldsymbol{\beta}_1,\boldsymbol{\beta}_2,\cdots,\boldsymbol{\beta}_n)=(\boldsymbol{\alpha}_1,\boldsymbol{\alpha}_2,\cdots,\boldsymbol{\alpha}_n)\boldsymbol{X}.$$

因此,

$$\begin{aligned}\boldsymbol{T}(\boldsymbol{\beta}_1,\boldsymbol{\beta}_2,\cdots,\boldsymbol{\beta}_n)&=\boldsymbol{T}(\boldsymbol{\alpha}_1,\boldsymbol{\alpha}_2,\cdots,\boldsymbol{\alpha}_n)\boldsymbol{X}=(\boldsymbol{\alpha}_1,\boldsymbol{\alpha}_2,\cdots,\boldsymbol{\alpha}_n)\boldsymbol{A}\boldsymbol{X}\\&=(\boldsymbol{\beta}_1,\boldsymbol{\beta}_2,\cdots,\boldsymbol{\beta}_n)\boldsymbol{X}^{-1}\boldsymbol{A}\boldsymbol{X}=(\boldsymbol{\beta}_1,\boldsymbol{\beta}_2,\cdots,\boldsymbol{\beta}_n)\boldsymbol{B}.\end{aligned}$$

故 $\boldsymbol{B}=\boldsymbol{X}^{-1}\boldsymbol{A}\boldsymbol{X}$.

**例 7** 设 $V$ 是数域 $P$ 上的 2 维线性空间, $\boldsymbol{\alpha}_1,\boldsymbol{\alpha}_2$ 是它的一组基, 线性变换 $\boldsymbol{T}$ 在这组基下矩阵为 $\boldsymbol{A}=\begin{pmatrix}2&1\\-1&0\end{pmatrix}$. 计算 $\boldsymbol{T}$ 在 $V$ 的另一组基 $\boldsymbol{\eta}_1,\boldsymbol{\eta}_2$ 下的矩阵, 其中

$$(\boldsymbol{\eta}_1,\boldsymbol{\eta}_2)=(\boldsymbol{\alpha}_1,\boldsymbol{\alpha}_2)\begin{pmatrix}1&-1\\-1&2\end{pmatrix}.$$

**解** 利用定理 4, $\boldsymbol{T}$ 在基 $\boldsymbol{\eta}_1,\boldsymbol{\eta}_2$ 下的矩阵为

$$\begin{pmatrix}1&-1\\-1&2\end{pmatrix}^{-1}\begin{pmatrix}2&1\\-1&0\end{pmatrix}\begin{pmatrix}1&-1\\-1&2\end{pmatrix}=\begin{pmatrix}1&1\\0&1\end{pmatrix}.$$

## 习 题 8.2

1. 求下列线性变换在给定基下的矩阵.

(1) 变换 $\boldsymbol{T}:\boldsymbol{T}(a,b,c)=(2b+c,a-4b,3a)\ (a,b,c\in P)$, 基:

$$\boldsymbol{\alpha}_1=(1,1,1),\quad \boldsymbol{\alpha}_2=(1,1,0),\quad \boldsymbol{\alpha}_3=(1,0,0);$$

(2) 变换 $\boldsymbol{T}f(x)=f(x+1)-f(x)$, 基:

$$\boldsymbol{\alpha}_0=1,\quad \boldsymbol{\alpha}_k=\frac{x(x-1)\cdots(x-k+1)}{k!},\quad k=1,2,\cdots,n-1;$$

(3) 变换 $\boldsymbol{T}=\boldsymbol{D}$(微分变换), 基:

$$\boldsymbol{\alpha}_1=\mathrm{e}^{ax}\cos bx,\quad \boldsymbol{\alpha}_2=\mathrm{e}^{ax}\sin bx,\quad \boldsymbol{\alpha}_3=x\mathrm{e}^{ax}\cos bx,$$

$$\boldsymbol{\alpha}_4=x\mathrm{e}^{ax}\sin bx,\quad \boldsymbol{\alpha}_5=\frac{x^2}{2}\mathrm{e}^{ax}\cos bx,\quad \boldsymbol{\alpha}_6=\frac{x^2}{2}\mathrm{e}^{ax}\sin bx.$$

2. 在 $P^{2\times 2}$ 中定义线性变换

$$\boldsymbol{T}_1(\boldsymbol{X})=\begin{pmatrix} a & b \\ c & d \end{pmatrix}\boldsymbol{X},\ \boldsymbol{T}_2(\boldsymbol{X})=\boldsymbol{X}\begin{pmatrix} a & b \\ c & d \end{pmatrix},\ \boldsymbol{T}_3(\boldsymbol{X})=\begin{pmatrix} a & b \\ c & d \end{pmatrix}\boldsymbol{X}\begin{pmatrix} a & b \\ c & d \end{pmatrix},$$

求 $\boldsymbol{T}_1,\boldsymbol{T}_2,\boldsymbol{T}_3$ 在基 $\boldsymbol{e}_{11},\boldsymbol{e}_{12},\boldsymbol{e}_{21},\boldsymbol{e}_{22}$ 下的矩阵.

3. 设 $\boldsymbol{T}$ 是线性空间 $V$ 上线性变换, 如果 $\boldsymbol{T}^{k-1}\boldsymbol{\alpha}\neq\boldsymbol{0},\boldsymbol{T}^k\boldsymbol{\alpha}=\boldsymbol{0}$, 证明

$$\boldsymbol{\alpha},\boldsymbol{T\alpha},\cdots,\boldsymbol{T}^{k-1}\boldsymbol{\alpha}$$

线性无关.

4. 给定 $P^3$ 的两组基:

$$\boldsymbol{\alpha}_1=(1,0,1),\quad \boldsymbol{\alpha}_2=(2,1,0),\quad \boldsymbol{\alpha}_3=(1,1,1);$$

$$\boldsymbol{\beta}_1=(1,2,-1),\quad \boldsymbol{\beta}_2=(2,2,-1),\quad \boldsymbol{\beta}_3=(2,-1,-1).$$

定义线性变换 $\boldsymbol{T}:\boldsymbol{T\alpha}_i=\boldsymbol{\beta}_i\ (i=1,2,3)$.

(1) 求由基 $\boldsymbol{\alpha}_1,\boldsymbol{\alpha}_2,\boldsymbol{\alpha}_3$ 到 $\boldsymbol{\beta}_1,\boldsymbol{\beta}_2,\boldsymbol{\beta}_3$ 的过渡矩阵;

(2) 求 $\boldsymbol{T}$ 在基 $\boldsymbol{\alpha}_1,\boldsymbol{\alpha}_2,\boldsymbol{\alpha}_3$ 下的矩阵;

(3) 求 $\boldsymbol{T}$ 在基 $\boldsymbol{\beta}_1,\boldsymbol{\beta}_2,\boldsymbol{\beta}_3$ 下的矩阵.

5. 设 $\boldsymbol{T}$ 是 $P^4$ 上线性变换,它在一组基 $\boldsymbol{\alpha}_1,\boldsymbol{\alpha}_2,\boldsymbol{\alpha}_3,\boldsymbol{\alpha}_4$ 下的矩阵 $\boldsymbol{A}=\begin{pmatrix} 1 & 2 & 3 & 2 \\ -1 & 0 & 3 & 1 \\ 2 & 1 & 5 & -1 \\ 1 & 1 & 2 & 2 \end{pmatrix}$. 求它在基 $\boldsymbol{\alpha}_1,\boldsymbol{\alpha}_1+\boldsymbol{\alpha}_2,\boldsymbol{\alpha}_1+\boldsymbol{\alpha}_2+\boldsymbol{\alpha}_3,\boldsymbol{\alpha}_1+\boldsymbol{\alpha}_2+\boldsymbol{\alpha}_3+\boldsymbol{\alpha}_4$ 下的矩阵.

6. 设 $\boldsymbol{T}$ 是 $n$ 维线性空间 $V$ 的线性变换, $\boldsymbol{T}^3=\boldsymbol{E},\boldsymbol{J}=\boldsymbol{T}^2-2\boldsymbol{T}+2\boldsymbol{E}$. 证明 $\boldsymbol{T},\boldsymbol{J}$ 都是可逆的线性变换.

7. 设 $P^2$ 上线性变换 $\boldsymbol{T}:\boldsymbol{T}(x_1,x_2)=(-x_2,x_1)$.

(1) 求 $\boldsymbol{T}$ 在基 $\boldsymbol{\alpha}_1=(1,2),\boldsymbol{\alpha}_2=(1,-1)$ 下的矩阵;

(2) 证明对任意常数 $c\in P$, 线性变换 $\boldsymbol{T}-c\boldsymbol{E}$ 可逆;

(3) 设 $\boldsymbol{T}$ 在某一组基下的矩阵为 $\begin{pmatrix} a_{11} & a_{12} \\ a_{21} & a_{22} \end{pmatrix}$,则 $a_{12}a_{21}\neq 0$.

8. 证明微分变换 $\boldsymbol{D}$ 在线性空间 $P_n[x]$ 中不可逆, 但在

$$\cos t,\sin t,\cos 2t,\sin 2t,\cdots,\cos nt,\sin nt$$

生成的线性空间 $V$ 中可逆.

9. 已知 $P_2[x]$ 两组基

$$\text{I}: f_1=1+2x^2, f_2=x+2x^2, f_3=1+2x+5x^2;$$

$$\text{II}: g_1=1-x, g_2=1+x^2, g_3=1+x+x^2.$$

其上线性变换 $\boldsymbol{T}$ 满足

$$\boldsymbol{T}(f_1(x))=2+x^2,\quad \boldsymbol{T}(f_2(x))=x,\quad \boldsymbol{T}(f_3(x))=1+x+x^2.$$

(1) 求 $\boldsymbol{T}$ 在基II下的矩阵;

(2) 设 $f(x)=1+2x+3x^2$, 求 $\boldsymbol{T}(f(x))$.

## 8.3 线性变换的特征值与特征向量

### 8.3.1 线性变换特征值与特征向量的定义

对数域 $P$ 上 $n$ 维线性空间 $V$ 的线性变换 $\boldsymbol{T}$, 我们希望能找到 $V$ 的一组基 $A_0:\boldsymbol{\alpha}_1,\boldsymbol{\alpha}_2,\cdots,\boldsymbol{\alpha}_n$, 使 $\boldsymbol{T}$ 在基 $A_0$ 下的矩阵具有比较简单的形式. 在矩阵中, 对角矩阵比较简单. 自然要问: 有没有这样的基, 使线性变换在这组基下的矩阵具有对角形式? 即

$$(\boldsymbol{T}\boldsymbol{\alpha}_1,\boldsymbol{T}\boldsymbol{\alpha}_2,\cdots,\boldsymbol{T}\boldsymbol{\alpha}_n)=(\boldsymbol{\alpha}_1,\boldsymbol{\alpha}_2,\cdots,\boldsymbol{\alpha}_n)\boldsymbol{\Lambda},\ \boldsymbol{\Lambda}=\mathrm{diag}(\lambda_1,\lambda_2,\cdots,\lambda_n).$$

基于第 4 章矩阵的相似对角化以及线性变换与矩阵的对应关系, 可以看到, 这并不是总能办得到的. 但不影响我们寻找满足 $\boldsymbol{T}\boldsymbol{\alpha}=\lambda\boldsymbol{\alpha}\ (\lambda\in P)$ 的线性变换.

**定义 3** 设 $V$ 是数域 $P$ 上的线性空间, $\boldsymbol{T}$ 是 $V$ 的一个线性变换. 如果对 $P$ 中数 $\lambda$, 存在 $V$ 中非零向量 $\boldsymbol{\alpha}$, 使

$$\boldsymbol{T}\boldsymbol{\alpha}=\lambda\boldsymbol{\alpha},$$

则 $\lambda$ 称为线性变换 $\boldsymbol{T}$ 的**特征值**(也称本征值), 非零向量 $\boldsymbol{\alpha}$ 称为属于特征值 $\lambda$ 的**特征向量**(也称本征向量).

这里需要注意:

(1) 特征向量 $\boldsymbol{\alpha}$ 一定是非零向量.

(2) 如果 $\boldsymbol{\alpha}$ 是属于特征值 $\lambda$ 的特征向量, 那么 $k\boldsymbol{\alpha}$ $(k \in P, k \neq 0)$ 也是属于 $\lambda$ 的特征向量. 这是因为 $\boldsymbol{T}(k\boldsymbol{\alpha}) = \lambda(k\boldsymbol{\alpha})$.

(3) $\lambda$ 必须属于数域 $P$, 否则 $\lambda\boldsymbol{\alpha}$ 没有意义.

线性变换的特征值与特征向量不但对于数学理论是重要的, 对于自然科学和工程技术领域中的许多课题也是重要的. 因此, 决定一个线性变换的全部特征值和每个特征值所属的特征向量, 就是我们需要深入讨论线性变换的一个重要课题.

**例 8** 在 $n$ 维线性空间中, 数乘变换 $\boldsymbol{K}$ 在任意一组基下的矩阵都是 $k\boldsymbol{E}$, 它的特征多项式是 $|\lambda\boldsymbol{E} - k\boldsymbol{E}| = (\lambda - k)^n$. 因此, 数乘变换的特征值为 $k$ ($n$ 重根), 每个非零向量都是属于特征值 $k$ 的特征向量.

**例 9** 线性变换 $\boldsymbol{T}$ 在某组基下的矩阵 $\boldsymbol{A} = \begin{pmatrix} 1 & 2 & 2 \\ 2 & 1 & 2 \\ 2 & 2 & 1 \end{pmatrix}$, 计算 $\boldsymbol{T}$ 的特征值及相应的特征向量.

**解** 注意到 $|\lambda\boldsymbol{E} - \boldsymbol{A}| = (\lambda+1)^2(\lambda-5)$, 得到矩阵 $\boldsymbol{A}$ 的特征值为 $\lambda_1 = \lambda_2 = -1$, $\lambda_3 = 5$. 将 $\lambda_1 = -1$ 代入 $(\lambda_1\boldsymbol{E} - \boldsymbol{A})\boldsymbol{x} = \boldsymbol{0}$ 并求解, 得其一个基础解系

$$\boldsymbol{\eta}_1 = (-1, 1, 0)^{\mathrm{T}}, \quad \boldsymbol{\eta}_2 = (-1, 0, 1)^{\mathrm{T}},$$

即为 $\boldsymbol{A}$ 的对应特征值 $\lambda_1$ 的线性无关的特征向量组.

同理, 对于特征值 $\lambda_3 = 5$, 得到对应的特征向量 $\boldsymbol{\eta}_3 = (1, 1, 1)^{\mathrm{T}}$.

**例 10** 在线性空间 $P_{n-1}[x]$ 中取一组基 $1, x, \dfrac{1}{2!}x^2, \cdots, \dfrac{1}{(n-1)!}x^{n-1}$, 容易求出形式微商 $\boldsymbol{D}f(x) = f'(x)$ 在这组基下的矩阵 $\boldsymbol{A} = \begin{pmatrix} 0 & 1 & & & \\ & 0 & 1 & & \\ & & \ddots & \ddots & \\ & & & & 1 \\ & & & & 0 \end{pmatrix}$, 其特征多项式 $f(\lambda) = \lambda^n$. 因此, $f(\lambda)$ 有 $n$ 重根 $\lambda = 0$. 故 $\boldsymbol{A}$ 只有一个特征值 0, 其对应的特征向量 $\boldsymbol{\eta} = (1, 0, \cdots, 0)^{\mathrm{T}}$.

### 8.3.2 具有对角矩阵的线性变换

设 $\boldsymbol{T}$ 是 $n$ 维线性空间 $V$ 内的线性变换, 如果在 $V$ 内找到一组基 $\boldsymbol{\eta}_1, \boldsymbol{\eta}_2, \cdots, \boldsymbol{\eta}_n$, 使 $\boldsymbol{T}$ 在这组基下的矩阵为对角形式, 我们就称 $\boldsymbol{T}$ 的矩阵可对角化 (也称**变换 $\boldsymbol{T}$ 可对角化**). 那么, 什么样的线性变换可以对角化? 要找的这组基与线性变换 $\boldsymbol{T}$

的特征向量关系如何? 接下来, 就从线性空间和线性变换的角度讨论线性变换矩阵的对角化问题.

回忆第 4 章矩阵相似对角化知识和线性变换与其相应矩阵的一一对应关系, 以下结论是显然的.

(1) 数域 $P$ 上 $n$ 维线性空间 $V$ 内线性变换 $\boldsymbol{T}$ 的矩阵可对角化的充分必要条件是变换 $\boldsymbol{T}$ 具有 $n$ 个线性无关的特征向量.

(2) 线性变换 $\boldsymbol{T}$ 属于不同特征值的特征向量线性无关. 因此, 如果线性变换 $\boldsymbol{T}$ 具有 $n$ 个互异特征值, 则它一定可以对角化.

对于 $\lambda \in P$, 定义

$$V_\lambda = \{\boldsymbol{\alpha} \in V | \boldsymbol{T\alpha} = \lambda\boldsymbol{\alpha}\}.$$

容易看出, 由于 $\boldsymbol{T0} = \lambda\boldsymbol{0}$, 因此 $\boldsymbol{0} \in V_\lambda$. 另一方面, 如果 $\boldsymbol{\alpha}, \boldsymbol{\beta} \in V_\lambda, a, b \in P$, 则由

$$\boldsymbol{T\alpha} = \lambda\boldsymbol{\alpha}, \quad \boldsymbol{T\beta} = \lambda\boldsymbol{\beta}$$

得到

$$\boldsymbol{T}(a\boldsymbol{\alpha} + b\boldsymbol{\beta}) = \lambda(a\boldsymbol{\alpha} + b\boldsymbol{\beta}),$$

即 $a\boldsymbol{\alpha} + b\boldsymbol{\beta} \in V_\lambda$. 于是 $V_\lambda$ 对加法、数乘封闭, 即 $V_\lambda$ 为 $V$ 的子空间. 故我们有如下事实:

(1) $\lambda \in P$ 是线性变换 $\boldsymbol{T}$ 的特征值的充分必要条件是 $V_\lambda \neq \{\boldsymbol{0}\}$. 此时 $V_\lambda$ 称为 $\boldsymbol{T}$ 的属于特征值 $\lambda$ 的**特征子空间**, $V_\lambda$ 中任何非零向量都是 $\boldsymbol{T}$ 属于特征值 $\lambda$ 的特征向量.

(2) 要找出 $\boldsymbol{T}$ 属于特征值 $\lambda$ 的全部特征向量, 只要找到特征子空间 $V_\lambda$. 特别地, 当 $V_\lambda$ 是有限维子空间时, 只要找出它的一组基, 就等于找到 $V_\lambda$ 中的所有向量.

现在的问题是: 当 $V_\lambda \neq \{\boldsymbol{0}\}$ 时, 如何找出它的一组基和维数? 若 $\lambda_1, \lambda_2, \cdots, \lambda_s$ 分别是线性变换 $\boldsymbol{T}$ 的 $k_1, k_2, \cdots, k_s$ 重特征值 (这里 $k_1 + k_2 + \cdots + k_s = n$), 线性空间 $V$ 与这些特征子空间 $V_{\lambda_i}$ $(i = 1, 2, \cdots, s)$ 的关系如何?

对于第一个问题, 根据 $V_\lambda$ 的定义, 其维数和基与线性方程组 $(\lambda\boldsymbol{E} - \boldsymbol{A})\boldsymbol{x} = \boldsymbol{0}$ 有密切的关系: 方程组的基础解系 (即特征值 $\lambda$ 对应的特征向量) 组成了 $V_\lambda$ 的一组基, 方程组解空间的维数就是 $V_\lambda$ 的维数, 也就是

$$\dim V_\lambda = n - r(\lambda\boldsymbol{E} - \boldsymbol{A}),$$

这里 $\boldsymbol{A}$ 为线性变换 $\boldsymbol{T}$ 对应的矩阵.

下面看第二个问题.

**引理 1** 设 $\boldsymbol{T}$ 是数域 $P$ 上 $n$ 维线性空间 $V$ 内的线性变换, $\lambda_1, \lambda_2, \cdots, \lambda_s$ 是 $\boldsymbol{T}$ 的数域 $P$ 上不同的特征值, 则子空间的和 $\sum\limits_{i=1}^{s} V_{\lambda_i}$ 是直和.

**证明**　根据直和的概念, 只要证明零向量 $\mathbf{0}$ 的表示法唯一即可. 设

$$\mathbf{0}=\boldsymbol{\alpha}_1+\boldsymbol{\alpha}_2+\cdots+\boldsymbol{\alpha}_s,\quad \boldsymbol{\alpha}_i\in V_{\lambda_i}\quad (i=1,2,\cdots,s),$$

则 $\boldsymbol{\alpha}_i=\mathbf{0}\ (i=1,2,\cdots,s)$. 否则, 若 $\boldsymbol{\alpha}_i\neq\mathbf{0}$, 那么上式表明 $\boldsymbol{\alpha}_1,\boldsymbol{\alpha}_2,\cdots,\boldsymbol{\alpha}_s$ 线性相关, 而这些分属于不同特征值的特征向量线性无关, 这是矛盾的. 因此 $\boldsymbol{\alpha}_1=\boldsymbol{\alpha}_2=\cdots=\boldsymbol{\alpha}_s=\mathbf{0}$, 即 $\sum\limits_{i=1}^{s}V_{\lambda_i}$ 是直和.

**定理 5**　设 $\boldsymbol{T}$ 是数域 $P$ 上 $n$ 维线性空间 $V$ 内的线性变换, $\lambda_1,\lambda_2,\cdots,\lambda_s$ 是 $\boldsymbol{T}$ 的数域 $P$ 上全部互不相同的特征值. 则 $\boldsymbol{T}$ 的矩阵可对角化的充分必要条件是

$$V=V_{\lambda_1}\oplus V_{\lambda_2}\oplus\cdots\oplus V_{\lambda_s}.$$

在 $\boldsymbol{T}$ 的矩阵 $\boldsymbol{A}$ 可对角化时, $V_{\lambda_i}\ (i=1,2,\cdots,s)$ 中任取一组基合并后即为 $V$ 的一组基, 在这组基下, $\boldsymbol{T}$ 的矩阵为对角矩阵.

**证明**　必要性. 设 $W=V_{\lambda_1}\oplus V_{\lambda_2}\oplus\cdots\oplus V_{\lambda_s}\subseteq V$. 如果 $\boldsymbol{T}$ 在基 $\boldsymbol{\beta}_1,\boldsymbol{\beta}_2,\cdots,\boldsymbol{\beta}_n$ 下的矩阵为对角矩阵, 则每个 $\boldsymbol{\beta}_i$ 均为 $\boldsymbol{T}$ 的特征向量, 必属于某个特征子空间 $V_{\lambda_k}$, 从而属于 $W$. 故对任意的 $\boldsymbol{\alpha}\in V$, 有

$$\boldsymbol{\alpha}=b_1\boldsymbol{\beta}_1+b_2\boldsymbol{\beta}_2+\cdots+b_n\boldsymbol{\beta}_n\in W,$$

即 $V\subseteq W$. 于是 $V=V_{\lambda_1}\oplus V_{\lambda_2}\oplus\cdots\oplus V_{\lambda_s}$.

充分性. 设 $V=V_{\lambda_1}\oplus V_{\lambda_2}\oplus\cdots\oplus V_{\lambda_s}$, 那么根据直和的概念, 每个特征子空间的基合并后即组成 $V$ 的一组基. 由于 $V_{\lambda_i}$ 的基由特征向量组成, 这表明 $\boldsymbol{T}$ 在这组基下的矩阵为对角形式.

根据定理 5, 即得如下结论.

**推论 1**　设 $\boldsymbol{T}$ 是数域 $P$ 上 $n$ 维线性空间 $V$ 内的线性变换, $\lambda_1,\lambda_2,\cdots,\lambda_s$ 是 $\boldsymbol{T}$ 的数域 $P$ 上全部互不相同的特征值. 则 $\boldsymbol{T}$ 的矩阵可对角化的充分必要条件是

$$\dim(V)=\dim(V_{\lambda_1})+\dim(V_{\lambda_2})+\cdots+\dim(V_{\lambda_s}).$$

至此, 设 $\boldsymbol{T}$ 是数域 $P$ 上 $n$ 维线性空间内的线性变换, $\lambda_1,\lambda_2,\cdots,\lambda_s$ 是其对应矩阵 $\boldsymbol{A}$ 在数域 $P$ 内全部互不相同的特征值, 其重数分别为 $k_1,k_2,\cdots,k_s(k_1+k_2+\cdots+k_s=n)$, 那么特征多项式为 $f(\lambda)=(\lambda-\lambda_1)^{k_1}(\lambda-\lambda_2)^{k_2}\cdots(\lambda-\lambda_s)^{k_s}$. 矩阵 $\boldsymbol{A}$ 的对角化总结成下表.

| 代数重数 | $k_1$ | $k_2$ | $\cdots$ | $k_s$ | 对角化条件 |
|---|---|---|---|---|---|
| 特征值 | $\lambda_1$ | $\lambda_2$ | $\cdots$ | $\lambda_s$ | $s=n$ |
| 方程组 | $(\lambda_1\boldsymbol{E}-\boldsymbol{A})\boldsymbol{x}=\boldsymbol{0}$ | $(\lambda_2\boldsymbol{E}-\boldsymbol{A})\boldsymbol{x}=\boldsymbol{0}$ | $\cdots$ | $(\lambda_s\boldsymbol{E}-\boldsymbol{A})\boldsymbol{x}=\boldsymbol{0}$ | $n$ 个无关向量 |
| 秩 | $r(\lambda_1\boldsymbol{E}-\boldsymbol{A})=r_1$ | $r(\lambda_2\boldsymbol{E}-\boldsymbol{A})=r_2$ | $\cdots$ | $r(\lambda_s\boldsymbol{E}-\boldsymbol{A})=r_s$ | |
| 几何重数 | $n-r_1$ | $n-r_2$ | $\cdots$ | $n-r_s$ | $\sum=n$ |
| $\dim V_\lambda$ | $n-r_1$ | $n-r_2$ | $\cdots$ | $n-r_s$ | $\sum=n$ |
| 直和 | $V_{\lambda_1}$ | $V_{\lambda_2}$ | $\cdots$ | $V_{\lambda_s}$ | 直和 $=V$ |

**例 11** 设 $\boldsymbol{T}$ 是数域 $P$ 上 $n$ 维线性空间 $V$ 的线性变换, 且 $\boldsymbol{T}^2=\boldsymbol{E}$, 判断 $\boldsymbol{T}$ 的矩阵能否对角化.

**解** 设 $\boldsymbol{T}$ 在 $V$ 的一组基下的矩阵为 $\boldsymbol{A}$, 则 $\boldsymbol{A}^2=\boldsymbol{E}$, 即 $(\boldsymbol{A}-\boldsymbol{E})(\boldsymbol{A}+\boldsymbol{E})=\boldsymbol{O}$. 因此, 矩阵 $\boldsymbol{A}$ 有两个特征值 $\lambda_1=1,\lambda_2=-1$, 且

$$r(\boldsymbol{A}+\boldsymbol{E})+r(\boldsymbol{A}-\boldsymbol{E})\leqslant n.$$

因 $V_{\lambda_1}+V_{\lambda_2}$ 是直和, $\dim V_{\lambda_1}=n-r(\boldsymbol{A}+\boldsymbol{E})$, $\dim V_{\lambda_2}=n-r(\boldsymbol{A}-\boldsymbol{E})$. 因此,

$$(n-r(\boldsymbol{A}+\boldsymbol{E}))+(n-r(\boldsymbol{A}-\boldsymbol{E}))=\dim V_{\lambda_1}+\dim V_{\lambda_2}=\dim(V_{\lambda_1}+V_{\lambda_2})\leqslant \dim V=n.$$

于是 $r(\boldsymbol{A}+\boldsymbol{E})+r(\boldsymbol{A}-\boldsymbol{E})\geqslant n$. 故 $r(\boldsymbol{A}+\boldsymbol{E})+r(\boldsymbol{A}-\boldsymbol{E})=n$. 由此,

$$\dim V_{\lambda_1}+\dim V_{\lambda_2}=n=\dim(V).$$

即 $\boldsymbol{T}$ 对应的矩阵可以对角化.

## 习 题 8.3

1. 求复数域上线性空间 $V$ 的线性变换 $\boldsymbol{T}$ 的特征值与特征向量, 已知 $\boldsymbol{T}$ 在一组基下的矩阵分别为:

$$(1)\begin{pmatrix}5&6&-3\\-1&0&1\\1&2&-1\end{pmatrix};\quad (2)\begin{pmatrix}0&2&1\\-2&0&3\\-1&-3&0\end{pmatrix};\quad (3)\begin{pmatrix}3&1&0\\-4&-1&0\\4&-8&-2\end{pmatrix}.$$

2. 在上题中, 哪些变换的矩阵可以在适当的基下化为对角形? 在可以对角化情形下, 求相应基变换的过渡矩阵 $\boldsymbol{P}$, 并验算 $\boldsymbol{P}^{-1}\boldsymbol{A}\boldsymbol{P}$.

3. 设 $a_1,a_2$ 是线性变换 $\boldsymbol{T}$ 的两个不同的特征值, $\boldsymbol{\alpha}_1,\boldsymbol{\alpha}_2$ 是分别属于 $a_1,a_2$ 的特征向量. 证明 $\boldsymbol{\alpha}_1+\boldsymbol{\alpha}_2$ 不是 $\boldsymbol{T}$ 的特征向量.

4. 设数域 $P$ 上线性空间 $V=\left\{\begin{pmatrix}a&0&b\\0&c&0\\d&0&e\end{pmatrix},a,b,c,d,e\in P\right\}$, $\boldsymbol{A}=\begin{pmatrix}0&0&1\\0&1&0\\1&0&0\end{pmatrix}$,

定义变换 $\boldsymbol{T}:\boldsymbol{T}(\boldsymbol{\alpha})=\boldsymbol{A}\boldsymbol{\alpha},\ \boldsymbol{\alpha}\in V$.

(1) 证明 $\boldsymbol{T}$ 是空间 $V$ 上线性变换;

(2) 求 $V$ 的一组基及 $\boldsymbol{T}$ 在这组基下的矩阵;

(3) 求 $\boldsymbol{T}$ 的特征值及相应的特征向量.

5. 设 $V$ 是数域 $P$ 上 3 维线性空间, 线性变换 $\boldsymbol{T}$ 在基 $\boldsymbol{\alpha}_1,\boldsymbol{\alpha}_2,\boldsymbol{\alpha}_3$ 下的矩阵

$$\boldsymbol{A}=\begin{pmatrix} 2 & -1 & 2 \\ 5 & -3 & 3 \\ -1 & 0 & -2 \end{pmatrix}.$$

(1) 求线性变换 $\boldsymbol{T}$ 在基 $\boldsymbol{\alpha}_1,\boldsymbol{\alpha}_1+\boldsymbol{\alpha}_2,\boldsymbol{\alpha}_1+\boldsymbol{\alpha}_2+\boldsymbol{\alpha}_3$ 下的矩阵;

(2) 求线性变换 $\boldsymbol{T}$ 的特征值与特征向量;

(3) 线性变换可否在 $V$ 的某组基下的矩阵化为对角矩阵? 为什么?

6. 已知 $P^{2\times 2}$ 上线性变换

$$\boldsymbol{T}(\boldsymbol{\alpha})=\boldsymbol{M}\boldsymbol{\alpha}\boldsymbol{N},\quad \boldsymbol{M}=\begin{pmatrix} 1 & 0 \\ 1 & 1 \end{pmatrix},\quad \boldsymbol{N}=\begin{pmatrix} 1 & -1 \\ -1 & 1 \end{pmatrix},\quad \boldsymbol{\alpha}\in P^{2\times 2}.$$

求 $\boldsymbol{T}$ 的特征值与特征向量.

7. 证明次数不超过 $n$ 的实多项式空间上线性变换 $\boldsymbol{T}:f(t)\longrightarrow f(at+b)$ 的特征值为 $1,a,\cdots,a^n$.

8. 设 $\boldsymbol{T}_1,\boldsymbol{T}_2$ 是线性空间 $V$ 内两个线性变换, 且 $\boldsymbol{T}_1\boldsymbol{T}_2=\boldsymbol{T}_2\boldsymbol{T}_1$. 证明若 $\boldsymbol{T}_1\boldsymbol{\alpha}=\lambda_0\boldsymbol{\alpha}$, 则 $\boldsymbol{T}_2\boldsymbol{\alpha}\in V_{\lambda_0}$, 其中 $V_{\lambda_0}$ 为 $\boldsymbol{T}_1$ 的特征子空间.

9. 已知 $P_2[x]$ 的线性变换

$$\boldsymbol{T}(a+bx+cx^2)=(4a+6b)+(-3a-5b)x+(-3a-6b+c)x^2.$$

求 $P_2[x]$ 的一组基, 使 $\boldsymbol{T}$ 在这组基下的矩阵为对角矩阵.

## 8.4　线性变换的值域与核

**定义 4**　设 $\boldsymbol{T}$ 是线性空间 $V$ 上的线性变换, $\boldsymbol{T}$ 的全体像组成的集合称为 $\boldsymbol{T}$ 的**值域**, 记为 $\boldsymbol{T}(V)$(也记为 $\mathrm{Im}(\boldsymbol{T})$). 所有被 $\boldsymbol{T}$ 变为零向量的向量组成的集合称为 $\boldsymbol{T}$ 的**核**, 记为 $\boldsymbol{T}^{-1}(\mathbf{0})$(也记为 $\mathrm{Ker}(\boldsymbol{T})$), 即

$$\boldsymbol{T}(V)=\{\boldsymbol{T}(\boldsymbol{\alpha})|\boldsymbol{\alpha}\in V\},\quad \boldsymbol{T}^{-1}(0)=\{\boldsymbol{\alpha}|\boldsymbol{T}(\boldsymbol{\alpha})=\mathbf{0},\boldsymbol{\alpha}\in V\}.$$

容易证明 (自行完成), $\boldsymbol{T}(V)$ 和 $\boldsymbol{T}^{-1}(\mathbf{0})$ 都是 $V$ 的子空间.

$\boldsymbol{T}(V)$ 的维数称为 $\boldsymbol{T}$ 的**秩**, 记为 $r(\boldsymbol{T})$; $\boldsymbol{T}^{-1}(0)$ 的维数称为 $\boldsymbol{T}$ 的**零度**.

**例 12** 在线性空间 $P_{n-1}[x]$ 中, 设 $\boldsymbol{D}(f(x))=f'(x)$, 则 $\boldsymbol{D}$ 的值域为 $P_{n-2}[x]$, 其核为子空间 $P$.

**定理 6** 设 $\boldsymbol{T}$ 是 $n$ 维线性空间 $V$ 上的线性变换, $A_0:\varepsilon_1,\varepsilon_2,\cdots,\varepsilon_n$ 是 $V$ 的一组基, $\boldsymbol{T}$ 在这组基下的矩阵为 $\boldsymbol{A}$, 则

(1) $\boldsymbol{T}$ 的值域是由基像组生成的子空间, 即 $\boldsymbol{T}(V)=L(\boldsymbol{T}(\varepsilon_1),\boldsymbol{T}(\varepsilon_2),\cdots,\boldsymbol{T}(\varepsilon_n))$;

(2) $r(\boldsymbol{T})=r(\boldsymbol{A})$.

**证明** (1) 设 $\boldsymbol{\alpha}\in V$, 由基 $A_0$ 线性表示为 $\boldsymbol{\alpha}=x_1\varepsilon_1+x_2\varepsilon_2+\cdots+x_n\varepsilon_n$, 于是,

$$\boldsymbol{T}(\boldsymbol{\alpha})=x_1\boldsymbol{T}(\varepsilon_1)+x_2\boldsymbol{T}(\varepsilon_2)+\cdots+x_n\boldsymbol{T}(\varepsilon_n).$$

上式表明, $\boldsymbol{T}(\boldsymbol{\alpha})\in L(\boldsymbol{T}(\varepsilon_1),\boldsymbol{T}(\varepsilon_2),\cdots,\boldsymbol{T}(\varepsilon_n))$. 因此

$$\boldsymbol{T}(V)\subseteq L(\boldsymbol{T}(\varepsilon_1),\boldsymbol{T}(\varepsilon_2),\cdots,\boldsymbol{T}(\varepsilon_n)).$$

该式同时表明基像组的线性组合仍然是一个像, 因此

$$L(\boldsymbol{T}(\varepsilon_1),\boldsymbol{T}(\varepsilon_2),\cdots,\boldsymbol{T}(\varepsilon_n))\subseteq \boldsymbol{T}(V).$$

于是结论成立.

(2) 因 $r(\boldsymbol{T})=r(\boldsymbol{T}(\varepsilon_1),\boldsymbol{T}(\varepsilon_2),\cdots,\boldsymbol{T}(\varepsilon_n))$. 另一方面, 矩阵 $\boldsymbol{A}$ 由基像组的坐标按列排序组成.

在 $n$ 维线性空间中取定一组基后, 把 $V$ 中每一个向量与它的坐标对应起来, 就得到 $V$ 到 $P^n$ 的同构映射. 同构映射保持向量组的一切线性关系, 当然保持基像组与它们坐标组 (矩阵 $\boldsymbol{A}$ 的列向量) 有相同的秩.

定理 6 告诉我们求线性变换 $\boldsymbol{T}$ 的值域与核的一个基本方法:

(1) 求值域的基与维数. 取定线性空间 $V$ 的一组基 $\boldsymbol{\alpha}_1,\boldsymbol{\alpha}_2,\cdots,\boldsymbol{\alpha}_n$, 计算线性变换 $\boldsymbol{T}$ 在这组基下的矩阵 $\boldsymbol{A}$, 则 $\dim\boldsymbol{T}(V)=r(\boldsymbol{A})$. 由于 $\boldsymbol{T}(\boldsymbol{\alpha}_i)$ 在这组基下的坐标恰为矩阵 $\boldsymbol{A}$ 的第 $i$ 个列向量, 所以 $\boldsymbol{A}$ 的列向量极大线性无关组对应的基像 $\boldsymbol{T}(\boldsymbol{\alpha}_1),\boldsymbol{T}(\boldsymbol{\alpha}_2),\cdots,\boldsymbol{T}(\boldsymbol{\alpha}_n)$ 就是 $\boldsymbol{T}(V)$ 的一组基 (也可以直接求基像组的极大线性无关组).

(2) 求核的基与维数. 设 $\boldsymbol{\alpha}\in\boldsymbol{T}^{-1}(\mathbf{0})$,

$$\boldsymbol{\alpha}=x_1\boldsymbol{\alpha}_1+x_2\boldsymbol{\alpha}_2+\cdots+x_n\boldsymbol{\alpha}_n=(\boldsymbol{\alpha}_1,\boldsymbol{\alpha}_2,\cdots,\boldsymbol{\alpha}_n)\boldsymbol{x},\quad \boldsymbol{x}=(x_1,x_2,\cdots,x_n)^{\mathrm{T}}.$$

从而 $\boldsymbol{A}\boldsymbol{x}=\mathbf{0}$, 即 $\boldsymbol{\alpha}$ 在基 $\boldsymbol{\alpha}_1,\boldsymbol{\alpha}_2,\cdots,\boldsymbol{\alpha}_n$ 下的坐标向量 $\boldsymbol{x}$ 恰为齐次方程组 $\boldsymbol{A}\boldsymbol{x}=\mathbf{0}$ 的解向量, 从而

$$\dim\boldsymbol{T}^{-1}(\mathbf{0})=n-r,\quad r=r(\boldsymbol{A}),$$

且方程组的基础解系 $\boldsymbol{\beta}_1,\boldsymbol{\beta}_2,\cdots,\boldsymbol{\beta}_{n-r}$ 就是 $\boldsymbol{T}^{-1}(\mathbf{0})$ 的基在 $V$ 的基 $\boldsymbol{\alpha}_1,\boldsymbol{\alpha}_2,\cdots,\boldsymbol{\alpha}_n$ 下的坐标, 即

$$\boldsymbol{T}^{-1}(\mathbf{0})=L(\boldsymbol{\eta}_1,\boldsymbol{\eta}_2,\cdots,\boldsymbol{\eta}_{n-r}),\quad \boldsymbol{\eta}_i=(\boldsymbol{\alpha}_1,\boldsymbol{\alpha}_2,\cdots,\boldsymbol{\alpha}_n)\boldsymbol{\beta}_i\quad (i=1,2,\cdots,n-r).$$

**例 13** 解答下列各题.

(1) 设 $\boldsymbol{\alpha}_1,\boldsymbol{\alpha}_2,\boldsymbol{\alpha}_3,\boldsymbol{\alpha}_4$ 是 4 维线性空间 $V$ 的一组基, 线性变换 $\boldsymbol{T}$ 在这组基下的矩阵

$$\boldsymbol{A}=\begin{pmatrix}1&0&2&1\\-1&2&1&3\\1&2&5&5\\2&2&2&2\end{pmatrix}.$$

求 $\boldsymbol{T}$ 的值域与核.

(2) 设 $V$ 是全体次数不超过 $n$ 的实系数多项式 (含零多项式) 的实数域上线性空间, 定义 $V$ 上线性变换

$$\boldsymbol{T}(f(x))=xf'(x)-f(x),\quad f(x)\in V.$$

(i) 求 $\boldsymbol{T}$ 的值域与核;

(ii) 证明 $V=\boldsymbol{T}(V)\oplus\boldsymbol{T}^{-1}(\mathbf{0})$.

**解** (1) 由于 $\boldsymbol{T}(V)=\boldsymbol{T}L(\boldsymbol{\alpha}_1,\boldsymbol{\alpha}_2,\boldsymbol{\alpha}_3,\boldsymbol{\alpha}_4)=L(\boldsymbol{T}(\boldsymbol{\alpha}_1,\boldsymbol{\alpha}_2,\boldsymbol{\alpha}_3,\boldsymbol{\alpha}_4))$, 而

$$\boldsymbol{T}(\boldsymbol{\alpha}_1,\boldsymbol{\alpha}_2,\boldsymbol{\alpha}_3,\boldsymbol{\alpha}_4)=(\boldsymbol{\alpha}_1,\boldsymbol{\alpha}_2,\boldsymbol{\alpha}_3,\boldsymbol{\alpha}_4)\boldsymbol{A}.$$

设 $\boldsymbol{A}=(\boldsymbol{\beta}_1,\boldsymbol{\beta}_2,\boldsymbol{\beta}_3,\boldsymbol{\beta}_4)$, 易证 $\boldsymbol{\beta}_1,\boldsymbol{\beta}_2,\boldsymbol{\beta}_3$ 是矩阵 $\boldsymbol{A}$ 的列向量组的极大无关组, $r(\boldsymbol{A})=3$, 因此

$$\dim\boldsymbol{T}(V)=r(\boldsymbol{A})=3,$$

$\boldsymbol{A}$ 的列向量组的极大线性无关组对应的基像组为 $\boldsymbol{T}\boldsymbol{\alpha}_i\ (i=1,2,3)$, 因此 $\boldsymbol{T}$ 的值域

$$\boldsymbol{T}(V)=L(\boldsymbol{T}\boldsymbol{\alpha}_1,\boldsymbol{T}\boldsymbol{\alpha}_2,\boldsymbol{T}\boldsymbol{\alpha}_3),$$

其中 $\boldsymbol{T}\boldsymbol{\alpha}_1,\boldsymbol{T}\boldsymbol{\alpha}_2,\boldsymbol{T}\boldsymbol{\alpha}_3$ 为 $\boldsymbol{T}(V)$ 的一组基.

显见 $\dim\boldsymbol{T}^{-1}(\mathbf{0})=1$, 因此, 求方程组 $\boldsymbol{A}\boldsymbol{x}=\mathbf{0}$ 的基础解系 $\boldsymbol{\alpha}=(-3,4,4,-5)^{\mathrm{T}}$, 于是核 $\boldsymbol{T}^{-1}(\mathbf{0})=L(\boldsymbol{\eta})$, 其一组基为

$$\boldsymbol{\eta}=(\boldsymbol{\alpha}_1,\boldsymbol{\alpha}_2,\boldsymbol{\alpha}_3,\boldsymbol{\alpha}_4)\boldsymbol{\alpha}=-3\boldsymbol{\alpha}_1+4\boldsymbol{\alpha}_2+4\boldsymbol{\alpha}_3-5\boldsymbol{\alpha}_4.$$

(2) 取 $V$ 的一组基 $1,x,\cdots,x^n$, 则

$$\boldsymbol{T}(1,x,\cdots,x^n)=(-1,0,x^2,\cdots,(n-1)x^n)=(1,x,\cdots,x^n)\boldsymbol{A},$$

其中 $A=\begin{pmatrix}-1&0&0&\cdots&0\\0&0&0&\cdots&0\\0&0&1&\cdots&0\\\vdots&\vdots&\vdots&&\vdots\\0&0&0&\cdots&n-1\end{pmatrix}$. 解得 $Ax=\mathbf{0}$ 的基础解系 $\alpha=\begin{pmatrix}0\\1\\0\\\vdots\\0\end{pmatrix}$.

记 $f_1(x)=(1,x,\cdots,x^n)\alpha=x$, 则 $T(f_1(x))=\mathbf{0}$, 因此

$$T^{-1}(\mathbf{0})=L(f_1(x))=L(x)=\{kx|k\in\mathbf{R}\},\quad \dim T^{-1}(\mathbf{0})=1.$$

由于

$$\begin{aligned}T(V)&=T(L(1,x,\cdots,x^n))=L(T(1),T(x),\cdots,T(x^n))\\&=L(-1,0,x^2,\cdots,(n-1)x^n)=L(1,x^2,x^3,\cdots,x^n).\end{aligned}$$

因此, $\dim T(V)=n$.

由于 $T^{-1}(\mathbf{0})+T(V)=L(x)+L(1,x^2,\cdots,x^n)=L(1,x,x^2,\cdots,x^n)=V$, 而

$$\dim V=n+1=\dim T^{-1}(\mathbf{0})+\dim T(V).$$

于是 $V=T(V)\oplus T^{-1}(\mathbf{0})$.

**定理 7** 设 $T$ 是 $n$ 维线性空间 $V$ 的线性变换, 则 $T(V)$ 的一组基的原像及 $T^{-1}(\mathbf{0})$ 的一组基结合起来就是 $V$ 的一组基, 由此

$$\dim T(V)+\dim T^{-1}(\mathbf{0})=n.$$

**证明** 设 $T(V)$ 的一组基为 $\eta_1,\eta_2,\cdots,\eta_r$, 它的原像为 $\varepsilon_1,\varepsilon_2,\cdots,\varepsilon_r$, 即

$$T(\varepsilon_i)=\eta_i,\quad i=1,2,\cdots,r.$$

取 $T^{-1}(\mathbf{0})$ 的一组基 $\varepsilon_{r+1},\varepsilon_{r+2},\cdots,\varepsilon_s$. 我们证明 $\varepsilon_1,\varepsilon_2,\cdots,\varepsilon_r,\varepsilon_{r+1},\cdots,\varepsilon_s$ 为 $V$ 的一组基. 设

$$a_1\varepsilon_1+a_2\varepsilon_2+\cdots+a_r\varepsilon_r+a_{r+1}\varepsilon_{r+1}+\cdots+a_s\varepsilon_s=\mathbf{0},$$

以 $T$ 作用上式, 得到

$$a_1\eta_1+a_2\eta_2+\cdots+a_r\eta_r=\mathbf{0}.$$

因此 $a_1=a_2=\cdots=a_r=0$. 从而也有 $a_{r+1}=\cdots=a_s=0$. 此即证明了

$$\varepsilon_1,\varepsilon_2,\cdots,\varepsilon_r,\varepsilon_{r+1},\cdots,\varepsilon_s$$

线性无关.

下面证明 $V$ 中任意向量 $\boldsymbol{\alpha}$ 可以由 $\boldsymbol{\varepsilon}_1,\boldsymbol{\varepsilon}_2,\cdots,\boldsymbol{\varepsilon}_r,\boldsymbol{\varepsilon}_{r+1},\cdots,\boldsymbol{\varepsilon}_s$ 线性表示. 由

$$\boldsymbol{\eta}_1=\boldsymbol{T}(\boldsymbol{\varepsilon}_1),\boldsymbol{\eta}_2=\boldsymbol{T}(\boldsymbol{\varepsilon}_2),\cdots,\boldsymbol{\eta}_r=\boldsymbol{T}(\boldsymbol{\varepsilon}_r)$$

是 $\boldsymbol{T}(V)$ 的一组基, 因此存在 $k_1,k_2,\cdots,k_r$ 使

$$\boldsymbol{T}(\boldsymbol{\alpha})=k_1\boldsymbol{T}(\boldsymbol{\varepsilon}_1)+k_2\boldsymbol{T}(\boldsymbol{\varepsilon}_2)+\cdots+k_r\boldsymbol{T}(\boldsymbol{\varepsilon}_r)=\boldsymbol{T}(k_1\boldsymbol{\varepsilon}_1+k_2\boldsymbol{\varepsilon}_2+\cdots+k_r\boldsymbol{\varepsilon}_r)=\mathbf{0}.$$

于是 $\boldsymbol{T}(\boldsymbol{\alpha}-(k_1\boldsymbol{\varepsilon}_1+k_2\boldsymbol{\varepsilon}_2+\cdots+k_r\boldsymbol{\varepsilon}_r))=\mathbf{0}$, 即 $\boldsymbol{\alpha}-(k_1\boldsymbol{\varepsilon}_1+k_2\boldsymbol{\varepsilon}_2+\cdots+k_r\boldsymbol{\varepsilon}_r)\in\boldsymbol{T}^{-1}(\mathbf{0})$, 因此它可以由 $\boldsymbol{T}^{-1}(0)$ 的基线性表示为

$$\boldsymbol{\alpha}-(k_1\boldsymbol{\varepsilon}_1+k_2\boldsymbol{\varepsilon}_2+\cdots+k_r\boldsymbol{\varepsilon}_r)=k_{r+1}\boldsymbol{\varepsilon}_{r+1}+k_{r+2}\boldsymbol{\varepsilon}_{r+2}+\cdots+k_s\boldsymbol{\varepsilon}_s.$$

于是 $V$ 中向量 $\boldsymbol{\alpha}$ 可由 $\boldsymbol{\varepsilon}_1,\boldsymbol{\varepsilon}_2,\cdots,\boldsymbol{\varepsilon}_r,\boldsymbol{\varepsilon}_{r+1},\cdots,\boldsymbol{\varepsilon}_s$ 线性表示. 这就证明了它是 $V$ 的一组基.

由 $V$ 的维数为 $n$, 知 $s=n$, 从而定理的结论成立.

**推论 2**　对于有限维线性空间的线性变换, 它是单射的充分必要条件为它是满射.

**证明**　显然, 当且仅当 $\boldsymbol{T}(V)=V$, 即 $\boldsymbol{T}$ 的秩为 $n$ 时, $\boldsymbol{T}$ 为满射; 另外, 当且仅当 $\boldsymbol{T}^{-1}(\mathbf{0})=\{\mathbf{0}\}$, 即 $\boldsymbol{T}$ 的零度为 0 时, $\boldsymbol{T}$ 是单射. 于是, 由上述定理, 即得结论.

## 习　题　8.4

1. 设 $\boldsymbol{\alpha}_1,\boldsymbol{\alpha}_2,\boldsymbol{\alpha}_3,\boldsymbol{\alpha}_4$ 为 4 维线性空间 $V$ 的一组基, 线性变换 $\boldsymbol{T}$ 在这组基下矩阵为

$$\begin{pmatrix}1&0&2&1\\-1&2&1&3\\1&2&5&5\\2&-2&1&-2\end{pmatrix}.$$

(1) 求 $\boldsymbol{T}$ 在基 $\boldsymbol{\alpha}_1-2\boldsymbol{\alpha}_2+\boldsymbol{\alpha}_4,3\boldsymbol{\alpha}_2-\boldsymbol{\alpha}_3-\boldsymbol{\alpha}_4,\boldsymbol{\alpha}_3+\boldsymbol{\alpha}_4,2\boldsymbol{\alpha}_4$ 下的矩阵;

(2) 求 $\boldsymbol{T}$ 的值域与核.

2. 设 $\boldsymbol{T}$ 是有限维线性空间 $V$ 的线性变换, $W$ 是 $V$ 的子空间, $\boldsymbol{T}(W)$ 表示由 $W$ 中向量的像组成的子空间. 证明

$$\dim\boldsymbol{T}(W)+\dim(\boldsymbol{T}^{-1}(\mathbf{0})\cap W)=\dim W.$$

3. 设 $\boldsymbol{T}^2=\boldsymbol{T},\boldsymbol{J}^2=\boldsymbol{J}$. 证明:

(1) $\boldsymbol{T}$ 与 $\boldsymbol{J}$ 有相同值域的充分必要条件为 $\boldsymbol{TJ}=\boldsymbol{J},\boldsymbol{JT}=\boldsymbol{T}$;

(2) $\boldsymbol{T}$ 与 $\boldsymbol{J}$ 有相同核的充分必要条件为 $\boldsymbol{TJ}=\boldsymbol{T},\boldsymbol{JT}=\boldsymbol{J}$.

4. 设 $\boldsymbol{T}$ 是数域 $P$ 上 $n$ 维线性空间 $V$ 的线性变换, 且 $\boldsymbol{T}^2=\boldsymbol{T}$. 证明:

(1) $\boldsymbol{T}^{-1}(\boldsymbol{0})=\{\boldsymbol{\alpha}-\boldsymbol{T}(\boldsymbol{\alpha})|\boldsymbol{\alpha}\in V\}$;

(2) $V=\boldsymbol{T}^{-1}(\boldsymbol{0})\oplus\boldsymbol{T}(V)$.

5. 设 $P$ 为数域, $\boldsymbol{A}=\begin{pmatrix}1&0&-1\\0&-1&0\\1&-1&-1\end{pmatrix}$, 对任意的 $\boldsymbol{\alpha}\in P^{3\times3}$, 定义线性变换 $\boldsymbol{T}:\boldsymbol{T}(\boldsymbol{\alpha})=\boldsymbol{A\alpha}$. 求 $\boldsymbol{T}$ 的值域与核, 并分别给出它们的一组基和维数.

6. 设 $\boldsymbol{M}=\begin{pmatrix}1&2\\0&3\end{pmatrix}$,定义变换 $\boldsymbol{T}:\boldsymbol{T}(\boldsymbol{\alpha})=\boldsymbol{\alpha M}-\boldsymbol{M\alpha},\boldsymbol{\alpha}\in P^{2\times2}$.

(1) 证明 $\boldsymbol{T}$ 为 $P^{2\times2}$ 上的线性变换;

(2) 求 $\boldsymbol{T}^{-1}(\boldsymbol{0})$ 及其维数和一组基.

7. 已知 $V=P_3[x]$ 的线性变换

$$\boldsymbol{T}(a_0+a_1x+a_2x^2+a_3x^3)=(a_0-a_2)+(a_1-a_3)x+(a_2-a_0)x^2+(a_3-a_1)x^3.$$

求 $\boldsymbol{T}(V),\boldsymbol{T}^{-1}(\boldsymbol{0})$ 的基与维数.

8. 已知 $V=P^3$ 的线性变换

$$\boldsymbol{T}(a,b,c)=(a+2b-c,b+c,a+b-2c).$$

求 $\boldsymbol{T}(V),\boldsymbol{T}^{-1}(\boldsymbol{0})$ 的基与维数.

## 8.5 不变子空间

这一节介绍线性变换的一个重要概念 —— 不变子空间, 同时利用这一概念说明线性变换矩阵的化简与线性变换的内在联系.

**定义 5** 设 $\boldsymbol{T}$ 是数域 $P$ 上线性空间 $V$ 的线性变换, $W$ 是 $V$ 的子空间. 如果 $W$ 中向量在 $\boldsymbol{T}$ 下的像仍在 $W$ 中 (即 $\boldsymbol{x}\in W,\boldsymbol{T}(\boldsymbol{x})\in W$), 则称 $W$ 为 $V$ 的**不变子空间**, 简称 $\boldsymbol{T}$ 子空间.

**例 14** 线性空间 $V$ 和零子空间 $\{\boldsymbol{0}\}$, 对于每个线性变换 $\boldsymbol{T}$ 都是不变子空间. 这是两个**平凡不变子空间**, 其他不变子空间称为**非平凡不变子空间**.

**例 15** $\boldsymbol{T}$ 的值域和核都是不变子空间.

**例 16** 任何一个子空间都是数乘变换的不变子空间.

**例 17**　若线性变换 $\boldsymbol{T}$ 与 $\boldsymbol{J}$ 可交换, 则 $\boldsymbol{J}$ 的核与值域都是变换 $\boldsymbol{T}$ 的不变子空间.

在 $\boldsymbol{J}$ 的核 $V_0$ 中任取一向量 $\boldsymbol{\alpha}$, 则

$$\boldsymbol{J}(\boldsymbol{T\alpha}) = \boldsymbol{JT\alpha} = (\boldsymbol{TJ})\boldsymbol{\alpha} = \boldsymbol{T}(\boldsymbol{J\alpha}) = \boldsymbol{T0} = \boldsymbol{0}.$$

所以, $\boldsymbol{T\alpha}$ 在 $\boldsymbol{J}$ 下的像是零, 即 $\boldsymbol{T\alpha} \in V_0$. 这就证明了 $V_0$ 是 $\boldsymbol{T}$ 的不变子空间.

在 $\boldsymbol{J}$ 的值域中任取一向量 $\boldsymbol{J\eta}$, 则

$$\boldsymbol{T}(\boldsymbol{J\eta}) = \boldsymbol{J}(\boldsymbol{T\eta}) \in \boldsymbol{J}(V).$$

因此, $\boldsymbol{J}(V)$ 是 $\boldsymbol{T}$ 的不变子空间.

特征向量与一维不变子空间之间有着密切的联系. 设 $W$ 是 1 维不变子空间,$\boldsymbol{x} \in W, \boldsymbol{x} \neq \boldsymbol{0}$, 它构成 $W$ 的一组基. 依不变子空间的定义, $\boldsymbol{T}(\boldsymbol{x}) \in W$, 它必定由 $\boldsymbol{x}$ 线性表示, 即它是 $\boldsymbol{x}$ 的倍数

$$\boldsymbol{T}(\boldsymbol{x}) = \lambda_0 \boldsymbol{x}.$$

这说明 $\boldsymbol{x}$ 是 $\boldsymbol{T}$ 的特征向量, $W$ 就是由 $\boldsymbol{x}$ 生成的 1 维不变子空间.

反之, 设 $\boldsymbol{x}$ 是 $\boldsymbol{T}$ 的属于特征值 $\lambda_0$ 的特征向量, 则 $\boldsymbol{x}$ 以及倍数 $k\boldsymbol{x}$ 在 $\boldsymbol{T}$ 下的像是原像的 $\lambda_0$ 倍, 仍然是 $\boldsymbol{x}$ 的一个倍数. 这说明 $\boldsymbol{x}$ 的倍数构成一个 1 维不变子空间.

显然 $\boldsymbol{T}$ 的属于特征值 $\lambda_0$ 的特征子空间 $V_{\lambda_0}$ 也是 $\boldsymbol{T}$ 的不变子空间.

注意, 不变子空间的和与交仍然是不变子空间.

设 $W$ 是线性空间 $V$ 的子空间, 它由向量组 $\boldsymbol{\alpha}_1, \boldsymbol{\alpha}_2, \cdots, \boldsymbol{\alpha}_s$ 生成, 即 $W = L(\boldsymbol{\alpha}_1, \boldsymbol{\alpha}_2, \cdots, \boldsymbol{\alpha}_s)$. 则 $W$ 是不变子空间充分必要条件是 $\boldsymbol{T}(\boldsymbol{\alpha}_1), \boldsymbol{T}(\boldsymbol{\alpha}_2), \cdots, \boldsymbol{T}(\boldsymbol{\alpha}_s) \in W$.

**例 18**　在数域 $P$ 上 4 维线性空间 $P^4$ 中, 线性变换 $\boldsymbol{T}$ 在基 $\boldsymbol{\alpha}_1, \boldsymbol{\alpha}_2, \boldsymbol{\alpha}_3, \boldsymbol{\alpha}_4$ 下的矩阵为

$$\boldsymbol{A} = \begin{pmatrix} 1 & 0 & 2 & -1 \\ 0 & 1 & 4 & -2 \\ 2 & -1 & 0 & 1 \\ 2 & -1 & -1 & 2 \end{pmatrix},$$

令 $W = L(\boldsymbol{\alpha}_1 + 2\boldsymbol{\alpha}_2, \boldsymbol{\alpha}_2 + \boldsymbol{\alpha}_3 + 2\boldsymbol{\alpha}_4)$, 证明 $W$ 是 $\boldsymbol{T}$ 的不变子空间.

**证明**　由于 $\boldsymbol{T}(\boldsymbol{\alpha}_1, \boldsymbol{\alpha}_2, \boldsymbol{\alpha}_3, \boldsymbol{\alpha}_4) = (\boldsymbol{\alpha}_1, \boldsymbol{\alpha}_2, \boldsymbol{\alpha}_3, \boldsymbol{\alpha}_4)\boldsymbol{A}$, 因此, 直接计算, 得

$$\boldsymbol{T}(\boldsymbol{\alpha}_1 + 2\boldsymbol{\alpha}_2) = \boldsymbol{\alpha}_1 + 2\boldsymbol{\alpha}_2 \in W, \quad \boldsymbol{T}(\boldsymbol{\alpha}_2 + \boldsymbol{\alpha}_3 + 2\boldsymbol{\alpha}_4) = \boldsymbol{\alpha}_2 + \boldsymbol{\alpha}_3 + 2\boldsymbol{\alpha}_4 \in W.$$

因此 $W$ 是 $\boldsymbol{T}$ 的不变子空间.

**不变子空间的诱导变换** 设 $\boldsymbol{T}$ 是线性空间 $V$ 上的线性变换, $W$ 是 $\boldsymbol{T}$ 的不变子空间. 由于对 $\boldsymbol{x}\in W$, $\boldsymbol{T}(\boldsymbol{x})\in W$, 这样, 把 $\boldsymbol{T}$ 看成 $W$ 上的一个线性变换, 称为 $\boldsymbol{T}$ 在不变子空间 $W$ 上诱导出来的变换, 记为 $\boldsymbol{T}|_W$.

必须注意 $\boldsymbol{T}$ 与 $\boldsymbol{T}|_W$ 的区别: $\boldsymbol{T}$ 是线性空间 $V$ 的线性变换, $\boldsymbol{T}|_W$ 是不变子空间 $W$ 的变换, 即对 $\boldsymbol{x}\in W$, 有 $\boldsymbol{T}|_W(\boldsymbol{x})=\boldsymbol{T}(\boldsymbol{x})\in W$, 但对于 $\boldsymbol{y}\in V,\boldsymbol{y}\notin W,\boldsymbol{T}|_W(\boldsymbol{y})$ 是没有意义的.

下面讨论不变子空间与线性变换矩阵化简之间的关系.

设 $\boldsymbol{T}$ 是 $n$ 维线性空间 $V$ 的线性变换, $W$ 是不变子空间. 在 $W$ 中取一组基 $\boldsymbol{\varepsilon}_1,\boldsymbol{\varepsilon}_2,\cdots,\boldsymbol{\varepsilon}_k$, 并将其扩充为 $V$ 的一组基 $\boldsymbol{\varepsilon}_1,\boldsymbol{\varepsilon}_2,\cdots,\boldsymbol{\varepsilon}_k,\boldsymbol{\varepsilon}_{k+1},\cdots,\boldsymbol{\varepsilon}_n$. 按照不变子空间的定义, 像 $\boldsymbol{T}\boldsymbol{\varepsilon}_1,\boldsymbol{T}\boldsymbol{\varepsilon}_2,\cdots,\boldsymbol{T}\boldsymbol{\varepsilon}_k$ 仍在 $W$ 中, 它们可以通过 $W$ 的基 $\boldsymbol{\varepsilon}_1,\boldsymbol{\varepsilon}_2,\cdots,\boldsymbol{\varepsilon}_k$ 线性表示, 于是有

$$\begin{aligned}
\boldsymbol{T}\boldsymbol{\varepsilon}_1&=a_{11}\boldsymbol{\varepsilon}_1+a_{21}\boldsymbol{\varepsilon}_2+\cdots+a_{k1}\boldsymbol{\varepsilon}_k,\\
\boldsymbol{T}\boldsymbol{\varepsilon}_2&=a_{12}\boldsymbol{\varepsilon}_1+a_{22}\boldsymbol{\varepsilon}_2+\cdots+a_{k2}\boldsymbol{\varepsilon}_k,\\
&\cdots\cdots\\
\boldsymbol{T}\boldsymbol{\varepsilon}_k&=a_{1k}\boldsymbol{\varepsilon}_1+a_{2k}\boldsymbol{\varepsilon}_2+\cdots+a_{kk}\boldsymbol{\varepsilon}_k,
\end{aligned}$$

$$\begin{aligned}
\boldsymbol{T}\boldsymbol{\varepsilon}_{k+1}&=a_{1,k+1}\boldsymbol{\varepsilon}_1+a_{2,k+1}\boldsymbol{\varepsilon}_2+\cdots+a_{k,k+1}\boldsymbol{\varepsilon}_k+a_{k+1,k+1}\boldsymbol{\varepsilon}_{k+1}+\cdots+a_{n,k+1}\boldsymbol{\varepsilon}_n,\\
&\cdots\cdots\\
\boldsymbol{T}\boldsymbol{\varepsilon}_n&=a_{1n}\boldsymbol{\varepsilon}_1+a_{2n}\boldsymbol{\varepsilon}_2+\cdots+a_{kn}\boldsymbol{\varepsilon}_k+a_{k+1,n}\boldsymbol{\varepsilon}_{k+1}+\cdots+a_{nn}\boldsymbol{\varepsilon}_n,
\end{aligned}$$

那么 $\boldsymbol{T}$ 在这组基下的矩阵具有以下形状:

$$\boldsymbol{A}=\begin{pmatrix}\boldsymbol{A}_1 & \boldsymbol{A}_3\\ \boldsymbol{O} & \boldsymbol{A}_2\end{pmatrix},\quad \boldsymbol{A}_1=(a_{ij})_{k\times k},$$

这里 $\boldsymbol{A}_1$ 是 $\boldsymbol{T}|_W$ 在 $W$ 的基 $\boldsymbol{\varepsilon}_1,\boldsymbol{\varepsilon}_2,\cdots,\boldsymbol{\varepsilon}_k$ 下的矩阵.

反过来, 如果 $\boldsymbol{T}$ 在基 $\boldsymbol{\varepsilon}_1,\boldsymbol{\varepsilon}_2,\cdots,\boldsymbol{\varepsilon}_k,\cdots,\boldsymbol{\varepsilon}_n$ 下的矩阵具有上述形式, 则由 $\boldsymbol{\varepsilon}_1,\boldsymbol{\varepsilon}_2,\cdots,\boldsymbol{\varepsilon}_k$ 生成的子空间 $W$ 是不变子空间.

如果我们能找到 $\boldsymbol{T}$ 的另一个不变子空间 $N$, 使 $V=W\oplus N$, 只要取 $\boldsymbol{\varepsilon}_{k+1},\cdots,\boldsymbol{\varepsilon}_n$ 为 $N$ 的一组基, 则 $\boldsymbol{T}$ 在基 $\boldsymbol{\varepsilon}_1,\boldsymbol{\varepsilon}_2,\cdots,\boldsymbol{\varepsilon}_k,\boldsymbol{\varepsilon}_{k+1},\cdots,\boldsymbol{\varepsilon}_n$ 下的矩阵就为准对角形式

$$\begin{pmatrix}\boldsymbol{A}_1 & \boldsymbol{O}\\ \boldsymbol{O} & \boldsymbol{B}_1\end{pmatrix}.$$

**定理 8** 设 $\boldsymbol{T}$ 是数域 $P$ 上 $n$ 维线性空间 $V$ 的线性变换, 在 $V$ 内存在一组基 $\boldsymbol{\alpha}_1,\boldsymbol{\alpha}_2,\cdots,\boldsymbol{\alpha}_n$, 使 $\boldsymbol{T}$ 在该基下的矩阵为准对角形式的充分必要条件是线性空间 $V$ 可以分解为 $\boldsymbol{T}$ 的不变子空间 $V_1,V_2,\cdots,V_s$ 的直和, 即

$$V=V_1\oplus V_2\oplus\cdots\oplus V_s.$$

**证明**　必要性. 若 $\boldsymbol{T}$ 在基 $\boldsymbol{\alpha}_1,\boldsymbol{\alpha}_2,\cdots,\boldsymbol{\alpha}_n$ 下的矩阵为准对角形式 $\boldsymbol{A}=\mathrm{diag}(\boldsymbol{A}_1,\boldsymbol{A}_2,\cdots,\boldsymbol{A}_s)$. 将这组基相应分 $s$ 段 $\boldsymbol{\alpha}_{11},\boldsymbol{\alpha}_{12},\cdots,\boldsymbol{\alpha}_{1n_1};\boldsymbol{\alpha}_{21},\boldsymbol{\alpha}_{22},\cdots,\boldsymbol{\alpha}_{2n_2};\cdots;\boldsymbol{\alpha}_{s1},\boldsymbol{\alpha}_{s2},\cdots,\boldsymbol{\alpha}_{sn_s}$, 其中 $n_i$ 为矩阵 $\boldsymbol{A}_i$ 的阶数 $(i=1,2,\cdots,s)$, 这时应有

$$(\boldsymbol{T}\boldsymbol{\alpha}_{i1},\boldsymbol{T}\boldsymbol{\alpha}_{i2},\cdots,\boldsymbol{T}\boldsymbol{\alpha}_{in_i})=(\boldsymbol{\alpha}_{i1},\boldsymbol{\alpha}_{i2},\cdots,\boldsymbol{\alpha}_{in_i})\boldsymbol{A}_i.$$

令 $V_i=L(\boldsymbol{\alpha}_{i1},\boldsymbol{\alpha}_{i2},\cdots,\boldsymbol{\alpha}_{in_i})$, 则 $V_i$ 是 $\boldsymbol{T}$ 的不变子空间, 且

$$\mathrm{dim}V_i=n_i,\quad \sum_{i=1}^{s}V_i=V.$$

另一方面,

$$n=\mathrm{dim}V=\mathrm{dim}\sum_{i=1}^{s}V_i=\sum_{i=1}^{s}\mathrm{dim}V_i=\sum_{i=1}^{s}n_i.$$

因此 $\sum\limits_{i=1}^{s}V_i$ 是直和.

充分性. 设 $\sum\limits_{i=1}^{s}V_i$ 是直和, 其中 $V_i$ 是 $\boldsymbol{T}$ 的 $n_i$ 维不变子空间. 在每个子空间内取一组基, 合并成 $V$ 的一组基, 且 $\boldsymbol{T}$ 在这组基下的矩阵为准对角形式, 主对角线上由 $s$ 个小块矩阵 $\boldsymbol{A}_1,\boldsymbol{A}_2,\cdots,\boldsymbol{A}_s$ 组成, $\boldsymbol{A}_i$ 为 $\boldsymbol{T}|_{V_i}$ 在 $V_i$ 内取定基下的矩阵.

**定理 9**　设 $\boldsymbol{T}$ 是数域 $P$ 上 $n$ 维线性空间 $V$ 的线性变换, 如果 $\boldsymbol{T}$ 的矩阵 $\boldsymbol{A}$ 可对角化, 则对 $\boldsymbol{T}$ 的任意不变子空间 $M$, $\boldsymbol{T}|_M$ 的矩阵也可以对角化.

**证明**　设 $\boldsymbol{T}$ 的全部互不相同特征值为 $\lambda_1,\lambda_2,\cdots,\lambda_k$, 由定理 5,

$$V=V_{\lambda_1}\oplus V_{\lambda_2}\oplus\cdots\oplus V_{\lambda_k}.$$

令 $N_i=M\cap V_{\lambda_i}\ (i=1,2,\cdots,k)$, 现在证明 $M=N_1\oplus N_2\oplus\cdots\oplus N_k$.

首先证明 $\sum\limits_{i=1}^{k}N_i$ 为直和, 为此只要证明零向量表示法唯一. 设

$$\mathbf{0}=\boldsymbol{\alpha}_1+\boldsymbol{\alpha}_2+\cdots+\boldsymbol{\alpha}_k,\quad \boldsymbol{\alpha}_i\in N_i\subseteq V_{\lambda_i}.$$

由于 $\sum\limits_{i=1}^{k}V_{\lambda_i}$ 为直和, 因此 $\boldsymbol{\alpha}_i=\mathbf{0}$. 于是 $\sum\limits_{i=1}^{k}N_i$ 为直和.

其次证明 $\sum\limits_{i=1}^{k}N_i=M$. 显然 $\sum\limits_{i=1}^{k}N_i\subseteq M$. 反之, 设 $\boldsymbol{\alpha}$ 为 $M$ 内任意向量, 则因

$\boldsymbol{\alpha} \in V$, 有

$$\begin{aligned}
\boldsymbol{\alpha} &= \boldsymbol{\alpha}_1 + \boldsymbol{\alpha}_2 + \cdots + \boldsymbol{\alpha}_k \quad (\boldsymbol{\alpha}_k \in V_{\lambda_i}),\\
\boldsymbol{T}\boldsymbol{\alpha} &= \lambda_1\boldsymbol{\alpha}_1 + \lambda_2\boldsymbol{\alpha}_2 + \cdots + \lambda_k\boldsymbol{\alpha}_k,\\
&\cdots\cdots\\
\boldsymbol{T}^{k-1}\boldsymbol{\alpha} &= \lambda_1^{k-1}\boldsymbol{\alpha}_1 + \lambda_2^{k-1}\boldsymbol{\alpha}_2 + \cdots + \lambda_k^{k-1}\boldsymbol{\alpha}_k,
\end{aligned}$$

即

$$\begin{pmatrix} \boldsymbol{\alpha} \\ \boldsymbol{T}\boldsymbol{\alpha} \\ \vdots \\ \boldsymbol{T}^{k-1}\boldsymbol{\alpha} \end{pmatrix} = \begin{pmatrix} 1 & 1 & \cdots & 1 \\ \lambda_1 & \lambda_2 & \cdots & \lambda_k \\ \vdots & \vdots & & \vdots \\ \lambda_1^{k-1} & \lambda_2^{k-1} & \cdots & \lambda_k^{k-1} \end{pmatrix} \begin{pmatrix} \boldsymbol{\alpha}_1 \\ \boldsymbol{\alpha}_2 \\ \vdots \\ \boldsymbol{\alpha}_k \end{pmatrix}.$$

该式右端矩阵的行列式为 $k$ 阶范德蒙德行列式, 其值非零, 因此它是可逆的, 从而

$$\begin{pmatrix} \boldsymbol{\alpha}_1 \\ \boldsymbol{\alpha}_2 \\ \vdots \\ \boldsymbol{\alpha}_k \end{pmatrix} = \begin{pmatrix} 1 & 1 & \cdots & 1 \\ \lambda_1 & \lambda_2 & \cdots & \lambda_k \\ \vdots & \vdots & & \vdots \\ \lambda_1^{k-1} & \lambda_2^{k-1} & \cdots & \lambda_k^{k-1} \end{pmatrix}^{-1} \begin{pmatrix} \boldsymbol{\alpha} \\ \boldsymbol{T}\boldsymbol{\alpha} \\ \vdots \\ \boldsymbol{T}^{k-1}\boldsymbol{\alpha} \end{pmatrix}.$$

因 $M$ 是 $\boldsymbol{T}$ 的不变子空间, 故 $\boldsymbol{\alpha}, \boldsymbol{T}\boldsymbol{\alpha}, \cdots, \boldsymbol{T}^{k-1}\boldsymbol{\alpha} \in M$. 于是 $\boldsymbol{\alpha}_i \in M$, 即 $\boldsymbol{\alpha}_i \in V_{\lambda_i} \cap M = N_i$. 由此, $M \subseteq \sum\limits_{i=1}^{k} N_i$. 故 $M = \sum\limits_{i=1}^{k} N_i$.

综上, $M = N_1 \oplus N_2 \oplus \cdots \oplus N_k$. 在每个 $N_i$ 中取一组基, 因 $N_i \subseteq V_{\lambda_i}$, 此组基完全由 $\boldsymbol{T}$ 的特征向量组成, 它们合并称为 $M$ 的一组基, 在此组基下 $\boldsymbol{T}|_M$ 的矩阵即为对角形式.

下面应用哈密顿-凯莱定理将空间 $V$ 按特征值分解成不变子空间的直和.

**定理 10** 设线性变换 $\boldsymbol{T}$ 的特征多项式为 $f(\lambda)$, 它可分解成一次因式的乘积

$$f(\lambda) = (\lambda - \lambda_1)^{r_1}(\lambda - \lambda_2)^{r_2} \cdots (\lambda - \lambda_s)^{r_s},$$

则 $V$ 可分解为不变子空间的直和 $V = V_1 \oplus V_2 \oplus \cdots \oplus V_s$, 其中

$$V_i = \{\boldsymbol{x} | (\boldsymbol{T} - \lambda_i \boldsymbol{E})^{r_i}\boldsymbol{x} = \boldsymbol{0}, \boldsymbol{x} \in V\}.$$

**证明** 设

$$\begin{aligned}
f_i(\lambda) &= \frac{f(\lambda)}{(\lambda - \lambda_i)^{r_i}}\\
&= (\lambda - \lambda_1)^{r_1} \cdots (\lambda - \lambda_{i-1})^{r_{i-1}}(\lambda - \lambda_{i+1})^{r_{i+1}} \cdots (\lambda - \lambda_s)^{r_s},
\end{aligned}$$

$V_i = f_i(\boldsymbol{T})V$, 则 $V_i$ 是 $f_i(\boldsymbol{T})$ 的值域. 由于 $V_i$ 是 $\boldsymbol{T}$ 的不变子空间. 显然 $V_i$ 满足

$$(\boldsymbol{T} - \lambda_i \boldsymbol{E})^{r_i} V_i = f(\boldsymbol{T})V = \{\boldsymbol{0}\}.$$

下面证明 $V = V_1 \oplus V_2 \oplus \cdots \oplus V_s$.

为此, 要证明两点: 一是证明 $V$ 中每个向量 $\boldsymbol{\alpha}$ 都可以表示为

$$\boldsymbol{\alpha} = \boldsymbol{\alpha}_1 + \boldsymbol{\alpha}_2 + \cdots + \boldsymbol{\alpha}_s, \quad \boldsymbol{\alpha}_i \in V_i, \quad i = 1, 2, \cdots, s;$$

二是这种表示是唯一的.

显然, $(f_1(\lambda), f_2(\lambda), \cdots, f_s(\lambda)) = 1$, 因此存在多项式 $u_i(\lambda)$ $(i = 1, 2, \cdots, s)$ 使

$$u_1(\lambda)f_1(\lambda) + u_2(\lambda)f_2(\lambda) + \cdots + u_s(\lambda)f_s(\lambda) = 1.$$

将 $\boldsymbol{T}$ 代入上式, 对每一个向量 $\boldsymbol{\alpha}$, 都有

$$\boldsymbol{\alpha} = u_1(\boldsymbol{T})f_1(\boldsymbol{T})\boldsymbol{\alpha} + u_2(\boldsymbol{T})f_2(\boldsymbol{T})\boldsymbol{\alpha} + \cdots + u_s(\boldsymbol{T})f_s(\boldsymbol{T})\boldsymbol{\alpha}.$$

其中, $u_i(\boldsymbol{T})f_i(\boldsymbol{T})\boldsymbol{\alpha} \in f_i(\boldsymbol{T})V = V_i$, $i = 1, 2, \cdots, s$. 这就证明了第一点.

设 $\boldsymbol{\beta}_1 + \boldsymbol{\beta}_2 + \cdots + \boldsymbol{\beta}_s = \boldsymbol{0}$, 其中

$$(\boldsymbol{T} - \lambda_i \boldsymbol{E})^{r_i} \boldsymbol{\beta}_i = \boldsymbol{0} \quad (i = 1, 2, \cdots, s).$$

下证 $\boldsymbol{\beta}_i = \boldsymbol{0}$.

因 $(\lambda - \lambda_j)^{r_j} | f_i(\lambda)$ $(j \neq i)$, 所以 $f_i(\boldsymbol{T})\boldsymbol{\beta}_j = \boldsymbol{0}$ $(j \neq i)$. 于是有

$$f_i(\boldsymbol{T})\boldsymbol{\beta}_i = \boldsymbol{0}.$$

由于 $(f_i(\lambda), (\lambda - \lambda_i)^{r_i}) = 1$, 所以存在多项式 $u(\lambda), v(\lambda)$, 使

$$u(\lambda)f_i(\lambda) + v(\lambda)(\lambda - \lambda_i)^{r_i} = 1.$$

于是

$$\boldsymbol{\beta}_i = u(\boldsymbol{T})f_i(\boldsymbol{T})\boldsymbol{\beta}_i + v(\boldsymbol{T})(\boldsymbol{T} - \lambda_i \boldsymbol{E})^{r_i} \boldsymbol{\beta}_i = \boldsymbol{0}.$$

由此, 第一点中的表示法是唯一的. 假设 $\boldsymbol{\alpha}$ 还有表示法

$$\boldsymbol{\alpha} = \boldsymbol{\eta}_1 + \boldsymbol{\eta}_2 + \cdots + \boldsymbol{\eta}_s, \quad \boldsymbol{\eta}_i \in V_i \quad (i = 1, 2, \cdots, s),$$

则有

$$(\boldsymbol{\alpha}_1 - \boldsymbol{\eta}_1) + (\boldsymbol{\alpha}_2 - \boldsymbol{\eta}_2) + \cdots + (\boldsymbol{\alpha}_s - \boldsymbol{\eta}_s) = \boldsymbol{0}, \quad \boldsymbol{\alpha}_i - \boldsymbol{\eta}_i \in V_i \ (i = 1, 2, \cdots, s).$$

因此, 根据上述证明 $\boldsymbol{\alpha}_i = \boldsymbol{\eta}_i$. 定理得证.

## 习 题 8.5

1. 设 $V$ 是复数域上 $n$ 维线性空间, $\boldsymbol{T},\boldsymbol{J}$ 是 $V$ 上线性变换, 且 $\boldsymbol{TJ}=\boldsymbol{JT}$. 证明:

(1) 如果 $\lambda_0$ 是 $\boldsymbol{T}$ 的一个特征值, 那么 $V_{\lambda_0}$ 是 $\boldsymbol{J}$ 的不变子空间;

(2) $\boldsymbol{T},\boldsymbol{J}$ 至少有一个公共特征向量.

2. 设 3 维线性空间 $V$ 的线性变换 $\boldsymbol{T}$ 在基 $\boldsymbol{\alpha}_1,\boldsymbol{\alpha}_2,\boldsymbol{\alpha}_3$ 下的矩阵为 $\boldsymbol{A}=\begin{pmatrix}1&2&2\\2&1&2\\2&2&1\end{pmatrix}$. 证明 $W=L(-\boldsymbol{\alpha}_1+\boldsymbol{\alpha}_2,-\boldsymbol{\alpha}_1+\boldsymbol{\alpha}_3)$ 是不变子空间.

3. 设 $V_1,V_2$ 是线性空间 $V$ 上线性变换 $\boldsymbol{T}$ 的不变子空间, 证明 $V_1+V_2,V_1\cap V_2$ 也是不变子空间.

4. 设 $\boldsymbol{T}$ 是 $n$ 维线性空间 $V$ 上的幂等变换, 即适合 $\boldsymbol{T}^2=\boldsymbol{T}$. 令

$$W=\mathrm{Ker}(\boldsymbol{E}-\boldsymbol{T}),\quad U=\mathrm{Ker}(\boldsymbol{T}).$$

证明 $V=W\oplus U$.

5. 设 $\boldsymbol{T}$ 是 $n$ 维线性空间 $V$ 上线性变换, $\boldsymbol{T}$ 在 $V$ 的一组基下的矩阵为对角矩阵, 且对角线上元素互异, 求 $\boldsymbol{T}$ 的所有 1 维不变子空间, 并确定它们的个数.

6. 设 $V$ 是实数域上次数不超过 $n$ 的多项式全体组成的线性空间, $\boldsymbol{D}$ 是微分变换. 证明:

(1) 求线性变换 $\boldsymbol{D}$ 在基 $1,x,\cdots,x^n$ 下的矩阵;

(2) 对任意 $1\leqslant r\leqslant n+1$, $\boldsymbol{D}$ 的 $r$ 维不变子空间必是由 $1,x,\cdots,x^{r-1}$ 生成的子空间;

(3) $\mathrm{Im}\boldsymbol{D}\cap\mathrm{Ker}\boldsymbol{D}\neq\{\boldsymbol{0}\}$.

7. 设$V$是实数域上2维线性空间, 线性变换$\boldsymbol{T}$在一组基下的矩阵$\boldsymbol{A}=\begin{pmatrix}\cos\theta&-\sin\theta\\\sin\theta&\cos\theta\end{pmatrix}$ $(\theta\neq k\pi)$.证明 $\boldsymbol{T}$ 没有非平凡的不变子空间.

8. 已知 $W=\left\{\begin{pmatrix}x_1&x_2\\x_3&x_4\end{pmatrix},x_1+x_4=0,x_1,x_2,x_3,x_4\in P\right\}$ 是 $P^{2\times2}$ 的子空间, 线性变换为 $\boldsymbol{T}(\boldsymbol{X})=\boldsymbol{B}^{\mathrm{T}}\boldsymbol{X}-\boldsymbol{X}^{\mathrm{T}}\boldsymbol{B},\boldsymbol{B}=\begin{pmatrix}1&1\\0&1\end{pmatrix}$.

(1) 求 $W$ 的一组基;

(2) 证明 $W$ 是 $V$ 的不变子空间;

(3) 将 $\boldsymbol{T}$ 视为 $W$ 上的线性变换, 求 $W$ 的一组基, 使 $\boldsymbol{T}$ 在该基下为对角矩阵.

## 8.6 Jordan 标准形

同一个线性变换在不同基下的矩阵是相似的, 我们期望通过基的变换使它化为简单的形式. 对角矩阵具有简单的形式, 但从前面分析, 在线性空间 $V$ 中, 一般不存在一组基, 使其上的线性变换 $\boldsymbol{T}$ 在这组基下的矩阵为对角形式. 那么, 退而求其次, 能否使矩阵为准对角矩阵 $\boldsymbol{A}=\operatorname{diag}(\boldsymbol{A}_1,\boldsymbol{A}_2,\cdots,\boldsymbol{A}_s)$, 对角线上的矩阵 $\boldsymbol{A}_i$ 尽可能简单? 这个较简单的矩阵称为 Jordan 矩阵, 它在矩阵分析中有重要的应用.

本节将告诉我们一个事实: 一定可以在有限维线性空间中找到一组基, 使其上任意线性变换在这组基下的矩阵为 Jordan 矩阵. 换个说法就是任意方阵一定相似于 Jordan 矩阵 (对角矩阵是 Jordan 矩阵一种特例).

### 8.6.1 Jordan 矩阵

**定义 6**　*形式为* $\boldsymbol{J}(\lambda,k)=\begin{pmatrix}\lambda & & & & \\ 1 & \lambda & & & \\ & \ddots & \ddots & & \\ & & 1 & \lambda & \\ & & & 1 & \lambda\end{pmatrix}_{k\times k}$ *的矩阵称为* **Jordan 块**. *由若干个 Jordan 块组成的准对角矩阵称为* **Jordan 矩阵**, *其一般形式为*

$$\boldsymbol{J}=\begin{pmatrix}\boldsymbol{J}(\lambda_1,k_1) & & & \\ & \boldsymbol{J}(\lambda_2,k_2) & & \\ & & \ddots & \\ & & & \boldsymbol{J}(\lambda_s,k_s)\end{pmatrix}.$$

矩阵 $\boldsymbol{J}(\lambda,k)=\begin{pmatrix}\lambda & 1 & & & \\ & \lambda & 1 & & \\ & & \ddots & \ddots & \\ & & & \lambda & 1 \\ & & & & \lambda\end{pmatrix}_{k\times k}$ 为 Jordan 块的另一种形式.

例如, Jordan 块 $\boldsymbol{J}(2,3)=\begin{pmatrix}2 & & \\ 1 & 2 & \\ 0 & 1 & 2\end{pmatrix}$, $\boldsymbol{J}(4,2)=\begin{pmatrix}4 & \\ 1 & 4\end{pmatrix}$ 组成 Jordan 矩阵 $\boldsymbol{J}=\operatorname{diag}(\boldsymbol{J}(2,3),\boldsymbol{J}(4,2))$.

显然, Jordan 矩阵对角线上元素即为该矩阵的特征值.

**定理 11** 设 $T$ 是复数域上 $n$ 维线性空间 $V$ 的线性变换, 则 $V$ 中一定存在一组基, 使 $T$ 在这组基下的矩阵为 Jordan 矩阵, 并且这个 Jordan 矩阵除去其中 Jordan 块的排列顺序外, 由 $T$ 唯一确定, 它称为 $T$ 的**Jordan 标准形**.

定理 11 用矩阵的语言表述如下.

**推论 3** 任意 $n$ 阶复矩阵 $\boldsymbol{A}$ 一定与 Jordan 矩阵相似. 这个 Jordan 矩阵除去其中 Jordan 块的排列顺序外, 由 $\boldsymbol{A}$ 唯一确定, 它称为 $\boldsymbol{A}$ 的**Jordan 标准形**.

这里不证明上述结论, 在多项式矩阵 (也称 $\lambda$ 矩阵) 一章给予介绍.

因为 Jordan 矩阵是三角矩阵, 所以其主对角线上元素就是线性变换 $\boldsymbol{T}$ 或矩阵 $\boldsymbol{A}$ 的特征多项式全部根 (重根以重数计), 且以特征值 $\lambda_0$ 为主对角元 Jordan 块的个数等于 $n-r(\lambda_0\boldsymbol{E}-\boldsymbol{A})$.

**例 19** 求下列矩阵在数域 $P$ 上矩阵 $\boldsymbol{A}$ 的 Jordan 标准形:

$$(1)\begin{pmatrix} 2 & 3 & 2 \\ 1 & 8 & 2 \\ -2 & -14 & -3 \end{pmatrix};\quad (2)\begin{pmatrix} 3 & -1 & 0 & 0 \\ 1 & 1 & 0 & 0 \\ 3 & 0 & 5 & -3 \\ 4 & -1 & 3 & -1 \end{pmatrix};\quad (3)\begin{pmatrix} 0 & 1 & 0 \\ -4 & 4 & 0 \\ -2 & 1 & 2 \end{pmatrix}.$$

**解** (1) 矩阵 $\boldsymbol{A}$ 的特征多项式为 $f(\lambda)=|\lambda\boldsymbol{E}-\boldsymbol{A}|=(\lambda-1)(\lambda-3)^2$. 于是 $\boldsymbol{A}$ 的特征值 $\lambda_1=1,\lambda_2=3(2\ 重)$.

特征值 $\lambda_1=1$ 的代数重数为 1, 因此它的 Jordan 块为 $\boldsymbol{J}(1,1)$.

对于 2 重特征值 $\lambda_2=3, r(\lambda_2\boldsymbol{E}-\boldsymbol{A})=2$, 因此它的 Jordan 块只有 1 个, 为 $\boldsymbol{J}(3,2)$. 故 $\boldsymbol{A}$ 的 Jordan 标准形为

$$\boldsymbol{J}=\operatorname{diag}(\boldsymbol{J}(1,1),\boldsymbol{J}(3,2))=\begin{pmatrix} 1 & 0 & 0 \\ 0 & 3 & 1 \\ 0 & 0 & 3 \end{pmatrix}.$$

(2) 矩阵 $\boldsymbol{A}$ 的特征多项式 $f(\lambda)=(\lambda-2)^4$, 因此它的特征值为 $\lambda_0=2(4\ 重)$. 由于 $r(\lambda_0\boldsymbol{E}-\boldsymbol{A})=2$, 因此, 主对角元为特征值 2 的 Jordan 块有 2 个, 都是 $\boldsymbol{J}(2,2)$. 故矩阵 $\boldsymbol{A}$ 的 Jordan 标准形为

$$\boldsymbol{J}=\begin{pmatrix} 2 & 1 & 0 & 0 \\ 0 & 2 & 0 & 0 \\ 0 & 0 & 2 & 1 \\ 0 & 0 & 0 & 2 \end{pmatrix}.$$

(3) 由 $f(\lambda)=(\lambda-2)^3$ 得 3 重特征值 $\lambda_0=2$. 再由 $n-r(\lambda_0\boldsymbol{E}-\boldsymbol{A})=2$ 知它有 2 个 Jordan 块 $\boldsymbol{J}(2,1)$ 和 $\boldsymbol{J}(2,2)$, 故矩阵 $\boldsymbol{A}$ 的 Jordan 标准形为

$$\boldsymbol{J}=\operatorname{diag}(\boldsymbol{J}(2,1),\boldsymbol{J}(2,2)).$$

### *8.6.2　幂零变换的 Jordan 标准形

这里讨论一类最简单的幂零变换——Jordan 标准形.

设 $V$ 是数域 $P$ 上的 $n$ 维线性空间, $\boldsymbol{T}$ 是 $V$ 内指数为 $m$ 的**幂零变换**, 即存在正整数 $m$, 使得

$$\boldsymbol{T}^m = \boldsymbol{O}, \quad \boldsymbol{T}^{m-1} \neq \boldsymbol{O}.$$

同样, 对于数域 $P$ 上 $n$ 阶矩阵 $\boldsymbol{A}$, 如果 $\boldsymbol{A}^m = \boldsymbol{O}, \boldsymbol{A}^{m-1} \neq \boldsymbol{O}$, 那么矩阵 $\boldsymbol{A}$ 称为**幂零矩阵**.

显然, 幂零变换在任意一组基下的矩阵为幂零矩阵; 幂零线性变换 $\boldsymbol{T}$ 的特征多项式为 $f(\lambda) = \lambda^n$, 从而 $\boldsymbol{T}$ 有唯一的特征值 $\lambda_0 = 0$.

设线性变换 $\boldsymbol{T}$ 是数域 $P$ 上 $n$ 维线性空间 $V$ 内指数为 $m$ 的幂零变换, 则对 $V$ 中任意非零向量 $\boldsymbol{\alpha}$, 有 $\boldsymbol{T}^m\boldsymbol{\alpha} = \mathbf{0}$. 于是, 存在最小正整数 $k$ ($k \geqslant 1$), 使 $\boldsymbol{T}^k\boldsymbol{\alpha} = \mathbf{0}, \boldsymbol{T}^{k-1}\boldsymbol{\alpha} \neq \mathbf{0}$. 可以证明向量组 $\boldsymbol{\alpha}, \boldsymbol{T}\boldsymbol{\alpha}, \cdots, \boldsymbol{T}^{k-1}\boldsymbol{\alpha}$ 线性无关. 设

$$V_1(\boldsymbol{\alpha}) = L(\boldsymbol{\alpha}, \boldsymbol{T}\boldsymbol{\alpha}, \cdots, \boldsymbol{T}^{k-1}\boldsymbol{\alpha}),$$

则 $V_1$ 是 $\boldsymbol{T}$ 的不变子空间, 且 $\dim V_1(\boldsymbol{\alpha}) = k$. 子空间 $V_1(\boldsymbol{\alpha})$ 称为由向量 $\boldsymbol{\alpha}$ 生成的 $\boldsymbol{T}$ 的**循环不变子空间**. 幂零变换在基 $\boldsymbol{T}^{k-1}\boldsymbol{\alpha}, \boldsymbol{T}^{k-2}\boldsymbol{\alpha}, \cdots, \boldsymbol{T}\boldsymbol{\alpha}, \boldsymbol{\alpha}$ 之下, $\boldsymbol{T}$ 限制在 $V_1(\boldsymbol{\alpha})$ 内的矩阵为 Jordan 块 $\boldsymbol{J}(0,k)$(特征值 $\lambda_0 = 0$).

反之, 若 $V_2$ 是 $\boldsymbol{T}$ 的不变子空间, 且 $V_2$ 内存在一组基 $\boldsymbol{\beta}_1, \boldsymbol{\beta}_2, \cdots, \boldsymbol{\beta}_k$, 使 $\boldsymbol{T}|_{V_2}$ 在这组基下的矩阵为 $\boldsymbol{J}(0,k)$, 那么

$$\boldsymbol{T}\boldsymbol{\beta}_1 = \mathbf{0}, \boldsymbol{T}\boldsymbol{\beta}_2 = \boldsymbol{\beta}_1, \cdots, \boldsymbol{T}\boldsymbol{\beta}_{k-1} = \boldsymbol{\beta}_{k-2}, \boldsymbol{T}\boldsymbol{\beta}_k = \boldsymbol{\beta}_{k-1}.$$

令 $\boldsymbol{\alpha} = \boldsymbol{\beta}_k$, 则 $V_2 = L(\boldsymbol{\alpha}, \boldsymbol{T}\boldsymbol{\alpha}, \cdots, \boldsymbol{T}^{k-1}\boldsymbol{\alpha})$ 是由 $\boldsymbol{\alpha}$ 生成的 $\boldsymbol{T}$ 不变子空间.

**定理 12**　设 $\boldsymbol{T}$ 是数域 $P$ 上 $n$ 维线性空间 $V$ 内的幂零线性变换, 则在 $V$ 内存在一组基, 使 $\boldsymbol{T}$ 在这组基下的矩阵为 Jordan 矩阵的充分必要条件是 $V$ 可分解为 $\boldsymbol{T}$ 的循环不变子空间的直和:

$$V = V_1(\boldsymbol{\alpha}_1) \oplus V_2(\boldsymbol{\alpha}_2) \oplus \cdots \oplus V_s(\boldsymbol{\alpha}_s).$$

**证明**　必要性. 设 $\boldsymbol{T}$ 的矩阵在 $V$ 的一组基下为上述 Jordan 矩阵, 则由定理 5, 空间 $V$ 可以分解为 $\boldsymbol{T}$ 的不变子空间的直和

$$V = V_1 \oplus V_2 \oplus \cdots \oplus V_s,$$

且在 $V_i$ 内存在一组基 $\boldsymbol{\beta}_{i1}, \boldsymbol{\beta}_{i2}, \cdots, \boldsymbol{\beta}_{in_i}$, 使 $\boldsymbol{T}|_{V_i}$ 在这组基下的矩阵为 $\boldsymbol{J}_i(0,n_i)$. 这表示

$$\boldsymbol{T}\boldsymbol{\beta}_{in_i} = \boldsymbol{\beta}_{i,n_{i-1}}, \boldsymbol{T}\boldsymbol{\beta}_{i,n_i-1} = \boldsymbol{\beta}_{i,n_{i-2}}, \cdots, \boldsymbol{T}\boldsymbol{\beta}_{i2} = \boldsymbol{\beta}_{i1}, \boldsymbol{T}\boldsymbol{\beta}_{i1} = \mathbf{0},$$

即 $V_i$ 为 $\boldsymbol{\beta}_{in_i}$ 生成的 $n_i$ 维循环不变子空间.

充分性. 若 $V=\sum\limits_{i=1}^{s}V_i(\boldsymbol{\alpha}_i)$ 是直和, 在每个 $V_i(\boldsymbol{\alpha}_i)$ 中取基 $\boldsymbol{T}^{n_i-1}\boldsymbol{\alpha}_i,\boldsymbol{T}^{n_i-2}\boldsymbol{\alpha}_i,\cdots,$ $\boldsymbol{T}\boldsymbol{\alpha}_i,\boldsymbol{\alpha}_i$, 合并即为 $V$ 的一组基, 在该基下, $\boldsymbol{T}$ 的矩阵即为 Jordan 标准形.

**推论 4** 设 $\boldsymbol{T}$ 是复数域上线性空间 $V$ 的一个幂零线性变换, 则在 $V$ 中必存在一组基, 使 $\boldsymbol{T}$ 在这组基下的矩阵是 Jordan 矩阵.

## 习 题 8.6

1. 求下列复数矩阵的 Jordan 标准形矩阵.

(1) $\begin{pmatrix}1&2&0\\0&2&0\\-2&-2&-1\end{pmatrix}$; (2) $\begin{pmatrix}1&-1&2\\3&-3&6\\2&-2&4\end{pmatrix}$; (3) $\begin{pmatrix}1&1&-1\\-3&-3&3\\-2&-2&2\end{pmatrix}$.

2. 设数域 $P$ 上矩阵 $\boldsymbol{B}=\begin{pmatrix}-1&0&-1&-1\\0&0&0&0\\0&-1&0&0\\1&1&1&1\end{pmatrix}$.

(1) 说明 $\boldsymbol{B}$ 是幂零矩阵, 求 $\boldsymbol{B}$ 的幂零指数;

(2) 求 $\boldsymbol{B}$ 的 Jordan 标准形.

3. 设数域 $P$ 上 3 维线性空间 $V$ 的线性变换 $\boldsymbol{T}_1,\boldsymbol{T}_2$ 在基 $\boldsymbol{\alpha}_1,\boldsymbol{\alpha}_2,\boldsymbol{\alpha}_3$ 下的矩阵分别为

$$\boldsymbol{A}=\begin{pmatrix}0&-3&3\\-2&-7&13\\-1&-4&7\end{pmatrix};\quad \boldsymbol{B}=\begin{pmatrix}3&6&-15\\1&2&-5\\1&2&-5\end{pmatrix}.$$

判断 $\boldsymbol{T}_1,\boldsymbol{T}_2$ 是否为幂零变换?

4. 设 $n$ 阶矩阵 $\boldsymbol{A}$ 是幂零矩阵, 在线性空间 $P^{n\times n}$ 中定义线性变换

$$\boldsymbol{T}:\boldsymbol{T}\boldsymbol{X}=\boldsymbol{A}\boldsymbol{X}-\boldsymbol{X}\boldsymbol{A},\quad \boldsymbol{X}\in P^{n\times n},$$

证明 $\boldsymbol{T}$ 是幂零变换.

5. 设 $\boldsymbol{T}$ 是 $n$ 维线性空间 $V$ 内的幂零线性变换, 在某组基下的 Jordan 矩阵 $\boldsymbol{J}=\mathrm{diag}(\boldsymbol{J}_1,\boldsymbol{J}_2,\cdots,\boldsymbol{J}_s)$, 证明 $\boldsymbol{T}$ 的特征值 $\lambda_0=0$ 对应的特征子空间的维数为 $s$.

6. 设复矩阵 $\boldsymbol{A}$ 的特征多项式

$$f(\lambda)=|\lambda\boldsymbol{E}-\boldsymbol{A}|=(\lambda-\lambda_1)^{r_1}(\lambda-\lambda_2)^{r_2}\cdots(\lambda-\lambda_s)^{r_s},$$

**则在 $\boldsymbol{A}$ 的 Jordan 矩阵中, 以特征值 $\lambda_i$ 为主元的 Jordan 块个数等于 $n-r(\lambda_i\boldsymbol{E}-\boldsymbol{A})$, 即特征子空间 $V_{\lambda_i}$ 的维数.**

## *8.7　最小多项式

根据哈密顿-凯莱定理, 任给数域 $P$ 上 $n$ 阶矩阵 $\boldsymbol{A}$, 总可以找到数域 $P$ 上一个多项式 $g(x)$, 使 $g(\boldsymbol{A})=\boldsymbol{O}$. 此时称 $g(x)$ 以 $\boldsymbol{A}$ 为根 (特别地, $\boldsymbol{A}$ 的特征多项式 $f(\lambda)=|\lambda\boldsymbol{E}-\boldsymbol{A}|$ 总以 $\boldsymbol{A}$ 为根), 多项式 $g(x)$ 称为矩阵 $\boldsymbol{A}$ 的**化零多项式**. 由于以 $\boldsymbol{A}$ 为根的多项式不唯一, 其中次数最低且首项系数为 1 的多项式称为 $\boldsymbol{A}$ 的**最小多项式**.

本节讨论如何应用最小多项式判断矩阵能否对角化问题.

**引理 2**　**矩阵 $\boldsymbol{A}$ 的最小多项式唯一.**

**证明**　设 $g_1(x),g_2(x)$ 都是矩阵 $\boldsymbol{A}$ 的最小多项式, 根据带余除法, 有

$$g_1(x)=q(x)g_2(x)+r(x),$$

其中 $r(x)=0$ 或 $\partial(r)<\partial(g_2)$. 于是, $g_1(\boldsymbol{A})=q(\boldsymbol{A})g_2(\boldsymbol{A})+r(\boldsymbol{A})=\boldsymbol{O}$. 因此 $r(\boldsymbol{A})=\boldsymbol{O}$. 由最小多项式的定义, $r(x)=0$, 从而 $g_2(x)|g_1(x)$. 同理可证 $g_1(x)|g_2(x)$. 由此 $g_1(x)=cg_2(x)$, 但它们首项系数为 1, 故 $g_1(x)=g_2(x)$.

**定理 13**　**设 $g(x)$ 是矩阵 $\boldsymbol{A}$ 的最小多项式, 那么 $f(x)$ 以 $\boldsymbol{A}$ 为根的充分必要条件是 $g(x)|f(x)$.**

由此可以看出, 矩阵 $\boldsymbol{A}$ 的最小多项式是 $\boldsymbol{A}$ 的特征多项式的一个因式.

计算矩阵 $\boldsymbol{A}$ 的最小多项式一般有两个方法, 一是不变因子法 (第 9 章): 计算 $\boldsymbol{A}$ 的不变因子, 最后一个不变因子即最小多项式; 二是特征多项式法: 计算 $\boldsymbol{A}$ 的特征多项式, 将其因式分解, 验证各因式的矩阵多项式是否为零矩阵, 即可得到最小多项式.

**例 20**　设 $n$ 阶矩阵 $\boldsymbol{A}$ 的所有元素都是 1, 求 $\boldsymbol{A}$ 的最小多项式.

**解**　因为 $|\lambda\boldsymbol{E}-\boldsymbol{A}|=\lambda^{n-1}(\lambda-n)$, 而

$$\boldsymbol{A}(\boldsymbol{A}-n\boldsymbol{E})=\boldsymbol{O},\quad \boldsymbol{A}-n\boldsymbol{E}\neq\boldsymbol{O},\quad \boldsymbol{A}\neq\boldsymbol{O}.$$

所以矩阵 $\boldsymbol{A}$ 的最小多项式为 $x(x-n)$.

**例 21**　数量矩阵 $k\boldsymbol{E}$ 的最小多项式为 $x-k$, 零多项式的最小多项式为 $x$. 反之, 如果 $\boldsymbol{A}$ 的最小多项式是 1 次多项式, 那么 $\boldsymbol{A}$ 一定是数量矩阵.

**例 22**　求 $\boldsymbol{A}=\begin{pmatrix}1 & 1 & \\ & 1 & \\ & & 1\end{pmatrix}$ 的最小多项式.

**解** 因为 $\boldsymbol{A}$ 的特征多项式 $f(x)=|x\boldsymbol{E}-\boldsymbol{A}|=(x-1)^3$, 所以 $\boldsymbol{A}$ 的最小多项式是 $(x-1)^3$ 的因式. 显然

$$\boldsymbol{A}-\boldsymbol{E}\neq\boldsymbol{O},\quad (\boldsymbol{A}-\boldsymbol{E})^2=\boldsymbol{O}.$$

因此 $\boldsymbol{A}$ 的最小多项式为 $(x-1)^2$.

如果矩阵 $\boldsymbol{A},\boldsymbol{B}$ 相似, 即存在可逆矩阵 $\boldsymbol{P}$, 使 $\boldsymbol{B}=\boldsymbol{P}^{-1}\boldsymbol{A}\boldsymbol{P}$. 那么对任一多项式 $h(x)$, 有

$$h(\boldsymbol{B})=\boldsymbol{P}^{-1}h(\boldsymbol{A})\boldsymbol{P}.$$

因此, $h(\boldsymbol{B})=\boldsymbol{O}$ 当且仅当 $h(\boldsymbol{A})=\boldsymbol{O}$. 这说明相似矩阵具有相同的最小多项式. 但要注意, 这一结论反过来不成立. 例如, 矩阵

$$\boldsymbol{A}=\begin{pmatrix}1&1&&\\&1&&\\&&1&\\&&&2\end{pmatrix},\quad \boldsymbol{B}=\begin{pmatrix}1&1&&\\&1&&\\&&2&\\&&&2\end{pmatrix}$$

的最小多项式都是 $(x-1)^2(x-2)$, 显然它们不相似 (相似矩阵的特征值一定相同, 但这两个矩阵的特征值不同).

**引理 3** 设 $\boldsymbol{A}$ 是准对角矩阵, $\boldsymbol{A}=\mathrm{diag}(\boldsymbol{A}_1,\boldsymbol{A}_2)$, 并设 $\boldsymbol{A}_1,\boldsymbol{A}_2$ 的最小多项式分别为 $g_1(x),g_2(x)$, 那么 $\boldsymbol{A}$ 的最小多项式 $g(x)=[g_1(x),g_2(x)]$.

**证明** 显然 $g(\boldsymbol{A})=\boldsymbol{O}$, 因此 $g(x)$ 能被 $\boldsymbol{A}$ 的最小多项式整除. 如果 $h(\boldsymbol{A})=\boldsymbol{O}$, 那么 $h(\boldsymbol{A}_1)=\boldsymbol{O},h(\boldsymbol{A}_2)=\boldsymbol{O}$, 因此 $g_1(x)|h(x),g_2(x)|h(x)$, 从而 $g(x)|h(x)$. 这样就证明了 $g(x)$ 是 $\boldsymbol{A}$ 的最小多项式.

引理 4 可以推广到准对角矩阵 $\boldsymbol{A}=\mathrm{diag}(\boldsymbol{A}_1,\boldsymbol{A}_2,\cdots,\boldsymbol{A}_s)$.

**引理 4** $k$ 阶 Jordan 块 $\boldsymbol{J}(a,k)$ 的最小多项式为 $(x-a)^k$.

**证明** 直接计算 $(\boldsymbol{J}-a\boldsymbol{E})^{k-1}\neq\boldsymbol{O}$ 即证.

**定理 14** 数域 $P$ 上 $n$ 阶矩阵 $\boldsymbol{A}$ 与对角矩阵相似的充分必要条件为 $\boldsymbol{A}$ 的最小多项式是 $P$ 上互素的一次因式的乘积.

**证明** 必要性是显然的, 现证充分性.

根据矩阵与线性变换之间的对应关系, 我们只要证明数域 $P$ 上线性空间 $V$ 的线性变换 $\boldsymbol{T}$ 的最小多项式 $g(x)$ 是 $P$ 上互素的一次因式乘积

$$g(x)=(x-a_1)(x-a_2)\cdots(x-a_k),$$

则 $\boldsymbol{T}$ 有一组特征向量组成 $V$ 的一组基.

实际上, 由于 $g(\boldsymbol{T})V=\{\boldsymbol{0}\}$, 利用定理 10 中同样的步骤, 可证

$$V=V_1\oplus V_2\oplus\cdots\oplus V_k,\quad V_i=\{\boldsymbol{\alpha}|(\boldsymbol{T}-a_k\boldsymbol{E})\boldsymbol{\alpha}=\boldsymbol{0},\boldsymbol{\alpha}\in V\}.$$

把每个 $V_i$ 中的基合并即为 $V$ 的一组基, 而每个基向量都属于某个 $V_i$, 因而是 $\boldsymbol{A}$ 的特征向量.

**推论 5** 复数矩阵 $\boldsymbol{A}$ 与对角矩阵相似的充分必要条件是 $\boldsymbol{A}$ 的最小多项式没有重根.

**推论 6** 线性空间 $V$ 上指数为 $m>1$ 的幂零变换的矩阵一定不能对角化.

**例 23** 判断下列矩阵是否可对角化:

$$(1)\ \boldsymbol{A}_1=\begin{pmatrix}3&1&-1\\0&2&0\\1&1&1\end{pmatrix};\qquad(2)\ \boldsymbol{A}_2=\begin{pmatrix}3&1&0&0\\0&3&0&0\\0&0&5&0\\0&0&0&5\end{pmatrix}.$$

**解** (1) 计算 $\boldsymbol{A}_1$ 的特征多项式 $f_1(\lambda)=(\lambda-2)^3$. 由于

$$(\boldsymbol{A}_1-2\boldsymbol{E})^2=\boldsymbol{O},\quad \boldsymbol{A}_1-2\boldsymbol{E}\neq\boldsymbol{O},$$

因此 $\boldsymbol{A}_1$ 的最小多项式 $m(x)=(x-2)^2$, 由此矩阵 $\boldsymbol{A}_1$ 不可对角化.

(2) $\boldsymbol{A}_2$ 的最小多项式是 $m(x)=(x-3)^2(x-5)$, 因此 $\boldsymbol{A}_2$ 不可对角化.

**例 24** 设数域 $P$ 上 $n$ 阶矩阵 $\boldsymbol{A}$ 满足 $\boldsymbol{A}^3=3\boldsymbol{A}^2+\boldsymbol{A}-3\boldsymbol{E}$, 问 $\boldsymbol{A}$ 可否对角化?

**解** 显然 $g(x)=x^3-3x^2-x+3=(x-3)(x+1)(x-1)$ 是以 $\boldsymbol{A}$ 为根的多项式, 而 $\boldsymbol{A}$ 的最小多项式 $m(x)|g(x)$, 因此, $m(x)$ 在数域 $P$ 内可以分解为互素的一次因式乘积, 所以矩阵 $\boldsymbol{A}$ 可对角化.

## 习题 8.7

1. 求下列矩阵的最小多项式, 并问可否对角化?

$$(1)\begin{pmatrix}0&0&1\\0&1&0\\1&0&0\end{pmatrix};\qquad(2)\begin{pmatrix}3&1&-1\\0&4&0\\0&1&1\end{pmatrix};\qquad(3)\begin{pmatrix}3&-1&-3&1\\-1&3&1&-3\\3&-1&-3&1\\-1&3&1&-3\end{pmatrix}.$$

2. 如果矩阵 $\boldsymbol{A}$ 的特征多项式与最小多项式相同, 问 $\boldsymbol{A}$ 的 Jordan 标准形 (在复数域内考虑问题) 具有什么特点?

3. 设 $\boldsymbol{J}=\boldsymbol{J}(0,n)$, 在数域 $P$ 上线性空间 $P^{n\times n}$ 定义线性变换

$$\boldsymbol{T}:\boldsymbol{T}\boldsymbol{X}=\boldsymbol{J}\boldsymbol{X},\quad \boldsymbol{X}\in P^{n\times n},$$

求 $\boldsymbol{J}$ 的最小多项式.

4. 设数域 $P$ 上 $n$ 阶矩阵 $\boldsymbol{A}$ 满足 $\boldsymbol{A}^3=\boldsymbol{A}^2+4\boldsymbol{A}-4\boldsymbol{E}$, 问 $\boldsymbol{A}$ 可否对角化?

5. 设 $\boldsymbol{A}=\begin{pmatrix} & & & & 1\\ & & & 2 & \\ & & 3 & & \\ & 4 & & & \\ 5 & & & & \end{pmatrix}$, 在有理数域上, $\boldsymbol{A}$ 可否对角化? 在实数域上, $\boldsymbol{A}$ 可否对角化?

# 第 9 章 矩阵的相似标准形

给定一个线性变换, 能否找到一组基, 使线性变换在这组基下的矩阵具有比较简单的形状? 该问题等价于寻求一类比较简单的矩阵, 使任一同阶矩阵都与这类矩阵中的某一个相似. 这类矩阵就是所谓矩阵的相似标准形. 要解决这一问题, 关键是找到矩阵的相似不变量, 这些不变量不仅在相似关系下保持不变, 而且足以判断两个矩阵是否相似. 因此, 本章在提出多项式矩阵概念的基础上, 讨论了行列式因子、初等因子和不变因子及三者之间的关系, 从而解决寻求矩阵的相似标准形问题.

## 9.1 多项式矩阵及其初等变换

为寻求矩阵的相似不变量, 本节将给出多项式矩阵的定义及其初等变换.

多项式矩阵与之前学习的矩阵有很多地方是完全相同的, 也肯定有不一样的地方, 一定要注意观察它们的不同之处.

### 9.1.1 多项式矩阵的定义

下列形式的矩阵

$$\boldsymbol{A}(\lambda)=\begin{pmatrix} a_{11}(\lambda) & a_{12}(\lambda) & \cdots & a_{1n}(\lambda) \\ a_{21}(\lambda) & a_{22}(\lambda) & \cdots & a_{2n}(\lambda) \\ \vdots & \vdots & & \vdots \\ a_{m1}(\lambda) & a_{m2}(\lambda) & \cdots & a_{mn}(\lambda) \end{pmatrix}$$

称为**多项式矩阵**(也称$\lambda$ **矩阵**), 其中 $a_{ij}(\lambda)$ 是数域 $P$ 上的多项式. 例如,

$$\begin{pmatrix} \lambda^2-1 & \lambda-2 \\ 1 & \lambda^3+2\lambda^2-3\lambda+1 \end{pmatrix}, \quad \begin{pmatrix} \lambda & \lambda^2-3 & 2 \\ \lambda^4+2\lambda & 1 & \lambda^2 \end{pmatrix}.$$

在此之前所讨论的矩阵我们视为**数字矩阵**, 因此数字矩阵是多项式矩阵的特殊情形, 也就是 $\lambda=0$ 时, $\boldsymbol{A}(0)$ 即为一个数字矩阵.

对于 $n$ 阶数字矩阵 $\boldsymbol{A}=(a_{ij})$, 其特征矩阵 $\lambda\boldsymbol{E}-\boldsymbol{A}$ 是常见的 $\lambda$ 矩阵. 事实上, 同阶矩阵 $\boldsymbol{A}$ 与 $\boldsymbol{B}$ 相似与它们的特征矩阵 $\lambda\boldsymbol{E}-\boldsymbol{A}$ 和 $\lambda\boldsymbol{E}-\boldsymbol{B}$ 等价有着密切的关系.

多项式矩阵的加法、减法、数乘和转置运算及运算与数字矩阵的相应运算及运算性质完全一样, 这里不再重复.

**定义 1** 如果 $\lambda$ 矩阵 $\boldsymbol{A}(\lambda)$ 中有一个 $r\ (\geqslant 1)$ 级子式不等于零, 所有 $r+1$ 级子式全为 0(如果有的话), 则称 $\boldsymbol{A}(\lambda)$ 的秩为 $r$, 记为 $r(\boldsymbol{A}(\lambda))$. 规定零矩阵的秩为 0.

**定义 2** $n$ 阶矩阵 $\boldsymbol{A}(\lambda)$ 可逆, 如果存在 $n$ 阶矩阵 $\boldsymbol{B}(\lambda)$, 使得

$$\boldsymbol{A}(\lambda)\boldsymbol{B}(\lambda)=\boldsymbol{B}(\lambda)\boldsymbol{A}(\lambda)=\boldsymbol{E}.$$

如果 $\boldsymbol{A}(\lambda)$ 可逆, 则其逆矩阵是唯一的, 记为 $\boldsymbol{A}^{-1}(\lambda)$.

**定理 1** 矩阵 $\boldsymbol{A}(\lambda)$ 可逆的充分必要条件是 $|\boldsymbol{A}(\lambda)|$ 是一个非零的常数 (注意与 $\lambda$ 无关).

**证明** 充分性. 设 $d=|\boldsymbol{A}(\lambda)|\neq 0$, 则

$$\boldsymbol{A}(\lambda)\frac{1}{d}\boldsymbol{A}^*(\lambda)=\frac{1}{d}\boldsymbol{A}^*(\lambda)\boldsymbol{A}(\lambda)=\boldsymbol{E}.$$

因此 $\boldsymbol{A}(\lambda)$ 可逆.

必要性. 如果 $\boldsymbol{A}(\lambda)$ 可逆, 则 $|\boldsymbol{A}(\lambda)\boldsymbol{B}(\lambda)|=|\boldsymbol{E}|=1\neq 0$, 因此 $|\boldsymbol{A}(\lambda)|$ 是零次多项式, 也就是为非零常数.

根据定理 1, 容易证明, 可逆 $\lambda$ 矩阵的乘积仍然可逆.

注意, 不要将数字矩阵的一些结论随意迁移到 $\lambda$ 矩阵上来. 例如, 多项式矩阵 $\boldsymbol{A}(\lambda)=\begin{pmatrix}\lambda & 0\\ 0 & 1\end{pmatrix}$, 尽管 $|\boldsymbol{A}(\lambda)|=\lambda$, 但它不是一个非零的常数, 因此 $\boldsymbol{A}(\lambda)$ 不可逆.

### 9.1.2 多项式矩阵的初等变换

相应于数字矩阵的初等变换, 自然可以引入 $\lambda$ 矩阵初等变换的概念.

**定义 3** 以下三类初等变换称为 $\lambda$ 矩阵的**初等行 (列) 变换**:

(1) 互换矩阵的两行 (列) 位置;

(2) 矩阵某一行 (列) 乘以非零常数 $c$;

(3) 矩阵的某一行 (列) 的 $\phi(\lambda)$ 倍加到另一行 (列), 其中 $\phi(\lambda)$ 是一多项式.

例如,

$$\begin{pmatrix}\lambda^2-1 & \lambda-2\\ 1 & \lambda^3+2\lambda^2-3\lambda+1\end{pmatrix}\xrightarrow{r_1\leftrightarrow r_2}\begin{pmatrix}1 & \lambda^3+2\lambda^2-3\lambda+1\\ \lambda^2-1 & \lambda-2\end{pmatrix}.$$

注意, 下列 $\lambda$ 矩阵的变换都不是初等变换:

$$\begin{pmatrix}1 & 1\\ 0 & 1\end{pmatrix}\to\begin{pmatrix}\lambda & \lambda\\ 0 & 1\end{pmatrix},\quad \begin{pmatrix}\lambda & 0\\ 0 & 1\end{pmatrix}\to\begin{pmatrix}1 & 0\\ 0 & 1\end{pmatrix}.$$

这是因为第一个变换是矩阵第 1 行同乘以 $\lambda$ 而不是乘以非零的数, 第二个变换是矩阵第 1 行乘以 $\lambda^{-1}$ 而不是乘以多项式, 因此, 它们都不属于第二类初等变换.

如果矩阵 $\boldsymbol{A}(\lambda)$ 经一系列初等变换得到矩阵 $\boldsymbol{B}(\lambda)$, 就称矩阵 $\boldsymbol{A}(\lambda)$ 与 $\boldsymbol{B}(\lambda)$**等价**. $\lambda$ 矩阵的等价同样具有自身性、传递性和对称性.

单位矩阵经 $\lambda$ 矩阵初等变换可得到**初等 $\lambda$ 矩阵**. 由于 $\lambda$ 矩阵的第一类和第二类初等变换与数字矩阵初等变换完全相同, 第三类初等变换由原来的常数 $k$ 换成多项式 $\phi(\lambda)$, 因此第一类和第二类初等 $\lambda$ 矩阵与数字矩阵的初等矩阵完全相同, 第三类初等矩阵为

$$
\boldsymbol{T}_{ij}(\phi(\lambda))=\begin{pmatrix}1&&&&&&\\&\ddots&&&&&\\&&1&\cdots&\phi(\lambda)&&\\&&&\ddots&\vdots&&\\&&&&1&&\\&&&&&\ddots&\\&&&&&&1\end{pmatrix}.
$$

于是, 类似于数字矩阵的初等变换和初等矩阵的相关性质, 我们有如下重要的结论 (证明这里略去).

**命题 1**　*(1) 初等 $\lambda$ 矩阵是可逆的, 且逆矩阵仍然是初等矩阵;*

*(2) 对 $\boldsymbol{A}(\lambda)$ 实施初等行变换相当于左乘初等 $\lambda$ 矩阵, 对 $\boldsymbol{A}(\lambda)$ 实施初等列变换相当于右乘初等 $\lambda$ 矩阵;*

*(3) 矩阵 $\boldsymbol{A}(\lambda)$ 与 $\boldsymbol{B}(\lambda)$ 等价的充分必要条件是: 存在一系列初等 $\lambda$ 矩阵 $\boldsymbol{P}_1,\boldsymbol{P}_2,\cdots,\boldsymbol{P}_s,\boldsymbol{Q}_1,\boldsymbol{Q}_2,\cdots,\boldsymbol{Q}_t$, 使*

$$
\boldsymbol{A}(\lambda)=\boldsymbol{P}_1\boldsymbol{P}_2\cdots\boldsymbol{P}_s\boldsymbol{B}(\lambda)\boldsymbol{Q}_1\boldsymbol{Q}_2\cdots\boldsymbol{Q}_t.
$$

一个自然问题是, 任意一个 $\lambda$ 矩阵经初等变换可以化为什么样的标准形式?

**引理 1**　*设 $\lambda$ 矩阵 $\boldsymbol{A}(\lambda)=(a_{ij}(\lambda))$ 中元素 $a_{11}(\lambda)\neq 0$, 且 $\boldsymbol{A}(\lambda)$ 中至少有一个元素不能被 $a_{11}(\lambda)$ 整除, 则一定可以找到与 $\boldsymbol{A}(\lambda)$ 等价的矩阵 $\boldsymbol{B}(\lambda)=(b_{ij}(\lambda))$, 使 $b_{11}(\lambda)\neq 0$, 且 $\partial(b_{11}(\lambda))<\partial(a_{11}(\lambda))$.*

**证明**　根据 $\boldsymbol{A}(\lambda)$ 中不能被 $a_{11}(\lambda)$ 整除元素所在位置, 分三种情形讨论.

(1) 若第一列元素 $a_{i1}(\lambda)$ $(i\neq 1)$ 不能被 $a_{11}(\lambda)$ 整除, 则有 $a_{i1}(\lambda)=a_{11}(\lambda)q(\lambda)+r(\lambda)$, 其中 $r(\lambda)\neq 0$, 且 $\partial(r(\lambda))<\partial(a_{11}(\lambda))$.

对 $\boldsymbol{A}(\lambda)$ 作初等变换: 第 $i$ 行减去第 1 行的 $q(\lambda)$ 倍, 得

$$\boldsymbol{A}(\lambda)=\begin{pmatrix} a_{11}(\lambda) & \cdots \\ \vdots & \\ a_{i1}(\lambda) & \cdots \\ \vdots & \end{pmatrix} \longrightarrow \begin{pmatrix} a_{11}(\lambda) & \cdots \\ \vdots & \\ r(\lambda) & \cdots \\ \vdots & \end{pmatrix}.$$

将上式右端矩阵第 $i$ 行与第 1 行互换, 即得到满足要求的矩阵 $\boldsymbol{B}(\lambda)$.

(2) 第 1 行元素 $a_{1j}(\lambda)$ $(j\neq 1)$ 不能被 $a_{11}(\lambda)$ 整除, 与 (1) 类似可证.

(3) 元素 $a_{ij}(\lambda)$ $(i>1, j>1)$ 不能被 $a_{11}(\lambda)$ 整除, 第 1 行和第 1 列元素都可以被 $a_{11}(\lambda)$ 整除. 不妨设 $a_{i1}(\lambda)=a_{11}(\lambda)\phi(\lambda)$, 对 $\boldsymbol{A}(\lambda)$ 作以下初等行变换:

$$\boldsymbol{A}(\lambda)\longrightarrow\begin{pmatrix} a_{11}(\lambda) & \cdots & a_{1j}(\lambda) & \cdots \\ \vdots & & \vdots & \\ a_{i1}(\lambda) & \cdots & a_{ij}(\lambda) & \cdots \\ \vdots & & \vdots & \end{pmatrix}$$

$$\longrightarrow\begin{pmatrix} a_{11}(\lambda) & \cdots & a_{1j}(\lambda) & \cdots \\ \vdots & & \vdots & \\ 0 & \cdots & a_{ij}(\lambda)-a_{1j}(\lambda)\phi(\lambda) & \cdots \\ \vdots & & \vdots & \end{pmatrix}$$

$$\longrightarrow\begin{pmatrix} a_{11}(\lambda) & \cdots & a_{ij}(\lambda)+(1-\phi(\lambda))a_{1j}(\lambda) & \cdots \\ \vdots & & \vdots & \\ 0 & \cdots & a_{ij}(\lambda)-a_{1j}(\lambda)\phi(\lambda) & \cdots \\ \vdots & & \vdots & \end{pmatrix}=\boldsymbol{A}_1(\lambda).$$

在 $\boldsymbol{A}_1(\lambda)$ 中, 第 1 行元素 $a_{ij}(\lambda)+(1-\phi(\lambda))a_{1j}(\lambda)$ 不能被 $a_{11}(\lambda)$ 整除, 此即证明结论成立.

在定理 1 中, $a_{11}(\lambda)\neq 0$ 不是必需的. 如果 $a_{11}(\lambda)=0$, 利用初等变换能够保证 $a_{11}(\lambda)\neq 0$.

**定理 2** 任意一个非零的 $s\times n$ 的 $\lambda$ 矩阵 $\boldsymbol{A}(\lambda)$ 等价于矩阵

$$
\boldsymbol{\Lambda}(\lambda)=\begin{pmatrix} d_1(\lambda) & & & & & & \\ & d_2(\lambda) & & & & & \\ & & \ddots & & & & \\ & & & d_r(\lambda) & & & \\ & & & & 0 & & \\ & & & & & \ddots & \\ & & & & & & 0 \end{pmatrix},
$$

其中 $r\geqslant 1, d_j(\lambda)$ 是首项系数为 1 的多项式, 且 $d_j(\lambda)|d_{j+1}(\lambda), j=1,2,\cdots,r-1$.

$\boldsymbol{\Lambda}(\lambda)$ 称为矩阵 $\boldsymbol{A}(\lambda)$ 的**标准形矩阵**(也称为 $\boldsymbol{A}(\lambda)$ 的**法式**). 标准形矩阵中元素 $d_1(\lambda), d_2(\lambda), \cdots, d_r(\lambda)$ 称为 $\boldsymbol{A}(\lambda)$ 的**不变因子**.

**证明**　经过行列的位置互换后, 总可以保证矩阵元素 $a_{11}(\lambda)\neq 0$. 如果 $a_{11}(\lambda)$ 不能整除 $\boldsymbol{A}(\lambda)$ 的全部元素, 由引理 1, 可以找到与 $\boldsymbol{A}(\lambda)$ 等价的 $\boldsymbol{B}_1(\lambda)$, 其左上角元素 $b_1(\lambda)\neq 0$, 且次数低于 $a_{11}(\lambda)$. 若 $b_1(\lambda)$ 仍不能整除 $\boldsymbol{B}_1(\lambda)$ 的所有元素, 自然有等价矩阵 $\boldsymbol{B}_2(\lambda), \boldsymbol{B}_3(\lambda), \cdots$, 最后直到 $\boldsymbol{B}_s(\lambda)$, 其 $b_s(\lambda)\neq 0$, 且整除 $\boldsymbol{B}_s(\lambda)$ 的所有元素, 即 $b_{ij}(\lambda)=b_s(\lambda)q_{ij}(\lambda)$. 对 $\boldsymbol{B}_s(\lambda)$ 作初等变换: $\boldsymbol{B}_s(\lambda)\rightarrow\begin{pmatrix} b_s(\lambda) & 0 & \cdots & 0 \\ \boldsymbol{0} & & \boldsymbol{A}_1(\lambda) & \end{pmatrix}$. 对 $\boldsymbol{A}_1(\lambda)$ 重复以上过程, 即证.

**例 1**　用初等变换化简 $\boldsymbol{A}(\lambda)=\begin{pmatrix} 1-\lambda & 2\lambda-1 & \lambda \\ \lambda & \lambda^2 & -\lambda \\ 1+\lambda^2 & \lambda^3+\lambda-1 & -\lambda^2 \end{pmatrix}$ 为标准形.

**解**　$$\boldsymbol{A}(\lambda)\xrightarrow{c_3+c_1}\begin{pmatrix} 1-\lambda & 2\lambda-1 & 1 \\ \lambda & \lambda^2 & 0 \\ 1+\lambda^2 & \lambda^3+\lambda-1 & 1 \end{pmatrix}\xrightarrow{c_1\leftrightarrow c_3}\begin{pmatrix} 1 & 2\lambda-1 & 1-\lambda \\ 0 & \lambda^2 & \lambda \\ 1 & \lambda^3+\lambda-1 & 1+\lambda^2 \end{pmatrix}$$

$$\xrightarrow{r_3-r_1}\begin{pmatrix} 1 & 2\lambda-1 & 1-\lambda \\ 0 & \lambda^2 & \lambda \\ 0 & \lambda^3-\lambda & \lambda^2+\lambda \end{pmatrix}$$

$$\xrightarrow{c_2-(2\lambda-1)c_1, c_3-(1-\lambda)c_1}\begin{pmatrix} 1 & 0 & 0 \\ 0 & \lambda^2 & \lambda \\ 0 & \lambda^3-\lambda & \lambda^2+\lambda \end{pmatrix}$$

$$\xrightarrow{c_3\leftrightarrow c_2}\begin{pmatrix} 1 & 0 & 0 \\ 0 & \lambda & \lambda^2 \\ 0 & \lambda^2+\lambda & \lambda^3-\lambda \end{pmatrix}\xrightarrow{c_3-\lambda c_2}\begin{pmatrix} 1 & 0 & 0 \\ 0 & \lambda & 0 \\ 0 & \lambda^2+\lambda & -\lambda^2-\lambda \end{pmatrix}$$

$$\longrightarrow\begin{pmatrix}1 & & \\ & \lambda & \\ & & \lambda^2+\lambda\end{pmatrix}.$$

**推论 1** 任一 $n$ 阶可逆 $\lambda$ 矩阵 $\boldsymbol{A}(\lambda)$ 都可表示为有限个初等 $\lambda$ 矩阵的乘积.

**证明** 由上述定理, 存在 $\boldsymbol{P}(\lambda),\boldsymbol{Q}(\lambda)$, 使

$$\boldsymbol{P}(\lambda)\boldsymbol{A}(\lambda)\boldsymbol{Q}(\lambda)=\operatorname{diag}(d_1(\lambda),d_2(\lambda),\cdots,d_r(\lambda),0,\cdots,0),$$

其中 $\boldsymbol{P}(\lambda),\boldsymbol{Q}(\lambda)$ 是若干个初等 $\lambda$ 矩阵的乘积, $d_j(\lambda)$ 是首项为 1 的多项式. 因为上式左端可逆, 所以右端自然也可逆, 故 $r=n$. 另一方面, 根据可逆的充分必要条件, $d_1(\lambda),d_2(\lambda),\cdots,d_n(\lambda)$ 应为非零常数, 因此 $\partial(d_1)+\partial(d_2)+\cdots+\partial(d_n)=0$. 从而

$$d_1(\lambda)=d_2(\lambda)=\cdots=d_n(\lambda)=1.$$

于是 $\boldsymbol{A}(\lambda)=\boldsymbol{P}^{-1}(\lambda)\boldsymbol{Q}^{-1}(\lambda)$. 由于初等 $\lambda$ 矩阵的逆仍然为初等矩阵. 从而结论成立.

**推论 2** 设 $\boldsymbol{A}$ 是数域 $P$ 上的 $n$ 阶矩阵, 则其特征矩阵 $\lambda\boldsymbol{E}-\boldsymbol{A}$ 一定等价于

$$\operatorname{diag}(\underbrace{1,1,\cdots,1}_{n-m},d_1(\lambda),d_2(\lambda),\cdots,d_m(\lambda)),$$

其中 $d_j(\lambda)|d_{j+1}(\lambda)\ (j=1,2,\cdots,m-1)$.

**证明** 由上述推论, 存在可逆矩阵 $\boldsymbol{P}(\lambda),\boldsymbol{Q}(\lambda)$(由初等矩阵乘积组成), 使

$$\boldsymbol{P}(\lambda)(\lambda\boldsymbol{E}-\boldsymbol{A})\boldsymbol{Q}(\lambda)=\operatorname{diag}(d_1(\lambda),d_2(\lambda),\cdots,d_r(\lambda),0,\cdots,0).$$

根据 $\lambda$ 矩阵初等变换的定义和行列式的性质, 上式左端的行列式为 $c|\lambda\boldsymbol{E}-\boldsymbol{A}|$ ($c$ 为非零数). 从而右端的行列式为非零多项式, 故 $r=n$. 将 $d_j(\lambda)$(首项系数为 1) 中的常数多项式写出来, 即可得结论.

**例 2** 求 $\lambda\boldsymbol{E}-\boldsymbol{A}$ 的标准形, 其中 $\boldsymbol{A}=\begin{pmatrix}0 & 1 & -1\\ 3 & -2 & 0\\ -1 & 1 & -1\end{pmatrix}$.

**解** 直接利用初等变换, 得到 (过程略去)

$$\lambda\boldsymbol{E}-\boldsymbol{A}\longrightarrow\begin{pmatrix}1 & & \\ & 1 & \\ & & (\lambda-1)(\lambda^2+4\lambda+2)\end{pmatrix}.$$

## 习 题 9.1

1. 化下列矩阵为标准形.

(1) $\begin{pmatrix} \lambda^3-\lambda & 2\lambda^2 \\ \lambda^2+5\lambda & 3\lambda \end{pmatrix}$; (2) $\begin{pmatrix} 1-\lambda & \lambda^2 & \lambda \\ \lambda & \lambda & -\lambda \\ 1+\lambda^2 & \lambda^2 & -\lambda^2 \end{pmatrix}$;

(3) $\begin{pmatrix} \lambda^2+\lambda & 0 & 0 \\ 0 & \lambda & 0 \\ 0 & 0 & (\lambda+1)^2 \end{pmatrix}$; (4) $\begin{pmatrix} 0 & 0 & 0 & \lambda^2 \\ 0 & 0 & \lambda^2-\lambda & 0 \\ 0 & (\lambda-1)^2 & 0 & 0 \\ \lambda^2-\lambda & 0 & 0 & 0 \end{pmatrix}$;

(5) $\begin{pmatrix} 3\lambda^2+2\lambda-3 & 2\lambda-1 & \lambda^2+2\lambda-3 \\ 4\lambda^2+3\lambda-5 & 3\lambda-2 & \lambda^2+3\lambda-4 \\ \lambda^2+\lambda-4 & \lambda-2 & \lambda-1 \end{pmatrix}$.

2. 求下列 $\lambda$ 矩阵的不变因子.

(1) $\begin{pmatrix} \lambda-2 & -1 & 0 \\ 0 & \lambda-2 & -1 \\ 0 & 0 & \lambda-2 \end{pmatrix}$; (2) $\begin{pmatrix} \lambda & -1 & 0 & 0 \\ 0 & \lambda & -1 & 0 \\ 0 & 0 & \lambda & -1 \\ 5 & 4 & 3 & \lambda+2 \end{pmatrix}$;

(3) $\begin{pmatrix} \lambda+\alpha & \beta & 1 & 0 \\ -\beta & \lambda+\alpha & 0 & 1 \\ 0 & 0 & \lambda+\alpha & \beta \\ 0 & 0 & -\beta & \lambda+\alpha \end{pmatrix}$;

(4) $\begin{pmatrix} 0 & 0 & 1 & \lambda+2 \\ 0 & 1 & \lambda+2 & 0 \\ 1 & \lambda+2 & 0 & 0 \\ \lambda+2 & 0 & 0 & 0 \end{pmatrix}$;

(5) $\begin{pmatrix} \lambda+1 & 0 & 0 & 0 \\ 0 & \lambda+2 & 0 & 0 \\ 0 & 0 & \lambda-1 & 0 \\ 0 & 0 & 0 & \lambda-2 \end{pmatrix}$.

3. 若 $(f(\lambda),g(\lambda))=1$, 证明下列 3 个多项式矩阵等价.

$$\begin{pmatrix} f(\lambda) & 0 \\ 0 & g(\lambda) \end{pmatrix}, \quad \begin{pmatrix} g(\lambda) & 0 \\ 0 & f(\lambda) \end{pmatrix}, \quad \begin{pmatrix} 1 & 0 \\ 0 & f(\lambda)g(\lambda) \end{pmatrix}.$$

4. 设 $\lambda\boldsymbol{E}-\boldsymbol{A}$ 的标准形矩阵为 $\mathrm{diag}(1,1,\cdots,1,d_1(\lambda),d_2(\lambda),\cdots,d_m(\lambda))$, 证明 $\boldsymbol{A}$ 的特征多项式

$$|\lambda\boldsymbol{E}-\boldsymbol{A}|=d_1(\lambda)d_2(\lambda)\cdots d_m(\lambda).$$

## 9.2 行列式因子

我们在 9.1 节看到, $\lambda$ 矩阵 $\boldsymbol{A}(\lambda)$ 一定相似于标准形矩阵 $\boldsymbol{A}(\lambda)$, 因此如果 $n$ 阶矩阵的法式 (标准形矩阵) 相同, 则它们相似. 那么, 两个矩阵的法式不同, 是否它们不相似? 如果能做到这一点, 我们就找到了矩阵相似条件的不变量. 为此, 这一节讨论 $\lambda$ 矩阵的行列式因子, 以及它与不变因子之间的关系.

**定义 4** 设 $\lambda$ 矩阵 $\boldsymbol{A}(\lambda)$ 的秩为 $r$, 则 $\boldsymbol{A}(\lambda)$ 中必存在非零的 $k$ $(1\leqslant k\leqslant r)$ 阶子式. 全部 $k$ 阶子式的首项系数为 1 的最大公因式 $D_k(\lambda)$ 称为 $\boldsymbol{A}(\lambda)$ 的 $k$ 阶**行列式因子**.

**例 3** 对于 $\boldsymbol{A}(\lambda)=\begin{pmatrix}1&\lambda&\lambda-1\\0&2&\lambda+1\\\lambda&\lambda^2&2\end{pmatrix}$, 由于它有一个 1 阶子式 $a_{11}=1$, 因此 $\boldsymbol{A}(\lambda)$ 的 1 阶行列式因子为 $D_1(\lambda)=1$.

$\boldsymbol{A}(\lambda)$ 有一个 2 阶子式 $\begin{vmatrix}1&\lambda\\0&2\end{vmatrix}=2$, 因此它的 2 阶行列式因子 $D_2(\lambda)=1$.

由于 $|\boldsymbol{A}(\lambda)|=-2(\lambda-2)(\lambda+1)$, 因此其 3 阶行列式因子 $D_3(\lambda)=(\lambda-2)(\lambda+1)$.

秩为 $r$ 的 $\boldsymbol{A}(\lambda)$ 行列式因子有 $r$ 个, 它们在初等变换下是不变的.

**定理 3** 等价的 $\lambda$ 矩阵具有相同的秩与相同的各阶行列式因子.

**证明** 只需证明 $\lambda$ 矩阵经过一次初等变换, 秩与行列式因子保持不变即可.

设 $\lambda$ 矩阵 $\boldsymbol{A}(\lambda)$ 经过一次初等变换为 $\boldsymbol{B}(\lambda)$, $f(\lambda)$ 与 $g(\lambda)$ 分别为 $\boldsymbol{A}(\lambda)$ 和 $\boldsymbol{B}(\lambda)$ 的 $k$ 阶行列式因子. 下面分三步证明 $f(\lambda)=g(\lambda)$.

第 1 步. $\boldsymbol{A}(\lambda)$ 经过第一类初等变换化为 $\boldsymbol{B}(\lambda)$, 这时 $\boldsymbol{B}(\lambda)$ 的每个 $k$ 阶子式或者等于 $\boldsymbol{A}(\lambda)$ 的 $k$ 阶子式, 或者与 $\boldsymbol{A}(\lambda)$ 的某个 $k$ 阶子式反号. 因此 $f(\lambda)$ 是 $\boldsymbol{B}(\lambda)$ 的 $k$ 阶子式的公因式, 从而 $f(\lambda)|g(\lambda)$.

第 2 步. $\boldsymbol{A}(\lambda)$ 经过第二类初等变换化为 $\boldsymbol{B}(\lambda)$, 此时 $\boldsymbol{B}(\lambda)$ 的每个 $k$ 阶子式要么等于 $\boldsymbol{A}(\lambda)$ 的 $k$ 阶子式, 要么为 $\boldsymbol{A}(\lambda)$ 的某一 $k$ 阶子式的 $c$ 倍, 因此 $f(\lambda)$ 是 $\boldsymbol{B}(\lambda)$ 的 $k$ 阶子式的公因式, 即 $f(\lambda)|g(\lambda)$.

第 3 步. $\boldsymbol{A}(\lambda)$ 经过第三类初等变换化为 $\boldsymbol{B}(\lambda)$, 此时 $\boldsymbol{B}(\lambda)$ 中那些包含 $i$ 行与 $j$ 行的 $k$ 阶子式和那些不包含 $i$ 行的 $k$ 阶子式都等于 $\boldsymbol{A}(\lambda)$ 中对应的 $k$ 阶子式; $\boldsymbol{B}(\lambda)$ 中那些包含 $i$ 行但不包含 $j$ 行的 $k$ 阶子式, 按 $i$ 行分成两个部分: 等于 $\boldsymbol{A}(\lambda)$

的一个 $k$ 阶子式与另一个 $k$ 阶子式的 $\pm\phi(\lambda)$ 倍的和, 也就是 $\boldsymbol{A}(\lambda)$ 的两个 $k$ 阶子式的组合, 因此 $f(\lambda)|g(\lambda)$.

对于列变换, 同理可证. 由于初等变换是可逆变换, 即 $\boldsymbol{B}(\lambda)$ 通过逆变换得到 $\boldsymbol{A}(\lambda)$, 由此得到 $g(\lambda)|f(\lambda)$.

综上, $f(\lambda)=g(\lambda)$.

当 $\boldsymbol{A}(\lambda)$ 的全部 $k$ 阶子式为 0 时, $\boldsymbol{B}(\lambda)$ 的全部 $k$ 阶子式也全部为 0. 反之亦然. 因此结论得证.

下面来计算标准形矩阵的行列式因子. 设标准形为 $\boldsymbol{\Lambda}(\lambda)$(9.1 节定理 2), 不难证明, 在这种形式的矩阵中, 如果一个 $k$ 阶子式包含的行与列标号不完全相同, 那么该子式一定为 0(为什么?). 因此, 为计算 $k$ 阶行列式因子, 只要看行、列标号完全一致的 $k$ 阶子式即可 (不妨设 $1\leqslant i_1<i_2<\cdots<i_k\leqslant r$), 这个 $k$ 阶子式等于

$$d_{i_1}(\lambda)d_{i_2}(\lambda)\cdots d_{i_k}(\lambda).$$

显然, 该 $k$ 阶子式的最大公因式就是 $d_1(\lambda)d_2(\lambda)\cdots d_k(\lambda)$. 由此即得

$$D_1(\lambda)=d_1(\lambda),D_2(\lambda)=d_1(\lambda)d_2(\lambda),\cdots,D_r(\lambda)=d_1(\lambda)d_2(\lambda)\cdots d_r(\lambda).$$

**定理 4**　*$\lambda$ 矩阵 $\boldsymbol{A}(\lambda)$ 的标准形 $\boldsymbol{\Lambda}(\lambda)$ 是唯一的.*

**证明**　由于 $\boldsymbol{A}(\lambda)$ 与标准形 $\boldsymbol{\Lambda}(\lambda)$ 等价, 它们有相同的秩和相同的行列式因子. 因此 $r(\boldsymbol{A})$ 即为 $\boldsymbol{\Lambda}(\lambda)$ 主对角线上非零元素的个数 $r$. 而 $\boldsymbol{A}(\lambda)$ 的 $k$ 阶行列式因子为

$$D_k(\lambda)=d_1(\lambda)d_2(\lambda)\cdots d_k(\lambda)\quad(k=1,2,\cdots,r),$$

于是

$$d_1(\lambda)=D_1(\lambda),d_2(\lambda)=\frac{D_2(\lambda)}{D_1(\lambda)},\cdots,d_r(\lambda)=\frac{D_r(\lambda)}{D_{r-1}(\lambda)}.$$

这说明 $\boldsymbol{A}(\lambda)$ 的标准形的主对角线上的非零元素被 $\boldsymbol{A}(\lambda)$ 的行列式因子唯一确定. 所以其标准形是唯一的.

定理 4 的证明过程明确了行列式因子和不变因子之间的关系：二者相互确定, 同时行列式因子满足

$$D_k(\lambda)|D_{k+1}(\lambda)\quad(k=1,2,\cdots,r-1).$$

**定理 5**　*两个 $\lambda$ 矩阵等价的充分必要条件是它们具有相同的行列式因子, 或者相同的不变因子.*

**证明**　必要性已由定理 3 证明. 充分性显然. 事实上, 若 $\boldsymbol{A}(\lambda)$ 与 $\boldsymbol{B}(\lambda)$ 有相同的不变因子, 则 $\boldsymbol{A}(\lambda)$ 与 $\boldsymbol{B}(\lambda)$ 和同一个标准形等价, 因而 $\boldsymbol{A}(\lambda)$ 与 $\boldsymbol{B}(\lambda)$ 等价.

在具体计算 $\boldsymbol{A}(\lambda)$ 的行列式因子时, 往往先计算高一阶的行列式因子. 如果 $D_k(\lambda)=1$, 那么

$$D_1(\lambda)=D_2(\lambda)=\cdots=D_{k-1}(\lambda)=1.$$

例如, 设 $\boldsymbol{A}(\lambda)$ 可逆, 即 $|\boldsymbol{A}(\lambda)| = d \neq 0$, 则 $D_n(\lambda) = 1$. 故

$$D_1(\lambda) = D_2(\lambda) = \cdots = D_{n-1}(\lambda) = D_n(\lambda) = 1.$$

于是, 即可得到 $d_k(\lambda) = 1\ (k = 1, 2, \cdots, n)$. 从而可逆 $\lambda$ 矩阵的标准形为单位矩阵 $\boldsymbol{E}$. 反之, 与单位矩阵等价的 $\lambda$ 矩阵一定可逆. 这样, 结合推论 1, 我们有以下定理.

**定理 6** 矩阵 $\boldsymbol{A}(\lambda)$ 可逆的充分必要条件是它可以表示为一些初等矩阵的乘积.

**例 4** 求 $\boldsymbol{A}(\lambda)$ 的行列式因子和不变因子, 其中

$$\boldsymbol{A}(\lambda) = \begin{pmatrix} 2\lambda & 1 & 0 \\ 0 & -\lambda(\lambda+2) & -3 \\ 0 & 0 & \lambda^2-1 \end{pmatrix}.$$

**解** 由于 $|\boldsymbol{A}(\lambda)| = -2\lambda^2(\lambda+2)(\lambda^2-1)$. 所以

$$D_3(\lambda) = \lambda^2(\lambda+2)(\lambda^2-1).$$

$\boldsymbol{A}(\lambda)$ 有一个 2 阶子式 $\begin{vmatrix} 1 & 0 \\ -\lambda(\lambda+2) & -3 \end{vmatrix} = -3$, 因此 $D_2(\lambda) = 1$. 自然 $D_1(\lambda) = 1$. 故不变因子为

$$d_1(\lambda) = d_2(\lambda) = 1, \quad d_3(\lambda) = \lambda^2(\lambda+2)(\lambda^2-1).$$

**例 5** 求 $\lambda$ 矩阵 $\boldsymbol{B}(\lambda) = \begin{pmatrix} 0 & 0 & 1 & \lambda+2 \\ 0 & 1 & \lambda+2 & 0 \\ 1 & \lambda+2 & 0 & 0 \\ \lambda+2 & 0 & 0 & 0 \end{pmatrix}$ 的标准形.

**解** 由于 $|\boldsymbol{B}(\lambda)| = (\lambda+2)^4$, 其中一个 3 阶子式

$$\begin{vmatrix} 0 & 0 & 1 \\ 0 & 1 & \lambda+2 \\ 1 & \lambda+2 & 0 \end{vmatrix} = -1,$$

因此, 行列式因子为

$$D_1(\lambda) = D_2(\lambda) = D_3(\lambda) = 1, \quad D_4(\lambda) = (\lambda+2)^4,$$

不变因子为

$$d_1(\lambda) = d_2(\lambda) = d_3(\lambda) = 1, \quad d_4(\lambda) = D_4(\lambda).$$

于是矩阵 $\boldsymbol{B}(\lambda)$ 的标准形为 $\mathrm{diag}(1, 1, 1, (\lambda+2)^4)$.

## 习　题　9.2

1. 求下列 $\lambda$ 矩阵行列式因子.

(1) $\begin{pmatrix} 2\lambda & 1 & 0 \\ 0 & -\lambda(\lambda+2) & -3 \\ 0 & 0 & \lambda^2-1 \end{pmatrix}$;　　(2) $\begin{pmatrix} \lambda & 0 & 0 & 5 \\ -1 & \lambda & 0 & 4 \\ 0 & -1 & \lambda & 3 \\ 0 & 0 & -1 & \lambda+2 \end{pmatrix}$;

(3) $\begin{pmatrix} \lambda+1 & 2 & 1 & 0 \\ -2 & \lambda+1 & 0 & 1 \\ 0 & 0 & \lambda+1 & 2 \\ 0 & 0 & -2 & \lambda+1 \end{pmatrix}$;　　(4) $\begin{pmatrix} \lambda-2 & -2 & -1 & 0 \\ 1 & \lambda-2 & -2 & 0 \\ -1 & 1 & \lambda+1 & 0 \\ 1 & 1 & -2 & \lambda-3 \end{pmatrix}$.

2. 化下列矩阵为标准形.

(1) $\begin{pmatrix} 2\lambda & 1 & 0 \\ 0 & -\lambda(\lambda+2) & -3 \\ 0 & 0 & \lambda^2-1 \end{pmatrix}$;　　(2) $\begin{pmatrix} \lambda^3+\lambda-1 & -\lambda^2 & 1+\lambda^2 \\ \lambda^2 & -\lambda & \lambda \\ 2\lambda-1 & \lambda & 1-\lambda \end{pmatrix}$;

(3) $\begin{pmatrix} 0 & \lambda(\lambda-1) & 0 \\ \lambda & 0 & \lambda+1 \\ 0 & 0 & -\lambda-2 \end{pmatrix}$.

3. 求 $n$ 阶矩阵 $\begin{pmatrix} a & 1 & 1 & \cdots & 1 \\ & a & 1 & \cdots & 1 \\ & & \ddots & \ddots & \vdots \\ & & & a & 1 \\ & & & & a \end{pmatrix}$ 的行列式因子与不变因子.

4. 设 $\boldsymbol{A}$ 是 $n$ 阶矩阵, 证明存在常数 $k$, 使得 $\boldsymbol{A}=k\boldsymbol{E}$ 的充分必要条件是 $\boldsymbol{A}$ 的 $n-1$ 阶行列式因子是一个 $n-1$ 次多项式.

5. 证明 $\boldsymbol{A}(\lambda)=\begin{pmatrix} \lambda & 0 & 0 & \cdots & 0 & a_n \\ -1 & \lambda & 0 & \cdots & 0 & a_{n-1} \\ 0 & -1 & \lambda & \cdots & 0 & a_{n-2} \\ \vdots & \vdots & \vdots & & \vdots & \vdots \\ 0 & 0 & 0 & \cdots & \lambda & a_2 \\ 0 & 0 & 0 & \cdots & -1 & \lambda+a_1 \end{pmatrix}$ 的不变因子为

$$\underbrace{1,1,\cdots,1}_{n-1\text{个}},f(\lambda),\quad f(\lambda)=\lambda^n+a_1\lambda^{n-1}+\cdots+a_{n-1}\lambda+a_n.$$

6. 设 $D_k(\lambda)$ 是矩阵 $\boldsymbol{A}(\lambda)$ 的 $k$ 阶行列式因子, 证明 $D_k^2(\lambda)|D_{k+1}(\lambda)D_{k-1}(\lambda)$.

## 9.3　矩阵相似的条件

本节要证明的主要结论是, 两个矩阵 $\boldsymbol{A},\boldsymbol{B}$ 相似的充分必要条件是 $\lambda\boldsymbol{E}-\boldsymbol{A}$ 与 $\lambda\boldsymbol{E}-\boldsymbol{B}$ 等价.

**引理 2**　如果存在数字矩阵 $\boldsymbol{P}_0,\boldsymbol{Q}_0$, 使 $\lambda\boldsymbol{E}-\boldsymbol{A}=\boldsymbol{P}_0(\lambda\boldsymbol{E}-\boldsymbol{B})\boldsymbol{Q}_0$, 则 $\boldsymbol{A}$ 与 $\boldsymbol{B}$ 相似.

**证明**　比较 $\lambda\boldsymbol{E}-\boldsymbol{A}=\boldsymbol{P}_0(\lambda\boldsymbol{E}-\boldsymbol{B})\boldsymbol{Q}_0$, 得

$$\boldsymbol{P}_0\boldsymbol{Q}_0=\boldsymbol{E},\quad \boldsymbol{P}_0\boldsymbol{B}\boldsymbol{Q}_0=\boldsymbol{A},$$

由此 $\boldsymbol{Q}_0=\boldsymbol{P}_0^{-1}$, 而 $\boldsymbol{A}=\boldsymbol{P}_0\boldsymbol{B}\boldsymbol{P}_0^{-1}$, 因此 $\boldsymbol{A}$ 与 $\boldsymbol{B}$ 相似.

设 $\boldsymbol{M}(\lambda)$ 是一 $n$ 阶矩阵, 则 $\boldsymbol{M}(\lambda)$ 可化为如下形状:

$$\boldsymbol{M}(\lambda)=\boldsymbol{M}_m\lambda^m+\boldsymbol{M}_{m-1}\lambda^{m-1}+\cdots+\boldsymbol{M}_0,$$

这里 $\boldsymbol{M}_j\ (j=0,1,\cdots,m)$ 是数字矩阵. 例如,

$$\begin{pmatrix}\lambda^2-1 & \lambda-2\\ 1 & \lambda^3+2\lambda^2\end{pmatrix}=\begin{pmatrix}0&0\\0&1\end{pmatrix}\lambda^3+\begin{pmatrix}1&0\\0&2\end{pmatrix}\lambda^2+\begin{pmatrix}0&1\\0&0\end{pmatrix}\lambda+\begin{pmatrix}-1&-2\\1&0\end{pmatrix}.$$

**引理 3**　对于任何不为 0 的数字矩阵 $\boldsymbol{A}$ 和 $\lambda$ 矩阵 $\boldsymbol{U}(\lambda),\boldsymbol{V}(\lambda)$, 一定存在矩阵 $\boldsymbol{Q}(\lambda),\boldsymbol{R}(\lambda)$, 数字矩阵 $\boldsymbol{U}_0,\boldsymbol{V}_0$, 使得

$$\boldsymbol{U}(\lambda)=(\lambda\boldsymbol{E}-\boldsymbol{A})\boldsymbol{Q}(\lambda)+\boldsymbol{U}_0,\quad \boldsymbol{V}(\lambda)=\boldsymbol{R}(\lambda)(\lambda\boldsymbol{E}-\boldsymbol{A})+\boldsymbol{V}_0.$$

引理 3 称为 $\lambda$ 矩阵的带余除法, 其结论是显然的. 因为 $\lambda$ 矩阵的每个元素 $a_{ij}(\lambda)$ 都是 $\lambda$ 的多项式, 所以存在唯一的多项式 $q_{ij}(\lambda)$ 和常数 $r_{ij}(=a_{ij}(a))$, 使得

$$a_{ij}(\lambda)=(\lambda-a)q_{ij}(\lambda)+r_{ij}.$$

将其整合即得其结论.

**证明**　改写 $\boldsymbol{U}(\lambda)$ 为

$$\boldsymbol{U}(\lambda)=\boldsymbol{D}_0\lambda^m+\boldsymbol{D}_1\lambda^{m-1}+\cdots+\boldsymbol{D}_{m-1}\lambda+\boldsymbol{D}_m,\quad \boldsymbol{D}_0\neq\boldsymbol{O},$$

其中 $\boldsymbol{D}_j$ 为数字矩阵. 如 $m=0$, 则令 $\boldsymbol{Q}(\lambda)=\boldsymbol{O},\boldsymbol{U}_0=\boldsymbol{D}$. 设 $m>0$, 令

$$\boldsymbol{Q}(\lambda)=\boldsymbol{Q}_0\lambda^{m-1}+\boldsymbol{Q}_1\lambda^{m-2}+\cdots+\boldsymbol{Q}_{m-1},$$

这里 $\boldsymbol{Q}_j$ 待定. 代入 $(\lambda\boldsymbol{E}-\boldsymbol{A})\boldsymbol{Q}(\lambda)$, 发现只需取

$$\boldsymbol{Q}_0=\boldsymbol{D}_0,\ \boldsymbol{Q}_1=\boldsymbol{D}_1+\boldsymbol{A}\boldsymbol{Q}_0,\cdots,\boldsymbol{Q}_{m-1}=\boldsymbol{D}_{m-1}+\boldsymbol{A}\boldsymbol{Q}_{m-2},\boldsymbol{U}_0=\boldsymbol{D}_m+\boldsymbol{A}\boldsymbol{Q}_{m-1}$$

即可. 利用完全相同的方法求得 $\boldsymbol{R}(\lambda)$ 和 $\boldsymbol{V}_0$.

**定理 7** $n$ 阶矩阵 $\boldsymbol{A},\boldsymbol{B}$ 相似的充分必要条件是特征矩阵 $\lambda\boldsymbol{E}-\boldsymbol{A}$ 与 $\lambda\boldsymbol{E}-\boldsymbol{B}$ 等价.

**证明** 由定理 6 知道, $\lambda\boldsymbol{E}-\boldsymbol{A}$ 与 $\lambda\boldsymbol{E}-\boldsymbol{B}$ 等价即有可逆的 $\boldsymbol{U}(\lambda),\boldsymbol{V}(\lambda)$, 使

$$\lambda\boldsymbol{E}-\boldsymbol{A}=\boldsymbol{U}(\lambda)(\lambda\boldsymbol{E}-\boldsymbol{B})\boldsymbol{V}(\lambda). \tag{1}$$

先证必要性. 设 $\boldsymbol{A}$ 与 $\boldsymbol{B}$ 相似, 则有可逆矩阵 $\boldsymbol{T}$, 使 $\boldsymbol{A}=\boldsymbol{T}^{-1}\boldsymbol{B}\boldsymbol{T}$. 于是

$$\lambda\boldsymbol{E}-\boldsymbol{A}=\lambda\boldsymbol{E}-\boldsymbol{T}^{-1}\boldsymbol{B}\boldsymbol{T}=\boldsymbol{T}^{-1}(\lambda\boldsymbol{E}-\boldsymbol{B})\boldsymbol{T}.$$

从而特征矩阵等价.

再证充分性. 将 (1) 式改写为

$$\boldsymbol{U}^{-1}(\lambda)(\lambda\boldsymbol{E}-\boldsymbol{A})=(\lambda\boldsymbol{E}-\boldsymbol{B})\boldsymbol{V}(\lambda).$$

设 $\boldsymbol{A}$ 与 $\boldsymbol{B}$ 的特征矩阵等价, 由于引理 3 成立, 将上式中 $\boldsymbol{V}(\lambda)$ 以引理 3 中式子代入, 并移项整理, 得

$$\boldsymbol{T}(\lambda\boldsymbol{E}-\boldsymbol{A})=(\lambda\boldsymbol{E}-\boldsymbol{B})\boldsymbol{V}_0,\quad \boldsymbol{T}=\boldsymbol{U}^{-1}(\lambda)-(\lambda\boldsymbol{E}-\boldsymbol{B})\boldsymbol{R}(\lambda).$$

上式第一式右端矩阵多项式的次数要么为 1, 而 $\boldsymbol{V}_0=\boldsymbol{O}$. 下证 $\boldsymbol{T}$ 可逆. 由于

$$\boldsymbol{E}=\boldsymbol{U}(\lambda)\boldsymbol{T}+\boldsymbol{U}(\lambda)(\lambda\boldsymbol{E}-\boldsymbol{B})\boldsymbol{R}(\lambda)=\boldsymbol{U}_0\boldsymbol{T}+(\lambda\boldsymbol{E}-\boldsymbol{A})(\boldsymbol{Q}(\lambda)\boldsymbol{T}+\boldsymbol{V}^{-1}(\lambda)\boldsymbol{R}(\lambda)).$$

上式右端第二项必须为 0, 否则其次数至少是 1, 由于 $\boldsymbol{E}$ 和 $\boldsymbol{U}_0\boldsymbol{T}$ 都是数字矩阵, 等式不可能成立. 因此 $\boldsymbol{E}=\boldsymbol{U}_0\boldsymbol{T}$, 即 $\boldsymbol{T}$ 可逆. 从而 $\lambda\boldsymbol{E}-\boldsymbol{A}=\boldsymbol{T}^{-1}(\lambda\boldsymbol{E}-\boldsymbol{B})\boldsymbol{T}$. 这样, 由引理 1, 结论获证.

矩阵 $\boldsymbol{A}$ 的特征矩阵 $\lambda\boldsymbol{E}-\boldsymbol{A}$ 的不变因子和行列式因子可分别简称为矩阵 $\boldsymbol{A}$ 的不变因子和行列式因子. 于是, 根据定理 5 和定理 7, 有以下结论.

**推论 3** 矩阵 $\boldsymbol{A},\boldsymbol{B}$ 相似的充分必要条件是它们有相同的不变因子或行列式因子.

$n$ 阶矩阵的特征矩阵的秩一定是 $n$, 因此其不变因子总有 $n$ 个, 且它们的乘积就等于该矩阵的特征多项式.

以上结果说明, 不变因子和行列式因子是相似不变量, 因此我们可以把线性变换矩阵的不变因子或行列式因子定义为此线性变换的不变因子或行列式因子.

**例 6** 矩阵 $\boldsymbol{A}=\begin{pmatrix}-2 & 1\\ 0 & 3\end{pmatrix}$ 与 $\boldsymbol{B}=\begin{pmatrix}-10 & -4\\ 26 & 11\end{pmatrix}$ 相似吗?

**解** 容易计算 $\lambda\boldsymbol{E}-\boldsymbol{A}$ 与 $\lambda\boldsymbol{E}-\boldsymbol{B}$ 的不变因子都是

$$d_1(\lambda)=1,\quad d_2(\lambda)=\lambda^2-\lambda-6,$$

因此矩阵 $\boldsymbol{A}$ 与 $\boldsymbol{B}$ 相似.

**例 7** 当 $a,b,c$ 为何值时, 矩阵 $\boldsymbol{A}$ 与 $\boldsymbol{B}$ 相似?

$$\boldsymbol{A}=\begin{pmatrix}4&5&-2\\-2&a&1\\b&-1&1\end{pmatrix},\quad \boldsymbol{B}=\begin{pmatrix}2&1&-1\\-1&1&c\\1&1&0\end{pmatrix}.$$

**解** 因 $\boldsymbol{A}$ 与 $\boldsymbol{B}$ 相似, 故 $|\lambda\boldsymbol{E}-\boldsymbol{A}|=|\lambda\boldsymbol{E}-\boldsymbol{B}|$, 从而

$$\lambda^3-(5+a)\lambda^2+(5a+2b+15)\lambda-(2a+5)(b+2)=\lambda^3-3\lambda^2+(4-c)\lambda-(2-c).$$

比较两端系数, 得 $a=-2,b=-1,c=1$(注意利用 $|\boldsymbol{A}|=|\boldsymbol{B}|,\mathrm{tr}(\boldsymbol{A})=\mathrm{tr}(\boldsymbol{B})$ 计算同样可得到 $a,b,c$). 求出 $\lambda\boldsymbol{E}-\boldsymbol{A},\lambda\boldsymbol{E}-\boldsymbol{B}$ 的不变因子都是 $1,\lambda-1,(\lambda-1)^2$. 因此, 当 $a=-2,b=-1,c=1$ 时, $\boldsymbol{A}$ 与 $\boldsymbol{B}$ 相似.

### 习 题 9.3

1. 判断矩阵 $\boldsymbol{A},\boldsymbol{B},\boldsymbol{C}$ 是否相似?

$$\boldsymbol{A}=\begin{pmatrix}-1&1&0\\-4&3&0\\1&0&2\end{pmatrix},\quad \boldsymbol{B}=\begin{pmatrix}3&0&8\\3&-1&6\\-2&0&-5\end{pmatrix},\quad \boldsymbol{C}=\begin{pmatrix}2&0&0\\0&1&1\\1&0&1\end{pmatrix}.$$

2. 设 $a,b,c$ 为实数, $\boldsymbol{A}=\begin{pmatrix}b&c&a\\c&a&b\\a&b&c\end{pmatrix},\boldsymbol{B}=\begin{pmatrix}c&a&b\\a&b&c\\b&c&a\end{pmatrix},\boldsymbol{C}=\begin{pmatrix}a&b&c\\b&c&a\\c&a&b\end{pmatrix}$.

(1) 证明 $\boldsymbol{A},\boldsymbol{B},\boldsymbol{C}$ 彼此相似;

(2) 如果 $\boldsymbol{BC}=\boldsymbol{CB}$, 证明 $\boldsymbol{A}$ 至少有两个特征值为 0.

3. 设 $n$ 阶矩阵 $\boldsymbol{A}$ 的特征多项式 $f(\lambda)=(\lambda-1)^n$, 证明 $\boldsymbol{A}$ 与伴随矩阵 $\boldsymbol{A}^*$ 相似.

4. 设 $\boldsymbol{A}$ 是数域 $P$ 上一个 $n$ 阶矩阵, 证明 $\boldsymbol{A}$ 与 $\boldsymbol{A}^{\mathrm{T}}$ 相似.

## 9.4 初等因子与 Jordan 标准形

无论是不变因子, 还是行列式因子, 只是解决了两个矩阵相似问题, 但对于 $n$ 阶矩阵 $\boldsymbol{A}$ 相似于怎样的 Jordan 矩阵? 这一问题并没有解决. 为此, 这一节提出初

等因子的概念, 由此指出初等因子与 Jordan 块 (Jordan 标准形) 之间的关系. 本节要注意理清三个问题, 一是什么是初等因子? 如何求初等因子? 二是初等因子与不变因子和行列式因子有怎样的关系? 三是初等因子与 Jordan 块的对应关系如何?

### 9.4.1　初等因子

设 $d_1(\lambda), d_2(\lambda), \cdots, d_k(\lambda)$ 是数域 $P$ 上数字矩阵 $\boldsymbol{A}$ 的次数不小于 1 的不变因子, 在数域 $P$ 上将 $d_i(\lambda)$ 分解为不可约因式乘积:

$$\begin{aligned} d_1(\lambda) &= p_1^{r_{11}}(\lambda)p_2^{r_{12}}(\lambda)\cdots p_t^{r_{1t}}(\lambda), \\ d_2(\lambda) &= p_1^{r_{21}}(\lambda)p_2^{r_{22}}(\lambda)\cdots p_t^{r_{2t}}(\lambda), \\ &\cdots\cdots \\ d_k(\lambda) &= p_1^{r_{k1}}(\lambda)p_2^{r_{k2}}(\lambda)\cdots p_t^{r_{kt}}(\lambda), \end{aligned} \tag{2}$$

其中整数 $r_{ij} \geqslant 0$. 由于 $d_i(\lambda)|d_{i+1}(\lambda)$, 因此,

$$r_{1j} \leqslant r_{2j} \leqslant \cdots \leqslant r_{kj} \quad (j = 1, 2, \cdots, t).$$

**定义 5**　若 (2) 式中 $r_{ij} > 0$, 则称不可约多项式 $p_j^{r_{ij}}(\lambda)$ 是 $n$ 阶矩阵 $\boldsymbol{A}$ 的一个**初等因子**. $\boldsymbol{A}$ 的全体初等因子称为 $\boldsymbol{A}$ 的**初等因子组**.

由因式分解的唯一性可知, 矩阵 $\boldsymbol{A}$ 的初等因子被 $\boldsymbol{A}$ 的不变因子唯一确定. 反过来, 如果给定一组初等因子 $p_j^{r_{ij}}(\lambda)$, 适当增加一些元素 1(此时 $r_{ij} = 0$), 则可得这组初等因子按降幂排列如下:

$$\begin{aligned} &p_1^{r_{k1}}(\lambda),\ p_1^{r_{k-1,1}}(\lambda),\ \cdots, p_1^{r_{11}}(\lambda) \quad (r_{k1} \geqslant r_{k-1,1} \geqslant \cdots \geqslant r_{11}), \\ &p_2^{r_{k2}}(\lambda),\ p_2^{r_{k-1,2}}(\lambda),\ \cdots, p_2^{r_{12}}(\lambda) \quad (r_{k2} \geqslant r_{k-1,2} \geqslant \cdots \geqslant r_{12}), \\ &\cdots\cdots \\ &p_t^{r_{kt}}(\lambda),\ p_t^{r_{k-1,t}}(\lambda),\ \cdots, p_t^{r_{1t}}(\lambda) \quad (r_{kt} \geqslant r_{k-1,t} \geqslant \cdots \geqslant r_{1t}). \end{aligned}$$

令

$$\begin{aligned} d_k(\lambda) &= p_1^{r_{k1}}(\lambda)p_2^{r_{k2}}(\lambda)\cdots p_t^{r_{kt}}(\lambda), \\ d_{k-1}(\lambda) &= p_1^{r_{k-1,1}}(\lambda)p_2^{r_{k-1,2}}(\lambda)\cdots p_t^{r_{k-1,t}}(\lambda), \\ &\cdots\cdots \\ d_1(\lambda) &= p_1^{r_{11}}(\lambda)p_2^{r_{12}}(\lambda)\cdots p_t^{r_{1t}}(\lambda). \end{aligned}$$

则 $d_i(\lambda)|d_{i+1}(\lambda)$ $(i = 1, 2, \cdots, k-1)$, 且 $d_1(\lambda), d_2(\lambda), \cdots, d_k(\lambda)$ 为 $\boldsymbol{A}$ 的不变因子. 因此, 给定 $\boldsymbol{A}$ 的初等因子, 我们可唯一确定 $\boldsymbol{A}$ 的不变因子. 该事实表明, $\boldsymbol{A}$ 的不变因子与初等因子在讨论矩阵相似关系中的地位是相同的. 同时, 以上分析也揭示了不变因子和初等因子相互确定的基本方法.

**定理 8** 数域 $P$ 上矩阵 $\boldsymbol{A},\boldsymbol{B}$ 相似的充分必要条件是它们有相同的初等因子, 即矩阵的初等因子是矩阵相似关系的不变量.

由于在复数域 $\mathbf{C}$ 上, 多项式的不可约多项式只有一次的, 因此复数域上矩阵 $\boldsymbol{A}$ 的初等因子为一次因式的方幂 $(\lambda-\lambda_i)^{r_i}$ $(r_i \geqslant 1)$.

**例 8** 设 12 阶矩阵 $\boldsymbol{A}$ 的不变因子是

$$\underbrace{1,1,\cdots,1}_{9},\quad (\lambda-1)^2,\quad (\lambda-1)^2(\lambda+1),\quad (\lambda-1)^2(\lambda+1)(\lambda^2+1)^2.$$

依定义, 在复数域上, 它的初等因子有 7 个, 即

$$(\lambda-1)^2,\quad (\lambda-1)^2,\quad (\lambda-1)^2,\quad \lambda+1,\quad \lambda+1,\quad (\lambda-\mathrm{i})^2,\quad (\lambda+\mathrm{i})^2.$$

**例 9** 设 9 阶矩阵 $\boldsymbol{A}$ 的不变因子为

$$\underbrace{1,1,\cdots,1}_{7},\quad (\lambda-1)(\lambda^2+1),\quad (\lambda-1)^2(\lambda^2+1)(\lambda^2-2),$$

分别在有理数域、实数域和复数域上求 $\boldsymbol{A}$ 的初等因子.

**解** 在有理数域上, $\boldsymbol{A}$ 的初等因子为

$$\lambda-1,\quad (\lambda-1)^2,\quad \lambda^2+1,\quad \lambda^2+1,\quad \lambda^2-2.$$

在实数域上, $\boldsymbol{A}$ 的初等因子为

$$\lambda-1,\quad (\lambda-1)^2,\quad \lambda^2+1,\quad \lambda^2+1,\quad \lambda+\sqrt{2},\quad \lambda-\sqrt{2}.$$

在复数域上, $\boldsymbol{A}$ 的初等因子为

$$\lambda-1,\quad (\lambda-1)^2,\quad \lambda+\mathrm{i},\quad \lambda+\mathrm{i},\quad \lambda-\mathrm{i},\quad \lambda-\mathrm{i},\quad \lambda+\sqrt{2},\quad \lambda-\sqrt{2}.$$

**例 10** 设 $\boldsymbol{A}$ 是一个 10 阶矩阵, 它的初等因子为

$$\lambda-1,\quad \lambda-1,\quad (\lambda-1)^2,\quad (\lambda+1)^2,\quad (\lambda+1)^3,\quad \lambda-2,$$

求 $\boldsymbol{A}$ 的不变因子.

**解** 将上述多项式分类, 按降幂排列:

$$\begin{aligned}&(\lambda-1)^2,\quad \lambda-1,\quad \lambda-1;\\&(\lambda+1)^3,\quad (\lambda+1)^2;\\&\lambda-2.\end{aligned}$$

于是,

$$d_3(\lambda)=(\lambda-1)^2(\lambda+1)^3(\lambda-2),\quad d_2(\lambda)=(\lambda-1)(\lambda+1)^2,\quad d_1(\lambda)=\lambda-1.$$

从而 $\boldsymbol{A}$ 的不变因子组为

$$\underbrace{1,\cdots,1}_{7个},d_1(\lambda),d_2(\lambda),d_3(\lambda).$$

如果多项式 $f_1(x),f_2(x)$ 都与 $g_1(x),g_2(x)$ 互素, 则 (自行证明)

$$(f_1(x)g_1(x),f_2(x)g_2(x))=(f_1(x),f_2(x))(g_1(x),g_2(x)).$$

**引理 4**　设

$$\boldsymbol{A}(\lambda)=\begin{pmatrix} f_1(\lambda)g_1(\lambda) & 0 \\ 0 & f_2(\lambda)g_2(\lambda)\end{pmatrix},\quad \boldsymbol{B}(\lambda)=\begin{pmatrix} f_2(\lambda)g_1(\lambda) & 0 \\ 0 & f_1(\lambda)g_2(\lambda)\end{pmatrix},$$

如果多项式 $f_1(\lambda),f_2(\lambda)$ 都与 $g_1(\lambda),g_2(\lambda)$ 互素, 则 $\boldsymbol{A}(\lambda),\boldsymbol{B}(\lambda)$ 等价.

**证明**　显然, $\boldsymbol{A}(\lambda),\boldsymbol{B}(\lambda)$具有相同的二阶行列式因子, 其一阶行列式因子分别为

$$d(\lambda)=(f_1(\lambda)g_1(\lambda),f_2(\lambda)g_2(\lambda)),\quad d'(\lambda)=(f_2(\lambda)g_1(\lambda),f_1(\lambda)g_2(\lambda)).$$

由以上讨论知道, $d(\lambda)$ 与 $d'(\lambda)$ 是相等的, 因而 $\boldsymbol{A}(\lambda)$ 和 $\boldsymbol{B}(\lambda)$ 也有相同的一阶行列式因子. 所以 $\boldsymbol{A}(\lambda)$ 与 $\boldsymbol{B}(\lambda)$ 等价.

下面定理给出一个计算初等因子的方法, 它不必事先知道不变因子.

**定理 9**　设 $\lambda\boldsymbol{E}-\boldsymbol{A}$ 经初等变换化为对角矩阵

$$\boldsymbol{D}(\lambda)=\mathrm{diag}(h_1(\lambda),h_2(\lambda),\cdots,h_n(\lambda)),$$

其中 $h_j(\lambda)$ 的最高项系数为 1. 将主对角线上元素 $h_j(\lambda)$ 分解为互不相同的一次因式方幂的乘积, 则所有这些一次因式的方幂 (相同的按出现的次数计算) 就是 $\boldsymbol{A}$ 的全部初等因子.

**证明**　设 $h_i(\lambda)=(\lambda-\lambda_1)^{k_{i1}}(\lambda-\lambda_2)^{k_{i2}}\cdots(\lambda-\lambda_r)^{k_{ir}}$ $(i=1,2,\cdots,n)$. 下面证明对每个相同的一次因式方幂 $(\lambda-\lambda_j)^{k_{1j}},(\lambda-\lambda_j)^{k_{2j}},\cdots,(\lambda-\lambda_j)^{k_{nj}}$ $(j=1,2,\cdots,r)$ 在 $\boldsymbol{D}(\lambda)$ 的主对角线上按递增幂次排列后得到的新对角矩阵 $\boldsymbol{D}'(\lambda)$ 与 $\boldsymbol{D}(\lambda)$ 等价, 此时 $\boldsymbol{D}'(\lambda)$ 即 $\lambda\boldsymbol{E}-\boldsymbol{A}$ 的标准形, 且所有不为 1 的 $(\lambda-\lambda_j)^{k_{ij}}$ 就是 $\boldsymbol{A}$ 的全部初等因子.

为方便起见, 先对 $(\lambda-\lambda_1)$ 的方幂进行讨论. 令

$$g_i(\lambda)=(\lambda-\lambda_2)^{k_{i2}}(\lambda-\lambda_3)^{k_{i3}}\cdots(\lambda-\lambda_r)^{k_{ir}}\quad(i=1,2,\cdots,n),$$

于是 $h_i(\lambda)=(\lambda-\lambda_1)^{k_{i1}}g_i(\lambda)$ $(i=1,2,\cdots,n)$, 且每个 $(\lambda-\lambda_1)^{k_{i1}}$ 都与 $g_j(\lambda)$ $(j=1,2,\cdots,n)$ 互素. 如果有相邻的一对指数 $k_{i1}\geqslant k_{i+1,1}$, 则在 $\boldsymbol{D}(\lambda)$ 中将 $(\lambda-\lambda_1)^{k_{i1}}$

与 $(\lambda-\lambda_1)^{k_{i+1,1}}$ 对调位置, 其余因式保持不动. 根据引理, 以下两个矩阵等价:

$$\begin{pmatrix} (\lambda-\lambda_1)^{k_{i1}}g_i(\lambda) & 0 \\ 0 & (\lambda-\lambda_1)^{k_{i+1,1}}g_{i+1}(\lambda) \end{pmatrix},$$

$$\begin{pmatrix} (\lambda-\lambda_1)^{k_{i+1,1}}g_i(\lambda) & 0 \\ 0 & (\lambda-\lambda_1)^{k_{i1}}g_{i+1}(\lambda) \end{pmatrix}.$$

从而 $\boldsymbol{D}(\lambda)$ 与对角矩阵

$$\begin{aligned}\boldsymbol{D}_1(\lambda)=&\operatorname{diag}((\lambda-\lambda_1)^{k_{i1}}g_1(\lambda),\cdots,(\lambda-\lambda_1)^{k_{i+1,1}}g_i(\lambda),\\&(\lambda-\lambda_1)^{k_{i1}}g_{i+1}(\lambda),\cdots,(\lambda-\lambda_1)^{k_{i1}}g_n(\lambda))\end{aligned}$$

等价.

然后, 对 $\boldsymbol{D}_1(\lambda)$ 作如上讨论. 如此继续进行, 直到对角矩阵主对角线上元素所含 $\lambda-\lambda_1$ 的方幂按幂次递增排列为止. 依次对 $\lambda-\lambda_2,\cdots,\lambda-\lambda_r$ 作类似处理, 最后得到 $\boldsymbol{D}(\lambda)$ 的等价矩阵, 其对角线上所含每个相同的一次因式方幂都是按递增幂次排列.

定理 9 告诉我们, 在计算矩阵 $\boldsymbol{A}$ 的初等因子时, 可以不用计算特征矩阵 $\lambda\boldsymbol{E}-\boldsymbol{A}$ 的不变因子或行列式因子, 利用初等变换将特征矩阵 $\lambda\boldsymbol{E}-\boldsymbol{A}$ 化为对角矩阵, 即可直接计算其初等因子. 例如,

$$\lambda\boldsymbol{E}-\boldsymbol{A}\longrightarrow\begin{pmatrix}1 &&&& \\ & (\lambda-1)^2(\lambda+2) &&& \\ && \lambda+2 && \\ &&& 1 & \\ &&&& \lambda-1\end{pmatrix},$$

则矩阵 $\boldsymbol{A}$ 的初等因子为 $\lambda-1,(\lambda-1)^2,\lambda+2,\lambda+2$.

### 9.4.2 初等因子确定 Jordan 标准形

下面讨论初等因子的一个应用, 即利用初等因子计算矩阵 $\boldsymbol{A}$ 的 Jordan 标准形.

首先给出 Jordan 块的初等因子. 不难证明 Jordan 块 $\boldsymbol{J}(\lambda_0,k)$ 的初等因子是 $(\lambda-\lambda_0)^k$. 事实上, 考虑其特征矩阵的行列式 (也就是特征多项式 $f(\lambda)$), 显然 $|\lambda\boldsymbol{E}-\boldsymbol{J}(\lambda_0,k)|=(\lambda-\lambda_0)^k$. 这就是 $\lambda\boldsymbol{E}-\boldsymbol{J}(\lambda_0,k)$ 的 $k$ 阶行列式因子. 由于

$\lambda\boldsymbol{E}-\boldsymbol{J}(\lambda_0,k)$ 有一个 $k-1$ 阶子式

$$\begin{vmatrix} -1 & \lambda-\lambda_0 & \cdots & 0 & 0 \\ 0 & -1 & \cdots & 0 & 0 \\ \vdots & \vdots & & \vdots & \vdots \\ 0 & 0 & \cdots & -1 & \lambda-\lambda_0 \\ 0 & 0 & \cdots & 0 & -1 \end{vmatrix} = (-1)^{k-1} \neq 0,$$

所以它的 $k-1$ 阶行列式因子是 1, 从而它的 $p$ $(p=1,2,\cdots,k-1)$ 阶行列式因子都是 1. 故其不变因子为

$$d_1(\lambda)=\cdots=d_{k-1}(\lambda)=1, \quad d_k(\lambda)=(\lambda-\lambda_0)^k.$$

设 Jordan 矩阵

$$\boldsymbol{J}=\mathrm{diag}(\boldsymbol{J}_1,\boldsymbol{J}_2,\cdots,\boldsymbol{J}_s), \quad J_i=\boldsymbol{J}_i(\lambda_i,k_i).$$

于是矩阵 $\boldsymbol{J}$ 全部初等因子为 $(\lambda-\lambda_1)^{k_1},\cdots,(\lambda-\lambda_s)^{k_s}$. 因此, 我们即有如下结论.

**推论 4**　设矩阵 $\boldsymbol{A}$ 是复数域上的矩阵, 且 $\boldsymbol{A}$ 的初等因子为

$$(\lambda-\lambda_1)^{k_1},\cdots,(\lambda-\lambda_s)^{k_s},$$

则 $\boldsymbol{A}$ 相似于 Jordan 矩阵 $\boldsymbol{J}=\begin{pmatrix} \boldsymbol{J}_1 & & & \\ & \boldsymbol{J}_2 & & \\ & & \ddots & \\ & & & \boldsymbol{J}_s \end{pmatrix}$, 其中 $\boldsymbol{J}_i$ 为 $k_i$ 阶 Jordan 块.

若交换 Jordan 矩阵中任意两个 Jordan 块的位置, 得到的矩阵与原矩阵有相同的初等因子, 也就是它们相似. 因此矩阵 $\boldsymbol{A}$ 的 Jordan 标准形中 Jordan 块排列可以是任意的. 因此若不计 Jordan 块的顺序, 则矩阵 $\boldsymbol{A}$ 的 Jordan 标准形是唯一的.

**定理 10**　复数矩阵 $\boldsymbol{A}$ 都与一个 Jordan 矩阵相似. 这个 Jordan 矩阵除去其中 Jordan 块的排列次序外, 被矩阵 $\boldsymbol{A}$ 唯一决定, 它称为 $\boldsymbol{A}$ 的 Jordan 标准形.

此即第 8 章的推论 2. 因此, 以线性变换的语言表述即为第 8 章的定理 11.

根据以上分析, 我们只要知道矩阵 $\boldsymbol{A}$ 的初等因子, 就容易得到矩阵 $\boldsymbol{A}$ 的 Jordan 标准形, 并且可以得到以下结论.

**定理 11**　复数矩阵 $\boldsymbol{A}$ 与对角矩阵相似的充分必要条件是 $\boldsymbol{A}$ 的初等因子全是一次的.

根据 Jordan 标准形的计算方法, $\boldsymbol{A}$ 的最小多项式就是 $\boldsymbol{A}$ 的最后一个不变因子 $d_n(\lambda)$, 因此有以下结论.

**推论 5** 复数矩阵 $\boldsymbol{A}$ 相似于对角矩阵的充分必要条件为 $\boldsymbol{A}$ 的不变因子没有重根 (重因式).

**例 11** 设 $\boldsymbol{A}$ 的初等因子为 $\lambda-1,(\lambda-1)^3,(\lambda+1)^2,\lambda-2$, 求 $\boldsymbol{A}$ 的 Jordan 矩阵.

**解** $\lambda-1$ 对应 Jordan 块 $\boldsymbol{J}_1=(1)$, $(\lambda-1)^3$ 对应 Jordan 块 $\boldsymbol{J}_2=\begin{pmatrix}1&1&\\&1&1\\&&1\end{pmatrix}$, $(\lambda+1)^2$ 对应 Jordan 块为 $\boldsymbol{J}_3=\begin{pmatrix}-1&1\\&-1\end{pmatrix}$, $\lambda-2$ 对应 Jordan 块 $\boldsymbol{J}_4=(2)$, 因此, $\boldsymbol{A}$ 的 Jordan 矩阵为

$$\boldsymbol{J}=\begin{pmatrix}\boldsymbol{J}_1&&&\\&\boldsymbol{J}_2&&\\&&\boldsymbol{J}_3&\\&&&\boldsymbol{J}_4\end{pmatrix}.$$

虽然解决了复数矩阵 $\boldsymbol{A}$ 与 Jordan 标准形相似的问题, 且明确了具体计算方法, 但并没有给出如何确定可逆矩阵 $\boldsymbol{P}$, 使 $\boldsymbol{P}^{-1}\boldsymbol{AP}$ 为 Jordan 标准形. $\boldsymbol{P}$ 的确定是比较复杂一些, 这里仅以一个例题示之.

**例 12** 设复数域上 4 维线性空间 $V$ 上线性变换 $\boldsymbol{T}$ 在一组基 $A_1:\boldsymbol{\beta}_1,\boldsymbol{\beta}_2,\boldsymbol{\beta}_3,\boldsymbol{\beta}_4$ 下的矩阵表示为

$$\boldsymbol{A}=\begin{pmatrix}3&1&0&0\\-4&-1&0&0\\6&1&2&1\\-14&-5&-1&0\end{pmatrix},$$

求 $V$ 的一组基, 使 $\boldsymbol{T}$ 在该组基下的矩阵为 Jordan 矩阵, 并求出从基 $A_1$ 到新基的过渡矩阵.

**解** 利用初等变换化 $\lambda\boldsymbol{E}-\boldsymbol{A}$ 为对角形, 得到初等因子为 $(\lambda-1)^2,(\lambda-1)^2$. 因此, $\boldsymbol{A}$ 的 Jordan 标准形为

$$\boldsymbol{J}=\begin{pmatrix}1&1&&\\0&1&&\\&&1&1\\&&0&1\end{pmatrix}.$$

设矩阵 $\boldsymbol{P}=(\boldsymbol{\alpha}_1,\boldsymbol{\alpha}_2,\boldsymbol{\alpha}_3,\boldsymbol{\alpha}_4)$ 是从基 $A_1$ 到新基 $A_2$ 的过渡矩阵, 则 $\boldsymbol{P}^{-1}\boldsymbol{AP}=\boldsymbol{J}$, 即

$$(\boldsymbol{A\alpha}_1,\boldsymbol{A\alpha}_2,\boldsymbol{A\alpha}_3,\boldsymbol{A\alpha}_4)=(\boldsymbol{\alpha}_1,\boldsymbol{\alpha}_2,\boldsymbol{\alpha}_3,\boldsymbol{\alpha}_4)\boldsymbol{J}.$$

此即 $\begin{cases} \boldsymbol{A}\boldsymbol{\alpha}_1 = \boldsymbol{\alpha}_1, \\ \boldsymbol{A}\boldsymbol{\alpha}_2 = \boldsymbol{\alpha}_1 + \boldsymbol{\alpha}_2, \\ \boldsymbol{A}\boldsymbol{\alpha}_3 = \boldsymbol{\alpha}_3, \\ \boldsymbol{A}\boldsymbol{\alpha}_4 = \boldsymbol{\alpha}_3 + \boldsymbol{\alpha}_4. \end{cases}$ 该式 $\boldsymbol{\alpha}_i$ 的解可能不唯一, 只需取比较简单的一组解即可. 需要注意的是, $\boldsymbol{\alpha}_1, \boldsymbol{\alpha}_3$ 都是 $\boldsymbol{A}$ 的属于特征值 $\lambda_1 = 1$ 的特征向量, 因此取方程组 $(\boldsymbol{E} - \boldsymbol{A})\boldsymbol{x} = \boldsymbol{0}$ 的两个线性无关解作为 $\boldsymbol{\alpha}_1, \boldsymbol{\alpha}_3$ 即可. 计算得

$$\boldsymbol{\alpha}_1 = \begin{pmatrix} 1 \\ -2 \\ -4 \\ 0 \end{pmatrix}, \quad \boldsymbol{\alpha}_2 = \begin{pmatrix} 0 \\ 1 \\ -6 \\ 1 \end{pmatrix}, \quad \boldsymbol{\alpha}_3 = \begin{pmatrix} 0 \\ 0 \\ 1 \\ -1 \end{pmatrix}, \quad \boldsymbol{\alpha}_4 = \begin{pmatrix} 0 \\ 0 \\ 0 \\ 1 \end{pmatrix}.$$

于是 $\boldsymbol{P} = \begin{pmatrix} 1 & 0 & 0 & 0 \\ -2 & 1 & 0 & 0 \\ -4 & -6 & 1 & 0 \\ 0 & 1 & -1 & 1 \end{pmatrix}$, 新的一组基为 $\boldsymbol{\beta}_1 - 2\boldsymbol{\beta}_2 - 4\boldsymbol{\beta}_3, \boldsymbol{\beta}_2 - 6\boldsymbol{\beta}_3 + \boldsymbol{\beta}_4, \boldsymbol{\beta}_3 - \boldsymbol{\beta}_4, \boldsymbol{\beta}_4$.

最后我们给出利用不变因子计算矩阵 $\boldsymbol{A}$ 最小多项式的方法: 计算 $\boldsymbol{A}$ 的不变因子, 最后一个不变因子即最小多项式.

**例 13**　求矩阵 $\boldsymbol{A} = \begin{pmatrix} 1 & 2 & 3 & 4 \\ 2 & 3 & 4 & 5 \\ 3 & 4 & 5 & 6 \\ 4 & 5 & 6 & 7 \end{pmatrix}$ 的最小多项式.

**解**　经计算, 得 $\lambda\boldsymbol{E} - \boldsymbol{A}$ 的最后一个不变因子为 $d_4(\lambda) = \lambda^3 - 16\lambda^2 - 20\lambda$, 因此, $\boldsymbol{A}$ 的最小多项式是 $x^3 - 16x^2 - 20x$.

定理 10 给出的是复数矩阵 $\boldsymbol{A}$ 相似 Jordan 标准形的问题, 下面简述数域 $P$ 上矩阵相似的问题.

**定义 6**　设数域 $P$ 上多项式 $d(\lambda) = \lambda^n + a_1\lambda^{n-1} + \cdots + a_n$, 称矩阵

$$\begin{pmatrix} 0 & 0 & \cdots & 0 & -a_n \\ 1 & 0 & \cdots & 0 & -a_{n-1} \\ 0 & 1 & \cdots & 0 & -a_{n-2} \\ \vdots & \vdots & & \vdots & \vdots \\ 0 & 0 & \cdots & 1 & -a_1 \end{pmatrix}$$

为多项式 $d(\lambda)$ 的**友矩阵**.

容易验证矩阵 $\boldsymbol{A}$ 的不变因子 (即 $\lambda\boldsymbol{E}-\boldsymbol{A}$ 的不变因子) 是 $\underbrace{1,1,\cdots,1}_{n-1},d_n(\lambda)$.

**定义 7** 设 $\boldsymbol{A}_i$ 是数域 $P$ 上多项式 $d_i(\lambda)$ $(i=1,2,\cdots,s)$ 的友矩阵, 如果 $d_k(\lambda)|d_{k+1}(\lambda)$ $(k=1,2,\cdots,s-1)$, 那么, $n$ 阶准对角矩阵 $\boldsymbol{A}=\begin{pmatrix}\boldsymbol{A}_1&&&\\&\boldsymbol{A}_2&&\\&&\ddots&\\&&&\boldsymbol{A}_s\end{pmatrix}$ 称为数域 $P$ 上的**有理标准形**.

显然, 定义 7 中矩阵 $\boldsymbol{A}$ 不变因子为

$$\underbrace{1,1,\cdots,1}_{n-s},d_1(\lambda),d_2(\lambda),\cdots,d_s(\lambda).$$

因此, 我们可给出如下定理 (不加证明).

**定理 12** 数域 $P$ 上 $n$ 阶矩阵 $\boldsymbol{A}$ 在 $P$ 上相似于一个有理标准形.

利用线性变换的语言表述定理 12.

**定理 12′** 设 $\boldsymbol{T}$ 是数域 $P$ 上 $n$ 维线性空间 $V$ 的线性变换, 则在 $V$ 中存在一组基, 使得 $\boldsymbol{T}$ 在该基下的矩阵是有理标准形, 且这个有理标准形由 $\boldsymbol{T}$ 唯一确定.

例如, 3 阶矩阵 $\boldsymbol{A}$ 的初等因子为 $(\lambda-1)^2,\lambda-1$, 则它的不变因子为 $1,\lambda-1,(\lambda-1)^2$, 因此其有理标准形为

$$\begin{pmatrix}1&0&0\\0&0&-1\\0&1&2\end{pmatrix}.$$

## 习 题 9.4

1. 设 $\boldsymbol{A}(\lambda)$ 是 5 阶矩阵, 其秩为 4, 初等因子是

$$\lambda,\lambda^2,\lambda^2,\lambda-1,\lambda-1,\lambda+1,(\lambda+1)^2,$$

求 $\boldsymbol{A}(\lambda)$ 的标准形.

2. 已知 $\boldsymbol{A}=\begin{pmatrix}2&0&0\\a&2&0\\b&c&-1\end{pmatrix}$.

(1) 求 $\boldsymbol{A}$ 的一切可能的 Jordan 标准形;

(2) 给出 $\boldsymbol{A}$ 可对角化的充分必要条件.

3. 已知 7 阶矩阵 $\boldsymbol{A}(\lambda)$ 的秩为 5, 初等因子为

$$\lambda,\lambda,\lambda^2,\lambda-2,(\lambda-2)^4,(\lambda-2)^4.$$

求 $\boldsymbol{A}(\lambda)$ 的行列式因子.

4. 设 $f(\lambda)$ 是 $n$ 阶复矩阵 $\boldsymbol{A}$ 的特征多项式, 证明 $\boldsymbol{A}$ 可对角化的充分必要条件是: 若 $a$ 是 $f(\lambda)$ 的 $k$ 重根, 则 $r(a\boldsymbol{E}-\boldsymbol{A})=n-k$.

5. 求矩阵 $\boldsymbol{A}=\begin{pmatrix}0&1&1&1\\0&0&1&1\\0&0&0&1\\0&0&0&0\end{pmatrix}$ 的 Jordan 标准形.

6. 设 $n$ 阶矩阵 $\boldsymbol{A}$ 满足 $\boldsymbol{A}^{k-1}\neq\boldsymbol{O},\boldsymbol{A}^k=\boldsymbol{O}$, 则称 $\boldsymbol{A}$ 为 $k$ 次幂零矩阵. 证明所有 $n$ 阶的 $n-1$ 次幂零矩阵相似.

7. 设矩阵 $\boldsymbol{A}$ 的特征多项式 $f(\lambda)=(\lambda-2)^3(\lambda-3)^2$, 求 $\boldsymbol{A}$ 的所有可能的 Jordan 标准形.

8. 求矩阵 $\boldsymbol{A}=\begin{pmatrix}-1&-2&6\\-1&0&3\\-1&-1&4\end{pmatrix}$ 的不变因子、初等因子、Jordan 标准形和最小多项式.

9. 设 $\boldsymbol{A}$ 是复数域上 $n$ 阶可逆矩阵, 证明存在 $n$ 阶矩阵 $\boldsymbol{B}$ 使 $\boldsymbol{B}^2=\boldsymbol{A}$.

## *9.5 矩阵函数简介

到目前为止, 我们用了很大篇幅讨论了矩阵相似对角化问题, 那么除之前提到的应用之外, 它还有哪方面的具体运用? 同时, 若 $f(x)$ 为数域 $P$ 上的多项式, $\boldsymbol{A}$ 为数域 $P$ 上的 $n$ 阶矩阵, 则 $f(\boldsymbol{A})$ 称为矩阵 $\boldsymbol{A}$ 的多项式. 那么, 如果 $f(x)$ 为一般函数, $f(\boldsymbol{A})$ 是否有意义? 如果有意义, 它又具有什么样的具体形式? 例如, $f(x)=\sin x$, 那么 $f(\boldsymbol{A})=\sin\boldsymbol{A}$ 会是什么样子? 这就是本节要讨论的**矩阵函数**.

为此, 我们不加证明和解释, 把数学分析中幂级数的概念照搬过来, 以做一些准备.

设 $a_i\in P\ (i=0,1,2,\cdots)$, 称

$$a_0+a_1x+a_2x+\cdots+a_nx^n+\cdots \tag{3}$$

为数域 $P$ 上的**幂级数**, $S_n(x)=a_0+a_1x+a_2x+\cdots+a_nx^n$ 称为级数 (3) 的**部分和**. 如果对 $x\in D\subseteq P$,

$$\lim_{n\to\infty}S_n(x)=S(x),$$

则称幂级数 (3)**收敛**, 记为

$$S(x)=a_0+a_1x+a_2x+\cdots+a_nx^n+\cdots.$$

$\boldsymbol{D}$ 称为**收敛域**. 否则称级数 (3)**发散**. 例如,

$$\frac{1}{1-x}=1+x+x^2+\cdots+x^n+\cdots=\sum_{k=0}^{\infty}x^k,\quad x\in(-1,1).$$

在实数域上, 常见的几个幂级数如下:

$$\ln(1+x)=x-\frac{1}{2}x^2+\frac{1}{3}x^3-\cdots=\sum_{k=1}^{\infty}\frac{(-1)^{k+1}}{k}x^k,\quad x\in(-1,1],$$

$$\mathrm{e}^x=1+x+\frac{1}{2!}x^2+\cdots+\frac{1}{n!}x^n+\cdots=\sum_{k=0}^{\infty}\frac{1}{k!}x^k,\quad x\in\mathbf{R},$$

$$\sin x=x-\frac{1}{3!}x^3+\frac{1}{5!}x^5-\cdots=\sum_{k=0}^{\infty}\frac{(-1)^k}{(2k+1)!}x^{2k+1},\quad x\in\mathbf{R},$$

$$\cos x=1-\frac{1}{2!}x^2+\frac{1}{4!}x^4-\cdots=\sum_{k=0}^{\infty}\frac{(-1)^k}{(2k)!}x^{2k},\quad x\in\mathbf{R}.$$

将 $n$ 阶矩阵 $\boldsymbol{A}$ 代入以上 4 个式子, 即得到矩阵函数 $\ln(\boldsymbol{E}+\boldsymbol{A}),\mathrm{e}^{\boldsymbol{A}},\sin\boldsymbol{A},\cos\boldsymbol{A}$ 的级数表达式.

$$\ln(\boldsymbol{E}+\boldsymbol{A})=\boldsymbol{A}-\frac{1}{2}\boldsymbol{A}^2+\frac{1}{3}\boldsymbol{A}^3-\cdots=\sum_{k=1}^{\infty}\frac{(-1)^{k+1}}{k}\boldsymbol{A}^k,$$

$$\mathrm{e}^{\boldsymbol{A}}=\boldsymbol{E}+\boldsymbol{A}+\frac{1}{2!}\boldsymbol{A}^2+\cdots+\frac{1}{n!}\boldsymbol{A}^n+\cdots=\sum_{k=0}^{\infty}\frac{1}{k!}\boldsymbol{A}^k,$$

$$\sin\boldsymbol{A}=\boldsymbol{A}-\frac{1}{3!}\boldsymbol{A}^3+\frac{1}{5!}\boldsymbol{A}^5-\cdots=\sum_{k=0}^{\infty}\frac{(-1)^k}{(2k+1)!}\boldsymbol{A}^{2k+1},$$

$$\cos\boldsymbol{A}=\boldsymbol{E}-\frac{1}{2!}\boldsymbol{A}^2+\frac{1}{4!}\boldsymbol{A}^4-\cdots=\sum_{k=0}^{\infty}\frac{(-1)^k}{(2k)!}\boldsymbol{A}^{2k}.$$

接下来讨论矩阵函数的计算问题, 这里主要介绍递推计算方法和 Jordan 标准形方法.

递推计算方法. 设矩阵 $\boldsymbol{A}$ 的特征多项式 $f(\lambda)=|\lambda\boldsymbol{E}-\boldsymbol{A}|$, 根据 $f(\boldsymbol{A})=\boldsymbol{O}$, 由此可得 $\boldsymbol{A}$ 的递推关系式, 从而计算给定矩阵函数.

**例 14** 设 4 阶矩阵 $\boldsymbol{A}$ 的特征值为 $\pi,-\pi,0,0$, 求 $\sin\boldsymbol{A},\cos\boldsymbol{A}$.

**解** 显然 $f(\lambda)$ 满足

$$f(\lambda)=\lambda^2(\lambda^2-\pi^2)=\lambda^4-\lambda^2\pi^2.$$

由此得 $\boldsymbol{A}^4=\pi^2\boldsymbol{A}^2$, 从而

$$\boldsymbol{A}^{2k+1}=\pi^{2k-2}\boldsymbol{A}^3,\quad \boldsymbol{A}^{2k}=\pi^{2(k-1)}\boldsymbol{A}^2.$$

故

$$\begin{aligned}\sin\boldsymbol{A}=&\boldsymbol{A}-\frac{1}{\pi^2}\boldsymbol{A}^3+\frac{1}{\pi^2}\boldsymbol{A}^3\left(\pi-\frac{1}{3!}\pi^3+\frac{1}{5!}\pi^5-\frac{1}{7!}\pi^7+\cdots\right)\\=&\boldsymbol{A}-\frac{1}{\pi^2}\boldsymbol{A}^3+\frac{1}{\pi^2}\boldsymbol{A}^3\sin\pi\\=&\boldsymbol{A}-\frac{1}{\pi^2}\boldsymbol{A}^3.\end{aligned}$$

同理可得

$$\cos\boldsymbol{A}=\boldsymbol{E}-\frac{2}{\pi^2}\boldsymbol{A}^2.$$

Jordan 标准形计算方法. 由于任何矩阵 $\boldsymbol{A}$, 一定存在可逆矩阵 $\boldsymbol{P}$, 使得 $\boldsymbol{A}=\boldsymbol{PJP}^{-1}$, 其中 Jordan 矩阵 $\boldsymbol{J}=\mathrm{diag}(\boldsymbol{J}_1,\boldsymbol{J}_2,\cdots,\boldsymbol{J}_s)$. 因此,

$$\boldsymbol{A}^m=\boldsymbol{PJ}^m\boldsymbol{P}^{-1},\quad \boldsymbol{J}^m=\mathrm{diag}(\boldsymbol{J}_1^m,\boldsymbol{J}_2^m,\cdots,\boldsymbol{J}_s^m).$$

对 Jordan 块 $\boldsymbol{J}_i=\boldsymbol{J}(\lambda_i,k_i)=\lambda_i\boldsymbol{E}+\boldsymbol{H}_i,\boldsymbol{H}_i=\boldsymbol{J}(0,k_i)$, 现在计算 $g(\boldsymbol{J}_i)$. 对 $\boldsymbol{H}_i$, 直接计算, 得 $\boldsymbol{H}_i^p=\boldsymbol{O},\ p\geqslant k_i$.

函数 $g(x)$ 在 $x=\lambda_i$ 处的 Taylor 展开式为

$$g(x)=\sum_{m=0}^{\infty}\frac{g^{(m)}(\lambda_i)}{m!}(x-\lambda_i)^m,$$

代入 $x=\boldsymbol{J}_i$, 并注意到 $\boldsymbol{H}_i=\boldsymbol{J}_i-\lambda_i\boldsymbol{E}$, 得

$$\begin{aligned}g(\boldsymbol{J}_i)=&g(\lambda_i)\boldsymbol{E}+g'(\lambda_i)\boldsymbol{H}_i+\frac{g''(\lambda)}{2!}\boldsymbol{H}_i^2+\cdots+\frac{g^{(k_i-1)}(\lambda_i)}{(k_i-1)!}\boldsymbol{H}_i^{k_i-1}\\=&\begin{pmatrix}g(\lambda_i)&g'(\lambda_i)&\dfrac{g''(\lambda)}{2!}&\cdots&\dfrac{g^{(k_i-1)}(\lambda_i)}{(k_i-1)!}\\0&g(\lambda_i)&g'(\lambda_i)&\cdots&\dfrac{g^{(k_i-2)}(\lambda_i)}{(k_i-2)!}\\\vdots&\vdots&\vdots&&\vdots\\0&0&0&\cdots&g'(\lambda_i)\\0&0&0&\cdots&g(\lambda_i)\end{pmatrix}.\end{aligned}$$

由此, 对于给定矩阵 $\boldsymbol{A}$ 和函数 $g(x)$, 计算 $g(\boldsymbol{A})$ 的步骤:

第 1 步: 将 $\boldsymbol{A}$ 化为 Jordan 标准形 $\boldsymbol{J}=\mathrm{diag}(\boldsymbol{J}_1,\boldsymbol{J}_2,\cdots,\boldsymbol{J}_s)$, 并求相似矩阵 $\boldsymbol{P}$;

第 2 步: 计算 $g(\boldsymbol{J})$;

第 3 步: 计算 $g(\boldsymbol{A})=\boldsymbol{P}g(\boldsymbol{J})\boldsymbol{P}^{-1}$.

**例 15** 设 $\boldsymbol{A}=\begin{pmatrix}2&0&0\\1&1&1\\1&-1&3\end{pmatrix}$, 求 $\mathrm{e}^{\boldsymbol{A}},\sin\boldsymbol{A}$.

**解** 直接计算得到 $\boldsymbol{A}$ 的特征值 $\lambda_0=2$ (3 重), 其 Jordan 标准形为

$$\boldsymbol{J}=\begin{pmatrix}2&1&0\\0&2&0\\0&0&2\end{pmatrix}=\begin{pmatrix}\boldsymbol{J}_1&\\&\boldsymbol{J}_2\end{pmatrix}.$$

相似变换矩阵 $\boldsymbol{P}=\begin{pmatrix}0&1&0\\1&1&-1\\1&0&1\end{pmatrix}$.

(1) 计算 $\mathrm{e}^{\boldsymbol{A}}$. 此时 $g(\lambda)=\mathrm{e}^{\lambda},g'(\lambda)=\mathrm{e}^{\lambda}$. 故

$$g(\boldsymbol{J}_1)=\begin{pmatrix}\mathrm{e}^2&\mathrm{e}^2\\0&\mathrm{e}^2\end{pmatrix},\quad g(\boldsymbol{J}_2)=\mathrm{e}^2.$$

$$\mathrm{e}^{\boldsymbol{J}}=g(\boldsymbol{J})=\begin{pmatrix}g(\boldsymbol{J}_1)&\\&g(\boldsymbol{J}_2)\end{pmatrix}=\begin{pmatrix}\mathrm{e}^2&\mathrm{e}^2&0\\0&\mathrm{e}^2&0\\0&0&\mathrm{e}^2\end{pmatrix}.$$

从而

$$\mathrm{e}^{\boldsymbol{A}}=\boldsymbol{P}\mathrm{e}^{\boldsymbol{J}}\boldsymbol{P}^{-1}=\begin{pmatrix}\mathrm{e}^2&0&0\\\mathrm{e}^2&2\mathrm{e}^2&-\mathrm{e}^2\\\mathrm{e}^2&\mathrm{e}^2&0\end{pmatrix}=\mathrm{e}^2\begin{pmatrix}1&0&0\\1&1&0\\1&0&1\end{pmatrix}.$$

(2) 计算 $\sin\boldsymbol{A}$. 此时 $g(\lambda)=\sin\lambda,\ g'(\lambda)=\cos\lambda$, 故

$$\sin\boldsymbol{J}=g(\boldsymbol{J})=\begin{pmatrix}\sin 2&\cos 2&0\\0&\sin 2&0\\0&0&\sin 2\end{pmatrix},$$

$$\sin \boldsymbol{A} = \boldsymbol{P} \sin \boldsymbol{J} \boldsymbol{P}^{-1} = \begin{pmatrix} \sin 2 & 0 & 0 \\ \cos 2 & \sin 2 & 0 \\ \cos 2 & 0 & \sin 2 \end{pmatrix}.$$

这里只是对矩阵函数作一简单介绍，更详细的内容请参阅有关矩阵分析参考书.

# 第 10 章 Euclid 空间

无论是线性空间中向量的加法和数乘运算，还是向量空间中向量的运算 (加法、减法、数乘、转置等)，都没有涉及向量的度量性质，如向量的长度、夹角等. 但解决一些实际问题还需要知道向量的度量性质. 本章将解决这一问题. 首先引入向量内积的概念，然后在此基础上讨论特殊的线性空间——Euclid 空间 (重点讨论) 和酉空间.

## 10.1 Euclid 空间的定义与性质

在解析几何中，向量的长度、夹角等度量性质可以通过向量的内积表达出来，且向量的内积具有明显的代数性质.

**定义 1** 设 $V$ 是实数域 $\mathbf{R}$ 上一个线性空间，对 $V$ 中任意元素 $\boldsymbol{\alpha},\boldsymbol{\beta}$，在 $V$ 上定义一个称为**内积**的二元函数，记为 $(\boldsymbol{\alpha},\boldsymbol{\beta})$，它满足以下性质:

(1)$(\boldsymbol{\alpha},\boldsymbol{\beta})=(\boldsymbol{\beta},\boldsymbol{\alpha})$;

(2)$(k\boldsymbol{\alpha},\boldsymbol{\beta})=k(\boldsymbol{\alpha},\boldsymbol{\beta}),\ k\in\mathbf{R}$;

(3)$(\boldsymbol{\alpha}+\boldsymbol{\beta},\boldsymbol{\gamma})=(\boldsymbol{\alpha},\boldsymbol{\gamma})+(\boldsymbol{\alpha},\boldsymbol{\gamma}),\ \boldsymbol{\gamma}\in V$;

(4)$(\boldsymbol{\alpha},\boldsymbol{\alpha})\geqslant 0;\boldsymbol{\alpha}=\mathbf{0}\Leftrightarrow(\boldsymbol{\alpha},\boldsymbol{\alpha})=0$.

这样的线性空间 $V$ 称为**实内积空间**. 实内积空间也可称为 **Euclid 空间**(简称**欧氏空间**).

在 Euclid 空间定义中，对空间的维数没有作出限制，它可以是有限维的，也可以是无限维的. 另外，Euclid 空间只是线性空间的一个特例，10.6 节介绍的酉空间 (复内积空间) 属于线性空间的另一个特例. Euclid 空间和酉空间即为配备了内积的线性空间，可记为 $((\cdot,\cdot),V)$.

内积函数可记为

$$f:V\times V\longrightarrow P\quad (\text{即} f(\boldsymbol{\alpha},\boldsymbol{\beta})=(\boldsymbol{\alpha},\boldsymbol{\beta}),\boldsymbol{\alpha},\boldsymbol{\beta}\in V),$$

它是一个双线性函数.

**例 1** 在线性空间 $\mathbf{R}^n$ 中，对于向量

$$\boldsymbol{\alpha}=(a_1,a_2,\cdots,a_n),\quad \boldsymbol{\beta}=(b_1,b_2,\cdots,b_n),$$

定义内积为

$$(\boldsymbol{\alpha},\boldsymbol{\beta})=a_1b_1+a_2b_2+\cdots+a_nb_n=\boldsymbol{\alpha}\boldsymbol{\beta}^{\mathrm{T}}.$$

当 $n=2$ 时, 上式即几何平面中向量的内积在直角坐标系下的坐标表达式; 当 $n=3$ 时, 上式即空间中向量的内积在直角坐标系下的坐标表达式.

**例 2** 设 $V=\mathbf{R}^2,\boldsymbol{\alpha}=(x_1,x_2),\boldsymbol{\beta}=(y_1,y_2)$, 定义

$$(\boldsymbol{\alpha},\boldsymbol{\beta})=x_1y_1-x_2y_1-x_1y_2+4x_2y_2.$$

容易验证定义 1 中 (1)~(3) 都成立. 当 $\boldsymbol{\alpha}=\boldsymbol{\beta}$ 时,

$$(\boldsymbol{\alpha},\boldsymbol{\alpha})=x_1^2-2x_1x_2+4x_2^2=(x_1-x_2)^2+3x_2^2,$$

因此定义 1 中的 (4) 也成立. 故 $\mathbf{R}^2$ 在此内积下构成一个 2 维 Euclid 空间.

例 1 和例 2 表明在线性空间 $V$ 上可以定义不同的内积, 也就构成了不同的 Euclid 空间.

**例 3** 在闭区间 $[a,b]$ 上所有实连续函数所构成的空间 $C[a,b]$ 中, 对函数 $f(x),g(x)$, 定义

$$(f,g)=\int_a^b f(x)g(x)\mathrm{d}x.$$

不难验证这是一个内积, 于是 $C[a,b]$ 是一个无限维内积空间.

**例 4** 设 $V$ 是 $n$ 维实线性空间, $\boldsymbol{A}$ 为 $n$ 阶正定实矩阵, 对列向量 $\boldsymbol{\alpha},\boldsymbol{\beta}\in V$, 定义

$$(\boldsymbol{\alpha},\boldsymbol{\beta})=\boldsymbol{\alpha}^{\mathrm{T}}\boldsymbol{A}\boldsymbol{\beta},$$

则 $V$ 在该定义下构成 Euclid 空间.

事实上, 定义 1 中 (2),(3) 显然成立. 对 (1), $\boldsymbol{A}$ 是正定实矩阵, 因此 $\boldsymbol{A}$ 对称, 于是

$$(\boldsymbol{\alpha},\boldsymbol{\beta})=\boldsymbol{\alpha}^{\mathrm{T}}\boldsymbol{A}\boldsymbol{\beta}=(\boldsymbol{\alpha}^{\mathrm{T}}\boldsymbol{A}\boldsymbol{\beta})^{\mathrm{T}}=\boldsymbol{\beta}^{\mathrm{T}}\boldsymbol{A}^{\mathrm{T}}\boldsymbol{\alpha}=\boldsymbol{\beta}^{\mathrm{T}}\boldsymbol{A}\boldsymbol{\alpha}=(\boldsymbol{\beta},\boldsymbol{\alpha}).$$

矩阵 $\boldsymbol{A}$ 正定, 容易证明 (4) 也成立.

注意, 当 $\boldsymbol{A}=\boldsymbol{E}$ 时, 该例即例 1 中定义的内积.

注意到定义 1 中的 (4), 对任意向量 $\boldsymbol{\alpha}$, $\sqrt{(\boldsymbol{\alpha},\boldsymbol{\alpha})}$ 是有意义的. 在几何空间中,$\sqrt{(\boldsymbol{\alpha},\boldsymbol{\alpha})}$ 即为向量 $\boldsymbol{\alpha}$ 的长度 $|\boldsymbol{\alpha}|$. 在 Euclid 空间中, 向量 $\boldsymbol{\alpha}$ 的长度同样定义为 $|\boldsymbol{\alpha}|=\sqrt{(\boldsymbol{\alpha},\boldsymbol{\alpha})}$(也称为向量的**范数**或向量的**模**). 向量的长度也可表示为 $\|\boldsymbol{\alpha}\|$.

根据向量长度的定义和向量的内积性质, 容易证明:“只有零向量的长度为 0”; 对任意向量 $\boldsymbol{\alpha}$ 和 $k\in\mathbf{R}$, $|k\boldsymbol{\alpha}|=|k||\boldsymbol{\alpha}|$.

长度为 1 的向量称为**单位向量**. 如果 $\boldsymbol{\alpha}\neq\mathbf{0}$, 向量 $\dfrac{1}{|\boldsymbol{\alpha}|}\boldsymbol{\alpha}$ 是一个单位向量. 这称为**向量的单位化**.

在解析几何中, 非零向量 $\boldsymbol{\alpha}, \boldsymbol{\beta}$ 的夹角 $\theta = \langle \boldsymbol{\alpha}, \boldsymbol{\beta} \rangle$ 余弦表示为

$$\cos\theta = \frac{(\boldsymbol{\alpha}, \boldsymbol{\beta})}{|\boldsymbol{\alpha}||\boldsymbol{\beta}|}.$$

为了在一般 Euclid 空间中类似上式引入向量夹角的概念, 需要证明

$$\left|\frac{(\boldsymbol{\alpha}, \boldsymbol{\beta})}{|\boldsymbol{\alpha}||\boldsymbol{\beta}|}\right| \leqslant 1.$$

这就是下面著名的 Cauchy-Schwarz 不等式 (简称 Cauchy 不等式), 即对任意向量 $\boldsymbol{\alpha}, \boldsymbol{\beta}$, 都有

$$|(\boldsymbol{\alpha}, \boldsymbol{\beta})| \leqslant |\boldsymbol{\alpha}||\boldsymbol{\beta}|. \tag{1}$$

当且仅当 $\boldsymbol{\alpha}, \boldsymbol{\beta}$ 线性相关时等号成立.

**公式(1)的证明** 若 $\boldsymbol{\beta} = \mathbf{0}$,(1) 式显然成立, 因此可设 $\boldsymbol{\beta} \neq \mathbf{0}$. 令

$$\boldsymbol{\gamma} = \boldsymbol{\alpha} + t\boldsymbol{\beta}, \quad t \in \mathbf{R}.$$

对任意的 $t$, 总有 $(\boldsymbol{\gamma}, \boldsymbol{\gamma}) = (\boldsymbol{\alpha} + t\boldsymbol{\beta}, \boldsymbol{\alpha} + t\boldsymbol{\beta}) \geqslant 0$, 即

$$(\boldsymbol{\alpha}, \boldsymbol{\alpha}) + 2(\boldsymbol{\alpha}, \boldsymbol{\beta})t + (\boldsymbol{\beta}, \boldsymbol{\beta})t^2 \geqslant 0.$$

取 $t = -\dfrac{(\boldsymbol{\alpha}, \boldsymbol{\beta})}{(\boldsymbol{\beta}, \boldsymbol{\beta})}$, 则有

$$(\boldsymbol{\alpha}, \boldsymbol{\beta})^2 \leqslant (\boldsymbol{\alpha}, \boldsymbol{\alpha})(\boldsymbol{\beta}, \boldsymbol{\beta}).$$

由此即证不等式 (1) 成立.

当 $\boldsymbol{\alpha}, \boldsymbol{\beta}$ 线性相关时, 等号显然成立. 反之, 若等号成立, 由以上证明过程可以看出, 要么 $\boldsymbol{\beta} = \mathbf{0}$, 要么

$$\boldsymbol{\alpha} - \frac{(\boldsymbol{\alpha}, \boldsymbol{\beta})}{(\boldsymbol{\beta}, \boldsymbol{\beta})}\boldsymbol{\beta} = \mathbf{0},$$

也就是说 $\boldsymbol{\alpha}, \boldsymbol{\beta}$ 线性相关.

**定义 2** 非零向量 $\boldsymbol{\alpha}, \boldsymbol{\beta}$ 的夹角 $\theta = \langle \boldsymbol{\alpha}, \boldsymbol{\beta} \rangle$ 定义为

$$\theta = \arccos\frac{(\boldsymbol{\alpha}, \boldsymbol{\beta})}{|\boldsymbol{\alpha}||\boldsymbol{\beta}|}, \quad 0 \leqslant \theta \leqslant \pi.$$

这样, 我们利用内积确定了 Euclid 空间中向量的度量公式, 因此内积空间也称为**具度量的线性空间**.

下面给出 Cauchy-Schwarz 不等式的几个具体应用.

(1) $\mathbf{R}^n$ 空间: $|a_1b_1+a_2b_2+\cdots+a_nb_n| \leqslant \sqrt{a_1^2+a_2^2+\cdots+a_n^2}\sqrt{b_1^2+b_2^2+\cdots+b_n^2}$.

(2) $C[a,b]$ 空间: $\left|\int_a^b f(x)g(x)\mathrm{d}x\right| \leqslant \sqrt{\int_a^b f^2(x)\mathrm{d}x}\sqrt{\int_a^b g^2(x)\mathrm{d}x}$.

由于

$$\begin{aligned}|\boldsymbol{\alpha}+\boldsymbol{\beta}|^2 &= (\boldsymbol{\alpha}+\boldsymbol{\beta},\boldsymbol{\alpha}+\boldsymbol{\beta}) = (\boldsymbol{\alpha},\boldsymbol{\alpha})+2(\boldsymbol{\alpha},\boldsymbol{\beta})+(\boldsymbol{\beta},\boldsymbol{\beta})\\ &\leqslant |\boldsymbol{\alpha}|^2+2|\boldsymbol{\alpha}||\boldsymbol{\beta}|+|\boldsymbol{\beta}|^2 = (|\boldsymbol{\alpha}|+|\boldsymbol{\beta}|)^2.\end{aligned}$$

因此在 Euclid 空间中成立下列三角不等式

$$|\boldsymbol{\alpha}+\boldsymbol{\beta}| \leqslant |\boldsymbol{\alpha}|+|\boldsymbol{\beta}|.$$

**定义 3**　如果向量 $\boldsymbol{\alpha},\boldsymbol{\beta}$ 的内积为 0, 即 $(\boldsymbol{\alpha},\boldsymbol{\beta})=0$, 则称向量 $\boldsymbol{\alpha},\boldsymbol{\beta}$ **正交或相互垂直**, 记为 $\boldsymbol{\alpha}\perp\boldsymbol{\beta}$.

显然, 零向量与任意向量正交, 因此零向量与自身垂直.

这里的正交概念与解析几何中正交 (垂直) 概念完全一致, 两个非零向量正交的充分必要条件是它们的夹角为 $\frac{\pi}{2}$.

如果 $\boldsymbol{\alpha},\boldsymbol{\beta}$ 正交, 立得 Euclid 空间中的勾股定理 $|\boldsymbol{\alpha}+\boldsymbol{\beta}|^2=|\boldsymbol{\alpha}|^2+|\boldsymbol{\beta}|^2$. 并可作如下推广: 如果 $\boldsymbol{\alpha}_1,\boldsymbol{\alpha}_2,\cdots,\boldsymbol{\alpha}_n$ 两两正交, 则

$$|\boldsymbol{\alpha}_1+\boldsymbol{\alpha}_2+\cdots+\boldsymbol{\alpha}_n|^2=|\boldsymbol{\alpha}_1|^2+|\boldsymbol{\alpha}_2|^2+\cdots+|\boldsymbol{\alpha}_n|^2.$$

设 $V$ 是 $n$ 维线性空间, $\boldsymbol{\varepsilon}_1,\boldsymbol{\varepsilon}_2,\cdots,\boldsymbol{\varepsilon}_n$ 为其一组基, 则 $V$ 中任意向量可表示为

$$\boldsymbol{\alpha}=x_1\boldsymbol{\varepsilon}_1+x_2\boldsymbol{\varepsilon}_2+\cdots+x_n\boldsymbol{\varepsilon}_n,\quad \boldsymbol{\beta}=y_1\boldsymbol{\varepsilon}_1+y_2\boldsymbol{\varepsilon}_2+\cdots+y_n\boldsymbol{\varepsilon}_n,$$

于是 $(\boldsymbol{\alpha},\boldsymbol{\beta})=\sum\limits_{i,j=1}^{n}(\boldsymbol{\varepsilon}_i,\boldsymbol{\varepsilon}_j)x_iy_j$.

令 $a_{ij}=(\boldsymbol{\varepsilon}_i,\boldsymbol{\varepsilon}_j)$, 显然 $a_{ij}=a_{ji}$, 且

$$(\boldsymbol{\alpha},\boldsymbol{\beta})=\boldsymbol{X}^{\mathrm{T}}\boldsymbol{A}\boldsymbol{Y},\quad \boldsymbol{X}=(x_1,x_2,\cdots,x_n)^{\mathrm{T}},\quad \boldsymbol{Y}=(y_1,y_2,\cdots,y_n)^{\mathrm{T}},\quad \boldsymbol{A}=(a_{ij}).$$

矩阵 $\boldsymbol{A}$ 称为基 $\boldsymbol{\varepsilon}_1,\boldsymbol{\varepsilon}_2,\cdots,\boldsymbol{\varepsilon}_n$ 的**度量矩阵**.

上面的讨论说明, 知道了一组基的度量矩阵之后, 任意两个向量的内积就可以通过其坐标 $\boldsymbol{X},\boldsymbol{Y}$ 由 $\boldsymbol{X}^{\mathrm{T}}\boldsymbol{A}\boldsymbol{Y}$ 表示出来. 因此, 内积确定了度量矩阵, 同样, 度量矩阵确定了内积.

下面讨论不同基的度量矩阵之间的关系. 设 $\boldsymbol{\eta}_1,\boldsymbol{\eta}_2,\cdots,\boldsymbol{\eta}_n$ 是线性空间 $V$ 的另一组基, 由 $\boldsymbol{\varepsilon}_1,\boldsymbol{\varepsilon}_2,\cdots,\boldsymbol{\varepsilon}_n$ 到 $\boldsymbol{\eta}_1,\boldsymbol{\eta}_2,\cdots,\boldsymbol{\eta}_n$ 的过渡矩阵为 $\boldsymbol{C}$, 即

$$(\boldsymbol{\eta}_1,\boldsymbol{\eta}_2,\cdots,\boldsymbol{\eta}_n)=(\boldsymbol{\varepsilon}_1,\boldsymbol{\varepsilon}_2,\cdots,\boldsymbol{\varepsilon}_n)\boldsymbol{C}.$$

于是, 不难计算基 $\boldsymbol{\eta}_1,\boldsymbol{\eta}_2,\cdots,\boldsymbol{\eta}_n$ 的度量矩阵

$$\boldsymbol{B}=(b_{ij})=(\boldsymbol{\eta}_i,\boldsymbol{\eta}_j)=\boldsymbol{C}^{\mathrm{T}}\boldsymbol{A}\boldsymbol{C}.$$

这就是说,不同基的度量矩阵是合同的.

最后给出 Euclid 空间同构的概念.

**定义 4** 实数域 $\mathbf{R}$ 上 Euclid 空间 $V$ 与 $V'$**同构**, 如果 $V$ 到 $V'$ 的双射 $\sigma$ 满足 $(\boldsymbol{\alpha},\boldsymbol{\beta}\in V,k\in\mathbf{R})$:

(1) $\sigma(\boldsymbol{\alpha}+\boldsymbol{\beta})=\sigma(\boldsymbol{\alpha})+\sigma(\boldsymbol{\beta})$;

(2) $\sigma(k\boldsymbol{\alpha})=k\sigma(\boldsymbol{\alpha})$;

(3) $(\sigma(\boldsymbol{\alpha}),\sigma(\boldsymbol{\beta}))=(\boldsymbol{\alpha},\boldsymbol{\beta})$(保持内积关系).

这样的映射 $\sigma$ 称为 $V$ 到 $V'$ 的**同构映射**.

同构的 Euclid 空间具有相同的代数性质和度量性质.

如果其中一个是有限维的, 那么另一个也必定是有限维的, 且两者维数相同. 因此, 同构的 Euclid 空间必有相同的维数. 实际上, 这一结论为充分必要的, 即两个有限维的 Euclid 空间同构的充分必要条件是它们有相同的维数.

## 习 题 10.1

1. 设 $\boldsymbol{A}=(a_{ij})$ 是一个 $n$ 阶正定矩阵, $\boldsymbol{\alpha}=(x_1,x_2,\cdots,x_n),\boldsymbol{\beta}=(y_1,y_2,\cdots,y_n)$, 在 $\mathbf{R}^n$ 中定义内积

$$(\boldsymbol{\alpha},\boldsymbol{\beta})=\boldsymbol{\alpha}\boldsymbol{A}\boldsymbol{\beta}^{\mathrm{T}}.$$

(1) 证明在该内积下, $\mathbf{R}^n$ 构成 Euclid 空间;

(2) 求基本单位向量组的度量矩阵;

(3) 具体写出该空间中 Cauchy 不等式.

2. $d(\boldsymbol{\alpha},\boldsymbol{\beta})=|\boldsymbol{\alpha}-\boldsymbol{\beta}|$ 称为向量 $\boldsymbol{\alpha}$ 与 $\boldsymbol{\beta}$ 的距离, 证明

$$d(\boldsymbol{\alpha},\boldsymbol{\eta})\leqslant d(\boldsymbol{\alpha},\boldsymbol{\beta})+d(\boldsymbol{\beta},\boldsymbol{\eta}).$$

3. 在 $\mathbf{R}^4$ 中求一单位向量与 $(1,1,-1,1),(1,-1,-1,1),(2,1,1,3)$ 正交.

4. 设 $\boldsymbol{\alpha}_1,\boldsymbol{\alpha}_2,\cdots,\boldsymbol{\alpha}_n$ 是 Euclid 空间 $V$ 的一组基, 证明

(1) 如果 $\boldsymbol{\eta}\in V$, 使得 $(\boldsymbol{\eta},\boldsymbol{\alpha}_i)=0\ (i=1,2,\cdots,n)$, 那么 $\boldsymbol{\eta}=\mathbf{0}$;

(2) 如果 $\boldsymbol{\eta}_1,\boldsymbol{\eta}_2\in V$, 使得对任意 $\boldsymbol{\alpha}\in V$, 都有 $(\boldsymbol{\eta}_1,\boldsymbol{\alpha})=(\boldsymbol{\eta}_2,\boldsymbol{\alpha})=0$, 那么 $\boldsymbol{\eta}_1=\boldsymbol{\eta}_2$.

5. 设 $V$ 是实数域上全体多项式构成的实线性空间,

$$f(x)=a_0+a_1x+\cdots+a_nx^n,\quad g(x)=b_0+b_1x+\cdots+b_mx^m,$$

定义

$$(f,g)=\sum_{i,j}\frac{a_ib_j}{i+j+1},$$

证明 $(f,g)$ 定义了 $V$ 上的内积.

6. 若 $(\cdot,\cdot)_1,(\cdot,\cdot)_2$ 是 $V$ 上两个内积, 定义

$$(\boldsymbol{\alpha},\boldsymbol{\beta})=(\boldsymbol{\alpha},\boldsymbol{\beta})_1+(\boldsymbol{\alpha},\boldsymbol{\beta})_2.$$

证明 $(\cdot,\cdot)$ 也是 $V$ 上的内积.

7. 设 $\boldsymbol{\alpha}=(a_1,a_2),\boldsymbol{\beta}=(b_1,b_2)$ 为 2 维实空间 $\mathbf{R}^2$ 中的任意向量, $p,q$ 是实数. 证明

$$(\boldsymbol{\alpha},\boldsymbol{\beta})=pa_1b_1+qa_2b_2$$

构成 Euclid 空间的充分必要条件是 $p>0,q>0$.

8. 设 $\boldsymbol{\alpha}$ 是 Euclid 空间 $V$ 中一非零向量,$\boldsymbol{\alpha}_1,\boldsymbol{\alpha}_2,\cdots,\boldsymbol{\alpha}_n\in V$, 且

$$(\boldsymbol{\alpha},\boldsymbol{\alpha}_i)>0\quad(i=1,2,\cdots,n);\quad(\boldsymbol{\alpha}_i,\boldsymbol{\alpha}_j)\leqslant 0\quad(i\neq j,i,j=1,2,\cdots,n).$$

证明 $\boldsymbol{\alpha}_1,\boldsymbol{\alpha}_2,\cdots,\boldsymbol{\alpha}_n$ 线性无关.

## 10.2 标准正交基

**定义 5** Euclid 空间 $V$ 中一组非零向量, 如果它们两两正交, 则称其为**正交向量组**.

例如, 在 3 维几何空间中, 向量 $\boldsymbol{i}=(1,0,0),\boldsymbol{j}=(0,1,0),\boldsymbol{k}=(0,0,1)$ 是两两正交的向量组.

正交向量组线性无关. 这是因为, 在 $x_1\boldsymbol{\alpha}_1+\cdots+x_n\boldsymbol{\alpha}_n=\mathbf{0}$ 两端用 $\boldsymbol{\alpha}_i$ 作内积, 根据正交性质即得 $x_i(\boldsymbol{\alpha}_i,\boldsymbol{\alpha}_i)=0$. 由于 $\boldsymbol{\alpha}_i\neq\mathbf{0}$, 因此只有 $x_i=0\ (i=1,2,\cdots,n)$.

这一结果说明, 在 $n$ 维 Euclid 空间中, 两两正交的非零向量不能超过 $n$ 个. 该事实的几何意义很清楚: 几何平面上不存在 3 个两两垂直的非零向量; 几何空间中不存在 4 个两两垂直的非零向量.

**定义 6** 在 $n$ 维 Euclid 空间中, 由 $n$ 个向量组成的正交向量组称为**正交基**(也就是 $n$ 维 Euclid 空间中两两正交的一组基); 如果这组基中每一个向量都是单位向量, 则称**标准正交基**.

例如, 3 维几何空间中, $\boldsymbol{i},\boldsymbol{j},\boldsymbol{k}$ 不仅是正交基, 还是标准正交基; 在 $n$ 维空间 $P^n$ 中, 基本单位向量组 $\boldsymbol{e}_1,\boldsymbol{e}_2,\cdots,\boldsymbol{e}_n$ 是标准正交基.

如果 $\varepsilon_1,\varepsilon_2,\cdots,\varepsilon_n$ 是一组标准正交基, 则由定义, 有

$$(\varepsilon_i,\varepsilon_j)=\begin{cases}1, & i=j,\\ 0, & i\neq j.\end{cases} \tag{2}$$

显然, 由 (2) 式, 在标准正交基下, 向量的内积有特别简单的表达式 (此时度量矩阵为单位矩阵)

$$(\boldsymbol{\alpha},\boldsymbol{\beta})=x_1y_1+x_2y_2+\cdots+x_ny_n=\boldsymbol{X}^{\mathrm{T}}\boldsymbol{Y},$$

其中 $\boldsymbol{X},\boldsymbol{Y}$ 分别是向量 $\boldsymbol{\alpha},\boldsymbol{\beta}$ 在该标准正交基下的坐标向量. 另一方面, (2) 式也完全刻画了标准正交基的性质, 或者说,**一组基为标准正交基的充分必要条件是其度量矩阵为单位矩阵**. 因为度量矩阵是正定的, 根据第 5 章关于正定矩阵的知识, 正定矩阵与单位矩阵合同, 这说明在 $n$ 维 Euclid 空间中, 存在一组基, 它的度量矩阵是单位矩阵. 由此断言$n$ **维 Euclid 空间中, 标准正交基是存在的**. 至少对正交基进行单位化处理就可得到标准正交基. 现在的问题是, 对任意一组基, 可否将其转化为正交基, 甚至标准正交基?

在标准正交基下, 向量的坐标可以通过内积表示出来, 即

$$\boldsymbol{\alpha}=(\boldsymbol{\alpha},\varepsilon_1)\varepsilon_1+(\boldsymbol{\alpha},\varepsilon_2)\varepsilon_2+\cdots+(\boldsymbol{\alpha},\varepsilon_n)\varepsilon_n. \tag{3}$$

事实上, 设 $\boldsymbol{\alpha}=x_1\varepsilon_1+x_2\varepsilon_2+\cdots+x_n\varepsilon_n$, 以 $\varepsilon_i$ 与该等式作内积, 即得

$$x_i=(\boldsymbol{\alpha},\varepsilon_i)\quad(i=1,2,\cdots,n).$$

**定理 1** $n$ **维 Euclid 空间中任一正交向量组都能扩充为一组正交基.**

**证明** 设 $A_1:\boldsymbol{\alpha}_1,\boldsymbol{\alpha}_2,\cdots,\boldsymbol{\alpha}_m$ 为一正交向量组 (注意不是正交基), 对 $n-m$ 作数学归纳法.

当 $n-m=0$ 时, 该正交向量组即正交基. 假设 $n-m=k$ 时, 定理成立, 也就是可以找到向量组 $B_1:\boldsymbol{\beta}_1,\boldsymbol{\beta}_2,\cdots,\boldsymbol{\beta}_k$, 使得 $(A_1,B_1)$ 是一组正交基. 下面证明 $n-m=k+1$ 时也成立. 因为 $m<n$, 所以一定有向量 $\boldsymbol{\beta}$ 不能由 $A_1$ 线性表示, 作向量

$$\boldsymbol{\alpha}_{m+1}=\boldsymbol{\beta}-k_1\boldsymbol{\alpha}_1-k_2\boldsymbol{\alpha}_2-\cdots-k_m\boldsymbol{\alpha}_m,$$

以 $\boldsymbol{\alpha}_i$ 与上式作内积, 得

$$(\boldsymbol{\alpha}_i,\boldsymbol{\alpha}_{m+1})=(\boldsymbol{\beta},\boldsymbol{\alpha}_i)-k_i(\boldsymbol{\alpha}_i,\boldsymbol{\alpha}_i)\quad(i=1,2,\cdots,m).$$

取 $k_i=\dfrac{(\boldsymbol{\beta},\boldsymbol{\alpha}_i)}{(\boldsymbol{\alpha}_i,\boldsymbol{\alpha}_i)}$ $(i=1,2,\cdots,m)$, 则 $(\boldsymbol{\alpha}_i,\boldsymbol{\alpha}_{m+1})=0$. 由 $\boldsymbol{\beta}$ 的选择可知, $\boldsymbol{\alpha}_{m+1}\neq\mathbf{0}$, 因此, $(A_1,\boldsymbol{\alpha}_{m+1})$ 是一正交向量组. 根据归纳假设, 它可以扩充为正交基. 定理得证.

该定理的证明过程实际上给出了一个具体扩充正交向量组为正交基的方法. 如果从一个非零向量出发, 依照定理中的步骤逐个扩充, 最后就可得到一组正交基. 再单位化即得到标准正交基.

如果已经知道了 $n$ 维 Euclid 空间的一组基, 能否化为一组正交基, 下面定理给出标准正交化的方法.

**定理 2** $n$ 维 Euclid 空间中任意一组基 $A:\varepsilon_1,\varepsilon_2,\cdots,\varepsilon_n$ 都可以找到一组标准正交基 $A_0:\boldsymbol{\eta}_1,\boldsymbol{\eta}_2,\cdots,\boldsymbol{\eta}_n$, 使得

$$L(\boldsymbol{\varepsilon}_1,\boldsymbol{\varepsilon}_2,\cdots,\boldsymbol{\varepsilon}_k)=L(\boldsymbol{\eta}_1,\boldsymbol{\eta}_2,\cdots,\boldsymbol{\eta}_k)\quad(k=1,2,\cdots,n).\tag{4}$$

**证明** 由基 $A$ 逐个求出向量 $\boldsymbol{\eta}_1,\boldsymbol{\eta}_2,\cdots,\boldsymbol{\eta}_n$. 首先取 $\boldsymbol{\eta}_1=\dfrac{\boldsymbol{\varepsilon}_1}{|\boldsymbol{\varepsilon}_1|}$. 假定已得到单位正交的 $\boldsymbol{\eta}_1,\boldsymbol{\eta}_2,\cdots,\boldsymbol{\eta}_m$, 且 (4) 式成立, 下面求 $\boldsymbol{\eta}_{m+1}$.

由于 (4) 式成立, 因此 $\boldsymbol{\varepsilon}_{m+1}$ 不能由 $\boldsymbol{\eta}_1,\boldsymbol{\eta}_2,\cdots,\boldsymbol{\eta}_m$ 线性表示, 按定理 1 证明方法, 作向量

$$\boldsymbol{\beta}_{m+1}=\boldsymbol{\varepsilon}_{m+1}-\sum_{i=1}^{m}(\boldsymbol{\varepsilon}_{m+1},\boldsymbol{\eta}_i)\boldsymbol{\eta}_i,$$

显然 $\boldsymbol{\beta}_{m+1}\neq\mathbf{0}$, 且 $(\boldsymbol{\beta}_{m+1},\boldsymbol{\eta}_i)=0\ (i=1,2,\cdots,m)$. 让

$$\boldsymbol{\eta}_{m+1}=\frac{\boldsymbol{\beta}_{m+1}}{|\boldsymbol{\beta}_{m+1}|},$$

则 $\boldsymbol{\eta}_1,\boldsymbol{\eta}_2,\cdots,\boldsymbol{\eta}_m,\boldsymbol{\eta}_{m+1}$ 就是一单位正交向量组. 同时

$$L(\boldsymbol{\varepsilon}_1,\boldsymbol{\varepsilon}_2,\cdots,\boldsymbol{\varepsilon}_{m+1})=L(\boldsymbol{\eta}_1,\boldsymbol{\eta}_2,\cdots,\boldsymbol{\eta}_{m+1}).$$

由归纳原理, 定理 2 结论成立.

应该指出, 定理中 (4) 式相当于由基 $A$ 到基 $A_0$ 的过渡矩阵是上三角矩阵.

定理 2 中将一组基转化为一单位正交向量组, 这一方法称为**施密特** (Schmidt) **正交规范化方法**. 设 $\boldsymbol{\alpha}_1,\boldsymbol{\alpha}_2,\cdots,\boldsymbol{\alpha}_n$ 是一组基.

(1) 正交化:

$$\begin{cases}\boldsymbol{\eta}_1=\boldsymbol{\alpha}_1,\\ \boldsymbol{\eta}_j=\boldsymbol{\alpha}_j-\dfrac{(\boldsymbol{\eta}_1,\boldsymbol{\alpha}_j)}{(\boldsymbol{\eta}_1,\boldsymbol{\eta}_1)}\boldsymbol{\eta}_1-\dfrac{(\boldsymbol{\eta}_2,\boldsymbol{\alpha}_j)}{(\boldsymbol{\eta}_2,\boldsymbol{\eta}_2)}\boldsymbol{\eta}_2-\cdots-\dfrac{(\boldsymbol{\eta}_{j-1},\boldsymbol{\alpha}_j)}{(\boldsymbol{\eta}_{j-1},\boldsymbol{\eta}_{j-1})}\boldsymbol{\eta}_{j-1},\quad j=2,\cdots,n;\end{cases}$$

(2) 单位化: $\boldsymbol{\varepsilon}_j=\dfrac{\boldsymbol{\eta}_j}{|\boldsymbol{\eta}_j|},j=1,2,\cdots,n.$

**例 5** 将基 $\boldsymbol{\alpha}_1=(1,1,0,0),\boldsymbol{\alpha}_2=(-1,0,0,1),\boldsymbol{\alpha}_3=(1,0,1,0),\boldsymbol{\alpha}_4=(1,-1,-1,1)$ 化为标准正交基.

**解** 直接代入计算公式 (先正交化再单位化), 得到标准正交基为

$$\boldsymbol{\eta}_1=\frac{1}{\sqrt{2}}(1,1,0,0),\boldsymbol{\eta}_2=\frac{1}{\sqrt{6}}(-1,1,0,2),\boldsymbol{\eta}_3=\frac{1}{\sqrt{12}}(1,-1,3,1),\boldsymbol{\eta}_4=\frac{1}{2}(1,-1,-1,1).$$

**例 6** 在 $\mathbf{R}_2[x]$ 内定义内积 $(f,g)=\int_0^1 f(x)g(x)\mathrm{d}x$, 使之构成 Euclid 空间, 给定一组基 $1,x,x^2$, 将其正交化:

$$\boldsymbol{\eta}_1=1,\quad \boldsymbol{\eta}_2=x-\frac{(x,\boldsymbol{\eta}_1)}{(\boldsymbol{\eta}_1,\boldsymbol{\eta}_1)}\boldsymbol{\eta}_1=x-\frac{1}{2},$$

$$\boldsymbol{\eta}_3=x^2-\frac{(x^2,\boldsymbol{\eta}_1)}{(\boldsymbol{\eta}_1,\boldsymbol{\eta}_1)}\boldsymbol{\eta}_1-\frac{(x^2,\boldsymbol{\eta}_2)}{(\boldsymbol{\eta}_2,\boldsymbol{\eta}_2)}\boldsymbol{\eta}_2=x^2-x+\frac{1}{6}.$$

于是得到 $\mathbf{R}_2[x]$ 中两两正交向量组 (正交基) 为 $1,x-\dfrac{1}{2},x^2-x+\dfrac{1}{6}$. 请读者将其规范化.

现在问: 两组标准正交基之间的过渡矩阵具有什么特点?

设 $\boldsymbol{\varepsilon}_1,\boldsymbol{\varepsilon}_2,\cdots,\boldsymbol{\varepsilon}_n$ 和 $\boldsymbol{\eta}_1,\boldsymbol{\eta}_2,\cdots,\boldsymbol{\eta}_n$ 都是 $n$ 维 Euclid 空间的标准正交基, 它们之间的过渡矩阵为 $\boldsymbol{A}=(a_{ij})$, 即

$$(\boldsymbol{\eta}_1,\boldsymbol{\eta}_2,\cdots,\boldsymbol{\eta}_n)=(\boldsymbol{\varepsilon}_1,\boldsymbol{\varepsilon}_2,\cdots,\boldsymbol{\varepsilon}_n)\boldsymbol{A}.$$

由于 $\boldsymbol{\eta}_1,\boldsymbol{\eta}_2,\cdots,\boldsymbol{\eta}_n$ 是标准正交基, 因此

$$(\boldsymbol{\eta}_i,\boldsymbol{\eta}_j)=\begin{cases}1, & i=j,\\ 0, & i\neq j.\end{cases}$$

矩阵 $\boldsymbol{A}$ 的各列就是 $\boldsymbol{\eta}_1,\boldsymbol{\eta}_2,\cdots,\boldsymbol{\eta}_n$ 在标准正交基 $\boldsymbol{\varepsilon}_1,\boldsymbol{\varepsilon}_2,\cdots,\boldsymbol{\varepsilon}_n$ 下的坐标, 于是, 就有

$$a_{1i}a_{1j}+a_{2i}a_{2j}+\cdots+a_{ni}a_{nj}=\begin{cases}1, & i=j,\\ 0, & i\neq j.\end{cases}$$

上式即为 $\boldsymbol{A}^{\mathrm{T}}\boldsymbol{A}=\boldsymbol{E}$. 满足该等式的矩阵称为**正交矩阵**(见第 4 章).

由此, 得出结论: 标准正交基之间的过渡矩阵为正交矩阵. 反之, 如果第一组基是标准正交基, 过渡矩阵是正交矩阵, 则第二组基也是标准正交基.

最后, 我们给出斜边大于直角边这一几何命题在 Euclid 空间的推广.

**定理 3** (Bessel 不等式) 设 $\boldsymbol{v}_1,\boldsymbol{v}_2,\cdots,\boldsymbol{v}_m$ 是 Euclid 空间 $V$ 中的正交向量组, 则对任意的 $\boldsymbol{y}\in V$, 成立

$$\sum_{k=1}^{m}\frac{|(\boldsymbol{y},\boldsymbol{v}_k)|^2}{|\boldsymbol{v}_k|^2}\leqslant|\boldsymbol{y}|^2.$$

等号成立的充分必要条件是 $\boldsymbol{y}\in L(\boldsymbol{v}_1,\boldsymbol{v}_2,\cdots,\boldsymbol{v}_m)$.

**证明** 令 $\boldsymbol{x}=\sum_{k=1}^{m}\frac{(\boldsymbol{y},\boldsymbol{v}_k)}{|\boldsymbol{v}_k|^2}\boldsymbol{v}_k$, 则 $\boldsymbol{x}\in L(\boldsymbol{v}_1,\boldsymbol{v}_2,\cdots,\boldsymbol{v}_m)=U$.

容易验证, $(\boldsymbol{y}-\boldsymbol{x},\boldsymbol{v}_k)=0\ (k=1,2,\cdots,m)$. 因此 $(\boldsymbol{y},\boldsymbol{x})=0$. 于是由勾股定理, 得

$$|\boldsymbol{y}|^2=|\boldsymbol{y}-\boldsymbol{x}|^2+|\boldsymbol{x}|^2.$$

从而 $|\boldsymbol{x}|^2\leqslant|\boldsymbol{y}|^2$.

由于 $\boldsymbol{v}_1,\boldsymbol{v}_2,\cdots,\boldsymbol{v}_m$ 两两正交, 因此不难计算 $|\boldsymbol{x}|^2=\sum_{k=1}^{m}\frac{|(\boldsymbol{y},\boldsymbol{v}_k)|^2}{|\boldsymbol{v}_k|^2}$.

若 $\boldsymbol{y}\in U$, 则 $\boldsymbol{y}=\boldsymbol{x}$, 故等号成立. 反之, 若等号成立, 则 $|\boldsymbol{y}-\boldsymbol{x}|^2=0$, 故 $\boldsymbol{y}=\boldsymbol{x}$, 即 $\boldsymbol{y}\in U$.

定理获证.

## 习 题 10.2

1. 设 $\boldsymbol{\alpha}_1,\boldsymbol{\alpha}_2,\boldsymbol{\alpha}_3$ 是 3 维 Euclid 空间中的一组标准正交基, 证明

$$\boldsymbol{\beta}_1=\frac{1}{3}(2\boldsymbol{\alpha}_1+2\boldsymbol{\alpha}_2-\boldsymbol{\alpha}_3),\quad \boldsymbol{\beta}_2=\frac{1}{3}(2\boldsymbol{\alpha}_1-\boldsymbol{\alpha}_2+2\boldsymbol{\alpha}_3),\quad \boldsymbol{\beta}_3=\frac{1}{3}(\boldsymbol{\alpha}_1-2\boldsymbol{\alpha}_2-2\boldsymbol{\alpha}_3)$$

也是一组标准正交基.

2. 设 $\boldsymbol{\alpha}_i\ (i=1,2,\cdots,5)$ 是 5 维 Euclid 空间中的一组标准正交基, $V_1=L(\boldsymbol{\beta}_1,\boldsymbol{\beta}_2,\boldsymbol{\beta}_3)$, 其中

$$\boldsymbol{\beta}_1=\boldsymbol{\alpha}_1+\boldsymbol{\alpha}_5,\quad \boldsymbol{\beta}_2=\boldsymbol{\alpha}_1-\boldsymbol{\alpha}_2+\boldsymbol{\alpha}_4,\quad \boldsymbol{\beta}_3=2\boldsymbol{\alpha}_1+\boldsymbol{\alpha}_2+\boldsymbol{\alpha}_3,$$

求 $V_1$ 的一组标准正交基.

3. 求齐次线性方程组 $\begin{cases}2x_1+x_2-x_3+x_4-3x_5=0,\\ x_1+x_2-x_3+x_5=0\end{cases}$ 解空间的一组标准正交基.

4. 在 $\mathbf{R}_3[x]$ 中, 定义内积 $(f,g)=\int_{-1}^{1}f(x)g(x)\mathrm{d}x$, 求 $\mathbf{R}_3[x]$ 的一组标准正交基(由基 $1,x,x^2,x^3$ 出发正交化).

5. 设 $V$ 是 $n$ 维 Euclid 空间, $\boldsymbol{\alpha}\neq\mathbf{0}$ 是 $V$ 中一给定向量.

(1) 证明 $V_1=\{\boldsymbol{x}|(\boldsymbol{x},\boldsymbol{\alpha})=0,\boldsymbol{x}\in V\}$ 是 $V$ 的子空间;

(2) 证明 $V_1$ 的维数为 $n-1$.

6. 设 $\boldsymbol{\alpha}_1,\boldsymbol{\alpha}_2,\cdots,\boldsymbol{\alpha}_n$ 是 $n$ 维 Euclid 空间的一组向量,

$$\boldsymbol{A}=((\boldsymbol{\alpha}_i,\boldsymbol{\alpha}_j))_{n\times n},\quad i,j=1,2,\cdots,n.$$

证明 $\boldsymbol{\alpha}_1,\boldsymbol{\alpha}_2,\cdots,\boldsymbol{\alpha}_n$ 线性无关的充分必要条件是 $|\boldsymbol{A}|\neq0$.

7. 设 $\boldsymbol{\alpha},\boldsymbol{\beta}$ 是 $n$ 维 Euclid 空间中两个不同向量, 且 $|\boldsymbol{\alpha}|=|\boldsymbol{\beta}|=1$. 证明 $(\boldsymbol{\alpha},\boldsymbol{\beta})\neq1$.

## 10.3 Euclid 空间上的正交变换

这里讨论基于标准正交基而提出的正交矩阵, 以及正交矩阵相应的正交变换. 回忆第 4 章正交矩阵的知识点. 如果 $\boldsymbol{A}$ 是正交矩阵, 则:

(1) $\boldsymbol{A}^{-1} = \boldsymbol{A}^{\mathrm{T}}$;

(2) $|\boldsymbol{A}|^2 = 1$;

(3) 矩阵 $\boldsymbol{A}$ 的特征值满足 $\lambda^2 = 1$.

**定义 7** Euclid 空间 $V$ 的线性变换 $\boldsymbol{T}$ 称为**正交变换**, 如果它保持向量的内积不变, 即对于任意的 $\boldsymbol{\alpha}, \boldsymbol{\beta} \in V$, 都有

$$(\boldsymbol{T\alpha}, \boldsymbol{T\beta}) = (\boldsymbol{\alpha}, \boldsymbol{\beta}).$$

自然会问: 正交变换对应的矩阵是否为正交矩阵?

**定理 4** 设 $\boldsymbol{T}$ 是 $n$ 维 Euclid 空间 $V$ 的线性变换, 以下 4 个命题等价:

(1) $\boldsymbol{T}$ 是正交变换;

(2) $\boldsymbol{T}$ 保持向量的长度不变, 即 $|\boldsymbol{T\alpha}| = |\boldsymbol{\alpha}|, \boldsymbol{\alpha} \in V$;

(3) $\varepsilon_1, \varepsilon_2, \cdots, \varepsilon_n$ 是标准正交基, 那么 $\boldsymbol{T}\varepsilon_1, \boldsymbol{T}\varepsilon_2, \cdots, \boldsymbol{T}\varepsilon_n$ 也是标准正交基;

(4) $\boldsymbol{T}$ 在任意一组标准正交基下的矩阵是正交矩阵.

**证明** 首先证明 (1)⇔(2). 设 $\boldsymbol{T}$ 为正交变换, 则

$$(\boldsymbol{T\alpha}, \boldsymbol{T\beta}) = (\boldsymbol{\alpha}, \boldsymbol{\beta}),$$

显然 $|\boldsymbol{T\alpha}| = |\boldsymbol{\alpha}|$, 即正交变换保持向量的长度不变. 反之, 若 $\boldsymbol{T}$ 保持向量长度不变, 那么

$$(\boldsymbol{T\alpha}, \boldsymbol{T\alpha}) = (\boldsymbol{\alpha}, \boldsymbol{\alpha}), \quad (\boldsymbol{T\beta}, \boldsymbol{T\beta}) = (\boldsymbol{\beta}, \boldsymbol{\beta}), \quad (\boldsymbol{T}(\boldsymbol{\alpha}+\boldsymbol{\beta}), \boldsymbol{T}(\boldsymbol{\alpha}+\boldsymbol{\beta})) = (\boldsymbol{\alpha}+\boldsymbol{\beta}, \boldsymbol{\alpha}+\boldsymbol{\beta}),$$

将上式中最后等式展开, 利用前两个等式, 得 $(\boldsymbol{T\alpha}, \boldsymbol{T\beta}) = (\boldsymbol{\alpha}, \boldsymbol{\beta})$, 即 $\boldsymbol{T}$ 是正交变换.

下证 (1)⇔(3). 设 $\boldsymbol{T}$ 是正交变换, $\varepsilon_1, \varepsilon_2, \cdots, \varepsilon_n$ 是标准正交基, 那么

$$(\boldsymbol{T}\varepsilon_i, \boldsymbol{T}\varepsilon_j) = (\varepsilon_i, \varepsilon_j) = \begin{cases} 1, & i = j, \\ 0, & i \neq j, \end{cases}$$

即 $\boldsymbol{T}\varepsilon_1, \boldsymbol{T}\varepsilon_2, \cdots, \boldsymbol{T}\varepsilon_n$ 也是标准正交基. 反之, 若 $\boldsymbol{T}\varepsilon_1, \boldsymbol{T}\varepsilon_2, \cdots, \boldsymbol{T}\varepsilon_n$ 是标准正交基, 那么由

$$\boldsymbol{\alpha} = x_1\varepsilon_1 + x_2\varepsilon_2 + \cdots + x_n\varepsilon_n, \quad \boldsymbol{\beta} = y_1\varepsilon_1 + y_2\varepsilon_2 + \cdots + y_n\varepsilon_n,$$

$$\boldsymbol{T\alpha} = x_1\boldsymbol{T}\varepsilon_1 + x_2\boldsymbol{T}\varepsilon_2 + \cdots + x_n\boldsymbol{T}\varepsilon_n, \quad \boldsymbol{T\beta} = y_1\boldsymbol{T}\varepsilon_1 + y_2\boldsymbol{T}\varepsilon_2 + \cdots + y_n\boldsymbol{T}\varepsilon_n,$$

即得

$$(\boldsymbol{\alpha},\boldsymbol{\beta})=x_1y_1+x_2y_2+\cdots+x_ny_n=(\boldsymbol{T}\boldsymbol{\alpha},\boldsymbol{T}\boldsymbol{\beta}).$$

因此 $\boldsymbol{T}$ 是正交变换.

下证 (3)⇔(4). 设 $\boldsymbol{T}$ 在标准正交基 $\varepsilon_1,\varepsilon_2,\cdots,\varepsilon_n$ 下的矩阵为 $\boldsymbol{A}$, 若 $\boldsymbol{T}\varepsilon_1,\boldsymbol{T}\varepsilon_2,\cdots,\boldsymbol{T}\varepsilon_n$ 也是标准正交基, 那么矩阵 $\boldsymbol{A}$ 即为两个标准正交基之间的过渡矩阵, 因此 $\boldsymbol{A}$ 是正交矩阵. 反过来, 如果 $\boldsymbol{A}$ 是正交矩阵, 由之前的分析, $\boldsymbol{T}\varepsilon_1,\boldsymbol{T}\varepsilon_2,\cdots,\boldsymbol{T}\varepsilon_n$ 是标准正交基.

这样我们就证明了定理中命题的等价性.

因为正交变换保持向量的距离不变, 所以正交变换也称保距变换. 但保距变换未必是正交变换. 例如, 设 $\boldsymbol{\alpha}=(x_1,x_2,\cdots,x_n)$ 是空间 $\mathbf{R}^n$ 任意向量, 定义

$$\boldsymbol{T}\boldsymbol{\alpha}=(|x_1|,|x_2|,\cdots,|x_n|),$$

容易验证变换 $\boldsymbol{T}$ 保持向量长度不变, 但它不是线性变换, 那么也不是正交变换.

正交矩阵是可逆的, 因此正交变换也是可逆的.正交变换实际上就是一个 Euclid 空间到它自身的同构映射, 因而正交变换的乘积与正交变换的逆仍然是正交变换. 相应地, 正交矩阵的乘积与逆仍然是正交矩阵.

基于正交矩阵的行列式 $|\boldsymbol{A}|=1$ 或 $|\boldsymbol{A}|=-1$. 因此, 行列式等于 1 的正交矩阵对应的正交变换通常称为**旋转变换**, 或**第一类变换**; 行列式等于 $-1$ 的正交矩阵对应的正交变换称为**第二类变换**.

所有第一类正交变换的集合记为 $\mathrm{SO}_n(\mathbf{R})=\{\boldsymbol{A}|\boldsymbol{A}^{\mathrm{T}}\boldsymbol{A}=\boldsymbol{E},|\boldsymbol{A}|=1\}$, 它对矩阵乘法是封闭的, 构成所谓“旋转群”(群论课程中给予介绍).

在 Euclid 空间中取标准正交基 $\varepsilon_1,\varepsilon_2,\cdots,\varepsilon_n$, 定义线性变换

$$\boldsymbol{T}\varepsilon_1=-\varepsilon_1,\quad \boldsymbol{T}\varepsilon_j=\varepsilon_j,\quad j=2,3,\cdots,n,$$

该变换 $\boldsymbol{T}$ 就是一个第二类正交变换. 几何角度看, 这是一个镜面反射.

至此, 正交矩阵的几何意义可以有如下解释:

(1) 正交矩阵 $\boldsymbol{A}$ 的行 (列) 向量构成 $\mathbf{R}^n$ 中的一组标准正交基;

(2) 正交变换在标准正交基下矩阵为正交矩阵;

(3) 两组标准正交基之间过渡矩阵是正交矩阵;

(4) 实对称矩阵可用正交矩阵对角化;

(5) 第一类正交变换对应空间的旋转变换, 第二类正交变换对应空间的反射变换.

最后, 需要说明的是, Euclid 空间上特殊变换除正交变换外, 还有两个比较重要的变换 —— 伴随变换和正规变换, 请读者参阅相关参考书, 这里不作介绍.

## 习 题 10.3

1. 设 $\boldsymbol{\eta}$ 是 $n$ 维 Euclid 空间 $V$ 中的单位向量, 定义

$$\boldsymbol{T}\boldsymbol{\alpha}=\boldsymbol{\alpha}-2(\boldsymbol{\eta},\boldsymbol{\alpha})\boldsymbol{\eta}.$$

证明:

(1) $\boldsymbol{T}$ 是正交变换, 这样的正交变换称为**镜面反射**;

(2) $\boldsymbol{T}$ 是第二类的;

(3) 如果 $n$ 维 Euclid 空间中, 正交变换 $\boldsymbol{T}$ 以 1 作为一个特征值, 且属于特征值 1 的特征子空间 $V_1$ 的维数是 $n-1$, 那么 $\boldsymbol{T}$ 是镜面反射.

2. 证明反对称实矩阵的特征值是零或纯虚数.

3. 设 $\boldsymbol{A}$ 是 $n$ 阶实矩阵, 证明存在正交矩阵 $\boldsymbol{Q}$ 使 $\boldsymbol{Q}^{-1}\boldsymbol{A}\boldsymbol{Q}$ 为三角矩阵的充分必要条件是 $\boldsymbol{A}$ 的特征多项式的根全是实的.

4. 证明上三角的正交矩阵一定为对角矩阵, 且对角线上元素为 1 或 $-1$.

5. 设 $\boldsymbol{A}$ 是 $n$ 阶实矩阵, 且 $|\boldsymbol{A}|\neq 0$. 证明 $\boldsymbol{A}$ 可分解为 $\boldsymbol{A}=\boldsymbol{Q}\boldsymbol{T}$, 其中 $\boldsymbol{Q}$ 是正交矩阵, $\boldsymbol{T}$ 是上三角矩阵 (其对角线上元素全大于零), 并证明这一分解式是唯一的.

6. 在 Euclid 空间中, 下列说法是否正确? 正确的, 请给出证明; 不正确的, 请举反例.

(1) 保持任意两个非零向量长度不变的线性变换是否一定是正交变换?

(2) 保持任意两个非零向量夹角不变的线性变换是否一定是正交变换?

(3) 若 Euclid 空间上线性变换 $\boldsymbol{T}$ 对一组基 $\boldsymbol{\alpha}_1,\boldsymbol{\alpha}_2,\cdots,\boldsymbol{\alpha}_n$ 成立

$$(\boldsymbol{T}\boldsymbol{\alpha}_i,\boldsymbol{T}\boldsymbol{\alpha}_i)=(\boldsymbol{\alpha}_i,\boldsymbol{\alpha}_i),\quad i=1,2,\cdots,n,$$

则 $\boldsymbol{T}$ 是否一定是正交变换?

7. 设 $V$ 是 $n$ $(n\geqslant 3)$ 维线性空间, 对于 $V$ 中非零向量 $\boldsymbol{\alpha}$, 定义

$$\boldsymbol{T}(\boldsymbol{x})=2\frac{(\boldsymbol{x},\boldsymbol{\alpha})}{(\boldsymbol{\alpha},\boldsymbol{\alpha})}\boldsymbol{\alpha}-\boldsymbol{x},\quad \boldsymbol{x}\in V.$$

证明:

(1) $\boldsymbol{T}$ 是正交变换;

(2)$\boldsymbol{T}$ 的特征值为 $-1$ ($n-1$ 重) 和 1.

## 10.4 正交补空间

这一节讨论 Euclid 空间中子空间的正交关系.

**定义 8**　设 $V_1, V_2$ 是 Euclid 空间 $V$ 中两个子空间, 如果对任意的 $\boldsymbol{\alpha} \in V_1, \boldsymbol{\beta} \in V_2$, 恒有

$$(\boldsymbol{\alpha}, \boldsymbol{\beta}) = 0,$$

则称子空间 $V_1$ 与 $V_2$ 正交, 记为 $V_1 \perp V_2$. 如果对任一 $\boldsymbol{\alpha} \in V_1, \boldsymbol{\eta} \in V$, 有 $(\boldsymbol{\eta}, \boldsymbol{\alpha}) = 0$, 则称向量 $\boldsymbol{\eta}$ 与子空间 $V_1$ 正交, 记为 $\boldsymbol{\eta} \perp V_1$.

由于只有零向量与自身正交, 因此如果 $V_1 \perp V_2$, 则 $V_1 \cap V_2 = \{\mathbf{0}\}$.

**定理 5**　如果子空间 $V_1, V_2, \cdots, V_s$ 两两正交, 则 $V_1 + V_2 + \cdots + V_s$ 是直和.

**证明**　设 $\boldsymbol{\alpha}_i \in V_i\ (i = 1, 2, \cdots, s)$, 且 $\boldsymbol{\alpha}_1 + \boldsymbol{\alpha}_2 + \cdots + \boldsymbol{\alpha}_s = \mathbf{0}$. 以 $\boldsymbol{\alpha}_i$ 与该等式作内积, 由正交性, 即得 $(\boldsymbol{\alpha}_i, \boldsymbol{\alpha}_i) = 0$, 从而 $\boldsymbol{\alpha}_i = \mathbf{0}$, 这就是说和 $V_1 + V_2 + \cdots + V_s$ 是直和.

**定义 9**　子空间 $V_2$ 称为子空间 $V_1$ 的**正交补**, 如果 $V_1 \perp V_2$, 且 $V_1 + V_2 = V$.

显然, $V_1$ 是 $V_2$ 的正交补, 则 $V_2$ 也是 $V_1$ 的正交补. 子空间 $V_1$ 的正交补记为 $V_1^{\perp}$.

例如, 在 2 维几何平面上, 两个坐标轴构成的子空间互为正交补空间; 在 3 维几何空间中, $z$ 轴和 $xOy$ 平面构成的子空间互为正交补空间.

**定理 6**　$n$ 维 Euclid 空间 $V$ 的每一个子空间 $V_1$ 都存在唯一的正交补 $V_1^{\perp}$.

**证明**　如果 $V_1 = \{\mathbf{0}\}$, 那么它的正交补就是 $V$, 且是唯一的. 因此设 $V_1 \neq \{\mathbf{0}\}$. 在 $V_1$ 中取一组正交基 $\boldsymbol{\varepsilon}_1, \boldsymbol{\varepsilon}_2, \cdots, \boldsymbol{\varepsilon}_m$, 由定理 1, 它可以扩充为 $V$ 的一组正交基

$$\boldsymbol{\varepsilon}_1, \boldsymbol{\varepsilon}_2, \cdots, \boldsymbol{\varepsilon}_m, \boldsymbol{\varepsilon}_{m+1}, \cdots, \boldsymbol{\varepsilon}_n.$$

显然子空间 $L(\boldsymbol{\varepsilon}_{m+1}, \cdots, \boldsymbol{\varepsilon}_n)$ 是 $V_1$ 的正交补.

下证唯一性. 设 $V_2, V_3$ 都是 $V_1$ 的正交补, 于是

$$V = V_1 \oplus V_2, \quad V = V_1 \oplus V_3.$$

令 $\boldsymbol{\alpha} \in V_2$, 注意到 $\boldsymbol{\alpha} \in V$, 因此由第二式,

$$\boldsymbol{\alpha} = \boldsymbol{\alpha}_1 + \boldsymbol{\alpha}_3, \quad \boldsymbol{\alpha}_1 \in V_1, \quad \boldsymbol{\alpha}_3 \in V_3.$$

因 $\boldsymbol{\alpha} \perp \boldsymbol{\alpha}_1$, 所以

$$0 = (\boldsymbol{\alpha}, \boldsymbol{\alpha}_1) = (\boldsymbol{\alpha}_1 + \boldsymbol{\alpha}_3, \boldsymbol{\alpha}_1) = (\boldsymbol{\alpha}_1, \boldsymbol{\alpha}_1) + (\boldsymbol{\alpha}_1, \boldsymbol{\alpha}_3).$$

即 $(\boldsymbol{\alpha}_1, \boldsymbol{\alpha}_1) = 0$, 从而 $\boldsymbol{\alpha}_1 = \mathbf{0}$, 即 $\boldsymbol{\alpha} = \boldsymbol{\alpha}_3 \in V_3$. 于是 $V_2 \subseteq V_3$.

同理可证 $V_3 \subseteq V_2$, 故 $V_2 = V_3$.

显然

$$\dim V_1 + \dim V_1^{\perp} = n.$$

**推论 1** $V_1^{\perp}$ 恰由所有与 $V_1$ 正交的向量组成.

下面讨论对称矩阵对应线性变换的性质.

**定义 10** Euclid 空间中满足下式的线性变换 $\boldsymbol{T}$ 称为**对称变换**:

$$(\boldsymbol{T\alpha},\boldsymbol{\beta})=(\boldsymbol{\alpha},\boldsymbol{T\beta}),\quad \boldsymbol{\alpha}\in V,\quad \boldsymbol{\beta}\in V.$$

显然, 对称变换在标准正交基下对应的矩阵为实对称矩阵.

**定理 7** 设 $\boldsymbol{T}$ 是对称变换, $V_1$ 是 $\boldsymbol{T}$ 的不变子空间, 则 $V_1^{\perp}$ 也是 $\boldsymbol{T}$ 的不变子空间.

**证明** 设 $\boldsymbol{\alpha}\in V_1^{\perp}$, 要证 $\boldsymbol{T\alpha}\in V_1^{\perp}$, 即证 $\boldsymbol{T\alpha}\perp V_1$.

任取 $\boldsymbol{\beta}\in V_1$, 都有 $\boldsymbol{T\beta}\in V_1$. 因 $\boldsymbol{\alpha}\perp V_1$, 故 $(\boldsymbol{\alpha},\boldsymbol{T\beta})=0$, 因此,

$$(\boldsymbol{T\alpha},\boldsymbol{\beta})=(\boldsymbol{\alpha},\boldsymbol{T\beta})=0,$$

即 $\boldsymbol{T\alpha}\perp V_1, \boldsymbol{T\alpha}\in V_1^{\perp}, V_1^{\perp}$ 也是不变子空间.

**定理 8** 设 $\boldsymbol{A}$ 是实对称矩阵, 则 $\mathbf{R}^n$ 中属于 $\boldsymbol{A}$ 的不同特征值的特征向量必正交.

**证明** 设 $\lambda,\mu$ 是 $\boldsymbol{A}$ 的两个不同特征值, $\boldsymbol{\alpha},\boldsymbol{\beta}$ 分别属于 $\lambda,\mu$ 的特征向量, 定义对称变换 $\boldsymbol{Tx}=\boldsymbol{Ax}$, 于是

$$\boldsymbol{T\alpha}=\lambda\boldsymbol{\alpha},\quad \boldsymbol{T\beta}=\mu\boldsymbol{\beta}.$$

由 $(\boldsymbol{T\alpha},\boldsymbol{\beta})=(\boldsymbol{\alpha},\boldsymbol{T\beta})$, 即得 $(\lambda-\mu)(\boldsymbol{\alpha},\boldsymbol{\beta})=0$. 因此 $(\boldsymbol{\alpha},\boldsymbol{\beta})=0$, 即 $\boldsymbol{\alpha}\perp\boldsymbol{\beta}$.

现在可以证明第 4 章中“实对称矩阵一定可以对角化”的结论.

**定理 9** 任意实对称矩阵 $\boldsymbol{A}$, 都存在一个正交矩阵 $\boldsymbol{P}$, 使得 $\boldsymbol{P}^{\mathrm{T}}\boldsymbol{AP}$ 为对角形.

**证明** 由于实对称矩阵与对称变换之间的关系, 只要证明对称变换 $\boldsymbol{T}$ 有 $n$ 个特征向量组成标准正交基就可以了.

我们对空间维数 $n$ 作归纳法. $n=1$ 显然成立, 假设 $n-1$ 结论也成立. 令 $\boldsymbol{\alpha}_1$ 是线性变换 $\boldsymbol{T}$ 属于特征值 $\lambda$ 的特征向量 (单位向量), 子空间 $L(\boldsymbol{\alpha}_1)$ 的正交补记为 $V_1$, 显然 $V_1$ 也是 $\boldsymbol{T}$ 的不变子空间, 其维数为 $n-1$. 而 $\boldsymbol{T}|_{V_1}$ 也是对称变换, 根据归纳假设, $\boldsymbol{T}|_{V_1}$ 有 $n-1$ 个特征向量 $\boldsymbol{\alpha}_2,\boldsymbol{\alpha}_3,\cdots,\boldsymbol{\alpha}_n$ 作成 $V_1$ 的标准正交基, 从而 $\boldsymbol{\alpha}_1,\boldsymbol{\alpha}_2,\cdots,\boldsymbol{\alpha}_n$ 组成标准正交基, 又是 $\boldsymbol{T}$ 的特征向量. 定理获证.

**例 7** 设 $\boldsymbol{A}=\begin{pmatrix}0&1&1&-1\\1&0&-1&1\\1&-1&0&1\\-1&1&1&0\end{pmatrix}$, 求一正交矩阵 $\boldsymbol{P}$, 使 $\boldsymbol{P}^{\mathrm{T}}\boldsymbol{AP}$ 为对角矩阵.

**解**　首先求 $\boldsymbol{A}$ 的特征值. 由 $|\lambda\boldsymbol{E}-\boldsymbol{A}|=(\lambda-1)^3(\lambda+3)$, 即得矩阵 $\boldsymbol{A}$ 的特征值为

$$\lambda_1=\lambda_2=\lambda_3=1,\quad \lambda_4=-3.$$

其次求相应的特征向量. 将 $\lambda_1=1$ 代入 $(\lambda\boldsymbol{E}-\boldsymbol{A})\boldsymbol{x}=\boldsymbol{0}$, 求解得其基础解系

$$\boldsymbol{\alpha}_1=(1,1,0,0)^{\mathrm{T}},\quad \boldsymbol{\alpha}_2=(1,0,1,0)^{\mathrm{T}},\quad \boldsymbol{\alpha}_3=(-1,0,0,1)^{\mathrm{T}}.$$

将其正交规范化, 得

$$\boldsymbol{\eta}_1=\frac{1}{\sqrt{2}}(1,1,0,0)^{\mathrm{T}},\quad \boldsymbol{\eta}_2=\frac{1}{\sqrt{6}}(1,-1,2,0)^{\mathrm{T}},\quad \boldsymbol{\eta}_3=\frac{1}{\sqrt{12}}(-1,1,1,3)^{\mathrm{T}}.$$

属于 $\lambda_4=-3$ 的特征向量 (单位化) 为 $\boldsymbol{\eta}_4=\dfrac{1}{2}(1,-1,-1,1)^{\mathrm{T}}$. 于是, 所求正交矩阵

$$\boldsymbol{P}=(\boldsymbol{\eta}_1,\boldsymbol{\eta}_2,\boldsymbol{\eta}_3,\boldsymbol{\eta}_4).$$

$\boldsymbol{P}^{\mathrm{T}}\boldsymbol{AP}=\mathrm{diag}(1,1,1,-3)$.

定理 9 的二次型语言表述.

**定理 10**　任意实二次型 $f(\boldsymbol{x})=\sum\limits_{i,j=1}^{n}a_{ij}x_ix_j\ (a_{ij}=a_{ji})$ 都可以经过正交变换 $\boldsymbol{x}=\boldsymbol{Cy}$ ($\boldsymbol{C}$ 为正交矩阵) 化为平方和的形式

$$\lambda_1y_1^2+\lambda_2y_2^2+\cdots+\lambda_ny_n^2,$$

其中 $\lambda_i\ (i=1,2,\cdots,n)$ 为矩阵 $\boldsymbol{A}$ 的特征多项式全部的根.

## 习　题　10.4

1. Euclid 空间 $V$ 中线性变换 $\boldsymbol{T}$ 称为**反对称的**, 如果对任意 $\boldsymbol{\alpha},\boldsymbol{\beta}\in V$,

$$(\boldsymbol{T\alpha},\boldsymbol{\beta})=-(\boldsymbol{\alpha},\boldsymbol{T\beta}).$$

证明:

(1) $\boldsymbol{T}$ 为反对称变换的充分必要条件是 $\boldsymbol{T}$ 在一组标准正交基下的矩阵为反对称的;

(2) 如果 $V_1$ 是反对称变换 $\boldsymbol{T}$ 的不变子空间, 则 $V_1^{\perp}$ 也是.

2. 如果 $\boldsymbol{T}$ 是 $n$ 维 Euclid 空间的一个正交变换, 证明 $\boldsymbol{T}$ 的不变子空间的正交补也是 $\boldsymbol{T}$ 的不变子空间.

3. 设 $V_1,V_2$ 是 Euclid 空间的两个子空间. 证明:

$$(V_1+V_2)^{\perp}=V_1^{\perp}\cap V_2^{\perp};\quad (V_1\cap V_2)^{\perp}=V_1^{\perp}+V_2^{\perp}.$$

4. 设 $V$ 是 Euclid 空间, $U = L(\boldsymbol{\alpha}_1, \boldsymbol{\alpha}_2, \cdots, \boldsymbol{\alpha}_m\}$ 是 $V$ 的子空间, 证明

$$U^{\perp} = \{\boldsymbol{\alpha} \in V | (\boldsymbol{\alpha}, \boldsymbol{\alpha}_i) = 0, i = 1, 2, \cdots, m\}.$$

5. 设线性子空间 $U$ 为方程组 $\begin{cases} 2x_1 + x_2 + 3x_3 - x_4 = 0, \\ 3x_1 + 2x_2 - 2x_4 = 0, \\ 3x_1 + x_2 + 9x_3 - x_4 = 0 \end{cases}$ 的解空间, 求 $U^{\perp}$ 适合的线性方程组.

6. 设 $\boldsymbol{\alpha}, \boldsymbol{\beta}$ 是 Euclid 空间 $V$ 中两个不同的单位向量, 证明存在一镜面反射 $\boldsymbol{T}$, 使 $\boldsymbol{T}\boldsymbol{\alpha} = \boldsymbol{\beta}$.

7. 已知 $\boldsymbol{T}$ 是 Euclid 空间 $V$ 的对称变换, 证明 $\boldsymbol{T}(V) = (\boldsymbol{T}^{-1}(\mathbf{0}))^{\perp}$.

8. 求与方程组 $\begin{cases} x_1 - x_3 + x_4 = 0, \\ x_2 - x_4 = 0 \end{cases}$ 解空间中向量正交的向量.

9. 设 $\boldsymbol{\alpha}_i = (a_{i1}, a_{i2}, \cdots, a_{in})\ (i = 1, 2, \cdots, s)$ 是 $n$ 维实向量, $V_1 = L(\boldsymbol{\alpha}_1, \boldsymbol{\alpha}_2, \cdots, \boldsymbol{\alpha}_s)$, $V_2$ 是方程组 $\begin{cases} a_{11}x_1 + a_{12}x_2 + \cdots + a_{1n}x_n = 0, \\ a_{21}x_1 + a_{22}x_2 + \cdots + a_{2n}x_n = 0, \\ \cdots\cdots \\ a_{n1}x_1 + a_{n2}x_2 + \cdots + a_{nn}x_n = 0 \end{cases}$ 的解空间. 证明在 $\mathbf{R}^n$ 空间中, $V_2$ 是 $V_1$ 的正交补.

## *10.5 最小二乘法

**定义 11** Euclid 空间中向量 $\boldsymbol{\alpha}$ 与 $\boldsymbol{\beta}$ 之间的距离定义为 $d(\boldsymbol{\alpha}, \boldsymbol{\beta}) = |\boldsymbol{\alpha} - \boldsymbol{\beta}|$. 不难证明距离 $d(\boldsymbol{\alpha}, \boldsymbol{\beta})$ 满足以下基本性质:

(1) $d(\boldsymbol{\alpha}, \boldsymbol{\beta}) = d(\boldsymbol{\beta}, \boldsymbol{\alpha})$;

(2) $d(\boldsymbol{\alpha}, \boldsymbol{\beta}) \geqslant 0; d(\boldsymbol{\alpha}, \boldsymbol{\beta}) = 0$ 当且仅当 $\boldsymbol{\alpha} = \boldsymbol{\beta}$;

(3) $d(\boldsymbol{\alpha}, \boldsymbol{\beta}) \leqslant d(\boldsymbol{\alpha}, \boldsymbol{\eta}) + d(\boldsymbol{\eta}, \boldsymbol{\beta})$(三角不等式).

由几何学知识知道, 点到面 (或线) 上所有点的距离, 以垂线最短. 下面证明一个固定向量和一个子空间中所有向量间的距离也是"以垂线最短".

设子空间 $W = L(\boldsymbol{\alpha}_1, \boldsymbol{\alpha}_2, \cdots, \boldsymbol{\alpha}_k)$, 向量 $\boldsymbol{\alpha} \perp W$ 的充分必要条件为 $\boldsymbol{\alpha} \perp \boldsymbol{\alpha}_i$ $(i = 1, 2, \cdots, k)$. 现给定 $\boldsymbol{\beta}$, 并设 $\boldsymbol{\eta} \in W$ 满足 $\boldsymbol{\beta} - \boldsymbol{\eta}$ 垂直于 $W$, 我们要证明 $\boldsymbol{\beta}$ 到 $W$ 中各向量的距离以垂线最短, 即要证明, 对 $W$ 中的任意向量 $\boldsymbol{\delta}$, 有

$$|\boldsymbol{\beta} - \boldsymbol{\eta}| \leqslant |\boldsymbol{\beta} - \boldsymbol{\delta}|.$$

事实上, 一方面, $\boldsymbol{\beta} - \boldsymbol{\delta} = (\boldsymbol{\beta} - \boldsymbol{\eta}) + (\boldsymbol{\eta} - \boldsymbol{\delta})$. 另一方面, 因 $W$ 是子空间, $\boldsymbol{\eta} \in W, \boldsymbol{\delta} \in W$, 因此 $\boldsymbol{\eta} - \boldsymbol{\delta} \in W$. 于是 $(\boldsymbol{\beta} - \boldsymbol{\eta}) \perp (\boldsymbol{\eta} - \boldsymbol{\delta})$. 由勾股定理,

$$|\boldsymbol{\beta} - \boldsymbol{\eta}|^2 + |\boldsymbol{\eta} - \boldsymbol{\delta}|^2 = |\boldsymbol{\beta} - \boldsymbol{\delta}|^2.$$

由此即证.

这一重要事实可以用来解决一些实际问题. 其中的一个应用就是最小二乘法问题.

对非齐次线性方程组 $\boldsymbol{A}_{m\times n}\boldsymbol{x}=\boldsymbol{b}$, 如果 $r(\boldsymbol{A},\boldsymbol{b})\neq r(\boldsymbol{A})$, 那么该方程组无解 (这类方程组通常称为**矛盾方程组**或**不相容方程组**). 此时, 可考虑其某种近似解. 自然就问: 采用什么样的近似标准? 令

$$\boldsymbol{A}=(\boldsymbol{\alpha}_1,\boldsymbol{\alpha}_2,\cdots,\boldsymbol{\alpha}_n),\quad \boldsymbol{x}=(x_1,x_2,\cdots,x_n)^{\mathrm{T}},$$

则 $\boldsymbol{Ax}$ 生成一个子空间

$$W=\{\boldsymbol{Ax}=x_1\boldsymbol{\alpha}_1+x_2\boldsymbol{\alpha}_2+\cdots+x_n\boldsymbol{\alpha}_n\}=L(\boldsymbol{\alpha}_1,\boldsymbol{\alpha}_2,\cdots,\boldsymbol{\alpha}_n).$$

从而, $\boldsymbol{b}\in W$ 当且仅当 $\boldsymbol{Ax}=\boldsymbol{b}$ 有解. 也就是说方程组无解的原因是 $\boldsymbol{b}\notin W$. 如果把 $W$ 视为一个平面, 方程组无解, 即 $\boldsymbol{b}$ 不在平面 $W$ 上. 此时我们可以在平面 $W$ 上寻求一个向量 $\boldsymbol{\beta}$, 使其与向量 $\boldsymbol{b}$ 最接近. 这个最接近的向量 $\boldsymbol{\beta}$ 即为向量 $\boldsymbol{b}$ 在平面 $W$ 上的投影向量.

设 $\boldsymbol{\beta}=\boldsymbol{Ax}_0$, 则 $\boldsymbol{x}_0$ 就是所要寻找的近似解, $\boldsymbol{Ax}_0$ 也是 $W$ 中与 $\boldsymbol{b}$ 距离最近的向量, 即

$$|\boldsymbol{b}-\boldsymbol{Ax}_0|=\min_{\boldsymbol{Ax}\in W}|\boldsymbol{b}-\boldsymbol{Ax}|.$$

从这个意义上讲, $\boldsymbol{x}_0$ 是该无解方程组的最优近似解. 此方法就是所谓的**最小二乘法**.

接下来讨论如何求这个最优近似解. 考虑向量 $\boldsymbol{b}$ 在 $W$ 上垂直向量 $\boldsymbol{b}-\boldsymbol{\beta}$, 由 $\boldsymbol{b}-\boldsymbol{\beta}\perp W$, 因此

$$\boldsymbol{b}-\boldsymbol{\beta}\perp\boldsymbol{\alpha}_i,\quad i=1,2,\cdots,n.$$

根据内积的定义, 得到

$$(\boldsymbol{b}-\boldsymbol{\beta},\boldsymbol{\alpha}_i)=\boldsymbol{\alpha}_i^{\mathrm{T}}(\boldsymbol{b}-\boldsymbol{\beta})=0,\quad i=1,2,\cdots,n.$$

也就是 $\boldsymbol{A}^{\mathrm{T}}(\boldsymbol{b}-\boldsymbol{\beta})=\boldsymbol{0}$. 于是

$$\boldsymbol{A}^{\mathrm{T}}\boldsymbol{Ax}_0=\boldsymbol{A}^{\mathrm{T}}\boldsymbol{b}.$$

故近似解 $\boldsymbol{x}_0$ 就是方程组 $\boldsymbol{A}^{\mathrm{T}}\boldsymbol{Ax}=\boldsymbol{A}^{\mathrm{T}}\boldsymbol{b}$ 的解.

**定理 11** *如果 $r(\boldsymbol{A}^{\mathrm{T}}\boldsymbol{A})=n$, 那么无解线性方程组 $\boldsymbol{A}_{m\times n}\boldsymbol{x}=\boldsymbol{b}$ 可以由方程组*

$$\boldsymbol{A}^{\mathrm{T}}\boldsymbol{Ax}=\boldsymbol{A}^{\mathrm{T}}\boldsymbol{b}$$

*求得最优近似解*

$$\boldsymbol{x}_0=(\boldsymbol{A}^{\mathrm{T}}\boldsymbol{A})^{-1}\boldsymbol{A}^{\mathrm{T}}\boldsymbol{b}.$$

**证明** 证明的关键是证明 $r(\boldsymbol{A}^{\mathrm{T}}\boldsymbol{A}) = r(\boldsymbol{A}^{\mathrm{T}}\boldsymbol{A}, \boldsymbol{A}^{\mathrm{T}}\boldsymbol{b})$. 根据矩阵乘积秩的性质, 有

$$r(\boldsymbol{A}^{\mathrm{T}}\boldsymbol{A}, \boldsymbol{A}^{\mathrm{T}}\boldsymbol{b}) = r(\boldsymbol{A}^{\mathrm{T}}(\boldsymbol{A}, \boldsymbol{b})) \leqslant r(\boldsymbol{A}).$$

另一方面

$$r(\boldsymbol{A}^{\mathrm{T}}\boldsymbol{A}, \boldsymbol{A}^{\mathrm{T}}\boldsymbol{b}) \geqslant r(\boldsymbol{A}^{\mathrm{T}}\boldsymbol{A}), \quad r(\boldsymbol{A}^{\mathrm{T}}\boldsymbol{A}) = r(\boldsymbol{A}),$$

于是定理获证.

**例 8** 求方程组 $\begin{cases} x - y = 1, \\ x + y = 2, \\ 2x - y = 3 \end{cases}$ 的最优近似解.

**解** 计算 $r(\boldsymbol{A}^{\mathrm{T}}\boldsymbol{A}) = r(\boldsymbol{A}) = 2$, 因此 $\boldsymbol{A}^{\mathrm{T}}\boldsymbol{A}$ 可逆, 且

$$(\boldsymbol{A}^{\mathrm{T}}\boldsymbol{A})^{-1} = \frac{1}{14}\begin{pmatrix} 3 & 2 \\ 2 & 6 \end{pmatrix}.$$

于是最优近似解为

$$\boldsymbol{x}_0 = (\boldsymbol{A}^{\mathrm{T}}\boldsymbol{A})^{-1}\boldsymbol{A}^{\mathrm{T}}\boldsymbol{b} = \frac{1}{14}\begin{pmatrix} 23 \\ 6 \end{pmatrix}.$$

**例 9** 已知某种材料在生产过程中的废品率 $y$ 与某种化学成分 $x$ 有关, 下表记载了生产过程中 $y$ 与 $x$ 的数据, 现在的问题是通过这些数据找出 $y$ 与 $x$ 的一个近似公式.

| $y/\%$ | 1.0 | 0.9 | 0.9 | 0.81 | 0.6 | 0.56 | 0.35 |
|---|---|---|---|---|---|---|---|
| $x/\%$ | 3.6 | 3.7 | 3.8 | 3.9 | 4.0 | 4.1 | 4.2 |

把表中 7 对数据 $(x_i, y_i)$ 在直角坐标系中标记出来, 发现它们的变化趋势近似于一条直线, 因此确定选取 $y = ax + b$ 来表达近似公式. 以下问题就需要由给定的数据确定系数 $a, b$. 这些数据显然不能满足 $\delta_k = y_k - ax_k - b = 0\ (k = 1, 2, \cdots, 7)$. 于是, 只要我们能找到 $a, b$ 使

$$\delta = \delta_1^2 + \delta_2^2 + \cdots + \delta_7^2$$

足够小 (达到最小), 得到的直线近似程度就高. 上式讨论的误差平方即二乘方, 因此称最小二乘法. 设 $\boldsymbol{X} = (a, b)^{\mathrm{T}}$,

$$\boldsymbol{A} = \begin{pmatrix} 3.6 & 1 \\ 3.7 & 1 \\ \vdots & \vdots \\ 4.1 & 1 \\ 4.2 & 1 \end{pmatrix}, \quad \boldsymbol{b} = \begin{pmatrix} 1.0 \\ 0.9 \\ \vdots \\ 0.56 \\ 0.35 \end{pmatrix}.$$

代入公式计算, 解得 (取三位有效数字) $a=-1.05, b=4.81$.

本例中 $\delta$ 称为平方误差函数, 它是待定系数 $a,b$ 的函数, 即 $\delta=\delta(a,b)$, 下面讨论其如何与线性方程组联系起来.

设更一般的误差函数

$$\delta=\sum_{i=1}^{m}(a_{i1}x_1+a_{i2}x_2+\cdots+a_{in}x_n-b_i)^2.$$

根据多元函数极值的必要条件, 平方误差函数取得最小值时, 对应的变量 $x_1,x_2,\cdots,x_n$, 应满足

$$\frac{\partial\delta}{\partial x_1}=0,\frac{\partial\delta}{\partial x_2}=0,\cdots,\frac{\partial\delta}{\partial x_n}=0.$$

由此即得

$$2\sum_{i=1}^{m}a_{ij}(a_{i1}x_1+a_{i2}x_2+\cdots+a_{in}x_n-b_i)=0,\quad j=1,2,\cdots,n.$$

改写为矩阵形式即为

$$\boldsymbol{A}^{\mathrm{T}}\boldsymbol{A}\boldsymbol{x}=\boldsymbol{A}^{\mathrm{T}}\boldsymbol{b}.$$

### 习 题 10.5

1. 设有以下试验数据:

$$\begin{array}{llllll} x_i: & 1, & 2, & 3, & 4, & 5; \\ y_i: & 1.2, & 1.5, & 2.3, & 2.4, & 3.3. \end{array}$$

求一线性函数 $y=a+bx$, $a,b$ 为待定系数, 使它与试验数据的平方误差最小.

2. 设有以下试验数据:

$$\begin{array}{llllll} x_i: & 1, & 2, & 3, & 4, & 5; \\ y_i: & 6.1, & 10.5, & 18.4, & 26.5, & 38.2. \end{array}$$

求二次函数 $y=a+bx+cx^2$, $a,b,c$ 为待定系数, 使它与试验数据的平方误差最小.

## *10.6 酉 空 间

**定义 12** 设 $V$ 是复数域 $\mathbf{C}$ 上的线性空间, 如果给定一个法则, 使 $V$ 内的两个向量 $\boldsymbol{\alpha},\boldsymbol{\beta}$ 依该法则对应于 $\mathbf{C}$ 内唯一确定的数 (记为 $(\boldsymbol{\alpha},\boldsymbol{\beta})$), 且满足:

(1) $(k_1\boldsymbol{\alpha}_1+k_2\boldsymbol{\alpha}_2,\boldsymbol{\beta})=k_1(\boldsymbol{\alpha}_1,\boldsymbol{\beta})+k_2(\boldsymbol{\alpha}_2,\boldsymbol{\beta}), k_1,k_2\in\mathbf{C};\boldsymbol{\alpha}_1,\boldsymbol{\alpha}_2\in V$;

(2) $(\boldsymbol{\alpha},\boldsymbol{\beta})=\overline{(\boldsymbol{\beta},\boldsymbol{\alpha})}$(取复共轭), 因此对任意的 $\boldsymbol{\alpha}\in V,(\boldsymbol{\alpha},\boldsymbol{\alpha})\in\mathbf{R}$;

(3) $(\boldsymbol{\alpha},\boldsymbol{\alpha})\geqslant 0$, 且 $(\boldsymbol{\alpha},\boldsymbol{\alpha})=0$ 当且仅当 $\boldsymbol{\alpha}=\mathbf{0}$.

则称该二元函数 $(\boldsymbol{\alpha},\boldsymbol{\beta})$ 为线性空间 $V$ 内向量 $\boldsymbol{\alpha},\boldsymbol{\beta}$ 的**内积**. 复数 $\mathbf{C}$ 上定义了这种内积的线性空间称为**酉空间**(也就是复内积空间).

从内积的定义 (1) 和 (2), 对 $k_1,k_2\in\mathbf{C},\boldsymbol{\alpha},\boldsymbol{\beta}_1,\boldsymbol{\beta}_2\in V$, 有

$$(\boldsymbol{\alpha},k_1\boldsymbol{\beta}_1+k_2\boldsymbol{\beta}_2)=\overline{(k_1\boldsymbol{\beta}_1+k_2\boldsymbol{\beta}_2,\boldsymbol{\alpha})}=\overline{k_1}(\boldsymbol{\alpha},\boldsymbol{\beta}_1)+\overline{k_2}(\boldsymbol{\alpha},\boldsymbol{\beta}_2).$$

由此看出, $(\boldsymbol{\alpha},\boldsymbol{\beta})$ 对第 2 个变元 $\boldsymbol{\beta}$ 不是线性的, 所以它不是双线性函数, 这是酉空间的内积与 Euclid 空间内积的一个重要区别.

**例 10** 设 $\boldsymbol{\alpha}=(x_1,x_2,\cdots,x_n),\boldsymbol{\beta}=(y_1,y_2,\cdots,y_n)$ 在复数域 $\mathbf{C}$ 上, 定义:

$$(\boldsymbol{\alpha},\boldsymbol{\beta})=x_1\overline{y}_1+x_2\overline{y}_2+\cdots+x_n\overline{y}_n=\boldsymbol{\alpha}\overline{\boldsymbol{\beta}}^{\mathrm{T}},$$

容易验证 $\mathbf{C}^n$ 关于该内积构成酉空间.

约定: 以后凡是把 $\mathbf{C}^n$ 视为酉空间的, 其内积的定义即例 10 的形式.

**向量的长度** 在酉空间 $V$ 中, 定义 $|\boldsymbol{\alpha}|=\sqrt{(\boldsymbol{\alpha},\boldsymbol{\alpha})}$ 为向量 $\boldsymbol{\alpha}$ 的长度或模. 当 $|\boldsymbol{\alpha}|=1$ 时,$\boldsymbol{\alpha}$ 称为单位向量. 对任意非零向量 $\boldsymbol{\alpha},\dfrac{1}{|\boldsymbol{\alpha}|}\boldsymbol{\alpha}$ 为单位向量, 称为向量 $\boldsymbol{\alpha}$ 的单位化.

**向量的正交性** 在酉空间中, $(\boldsymbol{\alpha},\boldsymbol{\beta})$ 一般是复数, 所以向量之间没有夹角的概念, 但可以定义正交性: 酉空间中向量 $\boldsymbol{\alpha},\boldsymbol{\beta}$ 满足 $(\boldsymbol{\alpha},\boldsymbol{\beta})=0$, 则称这两个向量正交, 记为 $\boldsymbol{\alpha}\perp\boldsymbol{\beta}$. 显然零向量与任意向量正交.

**内积的存在性** 定义酉空间后, 自然会问: 满足内积条件 (1)~(3) 的二元函数是否存在? 设 $V$ 是 $\mathbf{C}$ 上 $n$ 维线性空间, $\varepsilon_1,\varepsilon_2,\cdots,\varepsilon_n$ 是其一组基,

$$\boldsymbol{\alpha}=x_1\varepsilon_1+x_2\varepsilon_2+\cdots+x_n\varepsilon_n,\quad \boldsymbol{\beta}=y_1\varepsilon_1+y_2\varepsilon_2+\cdots+y_n\varepsilon_n, \tag{5}$$

不难验证 $(\boldsymbol{\alpha},\boldsymbol{\beta})=x_1\overline{y}_1+x_2\overline{y}_2+\cdots+x_n\overline{y}_n=\boldsymbol{\alpha}\overline{\boldsymbol{\beta}}^{\mathrm{T}}$ 这个二元函数满足 3 个内积条件. 显然, 这时有

$$(\varepsilon_i,\varepsilon_j)=\begin{cases}1, & i=j,\\ 0, & i\neq j\end{cases}\quad (i,j=1,2,\cdots,n). \tag{6}$$

*酉空间的标准正交基*. 酉空间上可以定义类似 Euclid 空间上的标准正交基. 为此, 先看一个基本事实: 酉空间 $V$ 内两两正交的非零向量所组成的向量组线性无关 (其证明与 Euclid 空间中该结论证明相同). 因此, 在 $n$ 维酉空间 $V$ 内 $n$ 个两两正交的单位向量组称为酉空间 $V$ 的**标准正交基**. 根据这个定义, 若 $\varepsilon_1,\varepsilon_2,\cdots,\varepsilon_n$

是 $V$ 的一组标准正交基, 那么它等价于 (6) 式. 进一步, 对于 (5) 式定义的向量, 有

$$(\boldsymbol{\alpha},\boldsymbol{\beta})=\left(\sum_{i=1}^{n}x_i\boldsymbol{\varepsilon}_i,\sum_{j=1}^{n}y_j\boldsymbol{\varepsilon}_j\right)=\sum_{i=1}^{n}\sum_{j=1}^{n}x_i\overline{y}_j(\boldsymbol{\varepsilon}_i,\boldsymbol{\varepsilon}_j)=\sum_{i=1}^{n}x_i\overline{y}_i.$$

这就是在标准正交基下内积的表达式, 它与 Euclid 空间中内积在标准正交基下的表达式相似.

酉空间中标准正交基的计算公式完全类似于 Euclid 空间中计算公式, 这里略去.

**标准正交基间的过渡矩阵** 设 $\boldsymbol{U}$ 是 $n$ 阶可逆复矩阵, 如果 $\overline{\boldsymbol{U}}^{\mathrm{T}}=\boldsymbol{U}^{-1}$, 则称 $\boldsymbol{U}$ 为**酉矩阵**. 如果把实矩阵看成复矩阵, 那么实的正交矩阵视为复矩阵时就是一个酉矩阵. 所以酉矩阵是实正交矩阵的推广. 在 Euclid 空间中, 两组标准正交基之间的过渡矩阵是正交矩阵, 因此, 酉空间中两组标准正交基之间的过渡矩阵也为酉矩阵.

**定理 12** 设 $V$ 是 $n$ 维酉空间, $A:\boldsymbol{\varepsilon}_1,\boldsymbol{\varepsilon}_2,\cdots,\boldsymbol{\varepsilon}_n$ 是一组标准正交基, $\boldsymbol{U}$ 是一复矩阵,

$$(\boldsymbol{\eta}_1,\boldsymbol{\eta}_2,\cdots,\boldsymbol{\eta}_n)=(\boldsymbol{\varepsilon}_1,\boldsymbol{\varepsilon}_2,\cdots,\boldsymbol{\varepsilon}_n)\boldsymbol{U},$$

则 $\boldsymbol{\eta}_1,\boldsymbol{\eta}_2,\cdots,\boldsymbol{\eta}_n$ 是标准正交基的充分必要条件为 $\boldsymbol{U}$ 是酉矩阵.

**证明** 必要性. 若 $\boldsymbol{\eta}_1,\boldsymbol{\eta}_2,\cdots,\boldsymbol{\eta}_n$ 为标准正交基, 则 $(\boldsymbol{\eta}_i,\boldsymbol{\eta}_j)=\begin{cases}1, & i=j,\\ 0, & i\neq j.\end{cases}$ 设 $\boldsymbol{U}=(u_{ij})$ 的第 $j$ 列向量为 $\boldsymbol{\eta}_j$ 在标准正交基 $A$ 下的坐标, 因此,

$$(\boldsymbol{\eta}_i,\boldsymbol{\eta}_j)=u_{1i}\overline{u}_{1j}+u_{2i}\overline{u}_{2j}+\cdots+u_{ni}\overline{u}_{nj}=\begin{cases}1, & i=j,\\ 0, & i\neq j.\end{cases}\tag{7}$$

这表明 $\boldsymbol{U}^{\mathrm{T}}\overline{\boldsymbol{U}}=\boldsymbol{E}$, 故 $\boldsymbol{U}$ 是酉矩阵.

充分性. 若 $\boldsymbol{U}$ 是酉矩阵, 则 $\boldsymbol{U}^{\mathrm{T}}\overline{\boldsymbol{U}}=\boldsymbol{E}$, 即 (7) 式成立, 故 $\boldsymbol{\eta}_1,\boldsymbol{\eta}_2,\cdots,\boldsymbol{\eta}_n$ 是标准正交基.

酉空间中正交补的概念类似 Euclid 空间中正交补概念, 这里不再重复.

**定义 13** 设 $\boldsymbol{T}$ 是酉空间 $V$ 内一个线性变换, 满足

$$(\boldsymbol{T}\boldsymbol{\alpha},\boldsymbol{T}\boldsymbol{\beta})=(\boldsymbol{\alpha},\boldsymbol{\beta}),\quad \boldsymbol{\alpha},\boldsymbol{\beta}\in V,$$

则称 $\boldsymbol{T}$ 是**酉变换**.

酉变换不改变向量的内积, 所以它与 Euclid 空间中正交变换有类似的性质, 列举如下 (不再证明).

**定理 13** 设 $\boldsymbol{T}$ 是 $n$ 维酉空间 $V$ 内线性变换, 则下列命题等价:

(1) $\boldsymbol{T}$ 是酉变换;

(2) 对任意 $\boldsymbol{\alpha} \in V$, 有 $|\boldsymbol{T\alpha}| = |\boldsymbol{\alpha}|$(保持向量长度不变);

(3) $\boldsymbol{T}$ 把标准正交基变为标准正交基;

(4) $\boldsymbol{T}$ 在标准正交基下矩阵是酉矩阵.

## 习 题 10.6

1. 求酉矩阵 $\boldsymbol{P}$, 使 $\overline{\boldsymbol{P}}^{\mathrm{T}}\boldsymbol{AP}$ 为对角矩阵.

(1) $\begin{pmatrix} 3 & 2+2\mathrm{i} \\ 2-2\mathrm{i} & 1 \end{pmatrix}$; (2) $\begin{pmatrix} 3 & 2-\mathrm{i} \\ 2+\mathrm{i} & 7 \end{pmatrix}$.

2. 证明酉变换的积仍然是酉变换, 酉变换的逆也是酉变换; 酉矩阵的积仍然是酉矩阵, 酉矩阵的逆仍是酉矩阵.

# 部分习题参考答案或提示

## 第 1 章

### 习 题 1.1

1. (1) 0; (2) $6-6x^2+2x^3$; (3) $-2(x^3+y^3)$; (4) $-6200$.

3. (1) $-12$; (2) $-3$.

8. 由根与系数关系得 $x_1+x_2+x_3=0$.

### 习 题 1.2

1. (1) 160; (2) 48; (3) $x^2y^2$; (4) $(-1)^{n-1}n!$; (5) 120.

3. $x^4$ 的系数为 2, $x^3$ 的系数为 $-1$.

4. 第 $i$ 行加到第 $j$ 行, 并按第 $j$ 行展开.

6. $2n$.

7. (1) $x=0,1,2$; (2) $x=\pm1,\pm2$; (3) $x=1,2,3$.

9. $a_1,a_2,\cdots,a_{n-1}$.

10. $x=4,y=1$.

11. 设 $p,q$ 分别为正项个数和负项个数, 则 $p+q=n!$, $p-q=2^{n-1}$.

### 习 题 1.3

1. (1) 57; (2) $((x+y)^2-(w+z)^2)((x-y)^2-(w-z)^2)$; (3) $(a_1a_4-b_1b_4)(a_2a_3-b_2b_3)$.

2. (1) $x^n+(-1)^{n-1}y^n$; (2) $(-1)^{n-1}m^{n-1}\left(\sum\limits_{i=1}^{n}x_i-m\right)$;

(3) $n=1,D_1=a_1-b_1;n=2,D_2=(a_1-a_2)(b_1-b_2);n>2,D_n=0$.

(4) $-2(n-2)!\quad(n>1)$; (5) $\dfrac{(-1)^{n-1}}{2}(n+1)!$; (6) $(a^2-1)a^{n-2}\quad(n>1)$;

(7) $x^n+a_1x^{n-1}+\cdots+a_{n-1}x+a_n$;

(8) 构造范德蒙德行列式 $D_{n+1}=\begin{vmatrix} 1 & 1 & \cdots & 1 & 1 \\ x_1 & x_2 & \cdots & x_n & y \\ \vdots & \vdots & & \vdots & \vdots \\ x_1^{n-2} & x_2^{n-2} & \cdots & x_n^{n-2} & y^{n-2} \\ x_1^{n-1} & x_2^{n-1} & \cdots & x_n^{n-1} & y^{n-1} \\ x_1^n & x_2^n & \cdots & x_n^n & y^n \end{vmatrix}$, 其中 $y^{n-1}$ 系数即 $D_n$.

3. 归纳法证明.

4. (1) $x=2,3,\cdots,n$; (2) $x=1,2,\cdots,n-1$.

5. (1) 将第 1 行的 $-1$ 倍依次加到其余各行; (2) 按第 $n$ 行展开; (3) 归纳法证明;

(4) 拆最后 1 列 $(n=0+n)$; (5) 第 1 行的 $(-1)$ 倍加到第 $i(i\neq 1)$ 行, 提出公因子 $a_1a_2\cdots a_n$;

(6) 将第 $i$ $(i=2,3,\cdots,n)$ 列加到第 1 列.

6. 构造 $n-1$ 次多项式 $F(x)=\begin{vmatrix} f_1(x) & f_1(a_2) & \cdots & f_1(a_n) \\ f_2(x) & f_2(a_2) & \cdots & f_2(a_n) \\ \vdots & \vdots & & \vdots \\ f_n(x) & f_n(a_2) & \cdots & f_n(a_n) \end{vmatrix}$, 证明 $F(x)\equiv 0$.

7. $D_n=\dfrac{(a+\sqrt{a^2-4bc})^{n+1}-(a-\sqrt{a^2-4bc})^{n+1}}{2^{n+1}\sqrt{a^2-4bc}}\quad (a^2\neq 4bc)$;

$$D_n=\frac{(n+1)a^n}{2^n}\quad (a^2=4bc).$$

8. 将行列式 $f(x+1)-f(x)$ 的第 1 列乘 $-1$, 第 2 列乘 $-x,\cdots$, 第 $n$ 列乘 $-x^{n-1}$ 加到最后 1 列, 即得 $(n+1)!x^n$.

## 习 题 1.4

1. (1) $(2,-3,-1)$; (2) $(1,2,2,-1)$.

2. $k\neq 2$.

3. $4b=(a+1)^2$.

4. $b(1-a)=0$.

5. $f(x)=7-5x^2+2x^3$.

7. $\begin{vmatrix} x^2 & x & y & 1 \\ x_1^2 & x_1 & y_1 & 1 \\ x_2^2 & x_2 & y_2 & 1 \\ x_3^2 & x_3 & y_3 & 1 \end{vmatrix}=0.$

9. 行列式 $\begin{vmatrix} 1 & -\cos\gamma & -\cos\beta \\ \cos\gamma & -1 & \cos\alpha \\ \cos\beta & \cos\alpha & -1 \end{vmatrix} = 0.$

10. $\begin{vmatrix} x^2+y^2 & x & y & 1 \\ x_1^2+y_1^2 & x_1 & y_1 & 1 \\ x_2^2+y_2^2 & x_2 & y_2 & 1 \\ x_3^2+y_2^2 & x_3 & y_3 & 1 \end{vmatrix} = 0.$

# 第 2 章

## 习　题　2.1

1. (1) $\left(0,2,\frac{5}{3},-\frac{4}{3}\right)$;　(2) $(-8,3,6,0)$;　(3) 无解;　(4) 只有零解.

2. 系数行列式 $D \neq 0$.

4. (1) $\lambda \neq 1, \lambda \neq -2$ 有唯一解;$\lambda = -2$ 无解;$\lambda = 1$ 有无穷多解.

(2) $b = 0$ 无解; $b \neq 0, a \neq 1$, 有唯一解;$b \neq \frac{1}{2}, a = 1$, 无解;$b = \frac{1}{2}, a = 1$, 有无穷多解.

(3) $a \neq 1, b \neq 0$ 有唯一解;$a = 1, b = -1$ 无解;$a = 1, b = \frac{1}{2}$ 有无穷多解; $b = 0$ 无解.

5. 系数行列式 $D \neq 0$.

6. 系数行列式 $D = m_2 - m_1$.

## 习　题　2.2

1. (1) ×;　(2) ×;　(3) ×;　(4) ×;　(5) ×;　(6) ×.

2. (1) 线性无关;　(2) 线性相关;　(3) 线性无关.

3. (1) $\boldsymbol{\beta} = \frac{5+k^2}{2}\boldsymbol{\alpha}_1 + \frac{1+k^2}{2}\boldsymbol{\alpha}_2 - \frac{2+k}{k}\boldsymbol{\alpha}_3\ (k \neq 0)$;　(2) $k = 0$.

7. $k = -1$.

8. $\boldsymbol{\alpha}_1 = \frac{1}{4}(5\boldsymbol{\beta}_1 - 2\boldsymbol{\beta}_2 + \boldsymbol{\beta}_3), \boldsymbol{\alpha}_2 = \frac{1}{2}(\boldsymbol{\beta}_1 - \boldsymbol{\beta}_3), \boldsymbol{\alpha}_3 = \frac{1}{4}(-3\boldsymbol{\beta}_1 + 2\boldsymbol{\beta}_2 + \boldsymbol{\beta}_3)$.

10. $a^3 + b^3 \neq 0$.

## 习　题　2.3

1. 向量组的秩为 3.

2. (1) 矩阵的秩为 3;　(2) 矩阵的秩为 3.

3. $a = \frac{31}{21}, b = \frac{39}{10}$.

4. $a=0$ 或 $a=-10$.

当 $a=0$ 时, 一个极大线性无关组为 $\boldsymbol{\alpha}_1$, 且 $\boldsymbol{\alpha}_k=k\boldsymbol{\alpha}_1\ (k=2,3,4)$.

当 $a=-10$ 时, $\boldsymbol{\alpha}_1,\boldsymbol{\alpha}_2,\boldsymbol{\alpha}_3$ 为一个极大线性无关组, 且 $\boldsymbol{\alpha}_4=-\boldsymbol{\alpha}_1-\boldsymbol{\alpha}_2-\boldsymbol{\alpha}_3$.

9. 设 $A,B$ 的极大无关组分别为 $I_1,I_2$, 则 $(A,B)$ 可由 $(I_1,I_2)$ 线性表示, 因此

$$r(A,B)\leqslant r(I_1)+r(I_2)=r(A)+r(B).$$

11. 反证法.

## 习　题　2.4

1. (1) 基础解系为 $(1,-2,1,0,0)^{\mathrm{T}},(1,-2,0,1,0)^{\mathrm{T}},(5,-6,0,0,1)^{\mathrm{T}}$;

(2) 基础解系为 $(-1,1,1,0,0)^{\mathrm{T}},(7,5,0,2,6)^{\mathrm{T}}$;

(3) 基础解系为 $(-4,0,1,-3)^{\mathrm{T}},(0,1,0,4)^{\mathrm{T}}$;

(4) 基础解系为 $(1,7,0,19)^{\mathrm{T}},(0,0,1,2)^{\mathrm{T}}$.

2. (1) $\boldsymbol{x}=k(-1,1,1,0)^{\mathrm{T}}+(-8,13,0,2)^{\mathrm{T}}$;

(2) $\boldsymbol{x}=k_1(-9,1,7,0)^{\mathrm{T}}+k_2(-8,0,7,2)^{\mathrm{T}}+(-17,0,14,0)^{\mathrm{T}}$.

3. (1) $a\neq 0$ 或 $b\neq 2$ 无解;$a=0,b=2$ 有无穷多解,

$$\boldsymbol{x}=k_1(1,-2,1,0,0)^{\mathrm{T}}+k_2(1,-2,0,1,0)^{\mathrm{T}}+k_3(5,-6,0,0,1)^{\mathrm{T}}+(-2,3,0,0,0)^{\mathrm{T}}.$$

(2) $a+b+c-abc-2\neq 0$ 有唯一解; $a+b+c-abc-2=0$ 且 $a\neq 1$ 无解; $a=b=1$ 或 $a=c=1$ 有无穷多解.

(3) $a=0$ 无解; $a=1$ 无解; $a\neq 0,a\neq 1$ 有唯一解

$$x_1=\frac{a^3+3a^2-15a+9}{a^2(a-1)},\quad x_2=\frac{a^2+12a-9}{a^2(a-1)},\quad x_3=\frac{4a^3-3a^2-12a+9}{a^2(a-1)}.$$

(4) $a=-2$ 有无穷多解, $\boldsymbol{x}=k(1,1,1)^{\mathrm{T}}+(1,0,0)^{\mathrm{T}}$; $a\neq 1,a\neq -2$ 有唯一解.

11. $a\neq -4$ 唯一线性表示; $a=-4,b-c-2\neq 0$ 不能线性表示; $a=-4,b-c-2=0$ 能表示, 但表示式不唯一.

12. $\boldsymbol{x}=(0,0,-1)^{\mathrm{T}}$.

13. $a=2$; $\boldsymbol{x}=k(2,1,1)^{\mathrm{T}}+(1,2,0)^{\mathrm{T}}$.

14. $a=1$ 时, 公共解为 $\boldsymbol{x}=k(-1,0,1)^{\mathrm{T}}$; $a=2$ 时, 公共解为 $\boldsymbol{x}=(0,1,-1)^{\mathrm{T}}$.

17. $\boldsymbol{A}\boldsymbol{A}^*=\boldsymbol{O}$, 即 $\boldsymbol{A}^*$ 的列向量为方程组 $\boldsymbol{A}\boldsymbol{x}=\boldsymbol{0}$ 的解.

18. (1) 系数矩阵秩等于增广矩阵的秩, 且 $(a_1,b_1),(a_2,b_2),(a_3,b_3)$ 两两不成比例;

(2) 增广矩阵秩等于 3, 且 $(a_1,b_1),(a_2,b_2),(a_3,b_3)$ 两两不成比例.

19. (2)$a=2,b=-3,\boldsymbol{x}=k_1(-2,1,1,0)^{\mathrm{T}}+k_2(4,-5,0,1)^{\mathrm{T}}+(2,-3,0,0)^{\mathrm{T}}$.

# 第 3 章

## 习 题 3.1

1. $\begin{pmatrix} 10 & 4 & 7 \\ -20 & -2 & 11 \\ 22 & 14 & 7 \end{pmatrix}$; $\begin{pmatrix} 4 & 2 & 3 \\ -6 & 0 & 3 \\ 8 & 4 & 3 \end{pmatrix}$.

2. (1) $\begin{pmatrix} a & b & c \\ 0 & a & b \\ 0 & 0 & a \end{pmatrix}$; (2) $\begin{pmatrix} b-\dfrac{a}{3} & 0 & 0 \\ a & b & c \\ \dfrac{3c}{2} & \dfrac{c}{2} & b+\dfrac{c}{2} \end{pmatrix}$.

3. (1) $\begin{pmatrix} 1 & 3 & 6 & 10 \\ 0 & 1 & 3 & 6 \\ 0 & 0 & 1 & 3 \\ 0 & 0 & 0 & 1 \end{pmatrix}$; (2) $\boldsymbol{A}^n = \begin{cases} 4^{k-1}\boldsymbol{A}, & n=2k-1, \\ 4^k\boldsymbol{E}, & n=2k \end{cases} \quad (k=1,2,\cdots).$

6. 40.

7. 2.

9. $\boldsymbol{Ax}=\boldsymbol{0}$ 有非零解.

10. (1) $r(\boldsymbol{B})=0$; (2) $r(\boldsymbol{B}-\boldsymbol{E})=0$.

13. $\boldsymbol{A}^{100}=50\boldsymbol{A}^2-49\boldsymbol{E}=\begin{pmatrix} 1 & 0 & 0 \\ 50 & 1 & 0 \\ 50 & 0 & 0 \end{pmatrix}$.

14. $\boldsymbol{A}^n=\begin{pmatrix} a^n & b(a^{n-1}+a^{n-2}c+\cdots+ac^{n-2}+c^{n-1}) \\ 0 & c^n \end{pmatrix}$.

## 习 题 3.2

1. (1) $\begin{pmatrix} -1 & \dfrac{1}{2} & \dfrac{1}{2} \\ 3 & 0 & -1 \\ -1 & -\dfrac{1}{2} & \dfrac{1}{2} \end{pmatrix}$; (2) $\begin{pmatrix} -4 & 2 & -1 \\ 4 & -1 & 2 \\ 3 & -1 & 1 \end{pmatrix}$.

3. $\begin{pmatrix} 2731 & 2732 \\ -683 & -684 \end{pmatrix}$.

4. (1) $\begin{pmatrix} 3 & -1 \\ 2 & 0 \\ 1 & -1 \end{pmatrix}$; (2) $\begin{pmatrix} 1 & 2 & 5 \\ 0 & 1 & 2 \\ 0 & 0 & 1 \end{pmatrix}$.

5. $A^{-1} = \dfrac{3E - A}{3}$.

6. $|E - A| = |AA^{-1} - A| = |A(A^{\mathrm{T}} - E)| = (-1)^n|A||E - A|$.

7. $A\alpha = |A|\alpha, \alpha = (1,1,\cdots,1)^{\mathrm{T}}$; (1) $A^*\alpha = \alpha$; (2) $A^{-1}\alpha = \dfrac{1}{|A|}\alpha$.

8. $\dfrac{1}{6}\begin{pmatrix} 1 & 0 & 0 \\ 2 & 3 & 9 \\ 0 & 0 & 3 \end{pmatrix}$.

11. $k$ 满足 $k^3 + 6k^2 + 11k + 6 \neq 0$.

12. (1) $(A - aE)^{-1} = -\dfrac{1}{a^2 + 2a + 3}(A + (a+2)E)$;

(2) $(A + 4E)^{-1} = -\dfrac{1}{11}(A - 2E)$.

13. $A^{-1} = (2C - B)^{\mathrm{T}} = \begin{pmatrix} 1 & 0 & 0 & 0 \\ 2 & 1 & 0 & 0 \\ 3 & 2 & 1 & 0 \\ 4 & 3 & 2 & 1 \end{pmatrix}$.

14. $BC = E$.

17. $A^* = |A|A^{-1} = \dfrac{1}{2}\begin{pmatrix} 1 & 1 & 1 \\ 1 & 2 & 1 \\ 1 & 1 & 3 \end{pmatrix}$.

19. $X = k(A - E)^{-1}A$.

20. $k = n - 1$; 若 $\alpha, \alpha_1, \cdots, \alpha_{n-1}$ 线性无关, 则 $B\alpha, \alpha, \alpha_1, \cdots, \alpha_{n-1}$ 一定线性相关, 否则 $B\alpha = 0$ 一定可以由 $\alpha, \alpha_1, \cdots, \alpha_{n-1}$ 线性表示.

## 习　题　3.3

1. (1) 相同;　　(2) 不相同.

2. $B = E(i,j)A$.

3. $\begin{pmatrix} 0 & 3 & \frac{1}{2} \\ 2 & 5 & \frac{3}{2} \\ -2 & -7 & -\frac{3}{2} \end{pmatrix}$.

4. (1) $\begin{pmatrix} 1 & -4 & -3 \\ 1 & -5 & -3 \\ -1 & 6 & 4 \end{pmatrix}$;　(2) $\dfrac{1}{3}\begin{pmatrix} 0 & 1 & 1 \\ 0 & 1 & -2 \\ -3 & 2 & -1 \end{pmatrix}$;　(3) $-\dfrac{1}{2}\begin{pmatrix} 1 & 1 & 0 \\ 0 & 1 & 1 \\ 1 & 0 & 1 \end{pmatrix}$.

5. (1) $\frac{1}{2}\begin{pmatrix} 1 & 1 & -4 \\ -1 & 1 & 2 \\ 1 & -1 & 0 \end{pmatrix}$; (2) $\begin{pmatrix} 0 & 2 & -1 \\ 0 & -3 & 2 \\ 1 & -2 & 1 \end{pmatrix}$; (3) $\begin{pmatrix} 1 & -3 & 11 & -38 \\ 0 & 1 & -2 & 7 \\ 0 & 0 & 1 & -2 \\ 0 & 0 & 0 & 1 \end{pmatrix}$.

7. 利用归纳法. 对 $n$ 阶矩阵 $\boldsymbol{A}$ 实施初等变换:$\boldsymbol{A} \to \begin{pmatrix} 1 & \boldsymbol{0} \\ \boldsymbol{0} & \boldsymbol{B} \end{pmatrix}$.

8. $\begin{pmatrix} 1 & 0 \\ ca^{-1} & 1 \end{pmatrix}\begin{pmatrix} 1 & 0 \\ a^{-1}-1 & 1 \end{pmatrix}\begin{pmatrix} 1 & 1 \\ 0 & 1 \end{pmatrix}\begin{pmatrix} 1 & 0 \\ a-1 & 1 \end{pmatrix}\begin{pmatrix} 1 & -a^{-1} \\ 0 & 1 \end{pmatrix}$
$\begin{pmatrix} 1 & ba^{-1} \\ 0 & 1 \end{pmatrix}$.

## 习　题　3.4

1. (1) $\begin{pmatrix} \boldsymbol{A} & \boldsymbol{O} \\ \boldsymbol{O} & \boldsymbol{D}-\boldsymbol{C}\boldsymbol{A}^{-1}\boldsymbol{B} \end{pmatrix}$.

2. $\begin{pmatrix} \boldsymbol{E}_n & \boldsymbol{O} \\ -\boldsymbol{C}\boldsymbol{A}^{-1} & \boldsymbol{E}_n \end{pmatrix}\begin{pmatrix} \boldsymbol{A} & \boldsymbol{B} \\ \boldsymbol{C} & \boldsymbol{D} \end{pmatrix} = \begin{pmatrix} \boldsymbol{A} & \boldsymbol{B} \\ \boldsymbol{O} & \boldsymbol{D}-\boldsymbol{C}\boldsymbol{A}^{-1}\boldsymbol{B} \end{pmatrix}$.

第 3 题与第 4 题直接代入公式

$$\begin{pmatrix} \boldsymbol{A} & \boldsymbol{B} \\ \boldsymbol{C} & \boldsymbol{D} \end{pmatrix}^{-1} = \begin{pmatrix} \boldsymbol{E} & -\boldsymbol{A}^{-1}\boldsymbol{B} \\ \boldsymbol{O} & \boldsymbol{E} \end{pmatrix}\begin{pmatrix} \boldsymbol{A}^{-1} & \boldsymbol{O} \\ \boldsymbol{O} & \boldsymbol{D}_1^{-1} \end{pmatrix}\begin{pmatrix} \boldsymbol{E} & \boldsymbol{O} \\ -\boldsymbol{C}\boldsymbol{A}^{-1} & \boldsymbol{E} \end{pmatrix},$$

其中 $\boldsymbol{D}_1 = \boldsymbol{D}-\boldsymbol{C}\boldsymbol{A}^{-1}\boldsymbol{B}$.

9. 设 $\boldsymbol{C} = \begin{pmatrix} \boldsymbol{C}_1 & \boldsymbol{C}_2 \\ \boldsymbol{C}_3 & \boldsymbol{C}_4 \end{pmatrix}$, 利用 $\boldsymbol{C}^*\boldsymbol{C} = |\boldsymbol{C}|\boldsymbol{E}$ 求之.

10. 存在可逆矩阵 $\boldsymbol{P}, \boldsymbol{Q}$, 使 $\boldsymbol{PAQ} = \begin{pmatrix} \boldsymbol{E}_r & \boldsymbol{O} \\ \boldsymbol{O} & \boldsymbol{O} \end{pmatrix}$, 计算 $\boldsymbol{PAP}^{-1} = \boldsymbol{PAQQ}^{-1}\boldsymbol{P}^{-1}$.

# 第 4 章

## 习　题　4.1

1. $\lambda = 0, 6$; $\boldsymbol{A}^2 = 6\boldsymbol{A}$.

2. (1) $\lambda_1 = 2, k_1(0,0,1)^{\mathrm{T}}$; $\lambda_2 = \lambda_3 = 1, k_2(-1,-2,1)^{\mathrm{T}}, k_1 \neq 0, k_2 \neq 0$.

(2) $\lambda_1 = -1, k_1(1,0,1)^{\mathrm{T}}$; $\lambda_2 = \lambda_3 = 2, k_2(0,1,-1)^{\mathrm{T}} + k_3(1,0,4)^{\mathrm{T}}, k_1 \neq 0, k_2, k_3$ 不同时为 0.

(3) $\lambda_1=1,k_1(5,-5,1)^{\mathrm{T}};\lambda_2=3,k_2(0,3,-5)^{\mathrm{T}};\lambda_3=6,k_3(0,0,1)^{\mathrm{T}},k_1,k_2,k_3\neq 0$.

3. (1) $\boldsymbol{A}^2=\boldsymbol{O}$; (2) $\lambda=0$($n$重). 特征向量为

$$k_1\begin{pmatrix}-\dfrac{b_2}{b_1}\\1\\\vdots\\0\end{pmatrix}+k_2\begin{pmatrix}-\dfrac{b_3}{b_1}\\0\\\vdots\\0\end{pmatrix}+\cdots+k_{n-1}\begin{pmatrix}-\dfrac{b_n}{b_1}\\0\\\vdots\\1\end{pmatrix}(k_1,k_2,\cdots,k_{n-1}\neq 0).$$

4. $k=1,k=-2$.

5. $\dfrac{4}{3}$.

6. $a=2,b=-3$.

7. (1) 证明 $\boldsymbol{E}-\boldsymbol{A},\boldsymbol{E}-\boldsymbol{B}$ 可逆即可; (2) $\lambda_B=\dfrac{\lambda_A}{\lambda_A-1}$.

8. $\lambda_{\boldsymbol{B}}=9,9,3;\boldsymbol{p}_1=(1,-1,0)^{\mathrm{T}},\boldsymbol{p}_2=(-1,-1,1)^{\mathrm{T}},\boldsymbol{p}_3=(0,1,1)^{\mathrm{T}}$.

9. 证明 $|\lambda\boldsymbol{E}-\boldsymbol{AB}|=|\lambda\boldsymbol{E}-\boldsymbol{BA}|$.

10. $\boldsymbol{Ax}=\lambda\boldsymbol{x}\ (\boldsymbol{x}\neq\boldsymbol{0})$, 令 $|x_k|=\max|x_j|>0$, 则

$$|\lambda|=\left|\frac{1}{x_k}\sum a_{ij}x_j\right|\leqslant\sum|a_{ij}|\left|\frac{x_j}{x_k}\right|\leqslant\sum|a_{ij}|.$$

11. $\lambda=0,0,-1$; 通解为 $k_1\boldsymbol{\alpha}_1+k_2\boldsymbol{\alpha}_2-\boldsymbol{\alpha}_3,k_1,k_2$ 为任意常数.

12. (3)15.

13. $r(\boldsymbol{A})<n,r(\boldsymbol{B})<n$, 因此 $\boldsymbol{Ax}=\boldsymbol{0},\boldsymbol{Bx}=\boldsymbol{0}$ 有非零解.

## 习 题 4.2

1. (1) $\lambda=1,2,3$, 可以对角化; (2) $\lambda=0,1$, 不可对角化; (3) $\lambda=0$, 不可对角化.

2. $k=0$.

3. (1)$\boldsymbol{B}=\begin{pmatrix}1&0&0\\1&2&2\\1&1&3\end{pmatrix}$; (2)$\lambda=1,1,4$; (3)$\boldsymbol{P}=\begin{pmatrix}-1&-2&0\\1&0&1\\0&1&1\end{pmatrix}$.

4. (1) $\lambda_1=a+(n-1)b,\lambda_2=\cdots=\lambda_n=a-b$.

5. $x=3$.

6. $\boldsymbol{A}=\dfrac{1}{3}\begin{pmatrix}7&0&-2\\0&5&-2\\-2&-2&6\end{pmatrix}$.

7. (1) $a=-3,b=0,\lambda=-1$;  (2) 不能对角化.

8. (1)$\boldsymbol{AB\alpha}=\boldsymbol{BA\alpha}=\lambda\boldsymbol{B\alpha}$, 即 $\boldsymbol{B\alpha}$ 是矩阵 $\boldsymbol{A}$ 对应于 $\lambda$ 的特征向量, 故 $\boldsymbol{B\alpha}=k\boldsymbol{\alpha}\ (k\neq 0)$.

(2)$\boldsymbol{B}$ 具有 $n$ 个线性无关的特征向量.

9. 矩阵 $\boldsymbol{A}$ 可对角化.

10. 利用反证法. 若 $\boldsymbol{A}$ 可逆, 则 $\boldsymbol{ABA}^{-1}=\boldsymbol{B}+\boldsymbol{E}$, 即 $\boldsymbol{B}+\boldsymbol{E}$ 与 $\boldsymbol{B}$ 相似, 矛盾.

## 习　题　4.3

2. $|\boldsymbol{E}+\boldsymbol{A}|=|\boldsymbol{AA}^{\mathrm{T}}+\boldsymbol{A}|=|\boldsymbol{A}(\boldsymbol{A}^{\mathrm{T}}+\boldsymbol{E})|$.

3. (1) $x=4,y=5$.

4. $\boldsymbol{A}=\dfrac{1}{3}\begin{pmatrix}-1&0&2\\0&1&2\\2&2&0\end{pmatrix}$.

5. $\lambda=1,-1,0;\boldsymbol{A}=\begin{pmatrix}0&0&1\\0&0&0\\1&0&0\end{pmatrix}$.

6. (1) $\lambda_{\boldsymbol{B}}=-2,1,1$;  (2) $\boldsymbol{B}=\begin{pmatrix}0&-1&1\\1&0&1\\-1&0&0\end{pmatrix}$.

7. $\lambda=3,0,0$.

8. $-|\boldsymbol{A}+\boldsymbol{B}|=|\boldsymbol{AB}||\boldsymbol{A}+\boldsymbol{B}|=|\boldsymbol{A}^{\mathrm{T}}||\boldsymbol{A}+\boldsymbol{B}||\boldsymbol{B}^{\mathrm{T}}|=|\boldsymbol{A}+\boldsymbol{B}|$.

9. $\boldsymbol{Q\Lambda Q}^{\mathrm{T}}=\boldsymbol{Q}\sqrt{\boldsymbol{\Lambda}}\sqrt{\boldsymbol{\Lambda}}\boldsymbol{Q}^{\mathrm{T}},\boldsymbol{B}=\boldsymbol{Q}\sqrt{\boldsymbol{\Lambda}}\boldsymbol{Q}^{\mathrm{T}},\boldsymbol{Q}$ 为正交矩阵.

10. $\mathrm{diag}(0,1,-1)$.

11. $\boldsymbol{A},\boldsymbol{B}$ 相似于同一个对角矩阵.

13. 由 $\boldsymbol{Ax}=\boldsymbol{Q}^{-1}\boldsymbol{\Lambda Qx}=\boldsymbol{x}_1$ 得 $\boldsymbol{\Lambda Qx}=\boldsymbol{Qx}_1$, 比较第 1 个分量, 其中 $\boldsymbol{Q}$ 为正交矩阵.

14. $\begin{vmatrix}0&0&\lambda_1^2\\1&\lambda_2&\lambda_2^2\\0&\lambda_3&\lambda_3^2\end{vmatrix}\neq 0$.

## 习　题　4.4

1. $a_n,b_n$ 表示 $t=n$ 时 α, β 粒子, 则 $a_n=b_{n-1},b_n=3a_{n-1}+2b_{n-1},a_0=1,b_0=0$. 由此,

$$a_n=2a_{n-1}+3a_{n-2},\quad a_0=1,\quad a_1=0.$$

于是 $\begin{pmatrix} a_n \\ a_{n-1} \end{pmatrix} = \boldsymbol{A}^{n-1}\begin{pmatrix} 0 \\ 1 \end{pmatrix}, \boldsymbol{A} = \begin{pmatrix} 2 & 3 \\ 1 & 0 \end{pmatrix}$.

2. $\begin{cases} x'(t) = 4x - 5y, \\ y'(t) = 2x - 3y, \\ x(0) = 1, \quad y(0) = 0. \end{cases}$

3. 第一代与第二代间的变化关系可写为 $\begin{pmatrix} x_1^{(1)} \\ x_2^{(1)} \end{pmatrix} = \begin{pmatrix} 0 & 1 \\ \frac{1}{2} & \frac{1}{2} \end{pmatrix}\begin{pmatrix} x_1^{(0)} \\ x_2^{(0)} \end{pmatrix}$.

4. 设第 $n$ 天 A, B 营业部汽车数分别为 $x_1^{(n)}, x_2^{(n)}$, 则

$$\begin{pmatrix} x_1^{(n)} \\ x_2^{(n)} \end{pmatrix} = \begin{pmatrix} 0.9 & 0.12 \\ 0.1 & 0.88 \end{pmatrix}\begin{pmatrix} x_1^{(n-1)} \\ x_2^{(n-1)} \end{pmatrix}.$$

# 第 5 章

## 习 题 5.1

1. $\boldsymbol{B} = \boldsymbol{E}_{21} + \boldsymbol{E}_{32} + \boldsymbol{E}_{13}$, 则 $\boldsymbol{B}^{\mathrm{T}}\begin{pmatrix} a_1 & & \\ & a_2 & \\ & & a_3 \end{pmatrix}\boldsymbol{B} = \begin{pmatrix} a_2 & & \\ & a_3 & \\ & & a_1 \end{pmatrix}$.

5. $\dfrac{(n+1)(n+2)}{2}$.

6. $r(\boldsymbol{A}) = r(\boldsymbol{A}^{\mathrm{T}}\boldsymbol{A})$.

7. $\boldsymbol{A} = \begin{pmatrix} 1 & 1 & 0 \\ 0 & 1 & 0 \\ 0 & 0 & 0 \end{pmatrix}$ 与其伴随矩阵 $\boldsymbol{A}^* = \begin{pmatrix} 0 & 0 & 0 \\ 0 & 0 & 0 \\ 0 & 0 & 1 \end{pmatrix}$ 不合同.

8. $f(\boldsymbol{x}) = (\boldsymbol{A}\boldsymbol{x})^{\mathrm{T}}(\boldsymbol{A}\boldsymbol{x})$, 利用第 6 题结果.

## 习 题 5.2

1. (1)$y_1^2 - y_2^2$; (2)$2y_1^2 - 2y_2^2 + 6y_3^2$; (3)$2y_2^2 - y_2^2 + 5y_3^2$; (4)$10y_1^2 + y_2^2 + y_3^2$.

2. (1) $a = 1, b = 2$; (2) $2y_1^2 + 2y_2^2 - 3y_3^2$.

3. (2) 设 $\boldsymbol{A} = 2\boldsymbol{\alpha}\boldsymbol{\alpha}^{\mathrm{T}} + \boldsymbol{\beta}\boldsymbol{\beta}^{\mathrm{T}}$, 则 $r(\boldsymbol{A}) \leqslant r(2\boldsymbol{\alpha}\boldsymbol{\alpha}^{\mathrm{T}}) + r(\boldsymbol{\beta}\boldsymbol{\beta}^{\mathrm{T}}) = 2$, 且

$$\boldsymbol{A}\boldsymbol{\alpha} = 2\boldsymbol{\alpha},\ \boldsymbol{A}\boldsymbol{\beta} = \boldsymbol{\beta}.$$

故 $\lambda_{\boldsymbol{A}} = 2, 1, 0$.

4. (1) $a = -1$; (2) $2y_1^2 + 6y_2^2$.

5. $c = an, a = \max \sum\limits_{i,j=1}^{n} |a_{ij}|$, 利用 $2|x_i||x_j| \leqslant x_i^2 + x_j^2$.

6. 构造 $f(\boldsymbol{x})=\boldsymbol{x}^{\mathrm{T}}\boldsymbol{A}\boldsymbol{x}$, 令 $\boldsymbol{x}_0=(1,1,\cdots,1)^{\mathrm{T}}$, 则 $f(\boldsymbol{x}_0)=\sum\limits_{i,j=1}^{n}a_{ij}$. 另一方面, 存在正交变换 $\boldsymbol{x}=\boldsymbol{Q}\boldsymbol{y}$, 使 $f(\boldsymbol{x})\leqslant\lambda_{\max}\boldsymbol{y}^{\mathrm{T}}\boldsymbol{y}$, 故 $f(\boldsymbol{x}_0)\leqslant n\lambda_{\max}$.

## 习 题 5.3

1. (1) $p=2,q=1$;　(2) $p=1,q=2$.

2. $p=n$.

3. $\begin{vmatrix} 1 & -a_1 & & & \\ & 1 & -a_2 & & \\ & & \ddots & \ddots & \\ & & & \ddots & -a_{n-1} \\ -a_n & & & & 1 \end{vmatrix}\neq 0.$

5. 设 $f(\boldsymbol{x})=(a_1x_1+a_2x_2+\cdots+a_nx_n)(b_1x_1+b_2x_2+\cdots+b_nx_n)$, 若 $\boldsymbol{\alpha}=(a_1,a_2,\cdots,a_n)$, $\boldsymbol{\beta}=(b_1,b_2,\cdots,b_n)$ 线性相关, 则 $r(f)=1$; 若线性无关, 则令

$$a_1x_1+a_2x_2+\cdots+a_nx_n=z_1+z_2,\quad b_1x_1+b_2x_2+\cdots+b_nx_n=z_1-z_2,$$
$$z_i=x_i\quad(i=3,4,\cdots,n),$$

那么 $f(x)=z_1^2-z_2^2$.

6. $p=2n$.

7. $-3y_1^2-3y_2^2-\cdots-3y_r^2, r=r(\boldsymbol{A})$.

8. $\lambda_{\boldsymbol{A}^*}=-2,-2,1$; $p=1,q=2$.

## 习 题 5.4

1. (1) 不正定; (2) 不正定; (3) 不正定.

2. $-2<\lambda<1$.

6. $a=3$; 最大值为 20.

7. 计算 $f(\boldsymbol{e}_i)=a_{ii}$.

8. $\boldsymbol{A}=\boldsymbol{P}^{-1}(\sqrt[m]{\boldsymbol{\Lambda}})^m\boldsymbol{P}$.

9. $\begin{vmatrix} \boldsymbol{A} & \boldsymbol{x} \\ \boldsymbol{x}^{\mathrm{T}} & 0 \end{vmatrix}=\begin{vmatrix} \boldsymbol{A} & \boldsymbol{x} \\ \boldsymbol{0} & -\boldsymbol{x}^{\mathrm{T}}\boldsymbol{A}\boldsymbol{x} \end{vmatrix}<0.$

11. $\boldsymbol{x}^{\mathrm{T}}(\boldsymbol{A}-\boldsymbol{B}^{\mathrm{T}}\boldsymbol{A}\boldsymbol{B})\boldsymbol{x}=(1-\lambda^2)\boldsymbol{x}^{\mathrm{T}}\boldsymbol{A}\boldsymbol{x}>0$.

12. 由 $\begin{vmatrix} a_{ii} & a_{ij} \\ a_{ij} & a_{jj} \end{vmatrix}=a_{ii}a_{jj}-a_{ij}^2>0$, 得 $a_{ij}\leqslant|a_{ij}|<\sqrt{a_{ii}a_{jj}}\leqslant\max\limits_{1\leqslant i\leqslant n}a_{ii}$.

13. (1)$\lambda=-3,2$, 由 $p=3$ 得标准形为 $2y_1^2+2y_2^2+2y_3^2-3y_4^2-3y_5^2$;　(2)$k>6$.

15. $s=n$.

### 习 题 5.5

1. (2) $\begin{pmatrix} -4 & -14 & 15 & 6 \\ 15 & -1 & -2 & -7 \\ -12 & -10 & 1 & 14 \\ 3 & 4 & -15 & 2 \end{pmatrix}$.

3. (2) $\begin{pmatrix} 1 & 0 & 0 & 0 \\ 0 & 1 & 0 & 0 \\ 0 & 0 & 1 & 0 \\ 0 & 0 & 0 & -1 \end{pmatrix}$; (4) $\boldsymbol{\alpha}=(0,0,1,1)$.

## 第 6 章

### 习 题 6.1

2. 利用 $\partial(f^2)=1+\partial(g^2+h^2)$ 证明.

3. (1) $q(x)=\frac{1}{3}x-\frac{7}{9}, r(x)=-\frac{26}{9}x-\frac{2}{9}$; (2) $q(x)=x^3-2x^2+4x-10, r(x)=25$;

(3) $q(x)=2x^4-6x^3+13x^2-39x+109, r(x)=-327$; (4) $q(x)=x^2-1, r(x)=-1$.

4. (1) $p+m^2+1=0, q=m$; (2)$m=0, p=q+1$ 或 $p=2-m^2, q=1$;

(3) $m=-6, p=3$.

5. (1)$f(x)=(x+2)^4-10(x+2)^3+36(x+2)^2-56(x+2)+35$;

(2)$f(x)=(x+1)^4-2(x+1)^3-(x+1)^2+(x+1)+8$.

6. 利用带余除法, 令 $r(x)=0$.

7. $f(x)=x^2((x^3)^p-1)+x((x^3)^n-1)+((x^3)^m-1)+(x^2+x+1)$, 利用 $a^p-1$ 展开式和 $x^3-1=(x-1)(x^2+x+1)$.

8. $f(x)=-x^3+1$.

10. $r(x)=\dfrac{f(a)-f(b)}{a-b}(x-a)+f(a)$.

11. 若 $f(x)=0$ 已证. 否则, 由 $f^2(x)=f(2x)$, 即有 $\partial(f^2)=\partial(f)$, 故 $f(x)=1$.

### 习 题 6.2

1. (1) $x+1$; (2) 1.

2. (1) $u(x)=-x-1, v(x)=x+2$; (2) $u(x)=-\frac{1}{3}(x-1), v(x)=\frac{2}{3}(x^2-x-3)$.

3. $u=0, t=-4; u=0, t=\frac{1}{2}(1\pm\sqrt{3}\mathrm{i})$; $u=-7-\sqrt{11}\mathrm{i}$, $t=\frac{1}{2}(-1+\sqrt{11}\mathrm{i})$;

$u=-7+\sqrt{11}\mathrm{i}, t=\dfrac{1}{2}(-1-\sqrt{11}\mathrm{i})$.

4. $f(x)=-\dfrac{b}{a}g(x), 2(x^2+c)h(x)=\dfrac{a-b}{a}xg(x), (x, x^2+c)=1$.

5. 设 $d(x)=(f(x),g(x))$, 利用定义证明 $d(x)$ 是

$$(a_1f(x)+a_2g(x), a_3f(x)+a_4g(x))$$

的最大公因式.

6. 由 $(f(x),g(x))h(x)=u(x)f(x)h(x)+v(x)g(x)h(x)$ 表明 $(f(x),g(x))h(x)$ 是 $f(x)h(x)$, $g(x)h(x)$ 的一个组合. 显然

$$(f(x),g(x))h(x)|f(x)h(x), \quad (f(x),g(x))h(x)|g(x)h(x),$$

则由例 7 即证.

7. 由 $(f(x),g(x))\neq 0$ 及 $u(x)f(x)+v(x)g(x)=(f(x),g(x))$, 即得

$$u(x)\frac{f(x)}{(f(x),g(x))}+v(x)\frac{g(x)}{(f(x),g(x))}=1.$$

8. 同第 7 题证法.

9. $u_1(x)f(x)+v_1(x)g(x)=1, u_2(x)f(x)+v_2(x)h(x)=1$ 相乘, 即有

$$u(x)f(x)+v(x)g(x)h(x)=1.$$

10. 由 $u(x)f(x)+v(x)g(x)=1$, 即得

$$(u(x)-v(x))f(x)+v(x)(f(x)+g(x))=1, (v(x)-u(x))g(x)+u(x)(f(x)+g(x))=1.$$

由此, $(f(x),f(x)+g(x))=1, (g(x),f(x)+g(x))=1$. 利用第 9 题即证.

11. $q(x)=2x^3+2x^2-x$.

## 习 题 6.3

1. (1) $x-2, 3$ 重; (2) 无重因式.

2. 必要性. 设 $f(x)=p^m(x), p(x)$ 不可约. 则对任意 $g(x)$, 要么 $(p(x),g(x))=1$, 要么 $p(x)|g(x)$. 由此即证 $f(x)|g^m(x)$.

充分性. 反证法证明.

3. (1) $t=3$ 或 $t=-\dfrac{15}{4}$; (2) $4a^3+b^2=0$; (3) $p=4$ 或 $p=-5$; (4) $27a^4-b^3=0$.

4. 证明 $(f(x),f'(x))=1$.

5. $f'(x)$ 是 $f(x), f'(x)$ 的最大公因式, 因此 $f_0(x)=\dfrac{f(x)}{(f(x),f'(x))}$ 为一次多项式, 从而设

$$f_0(x)=p(x+q).$$

而 $f(x)$ 有 $n$ 重因式, 于是结论成立.

## 习 题 6.4

1. (1) $1, -1+3\sqrt{3}\mathrm{i}, -1-3\sqrt{3}\mathrm{i}$.

2. (1) $\pm 1, 1\pm 2\mathrm{i}$; (2) $\dfrac{-1\pm\sqrt{5}\mathrm{i}}{2}, \dfrac{1\pm\sqrt{2}\mathrm{i}}{2}$.

3. $f(x)=x^{m+1}-1$.

4. $A=1, B=-2$.

5. 利用 Vieta 公式.

6. $f(x)$ 有重根充分必要条件为 $(f(x), f'(x))\neq 1$.

7. 设 $x^3+px^2+qx+r=(x-a)(x^2+bx+c)$, 由 $b^2-4c\geqslant 0$ 即证. 其中 $a,b,c\in\mathbf{R}$.

8. $f(x)=(x-p)^3$ 比较两端系数即证.

9. $f(x)=\dfrac{5}{16}x^7-\dfrac{21}{16}x^5+\dfrac{35}{16}x^3-\dfrac{35}{16}x$.

10. $c$ 是 $x^5-5qx+4r$ 的 2 重根, $5x^4-5q$ 的单根, 由此即证.

11. 利用根与系数关系, 求得 $\lambda=\pm 6$.

12. 证明 $f''(1)=0, f'''(1)\neq 0$.

13. 证明 $a$ 是 $g''(x)$ 的 $k+1$ 重根.

14. $f(x)=x^n+ax^{n-m}+b$, 则 $f'(x)=x^{n-m-1}g(x), g(x)=nx^m+a(n-m)$ 没有非零重根.

15. 由 $f(a)=0$, 得 $f(a^n)=0$, 从而 $a, a^n, a^{n^2}, \cdots$ 都是 $f(x)$ 的根, 利用根的个数不超过次数即证.

16. 设 $f(x)=(x-a)^s g(x)$, 由此证 $s=n$.

## 习 题 6.5

1. (1) $x=2$ 单根; (2) $x=-\dfrac{1}{2}$ 为 2 重根; (3) $x=1$ 为 4 重根, $x=3$ 为单根.

2. (1)~ (5) 都不可约.

3. 取 $p=p_i$, 利用定理 16.

4. 设 $m$ 是 $f(x)$ 整数根, 则 $f(x)=(x-m)h(x)$, 那么 $f(0)=-mh(0)$,

$$f(1)=(1-m)h(1).$$

由 $f(0), f(1)$ 为奇数知 $m, 1-m$ 为奇数, 矛盾.

5. 设 $f(x)=g(x)h(x), \partial(g)<n, \partial(h)<n$, 则 $g(a_i)h(a_i)=-1, g(a_i)+h(a_i)=0$, 即次数小于 $n$ 的多项式 $g(x)+h(x)$ 有 $n$ 个根, 矛盾.

7. 必要性. 若 $g(x)$ 可约, 则 $f(x)=g_1(a_1x-a_2)g_2(a_1x-a_2)$ $\left(a_1=\dfrac{1}{a}, a_2=\dfrac{b}{a}\right)$, 这与 $f(x)$ 不可约矛盾.

充分性. 若 $f(x)$ 可约, 则 $g(x)=f_1(ax+b)(f_2(x)+b)$ 矛盾.

8. 设 $a_1,a_2,a_3$ 是 $g(x)$ 的 3 个互异整数根, 则 $g(x)=(x-a_1)(x-a_2)(x-a_3)p(x)$. 由 $g(a)=f(a)+1$, 得 $a-a_1,a-a_2,a-a_3$ 与 $p(a)$ 只能为 1 或 $-1$, 即 $a-a_1,a-a_2,a-a_3$ 有 2 个 1 或 $-1$, 这与 $a_1,a_2,a_3$ 互异矛盾.

9. 反证法.

10. 反证法. 设 $f(x)=(x+u)(x^2+vx+w)$, 则 $c=uw$ 为奇数, 从而与 $f(1)$ 为偶数矛盾.

## 习　题　6.6

1. (1) $s_1s_2-3s_3$; (2) $s_1s_2-s_3$; (3) $s_2^2-2s_1s_3+2s_4$.

2. $s_1=\dfrac{6}{5},s_2=\dfrac{7}{5},s_3=\dfrac{8}{5},f=s_1^2s_2^2-s_1^3s_3-s_2^3=-\dfrac{1679}{625}$.

3. $f(x_2,x_3,\cdots,x_n)=g(s_1',\ s_2',\cdots,s_{n-1}')$, 其中

$$\begin{cases} s_1'=s_1-x_1, \\ s_2'=s_2-x_1s_1', \\ \quad\cdots\cdots \\ s_{n-1}'=s_{n-1}-x_1s_{n-2}', \end{cases} \qquad s_1=-a_1,s_2=a_2,\cdots,s_{n-1}=(-1)^{n-1}a_{n-1}.$$

4. $y_1+y_2+y_3=-6p,y_1y_2+y_2y_3+y_3y_1=9p^2,y_1y_2y_3=-4p^3-27q^2$, 因此

$$g(y)=y^3+6py^2+9p^2y+4p^3+27q^2.$$

# 第 7 章

## 习　题　7.1

1. (1)√;　(2)×;　(3)√;　(4)×;　(5)×;　(6)√;　(7)√;　(8)×;　(9) ×.
3. (1)√;　(2)×;　(3)√;　(4)√;　(5) ×.
4. (1)√;　(2)√;　(3)√;　(4) ×.
6. (1) 线性无关; (2) 线性相关; (3) 线性无关; (4) 线性无关; (5) 线性无关.

## 习　题　7.2

1. (1) $\begin{pmatrix} 3 \\ -1 \\ -1 \end{pmatrix}$;　(2) $\begin{pmatrix} 2 \\ -\dfrac{1}{2} \\ -\dfrac{1}{6} \end{pmatrix}$;　(3) $\dfrac{1}{18}\begin{pmatrix} -19 \\ -13 \\ 10 \\ -5 \end{pmatrix}$;　(4) $\begin{pmatrix} \dfrac{1}{2} \\ 4 \\ -3 \end{pmatrix}$.

2. (1) $\dfrac{n(n-1)}{2}, \boldsymbol{G}_{ij}=\boldsymbol{E}_{ii}-\boldsymbol{E}_{ij}\ (i \neq j)$; (2) $3, \boldsymbol{E}, \boldsymbol{A}, \boldsymbol{A}^2$; (3) $1, a \in \mathbf{R}_+\ (a\neq 1)$.

3. (2)$C(\boldsymbol{A}) = P^{n\times n}$; (3) $\dim(C(\boldsymbol{A})) = n, \boldsymbol{E}_{11}, \boldsymbol{E}_{22}, \cdots, \boldsymbol{E}_{nn}$.

4. 维数为 2; $\boldsymbol{\alpha}_1 = (-1, 24, 9, 0)^{\mathrm{T}}, \boldsymbol{\alpha}_2 = (2, -21, 0, 9)^{\mathrm{T}}$.

5. (1) $3; \boldsymbol{\alpha}_1, \boldsymbol{\alpha}_2, \boldsymbol{\alpha}_4$; (2) $2; \boldsymbol{\alpha}_1, \boldsymbol{\alpha}_2$.

8. (1) $\begin{pmatrix} 2 & 0 & 1 \\ -1 & 1 & 0 \\ -1 & 2 & 0 \end{pmatrix}$; (2) $\begin{pmatrix} -2 & 3 & -4 \\ -1 & 1 & -4 \\ 2 & -2 & 4 \end{pmatrix}$; (3) $\dfrac{1}{8}\begin{pmatrix} 20 & -8 & -7 & -1 \\ -40 & 0 & -4 & 36 \\ 8 & -8 & -6 & 6 \\ 20 & 16 & 13 & -13 \end{pmatrix}$;

(4) $\begin{pmatrix} 5 & -1 & 2 \\ 3 & -1 & 1 \\ -16 & 4 & 5 \end{pmatrix}$.

## 习 题 7.3

1. (1) 交空间维数为 1, 基为 $(-5, 2, 3, 4)$; 和空间维数为 3, 基为 $\boldsymbol{\alpha}_1, \boldsymbol{\alpha}_2, \boldsymbol{\beta}_1$;

(2) 交空间维数为 0; 和空间维数为 4; (3) 交空间维数为 1, 基为 $\boldsymbol{\beta}_1$; 和空间维数为 4, 基为 $\boldsymbol{\alpha}_1, \boldsymbol{\alpha}_2, \boldsymbol{\alpha}_3, \boldsymbol{\beta}_1$.

6. 否.

11. (2) $U$ 的维数为 $\dfrac{1}{2}(n^2+n-2)$, 基为 $\boldsymbol{E}_{ii} - \boldsymbol{E}_{nn}\ (i \neq n), \boldsymbol{E}_{ij} - \boldsymbol{E}_{ji}\ (i \neq j)$; $W$ 的维数为 1, 基 $\boldsymbol{E}$.

13. $\dim(V_1 \cap V_2) = 1, \boldsymbol{\alpha}_1 = (0, 0, 0, 1)^{\mathrm{T}}; \dim(V_1 + V_2) = 3, \boldsymbol{\alpha}_1, \boldsymbol{\alpha}_2 = (-1, 1, 0, 0)^{\mathrm{T}}, \boldsymbol{\alpha}_3 = (2, 0, 1, 0)^{\mathrm{T}}$.

## 习 题 7.4

1.(1) 非单射, 非满射; (2) 单射, 非满射; (3) 非单射, 满射; (4) 单射, 满射.

## 习 题 7.5

1. $f(\boldsymbol{\alpha}) = -8x_1 + 9x_2 + 5x_3$.

2. $f(\boldsymbol{\alpha}) = -x_1 + 2x_2 + x_3$.

3. $\begin{pmatrix} 0 & 1 & -1 \\ 1 & -1 & 2 \\ -1 & 1 & -1 \end{pmatrix}$; 对偶基 $g_1 = f_2 - f_3, g_2 = f_1 - f_2 + f_3, g_3 = -f_1 + 2f_2 - f_3$.

# 第 8 章

## 习　题　8.1

1. (1) 不是; (2) 不是; (3) 不是; (4) 是; (5) 是; (6) 是; (7) 不是; (8) 不是; (9) 是.

3. 利用归纳法证明.

4. 可逆映射的充分必要条件是: 它既是单射又是双射.

## 习　题　8.2

1. (1) $\begin{pmatrix} 3 & 3 & 3 \\ -6 & -6 & -2 \\ 6 & 5 & -1 \end{pmatrix}$; (2) $\begin{pmatrix} 0 & 1 & 0 & \cdots & 0 \\ 0 & 0 & 1 & \cdots & 0 \\ \vdots & \vdots & \vdots & & \vdots \\ 0 & 0 & 0 & \cdots & 1 \\ 0 & 0 & 0 & \cdots & 0 \end{pmatrix}$; (3) $\begin{pmatrix} a & b & 1 & 0 & 0 & 0 \\ -b & a & 0 & 1 & 0 & 0 \\ 0 & 0 & a & b & 1 & 0 \\ 0 & 0 & -b & a & 0 & 1 \\ 0 & 0 & 0 & 0 & a & b \\ 0 & 0 & 0 & 0 & -b & a \end{pmatrix}$.

2. $\boldsymbol{A}_1=\begin{pmatrix} a & 0 & b & 0 \\ 0 & a & 0 & b \\ c & 0 & d & 0 \\ 0 & c & 0 & d \end{pmatrix}$; $\boldsymbol{A}_2=\begin{pmatrix} a & c & 0 & 0 \\ b & d & 0 & 0 \\ 0 & 0 & a & c \\ 0 & 0 & b & d \end{pmatrix}$; $\boldsymbol{A}_3=\begin{pmatrix} a^2 & ac & ab & bc \\ ab & ad & b^2 & bd \\ ac & c^2 & ad & cd \\ bc & cd & bd & d^2 \end{pmatrix}$.

4. (1)$\boldsymbol{X}=\dfrac{1}{2}\begin{pmatrix} -4 & -3 & 3 \\ 2 & 3 & 3 \\ 2 & 1 & -5 \end{pmatrix}$; (2)$\boldsymbol{X}$; (3)$\boldsymbol{X}$.

5. $\begin{pmatrix} 2 & 4 & 4 & 5 \\ -3 & -4 & -6 & -4 \\ 1 & 1 & 4 & 1 \\ 1 & 2 & 4 & 6 \end{pmatrix}$.

7. (1)$\begin{pmatrix} 0 & 1 \\ -1 & 0 \end{pmatrix}$; (2) $\boldsymbol{T}-c\boldsymbol{E}=\begin{pmatrix} -c & 1 \\ -1 & -c \end{pmatrix}$.

9. (1)$\begin{pmatrix} 1 & 2 & -2 \\ 1 & -1 & 2 \\ 0 & 1 & -1 \end{pmatrix}$; (2) $-1-x+x^2$.

## 习 题 8.3

1. (1) $\lambda_1=2,\boldsymbol{\alpha}_1=2\boldsymbol{e}_1-\boldsymbol{e}_2;\lambda_2=1+\sqrt{3},\boldsymbol{\alpha}_2=3\boldsymbol{e}_1-\boldsymbol{e}_2+(2-\sqrt{3})\boldsymbol{e}_3;\lambda_3=1-\sqrt{3},\boldsymbol{\alpha}_3=3\boldsymbol{e}_1-\boldsymbol{e}_2+(2+\sqrt{3})\boldsymbol{e}_3$.

(2) $\lambda_1=0,\boldsymbol{\alpha}_1=3\boldsymbol{e}_1-\boldsymbol{e}_2+2\boldsymbol{e}_3;\lambda_2=\sqrt{14}\mathrm{i},\boldsymbol{\alpha}_2=(6+\sqrt{14}\mathrm{i})\boldsymbol{e}_1+(-2+3\sqrt{14}\mathrm{i})\boldsymbol{e}_2-10\boldsymbol{e}_3;\lambda_3=-\sqrt{14}\mathrm{i},\boldsymbol{\alpha}_3=(6-\sqrt{14}\mathrm{i})\boldsymbol{e}_1+(-2-3\sqrt{14}\mathrm{i})\boldsymbol{e}_2-10\boldsymbol{e}_3$.

(3) $\lambda_1=\lambda_2=1,\boldsymbol{\alpha}_1=3\boldsymbol{e}_1-6\boldsymbol{e}_2+20\boldsymbol{e}_3;\lambda_3=-2,\boldsymbol{\alpha}_2=\boldsymbol{e}_3$.

2. (1) 可以对角化; (2) 可以对角化; (3) 不可对角化.

4. (2) $\boldsymbol{e}_{11},\boldsymbol{e}_{13},\boldsymbol{e}_{22},\boldsymbol{e}_{31},\boldsymbol{e}_{33}$; (3)$\lambda=1,1,1,-1,-1$.

5. (1) $\boldsymbol{A}=\begin{pmatrix}2&1&3\\5&2&5\\-1&-1&3\end{pmatrix}$.

6. $\lambda_1=\lambda_2=0,\boldsymbol{\alpha}_1=\boldsymbol{e}_{11}+\boldsymbol{e}_{12},\boldsymbol{\alpha}_2=\boldsymbol{e}_{21}+\boldsymbol{e}_{22}$;

$\lambda_3=\lambda_4=2,\boldsymbol{\alpha}_3=-\boldsymbol{e}_{21}+\boldsymbol{e}_{22}$.

9. $\lambda_1=\lambda_2=1,\boldsymbol{\alpha}_1=(-2,1,0)^{\mathrm{T}},\boldsymbol{\alpha}_2=(0,0,1)^{\mathrm{T}};\lambda_3=-2,\boldsymbol{\alpha}_3=(-1,1,1)^{\mathrm{T}}$;

基为 $g_1(x)=-2+x,g_2(x)=x^2,g_3(x)=-1+x+x^2$.

## 习 题 8.4

1. (1)$\dfrac{1}{3}\begin{pmatrix}6&-9&9&6\\2&-4&10&10\\8&-16&40&40\\0&3&-21&-24\end{pmatrix}$; (2) 值域和核的维数都为 2.

5. (1) $\mathrm{Im}(\boldsymbol{T})=\left\{\begin{pmatrix}a&b&c\\d&c&f\\a+d&b+c&c+f\end{pmatrix},a,b,c,d,f\in P\right\}$, $\dim(\mathrm{Im}(\boldsymbol{T}))=6$;

(2) $\mathrm{Ker}(\boldsymbol{T})=\left\{\begin{pmatrix}a&b&c\\0&0&0\\a&b&c\end{pmatrix},a,b,c\in P\right\}$, $\dim(\mathrm{Ker}(\boldsymbol{T}))=3$.

6. (2) $\boldsymbol{T}^{-1}(\boldsymbol{0})=\left\{\begin{pmatrix}a&b\\0&a+b\end{pmatrix},a,b\in P\right\}$.

7. $\dim(\boldsymbol{T}(V))=2$, 基 $1-x^2,x-x^3$; $\dim(\boldsymbol{T}^{-1}(\boldsymbol{0}))=2$, 基 $1+x^2,x+x^3$.

8. $\dim(\boldsymbol{T}(V))=2$, 基 $(1,0,1),(2,1,1)$; $\dim(\boldsymbol{T}^{-1}(\boldsymbol{0}))=1$, 基 $(3,-1,1)$.

### 习 题 8.5

8. (1) $\boldsymbol{\alpha}_1=\begin{pmatrix}1&0\\0&-1\end{pmatrix},\boldsymbol{\alpha}_2=\begin{pmatrix}0&1\\0&0\end{pmatrix},\boldsymbol{\alpha}_3=\begin{pmatrix}0&0\\1&0\end{pmatrix}$;

(3) $\boldsymbol{\beta}_1=\begin{pmatrix}1&1\\0&-1\end{pmatrix},\boldsymbol{\beta}_2=\begin{pmatrix}-1&0\\1&1\end{pmatrix},\boldsymbol{\beta}_3=\begin{pmatrix}0&-1\\1&0\end{pmatrix}$.

### 习 题 8.6

1. (1) $\begin{pmatrix}1&0&0\\0&-1&0\\0&0&2\end{pmatrix}$; (2) $\begin{pmatrix}0&0&0\\0&0&0\\0&0&2\end{pmatrix}$; (3) $\begin{pmatrix}0&0&0\\0&0&0\\0&1&0\end{pmatrix}$.

2. (1) $\boldsymbol{B}^2=\boldsymbol{O}$; (2) Jordan 标准形 $\mathrm{diag}(\boldsymbol{J}(0,2),\boldsymbol{J}(0,2))$.

6. 不妨设矩阵 $\boldsymbol{A}$ 的 Jordan 矩阵 $\boldsymbol{J}$ 中, 以特征值 $\lambda_1$ 为主对角元的 Jordan 块为 $\boldsymbol{J}_1,\boldsymbol{J}_2,\cdots,\boldsymbol{J}_t$, 其阶数分别为 $k_1,k_2,\cdots,k_t$ $(k_1+k_2+\cdots+k_t=r_1)$. 则 $\dim V_{\lambda_1}=n-r(\lambda_1\boldsymbol{E}-\boldsymbol{A})$. 而

$$r(\lambda_1\boldsymbol{E}-\boldsymbol{A})=r(\boldsymbol{T}^{-1}(\lambda_1\boldsymbol{E}-\boldsymbol{A})\boldsymbol{T})=r(\lambda_1\boldsymbol{E}-\boldsymbol{J}),\quad \lambda_1\boldsymbol{E}-\boldsymbol{J}=\mathrm{diag}(\boldsymbol{B}_1,\boldsymbol{B}_2),$$

这里 $\boldsymbol{B}_1=\mathrm{diag}(\lambda_1\boldsymbol{E}_1-\boldsymbol{J}_1,\cdots,\lambda_1\boldsymbol{E}_1-\boldsymbol{J}_t)$ 主对角元为 0, $\boldsymbol{B}_2$ 为 $n-r_1$ 阶可逆矩阵. 于是

$$r(\boldsymbol{B}_1)=r_1-t,\quad r(\boldsymbol{B}_2)=n-r_1;\quad r(\lambda_1\boldsymbol{E}-\boldsymbol{J})=r(\boldsymbol{B}_1)+r(\boldsymbol{B}_2)=n-t.$$

故 $\dim V_{\lambda_1}=t$.

### 习 题 8.7

1. (1) $(\lambda-1)(\lambda+1)$; (2) $(\lambda-1)(\lambda-3)(\lambda-4)$; (3) $\lambda^2$.

4. 可对角化.

5. 可对角化.

# 第 9 章

### 习 题 9.1

1. (1) $\begin{pmatrix}\lambda&\\&\lambda(\lambda^2-10\lambda-3)\end{pmatrix}$; (2) $\begin{pmatrix}1&&\\&\lambda&\\&&\lambda(\lambda+1)\end{pmatrix}$;

(3) $\begin{pmatrix} 1 & & \\ & \lambda(\lambda+1) & \\ & & \lambda(\lambda+1)^2 \end{pmatrix}$; (4) $\begin{pmatrix} 1 & & & \\ & \lambda(\lambda-1) & & \\ & & \lambda(\lambda-1) & \\ & & & \lambda^2(\lambda-1)^2 \end{pmatrix}$;

(5) $\begin{pmatrix} 1 & & \\ & \lambda-1 & \\ & & (\lambda-1)^2(\lambda+1) \end{pmatrix}$.

2. (1) $d_1(\lambda)=d_2(\lambda)=1, d_3(\lambda)=(\lambda-2)^2$;

(2) $d_1(\lambda)=d_2(\lambda)=d_3(\lambda)=1, d_4(\lambda)=\lambda^4+2\lambda^3+3\lambda^2+4\lambda+5$;

(3) $\beta\neq 0: d_1(\lambda)=d_2(\lambda)=d_3(\lambda)=1, d_4(\lambda)=((\lambda+\alpha)^2+\beta)^2$;

$\beta=0: d_1(\lambda)=d_2(\lambda)=1, d_3(\lambda)=(\lambda+\alpha)^2, d_4(\lambda)=(\lambda+\alpha)^2$;

(4) $d_1(\lambda)=d_2(\lambda)=d_3(\lambda)=1, d_4(\lambda)=(\lambda+2)^4$;

(5) $d_1(\lambda)=d_2(\lambda)=d_3(\lambda)=1, d_4(\lambda)=(\lambda^2-1)(\lambda^2-4)$.

3. 因为它们具有相同的行列式因子, 所以相似.

4. 存在初等可逆矩阵 $\boldsymbol{P}(\lambda), \boldsymbol{Q}(\lambda)$, 使 $\lambda\boldsymbol{E}-\boldsymbol{A}=\boldsymbol{P}(\lambda)\boldsymbol{\Lambda}\boldsymbol{Q}(\lambda)$, 其中

$$\boldsymbol{\Lambda}=\operatorname{diag}(1,1,\cdots,1,d_1(\lambda),d_2(\lambda),\cdots,d_m(\lambda)).$$

## 习 题 9.2

1. (1) $D_1(\lambda)=D_2(\lambda)=1, D_3(\lambda)=\lambda^2(\lambda+2)(\lambda^2-1)$;

(2) $D_1(\lambda)=D_2(\lambda)=D_3(\lambda)=1, D_4(\lambda)=\lambda^4+2\lambda^3+3\lambda^2+4\lambda+5$;

(3) $D_1(\lambda)=D_2(\lambda)=D_3(\lambda)=1, D_4(\lambda)=((\lambda+1)^2+4)^2$;

(4) $D_1(\lambda)=D_2(\lambda)=D_3(\lambda)=1, D_4(\lambda)=(\lambda-1)^3(\lambda-3)$.

2. (1) $\begin{pmatrix} 1 & & \\ & 1 & \\ & & \lambda^2(\lambda+2)(\lambda^2-1) \end{pmatrix}$; (2) $\begin{pmatrix} 1 & & \\ & \lambda & \\ & & \lambda(\lambda+1) \end{pmatrix}$;

(3) $\begin{pmatrix} 1 & & \\ & \lambda & \\ & & \lambda(\lambda-1)(\lambda+2) \end{pmatrix}$.

3. $D_n(\lambda)=|\lambda\boldsymbol{E}-\boldsymbol{A}|=(\lambda-a)^n, D_1(\lambda)=\cdots=D_{n-1}(\lambda)=1$.

5. 对 $|\boldsymbol{A}(\lambda)|$ 按最后 1 列展开, 注意到它有一个 $n-1$ 阶子式等于 $(-1)^{n-1}$.

## 习 题 9.3

1. $\boldsymbol{A}\sim\boldsymbol{C}$.

2. (1) $\boldsymbol{A},\boldsymbol{B},\boldsymbol{C}$ 具有相同的不变因子; (2) 直接计算 $|\lambda\boldsymbol{E}-\boldsymbol{A}|$.
3. $\boldsymbol{A}^*=\boldsymbol{A}^{-1}$.

### 习　题　9.4

1. $\operatorname{diag}(1,\lambda,\lambda^2(\lambda-1)(\lambda+1),\lambda^2(\lambda-1)(\lambda+1)^3,0)$.

2. (1) $a\neq 0,\boldsymbol{J}=\begin{pmatrix}2&&\\1&2&\\&&1\end{pmatrix};a=0,\boldsymbol{J}=\begin{pmatrix}2&&\\&2&\\&&1\end{pmatrix}$.

(2) 可对角化充分必要条件为 $a=0$.

3. $D_1(\lambda)=D_2(\lambda)=1,D_3(\lambda)=\lambda(\lambda-2),D_4(\lambda)=\lambda^2(\lambda-2)^5,D_5(\lambda)=\lambda^5(\lambda-2)^9$.
5. $d_1(\lambda)=d_2(\lambda)=d_3(\lambda)=1,d_4(\lambda)=\lambda^4$.
6. $\boldsymbol{A}$ 的最小多项式为 $m(\lambda)=\lambda^{n-1}$. 因此,

$$d_1(\lambda)=\cdots=d_{n-2}(\lambda)=1,\quad d_{n-1}(\lambda)=\lambda,\quad d_n(\lambda)=\lambda^{n-1}.$$

7. $\operatorname{diag}(\boldsymbol{J}(2,3),\boldsymbol{J}(3,2))$;$\operatorname{diag}(\boldsymbol{J}(2,3),\boldsymbol{J}(2,1),\boldsymbol{J}(2,1))$;$\operatorname{diag}(\boldsymbol{J}(2,2),\boldsymbol{J}(2,1),\boldsymbol{J}(3,2))$; $\operatorname{diag}(\boldsymbol{J}(2,2),\boldsymbol{J}(2,1),\boldsymbol{J}(3,1),\boldsymbol{J}(3,1))$;$\operatorname{diag}(\boldsymbol{J}(2,1),\boldsymbol{J}(2,1),\boldsymbol{J}(2,1),\boldsymbol{J}(3,2))$; $\operatorname{diag}(3,3,3,2,2,2)$.
8. 不变因子: $d_1(\lambda)=1,d_2(\lambda)=\lambda-1,d_3(\lambda)=(\lambda-1)^2$;
   初等因子: $\lambda-1,(\lambda-1)^2$;
   Jordan 标准形: $\boldsymbol{J}=\operatorname{diag}(1,\boldsymbol{J}(1,2))$;
   最小多项式: $m(\lambda)=(\lambda-1)^2$.

## 第 10 章

### 习　题　10.1

1. (2) $\boldsymbol{B}=\boldsymbol{A}$; (3) $\left|\sum\limits_{i,j}a_{ij}x_iy_j\right|\leqslant\sqrt{\sum\limits_{i,j}a_{ij}x_ix_j}\sqrt{\sum\limits_{i,j}a_{ij}y_iy_j}$.
3. $\boldsymbol{\alpha}=\dfrac{1}{\sqrt{26}}(4,0,1,-3)$.
4. (1) $\boldsymbol{\eta}=k_1\boldsymbol{\alpha}_1+k_2\boldsymbol{\alpha}_2+\cdots+k_n\boldsymbol{\alpha}_n$, 则 $(\boldsymbol{\eta},\boldsymbol{\eta})=0$.
   (2) 计算 $(\boldsymbol{\eta}_1-\boldsymbol{\eta}_2,\boldsymbol{\alpha}_i)$, 利用 (1) 的结果.

8. 设 $k_1\boldsymbol{\alpha}_1+k_2\boldsymbol{\alpha}_2+\cdots+k_n\boldsymbol{\alpha}_n=\boldsymbol{0}$, 且通过重新编号, 可设 $k_1,\cdots,k_r\geqslant 0$, $k_{r+1},\cdots,k_n\leqslant 0$. 令 $\boldsymbol{\beta}=k_1\boldsymbol{\alpha}_1+\cdots+k_r\boldsymbol{\alpha}_r=-k_{r+1}\boldsymbol{\alpha}_{r+1}-\cdots-k_n\boldsymbol{\alpha}_n$, 计算

$$(\boldsymbol{\beta},\boldsymbol{\beta})=\sum_{i=1}^{r}\sum_{j=r+1}^{n}k_i(-k_j)(\boldsymbol{\alpha}_i,\boldsymbol{\alpha}_j)\leqslant 0.$$

从而 $\boldsymbol{\beta}=\mathbf{0}$. 由此可证 $k_i=0$.

## 习 题 10.2

2. $\boldsymbol{\eta}_1=\dfrac{1}{\sqrt{2}}(\boldsymbol{\alpha}_1+\boldsymbol{\alpha}_5), \boldsymbol{\eta}_2=\dfrac{1}{\sqrt{10}}(\boldsymbol{\alpha}_1-2\boldsymbol{\alpha}_2+2\boldsymbol{\alpha}_4-\boldsymbol{\alpha}_5), \boldsymbol{\eta}_3=\dfrac{1}{2}(\boldsymbol{\alpha}_1+\boldsymbol{\alpha}_2+\boldsymbol{\alpha}_3-\boldsymbol{\alpha}_5)$.

3. $\boldsymbol{\eta}_1=\dfrac{1}{\sqrt{2}}(0,1,1,0,0), \boldsymbol{\eta}_2=\dfrac{1}{\sqrt{10}}(-2,1,-1,2,0), \boldsymbol{\eta}_3=\dfrac{1}{3\sqrt{35}}(7,-6,6,13,5)$.

4. $\boldsymbol{\eta}_1=\dfrac{1}{\sqrt{2}}, \boldsymbol{\eta}_2=\dfrac{\sqrt{6}}{2}x, \boldsymbol{\eta}_3=\dfrac{\sqrt{10}}{4}(3x^2-1), \boldsymbol{\eta}_4=\dfrac{\sqrt{14}}{4}(5x^3-3x)$.

7. 将 $\boldsymbol{\alpha}$ 扩充为标准正交基 $\boldsymbol{\alpha},\boldsymbol{\alpha}_2,\cdots,\boldsymbol{\alpha}_n$, 并令 $\boldsymbol{\beta}=k\boldsymbol{\alpha}+k_2\boldsymbol{\alpha}_2+\cdots+k_n\boldsymbol{\alpha}_n$, 则 $(\boldsymbol{\alpha},\boldsymbol{\beta})=k$. 若 $k=1$, 则由 $|\boldsymbol{\beta}|=1$ 可证 $k_2=\cdots=k_n=0$, 这与 $\boldsymbol{\alpha}\neq\boldsymbol{\beta}$ 矛盾.

## 习 题 10.3

4. 利用 $\boldsymbol{A}\boldsymbol{A}^{\mathrm{T}}=\boldsymbol{E}$.

6. (1) 正确. (2) 错误, $\boldsymbol{T}\boldsymbol{\alpha}=k\boldsymbol{\alpha}, k\neq\pm1$. (3) 错误, 在 $\mathbf{R}^2$ 空间, $\boldsymbol{T}\boldsymbol{e}_1=\dfrac{1}{2}(\boldsymbol{e}_1+\sqrt{3}\boldsymbol{e}_2), \boldsymbol{T}\boldsymbol{e}_2=\boldsymbol{e}_2$, 其矩阵 $\boldsymbol{A}=\dfrac{1}{2}\begin{pmatrix}1&0\\\sqrt{3}&2\end{pmatrix}$ 非正定矩阵.

## 习 题 10.4

5. $U^{\perp}$ 满足方程组 $\begin{cases}6x_1-9x_2-x_3=0,\\x_2+x_4=0.\end{cases}$

6. 让 $\varepsilon=\dfrac{\boldsymbol{\alpha}-\boldsymbol{\beta}}{|\boldsymbol{\alpha}-\boldsymbol{\beta}|}$, 设 $\boldsymbol{T}\boldsymbol{x}=\boldsymbol{x}-2(\boldsymbol{x},\varepsilon)\varepsilon$, 则 $\boldsymbol{T}$ 是镜面反射, 且可证 $\boldsymbol{T}\boldsymbol{\alpha}=\boldsymbol{\beta}$.

8. $k_1(1,1,-1,0)^{\mathrm{T}}+k_2(0,1,0,-1)^{\mathrm{T}}$.

9. 设 $\boldsymbol{\beta}_1,\boldsymbol{\beta}_2,\cdots,\boldsymbol{\beta}_p$ 是方程组的基础解系, 则 $\boldsymbol{\beta}_i$ 与 $\boldsymbol{\alpha}_j$ 正交.

# 参考文献


北京大学数学系前代数小组. 2013. 高等代数. 王萼芳, 石生明修订. 4 版. 北京: 高等教育出版社.

蓝以中. 2007. 高等代数简明教程 (上册). 2 版. 北京: 北京大学出版社.

蓝以中. 2007. 高等代数简明教程 (下册). 2 版. 北京: 北京大学出版社.

李师正. 2004. 高等代数解题方法与技巧. 北京: 高等教育出版社.

李志慧, 李永明. 2016. 高等代数中的典型问题与方法. 2 版. 北京: 科学出版社.

刘法贵, 等. 2009. 高等代数选讲. 郑州: 黄河水利出版社.

刘洪星. 2009. 高等代数选讲. 北京: 机械工业出版社.

卢博, 田双亮, 张佳. 2017. 高等代数思想方法及应用. 北京: 科学出版社.

蒲和平. 2014. 线性代数疑难问题选讲. 北京: 高等教育出版社.

丘维声. 2010. 高等代数 (上册). 北京: 清华大学出版社.

丘维声. 2010. 高等代数 (下册). 北京: 清华大学出版社.

王利广, 李本星. 2016. 高等代数中的典型问题与方法——考研题解精粹. 北京: 机械工业出版社.

王卿文. 2012. 线性代数核心思想及应用. 北京: 科学出版社.

王天泽. 2013. 线性代数. 北京: 科学出版社.

席南华. 2016. 基础代数 (一). 北京: 科学出版社.

席南华. 2018. 基础代数 (二). 北京: 科学出版社.

姚慕生, 吴泉水, 谢启鸿. 2014. 高等代数学. 3 版. 上海: 复旦大学出版社.

张从军, 等. 2010. 线性代数. 2 版. 上海: 复旦大学出版社.

Leon S J. 2007. 线性代数. 7 版. 张文博, 张丽静, 译. 北京: 机械工业出版社.